国家卫生和计划生育委员会“十二五”规划教材
全国高等医药教材建设研究会“十二五”规划教材
全国高等学校制药工程、药物制剂专业规划教材
供制药工程、药物制剂专业用

化工原理

主　编　王志祥

副主编　周丽莉　潘晓梅

编　者（以姓氏笔画为序）

于智莘（长春中医药大学）
王志祥（中国药科大学）
周丽莉（沈阳药科大学）
孟繁钦（牡丹江医学院）
高文义（浙江国邦药业有限公司）
黄宏妙（广西中医药大学）
黄德春（中国药科大学）
雷雪霏（辽宁中医药大学）
潘永兰（南京中医药大学）
潘晓梅（东南大学）

人民卫生出版社
PEOPLE'S MEDICAL PUBLISHING HOUSE

图书在版编目（CIP）数据

化工原理 / 王志祥主编．—北京：人民卫生出版社，2014.6

ISBN 978-7-117-18804-3

Ⅰ.①化… Ⅱ.①王… Ⅲ.①化工原理 – 高等学校 – 教材 Ⅳ.①TQ02

中国版本图书馆 CIP 数据核字（2014）第 071117 号

人卫社官网 www.pmph.com 出版物查询，在线购书
人卫医学网 www.ipmph.com 医学考试辅导，医学数据库服务，医学教育资源，大众健康资讯

化 工 原 理

主　　编：王志祥
出版发行：人民卫生出版社（中继线 010-59780011）
地　　址：北京市朝阳区潘家园南里 19 号
邮　　编：100021
E - mail：pmph @ pmph.com
购书热线：010-59787592　010-59787584　010-65264830
印　　刷：北京铭成印刷有限公司
经　　销：新华书店
开　　本：787 × 1092　1/16　　**印张：**23
字　　数：574 千字
版　　次：2014 年 6 月第 1 版　2022 年 12 月第 1 版第 8 次印刷
标准书号：ISBN 978-7-117-18804-3/R · 18805
定　　价：39.00 元
打击盗版举报电话：010-59787491　E-mail：WQ @ pmph.com
（凡属印装质量问题请与本社市场营销中心联系退换）

国家卫生和计划生育委员会“十二五”规划教材 全国高等学校制药工程、药物制剂专业规划教材

出 版 说 明

《国家中长期教育改革和发展规划纲要(2010-2020年)》和《国家中长期人才发展规划纲要(2010-2020年)》中强调要培养造就一大批创新能力强、适应经济社会发展需要的高质量各类型工程技术人才,为国家走新型工业化发展道路、建设创新型国家和人才强国战略服务。制药工程、药物制剂专业正是以培养高级工程化和复合型人才为目标,分别于1998年、1987年列入《普通高等学校本科专业目录》,但一直以来都没有专门针对这两个专业本科层次的全国规划性教材。为顺应我国高等教育教学改革与发展的趋势,紧紧围绕专业教学和人才培养目标的要求,做好教材建设工作,更好地满足教学的需要,我社于2011年即开始对这两个专业本科层次的办学情况进行了全面系统的调研工作。在广泛调研和充分论证的基础上,全国高等医药教材建设研究会、人民卫生出版社于2013年1月正式启动了全国高等学校制药工程、药物制剂专业国家卫生和计划生育委员会“十二五”规划教材的组织编写与出版工作。

本套教材主要涵盖了制药工程、药物制剂专业所需的基础课程和专业课程,特别是与药学专业教学要求差别较大的核心课程,共计17种(详见附录)。

作为全国首套制药工程、药物制剂专业本科层次的全国规划性教材,具有如下特点:

一、立足培养目标,体现鲜明专业特色

本套教材定位于普通高等学校制药工程专业、药物制剂专业,既确保学生掌握基本理论、基本知识和基本技能,满足本科教学的基本要求,同时又突出专业特色,区别于本科药学专业教材,紧紧围绕专业培养目标,以制药技术和工程应用为背景,通过理论与实践相结合,创建具有鲜明专业特色的本科教材,满足高级科学技术人才和高级工程技术人才培养的需求。

二、对接课程体系,构建合理教材体系

本套教材秉承“精化基础理论、优化专业知识、强化实践能力、深化素质教育、突出专业特色”的原则,构建合理的教材体系。对于制药工程专业,注重体现具有药物特色的工程技术性要求,将药物和工程两方面有机结合、相互渗透、交叉融合;对于药物制剂专业,则强调不单纯以学科型为主,兼顾能力的培养和社会的需要。

三、顺应岗位需求,精心设计教材内容

本套教材的主体框架的制定以技术应用为主线,以“应用”为主旨甄选教材内容,注重学生实践技能的培养,不过分追求知识的“新”与“深”。同时,对于适用于不同专业的同一

课程的教材,既突出专业共性,又根据具体专业的教学目标确定内容深浅度和侧重点;对于适用于同一专业的相关教材,既避免重要知识点的遗漏,又去掉了不必要的交叉重复。

四、注重案例引入,理论密切联系实践

本套教材特别强调对于实际案例的运用,通过从药品科研、生产、流通、应用等各环节引入的实际案例,活化基础理论,使教材编写更贴近现实,将理论知识与岗位实践有机结合。既有用实际案例引出相关知识点的介绍,把解决实际问题的过程凝练至理性的维度,使学生对于理论知识的掌握从感性到理性;也有在介绍理论知识后用典型案例进行实证,使学生对于理论内容的理解不再停留在凭空想象,而源于实践。

五、优化编写团队,确保内容贴近岗位

为避免当前教材编写存在学术化倾向严重、实践环节相对薄弱、与岗位需求存在一定程度脱节的弊端,本套教材的编写团队不但有来自全国各高等学校具有丰富教学和科研经验的一线优秀教师作为编写的骨干力量,同时还吸纳了一批来自医药行业企业的具有丰富实践经验的专家参与教材的编写和审定,保障了一线工作岗位上先进技术、技能和实际案例作为教材的内容,确保教材内容贴近岗位实际。

本套教材的编写,得到了全国高等学校制药工程、药物制剂专业教材评审委员会的专家和全国各有关院校和企事业单位的骨干教师和一线专家的支持和参与,在此对有关单位和个人表示衷心的感谢!更期待通过各校的教学使用获得更多的宝贵意见,以便及时更正和修订完善。

全国高等医药教材建设研究会
人民卫生出版社
2014 年 2 月

附：国家卫生和计划生育委员会“十二五”规划教材 全国高等学校制药工程、药物制剂专业规划教材目录

序号	教材名称	主编	适用专业
1	药物化学*	孙铁民	制药工程、药物制剂
2	药剂学	杨　丽	制药工程
3	药物分析	孙立新	制药工程、药物制剂
4	制药工程导论	宋　航	制药工程
5	化工制图	韩　静	制药工程、药物制剂
5-1	化工制图习题集	韩　静	制药工程、药物制剂
6	化工原理	王志祥	制药工程、药物制剂
7	制药工艺学	赵临襄　赵广荣	制药工程、药物制剂
8	制药设备与车间设计	王　沛	制药工程、药物制剂
9	制药分离工程	郭立玮	制药工程、药物制剂
10	药品生产质量管理	谢　明　杨　悦	制药工程、药物制剂
11	药物合成反应	郭　春	制药工程
12	药物制剂工程	柯　学	制药工程、药物制剂
13	药物剂型与递药系统	方　亮　龙晓英	药物制剂
14	制药辅料与药品包装	程　怡　傅超美	制药工程、药物制剂、药学
15	工业药剂学	周建平　唐　星	药物制剂
16	中药炮制工程学*	蔡宝昌　张振凌	制药工程、药物制剂
17	中药提取工艺学	李小芳	制药工程、药物制剂

注：*教材有配套光盘。

全国高等学校制药工程、药物制剂专业教材评审委员会名单

主任委员

尤启冬　中国药科大学

副主任委员

赵临襄　沈阳药科大学
蔡宝昌　南京中医药大学

委　　员（以姓氏笔画为序）

于奕峰　河北科技大学化学与制药工程学院
元英进　天津大学化工学院
方　浩　山东大学药学院
张　珩　武汉工程大学化工与制药学院
李永吉　黑龙江中医药大学
杨　帆　广东药学院
林桂涛　山东中医药大学
章亚东　郑州大学化工与能源学院
程　怡　广州中医药大学
虞心红　华东理工大学药学院

前　言

我国的制药工程教育始于1998年，虽然起步较晚，但发展速度极快，目前国内已有200余所高校相继设立了制药工程本科专业。根据原教育部制药工程专业教学指导分委员会起草制订的《高等学校制药工程专业指导性专业规范》中对于本专业课程体系的要求，化工原理是制药工程专业的核心课程。

目前国内已有多种版本的化工原理教材，并且各具特色，但仍缺乏反映制药工业特点和制药工程专业特色的《化工原理》教材。为此，全国高等医药教材建设研究会、人民卫生出版社启动了全国高等学校制药工程、药物制剂专业国家卫生和计划生育委员会"十二五"规划教材的论证、编写与出版工作，并将《化工原理》教材列入首批规划教材，目的是为制药工程及相关专业提供适宜的《化工原理》教材。

制药化工单元操作的种类很多，每种单元操作均有十分丰富的内容。根据制药工业的特点和化工原理课程的教学要求，本书精选了若干个典型的制药化工单元操作进行介绍，力求全面系统地阐明制药化工过程的基本原理和工程方法。全书共分为十章，包括流体流动、流体输送设备、沉降与过滤、传热、蒸发、结晶、蒸馏、吸收、萃取和固体干燥等。在内容选择和深度上，力求能反映制药工业的特点和教学改革的需要，强调"三基"(基本理论、基本知识和基本技能)和"五性"(思想性、科学性、先进性、启发性和适用性)，注重理论与实践以及药学与工程学的结合。

本书由中国药科大学王志祥教授主编并统稿。沈阳药科大学周丽莉教授和东南大学潘晓梅副教授任副主编。参加本书编写工作的人员还有于智莘、孟繁钦、高文义、黄宏妙、黄德春、雷雪霏、潘永兰。在编写过程中还得到中国药科大学史益强、李想、杨照、崔志芹、武法文、戴琳等诸多同志的大力支持，在此一并表示感谢。

作者在编写和修改过程中已作了很大努力，但由于水平所限，错误和不当之处在所难免，恳请广大读者批评指正，以利于该书的进一步修订和完善。

王志祥

2014年1月

目　　录

绪　论

一、制药工业与单元操作

制药工业是根据中医和西医相结合的临床实践，生产医疗上所需的药品。药品的种类很多，每一种药品都有其独特的生产过程，但归纳起来，各种不同的生产过程都是由若干个反应（包括化学反应和生物转化反应等）和若干个基本的物理操作串联而成，每一个基本的物理操作过程都称为一个单元操作。例如，利用混合物中各组分的挥发度差异来分离液体混合物的操作过程称为精馏单元操作；利用各组分在液体溶剂中的溶解度差异来分离气体混合物的操作过程称为吸收单元操作；利用各组分在液体萃取剂中的溶解度不同来分离液体或固体混合物的操作过程称为萃取单元操作；通过对湿物料加热，使其中的部分水分汽化而得到干固体的操作过程称为干燥单元操作；通过冷却或使溶剂汽化的方法，使溶液达到过饱和而析出晶体的操作过程称为结晶单元操作，等等。因此，在研究药品生产过程时不需要将每一个药品生产过程都视为一种特殊的或独有的知识加以研究，而只需研究组成药品生产过程的每一个单元操作即可。研究药品生产过程中典型制药单元操作的基本原理及设备，并探讨这些单元操作过程的强化途径，是本课程的主要内容。

二、课程性质和任务

本课程是制药工程、药物制剂等制药类专业学生必修的一门技术基础课程，是利用《高等数学》、《物理学》和《物理化学》等先修课程的知识来解决制药生产中的实际问题，并为《制药工程学》等后续工程类专业课程的学习打下基础。因此，本课程是自然科学领域的基础课向工程学科的专业课过渡的入门课程，在整个教学计划中起着承上启下的作用。

本课程的任务是研究制药化工生产中典型单元操作的基本原理、设备及过程的强化途径，是一门理论与实践密切结合的工程类课程，也是一门需要学以致用的课程。在教学和学习过程中，要善于理论联系实际，树立工程观点，从工程和经济的角度去考虑技术问题。通过本课程的课堂教学和实验训练，使学生掌握典型制药单元操作的基本原理及设备应用，并具备初步的工程实验研究能力和实际操作技术。对学生而言，努力学好本课程，将来无论是在科研院所，还是在工厂企业工作，都是大有裨益的。

三、物理量的单位及单位换算

任何物理量都是用数字和单位联合表达的。一般先选几个独立的物理量，如长度、时间等作为基本量，并规定出它们的单位，这些单位称为基本单位。而其他物理量，如速度、加速度等的单位则根据其自身的物理意义，由相应的基本单位组合而成，这些单位称为导出单位。

由于历史、地区及不同学科领域的不同要求，对基本量及其单位的选择有所不同，因而形成了不同的单位制度，如物理单位制(CGS 制)、工程单位制等。多种单位制并存，给计算和交流带来不便，并容易产生错误。为改变这种局面，在 1960 年 10 月第十一届国际计量大会上通过了一种新的单位制，即国际单位制，其代号为 SI。国际单位制共规定了七个基本量和两个辅助量，如表 1 所示。

表 1 SI 制基本单位和辅助单位

项目	基本单位							辅助单位	
物理量	长度	质量	时间	电流	温度	物质量	发光强度	平面角	立体角
单位名称	米	千克	秒	安培	开尔文	摩尔	坎德拉	弧度	球面度
单位符号	m	kg	s	A	K	mol	cd	rad	sr

我国目前使用的是以 SI 制为基础的法定计量单位，它是根据我国国情，在 SI 制单位的基础上，适当增加一些其他单位构成的。例如，体积的单位升(L)，质量的单位吨(t)，时间的单位分(min)、时(h)、日(d)、年(y)仍可使用。

本书采用法定计量单位，但在实际应用中，仍可能遇到非法定计量单位，需要进行单位换算。不同单位制之间的主要区别在于其基本单位不完全相同。表 2 给出了常用单位制中的部分基本单位和导出单位。

表 2 常用单位制中的部分基本单位和导出单位

国际单位制(SI 制)				物理单位制(CGS 制)				工程单位制			
基本单位			导出单位	基本单位			导出单位	基本单位			导出单位
长度	质量	时间	力	长度	质量	时间	力	长度	力	时间	质量
m	kg	s	N	cm	g	s	dyn	m	kgf	s	kgf·s²/m

在国际单位制和物理单位制中，质量是基本单位，力是导出单位。而在工程单位制中，力是基本单位，质量是导出单位。因此，必须掌握三种单位制之间力与质量之间的关系，才能正确地进行单位换算。

在工程单位制中，将作用于 1kg 质量上的重力，即 1kgf 作为力的基本单位。由牛顿第二定律 $F=ma$ 得

$$1\text{N}=1\text{kg}\times 1\text{m/s}^2=1\text{kg}\cdot\text{m/s}^2$$

$$1\text{kgf}=1\text{kg}\times 9.81\text{m/s}^2=9.81\text{N}=9.81\times 10^5\text{dyn}$$

$$1\text{kgf}\cdot\text{s}^2/\text{m}=9.81\text{N}\cdot\text{s}^2/\text{m}=9.81\text{kg}=9.81\times 10^3\text{g}$$

根据三种单位制之间力与质量的关系，即可将物理量在不同单位制之间进行换算。将物理量由一种单位换算至另一种单位时，物理量本身并没有发生改变，仅是数值发生了变化。例如，将 1m 的长度换算成 100cm 的长度时，长度本身并没有改变，仅仅是数值和单位的组合发生了改变。因此，在进行单位换算时，我们只需要用新单位代替原单位，用新数值代替原数值即可，其中

$$\text{新数值}=\text{原数值}\times\text{换算因数} \tag{1}$$

式中

$$换算因数=\frac{原单位}{新单位} \tag{2}$$

它表示一个原单位相当于多少个新单位。

例 1　试将物理单位制中的密度单位 g/cm^3 分别换算成 SI 制中的密度单位 kg/m^3 和工程单位制中的密度单位 kgf · s^2/m^4。

解：首先确定换算因数

$$\frac{\mathrm{g}}{\mathrm{kg}}=10^{-3},\frac{\mathrm{cm}}{\mathrm{m}}=10^{-2},\frac{\mathrm{kg}}{\mathrm{kgf\cdot s^2/m}}=\frac{1}{9.81}$$

则

$$1\frac{\mathrm{g}}{\mathrm{cm^3}}=\frac{1\times10^{-3}\mathrm{kg}}{(10^{-2}\mathrm{m})^3}=1\times10^3\mathrm{kg/m^3}=1\times10^3\times\frac{\frac{1}{9.81}\mathrm{kgf\cdot s^2/m}}{\mathrm{m^3}}=102\mathrm{kgf\cdot s^2/m^4}$$

例 2　在 SI 制中，压力的单位为 Pa(帕斯卡)，即 N/m^2。已知 1 个标准大气压的压力相当于 1.033kgf/cm^2，试以 SI 制单位表示 1 个标准大气压的压力。

解：首先确定换算因数

$$\frac{\mathrm{kgf}}{\mathrm{N}}=9.81,\frac{\mathrm{cm}}{\mathrm{m}}=10^{-2}$$

则

$$1\mathrm{atm}=1.033\frac{\mathrm{kgf}}{\mathrm{cm^2}}=\frac{1.033\times9.81\mathrm{N}}{(10^{-2}\mathrm{m})^2}=1.01325\times10^5\mathrm{N/m^2}=1.01325\times10^5\mathrm{Pa}$$

习　题

1. 在物理单位制中，黏度的单位为 P(泊)，即 g/(cm · s)，试将该单位换算成 SI 制中的黏度单位 Pa · s。(1P=0.1Pa · s)

2. 已知通用气体常数 R=0.08206L · atm/(mol · K)，试以法定单位 J/(mol · K)表示 R 的值。[8.314J/(mol · K)]

（王志祥）

第一章　流 体 流 动

气体和液体通常统称为流体。流体抗剪和抗张的能力很小，因此在外力作用下，流体内部会发生相对运动，使流体变形，这种连续不断的变形就形成了流动，所以流体具有流动性。流体的体积如果不随温度和压力改变，这种流体称为不可压缩流体；如果随温度和压力改变，则称为可压缩流体。

制药化工生产中所处理的物料大多数为流体，涉及的过程绝大部分是在流动条件下进行的。例如：为了把流体按规定条件在设备之间输送，需要选用适宜的流动速度；为了了解和控制生产过程，需要对管路和设备内的流速和流量等一系列参数进行测定等等。因此，流体流动问题在制药化工过程的实现中占有非常重要的地位。此外，流体流动还与很多制药化工单元操作密切相关，因此流体流动是本课程最基础的内容。

要解决流体流动的问题首先必须掌握流体力学的相关知识，如基本原理和规律以及应用技能。流体力学的分类方法很多，但其核心不外乎流体静力学和流体动力学两大部分，分别研究、解决流体处于静止及流动时的有关工程实际问题。

如果从单个分子运动出发来研究整个流体处于静止或运动时的规律，是很困难，也是不现实的。工程上，通常假设整个流体由无数个流体微团组成，单个微团称为“质点”。质点的大小与它所处的空间相比是微不足道的，但比分子的自由程要大很多。这样可以设想在流体的内部，各个质点紧密相连，没有任何间隙而成为连续体，亦即流体具有连续性。这样就可以不研究分子间的相互作用以及复杂的分子运动，而只研究流体质点间的宏观运动规律。

本章重点介绍流体流动过程的基本原理、流体在管内的流动规律及其应用。

第一节　流体静力学

流体静力学主要研究管道或设备内流体在外力作用下达到平衡时的规律，本节只讨论流体在重力和压力作用下处于静止或相对静止时的规律。

一、流体的密度

（一）密度、比容、相对密度的定义

1. 密度　单位体积的流体所具有的质量称为流体的密度，其表达式为

$$\rho=\frac{m}{V} \tag{1-1}$$

式中，ρ 为流体的密度，单位为 kg/m^3；m 为流体的质量，单位为 kg；V 为流体的体积，单位为 m^3。

在不同的单位制中，密度的单位和数值均不同。在 SI 制中，密度的单位为 kg/m^3；在物

理单位制中，密度的单位为 g/cm^3；在工程单位制中，密度的单位为 $kgf \cdot s^2/m^4$，它们之间的换算关系如下

$$1g/cm^3 = 10^3 kg/m^3 = 102kgf \cdot s^2/m^4$$

液体的密度基本不随压力变化，常可忽略其影响，故又称为不可压缩流体。气体与液体的区别在于气体具有可压缩性，故又称为可压缩流体，但当温度和压力的变化率均很小时，气体也可近似按不可压缩流体处理。

2. 比容　单位质量的流体所具有的体积，称为流体的比容或比体积，用符号 υ 表示，且比容与密度互为倒数关系，即

$$\upsilon = \frac{V}{m} = \frac{1}{\rho} \qquad (1\text{-}2)$$

式中，υ 为流体的比容，单位为 m^3/kg。

3. 相对密度　液体在某温度时的密度与标准大气压下 4℃时水的密度的比值，称为该液体的相对密度或比重，即

$$s = \frac{\rho}{\rho_{H_2O}} \qquad (1\text{-}3)$$

式中，s 为液体的相对密度或比重，无因次；ρ_{H_2O} 为标准大气压下 4℃时水的密度，其值为 $1000kg/m^3$。

通常可在工程手册中查到部分常见液体的相对密度曲线图。如图 1-1 所示为硫酸-水溶液的相对密度曲线图，通过曲线图可查出不同温度、浓度条件下的相对密度数据，用式(1-3)便可换算出某温度条件下液体的密度。

（二）密度的计算

制药化工生产中遇到的流体往往不是单一组分的纯流体，而是由若干组分构成的混合物。纯物质的密度，一般可从物理化学手册或有关资料中查得，而混合液体、混合气体的平均密度若无实际测值，可通过计算求得。

1. 液体的密度　液体混合时，体积一般是有所改变的，如假设液体混合物为理想溶液，则混合溶液的体积等于各组分单独存在时的体积之和。以 1kg 液体混合物为基准，若混合液中各组分的密度为已知，则可用下式计算出混合液的平均密度。

$$\frac{1}{\rho_m} = \frac{x_{W1}}{\rho_1} + \frac{x_{W2}}{\rho_2} + \cdots + \frac{x_{Wn}}{\rho_n} = \sum_{i=1}^{n} \frac{x_{Wi}}{\rho_i} \qquad (1\text{-}4)$$

式中，ρ_m 为液体混合物的密度，单位为 kg/m^3；ρ_i 为液体混合物中组分 i 的密度，单位为 kg/m^3；x_{Wi} 为液体混合物中组分 i 的质量分率，显然 $\sum_{i=1}^{n} x_{Wi} = 1$。

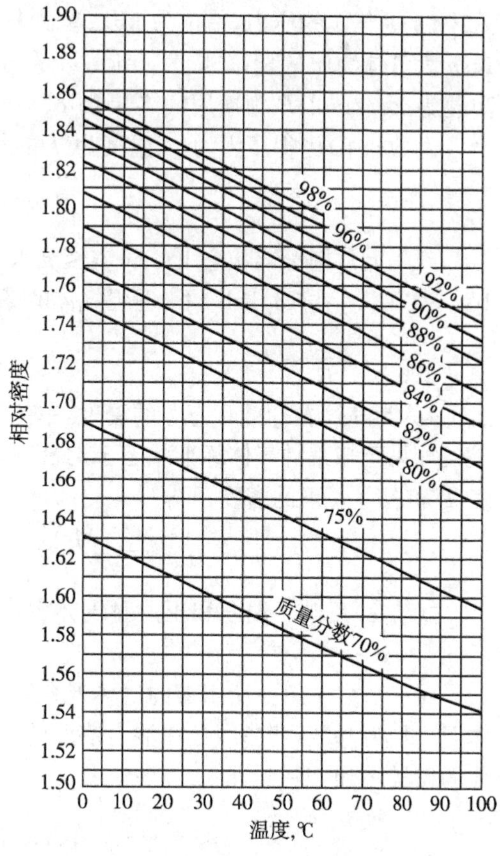

图 1-1　硫酸溶液的相对密度图

例 1-1　已知苯和甲苯混合液中含苯 0.48(摩尔分率)，试计算混合液在 20℃时的平均密度。

解：以 x 表示摩尔分率，下标 1 和 2 分别表示苯和甲苯，则

$$x_1=0.48$$

$$x_2=1-x_1=1-0.48=0.52$$

苯和甲苯的摩尔质量分别为 $M_1=78\text{kg/kmol}$，$M_2=92\text{kg/kmol}$，则两组分的质量分率分别为

$$x_{W1}=\frac{x_1M_1}{x_1M_2+x_1M_2}=\frac{0.48\times 78}{0.48\times 78+0.52\times 92}=0.44$$

$$x_{W2}=1-x_1=1-0.44=0.56$$

查附录 4 得 20℃时苯和甲苯的密度分别为 $\rho_1=879\text{kg/m}^3$ 和 $\rho_2=867\text{kg/m}^3$。则 20℃时混合液的平均密度为

$$\frac{1}{\rho_m}=\frac{x_{W1}}{\rho_1}+\frac{x_{W2}}{\rho_2}=\frac{0.44}{879}+\frac{0.56}{867}$$

$$\rho_m=872.24\text{kg/m}^3$$

2. 气体的密度　气体是可压缩流体，其密度除随气体的种类而异外，还随温度和压强而改变。因此，气体的密度必须标明状态。当压力不太高(临界压力以下)，温度不太低时(临界温度以上)，气体可近似地按理想气体处理，则

$$pV=nRT=\frac{m}{M}RT \tag{1-5}$$

式中，p 为气体的压力，单位为 kPa；V 为气体的体积，单位为 m^3；T 为气体的温度，单位为 K；n 为气体物质的量，单位为 kmol；m 为气体的质量，单位为 kg；M 为气体的千摩尔质量，单位为 kg/kmol；R 为通用气体常数，8.314kJ/(kmol・K)。

由式(1-5)可得压力为 p、温度为 T 的气体的密度为

$$\rho=\frac{m}{V}=\frac{pM}{RT} \tag{1-6}$$

工程上常用标准状态下的气体密度来计算实际状态下的气体密度。在标准状态($p_o=101.3\text{kPa}$，$T_o=273.15\text{K}$)下，理想气体的摩尔体积 $V_o=22.4\text{m}^3/\text{kmol}$，则密度为

$$\rho_o=\frac{M}{22.4}=\frac{p_oM}{RT_o} \tag{1-7}$$

式中，ρ_o 为气体在标准状态下的密度，单位为 kg/m^3。

如果已知某种气体标准状态下的密度 ρ_o，则可由式(1-6)和(1-7)计算出该气体在其他温度 T 和压力 p 下的密度 ρ，即

$$\rho=\frac{M}{22.4}\times\frac{p}{p_o}\times\frac{T_o}{T}=\rho_o\times\frac{p}{p_o}\times\frac{T_o}{T} \tag{1-8}$$

式(1-8)反映了温度和压力对气体密度的影响，即气体的密度与压力成正比，与温度成反比。

对于由多个组分所组成的气体混合物，各组分的组成常用体积分率表示。现以 1m^3 气体混合物为基准，若各组分在混合前后的质量保持不变，则 1m^3 气体混合物的质量等于各组分的质量之和，即

$$\rho_m=\rho_1x_{V1}+\rho_2x_{V2}+\cdots+\rho_nx_{Vn}=\sum_{i=1}^{n}(\rho_ix_{Vi}) \tag{1-9}$$

式中，ρ_m 为某温度压力下气体混合物的平均密度，单位为 kg/m³；ρ_i 为该温度压力下组分 i 单独存在时的密度，单位为 kg/m³；x_{Vi} 为气体混合物中组分 i 的体积分率，显然 $\sum_{i=1}^{n} x_{Vi}=1$。

气体混合物的平均密度也可按式(1-8)计算，此时应以气体混合物的平均千摩尔质量 M_m 代替式中的气体千摩尔质量 M，即

$$\rho_m=\frac{M_m}{22.4}\times\frac{p}{p_o}\times\frac{T_o}{T} \tag{1-10}$$

式中，M_m 为气体混合物的平均千摩尔质量，单位为 kg/kmol，可按下式计算

$$M_m=\sum_{i=1}^{n}(M_i x_{Vi}) \tag{1-11}$$

式中，M_i 为气体混合物中组分 i 的千摩尔质量，单位为 kg/kmol。

例 1-2　已知空气中各组分的摩尔分数为：O_2 为 0.21、N_2 为 0.78、Ar 为 0.01，试计算标准状态下空气的平均密度。

解：用 M_1、M_2 和 M_3 分别表示 O_2、N_2 和 Ar 的千摩尔质量，则 $M_1=32$kg/kmol，$M_2=28$kg/kmol，$M_3=40$kg/kmol

$$M_m=M_1x_1+M_2x_2+M_3x_3=32\times0.21+28\times0.78+40\times0.01=28.96\text{kg/kmol}$$

则

$$\rho_o=\frac{p_oM_m}{RT_o}=\frac{101.33\times10^3\times28.96}{8.315\times10^3\times273}=1.293\text{kg/m}^3$$

二、流体的压强

流体垂直作用于单位面积上的力称为流体的压强，但习惯上称为流体的压力。作用于整个面积上的力称为总压力。在静止流体中产生的压强称为静压强或静压力，从各个方向作用于某一点的压力大小均相等。

在法定单位制中，压强的单位为 Pa（帕斯卡）。由于历史的原因，流体的压强还可采用其他单位，如标准大气压（atm）、液体柱高度（mmHg、mH_2O）、工程大气压（kgf/cm²）、巴（bar）等，它们之间的换算关系为

$$1\text{atm}=760\text{mmHg}=1.033\frac{\text{kgf}}{\text{cm}^2}=10.33\text{mH}_2\text{O}=1.0133\text{bar}=1.0133\times10^5\text{Pa}$$

流体的压强除可用不同的单位计量外，还有不同的表示方法。如以绝对零压为基准测得的压强，称为绝对压强，简称绝压，它是流体的真实压强。

在工程上为了测量方便，常以当时当地大气压为基准，使用测压仪表测量。当被测流体的压强高于外界的大气压强时，采用压强表进行测量，其读数反映了被测流体的绝对压强高于外界大气压强的数值，称为表压强，简称表压，即

表压（强）＝绝对压强－大气压强

当被测流体的压强低于外界的大气压强时，采用真空表进行测量，其读数反映了被测流体的绝对压强低于外界大气压强的数值，称为真空度，即

真空度＝大气压强－绝对压强＝－（绝对压强－大气压强）＝－表压

显然，真空度又是表压强的负值，且流体的绝对压强愈低，真空度就愈高。

但应注意的是受到大气温度、湿度和所在地区的海拔高度的影响，大气压强是变化的。因此压强表或真空表测得的读数必须根据当时当地的大气压强进行校正，才能得到测量点

处的绝对压强值。

绝压、表压和真空度之间的关系如图 1-2 所示。图中 A 点的测定压强高于大气压强，B 点的测定压强低于大气压强。

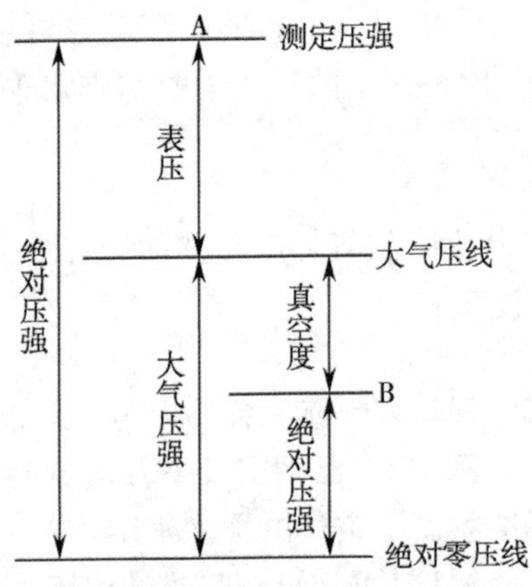

图 1-2 绝压、表压和真空度之间的关系

为区分压强的三种不同表示形式，避免混淆，凡表示表压或真空度的压强单位后，均需加以标注或说明，而绝压可不加标注或说明，如 8×10^5Pa（表压）、5×10^3Pa（真空度）、7×10^5Pa 等。

例 1-3 哈尔滨某药厂使用精馏装置对有机溶剂进行回收，操作时塔顶的真空度为 10.02mH_2O，现拟将该塔的精馏技术转让至兰州地区。若要求塔内维持相同的绝对压强，试计算在兰州地区操作时塔顶的真空度。已知哈尔滨地区的平均大气压强为 10.17mH_2O，兰州地区的平均大气压强为 8.68mH_2O。

解：在哈尔滨地区操作时塔顶的绝对压强为

$$绝对压强=大气压强-真空度=10.17-10.02=0.15\text{m}H_2O$$

在兰州地区操作时塔内的绝对压强不变，则在兰州地区操作时塔顶的真空度为

$$真空度=大气压强-绝对压强=8.68-0.15=8.53\text{m}H_2O$$

三、流体静力学基本方程式

流体静力学基本方程式是描述在重力场中静止流体内部压力随高度变化的数学表达式。对于不可压缩流体，密度不随压力变化而变化，可用下述方法推导出流体静力学基本方程式。

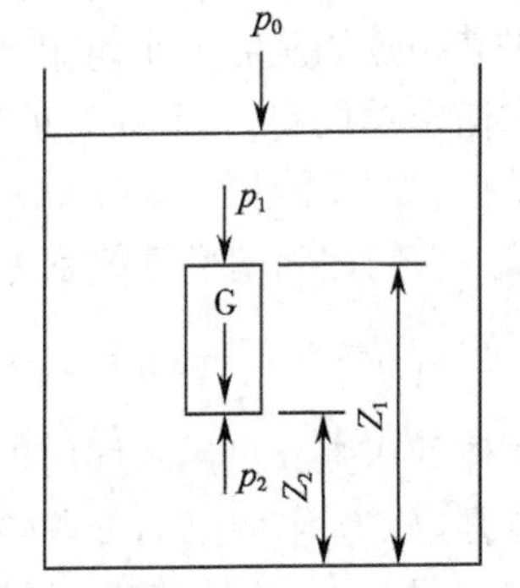

图 1-3 静止液体柱的受力分析示意

敞口容器内盛有密度为 ρ 的静止液体，在液体内部任取一横截面积为 A 的垂直液体柱，如图 1-3 所示。以容器底面所在的平面为基准水平面，并设液柱上、下底面与基准水平面之间的垂直距离分别为 Z_1 和 Z_2，上、下底面的压强分别为 p_1 和 p_2。

在重力场中，垂直方向上作用于液柱的力有 3 个：①作用于液柱上底面的方向向下的压力 p_1A；②作用于液柱下底面的方向向上的压力 p_2A；③整个液柱所受的重力 $G=\rho gA(Z_1-Z_2)$。

由于液体处于静止状态，故上述三个作用力的合力为零。即

$$p_1A+\rho gA(Z_1-Z_2)=p_2A \tag{1-12}$$

将上式化简得

$$p_1+\rho g(Z_1-Z_2)=p_2 \tag{1-13}$$

若取液柱的上底面为液面，则 $p_1=p_0$。设液柱高度为 h，液柱下底面的压强为 p，则上式可改写为

$$p=p_0+\rho gh \tag{1-14}$$

式(1-13)和式(1-14)是以液体为介质导出的，液体的密度随压强变化很小，可视为不可

压缩流体；而气体具有可压缩性，原则上式(1-13)和(1-14)是不成立的，但在制药化工生产中，容器和设备内部静止气体的温度、压强变化值有限，故由式(1-8)知，密度亦近似为常数，此时式(1-13)和(1-14)也适用于气体。故将式(1-13)和式(1-14)统称为流体静力学基本方程式。

由流体静力学基本方程式可知：

(1) 当液面上方压力 p_0 一定时，静止液体内部任一点压力 p 的大小与液体本身的密度 ρ 和该点距液面的深度 h 有关。因此，在静止的同一种连续流体内，处于同一水平面上的各点压力均相等。压力相等的水平面常称为等压面。

(2) 当液面上方的压力 p_0 发生改变时，液体内部各点的压力 p 将发生同样大小的改变，即作用于容器内液面上方的压力能以同样的大小传递至液体内部任一点的各个方向上，这就是巴斯噶原理。

(3) 式(1-14)也可改写为

$$h=\frac{p_2-p_0}{\rho g} \tag{1-15}$$

即在静止的同一种连续流体内部压强和压强差均可用该流体柱高度来表示，但应注明液体的种类和温度，否则将失去意义。

例 1-4 如图 1-4 所示的开口容器内盛有油和水。油层高度 $h_1=0.85\text{m}$、密度 $\rho_1=800\text{kg/m}^3$，水层高度 $h_2=0.52\text{m}$、密度 $\rho_2=1000\text{kg/m}^3$。

(1) 判断下列关系是否成立：$p_A=p'_A$，$p_B=p'_B$。

(2) 计算水在玻璃管内的高度 h。

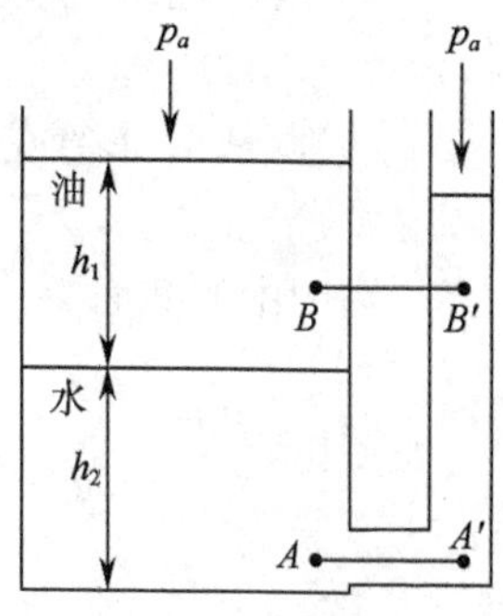

图 1-4 例 1-4 附图

解：(1) 判断两关系是否成立

$p_A=p'_A$的关系成立。因 A 及 A′两点在静止的连通着的同一种流体内，并在同一水平面上。所以截面 A—A′为等压面。

$p_B=p'_B$的关系不成立。因 B 及 B′两点虽在静止流体的同一水平面上，但不是连通着的同一流体，即截面 B—B′不是等压面。

(2) 计算玻璃管内水的高度 h

由上述讨论可知，$p_A=p'_A$，而 p_A 与 p'_A都可以用流体静力学方程式计算，若设大气压为 p_a，即

$$p_A=p_a+\rho_1 gh_1+\rho_2 gh_2$$

$$p'_A=p_a+\rho_2 gh$$

则

$$p_a+\rho_2 gh=p_a+\rho_1 gh_1+\rho_2 gh_2$$

简化上式并将已知条件代入，得

$$800\times0.85+1000\times0.52=1000h$$

解得

$$h=1.20\text{m}$$

四、流体静力学基本方程式的应用

流体静力学基本方程式的工程应用范围广泛，很多制药化工仪表的操作原理都是以流体静力学方程式为依据的。例如：流体压强与压强差的测量，液位的测量，液封高度的计算等。

(一) 液体压强与压强差的测量

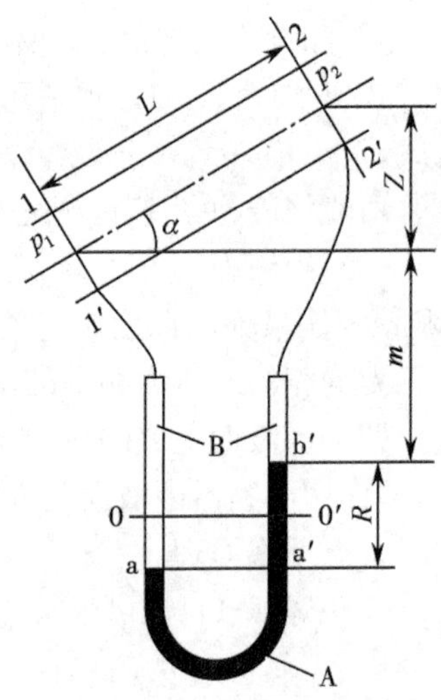

图 1-5 普通 U 形管液柱压差计

1. 普通 U 形管液柱压差计 普通 U 形管液柱压差计的结构如图 1-5 所示，它是一根等径的 U 形玻璃管，管内装有指示液，装入量通常约为 U 形管总高度的一半。指示液与被测流体不互溶、不发生化学反应且密度应大于被测流体的密度。常用的指示液包括水银、水、四氯化碳与液体石蜡等。

当使用普通 U 形管液柱压差计测量管路中截面 1-1′与 2-2′之间的压强差时，将 U 形管两端用连接管分别连接截面 1-1′和 2-2′上的测压口，指示液上方充满被测流体。由于截面 1-1′处的压力 p_1 与截面 2-2′处的压力 p_2 不相等，故压力高端的指示液面下降，压力低端的指示液面上升，且高压端下降的指示液体积等于低压端上升的指示液体积。结果 U 形管两端便出现指示液面的高度差 R，R 称为压差计的读数，其大小反映了(p_1-p_2)的大小。(p_1-p_2)与 R 之间的关系，可根据流体静力学基本方程式导出。

如图 1-5 所示，截面 1-1′与 2-2′之间的垂直距离为 L，管道的水平倾角为 α，则截面 2-2′的中心点较截面 1-1′的中心点高出的距离为 $Z=L\sin\alpha$。

根据流体静力学基本方程式，从 U 形管右侧计算，得

$$p'_a=p'_b+\rho_A gR=p_2+\rho_B g(m+Z)+\rho_A gR$$

同理，从 U 形管左侧计算，得

$$p_a=p_1+\rho_B g(m+R)$$

因图中的截面 a-a′为等压面，即

$$p_a=p'_a$$

所以

$$p_1+\rho_B g(m+R)=p_2+\rho_B g(m+Z)+\rho_A gR$$

$$p_1-p_2=(\rho_A-\rho_B)gR+\rho_B gZ$$

或

$$p_1-p_2=(\rho_A-\rho_B)gR+\rho_B gLsin\alpha \tag{1-16}$$

制药化工生产中，使用普通 U 形管液柱压差计测量压差的管路可能多种多样，可根据管道不同的铺设情况和流体流动方向，确定管路水平倾角 α 的取值，代入式(1-16)计算压差。例如，对于水平管道，$\alpha=0°$；对于垂直管道，当流体自下而上流动时，$\alpha=90°$；当流体自上而下流动时，$\alpha=-90°$。

普通 U 形管液柱压差计也可测量流体在任一处的压强。测量时，U 形管的一端与设备或管道的测压口相连，另一端与大气相通，这时读数 R 所反映的是管道中某截面处的绝对压强与大气压强之差，即为表压强或真空度，从而可求得该截面的绝压。

例 1-5 水在直管内流动，如图 1-6 所示。现采用两个 U 形玻璃管水银压差计串联，以测量截面 a-a′与 b-b′之间的压差。测量时，两 U 形玻璃管的连接管内充满了水。若 R_1 和 R_2 的读数分别为 580mm 和 615mm，试计算截面 a-a′与 b-b′之间的压差。已知水银的密度为 13 600kg/m^3，水的密度为 1000kg/m^3。

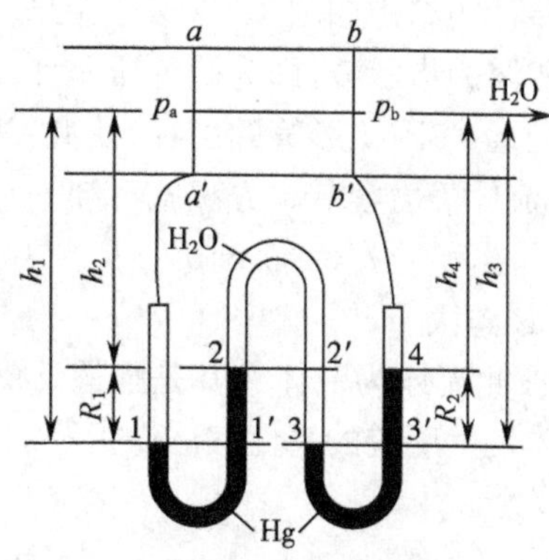

图 1-6 例 1-5 附图

解：首先确定等压面。在指示液（水银）与被测流体（水）的交界处寻找等压面，如图中的截面 1-1′、2-2′和 3-3′均为等压面。由流体静力学基本方程式得

$$
\begin{aligned}
p_a &= p_1 - \rho_{H_2O} g h_1 \\
&= p'_1 - \rho_{H_2O} g h_1 \\
&= (p_2 + \rho_{Hg} g R_1) - \rho_{H_2O} g h_1 \\
&= p'_2 + \rho_{Hg} g R_1 - \rho_{H_2O} g h_1 \\
&= [p_3 - \rho_{H_2O} g (h_3 - h_2)] + \rho_{Hg} g R_1 - \rho_{H_2O} g h_1 \\
&= p'_3 + \rho_{Hg} g R_1 - \rho_{H_2O} g (h_1 - h_2 + h_3) \\
&= (p_4 + \rho_{Hg} g R_2) + \rho_{Hg} g R_1 - \rho_{H_2O} g (R_1 + h_3) \\
&= p_4 + \rho_{Hg} g (R_1 + R_2) - \rho_{H_2O} g (R_1 + h_3) \\
&= (p_b + \rho_{H_2O} g h_4) + \rho_{Hg} g (R_1 + R_2) - \rho_{H_2O} g (R_1 + h_3) \\
&= p_b + \rho_{Hg} g (R_1 + R_2) - \rho_{H_2O} g (R_1 + h_3 - h_4) \\
&= p_b + \rho_{Hg} g (R_1 + R_2) - \rho_{H_2O} g (R_1 + R_2)
\end{aligned}
$$

所以

$$
\begin{aligned}
p_a - p_b &= (\rho_{Hg} - \rho_{H_2O}) g (R_1 + R_2) \\
&= (13\,600 - 1000) \times 9.81 \times (0.58 + 0.615) \\
&= 147\,709\text{Pa}
\end{aligned}
$$

2. 测微小压力或压差的 U 形管压差计　当被测压力或压差很小时，用普通 U 形管液柱压差计测得的读数 R 必然很小，此时可能会产生很大的读数误差。为得到精确的读数，除可改用密度较小的指示液外，也可采用斜管压差计或微差压差计，使读数放大。

（1）斜管压差计：斜管压差计的结构如图 1-7 所示，可使 U 形管压差计的读数 R 放大至 R'，即

图 1-7 斜管压差计

$$R' = \frac{R}{\sin\alpha} \tag{1-17}$$

式中，α 为倾斜角，其值越小，R' 值越大。

测量时，根据读数 R'，使用式(1-17)计算出 R 值后，将其代入式(1-16)，即得到压差值。

(2) 微差压差计:微差压差计的结构如图 1-8 所示。在 U 形管的顶部加装两个扩张室,管内放置两种密度不同、互不相溶的指示液,即为微差压差计。

测量时,由于扩张室的内径远大于 U 形管的内径,因此,当读数 R 发生变化时,扩张室内的液位可近似认为不变。由流体静力学基本方程式可知

$$p_1-p_2=(\rho_A-\rho_C)gR \tag{1-18}$$

显然,$(\rho_A-\rho_C)$ 愈小,读数 R 愈大。

3. 倒 U 形管压差计 当被测流体为液体尤其是强酸、强碱或强氧化剂时,可选用密度小于被测流体,且不与被测流体发生反应的惰性气体作指示剂,采用图 1-9 所示的倒 U 形管压差计来测量系统的压强差。

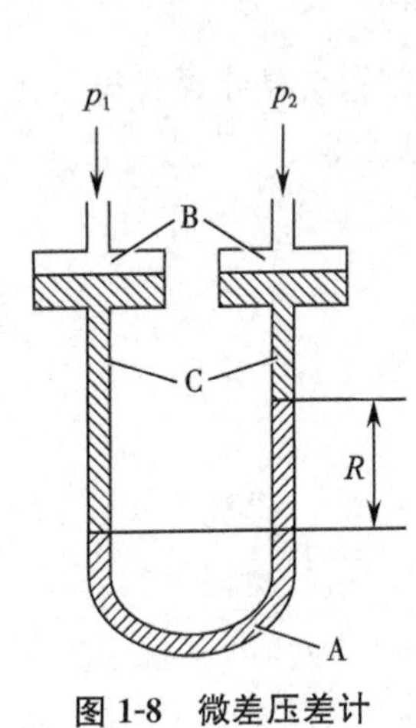

图 1-8 微差压差计

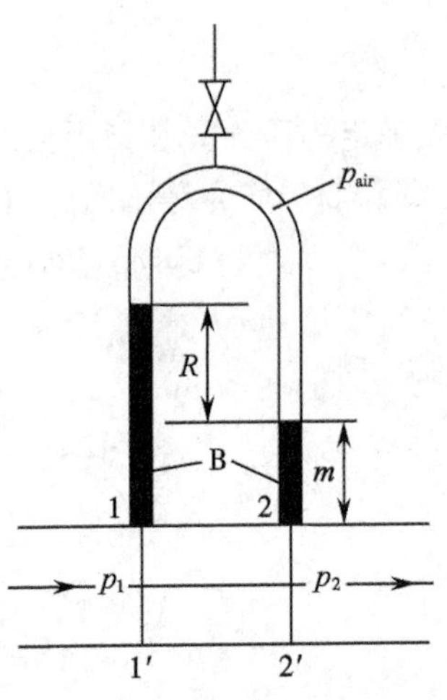

图 1-9 倒 U 形管压差计

当 $p_1>p_2$ 时,高压端的液面将上升,低压端的液面将下降,从而出现指示液面的高度差 R。值得注意的是,当倒 U 形管压差计上端的指示流体为气体时,由于气体具有可压缩性,因此高压端液面的上升高度并不等于低压端液面的下降高度。

图 1-9 中倒 U 形管压差计上端空气的压力可近似认为相等,则由流体静力学基本方程式得

$$p_1=p_A+\rho_B g(R+m)$$

$$p_2=p_A+\rho_B gm$$

所以

$$p_1-p_2=\rho_B gR \tag{1-19}$$

(二) 液位的测量

在制药化工生产中,经常要了解贮罐、计量罐等容器内物料的贮存量,或控制设备内的液面,因此常采用液位计对液位进行测量。实际生产中使用的大多数液位计作用原理都遵循流体静力学基本原理。

最简单的液位计是在容器底部器壁及液面上方器壁处各开一个小孔,两孔间用玻璃管相连。玻璃管内所示的液面高度即为容器内的液位高度,此种液位计的缺点是玻璃管易破碎,且不便于远程观测。下面介绍两种制药化工生产中常用的测量液位的方法。

1. 液柱压差计式液位测量装置 如图 1-10 所示,于容器或设备外设一个称为平衡器的小室 2,容器与平衡器之间用一装有指示液 A 的 U 形管压差计 3 连通起来。平衡器内的液

体与容器内的相同，其液面的高度 h_1 维持在容器液面允许到达的最大高度处。由于平衡器的内径远大于 U 形管的内径，因此，平衡器内的液位可近似认为不变。当容器内的液面升至最大高度时，压差计的读数为零。液面愈低，压差计的读数愈大。

根据流体静力学基本方程式可得液面高度 h_2 与压差计读数 R 之间的关系为

$$h_2 = h_1 - \frac{(\rho_A - \rho_B)}{\rho_B} R \tag{1-20}$$

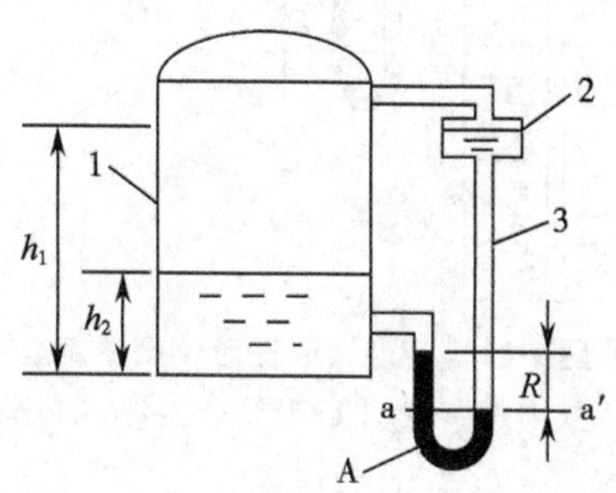

图 1-10 液柱压差计式液位测量装置

1-容器；2-平衡小室；3-U 形管液柱压差计

例 1-6 在图 1-10 所示的容器内存有密度为 $800kg/m^3$ 的油品，其液面允许到达的最大高度 $h_1 = 4.5m$。若 U 形水银压差计的读数 $R = 170mm$，试计算容器内油品的液面高度 h_2。已知水银的密度为 $13\,600kg/m^3$。

解：图中截面 a-a′为等压面，故 $p_a = p'_a$。则

$$\rho_{油} g\left(h_2 - \frac{R}{2}\right) + \rho_{水银} gR = \rho_{油} g\left(h_1 + \frac{R}{2}\right)$$

即

$$\rho_{油}\left(h_2 - \frac{R}{2}\right) + \rho_{水银} R = \rho_{油}\left(h_1 + \frac{R}{2}\right)$$

代入数据得

$$800 \times \left(h_2 - \frac{0.17}{2}\right) + 13\,600 \times 0.17 = 800 \times \left(4.5 + \frac{0.17}{2}\right)$$

解得

$$h_2 = 1.78m$$

2. 鼓泡式液柱液位测量装置 若容器或设备离操作室较远或埋在地面以下时，要测量其液位可采用如图 1-11 所示的鼓泡式液柱测量装置。

测量时自管口通入压缩氮气或其他惰性气体，通过调节阀 1 调节气体的流速，使鼓泡观察器 2 内出现气泡缓慢逸出即可。管内某截面上的压力用 U 形管压差计 3 来测量，其内装有密度为 ρ_A 的指示液。由于吹气管内气体的流速很小，流动阻力可忽略不计，且管内不能存有液体，故可认为管子出口 a 处与 U 形管压差计 b 处的压强近似相等。若贮罐上方与大气相通，压差计的读数为 R，则

$$\rho_B gh = \rho_A gR$$

故贮罐 5 内的液面高度 h 为

$$h = \frac{\rho_A}{\rho_B} R \tag{1-21}$$

式(1-21)中，ρ_B 为贮罐内液体的密度，单位为 kg/m^3。

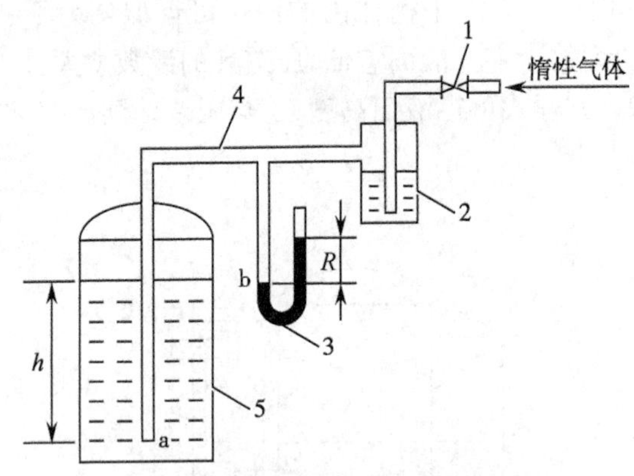

图 1-11 鼓泡式液柱液位测量装置

1-调节阀；2-鼓泡观察器；3-U 形管压差计；4-吹气管；5-贮罐

（三）液封高度的计算

在制药化工生产中，为防止设备内的气体压力超过规定的数值，常在设备外安装如图 1-12 所示的安全液封，因常用水作液封介质，习惯上称之为水封。当设备内的气体压力超过规定的数值时，气体就从液封管中逸出，使设备内压力降低到规定值，从而确保设备的操作安全。

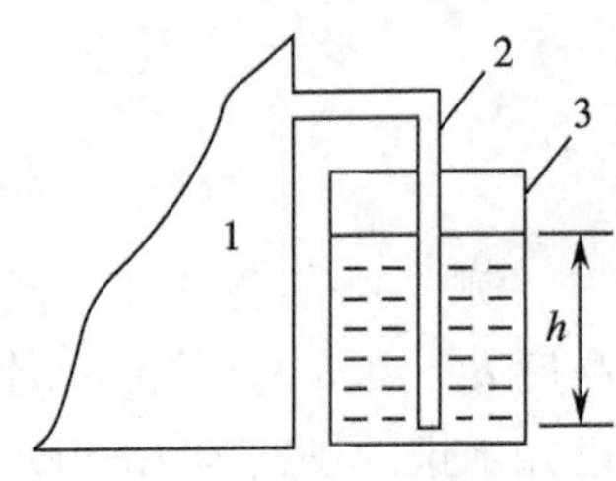

图 1-12 安全液封

1-设备；2-液封管；3-水槽

若设备内的最高允许操作压力为 p_1（表压），则由流体静力学基本方程式可得液封管插入液面下的深度 h 为

$$h=\frac{p_1}{\rho_{H_2O}g} \tag{1-22}$$

为安全起见，液封管实际插入水层的深度应略低于计算值。

例 1-7 某制药厂的中药提取液减压浓缩设备连接的冷凝器如图 1-13 所示，真空浓缩操作中产生的水蒸气，送入冷凝器后与冷水直接接触而冷凝。为了维持操作的真空度，冷凝器上方与真空泵相通，将设备内的不凝性气体抽走。同时为了防止外界空气由气压管 4 漏入，致使设备内的真空度降低，气压管必须插入液封槽 5 中，水即在管内上升一定的高度 h。若真空表的读数为 85×10^3Pa，试计算气压管中水上升的高度 h。

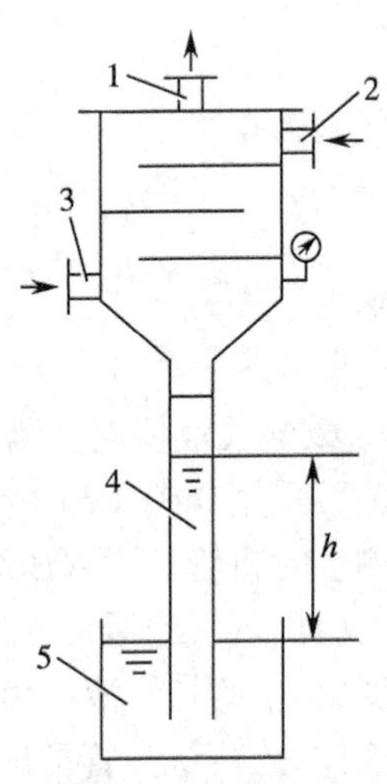

图 1-13 例 1-7 附图

1-与真空泵相通的不凝性气体出口；2-冷水进口；3-水蒸气进口；4-气压管；5-液封槽

解：设气压管内水面上方的绝对压力为 p，作用于液封槽内水面的压强为大气压 p_a。根据流体静力学基本方程式得

$$p_a=p+\rho gh$$

则

$$h=\frac{p_a-p}{\rho g}$$

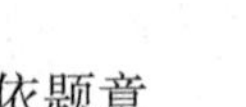

依题意

$$p_a - p = 85 \times 10^3 \text{Pa}$$

故

$$h = \frac{85 \times 10^3}{1000 \times 9.81} = 8.66\text{m}$$

应用流体静力学基本方程式解题时应注意以下几点。

(1) 等压面的选取:所选择的等压面必须是在连续的、相对静止的同一种流体内部的同一水平面上。

(2) 基准面的选取:以简化计算过程为前提,原则上基准面的位置可以任意选取,若选取得当可简化计算过程,同时不影响计算结果。

(3) 量纲的一致性:在计算过程中,各项的单位必须统一。

第二节 流体在管内流动的基本方程式

流体动力学是研究运动中的流体的状态与规律,即研究作用于流体上的力与流体运动之间的关系。在制药化工生产中,流体通常是在密闭的管道内流动的。从宏观的角度分析,流体在管内的流动是轴向流动,无径向或其他方向的流动,属于一维流动问题。

本节主要讨论流体在管内的流动规律,即流速、压强等参数在流体流动过程中的变化规律,并应用这些规律去解决流体输送过程中的有关问题。

一、流量与流速

(一) 流量

单位时间内通过管道任一截面的流体量称为流量。由于流体量可用体积或质量来衡量,因此,流量又分为体积流量和质量流量。

1. 体积流量 单位时间内流过管道任一截面的流体体积称为体积流量,以 V_s 表示,单位为 m^3/s。由于气体为可压缩流体,其体积与温度、压力有关,因此使用体积流量时应注明气体的温度和压力(状态)。

2. 质量流量 单位时间内流过管道任一截面的流体质量称为质量流量,以 W_s 表示,单位为 kg/s。

体积流量与质量流量之间的换算关系为

$$W_s = \rho V_s \tag{1-23}$$

(二) 流速

1. 平均流速 单位时间内流体在流动方向上流过的距离称为流速,以 u 表示,单位为 m/s。研究表明,流体在管内流动时,管道任一截面上各点的流速并不相等。管截面中心处为最大,愈接近管壁,流速愈小,在管壁处流速为零。由于流体在管截面上的速度分布规律较为复杂,为便于计算,工程上常以整个管截面上的平均流速作为流体在管内的流速,即

$$u = \frac{V_s}{A} \tag{1-24}$$

式中,A 为与流动方向相垂直的管道截面积,单位为 m^2。

2. 质量流速 单位时间内流体流过管道单位截面积的质量称为质量流速,即

$$G = \frac{W_s}{A} \tag{1-25}$$

式中，G 为流体的质量流速，单位为 kg/(m^2 · s)。

气体的体积与温度、压力有关。显然，当温度和压力改变时，气体的体积流量和平均流速亦随之改变，但其质量流量和质量流速均保持不变。此时，采用质量流量或质量流速进行相关计算较为方便。

由式(1-23)～式(1-25)得

$$W_s = \rho V_s = \rho u A = GA \tag{1-26}$$

(三) 管道直径的估算

对于圆形管道，若以 d 表示管内径，则式(1-24)可改写成

$$u = \frac{V_s}{\frac{\pi}{4}d^2}$$

从而

$$d = \sqrt{\frac{4V_s}{\pi u}} \tag{1-27}$$

对于给定的生产任务，即流量一定，选择适宜的流速后即可由式(1-27)计算出输送管路的直径。

在管路设计中，适宜的流速可通过经济衡算来确定。流速选得越大，管径就越小，则购买管子所需的材料费用就越少，但输送流体所需的动力消耗将增加，同时操作费用将增大。如图 1-14 所示，总费用最低时的流速即为适宜流速。一般地，液体的流速可取 0.5～3m/s，气体的流速可取 10～30m/s。制药化工生产中，某些流体的常用流速范围见表 1-1。

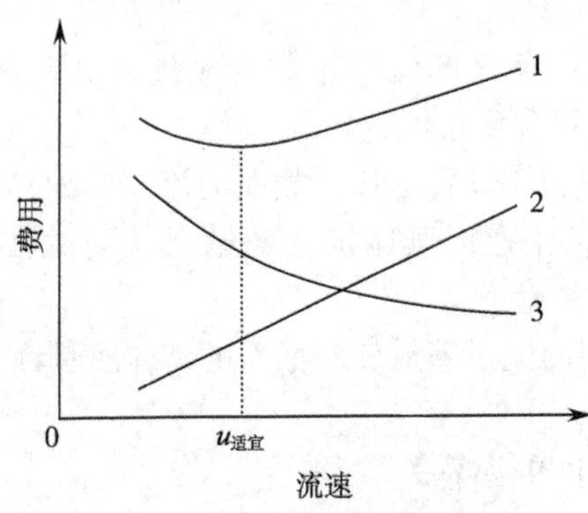

图 1-14 适宜流速的选择

1-总费用；2-操作费用；3-投资费用

表 1-1 某些流体在管路中的常用流速范围

流体的类别及情况	流速范围/(m/s)	流体的类别及情况	流速范围/(m/s)
自来水(0.3MPa 左右)	1～1.5	过热蒸汽	30～50
水及低黏度流体(0.1～1.0MPa)	1.5～3.0	蛇管、螺旋管内的冷却水	低于 1.0
高黏度液体	0.5～1.0	低压空气	12～15
工业供水(0.8MPa 以下)	1.5～3.0	高压空气	15～25
锅炉供水(0.8MPa 以下)	高于 3.0	一般气体(常压)	10～20
饱和蒸汽	20～40	真空操作下气体流速	低于 10

由式(1-27)计算出的管内径还应根据管子规格进行圆整。常用管子规格可从手册或附录19中查得。

例1-8 某注射剂车间需安装一根输水量为$57m^3/h$的管路，试选择适宜的管径。

解：由式(1-27)得

$$d=\sqrt{\frac{4V_s}{\pi u}}$$

根据表1-1，选取水在管内的流速$u=1.8m/s$，则

$$d=\sqrt{\frac{4\times57}{3600\times3.14\times1.8}}=0.106m=106mm$$

根据附录19中的管子规格，选用$\phi114\times4mm$的焊接钢管，其内径为

$$d=114-4\times2=106mm=0.106m$$

重新核算流速，即

$$u=\frac{4\times57}{3600\times3.14\times0.106^2}=1.8m/s$$

二、稳态流动与非稳态流动

（一）稳态流动

流体在系统内流动时，若任一点处的流速、压力等与流动相关的参数仅随位置变化，而不随时间改变，这种流动称为稳态流动。如图1-15所示，水由上部进水管连续注入水槽，再由下部排水管连续排出。水槽内设有溢流装置，使槽内水位维持恒定，则出水管内任一点处的流速、压力等均不随时间而变化，此时水在出水管内的流动即属于稳态流动。

（二）非稳态流动

若流动的流体中，任一点处的流速、压力等与流动相关的参数部分或全部随时间变化，则这种流动称为非稳态流动。如图1-16所示，由于水槽上部没有进水管，故当水由下部出水管连续排出时，水槽内的水位将逐渐下降，出水管内各点的流速、压力等亦随之降低，此时水在出水管内的流动即属于非稳态流动。

在制药生产中的开车和停车阶段，流体在管内的流动属于非稳态流动，而正常连续生产过程中，流体在管内的流动均属于稳态流动。因制药生产过程中主要为正常连续生产过程，故本章仅讨论流体在管内的稳态流动。

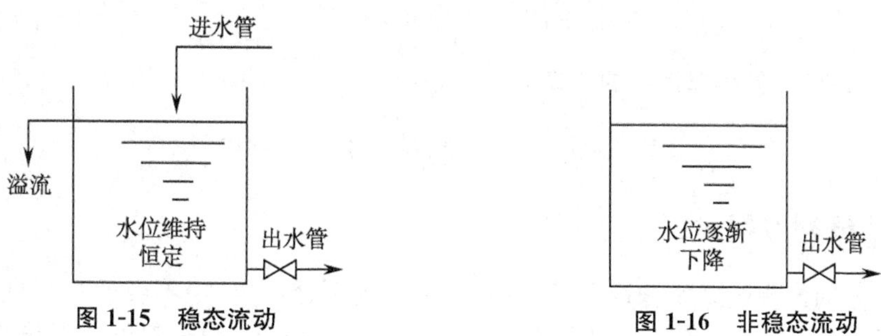

图1-15 稳态流动　　图1-16 非稳态流动

三、连续性方程式

在分析制药化工过程时，经常用到物料衡算和能量衡算。物料衡算的依据是质量守恒

定律，而连续性方程式可通过物料衡算导出。

设流体在图 1-17 所示的异径管中作连续流动，现对该流动系统进行物料衡算。以截面 1-1′、2-2′和管内壁面所包围的区域为衡算范围，并以 1s 为衡算基准。根据质量守恒定律可知，流体在流动过程中，本身既不能产生，也不能被消灭。对于稳态流动系统，由于系统内既没有物料累积，也没有物料损失，则输入系统的流体的质量流量与离开系统的流体的质量流量必然相等，故由截面 1-1′流入的流体的质量流量 W_{s1} 必然等于由截面 2-2′流出的流体的质量流量 W_{s2}，即

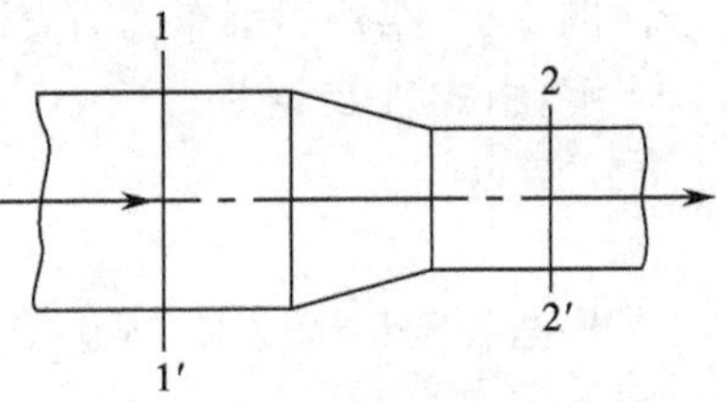

图 1-17 连续性方程式的推导

$$W_{s1}=W_{s2} \tag{1-28}$$

结合式(1-26)，式(1-28)可改写为

$$\rho_1 u_1 A_1=\rho_2 u_2 A_2 \tag{1-29}$$

式(1-29)可推广至管道的任一截面，即

$$W_s=W_{s1}=W_{s2}=\cdots=常数 \tag{1-30}$$

式(1-30)即为稳态流动系统的连续性方程式。对于不可压缩流体，ρ=常数，则式(1-30)可简化为

$$V_s=u_1 A_1=u_2 A_2=\cdots=常数 \tag{1-31}$$

式(1-31)表明，不可压缩流体作稳态流动时，流速与管道的截面积成反比。例如，对于圆形管道，由 $A=\frac{\pi}{4}d^2$ 和式(1-31)得

$$\frac{\pi}{4}d_1^2 u_1=\frac{\pi}{4}d_2^2 u_2$$

即

$$\frac{u_1}{u_2}=\left(\frac{d_2}{d_1}\right)^2 \tag{1-32}$$

可见，不可压缩流体在圆管中流动时，流速与管内径的平方成反比。

例 1-9　在稳态流动系统中，水由粗管连续流入细管。已知粗管的内径为 50mm，细管的内径为 40mm，水的体积流量为 3.8L/s，试分别计算水在粗管和细管内的流速。

解：以下标 1 和 2 分别表示粗管和细管，则水在粗管内的流速为

$$u_1=\frac{V_s}{A}=\frac{V_s}{\frac{\pi}{4}d_1^2}=\frac{3.8\times10^{-3}}{\frac{3.14}{4}\times0.05^2}=1.94\text{m/s}$$

根据式(1-32)，水在细管内的流速为

$$u_2=u_1\left(\frac{d_1}{d_2}\right)^2=1.94\times\left(\frac{50}{40}\right)^2=3.03\text{m/s}$$

四、伯努利方程式

流体在流动过程中遵循能量守恒定律，即能量既不会产生，也不会消失，只能从一种形式转换成另一种形式。伯努利方程式就是以能量守恒定律为依据，对管路系统内的流动流体进行能量衡算的基本方程式。

（一）流动系统中所涉及的能量

流动系统中涉及的能量很多，包括流体自身的能量（内能、位能、动能、静压能）及流体与

环境间交换的能量(功、热、能量损失)。

1. 流体自身的能量

(1) 内能:物质内部能量的总和称为内能,以 U 表示。它包括分子运动的动能、分子间相互作用的能量和化学能等,其大小主要取决于流体的种类、温度和压强。若以1kg流体为基准,则其单位为J/kg。

(2) 位能:流体处于重力场中所具有的能量称为位能。流体所具有的位能与所处的高度有关,故计算时必须规定一个基准水平面。若质量为m的流体与基准水平面0-0′的距离为 Z(基准面以上 Z 为正值,基准面以下 Z 为负值),则其位能相当于将质量为 m 的流体升举到高度 Z 时所需做的功,即 mgZ,单位为J。若以1kg流体为基准,则位能为 gZ,单位为J/kg。

(3) 动能:流体因以一定的速度运动而具有的能量称为动能。质量为 m、流速为 u 的流体所具有的动能相当于将质量为 m 的流体由初速度为零加速到速度为 u 时所需做的功,即 $\frac{1}{2}mu^2$,单位为J。若以1kg流体为基准,则动能为 $\frac{1}{2}u^2$,单位为J/kg。

(4) 静压能:流体因存在有一定的静压强而具有的能量称为静压能。如图1-18所示,水以一定的流速在管内流动,在管壁A处开一小孔,并连接一垂直玻璃管,便会发现水在玻璃管中升高至一定高度 h,该流体柱的高度便是运动着的流体在该截面处静压强大小的表现,也是流体静压能的表现。

对于流动系统,若流体在截面1-1′处的静压强为 p,则将液体从截面1-1′处推进系统内需对流体作相应的功,以克服这个压力。这样通过截面1-1′处的流体必然带着与所需功相当的能量进入系统,此能量即称为静压能或流动功。

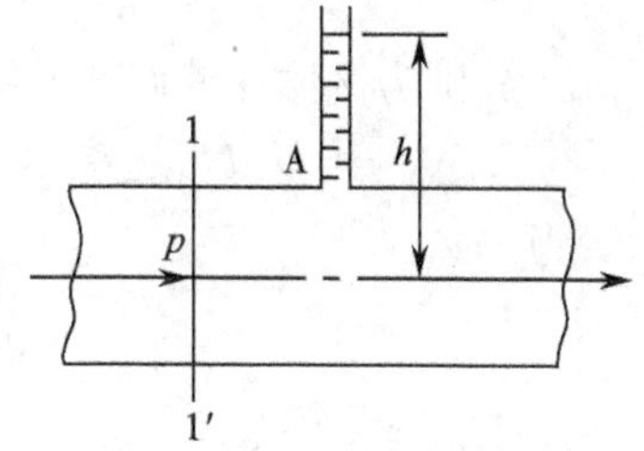

图1-18 流体的静压能

假设流体通过截面积为 A 的截面1-1′进入系统,流体的质量为 m、体积为 V,则将液体压入截面1-1′所需的作用力为 pA;而流体通过此截面所经过的距离为 $\frac{V}{A}$,则流体带入系统的静压能为

$$pA \cdot \frac{V}{A} = pV$$

若以1kg流体为基准,则其静压能为 $\frac{pV}{m} = \frac{p}{\rho} = pv$,单位为J/kg。

流体的位能、动能和静压能统称为流体的机械能,三者之和称为流体的总机械能或总能量。

2. 与环境交换的能量

(1) 外加能量:是指流体从系统中的输送设备(如泵、压缩机和风机等)获得的能量。由于这部分能量是从系统外传递至系统内,故称为外加能量。1kg流体经过流体输送设备所获得的机械能用 W_e 表示,称为外功或净功,单位为J/kg。

(2) 热量:是指若管路系统中存在换热设备,流体通过系统中的换热设备获得或失去的热量。1kg流体经过换热设备后所获得或失去的热量用 Q_e 表示,单位为J/kg。

(3) 能量损失:是指系统中流体流动时因克服系统阻力所消耗的能量。1kg流体在流动过程中因克服系统阻力所消耗的能量用 $\sum h_f$ 表示,单位为J/kg。

（二）稳态流动系统的总能量衡算

在图1-19所示的稳态流动系统中，流体由截面1-1′进入，经泵1获得能量，通过换热器2向流体提供或从流体移走热量，最终由截面2-2′流出。以截面1-1′、2-2′及设备和管内壁面所包围的区域为衡算范围，选取截面0-0′为基准水平面，对该稳态流动系统进行能量衡算。由于稳态流动系统的能量具有守恒性，输入系统的总能量必然等于输出系统的总能量。

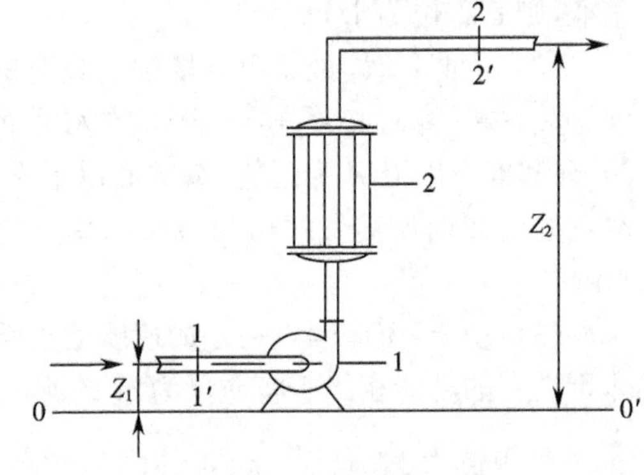

图1-19　伯努利方程式的推导

1-泵；2-换热器

输入系统的能量包括由截面1-1′进入系统的流体自身具有的能量、由泵1提供的输入功以及通过换热器2向流体提供的热量（若流体通过换热器放热冷却，则为能量输出项）。

系统输出的能量包括由截面2-2′离开系统的流体自身具有的能量，以及在流动过程中流体因克服流动阻力向环境散失的能量。

若取1kg流体为衡算基准，并以下标1和2区分截面1-1′和2-2′处的变量，则能量衡算式为

$$U_1+gZ_1+\frac{u_1^2}{2}+p_1v_1+Q_e+W_e=U_2+gZ_2+\frac{u_2^2}{2}+p_2v_2 \tag{1-33}$$

式中，gZ_1、$\frac{u_1^2}{2}$、p_1v_1分别为流体在截面1-1′处的位能、动能和静压能，单位为J/kg；gZ_2、$\frac{u_2^2}{2}$、p_2v_2分别为流体在截面2-2′处的位能、动能和静压能，单位为J/kg。

令$\Delta U=U_2-U_1$；$\Delta Z=Z_2-Z_1$；$\Delta(u^2)=u_2^2-u_1^2$；$\Delta(pv)=p_2v_2-p_1v_1$，则式(1-33)又可改写为

$$\Delta U+g\Delta Z+\frac{\Delta(u^2)}{2}+\Delta(pv)=Q_e+W_e \tag{1-34}$$

式(1-33)和式(1-34)即为稳态流动系统的总能量衡算方程式，它是流动系统热力学第一定律的表达式。式中所包括的能量项目较多，应用时可根据具体情况进行简化。

（三）流动系统的机械能衡算式与伯努利方程式

在流体输送过程中，主要考虑的是各种形式机械能之间的相互转换。为便于应用，可设法将总能量衡算式中的ΔU和Q_e消去，使之适用于解决流体输送系统的机械能衡算问题。

（1）流动系统的机械能衡算式：若将图1-19中的换热器按加热器处理，则由热力学第一定律可知

$$\Delta U = Q'_e-\int_{v_1}^{v_2} p\mathrm{d}v \tag{1-35}$$

式中，Q'_e为1kg流体从截面1-1′流动至截面2-2′所获得的热量，单位为J/kg；$\int_{v_1}^{v_2} p\mathrm{d}v$为1kg流体从截面1-1′流动至截面2-2′的过程中，因被加热而引起体积膨胀所做的功，单位为J/kg。

由于实际流体具有黏性（参见本章第三节），流体从截面1-1′流动至截面2-2′的过程中，需要克服内摩擦力等阻力，从而消耗一部分机械能，这部分机械能转变为热能，致使流体的温度略微升高而无法用于流体的输送。这部分损失掉的机械能称为能量损失。稳态流动

时，1kg 流体从截面 1-1′流动至截面 2-2′时的能量损失用$\sum h_f$表示，单位为 J/kg。这样，1kg 流体由截面 1-1′流动至截面 2-2′时所获得的热量为

$$Q'_e = Q_e + \sum h_f \tag{1-36}$$

则式(1-35)可写成

$$\Delta U = Q'_e - \int_{v_1}^{v_2} p dv = Q_e + \sum h_f - \int_{v_1}^{v_2} p dv \tag{1-37}$$

将式(1-37)代入式(1-34)并整理得

$$g\Delta Z + \frac{\Delta(u^2)}{2} + \Delta(pv) - \int_{v_1}^{v_2} p dv = W_e - \sum h_f \tag{1-38}$$

因为

$$\Delta(pv) = \int_1^2 \mathrm{d}(pv) = \int_{v_1}^{v_2} p dv + \int_{p_1}^{p_2} v dp \tag{1-39}$$

将式(1-39)代入式(1-38)得

$$g\Delta Z + \frac{\Delta(u^2)}{2} + \int_{p_1}^{p_2} v dp = W_e - \sum h_f \tag{1-40}$$

式(1-40)即为 1kg 流体流动时机械能的变化关系，称为稳态流动系统的机械能衡算式。式(1-40)对不可压缩流体和可压缩流体均适用。对于不可压缩流体，式中的$\int_{p_1}^{p_2} v dp$应根据过程的不同(等温、绝热或多变)，通过热力学方法进行处理。

(2) 伯努利方程式：不可压缩流体的比容 v 或密度 ρ 为常数，则式(1-40)中的积分项变为

$$\int_{p_1}^{p_2} v dp = v(p_2 - p_1) = \frac{\Delta p}{\rho}$$

代入式(1-40)得

$$g\Delta Z + \frac{\Delta(u^2)}{2} + \frac{\Delta p}{\rho} = W_e - \sum h_f \tag{1-41}$$

或

$$gZ_1 + \frac{u_1^2}{2} + \frac{p_1}{\rho} + W_e = gZ_2 + \frac{u_2^2}{2} + \frac{p_2}{\rho} + \sum h_f \tag{1-42}$$

式(1-42)即为伯努利方程式。

若流体流动时不产生流动阻力，即$\sum h_f = 0$，则这种流体称为理想流体。实际上并不存在真正的理想流体，而是一种假设，这种假设对于解决工程实际问题时具有重要的意义。对于理想流体且无外功加入时，式(1-42)可简化为

$$gZ_1 + \frac{u_1^2}{2} + \frac{p_1}{\rho} = gZ_2 + \frac{u_2^2}{2} + \frac{p_2}{\rho} \tag{1-43}$$

(四) 伯努利方程式的相关说明

1. 稳态流动的流体 由式(1-43)可知，理想流体在管内作稳态流动且无外功加入时，在任一截面上单位质量流体所具有的位能、动能、静压能之和均相等，而每一种形式的机械能不一定相等，但不同形式的机械能之间可以相互转换。

例 1-10 理想流体在图 1-20 所示的水平异径管内作稳态流动，试分析流体由截面 1-1′流动至截面 2-2′时，其位能、动能和静压能的变化情况。

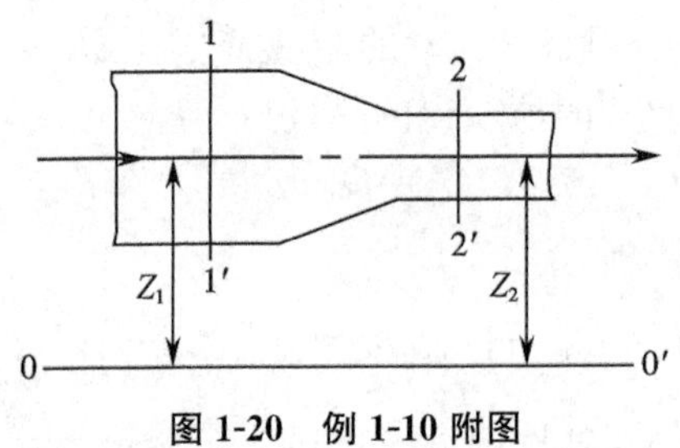

图 1-20 例 1-10 附图

解：由于是水平管路，故流体由截面 1-1′流动至截面 2-2′时位能保持不变，即

$$gZ_1=gZ_2$$

结合式(1-43)得

$$\frac{u_1^2}{2}+\frac{p_1}{\rho}=\frac{u_2^2}{2}+\frac{p_2}{\rho}$$

由图 1-20 可知，截面 1-1′处的流通截面积 A_1 要大于截面 2-2′处的流通截面积 A_2，则由连续性方程式 $u_1A_1=u_2A_2$ 可知

$$u_1<u_2$$

所以

$$\frac{p_1}{\rho}>\frac{p_2}{\rho}$$

可见，当流体由截面 1-1′流动至截面 2-2′时部分静压能转化为动能，即动能增加，静压能减少，而位能保持不变。

2. 不同形式的伯努利方程式　若采用的衡算基准不同，伯努利方程式可写成不同的形式。以单位质量的流体为衡算基准，可导出式(1-42)和(1-43)。此外，还能以单位重量或单位体积的流体为衡算基准导出相应的伯努利方程式。

(1) 以单位重量流体为衡算基准。将式(1-42)的两边同除以 g 得

$$Z_1+\frac{u_1^2}{2g}+\frac{p_1}{\rho g}+\frac{W_e}{g}=Z_2+\frac{u_2^2}{2g}+\frac{p_2}{\rho g}+\frac{\sum h_f}{g}$$

令 $H_e=\frac{W_e}{g}$；$H_f=\frac{\sum h_f}{g}$，则

$$Z_1+\frac{u_1^2}{2g}+\frac{p_1}{\rho g}+H_e=Z_2+\frac{u_2^2}{2g}+\frac{p_2}{\rho g}+H_f \tag{1-44}$$

式(1-44)中，各项的单位均为$\frac{\mathrm{J}}{\mathrm{N}}=\frac{\mathrm{N\cdot m}}{\mathrm{N}}=\mathrm{m}$，表示单位重量的不可压缩流体所具有的机械能。m 虽是长度单位，但在这里却反映了一定的物理意义，可理解为将它自身从基准水平面升举的高度。式(1-44)中的 Z 称为位压头；$\frac{u^2}{2g}$称为动压头；$\frac{p}{\rho g}$称为静压头；$\left(Z+\frac{u^2}{2g}+\frac{p}{\rho g}\right)$称为总压头；$H_e$ 称为有效压头，表示单位重量流体从输送设备所获得的能量；H_f 称为压头损失。因此，式(1-44)也可理解为进入系统的各项压头之和等于离开系统的各项压头和压头损失之和。

(2) 以单位体积流体为衡算基准。将式(1-42)的两边同乘以 ρ 得

$$\rho gZ_1+\frac{\rho u_1^2}{2}+p_1+\rho W_e=\rho gZ_2+\frac{\rho u_2^2}{2}+p_2+\rho\sum h_f \tag{1-45}$$

式(1-45)中各项的单位均为$\frac{J}{m^3}=\frac{N\cdot m}{m^3}=\frac{N}{m^2}=Pa$,表示单位体积的不可压缩流体所具有的机械能。式(1-45)中的ρW_e称为外加压力,常用Δp_e表示;$\rho\sum h_f$是由流动阻力而引起的压力降,简称为压力降,常用Δp_f表示。

3. 可压缩流体 对于可压缩流体,若所选系统两截面间的绝对压强变化小于原来绝对压强的20%,即$\left|\frac{p_1-p_2}{p_1}\right|<20\%$时,则在两截面之间仍可使用伯努利方程式进行计算,但方程式中的密度ρ应用两截面间流体的平均密度ρ_m代替,这种处理方法所造成的误差在工程计算中是允许的。

4. 静止流体 当系统内的流体处于静止时,则$u=0$;没有运动,也就没有阻力,即$\sum h_f=0$;静止状态时,自然不会有外功加入,即$W_e=0$,则式(1-42)变为

$$gZ_1+\frac{p_1}{\rho}=gZ_2+\frac{p_2}{\rho} \tag{1-46}$$

式(1-46)是流体静力学基本方程式的另一种表达形式,它表示流体处于静止时任一截面上的位能和静压能之和为常数。可见,流体的静止只不过是流动状态的一种特殊形式。

例1-11 某合成车间的高位槽输送硫酸系统,如图1-21所示,系统中管路的管径为ϕ37×3mm,硫酸由高位槽流入贮槽的能量损失为25J/kg(不包括出口能量损失)。已知输送过程中硫酸的流量为1.8m^3/h,密度为1830kg/m^3,试计算高位槽液面与贮槽进口管间的垂直距离。

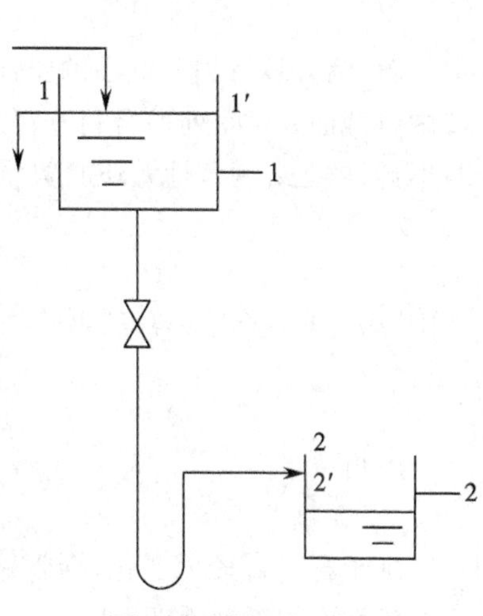

图1-21 例1-11附图

1-高位槽;2-贮槽

解:取贮槽进口管轴线所在的水平面为基准水平面,高位槽液面为上游截面1-1′,贮槽进口管出口内侧为下游截面2-2′,则

$$Z_2=0,p_1=0(\text{表压}),p_2=0(\text{表压}),W_e=0,\sum h_f=25\text{J/kg}$$

与管截面相比,高位槽截面要大得多。因此,在体积流量相同的情况下,管内流速远远大于槽内流速,故槽内流速可忽略不计,即$u_1\approx 0$。

管内流速为

$$u_2=\frac{V_h}{3600\times\frac{\pi}{4}\times d^2}=\frac{1.8}{3600\times\frac{3.14}{4}\times 0.031^2}=0.663\text{m/s}$$

在截面1-1′和2-2′之间列出伯努利方程式得

$$gZ_1+\frac{p_1}{\rho}+\frac{u_1^2}{2}+W_e=gZ_2+\frac{p_2}{\rho}+\frac{u_2^2}{2}+\sum h_f$$

代入数据并化简得

$$9.81Z_1=\frac{0.663^2}{2}+25$$

解得

$$Z_1=2.57\text{m}$$

即高位槽液面与贮槽进口管间的垂直距离为2.57m。

例 1-12 水在图 1-22 所示的虹吸管内作稳态流动，管路直径没有变化，水流经管路的能量损失可以忽略不计，试计算管内截面 2-2′、3-3′、4-4′和 5-5′处的压强。已知大气压强为 1.0133×10^5 Pa，图中所标注的尺寸均以 mm 计。

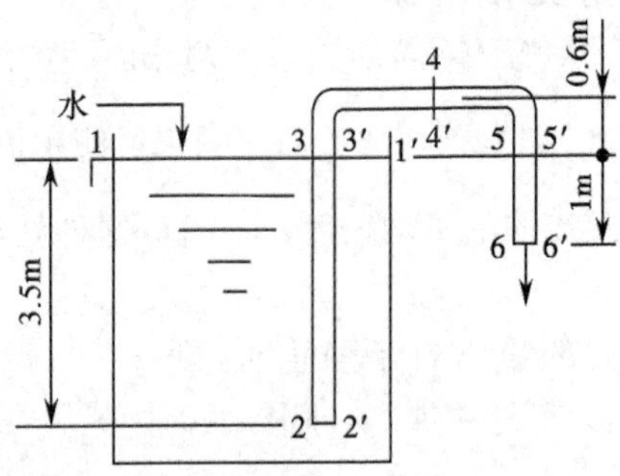

图 1-22 例 1-12 附图

解：为计算管内各截面的压强，应首先计算管内水的流速。先在贮槽水面 1-1′及管子出口内侧截面 6-6′间列伯努利方程式，并以截面 6-6′为基准水平面。由于管路的能量损失忽略不计，即 $\sum h_f=0$，且无外加功，即 $W_e=0$，故伯努利方程式可写为

$$gZ_1+\frac{u_1^2}{2}+\frac{p_1}{\rho}=gZ_2+\frac{u_2^2}{2}+\frac{p_2}{\rho}$$

式中，$Z_1=1\text{m}$，$Z_6=0$，$p_1=0$（表压），$p_6=0$（表压），$u_1\approx0$。将上述数值代入上式并简化得

$$9.81\times1=\frac{u_6^2}{2}$$

解得

$$u_6=4.43\text{m/s}$$

由于管路直径无变化，即管路各截面积相等。由连续性方程式可知 $V_s=Au=$ 常数，故管内各截面的流速不变，即

$$u_2=u_3=u_4=u_5=u_6=4.43\text{m/s}$$

则

$$\frac{u_2^2}{2}=\frac{u_3^2}{2}=\frac{u_4^2}{2}=\frac{u_5^2}{2}=\frac{u_6^2}{2}=9.81\text{J/kg}$$

因流动系统的能量损失可忽略不计，故水可视为理想流体，则系统内各截面上流体的总机械能 E 相等，即

$$E=gZ+\frac{u^2}{2}+\frac{p}{\rho}=\text{常数}$$

总机械能可以用系统内任何截面去计算，但根据本题条件，以贮槽水面 1-1′处的总机械能计算较为简便。现取截面 2-2′为基准水平面，则上式中 $Z=3.5\text{m}$，$p=101\,330\text{Pa}$，$u\approx0$，总机械能为

$$E=9.81\times3.5+\frac{101\,330}{1000}=135.66\text{J/kg}$$

计算各截面的压强时，亦应以截面 2-2′为基准水平面，则 $Z_2=0$，$Z_3=3.5\text{m}$，$Z_4=4.1\text{m}$，$Z_5=3.5\text{m}$。

（1）截面 2-2′的压强

$$p_2=\left(E-\frac{u_2^2}{2}-gZ_2\right)\rho=(135.66-9.81)\times1000=125\,850\text{Pa}$$

（2）截面 3-3′的压强

$$p_3=\left(E-\frac{u_3^2}{2}-gZ_3\right)\rho=(135.66-9.81-9.81\times3.5)\times1000=91\,515\text{Pa}$$

（3）截面 4-4′的压强

$$p_4=\left(E-\frac{u_4^2}{2}-gZ_4\right)\rho=(135.66-9.81-9.81\times4.1)\times1000=85\,629\text{Pa}$$

（4）截面 5-5′的压强

$$p_5=\left(E-\frac{u_5^2}{2}-gZ_5\right)\rho=(135.66-9.81-9.81\times3.5)\times1000=91\,515\text{Pa}$$

例 1-12 表明，虽然系统内各截面上流体的总机械能 E 相等，但压强不断变化，这是位能与静压能反复转换的结果。

由以上两例可知，应用伯努利方程式解题时应注意以下几点：

（1）作图：根据题意画出流动系统的示意图，并标明流体的流动方向。

（2）确定衡算范围：选定上、下游截面，以明确流动系统的衡算范围。

（3）截面的选取：上、下游截面均应与流动方向相垂直，并且在两截面间的流体必须是连续稳态流体。截面的选取方法很多，但为了便于计算，所求未知量应在截面上或在两截面之间，且截面上的 Z、u、p 等物理量，除所求未知量外，都应是已知的或能通过其他关系式计算求出的。此外，上、下游截面的选取还应与两截面间的 $\sum h_f$ 相一致。

（4）基准水平面的选取：选取基准水平面的目的是为了确定流体位能的大小。由于伯努利方程式中所反映的是位能差的数值，所以基准水平面可以任意选取，但必须与地面平行。为了计算的方便，常选取通过上、下游截面中位置较低截面的中点的水平面为基准水平面。

（5）流速：当上、下游截面的面积相差很大时，可近似地认为大截面处的流速为零。

（6）压力：伯努利方程式两边的压力应一致，即应同时使用绝压或表压，而不能混用。

第三节　流体在管内的流动现象

上一节通过对稳态流动系统进行物料衡算和能量衡算推导出了连续性方程式和伯努利方程式。应用这些方程，可以预测和计算出流动过程中相关运动参数的变化规律。但是，这些方程并未涉及流体流动中内部质点的运动规律。流体质点的运动方式，直接影响着流体的速度分布和流动阻力的计算等问题。流体质点的运动是非常复杂的问题，涉及面广，本节仅作简要介绍，以便为下一节讨论机械能损失的计算提供必要的基础。

一、牛顿黏性定律与流体的黏度

流体具有流动性，在外力的作用下其内部质点将产生相对运动。同时，流体在流动时流体质点之间存在相互牵制作用，即内摩擦。流体产生内摩擦力的性质称为黏性。流体的黏性越大，其流动性就越小。

（一）牛顿黏性定律

以流体在管内流动为例，管内任一截面上各点的速度并不相同，管中心处的速度最大，愈靠近管壁速度愈小，在管壁处流体的质点附着于管壁上，其速度为零。所以，流体在圆管内流动时，实际上被分割成无数极薄的圆筒层，一层套着一层，各层以不同的速度向前运动，如图 1-23 所示。由于各层的速度不同，层与层之间发生了相对运动。速度较快的流体层对与其相邻的速度较慢的流体层产生了一个推动其向前运动的力，同时速度较慢的流体层对与其相邻的速度较快的流体层也产生了一个大小相等、方向相反的力，从而阻碍较快的流体层向前运动。这种在运动着的流体内部相邻两流体层之间产生的相互作用力，称为流体的内摩擦力，这是流体具有黏性的表现。流体流动时必须克服内摩擦力而作功，从而流体的一部分机械能会转变为热能而损失掉。

如图 1-24 所示，设有平行放置的两块面积很大而相距很近的平板，板间充满某种流体。若将下板固定，而对上板施加一个恒定的外力 F，使上板以恒定速度 u 沿 x 方向缓慢运动。若将两板间的流体分割成无数平行的速度不同的薄层，紧贴于上板底面的流体薄层会以同样的速度 u 随上板运动，其下各流体薄层的速度将依次降低，而紧贴于固定板表面的流体层速度为零。

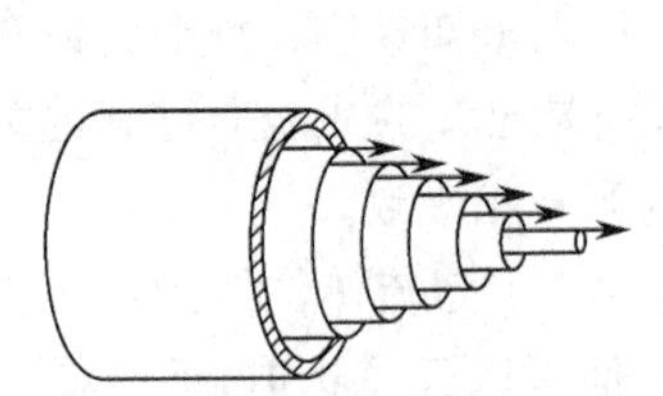

图 1-23 流体在圆管内分层流动示意图

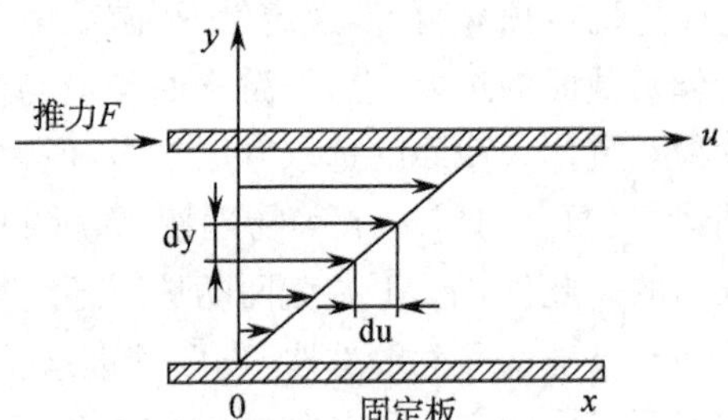

图 1-24 平板间流体速度变化示意图

实验证明，对于特定的流体，两相邻流体层之间产生的内摩擦力 F 与两流体层间的速度差 $\mathrm{d}u$ 成正比，与两流体层间的垂直距离 $\mathrm{d}y$ 成反比，与两流体层间的接触面积 A 成正比，即

$$F \propto \frac{\mathrm{d}u}{\mathrm{d}y}A$$

若将上式写成等式，需引入一个比例系数 μ，即

$$F=\mu\frac{du}{dy}A \tag{1-47}$$

内摩擦力 F 与作用面 A 平行。单位面积上的内摩擦力称为内摩擦应力或剪应力，以 τ 表示，则上式可改写为

$$\tau=\frac{F}{A}=\mu\frac{\mathrm{d}u}{\mathrm{d}y} \tag{1-48}$$

式中，F 为两相邻流体层之间的内摩擦力，其方向与作用面平行，单位为 N；A 为两相邻流体层之间的接触面积，单位为 m^2；τ 为单位面积上的内摩擦力，又称为内摩擦应力或剪应力，单位为 $\mathrm{N/m^2}$ 或 Pa；$\frac{\mathrm{d}u}{\mathrm{d}y}$ 为速度梯度，即与流体流动方向相垂直的 y 方向上流体速度的变化率，单位为 1/s；μ 为比例系数，即流体的黏度，单位为 Pa·s。

式(1-48)称为牛顿黏性定律，它表明剪应力与速度梯度成正比，与压力无关。遵循牛顿黏性定律的流体，称为牛顿型流体，如所有气体及大部分液体；不服从牛顿黏性定律的流体，称为非牛顿型流体，如高分子溶液、胶体溶液、发酵液和泥浆等。

（二）流体的黏度

黏度 μ 是衡量流体黏性大小的物理量，是流体的重要物理性质。流体的黏性愈大，其值愈大。

由式(1-48)可知，当速度梯度 $\frac{du}{dy}$ 为 1 时，黏度 μ 在数值上则等于单位面积上的内摩擦力 τ。显然，流体的黏度越大，流动时产生的内摩擦力也越大。黏度总是与速度梯度相联系，只有在运动时才显现出来，所以分析静止流体的规律时不用考虑黏度。

流体的黏度受温度影响较大。当温度升高时，液体的黏度减小，而气体的黏度增大。液体的黏度受压力影响较小，一般可忽略不计；而气体的黏度只要不是在压力极高或极低的情况下，可以认为与压力无关。

在法定单位制中，黏度的单位为

$$[\mu]=\frac{[\tau]}{\left[\frac{du}{dy}\right]}=\frac{\text{Pa}}{\frac{\text{m/s}}{\text{m}}}=\text{Pa}\cdot\text{s}$$

在物理单位制中，黏度的单位为 P(泊)，但由于 P 的单位较大，故在手册或资料中，黏度的单位常用 cP(厘泊)来表示，1cP＝0.01P。

在两种不同的单位制中可以导出黏度单位的换算关系为

$$1\text{Pa}\cdot\text{s}=1000\text{cP}$$

液体和气体的黏度均由实验测定。附录 8 给出了常见液体的黏度，附录 9 给出了常见气体的黏度。

在流体力学中，常将流体的黏度与密度之比称为运动黏度，以符号 γ 表示，即

$$\gamma=\frac{\mu}{\rho} \tag{1-49}$$

在法定单位制中，运动黏度的单位为 m^2/s；在物理单位制中，运动黏度的单位为 cm^2/s，称为斯托克斯，以 St 表示，它们之间的换算关系为

$$1\text{m}^2/\text{s}=10^4\text{St}=10^6\text{cSt}(\text{厘斯托克斯})$$

二、流动类型与雷诺准数

由牛顿黏性定律可知，内摩擦阻力的大小与流体的黏度以及流体的流动状态有关。英国物理学家雷诺于 1883 年最早通过实验对流体在圆管内的流动状况进行了研究。

（一）雷诺实验

雷诺采用的实验装置如图 1-25 所示。贮水槽内装有溢流装置，以维持水位恒定。贮水槽底部安装一根直径恒定的带喇叭口的水平玻璃管，管出口处装有阀门以调节管内流体流速。贮水槽的上方设有小瓶，瓶内装有有色液体，其密度与水的密度基本相同。实验时，有色液体可通过玻璃细管沿水平方向注入水平玻璃管的中心。

通过实验可以观察到，当流速较小时，有色液体沿水平玻璃管中心平稳流过，形成一条清晰的直线，如图 1-26(a)所示。当水流速度逐渐增大至一定数值时，有色液体开始形成波浪形状，但仍能保持较清晰的轮廓。水流速度继续增加，有色液体与水流混合，波浪线开始

断裂。当水流速度增大至一定数值后，细线完全消失，有色液体流出细管后随即散开，即与水完全混合，呈现均匀的颜色，如图 1-26(b)所示。

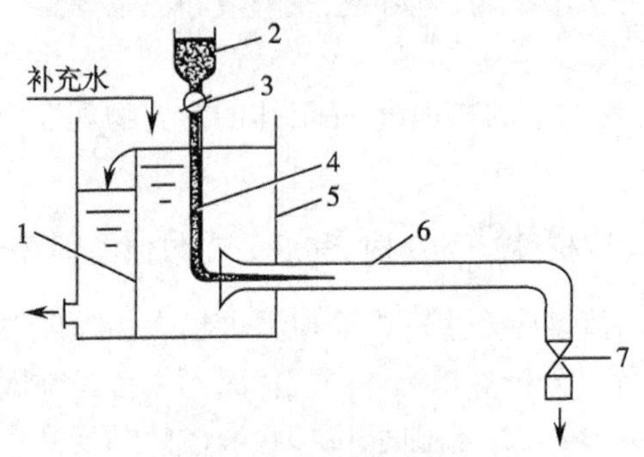

图 1-25　雷诺实验装置

1-溢流装置；2-小瓶；3-小阀；4-玻璃细管；5-玻璃水箱；6-水平玻璃管；7-调节阀

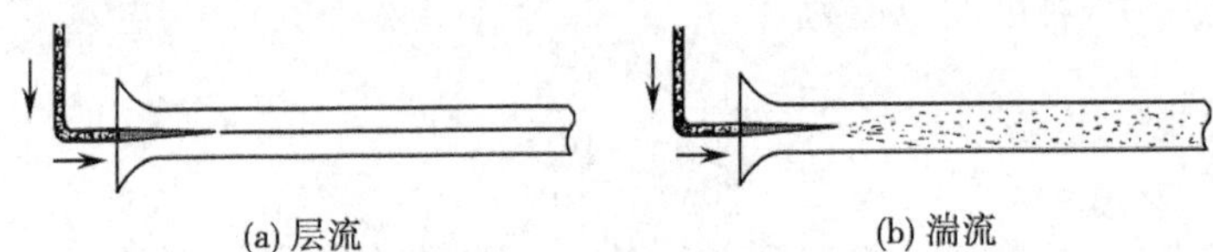

图 1-26　两种流动类型

（二）流动类型

雷诺实验表明，流体在管内流动时存在两种性质迥异的流动状态。当流体在管内流动时，流体质点始终沿与管轴线平行的方向作直线运动，不与周围的质点混合，这种流型称为层流或滞流，如图 1-26(a)所示。当流体在管内流动时，流体质点除沿管路向前运动外，还作无规则的运动，质点之间互相碰撞与混合，并产生大大小小的旋涡，这种流型称为湍流或紊流，如图 1-26(b)所示。

采用不同的管径和不同的流体分别进行实验，结果表明，不仅流速 u 能引起流动状况的改变，管径 d、流体的黏度 μ 和密度 ρ 也都能引起流动状况的改变，即流体的流动状态是由多方面因素决定的。通过进一步分析，这些影响因素可组合成 $\frac{du\rho}{\mu}$ 的形式，称为雷诺准数或雷诺数，以 Re 表示，即

$$Re=\frac{du\rho}{\mu} \tag{1-50}$$

现以法定单位为例来分析雷诺准数的量纲。

$$[Re]=\left[\frac{du\rho}{\mu}\right]=\frac{\mathrm{m}\cdot(\mathrm{m/s})\cdot(\mathrm{kg/m^3})}{\mathrm{Pa}\cdot\mathrm{s}}=\frac{\mathrm{kg/(m\cdot s)}}{(\mathrm{N/m^2})\cdot\mathrm{s}}=\frac{\mathrm{kg}\cdot(\mathrm{m/s^2})}{\mathrm{N}}=\frac{\mathrm{N}}{\mathrm{N}}=\mathrm{N}^0$$

可见，Re 是一个量纲为 1(即无量纲)的数群，无论采用何种单位制，只要数群中各物理量的单位一致，计算出的 Re 都是量纲为 1 的，且数值相等。

大量实验表明，可以根据雷诺准数 Re 的数值判断流体在圆形直管中的流动状态。一般情况下，若 $Re\leqslant 2000$，则流体的流动类型为层流，此区域称为层流区或滞流区；若 $Re\geqslant 4000$，则流体的流动类型为湍流，此区域称为湍流区或紊流区；若 $2000<Re<4000$，则流体的流动类型易受外界的干扰而发生变化，可能是层流，也可能是湍流，这一区域称为过渡区。

值得注意的是，以 Re 为判据可以将流动划分为三个区：层流区、过渡区、湍流区，但是只有两种流动类型。过渡区不是表示一种过渡的流动类型，它只是表示在此区域内可能出现层流也可能出现湍流，究竟出现何种流动类型，视外界扰动情况而定。

例 1-13　某制药厂使用内径为 55mm 的钢管向设备内输送水，输送过程中水温为 10℃，流速为 2.5m/s，试计算：(1) Re 的数值，并判断水在管内的流动状态；(2) 水在管内保持层流流动的最大流速。

解：(1) 计算 Re 的数值：依题意知，管径 $d=0.055\text{m}$，流速 $u=2.5\text{m/s}$，查附录 2 可知，水在 10℃时 $\rho=999.7\text{kg/m}^3$，$\mu=1.306\times10^{-3}\text{Pa}\cdot\text{s}$，则

$$Re=\frac{du\rho}{\mu}=\frac{0.055\times2.5\times999.7}{1.306\times10^{-3}}=105\ 252$$

因为 $Re>4000$，所以水在管内的流动状态为湍流。

(2) 确定最大流速：水在管内保持层流流动的最大雷诺数为 2000，即

$$Re=\frac{du_{\max}\rho}{\mu}=2000$$

所以水在管内保持层流流动的最大流速为

$$u_{\max}=\frac{2000\mu}{d\rho}=\frac{2000\times1.306\times10^{-3}}{0.055\times999.7}=0.0475\text{m/s}$$

三、流体在圆管内的速度分布

流体在管内流动时，无论是层流还是湍流，在管路任一截面上各点的速度是不同的。对于稳态流动，管壁处流体质点的速度为零，离开管壁后速度渐增，至管中心处达到最大，但具体的速度分布规律因流型而异。

理论和实验均已证明，当流体在圆管内作稳态层流时，速度沿管径按抛物线的规律分布，截面上各点速度的平均值 u 等于管中心处最大速度 $u_{\max}$ 的 0.5 倍，如图 1-27(a)所示。

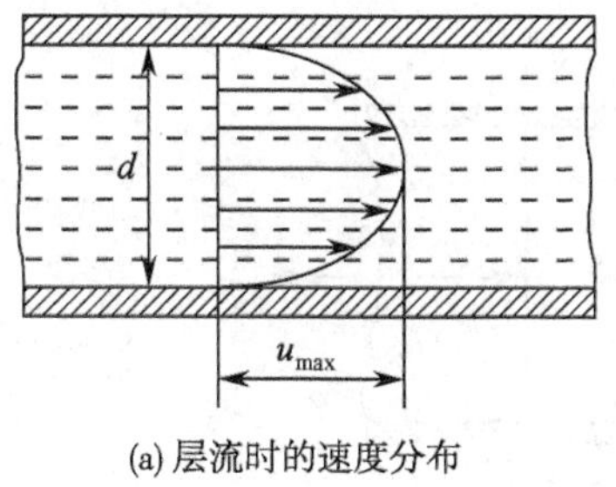

(a) 层流时的速度分布　　(b) 湍流时的速度分布

图 1-27　稳态流动时圆管内的速度分布

湍流时，因流体质点的运动情况非常复杂，目前还无法完全采用理论方法导出湍流时的速度分布规律。实验测得的流体在圆管内作稳态湍流时的速度分布规律如图 1-27(b)所示。由于流体质点之间的强烈碰撞与混合，管中心处各点的速度彼此被拉平，速度分布曲线已不再是抛物线型，且管内流体的 Re 值愈大，湍动程度愈高，曲线顶部则愈宽阔平坦，靠近管壁处质点的速度骤然下降，曲线较陡。

四、层流内层

由于实际流体具有黏性，因此流体在管内作湍流流动时，无论湍动多么强烈，紧靠管壁

处总存在一流体层，其内的流动状态为层流，这一作层流流动的流体薄层，称为层流内层或层流底层，如图 1-28 所示。自层流内层往管中心推移，流体速度逐渐增大，出现了既非层流流动亦非完全湍流流动的区域，该区域称为缓冲层或过渡层。该区域之后再往中心才是湍流主体。

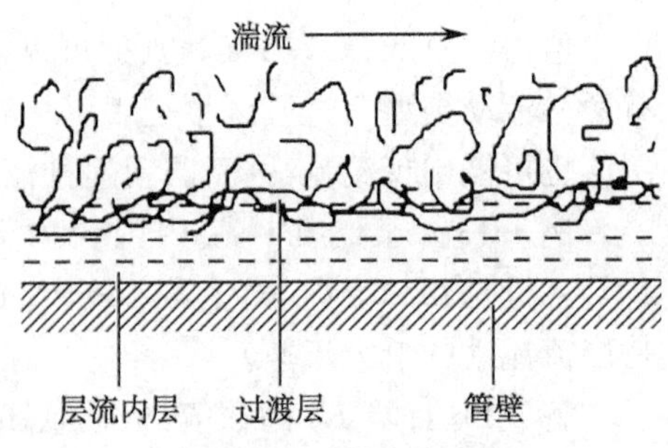

图 1-28 湍流流动

层流内层的厚度随 Re 值的增加而减小。在层流内层中，流体质点仅沿管壁平行流动，而无径向碰撞与混合，该薄层流体对传热与传质过程均有重大影响。为提高传热或传质过程的速率，必须设法减小传递过程的阻力，即设法减小层流内层的厚度。

第四节 流体在管内的流动阻力

制药化工管路主要由两部分组成，一部分是管路主体；另一部分是管路中的各种阀门与管件。无论是哪一部分均会对流体的流动产生阻力，即消耗一定的机械能。

一、直管阻力

流体流经直管时产生的阻力损失称为直管阻力损失，它是由流体的内摩擦而产生的，以 h_f 表示，单位为 J/kg。

（一）圆形管道的直管阻力

流体以一定速度在圆管内流动时，受到方向相反的两个力的作用：一个是推动力，其方向与流动方向一致；另一个是由内摩擦力而引起的摩擦阻力，其方向与流动方向相反。当这两个力达到平衡时，流体作稳态流动。

若不可压缩流体在水平等径直管内以速度 u 作稳态流动，如图 1-29 所示。

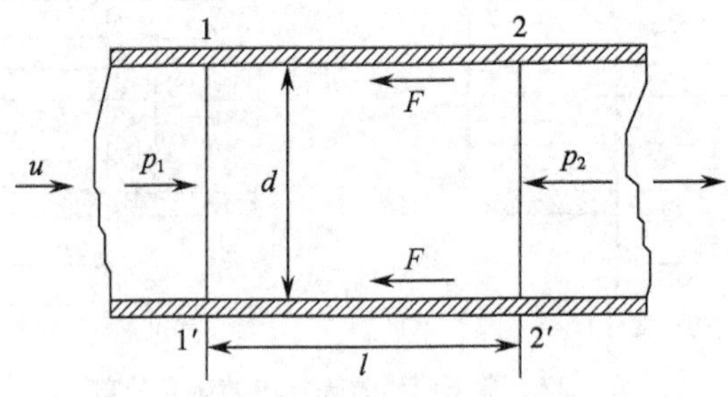

图 1-29 直管阻力通式的推导

在直管的两端分别选取截面 1-1′和 2-2′。由于两截面间无外加功，即 $W_e=0$，故两截面间列伯努利方程式可得

$$gZ_1+\frac{u_1^2}{2}+\frac{p_1}{\rho}=gZ_2+\frac{u_2^2}{2}+\frac{p_2}{\rho}+h_f$$

因是水平等径直管，所以 $u_1=u_2$，$Z_1=Z_2$，上式可简化为

$$p_1-p_2=\rho h_f \qquad (1\text{-}51)$$

流体在直径为 d、长度为 l 的水平管内流动，此段流体的受力情况为：促使流体向前流动

的推动力$\frac{(p_1-p_2)\pi d^2}{4}$;平行作用于流体柱表面上的摩擦力 $\tau\pi dl$。

稳态流动时,以上两力应大小相等方向相反,即

$$(p_1-p_2)\frac{\pi}{4}d^2=\tau\pi dl \tag{1-52}$$

将式(1-52)代入式(1-51)并整理得

$$h_f=\frac{(p_1-p_2)}{\rho}=4l\frac{\tau}{\rho d} \tag{1-53}$$

为便于工程计算,并突出影响流动阻力各因素,将式(1-53)变换为

$$h_f=\frac{8\tau}{\rho u^2}\frac{l}{d}\frac{u^2}{2} \tag{1-54}$$

令 $\lambda=\frac{8\tau}{\rho u^2}$,则式(1-54)可改写为

$$h_f=\lambda\frac{l}{d}\frac{u^2}{2} \tag{1-55}$$

或

$$\Delta p_f=\rho h_f=\lambda\frac{l}{d}\frac{\rho u^2}{2} \tag{1-56}$$

式(1-55)和式(1-56)中,l 为直管的长度,单位为 m;λ 为摩擦系数,无因次。

式(1-55)和式(1-56)是计算圆形直管阻力所引起能量损失的通式,也称为范宁公式,此式对湍流和层流均适用。式中 λ 的值随流型而变,湍流时还受管壁粗糙度的影响,但不受管路铺设情况(水平、垂直、倾斜)所限制。应用范宁公式计算直管阻力的关键是确定摩擦系数 λ 的具体数值。

(二) 管壁粗糙度对摩擦系数的影响

按照材质和加工情况,制药化工生产中的管道大致可分为两大类,即光滑管和粗糙管。玻璃管、黄铜管、塑料管等一般可视为光滑管,而钢管和铸铁管一般可视为粗糙管。实际上,即使是用同种材质的管子铺设的管道,因受使用时间、腐蚀和污垢等因素的影响,管壁的粗糙程度也会有很大的差异。

工程上将管壁凸出部分的平均高度称为绝对粗糙度,以 ε 表示。一些工业管道的绝对粗糙度列于表 1-2 中。绝对粗糙度并不能全面反映管壁粗糙程度对流动阻力的影响,如在同一直径下,ε 越大,阻力越大;但在同一 ε 下,直径越小,对阻力的影响就越大。为此,工程上常用绝对粗糙度与管内径的比值即相对粗糙度来表示管壁的粗糙程度。

表 1-2 工业管道的绝对粗糙度

金属管	绝对粗糙度 ε,mm	非金属管	绝对粗糙度 ε,mm
无缝黄铜管、铜管及铝管	0.01～0.05	干净玻璃管	0.0015～0.01
新的无缝钢管或镀锌铁管	0.1～0.2	橡胶软管	0.01～0.03
新的铸铁管	0.3	木管道	0.25～1.25
被轻度腐蚀的无缝钢管	0.2～0.3	陶土排水管	0.45～6.0
被显著腐蚀的无缝钢管	0.5 以上	很好整平的水泥管	0.33
旧的铸铁管	0.85 以上	石棉水泥管	0.03～0.8

当流体作层流流动时，管壁上凹凸不平的地方被有规则的层流流体层所覆盖，且流动速度比较缓慢，故流体质点对管壁的凹凸部分不会产生碰撞作用，所以流体在层流时，摩擦系数与管壁粗糙度无关。当流体作湍流流动时，靠管壁处总存在一层层流内层。若层流内层的厚度 δ 大于管壁的绝对粗糙度，即 $\delta > \varepsilon$，如图 1-30(a)所示，则管壁粗糙度对摩擦系数的影响与流体作层流流动时相近。随着 Re 值的增加，层流内层的厚度将逐渐变薄。如图 1-30(b)所示，当 $\delta < \varepsilon$ 时，管壁的凸出部分将伸入到湍流区内与流体质点发生碰撞，使流体的湍动程度加剧，此时管壁粗糙度对摩擦系数的影响就成为重要因素。Re 值越大，层流内层越薄，这种影响就越显著。可见，对具有一定粗糙度的管子，它既可表现为光滑管，又可表现为粗糙管，这取决于流体的 Re 值。

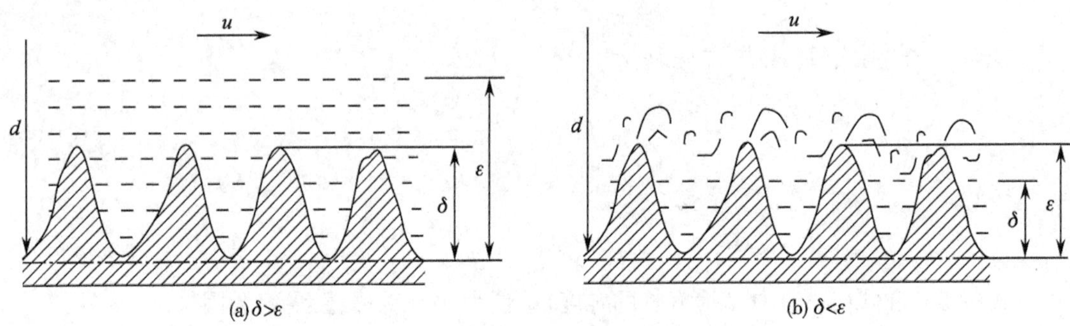

图 1-30 流体流过管壁面的情况

(三) 摩擦系数的确定

由以上分析可知，流体作层流流动时，摩擦系数仅与雷诺准数有关；而作湍流流动时，摩擦系数不仅与雷诺准数有关，而且与管壁的粗糙程度有关。摩擦系数与雷诺准数及管壁粗糙度之间的关系可由实验测定，其结果如图 1-31 所示，该图又习惯称为莫狄(Moody)摩擦系数图。

按照雷诺准数的范围，可将图 1-31 划分成四个不同的区域。

1. 层流区($Re \leqslant 2000$) 在该区域，λ 与管壁粗糙度无关，与 Re 的关系为一条向下倾斜的直线(斜率为负值)，该直线可回归成下式

$$\lambda=\frac{64}{Re} \tag{1-57}$$

式(1-57)亦可从理论上导出。值得注意的是，λ 随 Re 值的增大而减小，但阻力损失并非减小。将式(1-57)代入式(1-55)得

$$h_{\mathrm{f}}=\lambda \frac{l}{d} \frac{u^{2}}{2}=\frac{64}{Re} \frac{l}{d} \frac{u^{2}}{2}=\frac{64 \mu}{d u \rho} \frac{l}{d} \frac{u^{2}}{2}=\frac{32 l u \mu}{\rho d^{2}} \tag{1-58}$$

可见，层流时的流动阻力与直管长度 l、流速 u 及黏度 μ 成正比，而与密度 ρ 及管内径的平方(d^2)成反比。

由式(1-58)得

$$\Delta p_{\mathrm{f}}=\rho h_{\mathrm{f}}=\frac{32 l u \mu}{d^{2}} \tag{1-59}$$

式(1-58)和式(1-59)均为流体在圆管内作层流流动时的直管阻力计算式，其中式(1-59)又称为哈根-泊肃叶公式。

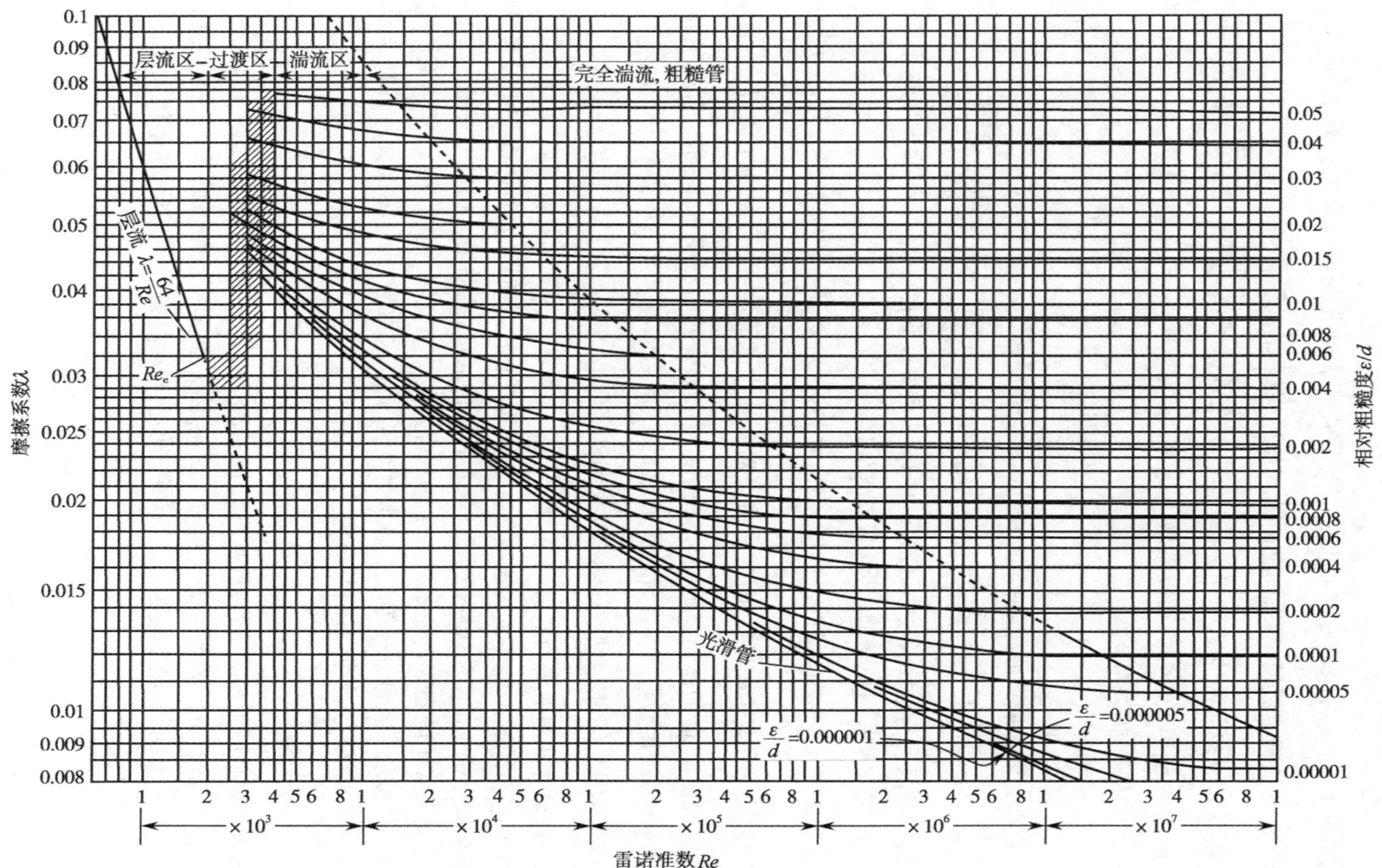

图 1-31　摩擦系数与雷诺准数及相对粗糙度之间的关系

2. 过渡区（2000<Re<4000） 在该区域，流体的流动类型易受外界条件的影响而发生改变。为安全起见，工程上一般按湍流处理，即将湍流区相应的曲线延伸至该区域来查取 λ 的值。

λ 的值可由 Re 及 $\frac{\varepsilon}{d}$ 的值查图或由公式计算而得。通常的做法是先计算 Re 及 $\frac{\varepsilon}{d}$ 的值，然后根据 Re 的值确定流型，最后确定由公式计算或查图以获得 λ 的值。

3. 湍流区（$Re \geqslant 4000$ 及虚线以下的区域） 在该区域，λ 与 Re 及 $\frac{\varepsilon}{d}$ 有关。位于该区域最下面的一条曲线为光滑管的摩擦系数 λ 与 Re 的关系曲线，当 $2.5\times10^3 \leqslant Re \leqslant 10^5$ 时，该曲线近似于直线，可回归成下式

$$\lambda=\frac{0.3164}{Re^{0.25}} \tag{1-60}$$

上式也称为伯拉修斯方程，将该方程代入式（1-55）得

$$h_f=\lambda\frac{l}{d}\frac{u^2}{2}=\frac{0.3164}{Re^{0.25}}\frac{l}{d}\frac{u^2}{2}=\frac{0.3164\mu^{0.25}}{d^{0.25}u^{0.25}\rho^{0.25}}\frac{l}{d}\frac{u^2}{2}=\frac{0.1582lu^{1.75}\mu^{0.25}}{\rho^{0.25}d^{1.25}}$$

可见，流动阻力与直管长度 l、流速 u 的 1.75 次方及黏度 μ 的 0.25 次方成正比，而与密度 ρ 的 0.25 次方及管内径 d 的 1.25 次方成反比。

4. 完全湍流区（图中虚线以上的区域） 在该区域，对于一定的 $\frac{\varepsilon}{d}$ 值，λ 与 Re 的关系趋近于水平线，可看作与 Re 无关，即为定值。对于特定的管路，$\frac{\varepsilon}{d}$ 可视为定值，故 λ 为常数。由式（1-55）可知，此时的流动阻力与直管长度 l、流速 u 的平方成正比，而与管内径 d 成反比。由于该区域的流动阻力与速度的平方成正比，故该区域又称为阻力平方区。由图 1-31 可知，$\frac{\varepsilon}{d}$ 的值越大，达到阻力平方区的 Re 值越小。

（四）流体在非圆形管内的流动阻力

在制药化工生产中，流体的流通截面并非都是圆形的，截面形状对速度分布及流动阻力的大小都会产生影响。实验表明，对于非圆形截面的通道，流动阻力仍可采用范宁公式进行计算，但应将公式中的圆管直径 d 以一个与圆管直径 d 相当的“直径”来代替，该直径称为当量直径，以 d_e 表示。当量直径等于 4 倍水力半径 r_H。水力半径 r_H 定义为流体在流道里的流通截面 A 与润湿周边长度 Π 之比，即

$$d_e=4\times r_H=4\times\frac{A}{\Pi} \tag{1-61}$$

流体在非圆形管内作湍流流动时，在计算 h_f 及 Re 的有关表达式中，均可用 d_e 代替 d。但应注意的是，不能用当量直径 d_e 来计算流道截面积、流速或流量。此外，当量直径用于湍流流动阻力的计算时，其结果较为可靠，但用于层流流动阻力的计算时，误差较大，需进行修正，此时 λ 可按下式计算

$$\lambda=\frac{C}{Re} \tag{1-62}$$

式中，C 是由管道截面形状确定的常数，无因次。

某些非圆形直管的 C 值列于表 1-3 中。

表 1-3 某些非圆形管的 C 值

非圆形管的截面形状	正方形	等边三角形	环形	长方形	
				长∶宽=2∶1	长∶宽=4∶1
常数 C	57	53	96	62	73

例 1-14 有一套管式换热器，内管和外管均为光滑管，直径分别为 $\phi30\times2.5$mm 和 $\phi56\times3$mm。平均温度为 40℃的冷却用水以每小时 9.8m³ 的流量流过套管的环隙。试估算水通过环隙时每米管长的压强降。

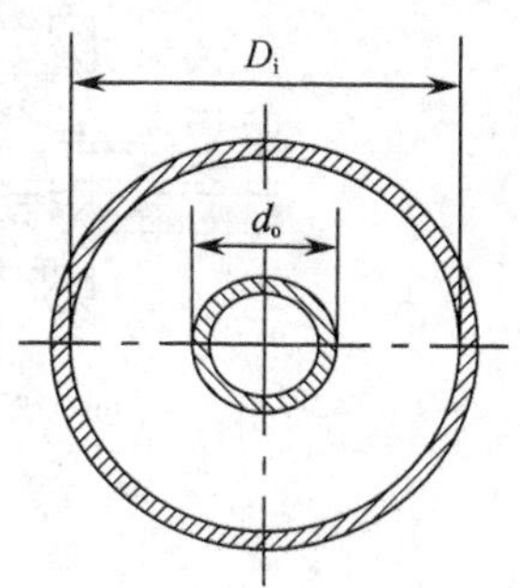

图 1-32 例 1-14 附图

解：如图 1-32 所示，设套管式换热器的内管外径为 d_0，外管内径为 D_i，则水的流通截面积为

$$A=\frac{\pi}{4}(D_i^2-d_0^2)=\frac{3.14}{4}\times(0.05^2-0.03^2)=0.00126\text{m}^2$$

套管环隙的当量直径为

$$d_e=4\times\frac{\frac{\pi}{4}(D_i^2-d_0^2)}{\pi(D_i+d_0)}=D_i-d_0=0.05-0.03=0.02\text{m}$$

水通过环隙的流速为

$$u=\frac{V_s}{A}=\frac{9.8}{3600\times0.00126}=2.16\text{m/s}$$

由附录 2 查得水在 40℃时，$\rho=992.2\text{kg/m}^3$，$\mu=65.33\times10^{-5}\text{Pa}\cdot\text{s}$，所以

$$Re=\frac{d_e u\rho}{\mu}=\frac{0.02\times2.16\times992.2}{653.3\times10^{-6}}=6.56\times10^4\text{（为湍流）}$$

由图 1-31 中的光滑管所对应的曲线查得此 Re 值下的 λ 为 0.0195。由式(1-56)得

$$\frac{\Delta p_f}{l}=\frac{\lambda}{d_e}\frac{\rho u^2}{2}=\frac{0.0195}{0.02}\times\frac{992\times2.16^2}{2}=2256\text{Pa/m}$$

二、局部阻力

流体经过管路中的管件、阀门以及进口、出口、扩大、缩小等局部位置时所产生的阻力称为局部阻力，以 h'_f 表示。

阀门是用来启闭或调节管路中流量的部件。制药化工生产中，常用的阀门有闸阀、截止阀、止回阀、球阀、旋塞阀等。阀门种类繁多，且各有自己的特殊构造和作用。管件主要是用来连接管子以达到延长管路、改变流向、分支或回流的目的。

流体从这些局部障碍物流过时，流体受到干扰或冲击，使湍动程度加剧，流速的大小和方向都可能发生改变，从而要消耗能量。迄今为止，还不能完全用理论方法对局部阻力进行精确计算，工程上一般采用阻力系数法或当量长度法对局部阻力进行估算。

（一）阻力系数法

将克服局部阻力所引起的能量损失表示成动能 $\frac{u^2}{2}$ 的倍数，即

$$h'_f=\zeta\frac{u^2}{2} \tag{1-63}$$

式中，h'_f 为局部阻力，单位为 J/kg；ζ 为局部阻力系数，无因次。

局部阻力系数 ζ 一般由实验测定。因局部阻力的形式众多，为明确起见，常对 ζ 加注相应的下标。

1. 突然扩大与突然缩小 管路因直径改变而突然扩大或突然缩小时的流动情况如图 1-33 所示。

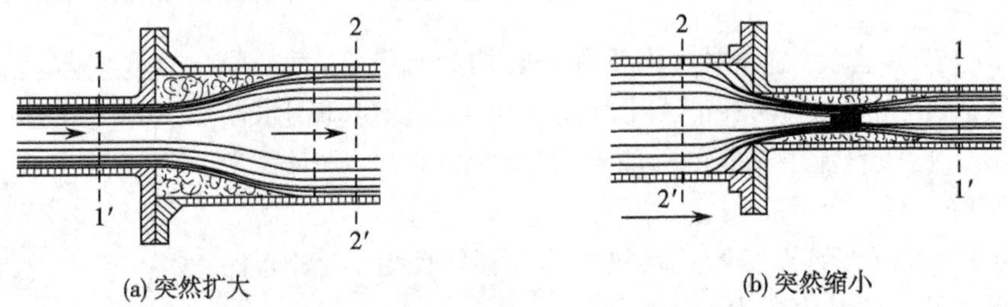

(a) 突然扩大　　(b) 突然缩小

图 1-33 管路直径突然扩大和突然缩小

突然扩大与突然缩小时的局部阻力可用式(1-63)计算，式中的流速 u 均以小管内的流速为准。局部阻力系数可分别用下列两式计算

$$\text{突然扩大时}，\zeta=\left(1-\frac{A_1}{A_2}\right)^2 \tag{1-64}$$

$$\text{突然缩小时}，\zeta=0.5\left(1-\frac{A_1}{A_2}\right)^2 \tag{1-65}$$

式(1-64)和式(1-65)中，A_1 为小管的截面积，单位为 m^2；A_2 为大管的截面积，单位为 m^2。

2. 进口与出口 流体自容器进入管内，可看作流体从很大的截面 A_2 突然进入很小的截面 A_1，则 $\frac{A_1}{A_2}\approx 0$，由式(1-65)得 $\zeta=0.5$，此种损失常称为进口损失，相应的阻力系数称为进口阻力系数，以 ζ_c 表示。

流体自管子进入容器或从管子排放到管外空间，可看作流体由很小的截面 A_1 突然进入很大的截面 A_2，则 $\frac{A_1}{A_2}\approx 0$，由式(1-64)得 $\zeta=1$，此种损失常称为出口损失，相应的阻力系数称为出口阻力系数，以 ζ_e 表示。

3. 管件与阀门 不同管件和阀门的局部阻力系数一般由实验测定。某些管件和阀门的局部阻力系数列于表 1-4 中。

表 1-4 某些管件和阀门的局部阻力系数与当量长度值

名称		局部阻力系数 ζ	当量长度与管径之比 l_e/d	名称		局部阻力系数 ζ	当量长度与管径之比 l_e/d
标准弯头	45°	0.35	15	底阀		1.5	420
	90°	0.75	35	止回阀	升降式	1.2	60
180°回弯头		1.5	70		摇板式	2	100
三通		1	50	闸阀	全开	0.17	7
管接头		0.4	2		3/4 开	0.9	40
活接头		0.4	2		1/2 开	4.5	200
截止阀	全开	6.4	300		1/4 开	24	800
	半开	9.5	475	水表(盘式流量计)		7.0	350

（二）当量长度法

当量长度法即将流体流过管件、阀门等局部位置所引起的局部阻力换算成相当于流体流过长度为 l_e 的同一管径的直管时所产生的阻力。换算出的管道长度 l_e 称为管件、阀门的当量长度，其局部阻力所引起的能量损失可按下式计算

$$h'_f=\lambda\frac{l_e}{d}\frac{u^2}{2} \tag{1-66}$$

管件、阀门的当量长度由实验测定，结果常表示成管道直径的倍数。某些管件和阀门的当量长度见表 1-4。

三、管路系统的总能量损失

管路系统中的总能量损失又称为总阻力损失，是管路上全部直管阻力与局部阻力之和，这些阻力可分别用相应公式进行计算。若管路直径相同，则管路系统的总能量损失为

$$\sum h_f=h_f+h'_f=\lambda\frac{l+\sum l_e}{d}\frac{u^2}{2} \tag{1-67}$$

或

$$\sum h_f=h_f+h'_f=\left(\lambda\frac{l}{d}+\sum\zeta\right)\frac{u^2}{2} \tag{1-68}$$

式(1-67)和式(1-68)中，l 为管路系统中各段直管的总长度，单位为 m；$\sum l_e$ 为管路系统中全部管件、阀门等的当量长度之和，单位为 m；$\sum\zeta$ 为管路系统中全部管件、阀门等的局部阻力系数之和，无因次。

若 $\sum l_e$ 中不包括进、出口损失的当量长度，则管路系统的总能量损失为

$$\sum h_f=h_f+h'_f=\lambda\frac{l+\sum l_e}{d}\frac{u^2}{2}+(\zeta_c+\zeta_e)\frac{u^2}{2} \tag{1-69}$$

值得注意的是，式(1-67)和式(1-68)适用于直径一定的管段或管路系统的计算，式中的流速 u 是指管段或管路系统的流速，由于管路直径相同，故流速 u 可按任一管截面来计算。而伯努利方程中的动能项 $\frac{u^2}{2}$ 中的流速 u 是指相应的衡算截面处的流速。

若管路由若干直径不同的管段组成，则由于各段的流速不同，管路系统的总能量损失应分段计算，然后再求其总和。

例 1-15　如图 1-34 所示，用泵将 20℃的水从水槽输送至高位槽内，流量为 17m^3/h。高位槽液面与水槽液面之间的垂直距离为 9m。泵吸入管为 ϕ89×4mm 的无缝钢管，直管长度为 5m，管路上装有一个底阀、一个 90°标准弯头；泵排出管为 ϕ57×3.5mm 的无缝钢管，直管长度为 20m，管路上装有一个全开的闸阀、一个全开的截止阀和两个 90°标准弯头。高位槽液面及水槽液面上方均为大气压，且液面均维持恒定。设管壁的绝对粗糙度 ε 为 0.3mm，泵的效率为 75%，试计算泵的轴功率。

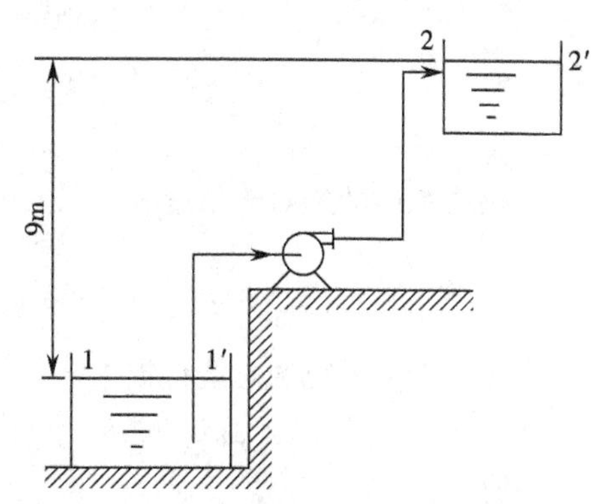

图 1-34　例 1-15 附图

解：取水槽液面为上游截面 1-1′，高位槽液面为下游截面 2-2′，并以截面 1-1′为基准水平面。在截面 1-1′与 2-2′之间列伯努利方程式得

$$gZ_1+\frac{u_1^2}{2}+\frac{p_1}{\rho}+W_e=gZ_2+\frac{u_2^2}{2}+\frac{p_2}{\rho}+\sum h_f$$

式中，$Z_1=0$，$Z_2=9\text{m}$，$p_1=p_2=0$（表压）。因水槽和高位槽的截面均远大于管道的截面，故 $u_1\approx0$，$u_2\approx0$。则上式可简化为

$$W_e=gZ_2+\sum h_f=9.81\times9+\sum h_f=88.29+\sum h_f$$

式中的$\sum h_f$ 表示管路系统的总能量损失，包括吸入管路和排出管路的能量损失。而泵的进、出口及泵体内的能量损失均考虑在泵的效率中。由于吸入管路与排出管路的直径不同，故应分段计算，然后再求其和。

（1）吸入管路的能量损失$\sum h_{f,a}$（下标 a 表示吸入管路）

$$\sum h_{f,a}=h_{f,a}+h'_{f,a}=\left(\lambda_a\frac{l_a}{d_a}+\sum\zeta_a\right)\frac{u_a^2}{2}$$

式中，$d_a=89-2\times4=81\text{mm}=0.081\text{m}$，$l_a=5\text{m}$。由表 1-4 查得底阀 $\zeta=1.5$，90°标准弯头 $\zeta=0.75$。又根据进口阻力系数 $\zeta_c=0.5$，则$\sum\zeta_a=1.5+0.75+0.5=2.75$。

吸入管路中的流速为

$$u_a=\frac{17}{3600\times\frac{\pi}{4}\times0.081^2}=0.92\text{m/s}$$

由附录 2 查得水在 20℃时 $\rho=998.2\text{kg/m}$，$\mu=1.004\times10^{-3}\text{Pa}\cdot\text{s}$，则

$$Re_a=\frac{d_au_a\rho}{\mu}=\frac{0.081\times0.92\times998.2}{1.004\times10^{-3}}=7.15\times10^4$$

已知管壁的绝对粗糙度 $\varepsilon=0.3\text{mm}$，则$\frac{\varepsilon}{d}=\frac{0.3}{81}=0.0037$，查图 1-31 得 $\lambda_a=0.028$。则

$$\sum h_{f,a}=\left(0.028\times\frac{5}{0.081}+2.75\right)\times\frac{0.92^2}{2}=1.90\text{J/kg}$$

（2）排出管路的能量损失$\sum h_{f,b}$（下标 b 表示排出管路）

$$\sum h_{f,b}=\left(\lambda_b\frac{l_b}{d_b}+\sum\zeta_b\right)\frac{u_b^2}{2}$$

式中 $d_b=57-2\times3.5=50\text{mm}=0.05\text{m}$，$l_b=20\text{m}$。由表 1-4 查得全开闸阀 $\zeta=0.17$，全开截止阀 $\zeta=6.4$，90°标准弯头 $\zeta=0.75$，出口阻力系数 $\zeta_e=1$，则$\sum\zeta_b=0.17+6.4+2\times0.75+1=9.07$。

$$u_b=\frac{17}{3600\times\frac{\pi}{4}\times0.05^2}=2.41\text{m/s}$$

$$Re_b=\frac{d_bu_b\rho}{\mu}=\frac{0.05\times2.41\times998.2}{1.004\times10^{-3}}=1.20\times10^5$$

仍取管壁的绝对粗糙度 $\varepsilon=0.3\text{mm}$，则$\frac{\varepsilon}{d}=\frac{0.3}{50}=0.006$，查图 1-31 得 $\lambda_b=0.0328$。所以

$$\sum h_{f,b}=\left(0.0328\times\frac{20}{0.05}+9.07\right)\times\frac{2.41^2}{2}=64.44\text{J/kg}$$

（3）管路系统的总能量损失

$$\sum h_f=\sum h_{f,a}+\sum h_{f,b}=1.90+64.44=66.34\text{J/kg}$$

所以

$$W_e=88.29+66.34=154.63\text{J/kg}$$

泵的有效功率为

$$N_e = W_e W_s = W_e V_s \rho = 154.63 \times \frac{17}{3600} \times 998.2 = 728.88\text{W} \approx 0.73\text{kW}$$

泵的轴功率为

$$N_P = \frac{N_e}{\eta} = \frac{0.73}{0.75} = 0.97\text{kW}$$

四、降低管路系统流动阻力的途径

流体在流动过程中为克服流动阻力将消耗大量的能量。流动阻力越大，输送流体所消耗的动力就越多。因此，在实际生产中尽量减小流体输送过程的流动阻力，是控制能耗和降低生产成本的重要途径之一。

由式(1-67)～式(1-68)可知，为降低管路系统的流动阻力，可从以下几方面入手。

(1) 由于$\sum h_f \propto (l+\sum l_e)$，故在不影响管路布置的情况下，应尽量缩短管路长度，并减少不必要的管件和阀门。

(2) 将$u=\frac{4V_s}{\pi d^2}$代入式(1-67)并整理得

$$\sum h_f = \lambda (l+\sum l_e) \frac{8V_s^2}{\pi^2} \frac{1}{d^5}$$

可见，流动阻力与管内径的5次方成反比。因此，在生产任务不变的情况下(即输送流量不变)，增大管径，可显著降低管路系统的流动阻力。但在实际生产中，管径增大后，管材消耗量及管路投资均会相应地增加，故管径的大小应通过经济衡算确定。

(3) 由式(1-58)可知，流动阻力与黏度成正比。实际生产中，可适当提高流体温度或用强磁场处理，以降低流体的黏度，从而降低管路系统的流动阻力。例如，制药化工生产中的药物或中间体通常为黏度较高的液体，若输送时这些液体在管内保持层流状态，则可适当提高这些液体的温度，以降低其黏度，从而达到降低流动阻力的目的。

第五节　管 路 计 算

管路计算实际上是对连续性方程式、伯努利方程式与能量损失计算式的具体运用。由于管路的具体情况不同，解决问题的方法也不同。制药化工生产中的管路计算可分为设计型计算和操作型计算。设计型计算是要求设计者根据给定的流体输送任务，计算所需管长和管径，选择经济合理的管路及输送设备。操作型计算是对指定的管路系统，核算是否能够完成输送任务，或者核算当某些操作参数改变时，原有管路系统能否完成输送任务。在制药化工生产中常遇到的管路计算问题，大致有以下三种情况。

(1) 已知管径d、管长l、管件和阀门的设置及流体的输送量V_s，计算流体通过管路系统的能量损失$\sum h_f$，以便进一步确定需输送设备加入的外功W_e、设备内的压强或设备间的相对位置等。此种类型的管路计算比较容易。

(2) 已知管径d、管长l、管件和阀门的设置及允许的能量损失$\sum h_f$，计算流体的流速u或流量V_s。

(3) 已知管长l、管件和阀门的当量长度$\sum l_e$、流体的流量V_s及允许的能量损失$\sum h_f$，计算管径d。

后两种类型都存在着共同性的问题，即流速 u 或管径 d 为未知，不能计算 Re 值，所以无法判断流体的流型，因而不能确定摩擦系数 λ 的值。对于此类问题，工程上常采用试差法或其他方法进行求解。下面通过例题介绍试差法在解决此类问题中的应用。

例 1-16　从水塔向注射剂车间引水，管路为 $\phi 114\times 4$mm 钢管，管路总长度为 150m，水塔内水面维持恒定，并高于排水口 12m。若水温为 20℃，试计算管路系统的输水量。

解：取水塔内水面为上游截面 1-1′，排水管出口外侧为下游截面 2-2′，并取通过排水管出口中心的水平面为基准水平面。在截面 1-1′与 2-2′之间列伯努利方程式得

$$gZ_1+\frac{u_1^2}{2}+\frac{p_1}{\rho}+W_e=gZ_2+\frac{u_2^2}{2}+\frac{p_2}{\rho}+\sum h_f$$

式中 $u_1=u_2=0$，$p_1=p_2=0$（表压），$Z_1=12m$，$Z_2=0$，$W_e=0$。又

$$\sum h_f=\lambda\frac{l+\sum l_e}{d}\times\frac{u^2}{2}=\lambda\times\frac{150}{0.106}\times\frac{u^2}{2}$$

代入伯努利方程式并整理得

$$u=\sqrt{\frac{0.1662}{\lambda}} \tag{1-70}$$

由于黏度不大的流体在管内流动时大多为湍流，此时

$$\lambda=f\left(Re,\frac{\varepsilon}{d}\right)=\phi(u) \tag{1-71}$$

式(1-70)和式(1-71)中虽然只含两个未知数 λ 与 u，但却不能直接对 u 进行求解。这是因为式(1-71)中 λ 的具体函数关系与流体的流型有关。而流速 u 为待求量，故不能计算 Re 值，也就无法判断流型，所以无法确定式(1-71)的具体函数关系。

此类问题的求解，一般采用试差法。试差的方法有两种。

(1) 根据 λ 的取值范围，先假设一个 λ 值，代入式(1-70)求出 u 后，再计算 Re 值。根据计算出的 Re 值和 $\frac{\varepsilon}{d}$ 值，由图 1-31 查出相应的 λ 值。若查得的 λ 值与假设的 λ 值相等或相近，则假设成立，流速 u 即为所求流速。若不相符，则重新设一 λ 值，重复上述计算步骤，直至查得的 λ 值与所设的 λ 值相等或相近为止。

(2) 根据流速 u 的常用取值范围，先假设一个流速 u，再计算出 Re 值，然后根据 Re 值和 $\frac{\varepsilon}{d}$ 值，由图 1-31 查出相应的 λ 值。若查得的 λ 值与由式(1-70)解得的 λ 值相等或相近，则假设成立，流速 u 即为所求流速。若不相符，则重新设一 u 值，重复上述计算步骤，直至查得的 λ 值与由式(1-70)解得的 λ 值相等或相近为止。

下面以方法(1)为例对本题进行求解。

因 λ 通常在 0.02～0.03，故先假设 $\lambda_1=0.02$，并代入式(1-70)解得

$$u_1=2.884\text{m/s}$$

由附录 2 查得：水在 20℃时，$\rho=998.2\text{kg/m}^3$，$\mu=1.005\times10^{-3}\text{Pa}\cdot\text{s}$，则

$$Re_1=\frac{du_1\rho}{\mu}=\frac{0.106\times2.884\times998.2}{1.005\times10^{-3}}=3\times10^5>4000\text{（湍流）}$$

取水煤气管的绝对粗糙度 ε 为 0.002mm，则

$$\frac{\varepsilon}{d}=\frac{0.002}{0.106}\approx0.002$$

由 $Re_1=3\times10^5$、$\frac{\varepsilon}{d}\approx0.002$ 查图 1-31 得 $\lambda'_1=0.024$，与假设不符，需重新假设。再假设 $\lambda_2=0.024$ 并代入式(1-70)解得 $u_2=2.403\text{m/s}$，代入 Re 计算式得 $Re_2=2.5\times10^5$。由 $Re_2=2.5\times10^5$、$\frac{\varepsilon}{d}\approx0.002$ 查图 1-31 得 $\lambda'_2=0.024$，与假设相符。故流体在该输送系统中的流速为 2.403m/s，管路系统的输水量为

$$V_s=3600\times2.403\times\frac{\pi}{4}\times0.106^2=76.30\text{m}^3/\text{h}$$

试差法是制药化工过程中的常用计算方法。在试差之前，应对所需解决的问题进行认真的分析和研究，尽可能地减少计算量，尤其要注意待求量的适宜取值范围。

第六节　流速与流量的测量

制药化工生产中，为了控制系统的生产状况，经常需要测量流体的流速或流量。测量流量的装置型式很多，本节将介绍几种以流体机械能守恒原理为基础，利用动能与静压能之间的转换关系来实现测量流速或流量的装置。这些装置可分为两类：①定截面、变压差的流速计和流量计，即流体通道截面是固定的，当流过的流量改变时，通过压强差的变化反映其流速的变化，如测速管、孔板流量计和文丘里流量计；②变截面、恒压差的流量计，即流体通过的截面随流量大小而变化，而流体在通过的任一截面压强差不变，如转子流量计。

一、测速管

测速管又称皮托管，其结构如图 1-35 所示。测速管由两根弯成直角的同心套管所组成，为减小误差，其前端经常做成封闭的半球形以减少流体的涡流。同心圆管的内管前端开口，正对流体流动方向。外管前端封闭，但在外管前端壁面的四周开有若干个测压小孔，流体从测压口旁流过。测速管另一端装有 U 形管压差计，两端测压接口分别与内管和外管相连。

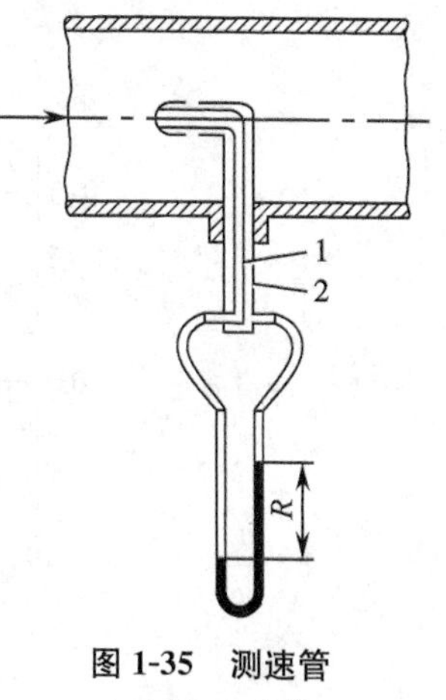

图 1-35　测速管
1-内管；2-外管

测量时，测速管可以安装于管路截面的任一位置上，同时需注意要使测速管的管口正对着管内流体的流动方向，内管测得该位置上的动能与静压能之和，称为冲压能，即

$$h_A=\frac{u_r^2}{2}+\frac{p}{\rho} \tag{1-72}$$

式中，h_A 为流体在测量点处的冲压能；u_r 为流体在测量点处的局部流速，单位为 m/s；ρ 为管路中流体的密度，单位为 kg/m^3。

外管上的测压孔口与管路中流体的流动方向相平行，故外管可测得该位置上的静压能，即

$$h_B=\frac{p}{\rho} \tag{1-73}$$

测量点的冲压能与静压能之差为

$$\Delta h=\frac{u_r^2}{2}$$

若 U 形管压差计的读数为 R，则

$$u_r=\sqrt{\frac{2gR(\rho_A-\rho)}{\rho}} \tag{1-74}$$

式中，u_r 为距管中心线距离为 r 处流体的轴向线速度，单位为 m/s；ρ 为被测流体的密度，单位为 kg/m³；ρ_A 为指示液的密度，单位为 kg/m³。

当被测流体为气体时，由于 $\rho_A \gg \rho$，则式(1-74)可简化为

$$u_r=\sqrt{\frac{2gR\rho_A}{\rho}} \tag{1-75}$$

测速管测量的是流体在管路截面上某一点处的局部流速，称为点速度。因此，可利用测速管测得管路截面上的速度分布。为测得流体在管路中的流量，需将测速管的管口对准管路中心线，测量出 U 形管压差计的最大读数 R_{max}，代入式(1-74)可求出管路中流体的最大流速 u_{max}，然后计算 $Re_{max}=\frac{du_{max}\rho}{\mu}$ 的值，再结合图 1-36，即可求出流体在管截面上的平均流速，从而进一步计算出流体在该管道内的流量。

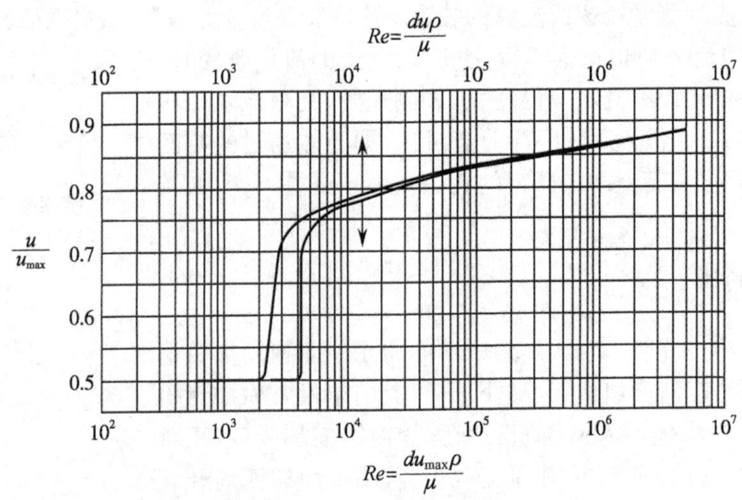

图 1-36 u/u_{max} 与 Re 及 Re_{max} 之间的关系

为保证测量精度，测量点应处于管路的稳定段内。若管道的内径为 D_i，则通常要求测量点前的直管长度不小于 $50D_i$，测量点后的直管长度不小于 $(8\sim12)D_i$。此外，为减少测速管对流体流动状态的干扰，测速管的外径不应超过管道内径的 1/50。

测速管具有结构简单、引起的额外流动阻力较小的优点，但不适用于含固体杂质的流体，常用于大直径气体管路中的流量测量。

二、孔板流量计

在管道上安装一片与管轴相垂直的开有圆孔的金属板，且孔的中心位于管轴上，这样的装置称为孔板流量计，如图 1-37 所示。孔板的孔口经精密加工后呈刀口状，在厚度方向与轴线呈 45°角，常称为孔板或锐孔板。

当流体流过孔板时，由于流体的惯性作用，流动截面积不能立即扩大与管截面相等，而是边流动边收缩，经一定距离后，才逐渐扩大至整个管截面。流体流过孔板后截面收缩至最

小时的位置(如图 1-37 中的截面 2-2′),常称为缩脉。流体在缩脉处流速最大而静压力最低。因此,当流体以一定的流量通过小孔时,就产生了一定的压力差,流量越大,所产生的压力差也越大,故可利用测量压力差的方法来确定流体流量。

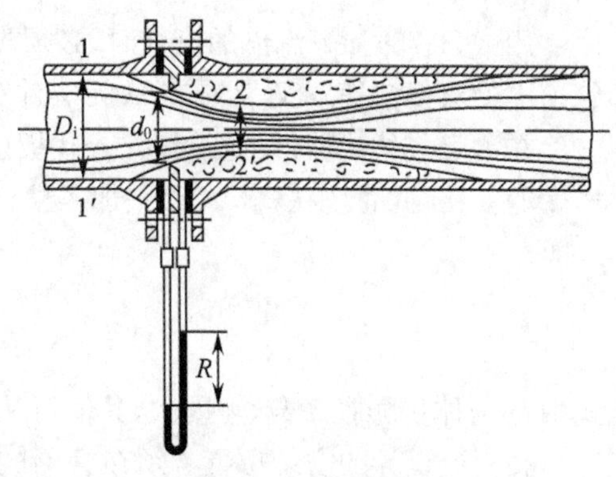

图 1-37 孔板流量计

流体流过孔板的压力差常用液柱压差计来测量。比较常用的方法是把上、下游测压口设置在紧靠孔板前后的位置上,并将压差计的两端分别与上、下游测压口相连,这种取压方法称为角接取压法,如图 1-37 所示。当 U 形管压差计的读数为 R 时,被测流体的体积流量为

$$V_s = C_0 A_0 \sqrt{\frac{2gR(\rho_A - \rho)}{\rho}} \tag{1-76}$$

式中,A_0 为孔板小孔的截面积,单位为 m^2;C_0 为流量系数或孔流系数,无因次。

式(1-76)中的流量系数 C_0 与取压方式、管壁粗糙度、Re 及孔板小孔与管道的面积比 $\frac{A_0}{A_1}$ 有关,它们之间的关系一般由实验测定。图 1-38 是用角接取压标准孔板流量计测量光滑管内的流量时,C_0 与 Re 及 $\frac{A_0}{A_1}$ 之间的关系,图中的 Re 值应以管道内径和流体管道内的平均流速计算。由图可知,对于一定的 $\frac{A_0}{A_1}$ 值,C_0 值随 Re 的增大而减小,当 Re 增大到某一临界值 Re_c 后,C_0 就不再改变而为定值。为便于应用式(1-76)确定流量,孔板流量计的测量范围应控制在临界值 Re_c 以右的区域,即 C_0 处于定值区域内。设计合理的孔板流量计,其 C_0 值一般为 0.6～0.7。

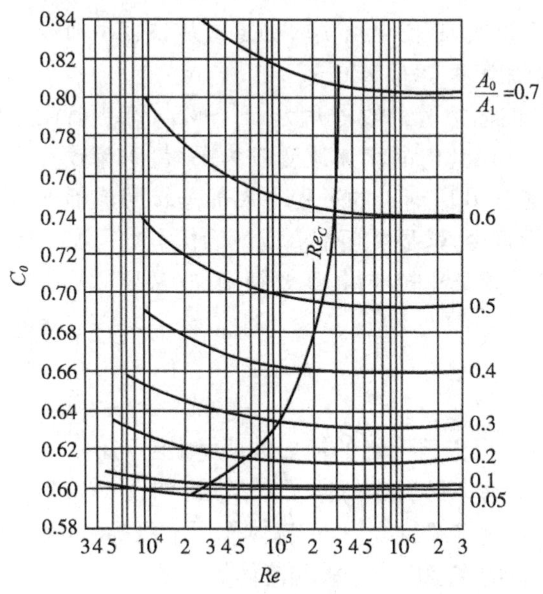

图 1-38 C_0 与 Re 及 $\frac{A_0}{A_1}$ 之间的关系曲线

用式(1-76)计算流体的流量时，必须先确定流量系数 C_0 的数值，但是 C_0 与 Re 有关，而管道中的流体流速 u 又为未知，故无法计算 Re 值。此时可采用试差法。

在测量气体或蒸汽的流量时，若孔板前、后流体压力差的变化超过 20%，则须考虑气体密度的变化，此时应在式(1-76)中加入校正系数 ε，并以流体的平均密度 ρ_m 代替式中的密度 ρ，即

$$V_s=\varepsilon C_0 A_0\sqrt{\frac{2gR(\rho_A-\rho_m)}{\rho_m}} \tag{1-77}$$

式中，ε 为体积膨胀系数，无因次，其值可从有关仪表手册中查得。

孔板流量计的安装位置必须在管路的稳定段内，通常要求孔板前有(40～50)倍管径的直管长度，孔板后有(10～20)倍管径的直管长度。

孔板流量计具有结构简单，制造、安装和使用都比较方便等优点，在工程上已得到广泛应用，其缺点是流体经过孔板时的能量损失较大。

三、文丘里流量计

如图 1-39 所示，为减小流体流经孔板时因流动截面突然缩小和突然扩大而产生的能量损失，可用一段渐缩、渐扩管代替孔板，这样构成的流量计即为文丘里流量计，其最小流通截面处常称为文氏喉。

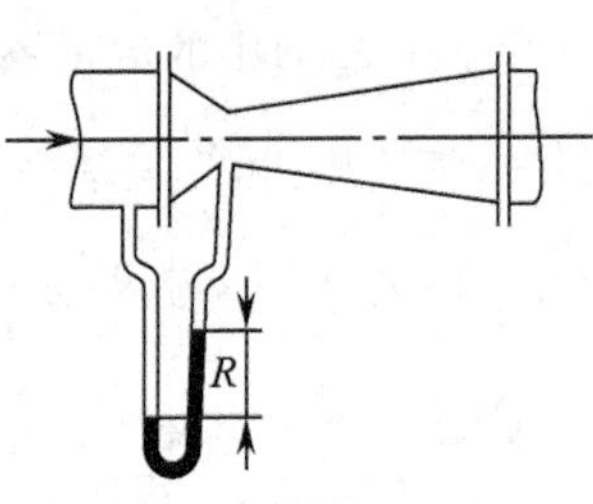

图 1-39 文丘里流量计

流体流过文丘里流量计的压力差可用液柱压差计来测量。测量时，上游测压口距管径开始收缩处的距离应不小于管径的二分之一，下游测压口应设在文氏喉处。

文丘里流量计的流量计算公式与孔板流量计的相类似，即

$$V_s=C_V A_0\sqrt{\frac{2gR(\rho_A-\rho)}{\rho}} \tag{1-78}$$

式中，C_V 为流量系数，无因次，其值可由实验测定或从仪表手册中查得；A_0 为喉管处的截面积，单位为 m^2。

一般文丘里流量计的渐缩管的收缩角为 15°～25°，渐扩管的扩大角为 5°～7°。流体在其内的流速改变较为平缓，涡流较少，喉管处增加的动能可于其后渐扩的过程中大部分转回成静压能，因而能量损失大为减少，这是文丘里流量计的优点。但文丘里流量计各部分的尺寸要求比较严格，需要精细加工，故造价较高。

四、转子流量计

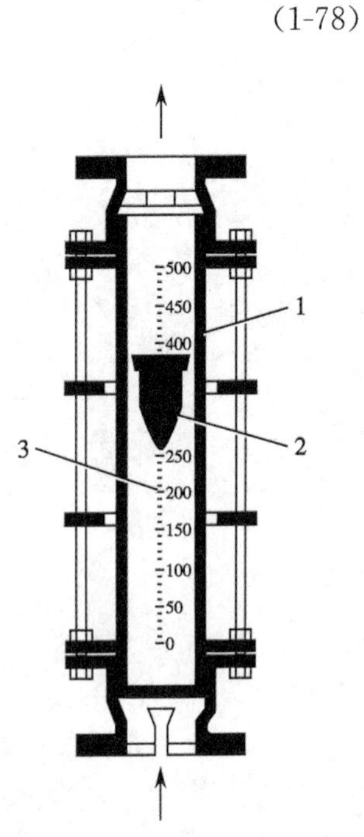

图 1-40 转子流量计

转子流量计主要由一根上粗下细的锥形玻璃管(锥角在 4° 左右)和一个由金属或其他材料制成的浮子所组成，如图 1-40 所示。浮子的上端表面常刻有螺纹线槽，在流体作用下可旋转，故常称为转子。转子材料的密度应大于被测流体的密度。

测量时，流体由锥形管底部流入，经过转子与锥形管间的环隙，由顶部流出。转子受到两个力的作用：一是垂直向上的推动

力，它等于流体流经转子与锥管间的环形截面所产生的压力差；另一是垂直向下的净重力，它等于转子所受的重力减去流体对转子的浮力。

当流量增大，使转子所受到的压力差大于转子的净重力时，转子就上升；当流量减小，使转子所受到的压力差小于转子的净重力时，转子就下沉。当转子所受到的压力差等于转子的净重力时，转子就处于平衡状态，会悬浮在一定的位置上。根据转子上端平面所指示的锥形管上的刻度，即可读出被测流体的流量。

转子流量计的流量计算公式为

$$V_s = C_R A_R \sqrt{\frac{2gV_f(\rho_f - \rho)}{A_f \rho}} \tag{1-79}$$

式中，A_R 为转子与玻璃管的环形截面积，单位为 m^2；C_R 为流量系数，无因次，其值可由实验测定或从仪表手册中查得；V_f 为转子的体积，单位为 m^3；A_f 为转子最大部分的截面积，单位为 m^2；ρ_f 为转子材料的密度，单位为 kg/m^3；ρ 为被测流体的密度，单位为 kg/m^3。

当用特定的转子流量计测量某流体的流量时，若在所测量的流量范围内，流量系数 C_R 为常数，则由式(1-79)可知，流量仅随环形截面积 A_R 而变。由于转子流量计的玻璃管是上粗下细的锥体，因此，环形面积 A_R 的大小与锥体的高度成正比，即可用转子所处位置的高低来反映流量的大小。

转子流量计的刻度与被测流体的密度有关。通常转子流量计在出厂前使用 20℃的清水或 20℃、1.013×10^5 Pa 的空气对其刻度进行标定。当被测流体与标定流体不同时，应对原有的流量刻度进行校正。

对于液体转子流量计，若出厂标定时所用液体与实际工作时的液体的流量系数相等，且被测液体与标定液体的黏度相差不大，则刻度校正公式为

$$\frac{V_{s2}}{V_{s1}} = \sqrt{\frac{\rho_1(\rho_f - \rho_2)}{\rho_2(\rho_f - \rho_1)}} \tag{1-80}$$

式中，下标 1 表示标定液体，下标 2 表示被测液体。

对于气体转子流量计，由于转子材质的密度远大于气体的密度，则式(1-80)可简化为

$$\frac{V_{s2}}{V_{s1}} = \sqrt{\frac{\rho_{g1}}{\rho_{g2}}} \tag{1-81}$$

式中，下标 g1 表示标定气体，下标 g2 表示被测气体。

转子流量计必须垂直安装，且流体流向必须是下进上出。转子的最大截面所对应的刻度即为流量计的读数。

转子流量计读取流量方便，且阻力损失较小，测量范围广，具有很强的适应能力，能用于腐蚀性流体的测量。但因流量计管壁大多为玻璃制品，不能承受高温或高压，在安装和使用过程中玻璃管容易破碎。此外，对于气体转子流量计，在调节流量时应缓缓启闭调节阀，以防金属转子砸坏玻璃管。

孔板流量计、文丘里流量计与转子流量计的主要区别在于：孔板流量计和文丘里流量计的节流口面积恒定，流体流经节流口所产生的压力差随流量的不同而改变，因此可通过流量计的压差计读数来反映流量的大小，此类流量计统称为差压流量计；转子流量计是使流体流经节流口所产生的压力差保持恒定，而节流口的面积随流量而变化，由变动的截面积来反映流量的大小，即根据转子所处位置的高低来读取流量，故此类流量计又称为截面流量计。

习 题

1. 药厂中某设备进、出口的表压分别为－17kPa 和 175kPa，该地区的大气压力为 101.5kPa。试计算此设备进、出口的绝对压力以及进、出口的压力差。（84.5kPa，276.5kPa，192kPa）

2. 已知硫酸与水的密度分别为 1830kg/m^3 与 998kg/m^3，试计算含硫酸为 60%（质量）的硫酸水溶液的密度。（1372kg/m^3）

3. 如图 1-41 所示，将一段封闭的管子，装入一定量水后，倒插于常温水槽中，管中水柱较水槽液面高出 2m，当地大气压为 101.2kPa。试确定：(1) 管子上端空间的绝对压力；(2) 管子上端空间的表压；(3) 管子上端空间的真空度；(4) 若将水换成四氯化碳，管中四氯化碳液柱较储槽液面应高出多少米？（81 580Pa；－19 620Pa；19 620Pa；1.25m）

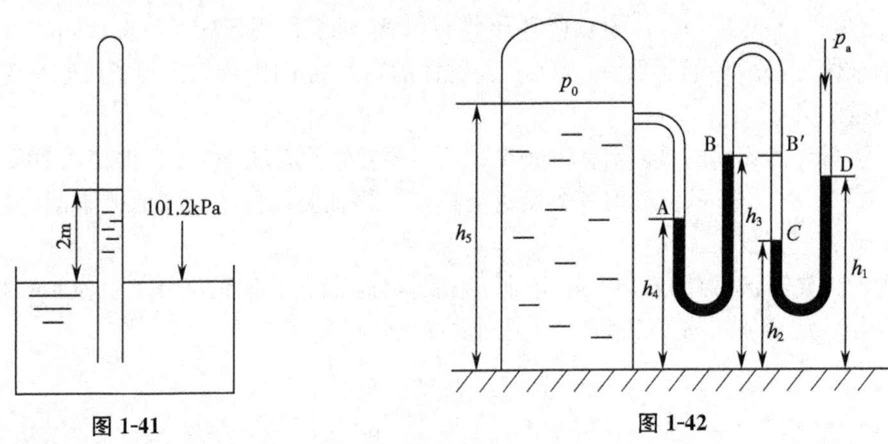

图 1-41　　图 1-42

4. 如图 1-42 所示，用 U 形管压差计测量蒸汽锅炉水面上方的蒸汽压，U 形管压差计的指示液为水银，两 U 形管的连接管内充满水。已知水银面与基准面的垂直距离分别为 h_1＝2.5m，h_2＝1.1m，h_3＝2.7m，h_4＝1.4m；锅炉水面与基准面的垂直距离 h_5＝3m，大气压强 p_a＝745mmHg，试计算锅炉上方蒸汽的压力 p_0。（329kPa（表压））

5. 如图 1-43 所示，套管式换热器的内管为 ϕ33.5×3.25mm，外管为 ϕ60×3.5mm。内管中冷冻盐水的密度为 1150kg/m^3，流量为 5000kg/h。气体在内、外管之间的环隙中流动，其绝对压力为 0.5MPa，进、出口平均温度为 0℃，流量为 180kg/h。已知在标准状态下（0℃，101.325kPa），气体的密度为 1.2kg/m^3，试计算气体和盐水的流速。（6.38m/s，2.11m/s）

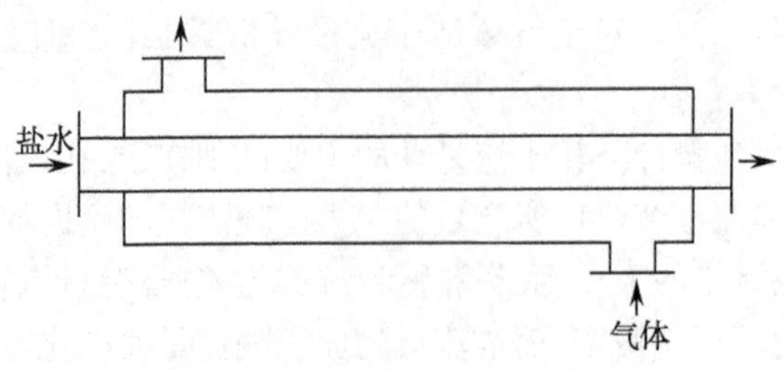

图 1-43

6. 如图 1-44 所示，高位槽输水系统的管径为 $\phi57\times3.5$mm。已知水在管路中流动的机械能损失为 $\sum h_f=45\times\frac{u^2}{2}$（$u$ 为管内流速）。试计算水的流量为多少 m^3/h。欲使水的流量增加 30%，应将高位槽水面再升高多少米？（$2.87\times10^{-3}m^3/s$，3.46m）

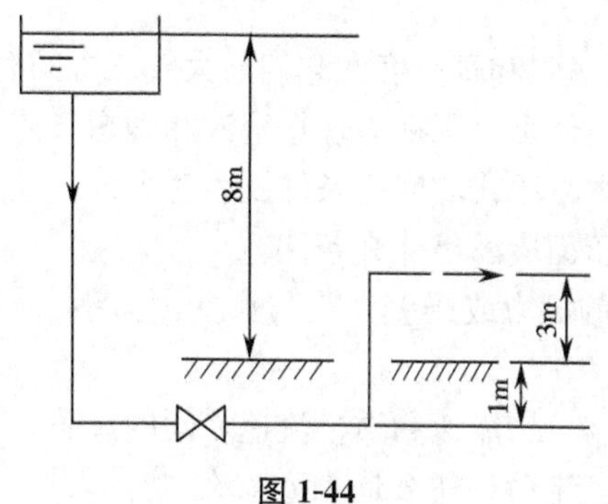

图 1-44

7. 液体在圆形直管内作层流流动，若管长及液体物性均保持不变，而管径缩小为原来的一半，试计算因流动阻力而产生的能量损失是原来的多少倍。(16)

8. 如图 1-45 所示，料液自高位槽经管道输送至设备内。设备内部压强为 1.96×10^4Pa（表压），输送管道为 $\phi32\times2.5$mm 无缝钢管，管长为 8m。管路中装有 2 个 90°标准弯头，1 个 180°回弯头，1 个闸阀（全开）。为使料液以 $3m^3/h$ 的流量流入设备内，试计算高位槽的安置高度 Z 应为多少米。已知料液在操作温度下的密度 $\rho=861kg/m^3$，黏度 $\mu=0.643\times10^{-3}Pa\cdot s$。(4.08m)

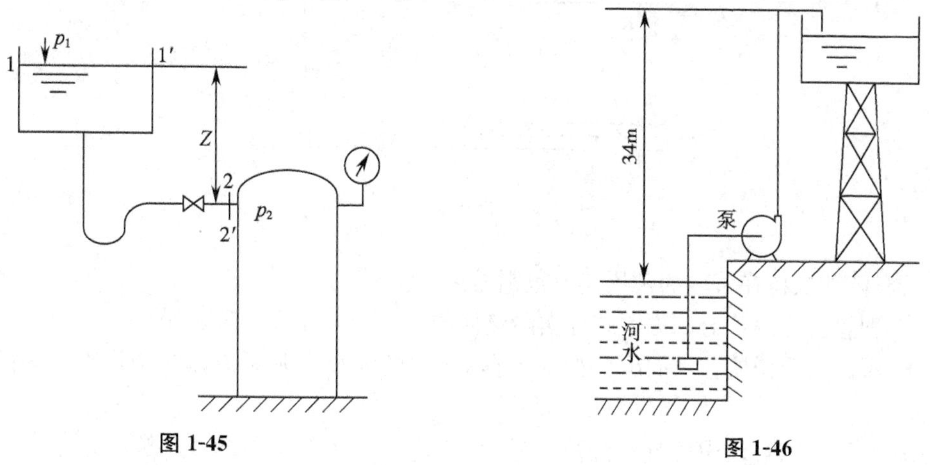

图 1-45

图 1-46

9. 如图 1-46 所示，用离心泵从河边将 20℃的河水输送至药厂的水塔。水塔进水口至河水水面的垂直高度为 34m。管路为 $\phi114\times4$mm 的钢管，管长 1700m（包括全部管路长度及管件的当量长度，但不包括出口能量损失）。若泵的流量为 $30m^3/h$，试计算水从水泵获得的外加机械能。已知钢管的相对粗糙度 $\frac{\varepsilon}{d}=0.002$。(514.4J/kg)

10. 20℃的水在 $\phi108\times4$mm 的管路中输送，管路上安装角接取压的孔板流量计测量流量，孔板的孔径为 60mm。U 形管压差计指示液为汞，读数 $R=210$mm。试计算水在管路中

的质量流量。(13.26kg/s)

思考题

1. 什么是绝对压强、表压强和真空度?它们与大气压之间有什么关系?

2. 若混合溶液和混合气体可分别视为理想溶液和理想气体,则其密度如何计算?

3. 简述流体静力学基本方程式的应用条件及表达形式。

4. 什么是等压面?等压面应满足什么条件?

5. U形管压差计所测的压力或压差大小与哪些因素有关?U形管的管径及连接管长度对测量结果有无影响?

6. 简述体积流量、质量流量、流速和质量流速之间的关系。

7. 举例说明什么是稳态流动?什么是非稳态流动?

8. 某液体分别在图1-47所示的3根管道中作稳态流动,各管的绝对粗糙度、管径均相同,上游截面1-1′的压力、流速也相等。试问:(1) 在3种情况下,下游截面2-2′处的流速是否相等?(2)在3种情况中,下游截面2-2′处的压力是否相等?若不等,指出哪一种情况的数值最大,哪一种情况的数值最小,并简述理由。

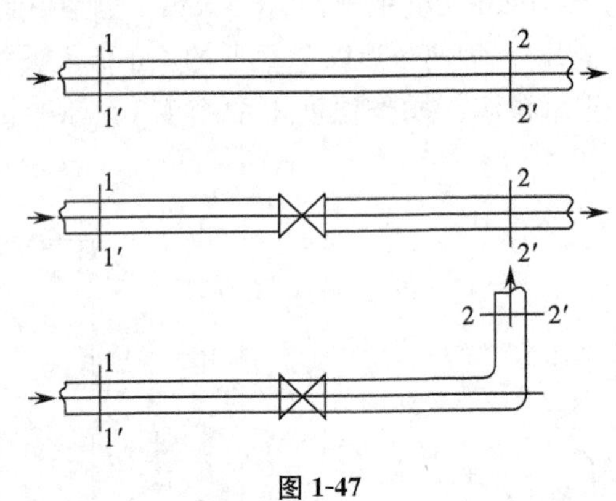

图1-47

9. 气体和液体在管内的常用流速范围是多少?

10. 理想流体的伯努利方程式与实际流体的伯努利方程式有何区别?

11. 雷诺实验说明什么问题?如何根据 Re 值的大小来判断流体在圆形直管内的流动状态?

12. 流体在圆管内作层流与湍流流动时,其速度分布有何不同?层流时管中心处的最大流速与平均流速之间存在什么关系?

13. 什么是层流内层?其厚度与哪些因素有关?层流内层对传热和传质过程有何影响?

14. 简述直管阻力和局部阻力。流体在直管中作层流流动时的摩擦系数如何计算?

15. 因流动阻力而引起的压强降与两截面间的压强差是否为同一概念?若不是,两者在什么条件下数值相等?

16. 莫狄(Moody)摩擦系数图可分为哪几个区域?在每个区域中,摩擦系数 λ 与哪些因素有关？

17. 什么是当量直径？能否用当量直径计算流体流量或流速？

18. 什么是当量长度？如何用当量长度计算管路系统的局部阻力？

19. 简述用测速管测量流体在管内最大流速的方法。

20. 简述孔板流量计、文丘里流量计与转子流量计的主要区别，并指出它们在安装时应注意的问题。

（孟繁钦　李　想）

第二章　流体输送设备

制药化工生产中经常需要将流体从一处输送至另一处，如车间与车间、车间与设备以及设备与设备之间的流体输送等。流体输送可通过向流体提供机械能的方式来实现。流体获得机械能后，具有足够的能量克服沿途管路阻力，升高位置或者提升自身压力。流体输送设备，就是对流体做功提高其机械能的装置。

输送液体的机械设备称为泵；输送或压缩气体的机械设备则按被输送气体所产生压强的大小分为通风机、鼓风机、压缩机和真空泵等。由于气体和液体在物理性质方面的差异，两者的输送设备在结构上存在许多差异。

本章结合制药化工生产过程的特点，着重介绍典型流体输送设备的结构、工作原理和特性，以达到正确选择和使用的目的。

第一节　液体输送设备

液体输送设备的种类很多，按工作原理的不同，可分为离心泵、往复泵和旋转泵等。

一、离心泵

离心泵是制药化工生产中的一种最常用最典型的液体输送设备，具有结构简单紧凑、流量调节方便、运行可靠、适用范围广等特点。

（一）离心泵的工作原理

图 2-1 是从贮槽内吸入液体的离心泵装置示意图。泵轴上安装有叶轮，叶轮上设有若干个向后弯曲的叶片。泵壳中央的吸入口与吸入管路相连接，泵壳侧边的排出口与排出管路相连接，排出管路上设有出口阀，液体由此输出。离心泵输送液体的过程可以分解成排液和吸液两个过程，两个过程连续不断，完成特定的输液任务。

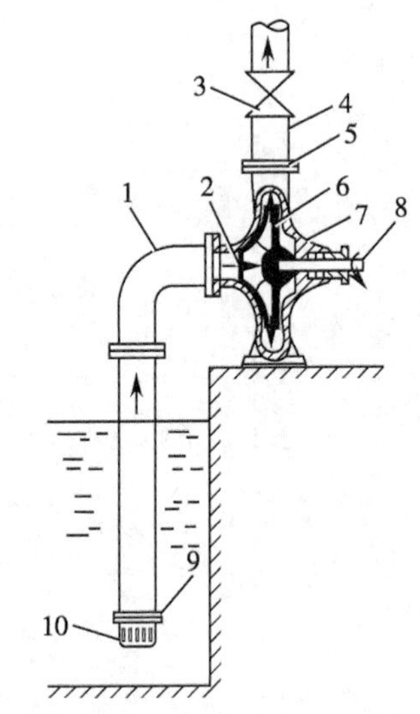

图 2-1　离心泵装置示意图

1-吸入管路；2-吸入口；3-出口阀；4-排出管路；5-排出口；6-叶轮；7-泵壳；8-泵轴；9-底阀；10-滤网

1. 排液过程　离心泵启动前，需要先将泵内和管路灌满液体，称为灌泵。电机启动后，泵轴带动叶轮高速旋转，转速一般可达 1000～3000r/min，在离心力的作用下，液体由叶轮中心被甩向外缘同时获得机械能，并以 15～25m/s 的线速度离开叶轮进入蜗壳形泵壳。进入泵壳后，由于流道截面逐渐扩大，液体流速渐减而压强渐增，大部分动能转化为静压能，最终以较高的压强沿泵壳的切向进入排出管。

离心泵的排液过程主要是依靠叶轮高速旋转所产生的离心力来实现的,故称为离心泵。

2. 吸液过程　液体由旋转叶轮中心被高速抛向外缘时,叶轮中心区域将形成低压区(真空)。由于与吸入管路相连的贮槽液面上方的压力(敞口时为大气压)大于叶轮中心低压区的压力,从而形成压力差。在该压力差的作用下,液体被吸入叶轮中心,以填补被排出液体的位置。因此,只要叶轮不停地转动,离心泵就不停地吸入和排出液体,完成输送液体的任务。

3. 气缚现象　离心泵启动时,若泵内和吸入管路中没有完全充满液体而存有空气,由于空气的密度远小于液体的密度,因此叶轮旋转所产生的离心力较小,使叶轮中心所形成的真空度不足以将贮槽内的液体吸入泵内。这种因泵内存有气体,虽启动离心泵却不能输送液体的现象,称为气缚现象。

为防止气缚现象的发生,在启动离心泵前,需将泵内和吸入管路中灌满液体,该过程称为灌泵。离心泵吸入管路上装有单向底阀,其作用是防止灌入的液体从泵内排出。出口阀的作用主要是调节离心泵的流量。若将离心泵安装于贮槽液面之下,则液体在重力作用下将自动流入泵内,从而可避免每次启动前都需要灌泵的麻烦。

(二) 离心泵的主要部件

离心泵的主要部件包括叶轮、泵壳和轴封。

1. 叶轮　叶轮是离心泵的关键部件,其作用是将机械能传递给液体,使液体的静压能和动能均有所提高。

叶轮通常由 6～12 片叶片构成。液体由叶轮中央进入叶轮后,经叶轮间通道流向外缘。叶轮将机械能传递给液体,使液体的静压能和动能均有所提高。由于叶片的弯曲方向与叶轮的旋转方向相反,所以常称为后弯叶片。采用后弯叶片可减少能量损失,提高泵的效率。

叶轮按结构可分为闭式、半闭式和开式三种类型,如图 2-2 所示。

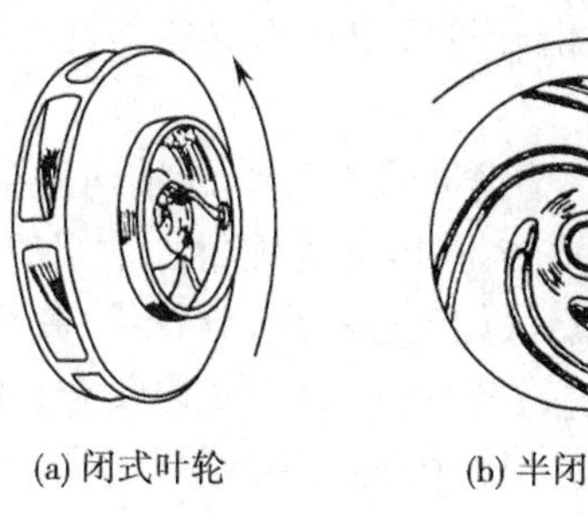

(a) 闭式叶轮　(b) 半闭式叶轮

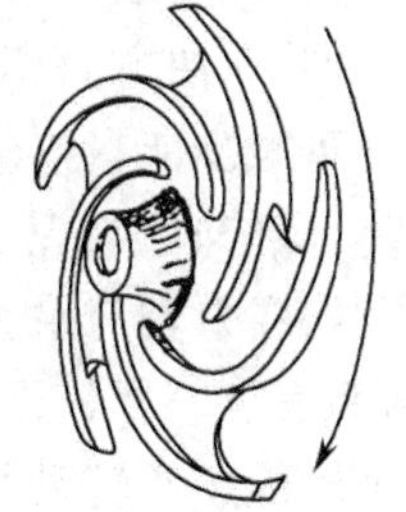

(c) 开式叶轮

图 2-2　叶轮的类型

闭式叶轮的叶片两侧均有盖板,流体流经叶片之间的通道并从中获得能量。闭式叶轮效率较高,但仅适用于输送不含固体颗粒的清洁液体。开式叶轮的叶片两侧均无盖板,半开式叶轮仅有后盖板。半开式叶轮由于没有前盖板,叶片间通道不易堵塞,但液体在叶片间容易发生倒流,其效率较闭式叶轮要低。开式和半开式叶轮均适用于输送黏度大、浆料或含固体悬浮物的液体。三类叶轮中,开式叶轮最不易堵塞,但效率最低。

叶轮按吸液方式可分为单吸和双吸两种类型,如图 2-3 所示。单吸叶轮的优点是结构简单,缺点是液体仅从一侧吸入,故吸液量较小,且会产生轴向推力。双吸叶轮的优点是两侧均能吸入液体,故吸液量较大,且可消除轴向推力,缺点是结构比较复杂。

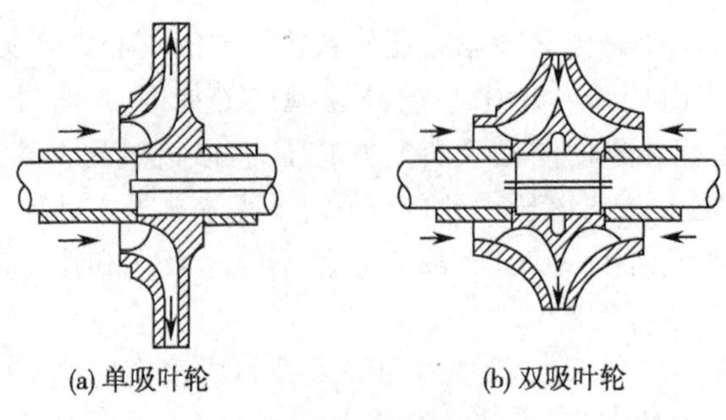

图 2-3　吸液方式

2. 泵壳　泵壳即泵的外壳，呈蜗牛壳形，它与叶轮形成一个截面积逐渐扩大的通道，如图 2-4 所示。叶轮甩出的高速液体沿蜗壳形通道流动时，流通截面积逐渐扩大，流速逐渐减小，因而可减少能量损失，同时部分动能转换成静压能。可见，泵壳的作用是汇集和导出液体，同时转换能量。

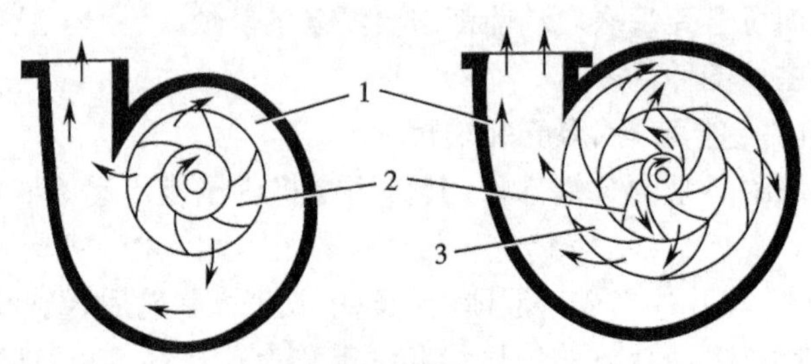

图 2-4　泵壳与导轮

1-泵壳；2-叶轮；3-导轮

有的泵在叶轮四周安装一个固定不动且带有叶片的圆盘，称为导轮。导轮上的叶片弯曲方向与叶轮的叶片弯曲方向相反，引导液体由叶轮甩出后沿导轮与叶片间的通道逐渐发生能量转换，因而可减少能量损失。

3. 轴封装置　泵轴与泵壳之间存在间隙，为防止高压液体沿轴向外漏，或防止外界空气渗入泵的低压区，在泵轴与泵壳之间必须设置密封件，称为轴封。常用的轴封装置有填料密封和机械密封两大类。填料密封是将柔性填料（如膨胀石墨、碳纤维、氟纤维等）填入泵壳同轴的环隙，保证轴能正常转动且不渗漏。机械密封则由两个密切贴合且能相对滑动的金属环组成。静环在泵壳上不动，动环随轴转动。当输送腐蚀性或易燃、易爆、有毒的液体时，密封性要求较高，通常采用机械密封。

（三）离心泵的主要性能参数与特性曲线

1. 离心泵的性能参数　离心泵的主要性能参数有流量 Q、扬程 H、轴功率 N、效率 η 和汽蚀余量。在离心泵出厂时，其主要性能参数常印在铭牌上，铭牌上的性能参数是离心泵在最高效率下的设计值。

（1）流量：离心泵的流量指离心泵在单位时间内能够输送的液体体积，以 Q 表示，单位为 m^3/h、m^3/s 或 L/h、L/s。

离心泵的流量与泵的结构、尺寸及转速等因素有关。离心泵在接入某个特定的管路系统中后，通过离心泵的实际流量还与管路特性有关。

（2）扬程：扬程是指离心泵能够向单位重量的液体提供的有效机械能，又称为离心泵的压头，以符号 H 表示，单位为 m。离心泵的扬程由泵的结构（如叶轮直径、叶片的弯曲情况等）、转速和流量共同决定。

在设定的理想情况（叶轮数目无限多、液体完全沿叶轮表面流动、液体为理想流体）下，离心泵所能产生的压头，称为理论压头。理论压头是离心泵有可能达到的最大压头。泵内的实际情况与理想情况不符，泵内存在压头损失，故离心泵的实际压头要小于理论压头。离心泵铭牌上的扬程是该泵在某特定转速下在最高效率时输送 20℃清水所测得的实际扬程，称为该泵的额定扬程。

伯努利方程式中的 H_e 是指输送液体时要求泵提供的能量。当泵安装于某特定的管路系统中正常运行时，$H=H_e$。计算离心泵扬程时，应注意区别扬程与升举高度的含义。升举高度是指将液体从低位 Z_1 处输送至高位 Z_2 处的垂直距离，即 $\Delta Z=Z_2-Z_1$，而扬程是指泵能够提供给单位重量液体的能量，其中包括了升举高度，即

$$H=\Delta Z+\frac{\Delta p}{\rho g}+\frac{\Delta u^2}{2g}+H_f \tag{2-1}$$

式中，ΔZ 为升举高度，单位为 m；$\frac{\Delta p}{\rho g}$ 为液体静压头的增量，单位为 m；$\frac{\Delta u^2}{2g}$ 为液体动压头的增量，单位为 m；H_f 为全管路的压头损失，单位为 m。

（3）轴功率：离心泵的轴功率是指原动机传给泵轴的功率。如泵由电动机驱动，轴功率就是电动机传给泵轴的功率，用 N 来表示，单位为 W 或 kW。

离心泵的有效功率是指所排送的液体从叶轮获得的净功率，是离心泵对液体所做的净功率，以 N_e 表示，即

$$N_e=W_eW_s=H_egQ\rho=HgQ\rho \tag{2-2}$$

式中，N_e 为泵的有效功率，单位为 W 或 kW。

（4）效率：外界能量传递到液体时，不可避免地会有能量损失。如容积损失（因泵泄漏而产生的能量损失）、水力损失（因液体在泵内流动而产生的能量损失）和机械损失（因机械摩擦而产生的能量损失）等，故泵轴所做的功不可能全部为液体所获得。离心泵运转时机械能损失的大小可用效率来表示，即

$$\eta=\frac{N_e}{N}\times100\% \tag{2-3}$$

式中，η 为离心泵的效率，无因次；N_e 为泵的有效功率，单位为 kW；N 为泵的轴功率，单位为 kW。

泵的效率越高，能量损失就越小。一般小型离心泵的效率为 50%～70%，大型离心泵可达 90%左右。

由式(2-2)和式(2-3)得

$$N=\frac{N_e}{\eta}=\frac{HgQ\rho}{1000\eta}=\frac{HQ\rho}{102\eta} \tag{2-4}$$

式中，N 为泵的轴功率，单位为 kW；N_e 为泵的有效功率，单位为 kW。

2. 离心泵的特性曲线　离心泵出厂前，在规定条件下测得的 H、N、η 与 Q 之间的关系曲线称为离心泵的特性曲线，该曲线由泵的制造商提供，供用户在选择和操作泵时参考。离心泵的特性曲线通常由实验测定，图 2-5 是 IS100-80-125 型离心水泵的特性曲线。

离心泵的特性曲线与测量时的转速有关，因此图上通常应注明测定时的转速。离心泵的型号不同，其特性曲线一般也不同，但它们的形状大体相似，并具有下列共同点。

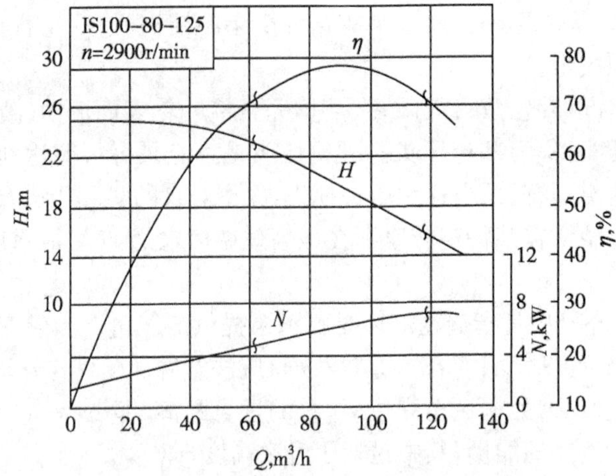

图 2-5 IS100-80-125 型离心水泵的特性曲线

(1) $H \sim Q$ 曲线：该曲线表示离心泵的扬程与流量之间的关系。一般情况下，离心泵的扬程随流量的增加而下降(在流量极小时可能有例外)。由图 2-5 可知，当 $Q=0$ 时，$H \neq 0$，这种情况等同于出口阀关闭，液体只能在泵内循环而不能排出。此时液体仍在消耗能量，但都是无用功，不过泵的出口压力不会显著升高。

(2) $N \sim Q$ 曲线：该曲线表示离心泵的轴功率与流量之间的关系。离心泵的轴功率随流量的增加而增大。由图 2-5 可知，当 $Q=0$ 时，N 的值最小。由于常用电机的启动电流是正常运转时的 4～5 倍以上，因此离心泵启动前，应先关闭出口阀，这样可使电机的启动电流减小至最小，以免电机因启动电流过大而烧毁。待电机运转正常后，调节出口阀，获得所需要的流量。

(3) ηQ 曲线：该曲线表示离心泵的效率与流量之间的关系。由图 2-5 可知，随着 Q 的增加，η 逐渐上升，并达到一个最大值，Q 继续增加时，η 又逐渐下降。可见，离心泵在一定的转速下运行时有一最高效率点，该点称为泵的设计点。离心泵在设计点运行时最经济。离心泵铭牌上标明的性能参数，都是该泵在最高效率点运行时的参数。在运行离心泵时，虽然希望泵能在最高效率点工作，但实际上只要泵正常运行时的效率不低于该泵最高效率的 92%，即是合理的。图 2-5 中用波浪线(～)表示出效率不低于 92%的区域，操作时，应尽可能使泵在该区域内工作。

例 2-1 采用图 2-6 所示的实验装置测量离心泵的性能。吸入管的内径为 80mm，排出管的内径为 70mm，两测压口间的垂直距离为 0.45m，泵由电动机直接带动，传动效率可视为 100%，电机的效率为 94%，泵的转速为 2900r/min。以 20℃的清水为介质测得泵的实际流量为 $40m^3/h$，泵出口处压力表的读数为 2.5×10^5Pa，泵入口处真空表的读数为 2.6×10^4Pa，功率表测得电机所消耗的功率为 4.7kW。试计算该泵在输送条件下的扬程、轴功率和效率。

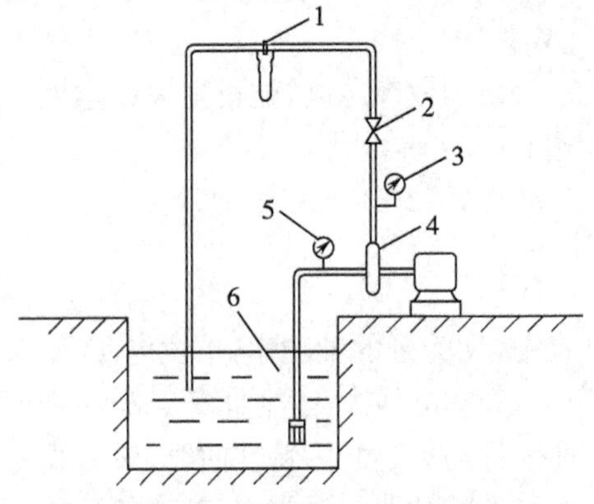

图 2-6 离心泵性能测量装置

1-流量计；2-截止阀；3-压力表；4-离心泵；5-真空表；6-水池

解：(1) 泵的扬程：以真空表所在处的截面为上

游截面 1-1′，压力表所在处的截面为下游截面 2-2′，基准水平面经过截面 1-1′的中心。以单位重量流体为基准，在截面 1-1′与 2-2′之间列伯努利方程式得

$$Z_1+\frac{p_1}{\rho g}+\frac{u_1^2}{2g}+H=Z_2+\frac{p_2}{\rho g}+\frac{u_2^2}{2g}+H_{f,1-2}$$

则

$$H=Z_2-Z_1+\frac{p_2-p_1}{\rho g}+\frac{u_2^2-u_1^2}{2g}+H_{f,1-2}$$

式中 $Z_2-Z_1=0.45\text{m}$，$p_1=-2.6\times10^4\text{Pa}$（表压），$p_2=2.5\times10^5\text{Pa}$（表压）。依题意知，$d_1=0.08\text{m}$，$d_2=0.07\text{m}$，所以

$$u_1=\frac{4Q}{\pi d_1^2}=\frac{4\times40}{3600\times3.14\times0.08^2}=2.21\text{m/s}$$

$$u_2=\frac{4Q}{\pi d_2^2}=\frac{4\times40}{3600\times3.14\times0.07^2}=2.89\text{m/s}$$

由附录 2 查得清水在 20℃时的密度 $\rho=998.2\text{kg/m}^3$。此外，由于流体在泵的进、出口及泵体内的能量损失已计入泵的效率中，故 $H_{f,1-2}$ 中不包括这些能量损失。由于截面 1-1′与 2-2′之间的管路很短，故其间的管路阻力可忽略不计，即 $H_{f,1-2}=0$。所以泵的扬程为

$$H=0.45+\frac{2.5\times10^5+2.6\times10^4}{998.2\times9.81}+\frac{2.89^2-2.21^2}{2\times9.81}+0=28.8m$$

（2）泵的轴功率：功率表测得的功率为电机的输入功率。依题意知，泵由电机直接驱动，其传动效率 $\eta_{传}$ 可视为 100%，故电机的输出功率等于泵的轴功率。当然，电机本身要消耗部分功率，其效率 $\eta_{电机}$ 为 94%，则泵的轴功率为

$$N=N_{输入}\times\eta_{电机}\times\eta_{传}=4.7\times0.94\times100\%=4.4\text{kW}$$

（3）泵的效率：由式(2-4)得

$$\eta=\frac{HQ\rho}{102N}=\frac{28.8\times40\times998.2}{3600\times102\times4.4}\times100\%=71.2\%$$

（四）离心泵性能的改变与换算

制造商所提供的离心泵特性曲线通常是在常压和特定的转速下，在 20℃下输送清水时测得的。在制药化工生产中，所输送的液体是多种多样的。当同一台泵输送不同的液体，由于液体物理性质的不同，泵的性能可能因此会发生改变。改变泵的转速或叶轮直径，泵的性能参数也要发生改变。

1. 液体物性的影响

（1）密度的影响：理论研究表明，离心泵的流量、扬程、效率均与液体的密度无关，所以离心泵特性曲线中的 H-Q 及 η-Q 曲线保持不变。但泵的轴功率与液体的密度有关。当被输送液体的密度与常温下清水的密度不同时，原制造商提供的 N-Q 曲线将不再适用，此时，应用式(2-4)重新计算。

（2）黏度的影响：当被输送液体的黏度大于清水的黏度时，液体在泵内的能量损失将增大，泵的流量、扬程都要减小，效率下降，而轴功率增大，即泵的特性曲线将发生改变。当被输送液体的运动黏度小于 $2\times10^{-5}\text{m}^2/\text{s}$ 时，黏度对离心泵特性曲线的影响通常可以忽略。当液体黏度较大时，应对离心泵的特性曲线进行换算，具体换算方法可参阅有关专著或泵的说明书。

2. 转速的影响　离心泵的特性曲线都是在特定的转速下测得的。对于特定的离心泵

和同一种液体，当转速由 n_1 变化至 n_2，且 $\left|\frac{n_2-n_1}{n_1}\right|<20\%$ 时，泵的效率可视为不变，而流量、扬程、轴功率与转速之间的近似关系为

$$\frac{Q_2}{Q_1}=\frac{n_2}{n_1},\frac{H_2}{H_1}=\left(\frac{n_2}{n_1}\right)^2,\frac{N_2}{N_1}=\left(\frac{n_2}{n_1}\right)^3 \tag{2-5}$$

式中，Q_1、H_1、N_1 是泵在转速为 n_1 时的性能数据；Q_2、H_2、N_2 是泵在转速为 n_2 时的性能数据。

式(2-5)统称为比例定律。

3. 叶轮直径的影响　同一型号的泵，可以通过更换不同大小的叶轮来改变泵的特性曲线，如换用同系列泵中，尺寸较小但几何比例和形状相同的叶轮。另外一种方法是将泵的原配叶轮通过外周切削使叶轮直径变小，这种做法称作叶轮切割。

对于特定的离心泵和同一种液体，当转速不变，而使叶轮直径由 D_1 减小至 D_2，且 $\frac{D_1-D_2}{D_1}<20\%$ 时，泵的效率可视为不变，而流量、扬程、轴功率与叶轮直径之间的近似关系为

$$\frac{Q_2}{Q_1}=\frac{D_2}{D_1},\frac{H_2}{H_1}=\left(\frac{D_2}{D_1}\right)^2,\frac{N_2}{N_1}=\left(\frac{D_2}{D_1}\right)^3 \tag{2-6}$$

式中，Q_1、H_1、N_1 是泵在叶轮直径为 D_1 时性能数据；Q_2、H_2、N_2 是泵在叶轮直径为 D_2 时的性能数据。

式(2-6)称为切割定律。

（五）离心泵的汽蚀现象与允许安装高度

1. 离心泵的汽蚀现象　由离心泵的工作原理可知，液体被吸入泵内是依靠贮槽液面上方的压力与泵进口处真空度的压差来实现的。如图 2-7 所示，当贮槽液面上方的压强一定时，叶轮中心附近低压区的压强愈低，则吸上高度就愈高。但这种低压是有限度的，当叶轮中心附近的最低压强等于或小于输送温度下液体的饱和蒸气压时，液体将在该处汽化并产生气泡。若气泡在金属表面附近凝结或破裂，则无数的液体质点就像子弹一样，连续打击在金属表面上，使泵体产生振动和噪声。在压力很大、频率很高的连续打击下，金属表面逐渐因疲劳而破坏，这种现象称为汽蚀现象。离心泵在严重汽蚀状态下运行时，发生汽蚀的部位很快就会出现斑痕和裂缝，严重时甚至被破坏成蜂窝状或海绵状，使泵的寿命大为缩短。

2. 离心泵的安装高度　离心泵的安装高度是指泵的吸入口与被吸入液体的液面之间的垂直距离，又称为吸上高度。叶轮中心附近低压区的压强愈低，离心泵的安装高度就愈大。但即使叶轮中心处达到绝对真空，吸液高度也不会超过相当于当时当地大气压的液柱高度，且由于存在汽蚀现象，这种情况也是不允许出现的。

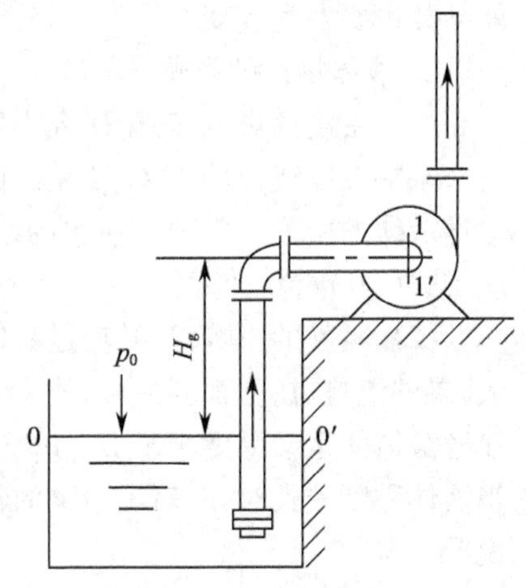

图 2-7　离心泵吸液示意图

为保证离心泵能正常工作，避免汽蚀现象的发生，泵的安装高度 H_g 不能超过某个值，以保证泵吸入口处的压强高于输送温度下液体的饱和蒸气压。能够保证不发生汽蚀现象的安装高度的规定值就是泵的允许安装高度。

如图 2-7 所示，以贮槽液面为上游截面 0-0′，泵入口

截面为下游截面 1-1′，并以截面 0-0′为基准水平面。以单位重量流体为基准，在截面 0-0′与 1-1′之间列伯努利方程式得

$$Z_0+\frac{p_0}{\rho g}+\frac{u_0^2}{2g}=Z_1+\frac{p_1}{\rho g}+\frac{u_1^2}{2g}+H_{f,0-1} \tag{2-7}$$

式中，$H_{f,0-1}$为液体流经吸入管路时所损失的压头，单位为 m。

将 $u_0=0$ 及安装高度 $H_g=Z_1-Z_0$ 代入式(2-7)得

$$H_g=\frac{p_0-p_1}{\rho g}-\frac{u_1^2}{2g}-H_{f,0-1} \tag{2-8}$$

离心泵的安装高度可根据汽蚀余量来计算。

汽蚀余量是指离心泵入口处液体的静压头$\frac{p_1}{\rho g}$与动压头$\frac{u_1^2}{2g}$之和与液体在输送温度下的饱和蒸气压头$\frac{p_v}{\rho g}$的差值，即

$$\Delta h=\frac{p_1}{\rho g}+\frac{u_1^2}{2g}-\frac{p_v}{\rho g} \tag{2-9}$$

式中，Δh 为离心泵的汽蚀余量，m 液柱；p_v 为操作温度下液体的饱和蒸气压，Pa。

由式(2-8)和式(2-9)得

$$H_g=\frac{p_0}{\rho g}-\frac{p_v}{\rho g}-\Delta h-H_{f,0-1} \tag{2-10}$$

式中的 p_0 为液面上方的压强。若为敞口贮槽，p_0 即为当时当地的大气压 p_a。

由式(2-10)可知，汽蚀余量 Δh 的值越小，泵在特定操作条件下的抗汽蚀性能就越好，泵的安装高度 H_g 的值就越大。由式(2-9)和式(2-10)可知，为提高泵的安装高度，应尽量减小$\frac{u_1^2}{2g}$及 $H_{f,0-1}$的值。为减小$\frac{u_1^2}{2g}$，在同一流量下，应选用直径稍大的吸入管路。为减小 $H_{f,0-1}$，泵的吸入管直径相较排出管直径可适当增大；泵的位置应靠近液体贮槽，缩短吸入管长度；吸入管应减少拐弯，减少安装不必要的管件；调节阀要装到泵的排出管路上。

通常泵制造商给出的汽蚀余量的值是指大气压为 10mH_2O 柱、水温为 20℃时的实验数据，如图 2-8 所示。当输送其他液体时，Δh 应乘以校正系数予以校正。由于一般情况下的校正系数小于 1，故常将它作为外加的安全余量而不再校正。

由图 2-8 可知，Q 越大，Δh 的值就越大，则泵的允许安装高度 H_g 就越小。因此，应以操作过程中可能出现的最大流量确定 Δh 的值。

计算出泵的允许安装高度后，从安全角度考虑，离心泵的实际安装高度应比允许安装高度还要再小 0.5～1m。

在输送温度高或者沸点低的液体时，由于其饱和蒸气压高，允许的安装高度往往很小，甚至还会出现负值，此时应将泵安装于液面以下，使液体自动灌入泵中。

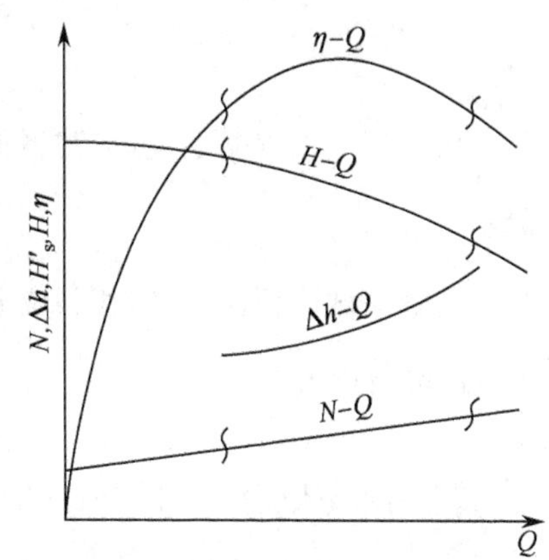

图 2-8　Δh-Q 关系曲线示意图

例 2-2　用离心油泵将贮罐内的洗油输送至洗涤塔内，贮罐内洗油的液位保持恒定，其上方压强为 1.18×10^5 Pa。泵位于贮罐液面以下 2m 处，吸入管路的全部压头损失为 1.4m。输送条件下洗油的密度为 815kg/m^3，

饱和蒸气压为 1.01×10^5Pa。已知泵在输送流量下的允许汽蚀余量为 3.3m，试确定该泵能否正常工作。

解：此题实际上是核算泵的安装高度是否合适。由式(2-10)得

$$H_g=\frac{p_0}{\rho g}-\frac{p_v}{\rho g}-\Delta h-H_{f,0-1}$$

式中 $p_0=1.18\times10^5$Pa；$p_v=1.01\times10^5$Pa，$\rho=815\text{kg/m}^3$，$\Delta h=3.3$m，$H_{f,0-1}=1.4$m。所以

$$H_g=\frac{(1.18-1.01)\times10^5}{815\times9.81}-3.3-1.4=-2.57m$$

已知泵的实际安装高度为−2m，大于计算结果，说明泵的安装位置太高，在输送过程中会发生汽蚀现象，使泵不能正常工作。

(六) 离心泵的工作点与流量调节

在管路和离心泵组成的系统中，离心泵是能量的供方，管路是能量的需方，供方和需方达到匹配时才能正常输送液体。

1. 管路特性曲线　图 2-9 是由离心泵与管路联接而成的液体输送系统，若贮槽和高位槽的液面维持恒定，则在截面 1-1′与 2-2′之间列伯努利方程式得

$$H_e=\Delta Z+\frac{\Delta p}{\rho g}+\frac{\Delta u^2}{2g}+H_{f,1-2} \tag{2-11}$$

式中，H_e 为液体流经管路所需的压头，即要求泵提供的能量，单位为 m。

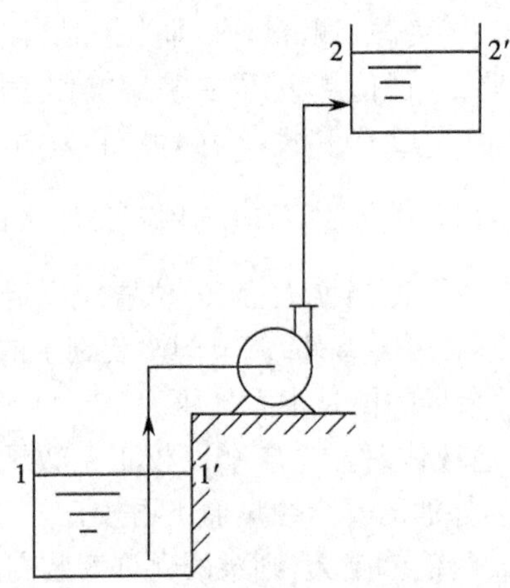

图 2-9　管路输送系统示意图

对于特定的管路系统，在输液高度和压力不变的情况下，$\left(\Delta Z+\frac{\Delta p}{\rho g}\right)$为定值，以符号 K 表示。

与管道截面相比，贮槽和高位槽截面均为大截面，其流速可忽略不计，即$\frac{\Delta u^2}{2g}\approx0$。故式(2-11)可简化为

$$H_e=K+H_{f,1-2} \tag{2-12}$$

若泵的吸入管路与排出管路的直径相同，则管路系统的压头损失可表示为

$$H_{f,1-2}=\left(\lambda\frac{l+\sum l_e}{d}+\zeta_c+\zeta_e\right)\frac{u^2}{2g}=\left(\lambda\frac{l+\sum l_e}{d}+\zeta_c+\zeta_e\right)\frac{1}{2g}\left(\frac{4Q_e}{\pi d^2}\right)^2 \tag{2-13}$$

式中，Q_e 为管路系统的输送量，m^3/s。

对于特定的管路系统，式(2-13)中的 d、l、$\sum l_e$、ζ_c 和 ζ_e 均为定值，湍流时摩擦系数 λ 的变化也很小，故式(2-13)中的 $\left(\lambda \dfrac{l+\sum l_e}{d}+\zeta_c+\zeta_e\right)\dfrac{1}{2g}\left(\dfrac{4}{\pi d^2}\right)^2$ 可视为定值，以符号 B 表示，则式(2-13)可改写为

$$H_{f,1-2}=BQ_e^2$$

代入式(2-12)得

$$H_e=K+BQ_e^2 \tag{2-14}$$

式(2-14)称为管路特性方程，它表明在特定的管路系统中输送液体时，管路所需的压头 H_e 随液体流量 Q_e 的平方而变化。若将此关系标绘在直角坐标纸上，即得管路特性曲线，如图 2-10 所示。管路特性曲线的形状取决于管路的布局与操作条件，而与泵的性能无关。

2. 离心泵的工作点　如图 2-10 所示，在同一坐标图中，离心泵特性曲线与管路特性曲线的交点 M 称为泵在该管路系统中的工作点。工作点表示一个特定的泵安装在一条特定的管路上时，泵所实际输送的流量和所提供的扬程。

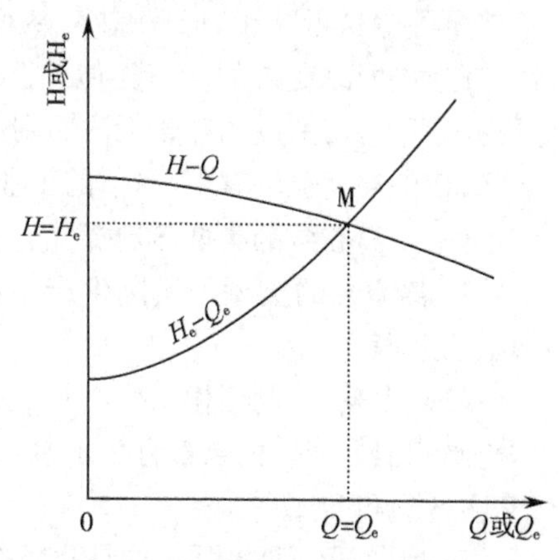

图 2-10　管路特性曲线与泵的工作点

泵的工作点 M 所对应的流量和压头既能满足管路系统的要求，又是泵能力所能提供，是能量需方与供方的结合点。

3. 离心泵的流量调节　实际生产中，经常需要改变输送液体的流量。调节流量的实质就是改变离心泵的工作点，反映在图像上就是改变离心泵特性曲线与管路特性曲线的交点。因此调节离心泵的工作点可从改变管路特性曲线或泵的特性曲线着手。

(1) 改变管路特性曲线：离心泵的出口管路上常装有流量调节阀，改变该阀门的开度即可改变管路特性曲线，从而达到调节流量的目的。如图 2-11 所示，若在原阀门开度下离心泵的工作点为 M，现将阀门关小，即使 $\sum l_e$ 增大，则管路特性曲线的斜率 B 将增大，工作点将上移至 M_1，从而使流量由 Q_M 减小至 Q_{M1}；反之，若将阀门开大，即使 $\sum l_e$ 减小，则管路特性曲线的斜率 B 将减小，工作点将下移至 M_2，从而使流量由 Q_M 增加至 Q_{M2}。

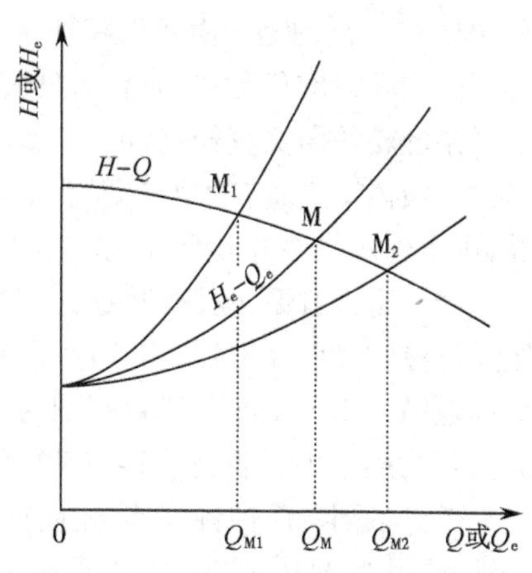

图 2-11　改变阀门开度时的流量变化

通过改变出口阀门的开度来调节流量的方法并未改变泵的特性曲线。调小流量实质上是通过减少阀门的开度而增加管路的阻力，即消耗掉泵输出的部分能量来达到管路和泵的匹配。因此采用调节阀门的开度来改变泵的工作点会带来能量损耗。但由于操作简单方便、成本较低且可以连续调节流量，故实际生产中经常采用该操作方法。

(2) 改变泵的特性曲线：①改变转速：改变泵的转速，泵的特性曲线将发生变化，从而引

起工作点的变化。

如图 2-12 所示，泵的原转速为 n，工作点为 M。当转速提高至 n_1 时，泵的特性曲线将上移，工作点将由 M 上移至 M_1，从而使流量由 Q_M 增大至 Q_{M1}。反之，当转速下降至 n_2 时，泵的特性曲线将下移，工作点将由 M 下移至 M_2，从而使流量由 Q_M 减小至 Q_{M2}。

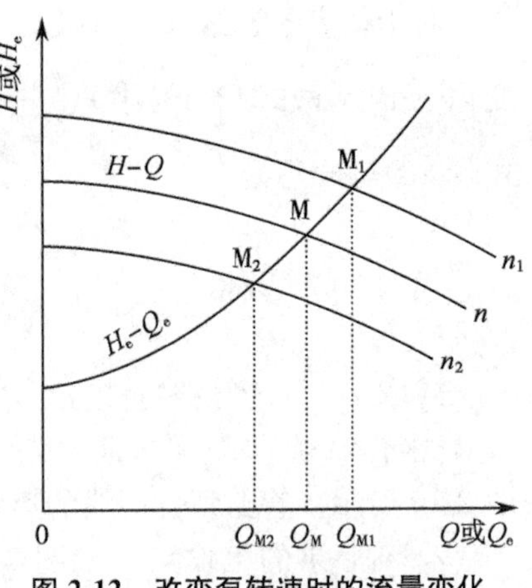

图 2-12 改变泵转速时的流量变化

改变泵的转速来调节流量，往往可使泵在较高的效率区间内工作，且由于没有增加额外的阻力，其经济性较好。但改变转速需要增添价格较高的变速装置，故实际生产中很少采用。

②切削叶轮：通过将泵的原有叶轮外径切削减小，可使泵的输送量减小，扬程减小，从而改变泵的特性曲线，其效果同改变泵的转速类似。但应注意，切削叶轮过程不可逆，切削过的叶轮无法回到原有叶轮的性能，且直径改变不当会使泵和电机的效率下降，切削幅度也较有限，目前的工业应用已很少。

（七）离心泵的类型与选择

1. 离心泵的类型　实际生产中，离心泵的种类繁多，常用的有清水泵、耐腐蚀泵、油泵和杂质泵等。

(1) 水泵：在制药化工生产中，水泵的应用非常广泛。凡是用来输送清水或物理化学性质与水相似的液体的泵都称为水泵。为适应不同流量和压头的要求，水泵又有多种形式，如 IS 型、S 型和 D 型等。

IS 型(原 B 型)水泵。这是我国按国际标准(ISO)研制开发的单级单吸式系列水泵。目前，IS 型水泵共有 29 个规格，流量范围为 6.3～400m^3/h，扬程范围为 5～125m。此类水泵常用于输送 80℃以下的清水以及性质与水相似的清洁液体。

IS 型水泵的型号由字母和数字组合而成，如 IS50-32-160，其中“IS”为单级单吸清水离心泵的国际标准代号；“50”表示泵吸入口的直径，mm；“32”表示泵排出口的直径，mm；“160”表示泵叶轮的名义直径，mm。

若液体输送量较大而扬程不高，则可选用单级双吸离心泵(S 型)；若所需的扬程要求较高，则可选用多级离心泵(D 型)。

(2) 耐腐蚀泵：耐腐蚀泵用来输送含酸、碱等腐蚀性物质的液体，要求用耐腐蚀性材料制造与液体接触的部件，如叶轮、泵壳等。耐腐蚀泵的系列代号为 F，国产 F 型泵的全系列扬程范围为 15～105m、流量范围为 2～400m^3/h。近年来我国又开发出多种新型耐腐蚀泵，如 IH 型泵，它是按国际标准(ISO)开发的节能产品，其效率要高于 F 型泵。

针对不同的腐蚀性液体，耐腐蚀泵可采用多种不同的材料制造。例如，耐腐蚀泵用灰口铸铁(代号为 H)制造时，可用于输送浓硫酸；用铬镍合金钢(1Cr18Ni9，代号为 B)时，可用于输送常温下低浓度的硝酸、氧化性酸液、碱液以及其他弱腐蚀性液体；用聚三氟氯乙烯塑料(代号为 S)时，可用于输送 90℃以下的硫酸、硝酸、盐酸和碱液。

(3) 油泵：用于输送石油产品以及其他易燃、易爆液体的离心泵称为油泵。对油泵的最重要的要求是有良好的密封性及配有润滑，当输送温度较高的热油时，除采用耐高温的材料制造外，还需配备良好的冷却设施，且采用防爆电机。热油泵的主要部件用合金钢制造，冷油泵可用铸铁。

生产中常使用 Y 型离心油泵，全系列扬程范围为 60～603m，流量范围为 6.25～500m^3/h。近年来又有新型号的油泵投入使用。

(4) 杂质泵：杂质泵用于输送含固体颗粒或其他杂质的液体，如输送悬浮液及稠厚的浆液。国产杂质泵系列代号为 P，又可细分为污水泵 PW、砂泵 PS 和泥浆泵 PN 等。对杂质泵的要求是不易堵塞、易拆卸、耐磨，故此类泵在结构上的特点是叶轮流道宽、叶片数少（仅 2～3 片），常用开式和半开式叶轮。流体经过的部件常用高硅铸铁等耐磨材料制造，必要时可在泵壳内内衬橡胶或采用可更换的钢护板。

2. 离心泵的选用　离心泵的选用是根据生产要求在泵的定型产品中选择合适的泵，可按以下步骤进行。

(1) 根据被输送液体的性质和操作条件确定泵的类型：例如，输送清水时可选用清水泵，并确定是 IS 型，还是其他类型；输送腐蚀性液体时可选用相应的耐腐蚀泵；输送油类液体时可选用油泵等。此外，还应根据现场安装条件选用卧式泵或立式泵；根据扬程大小选用单级泵或多级泵；对于单级泵，可根据流量大小选择单吸泵或双吸泵等。

(2) 根据管路要求的流量和压头确定泵的规格型号：实际生产中，管路所要求的流量和压头往往在一定范围内变化。选泵时，一般应以最大流量作为所选泵的额定流量。若难以确定最大流量，则可将正常流量增大 10%作为额定流量。对于压头的选择，应以最大流量下的压头的 1.1 倍作为所选泵的额定压头。确定额定流量和压头后，即可从泵样本或产品目录中选择适宜的型号，也可从泵制造商提供的泵系列型谱图中确定泵的具体型号。图 2-13 是国产 IS 型水泵的型谱图，根据所选泵的额定流量和压头，可从图中查得 IS 型水泵的具体规格。

若没有找到刚好与需要的流量和压头匹配的泵，则可在邻近的型号中选择 H 和 Q 都稍大的泵；若有多个泵都能满足 H 和 Q 的要求，则应考虑哪个型号的泵的效率在此条件下更高一些，也要综合参考其他因素，如泵的价格等。

泵的型号确定后，应列出该泵的主要性能参数并进行校核。

(3) 校核泵的轴功率：若被输送液体的密度大于常温下清水的密度，应用式(2-4)校核泵的轴功率是否够用。

例 2-3　拟用 IS 型离心水泵输送水。已知管路系统的输水量为 25m^3/h，所需的压头为 18m，试确定该泵的具体型号，并确定该泵在实际运行时所需的轴功率及因用阀门调节流量而多消耗的轴功率。已知水的密度为 1000kg/m^3。

解：(1) 确定泵的型号：根据 $Q_e=25m^3/h$ 及 $H_e=18m$，由附录 18 查得 IS65-50-125 型水泵较为适宜，该泵的转速为 2900r/min，在最高效率点下的主要性能参数为

$$Q=25m^3/h, H=20m, N=1.97kW, \eta=69\%, \Delta h=2.0m$$

(2) 该泵实际运行时所需的轴功率：该泵实际运行时所需的轴功率实际上是泵工作点所对应的轴功率。当该泵在 $Q=25m^3/h$ 下运行时，所需的轴功率为 1.97kW。

(3) 因用阀门调节流量而多消耗的功率：由该泵的主要性能参数可知，当 $Q=25m^3/h$ 时，$H=20m$ 及 $\eta=69\%$。而管路系统要求的流量为 $Q_e=25m^3/h$，压头为 $H_e=18m$。为保证达到要求的输水量，应改变管路特性曲线，即用泵出口阀来调节流量。操作时，可关小出口阀，增加管路的压头损失，使管路系统所需的压头也为 20m。

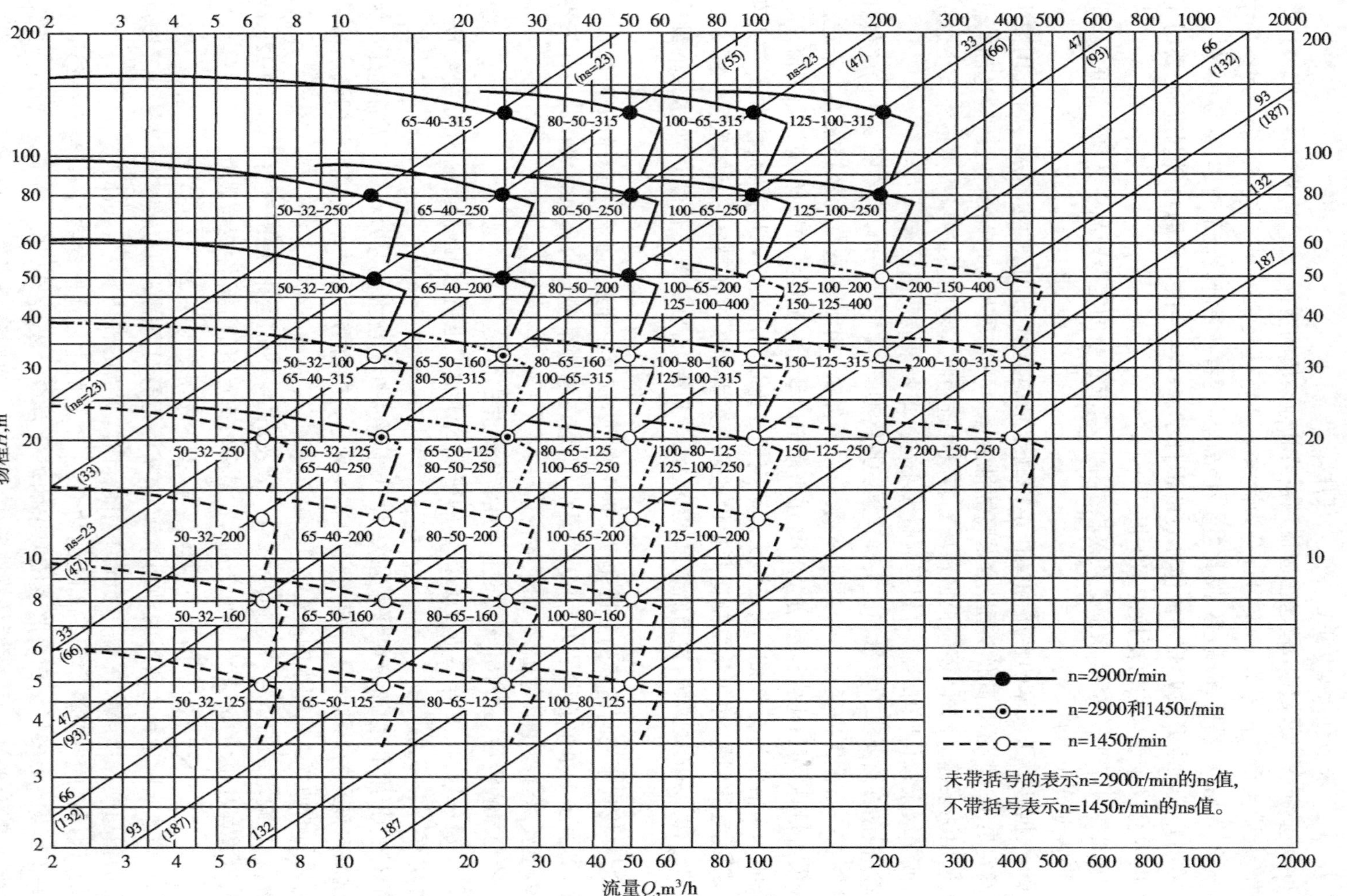

图 2-13 IS型水泵型谱图

因用阀门调节流量而多消耗的压头为

$$\Delta H=20-18=2\text{m}$$

所以由式(2-4)得多消耗的轴功率为

$$\Delta N=\frac{\Delta HQ\rho}{102\eta}=\frac{2\times25\times1000}{3600\times102\times0.69}=0.20\text{kW}$$

(八) 离心泵的安装、运转、维护

各种类型的离心泵都有生产商提供的安装与使用说明书，供使用者参考。

泵房内设备的布置要考虑到设备的安装、运行、管理、维修等工作的方便，要有一定的空间和通道，便于工作人员操作和检修。地面基础除用来固定泵的位置外，还应有足够的强度和刚度来承受泵和电机产生的振动。

泵的安装高度应低于允许值，以免产生汽蚀现象。吸入管在吸液池中的安装部位应尽量防止产生漩涡，且吸入管应短而直，其直径不应小于泵吸入口的直径。采用直径大于泵吸入口直径的管路对降低阻力有利，但应注意不能因泵吸入口处的变径而引起气体积存并形成气囊，否则大量气体一旦吸入泵内便导致气缚现象。此外，排出管路上常装有止逆阀，以防突然停泵时引起排出侧液体的倒流。

离心泵的进、出口处应分别安装真空表和压力表，其读数可反映泵的工作状况。离心泵叶轮的旋转方向也有要求，新泵的旋转方向均有箭头标记。

离心泵安装完成后要进行水压试验和气密性试验，两者都完成后方可进行下一步调试工作。

离心泵在启动前，必须将泵内灌满液体，保证泵内和吸入管内无空气积存。离心泵应在出口阀门关闭的情况下启动，待电机运转平稳后，再逐渐开启出口阀，调节至所需的流量。

离心泵停泵前也应先关闭出口阀，以免高位处的液体倒流入泵导致叶轮损坏。

二、其他类型泵

离心泵具有结构简单紧凑、造价低、维修方便等优点，在制药化工生产中有着广泛的应用。但对于小流量高压头或高黏度液体的输送，离心泵往往不能适用，此时需考虑其他类型泵。

(一) 往复泵

1. 往复泵的工作原理　往复泵是依靠活塞在泵缸左右两端点间作往复运动而吸入和压出液体的。图 2-14 是往复泵的工作原理示意图。当马达带动活塞自左向右运动时，泵缸工作室内的容积增大，形成低压，吸液池液面与泵缸工作室之间形成压差，在此压差的作用下液体由吸入管路经被顶开的吸入阀而进入泵缸，这时排出阀门受排出管路液体压力的作用而关闭，活塞移至最右端时吸入行程结束。接着马达带动活塞自右向左运动，泵缸工作室内的容积减小，液体的压力急剧增大，此时液体顶开排出阀门进入排出管路，而吸入阀门被压紧而关闭。活塞移动至最左端时，排出行程结束，完成一个工作循环，此后，活塞又向右运动开始下一个循环。

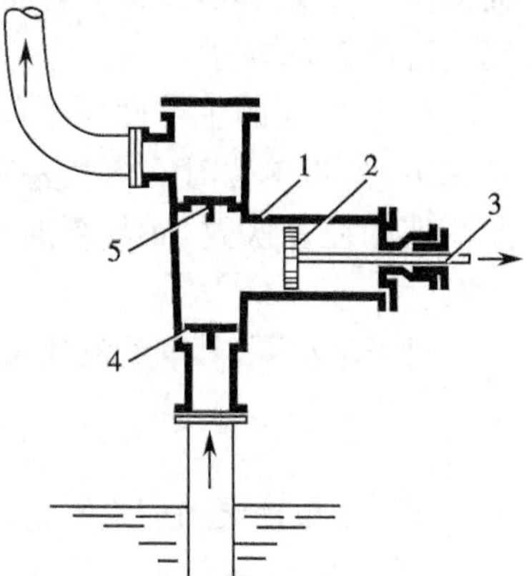

图 2-14　往复泵装置简图

1-泵缸；2-活塞；3-活塞杆；4-吸入阀；5-排出阀

往复泵是借助吸液池液面与液缸内的低压形成的压差来实现吸液的，而泵缸内的低压是由于活塞运动时工作室容积的扩大所引起，故往复泵属于容积泵。往复泵具有自吸能力，不会产生“气缚”现象，所以启动前不必灌泵。但使用时为避免活塞在泵缸内产生干摩擦，最好在泵缸内充满液体时启动。

往复泵亦有“汽蚀”现象，故往复泵的安装高度也有一定的限制。

往复泵适用于小流量、高压头或流量不随压头变化的场合，可用于输送黏度较大的液体，但不宜直接用于输送腐蚀性液体或含有固体颗粒的悬浮液。

2. 往复泵的类型　根据液缸型式，往复泵可分为活塞式和柱塞式；根据活塞往返一次泵的吸液和排液次数，往复泵可分为单动泵、双动泵和三联泵等。

活塞往复一次，只吸入和排出液体各一次的泵，称为单动泵。单动泵的吸液和排液过程不能同时进行，即吸液时就不能排液，所以排液不连续。此外，活塞的往复运动依靠曲柄连杆机构将圆周运动转变成往复运动来实现，因此，活塞在泵缸内的往复运动也不是等速的，所以排液量也不均匀。单动泵的流量曲线如图 2-15(a)所示。

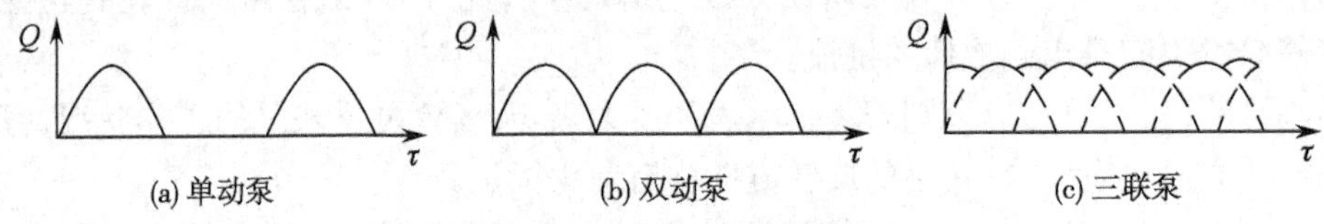

图 2-15　往复泵的流量曲线

为改善单动泵的流量不均匀性，常采用双动泵或三联泵。双动泵的工作原理如图 2-16 所示，活塞两侧泵体内均装有吸入阀和排出阀，所以无论活塞向哪一侧运动，总有一个吸入阀和排出阀打开，即活塞往复运动一次，吸液和排液各两次，从而使吸入管路和排出管路中总有液体流过，即排液是连续的，但流量仍然不是很均匀，其流量曲线如图 2-15(b)所示。三联泵是由三台单动泵组合而成，从而使排液量较为均匀，其流量曲线如图 2-15(c)所示。此外，在排出阀上方装一空气缓冲室，可使流量更为均匀。

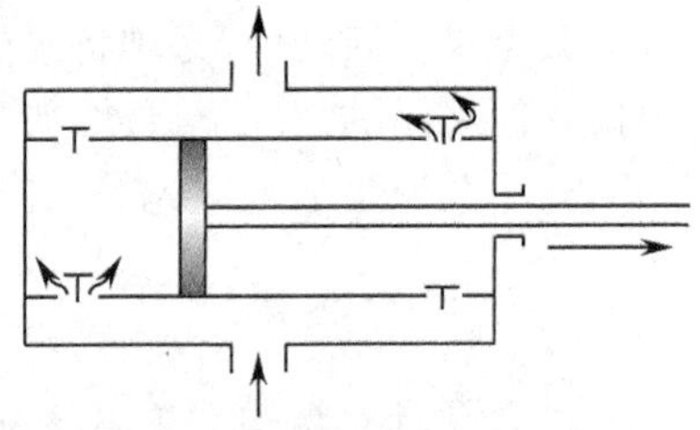

图 2-16　双动泵的工作原理

3. 往复泵的主要性能　(1) 流量：往复泵的流量是单位时间内排出的液体量。理想情况下，是指单位时间内活塞在泵缸内扫过的有效容积，仅取决于泵的几何尺寸、泵缸数及活塞的往复次数，而与泵的压头及管路情况无关，所以往复泵又称为正位移泵或容积式泵。

对于单动泵，其理论流量可按下式计算

$$Q_T = ASn = \frac{\pi}{4}D^2 Sn \tag{2-15}$$

式中，Q_T 为单动泵的理论流量，单位为 m^3/min；A 为活塞的截面积，单位为 m^2；D 为活塞的直径，单位为 m；S 为活塞的冲程，单位为 m；n 为活塞每分钟的往复次数，单位为/min。

对于双动泵，其理论流量可按下式计算

$$Q_T = (2A - a)Sn = \frac{\pi}{4}(2D^2 - d^2)Sn \tag{2-16}$$

式中，a 为活塞杆的截面积，单位为 m^2；d 为活塞杆的直径，单位为 m。

实际操作中，由于活塞衬填不严、吸入阀和排出阀启闭不及时等原因，往复泵的实际流量小于理论流量。

(2) 压头：理论上往复泵的排出压力可以任意增大，其压头完全取决于管路，而与泵的结构和转速无关。该特性决定了往复泵适用于各种压头尤其是高压头的管路。往复泵的最大排出压力受到泵本身的动力、强度和密封性能的限制。

(3) 功率和效率：往复泵功率和效率的计算方法与离心泵相同。一般情况下，往复泵的效率比离心泵要高，一般范围为70%～95%。

综上所述，往复泵的输液流量与管路无关；压头则取决于管路，与泵无关；具有自吸能力，上述这三个特性称为正位移特性，具有这种正位移特性的泵称为正位移泵。容积泵都有类似往复泵的正位移特性，所以容积泵又称正位移泵。

4. 往复泵的特性曲线与工作点　往复泵的特性曲线一般指往复泵的压头与流量之间的关系，理论上它是一条垂直于横轴的直线，如图2-17中的直线1所示。但因受到泵的强度、动力和密封性的限制，当压头增大到一定程度后，因液体泄漏量增大，容积效率将减小，使流量有所减小，这种情况在高压下更为明显，因此实际上的 H-Q 线如图2-17中的曲线2所示。但一般认为只要压头不是很高，往复泵的特性曲线是一条直线。

往复泵的工作点也是管路特性曲线与泵特性曲线的交点。因往复泵的特性曲线是一条垂线，工作点只能沿垂线上下移动，输液量恒定，而压头取决于管路，如图2-17中的M点。

5. 往复泵的流量调节　往复泵与离心泵不同，改变管路特性曲线不能调节流量的大小，因此不能用出口阀门的开度来调节流量。出口阀一旦关闭，泵缸内的压力骤升，将导致机件损坏甚至电机烧毁等事故，操作中应严禁。一般情况下，往复泵可用下列方法来调节流量。

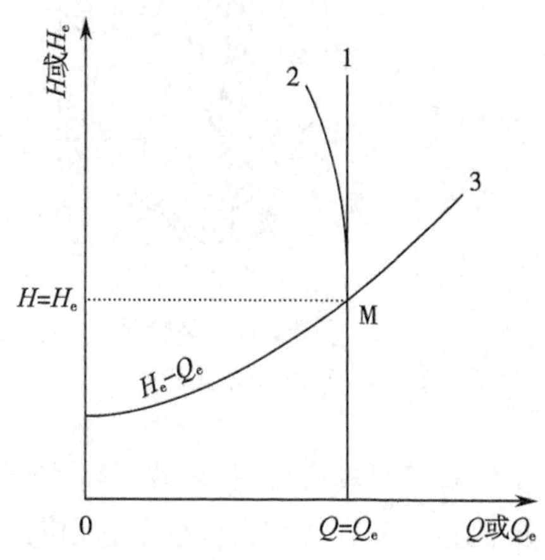

图2-17　往复泵的特性曲线与工作点

(1) 旁路调节：如图2-18所示，在排出管路和吸入管路间设置旁路，通过改变旁路阀门的开度来调节流量，安全阀能够在泵出口压力达到一定值时自动打开，防止误操作或不正常情况下泵的损坏。旁路调节流量的优点是简便、安全，但增加了功率消耗。

(2) 改变活塞冲程或往复次数：通过改变活塞的冲程以调节流量的一个典型应用就是计量泵。它是通过偏心轮将电机的旋转运动转变为柱塞的往复运动。当转速一定时，调节偏心轮的偏心距即可改变柱塞的冲程，从而可实现流量的精确调节，常用于要求输液量十分准确而又便于调整的场合，如向反应器内输送液体等。

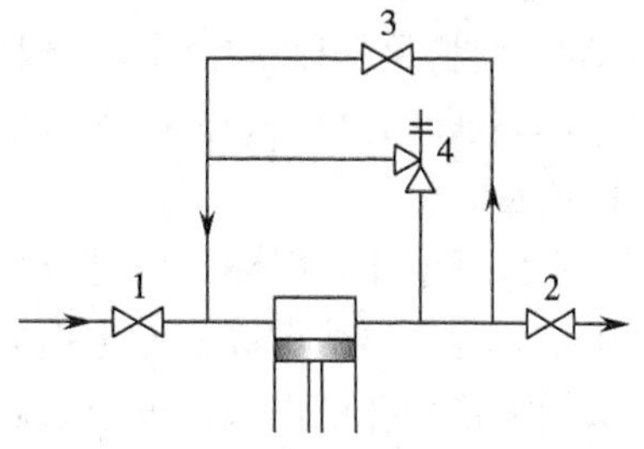

图2-18　旁路调节往复泵流量示意图

1-吸入管路上的阀；2-排出管路上的阀；3-旁路阀门；4-安全阀

(二) 旋转泵

此类泵的泵体内装有一个或一个以上的转子，借助转子的旋转引起工作室容积的周期性变化而实现液体的吸入与排出，故又称为转子泵。旋转泵属于正位移泵，应通过旁路来调节流量。旋转泵的形式很多，常见的有齿轮泵、螺杆泵等。

1. 齿轮泵 齿轮泵的泵体内有一对相互啮合的齿轮，利用齿轮在旋转、啮合过程中所引起的工作室内容积的变化来输送液体，其结构如图 2-19 所示。一对齿轮中由传动机构带动的齿轮称为主动轮，另一个被啮合着做相反方向旋转的齿轮则为从动轮。两齿轮将泵壳内部空间分成互不相通的吸入室和排出室。当主动轮带动从动轮做相反方向旋转时，吸入室内轮齿相互分开，形成低压使液体吸入，液体被齿嵌住后带入排出室；在排出室内轮齿相互合拢，形成高压将液体压出。

齿轮泵流量较小，但压头高，常用于输送黏稠甚至膏状液体，但不能输送含固体颗粒的悬浮液。

2. 螺杆泵 螺杆泵是依靠螺杆在旋转、啮合过程中所引起的工作室内容积的变化来输送液体的。按螺杆数量的多少，螺杆泵可分为单螺杆泵、双螺杆泵、三螺杆泵等。

图 2-20 是双螺杆泵的结构示意图，其中一根螺杆由电机直接带动。螺杆泵的工作原理与齿轮泵十分相似，它利用两根相互啮合的螺杆来吸入和排送液体。当所需的压头较高时，可采用较长的螺杆。

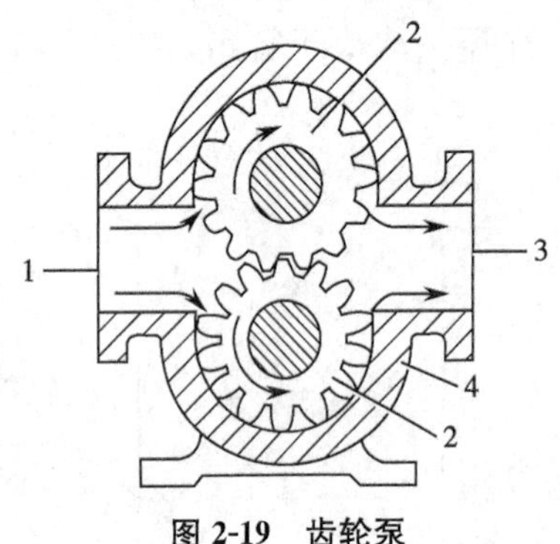

图 2-19 齿轮泵

1-吸入口；2-齿轮；3-压出口；4-泵壳

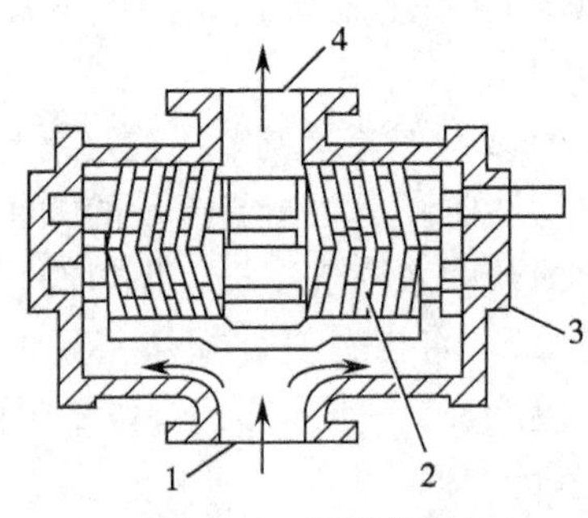

图 2-20 双螺杆泵

1-吸入口；2-螺杆；3-泵壳；4-排出口

螺杆泵具有压头大、效率高、噪声低、流量均匀等特点，常用于输送高黏度液体。旋涡泵的流量调节方法与正位移泵的相同，即通过旁路来调节流量。

3. 旋涡泵 旋涡泵是一种特殊类型的离心泵，属于叶片式泵，主要由泵壳、叶轮、引液道、间壁等组成，其结构如图 2-21(a)所示。叶轮是旋涡泵的核心部件，它是四周铣有数十个凹槽的圆盘，呈辐射状排列而构成叶片，如图 2-21(b)所示。当叶轮在泵壳内高速旋转时，泵内液体亦随叶轮旋转，并在引液道与叶片间反复运动，因而被叶片拍击多次，从而可获得较多的能量。

在旋涡泵中，液体被叶轮抛出后直接与通道内液体混合再进入下一级，混合过程中不断产生旋涡运动造成较高的能量损失，因此旋涡泵的效率较低，一般仅为 15%～45%。旋涡泵压头随流量变化的曲线较离心泵陡，因为流量减小时，液体在流道中的流速降低，进入叶轮所受到的离心力作用的次数增多，压头增大；功率随流量的增大而减小，这是与离心泵不同之处，因此旋涡泵应在出口阀开启的情况下启动；效率与流量的关系与离心泵类似，只是效率值较离心泵的小。

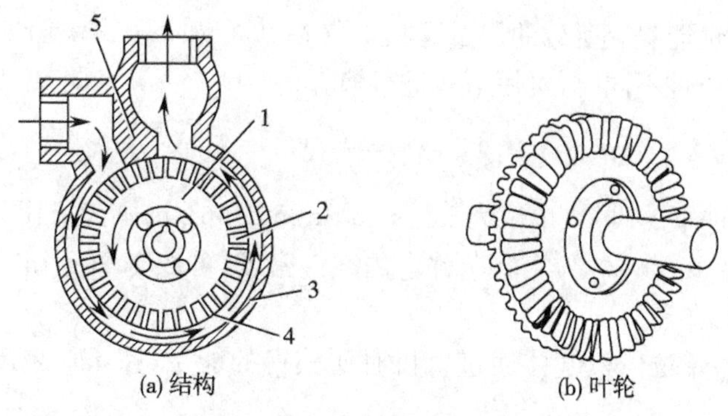

图 2-21　旋涡泵

1-叶轮；2-叶片；3-壳体；4-引液道；5-间壁

旋涡泵也是依靠离心力来工作的，因此启动前必须向泵内灌满液体。旋涡泵的流量调节方法与正位移泵相同，即通过旁路来调节流量。

旋涡泵具有流量小、压头大、体积小、易加工等特点，适用于小流量、高压头输送黏度不大、且不含固体颗粒的液体。

第二节　气体输送设备

在制药化工生产中，除大量使用液体输送设备外，还广泛使用气体输送设备。气体具有可压缩性，气体温度、压强和体积变化的大小，对气体输送设备的结构和形状有很大影响。

根据终压（出口气体的压强）和压缩比（出口气体的绝压与进口气体的绝压之比）的大小，气体输送设备可分为四类。

1. 通风机　终压 $p_2 \leqslant 15$kPa（表压），压缩比 $p_2/p_1 = 1 \sim 1.15$。

2. 鼓风机　终压 p_2 为 15～300kPa（表压），压缩比 $p_2/p_1 < 4$。

3. 压缩机　终压 $p_2 > 300$kPa（表压），压缩比 $p_2/p_1 > 4$。

4. 真空泵　用于减压，终压为当时当地的大气压，压缩比由真空度决定。

此外，气体输送设备还可按其结构与工作原理分为离心式、往复式、旋转式和流体作用式等，其中以离心式和往复式最为常用。

一、离心式通风机

（一）分类

离心式通风机的结构和工作原理均与离心泵相似。按出口风压的高低，离心式通风机可分为低压式（出口表压不超过 1kPa）、中压式（出口表压为 1～2.94kPa）及高压式（出口表压为 2.94～14.7kPa）三类，由于气体通过风机前后绝压变化不超过 20%，故可按不可压缩流体处理。

（二）性能参数与特性曲线

1. 性能参数　与离心泵相对应，离心式通风机的主要性能参数有风量、风压、轴功率和效率。

（1）风量：即流量，是指单位时间内由风机出口排出的气体体积，并以风机进口处的气体状态计，以 Q 表示，单位为 m^3/s、m^3/min 或 m^3/h。

离心式通风机性能表上所列的风量是指空气在20℃和1.013×10^5Pa下的实验值。当实际操作条件与该条件不同时,可用下式进行换算

$$Q_0=\frac{\rho}{\rho_0}Q \tag{2-17}$$

式中,Q_0为实验条件下的风量,单位为m^3/s、m^3/min或m^3/h;Q为操作条件下的风量,单位为m^3/s、m^3/min或m^3/h;ρ_0为实验条件下的空气密度,可取$1.2kg/m^3$;ρ为操作条件下的空气密度,单位为kg/m^3。

(2) 风压:是指单位体积气体通过风机时所获得的能量,以H_T表示,单位为J/m^3、Pa或mmH_2O柱。

风机的风压由静风压与动风压组成,即

$$H_T=(p_2-p_1)+\frac{\rho u_2^2}{2} \tag{2-18}$$

式中,H_T为风机的风压,又称为全风压,单位为Pa;p_1、p_2分别为风机进口和出口处的压强,单位为Pa;u_2为风机出口管内流速,单位为m/s;(p_2-p_1)称为静风压,以H_{st}表示,单位为Pa;$\frac{\rho u_2^2}{2}$为动风压,单位为Pa。

通风机铭牌或手册中所列的风压是在20℃和1.013×10^5Pa的条件下用空气作为介质测得的实验值。若实际操作条件与上述实验条件不同,则应将操作条件下的风压H_T换算为实验条件下的风压H_{T0}来选择风机,即

$$H_{T0}=H_T\frac{\rho_0}{\rho}=H_T\frac{1.2}{\rho} \tag{2-19}$$

式中,H_{T0}为实验条件下的全风压,单位为Pa;H_T为操作条件下的全风压,单位为Pa;ρ_0为实验条件下的空气密度,可取$1.2kg/m^3$;ρ为操作条件下的空气密度,单位为kg/m^3。

(3) 轴功率与效率:离心式通风机的轴功率可用下式计算

$$N=\frac{H_TQ}{1000\eta} \tag{2-20}$$

式中,N为轴功率,单位为kW;H_T为全风压,单位为Pa;Q为风量,单位为m^3/s;η为效率或全压效率,无因次。

值得注意的是,应用式(2-20)计算轴功率时,式中的Q与H_T必须是同一状态下的数值。

2. 特性曲线 离心式通风机的特性曲线是出厂前在20℃和1.013×10^5Pa的条件下用空气作为介质测得的实验值。与离心泵的特性曲线相比,离心式通风机的特性曲线增加了一条静风压随流量变化的曲线,如图2-22所示。

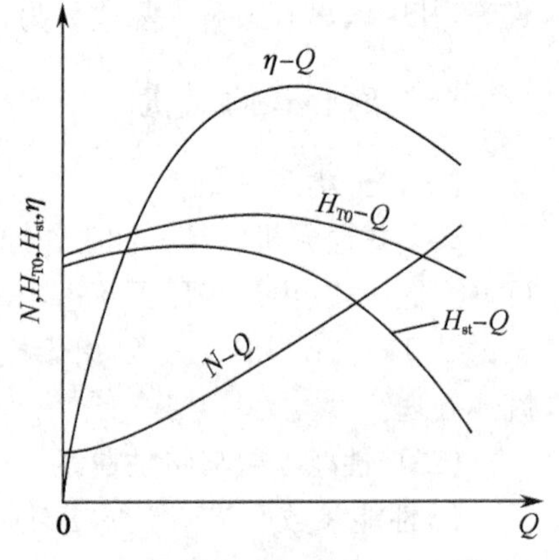

图2-22 离心式通风机的特性曲线示意图

3. 离心式通风机的选择 离心式通风机的选择步骤与离心泵的相类似。

(1) 根据设备和管路布局以及工艺条件,由式(2-18)计算输送系统所需的实际风压H_T,再用式(2-19)将H_T换算成实验条件下的风压H_{T0}。

(2) 根据被输送气体的性质(主要是易燃、易爆、腐蚀以及是否清洁等)和风压范围，确定风机的类型。

(3) 根据实际风量和实验条件下的风压，选择适宜的风机型号。

(4) 当被输送气体的密度大于 1.2kg/m³ 时，要核算轴功率。

例 2-4　拟用风机将 20℃、36 600kg/h 的空气送入加热器加热至 90℃，然后再经管路输送至常压反应器内，输送系统所需的全风压为 1100Pa(按 80℃、常压计)。现有一台 4-72-11NO. 10C 型离心式通风机，其性能如表 2-1 所示，试确定：(1) 该风机是否合适；(2) 若将该风机(转速不变)置于加热器之后，能否完成输送任务。

表 2-1　4-72-11NO. 10C 型离心式通风机的主要性能

转速(r/min)	风压(Pa)	风量(m^3/h)	效率(%)	功率(kW)
1000	1422	32 700	94.3	16.5

解：(1) 确定现有风机是否合适　空气在 20℃、常压下的密度为 1.2kg/m³，则风量为

$$Q=\frac{36\,600}{1.2}=30\,500\text{m}^3/\text{h}<32\,700\text{m}^3/\text{h}$$

由附录 7 查得空气在 80℃、常压下的密度为 1.00kg/m³。由式(2-19)可知，实验条件下的风压为

$$H_{T0}=H_T\frac{1.2}{\rho}=1100\times\frac{1.2}{1.00}=1320\text{Pa}<1422\text{Pa}$$

可见，现有风机可以满足输送要求。

(2) 确定将风机(转速不变)置于加热器之后，能否完成输送任务　若将现有风机置于加热器之后，则风量发生明显变化。依题意，管路系统所需的风压为 1100Pa，此压力远低于大气压强，故风机入口处的压强仍可按常压处理。

由附录 7 查得空气在 90℃、常压下的密度为 0.946kg/m³，故风量为

$$Q=\frac{36\,600}{0.972}=37\,654\text{m}^3/\text{h}>32\,700\text{m}^3/\text{h}$$

可见，若将风机(转速不变)置于加热器之后，则不能完成输送任务。

二、鼓风机

(一) 离心式鼓风机

离心式鼓风机又称为透平鼓风机，其工作原理与离心式通风机的相同。由于离心式鼓风机的终压较高，所以都是多级的，其外形与多级离心泵相似。离心式鼓风机的蜗壳形通道的截面积亦为圆形，但外壳直径与宽度之比较大，叶轮上叶片数目较多，以适应大的风量；因气体的密度较小，必须以较高的转速才能达到较大的风压，所以工作转速较高。

离心式鼓风机的送风量较大，但所产生的风压仍不太高，出口表压强一般不超过 300kPa。由于压缩比不高，产生的热效应不大，所以离心式鼓风机无需设置冷却装置，各级叶轮的尺寸也大致相等。

(二) 旋转式鼓风机

罗茨鼓风机是最典型的旋转式鼓风机，其结构与工作原理均与齿轮泵的相似，如图 2-23 所示。罗茨鼓风机的机壳内一对腰形转子将壳内空间分为互不相通的吸入室和排出室，转

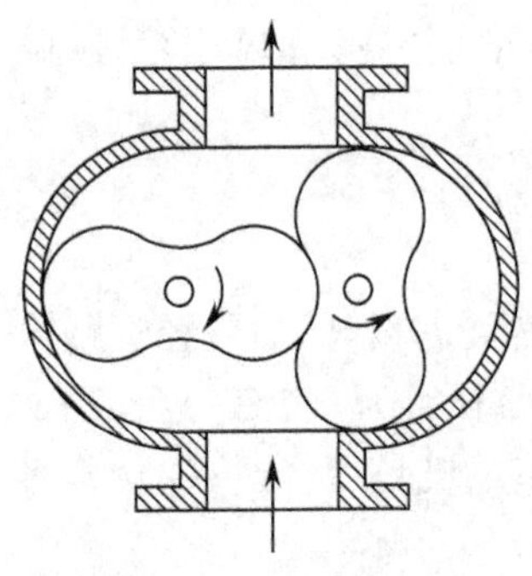
图 2-23 罗茨鼓风机

子与转子、转子端部与机壳之间的缝隙很小，当电机带动主动转子旋转时，从动转子被牵制着作相反方向的旋转。通过吸入室空间体积的由小变大吸入的气体，被转子和机壳所形成的空间带至排出室，再由排出室空间体积的由大变小而排出。若改变两转子的旋转方向，则吸入室与排出室的位置可以互换。

罗茨鼓风机的风量与转速成正比，风压取决于管路的阻力特性。转速一定时，出口压力提高，但风量仍基本保持不变，故又称为定容式鼓风机。罗茨鼓风机出口应安装气体缓冲罐，并配备安全阀。流量调节一般采用旁路调节，出口阀不能完全关闭。操作温度不能超过 85℃，以免转子因受热膨胀而卡住。

罗茨鼓风机的特点是结构简单，设备紧凑，体积小，适用于流量较大而压力不高的场合。

三、压缩机

（一）离心式压缩机

离心式压缩机又称为透平压缩机，其结构与工作原理均与离心式鼓风机的相似，但叶轮级数更多，通常可达 10 级以上，转速也较高，故能产生更高的压强。由于气体的压缩比较高，体积变化较大，故温度升高比较显著。因此，离心式压缩机的叶轮尺寸逐级缩小，且需设置中间冷却器，以免气体温度过高。

离心式压缩机具有体积与重量都较小而流量很大、供气均匀、运行平稳、维修方便、气体不易受油污染等优点。缺点是加工精度要求较高，流量偏离额定值时效率较低。

（二）旋转式压缩机

液环式压缩机是典型的旋转式压缩机，又称为纳氏泵，其结构如图 2-24 所示。液环式压缩机的壳体呈椭圆形，叶轮上装有辐射状的叶片，壳体内充有一定体积的液体。工作时，叶片带动壳内液体随叶轮一起旋转，在离心力的作用下被抛向壳体周边而形成椭圆形液环，并在椭圆长轴处形成两个月牙形空间，每个月牙形空间又被叶片分割成若干个小室。当叶轮旋转一周时，月牙形空间内的小室逐渐变大和变小各两次，气体则分别由两个吸入区吸入，从两个排出区排出。

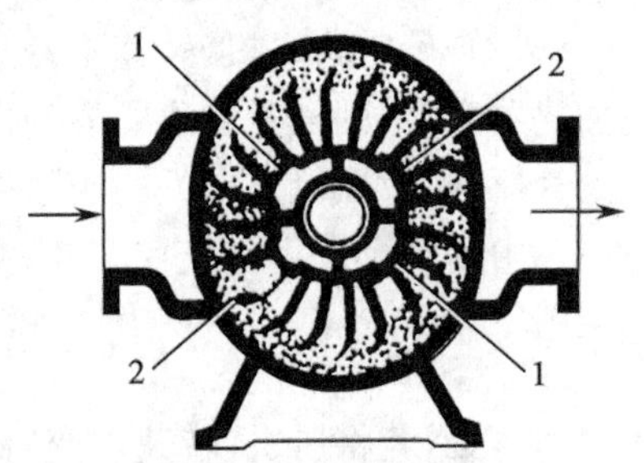

图 2-24 液环式压缩机

1-吸入口；2-排出口

液环式压缩机中的液体不能与被输送气体发生化学反应，如输送空气时，壳内可灌入适量的水；输送氯气时，壳内可灌入适量的硫酸。由于壳内液体可将被输送气体与壳内壁分隔开来，故输送腐蚀性气体时，仅需叶轮材料抗腐蚀即可。

液环式压缩机所产生的表压强可达 490～588kPa，亦可作真空泵使用，称为液环式真空泵。

（三）往复式压缩机

往复式压缩机的基本结构、工作原理与往复泵相似，但由于气体的可压缩性，往复式压缩机的工作过程与往复泵的又有所不同，前者的吸入和排出阀更轻巧精密，为移去压缩所放出的热量，还需设置冷却装置。

图 2-25 是往复式压缩机的工作原理示意图。当活塞位于气缸的最右端时，缸内气体的

压强为 p_1，体积为 V_1，其状态相当于 p-V 图上的点 1。随后，活塞自右向左运动。由于吸气阀和排气阀都是关闭的，故气体的体积逐渐缩小，压强逐渐上升，当活塞运动至位置 2 时，气体体积被压缩至 V_2，压强上升至 p_2，其状态相当于 p-V 图上的点 2，该过程称为压缩过程，气体状态沿 p-V 图上的曲线 1-2 而变化。

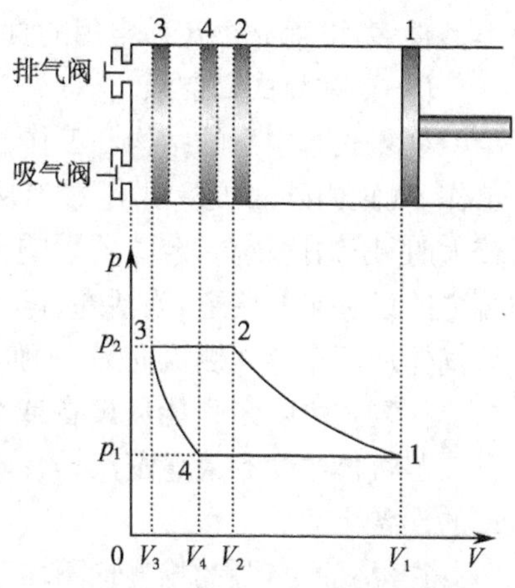

图 2-25 往复式压缩机的工作原理

当气体压强达到 p_2 时，排气阀被顶开，随着活塞继续向左运动，气体在压强 p_2 下排出。由于活塞与气缸盖之间必须留有一定的空隙或余隙，所以活塞不能到达气缸的最左端，即缸内气体不能排尽。当活塞运动至位置 3 时，排气过程结束，该过程称为恒压下的排气过程，气体状态沿 p-V 图上的水平线 2-3 而变化。

排气过程结束时，活塞与气缸端盖之间仍残存有压强为 p_2、体积为 V_3 的气体。此后，活塞自左向右运动，使缸内容积逐渐扩大，残留气体的压强因体积膨胀而逐渐下降，当压强降至与吸入压强 p_1 相等时为止，该过程称为余隙气体的膨胀过程，气体状态沿 p-V 图上的曲线 3-4 而变化。

当活塞继续向右运动时，吸气阀被打开，气体在恒定压强 p_1 下被吸入缸内，直至活塞回复到气缸的最右端截面为止，该过程称为恒定压强下的吸气过程，气体状态沿 p-V 图上的水平线 4-1 而变化。至此，完成一个工作循环。此后活塞又向左运动，开始一个新的工作循环。

可见，往复式压缩机的压缩循环由吸气、压缩、排气和膨胀四个过程所组成。在每一个工作循环中，活塞在气缸内扫过的体积为(V_1-V_3)，但吸入气体的体积只有(V_1-V_4)。显然，余隙越大，吸气量就越小。若余隙体积一定，则当压缩比超过某一数值后，每一循环的吸气量可能下降为零，即当活塞向右运动时，残留在余隙中的高压气体膨胀后完全充满气缸，以致不能再吸入新的气体。一般地，当压缩比大于 8 时，应采用多级压缩，并设置中间冷却器以降低气体的温度，同时设置油水分离器以除去气体中夹带的油水。但级数越多，其构造越复杂，设备投资和操作费用显著增加，故应根据终压的大小合理确定压缩机的级数。表 2-2 列出了级数与终压之间的关系，以供参考。

表 2-2 往复式压缩机级数与终压之间的关系

终压(表压)/kPa	$<$500	500～1000	1000～3000	3000～10 000	10 000～30 000	30 000～65 000
级数	1	1～2	2～3	3～4	4～6	5～7

往复式压缩机的排出压力范围很广，从低压至高压都适用，常用于中、小流量及压力较高的场合。缺点是体积大，结构复杂，维修费用高。近年来，除压强要求很高的情况外，离心式压缩机已有取代往复式压缩机的趋势。

四、真空泵

在制药化工生产中，许多操作过程，如减压蒸馏、减压蒸发、真空抽滤、真空干燥等，都需要在低于大气压的条件下进行，此时需要使用真空泵从设备或系统中抽出气体。真空泵的类型很多，下面介绍几种常用的真空泵。

（一）往复式真空泵

往复式真空泵的结构和工作原理与往复式压缩机的基本相同，但由于真空泵在低压下工作，气缸内外的压差很小，故其吸气阀和排气阀更轻巧灵活。此外，当所需达到的真空度较大时，压缩比较高，余隙的影响很大。为降低余隙的影响，可参考图2-26设计，在气缸两端之间设一平衡气道，当活塞行至排气终了位置时，平衡气道可短时间连通，使余隙中的残留气体从活塞的一侧流向另一侧，从而降低了余隙中残留气体的压力，提高容积系数。

往复式真空泵只能从设备或系统中抽出气体，适用于含水气少、真空度要求不高的场合。若气体中含有大量蒸汽，操作时应采取有效措施，首先设法除去可凝气体，以免造成严重的设备事故。

往复式真空泵的排气量不均匀，且结构复杂、维修费用高，近年来已逐渐被其他型式的真空泵所取代。

（二）液环式真空泵

液环式真空泵的泵体呈圆形，叶轮与泵体呈偏心位置，叶轮上有辐射状的叶片，如图2-27所示。

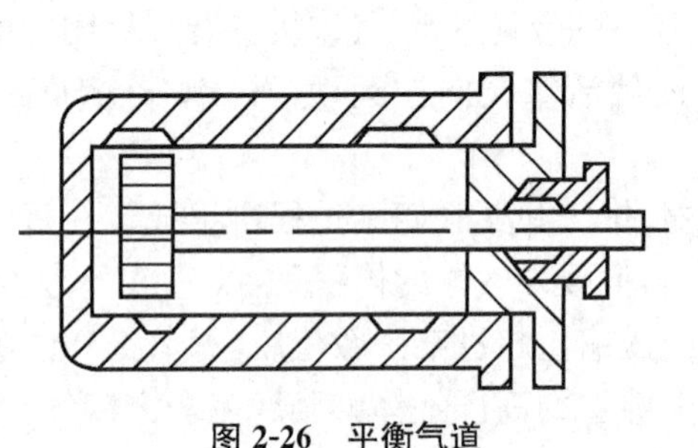

图2-26 平衡气道

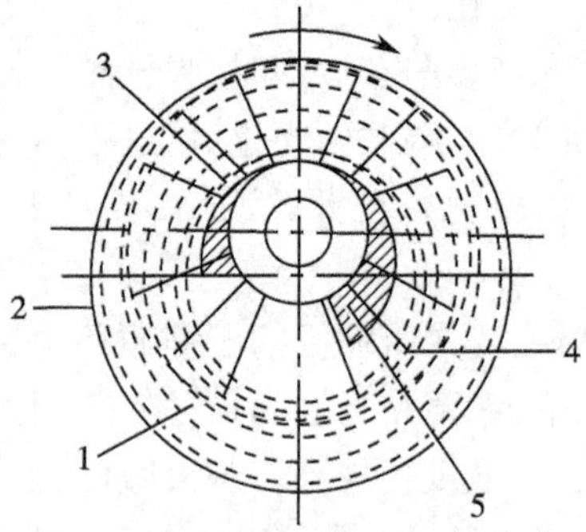

图2-27 液环式真空泵

1-液环；2-外壳；3-排出口；4-叶片；5-吸入口

液环式真空泵的工作原理与液环式压缩机（纳氏泵）的相同。工作时，先向泵壳内加入适量的液体，装入量约为泵体容积的一半。当叶轮带动叶片高速旋转时，液体被甩向壳壁，从而形成旋转液环。液环兼有液封和活塞的双重作用，与叶片之间形成许多大小不同的密闭小室。当叶轮旋转时，一侧小室的空间逐渐增大，气体由吸入口吸入；而另一侧小室的空间逐渐缩小，气体由排出口排出。

液环式真空泵内的液体通常为水，称为水环式真空泵。当被抽吸的气体不宜与水接触时，可向泵体内充入其他液体。

液环式真空泵结构简单紧凑，易于加工，吸气均匀，操作平稳可靠，由于压缩气体基本上是等温的，排气温度仅比进气温度高10～15℃，因而极易适合抽吸压送易燃易爆的气体。但由于泵体内总存在液体，故所产生的真空度要受到泵体内液体饱和蒸气压的限制。

（三）喷射式真空泵

此类泵利用工作介质作高速流动时静压能与动压能之间相互转换所形成的真空来实现气体的吸送目的，属于流体作用泵。喷射式真空泵的工作流体可以是气体（空气或蒸汽）或液体（水或油）。在制药化工生产中，此类泵主要用作真空泵，称为喷射式真空泵。

喷射式真空泵的工作流体一般为水蒸气或高压水，图 2-28 是水蒸气喷射泵的工作原理示意图。

工作时高压蒸汽以很高的流速从喷嘴中喷出后，大部分静压能转化成动压能，即经过喷嘴后工作蒸汽的压力急骤下降，所产生的低压可将被抽气体带入。在喷嘴后，两股气体首先在混合室内进行混合，然后一起进入扩散室，在扩散室中混合气流速度逐渐降低，静压又逐渐升高，直至达到出口压力后由排出口中排出。

单级水蒸气喷射泵一般只能产生约为 13kPa 的绝对压力，要获得更高的真空度，可采用多级水蒸气喷射泵。若所要求的真空度不高，常采用具有一定压力的水为工作流体的水喷射泵。水喷射泵不仅可以产生一定的真空度，而且可与被吸入气体直接混合冷凝，可用作混合器、冷却器和吸收器等。

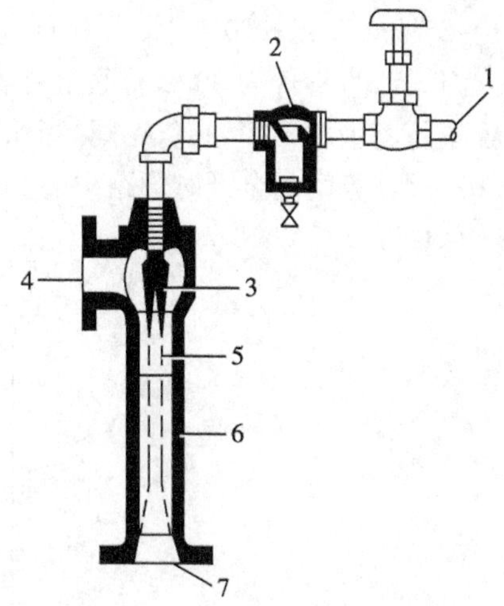

图 2-28　水蒸气喷射泵的工作原理

1-水蒸气入口；2-过滤器；3-喷嘴；4-吸入口；5-混合室；6-扩大管；7-排出口

喷射真空泵内没有运动部件，因此结构简单，工作可靠，安装维修方便，密封性好，特别适宜处理强腐蚀性、含有机械杂质以及带有水蒸气的气体，因此在制药化工生产中有着广泛应用。缺点是效率较低，一般仅为 10%～30%。

习　题

1. 在某管路系统中，用一台离心泵将密度为 1000kg/m^3 的清水从敞口地面水池输送至高位密封贮槽(表压为 101kPa)，两端液面的高度差 $\Delta Z=10$m，管路总长 $l=50$m(包括所有局部阻力的当量长度)，管内径均为 40mm，摩擦系数 $\lambda=0.02$。试确定：(1) 管路的特性曲线方程；(2) 若离心泵的特性曲线方程为 $H=40-200Q^2$(式中 H 的单位为 m，Q 单位为 m^3/min)，管路的输送量及泵的扬程各为多少？(3) 若泵的效率为 0.7，泵的轴功率为多少？($H_e=20+224.4Q_e^2$；$Q=0.217$m^3/min；$H=30.58$m；$N=1550$W)

2. 如图 2-29 所示，用离心泵将真空精馏塔底的釜液送至贮槽。液体的流量为 7.5m^3/h，密度为 780kg/m^3。已知塔内液面上方的饱和蒸气压为 26kPa。操作条件下泵的允许汽蚀余量 $\Delta h=$3m，吸入管路的压头损失为 0.7m，试计算泵应该安装在塔内液面下多少米？(4m)

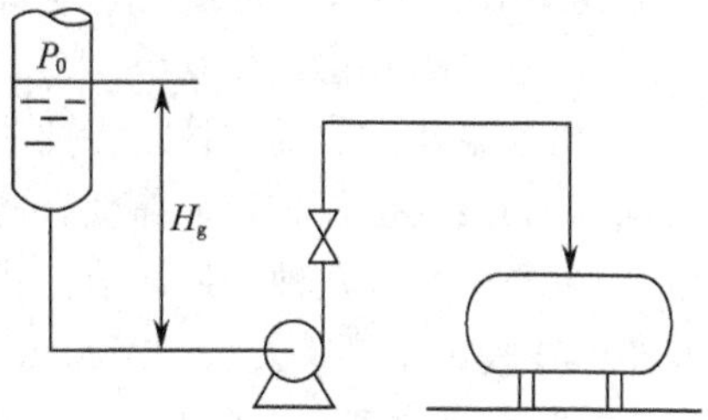

图 2-29

3. 用离心泵将 20℃的清水从蓄水池送至水洗塔，塔顶压强表读数为 49.1kPa，输水量为 30m^3/h。蓄水池与水洗塔液面高度保持恒定，两者高度差为 11m，管路内径为 81mm，直管长度为 18m，管路中所有局部阻力系数之和为 13，摩擦系数为 0.021。已知在规定转速下泵的特性方程为 $H=22.4+5Q-20Q^2$(式中 H 单位为 m，Q 单位为 m^3/min，下同)，$\eta=2.5Q-2.1Q^2$，试计算泵的轴功率。(2.1kW)

4. 如图 2-30 所示，用离心泵将池中常温水送至一敞口高位槽中。泵的特性曲线方程为

$H=25.7-7.36\times10^{-4}Q^2$(式中 H 单位为 m,Q 单位为 m^3/h),管子出口距离低位池液面高度为 13m,直管长为 90m,管路上有若干个 90°弯头(总当量长度为 5.3m),1 个全开的闸阀(当量长度为 0.6m),1 个底阀(当量长度为 28.3m),管子规格为(114×4mm,摩擦系数为 0.03,试计算闸阀全开时管路中的实际流量。(70.4m^3/h)

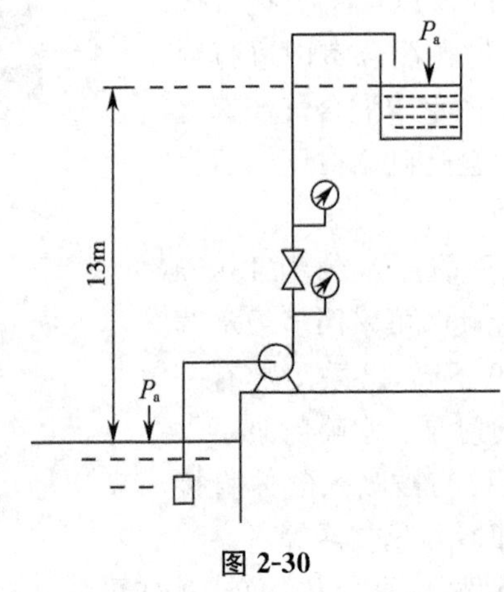

图 2-30

思 考 题

1. 离心泵工作过程中,泵壳起到哪些作用?

2. 什么是离心泵的气缚现象?有什么危害?如何消除?

3. 什么是离心泵的汽蚀现象?有什么危害?如何消除?

4. 往复泵有无气缚和汽蚀现象?

5. 为什么离心泵的启动和关闭都要在出口阀门关闭的条件下操作?

6. 用离心泵将 20℃的清水(密度为 1000kg/m^3)从水池送往敞口的高位槽,在泵的入口和出口分别装有真空表和压力表。在一定的转数和阀门开度下,测得泵的流量 Q、压头 H、真空度 P_1、压力表读数 P_2、功率 N,试判断分别改变下列条件后,上述五个参数如何变化。(1) 将泵的出口阀门开度加大;(2) 改为输送密度为 1250kg/m^3 的水溶液;(3) 泵的转速提高 9%;(4) 泵的叶轮直径减小 6%。

7. 离心泵特性曲线和管路特性曲线有何不同?什么是离心泵的工作点?

8. 离心泵的扬程和升举高度有何不同?

9. 离心泵有哪几种流量调节方式?各种方式都有哪些优缺点?

10. 往复泵用哪种方法调节流量?可以使用出口阀门调节吗?

11. 如何选用离心泵?

12. 为提高往复泵流量的均匀性,可以采用哪些措施?

13. 什么叫全风压、动风压、静风压?

14. 齿轮泵和螺杆泵适用于哪些应用场合?

(雷雪霏 李 想)

第三章 沉降与过滤

制药生产中，混合物系一般可分为均相和非均相两大类。前者是指内部物性均匀、不存在相界面的物系，又称为均相混合物；后者是指内部存在相界面且界面两侧物性不同的物系，又称为非均相混合物。本章所讨论的物系均为非均相物系。

就非均相物系而言，其中处于分散状态的物质称为分散相或分散物质，如分散于流体中的固体颗粒、液滴或气泡；而包围分散相且处于连续状态的物质则称为连续相或分散介质。根据连续相的状态不同，非均相物系又可分为两种，即气态非均相物系和液态非均相物系。前者是指气体连续相中含有悬浮的固体颗粒或液滴而组成的混合物，如含尘气体、含雾气体等；后者是指液体连续相中含有分散的固体颗粒、液滴或气泡而组成的混合物，如悬浮液、乳浊液、泡沫液等。

非均相物系的分离是制药生产中十分常见的分离任务，主要目的是收集分散物质、净化分散介质或进行环境保护等，实质是将分散相与连续相分开，如液固分离、空气净化及含尘气流中的药粉回收等。利用分散相和连续相的物理性质不同，工业上一般对其采用机械法进行分离，如沉降和过滤等。

沉降是借助于某种力（重力和惯性离心力）的作用，利用分散相与连续相之间的密度差，使两者产生相对运动，从而实现颗粒与流体间的分离。常见的沉降分离方法有重力沉降和离心沉降，前者是指因重力场而引发的沉降分离，后者是指因惯性离心力场而引发的沉降分离。过滤是以布、网、膜等多孔材料为介质，在外力的推动下，使悬浮液中的液体顺利通过介质的孔道，而固体颗粒则被介质所截留的固液分离操作。

第一节 重力沉降

一、重力沉降速度

1. 球形颗粒的自由沉降　若颗粒群在流体中分散良好，可认为颗粒的沉降运动将不受其他颗粒和器壁的影响，则该沉降过程称为自由沉降。显然，单个颗粒在流体中的沉降过程即为典型的自由沉降。

颗粒在重力场中的沉降速度主要取决于颗粒与流体间的密度差。通常，颗粒的密度 ρ_s 要大于流体的密度 ρ，此时的颗粒受力应如图 3-1 所示。

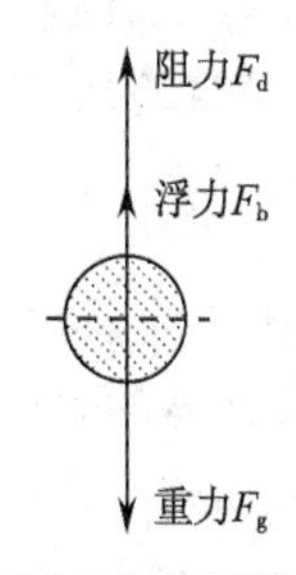

图 3-1　沉降颗粒的受力分析

设颗粒的直径为 d，则重力 F_g、浮力 F_b 和阻力 F_d 可分别计算为

$$F_g = mg = \frac{\pi}{6} d^3 \rho_s g$$

$$F_b=\frac{\pi}{6}d^3\rho g$$

$$F_d=\zeta A\frac{\rho u^2}{2}=\zeta\frac{\pi d^2}{4}\frac{\rho u^2}{2}$$

式中 m 为颗粒的质量，单位为 kg；g 为重力加速度，单位为 m/s^2；ζ 为阻力系数，无因次；A 为颗粒在垂直于其运动方向平面上的投影面积，单位为 m^2；u 为颗粒相对于流体的运动速度，单位为 m/s。

由牛顿第二运动定律可知，颗粒重力沉降运动的基本方程应为

$$F_g-F_b-F_d=ma$$

即

$$\frac{\pi}{6}d^3\rho_s g-\frac{\pi}{6}d^3\rho g-\zeta\frac{\pi d^2}{4}\frac{\rho u^2}{2}=\frac{\pi}{6}d^3\rho_s a \tag{3-1}$$

式中，a 为沉降加速度，单位为 m/s^2。

当颗粒开始沉降的瞬间，由于颗粒与流体间无相对运动，即速度 $u=0$，故阻力 F_d 也为零，因此加速度 a 具有最大值。此后，由于颗粒开始沉降，阻力将随着运动速度 u 的增加而增大，a 值将不断减小。直至 u 增大至某一数值时，阻力、浮力和重力将达到平衡，则此后的加速度 a 值将维持恒定且等于零，颗粒开始作匀速沉降运动。可见，颗粒在静止流体中的重力沉降过程可划分为两个运动阶段，即初始的加速阶段和后期的匀速阶段。就小颗粒而言，由于其比表面积较大，即阻力 F_d 随 u 的增长变化率较快，故沉降的加速段时间很短，通常可忽略。

在匀速沉降阶段，颗粒相对于流体的运动速度称为沉降速度。由于该速度在数值上等于加速段终了时刻颗粒相对于流体的运动速度，故又称为“终端速度”，常以 u_t 表示，单位为 m/s。

当 $a=0$ 时，$u=u_t$，代入式(3-1)并整理可得

$$u_t=\sqrt{\frac{4gd(\rho_s-\rho)}{3\zeta\rho}} \tag{3-2}$$

2. 阻力系数　运用式(3-2)计算沉降速度 u_t 时，需首先确定阻力系数 ζ 值。研究表明，颗粒的阻力系数与颗粒相对于流体运动时的雷诺数 Re_t 及颗粒的形状有关。对于重力沉降，颗粒相对于流体运动时的雷诺数 Re_t 的定义式为

$$Re_t=\frac{du_t\rho}{\mu} \tag{3-3}$$

式中，μ 为流体的黏度，单位为 Pa・s。

颗粒的形状可采用球形度来表示，即

$$\Phi=\frac{S_P}{S} \tag{3-4}$$

式中，Φ 为颗粒的球形度，无因次；S 为颗粒的外表面积，单位为 m^2；S_P 为与颗粒体积相等的一个圆球的表面积，单位为 m^2。

由式(3-4)可知，若颗粒为球形，则 $\Phi=1$；若颗粒的形状偏离球形程度越远，则 Φ 值就越小于 1，这意味着颗粒沉降时的阻力系数将越大。

图 3-2 为实验测得的 ζ、Re_t 及 Φ 之间的关系曲线。依据 Re_t 的大小，可将其中球形颗粒的曲线划分为 3 个区域，即

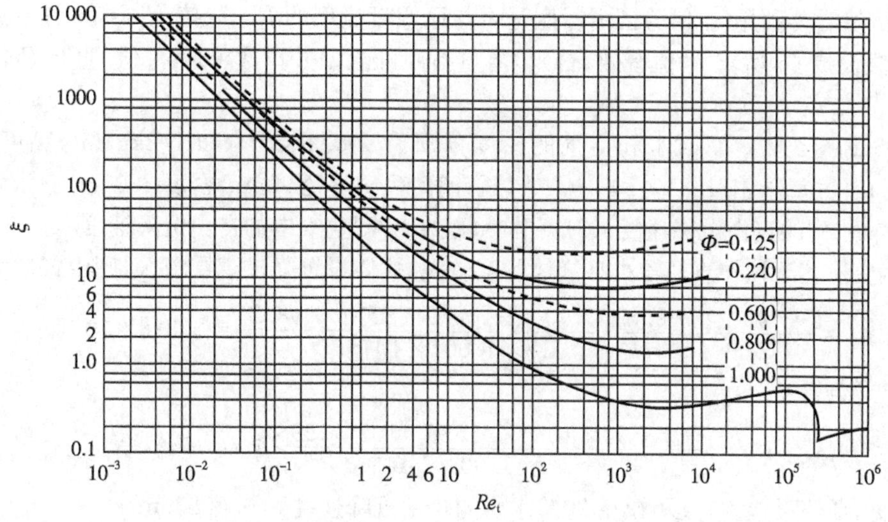

图 3-2　颗粒沉降时 ζ 与 Re_t 及 Φ 之间的关系

（1）当 $10^{-4}<Re_t<2$ 时，该区域称为层流区，又称为斯托克斯定律区。此区域内的关系曲线近似为一条向下倾斜的直线，其方程可写为

$$\zeta=\frac{24}{Re_t} \tag{3-5}$$

将式(3-3)和式(3-5)代入式(3-2)得

$$u_t=\frac{gd^2(\rho_s-\rho)}{18\mu} \tag{3-6}$$

式(3-6)又称为斯托克斯公式。

（2）当 $2<Re_t<10^3$ 时，该区域称为过渡区，又称为艾伦定律区。此区域内的曲线方程可写为

$$\zeta=\frac{10}{Re_t^{0.5}} \tag{3-7}$$

将式(3-3)和式(3-7)代入式(3-2)得

$$u_t=d^3\sqrt{\frac{4g^2(\rho_s-\rho)^2}{225\mu\rho}} \tag{3-8}$$

式(3-8)又称为艾伦公式。

（3）当 $10^3<Re_t<2\times10^5$ 时，该区域称为湍流区，又称为牛顿定律区。此区域内的关系曲线近似为一条水平线，其方程可写为

$$\zeta=0.44 \tag{3-9}$$

将式(3-9)代入式(3-2)得

$$u_t=1.74\times\sqrt{\frac{gd(\rho_s-\rho)}{\rho}} \tag{3-10}$$

式(3-10)又称为牛顿公式。

3. 试差法计算沉降速度　计算球形颗粒的沉降速度 u_t 时，需首先根据雷诺数 Re_t 值，判断出沉降的流型，方可选用相应的计算式。然而，Re_t 值自身又与沉降速度 u_t 值有关，故需要采用试差法计算。具体步骤为：先假设沉降属于某一流型，并采用相应的计算公式求

得 u_t 值，然后再利用 u_t 值验证 Re_t 值是否与原假设流型的 Re_t 取值范围相一致。若是，则表明原假设成立，所求 u_t 值有效；否则，需重新假设流型并再次求取 u_t 值，直至 Re_t 值吻合为止。

例 3-1 已知 20℃时水和空气的密度分别为 998.2kg/m³ 和 1.2kg/m³，黏度分别为 1.004×10^{-3}Pa·s 和 1.81×10^{-5}Pa·s，试计算：(1) 直径 90μm、密度 2900kg/m³ 的固体颗粒在 20℃水中的自由沉降速度；(2) 相同颗粒在 20℃空气中的自由沉降速度。

解：(1) 鉴于颗粒直径较小且液体黏度较大，故假设沉降位于层流区，则由式(3-6)得

$$u_t=\frac{gd^2(\rho_s-\rho)}{18\mu}=\frac{9.81\times(90\times10^{-6})^2\times(2900-998.2)}{18\times1.004\times10^{-3}}=0.836\times10^{-2}\text{m/s}$$

核算流型：

$$Re_t=\frac{du_t\rho}{\mu}=\frac{90\times10^{-6}\times0.836\times10^{-2}\times998.2}{1.004\times10^{-3}}=0.748<2$$

可见，原假设成立，故颗粒在 20℃水中的自由沉降速度为 0.00836m/s。

(2) 鉴于空气的黏度较小，故假设沉降位于过渡区，则由式(3-8)得

$$u_t=d\sqrt[3]{\frac{4g^2(\rho_s-\rho)^2}{225\mu\rho}}=90\times10^{-6}\times\sqrt[3]{\frac{4\times9.81^2\times(2900-1.2)^2}{225\times1.81\times10^{-5}\times1.2}}=0.784\text{m/s}$$

核算流型：

$$Re_t=\frac{du_t\rho}{\mu}=\frac{90\times10^{-6}\times0.784\times1.2}{1.81\times10^{-5}}=4.678$$

可见，$2<Re_t<10^3$，故原假设成立。因此，颗粒在 20℃空气中的自由沉降速度为 0.784m/s。

二、沉降槽

沉降槽为一种重力沉降设备，可用于提高悬浮液的浓度或获取澄清的液体，又称为增浓器或澄清器。沉降槽有间歇式沉降槽和连续式沉降槽之分。

1. 间歇式沉降槽 该类沉降槽的外形通常为带锥底的圆槽。操作时，料浆被置于槽内，静置足够长的时间，待料浆出现分级后，清液即可由槽上部的出液口抽出，增浓后的沉渣则从底部的出料口排出。

2. 连续式沉降槽 如图 3-3 所示，连续式沉降槽为一大口径的浅槽，其底部略呈锥形。操作时，料浆经中央加料口送至液面以下约 0.3～1.0m 处，并迅速地分散于槽内。随后，在密度差的推动下，清液将向槽的上部流动，并由顶端的溢流口连续流出，称为溢流；与此同时，颗粒将下沉至槽的底部，形成沉淀层，并由缓慢转动的耙将其聚拢至锥底的排渣口排出。

连续式沉降槽适于处理量大但浓度不高的大颗粒悬浮料浆的分离，分离后的沉渣中通常仍含有 50%左右的液体。

三、降尘室

降尘室是利用重力沉降原理将颗粒从气流中分离出来的设备，常用于含尘气体的预处理，分离粒径较大的颗粒。常见的水平流动型降尘室如图 3-4(a)所示。

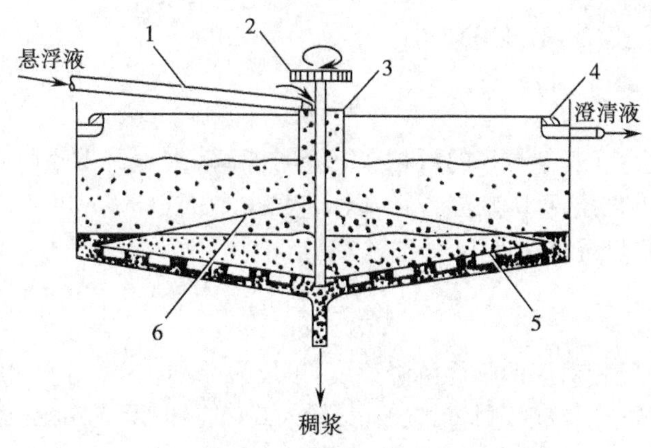

图 3-3　连续式沉降槽

1-进料槽道；2-转动机构；3-料井；4-溢流槽；5-叶片；6-转耙

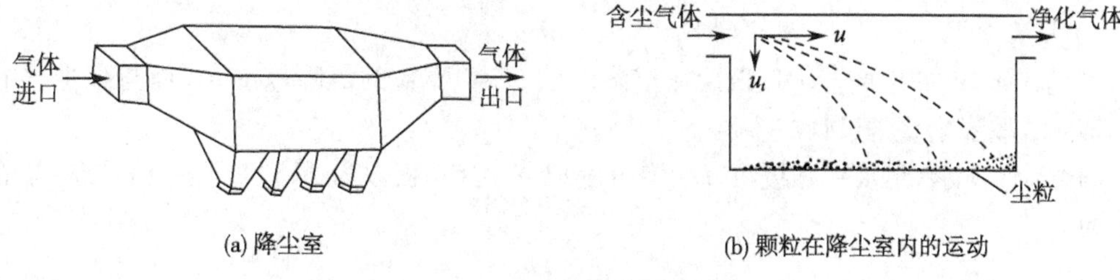

(a) 降尘室　　(b) 颗粒在降尘室内的运动

图 3-4　降尘室及其内的颗粒运动

含尘气体进入降尘室后，其流速因流道截面积扩大而降低。只要颗粒能够在气体通过降尘室的时间内降至室底，即可从气流中分离出来。颗粒在降尘室内的运动情况如图 3-4(b)所示。位于降尘室内最高点的颗粒沉降至室底所需的时间为

$$\tau_t=\frac{H}{u_t} \tag{3-11}$$

式中，τ_t 为沉降时间，单位为 s；H 为降尘室的高度，单位为 m；u_t 为颗粒的沉降速度，单位为 m/s。

气体通过降尘室的时间，即停留时间为

$$\tau=\frac{L}{u} \tag{3-12}$$

式中，τ 为气体通过降尘室的时间，即停留时间，单位为 s；L 为降尘室的长度，单位为 m；u 为气体在降尘室内水平通过的流速，单位为 m/s。

要使颗粒从气流中分离出来，则气体在降尘室内的停留时间应不小于颗粒的沉降时间，即

$$\tau\geqslant\tau_t \text{ 或 } \frac{L}{u}\geqslant\frac{H}{u_t} \tag{3-13}$$

气体通过降尘室的水平流速为

$$u=\frac{V_s}{Hb} \tag{3-14}$$

式中，V_s 为含尘气体的体积流量，即降尘室的生产能力，单位为 m^3/s；b 为降尘室的宽度，单位为 m。

将式(3-14)代入式(3-13)并整理得

$$u_t \geqslant \frac{V_s}{bL} \tag{3-15}$$

对于特定的降尘室，若某粒径的颗粒在沉降时能满足 $\tau=\tau_t$ 的条件，则该粒径为该降尘室能完全除去的最小粒径，称为临界粒径，以 d_c 表示。由式(3-15)可知，对于单层降尘室，与临界粒径相对应的临界沉降速度为

$$u_{tc}=\frac{V_s}{bL} \tag{3-16}$$

式中，u_{tc}为与临界粒径相对应的临界沉降速度，单位为 m/s。

若颗粒的沉降位于层流区，则将式(3-16)代入式(3-6)即得临界粒径的计算式为

$$d_c=\sqrt{\frac{18\mu\, u_{tc}}{g(\rho_s-\rho)}}=\sqrt{\frac{18\mu}{g(\rho_s-\rho)}\frac{V_S}{bL}} \tag{3-17}$$

式(3-15)亦可改写为

$$V_s \leqslant bLu_t \tag{3-18}$$

可见，降尘室的生产能力仅取决于沉降面积 bL 和颗粒的沉降速度 u_t，而与降尘室的高度 H 无关，故降尘室常设计成多层。

如图 3-5 所示，用水平隔板将降尘室分隔成 N 层(隔板数为 N-1)，则各层的层高即隔板间距为

$$h=\frac{H}{N} \tag{3-19}$$

式中，h 为多层降尘室的层高，单位为 m；N 为多层降尘室的层数。

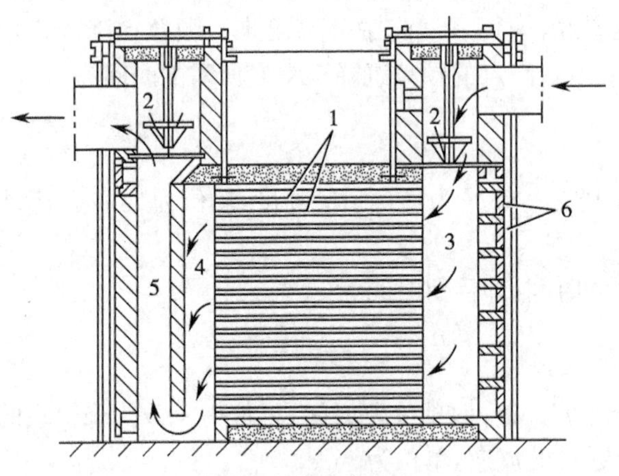

图 3-5 多层降尘室

1-隔板；2-调节阀；3-气体分配道；4-气体聚集道；5-气道；6-清灰口

将式(3-19)代入式(3-14)得气体通过各层的水平流速为

$$u=\frac{V_s}{Hb}=\frac{V_s}{Nhb} \tag{3-20}$$

将式(3-20)代入式(3-13)并整理得

$$V_s \leqslant NbLu_t \tag{3-21}$$

式(3-21)表明，采用多层降尘室可提高含尘气体的处理量即生产能力。但操作时气体通过隔板的气速不能太大，否则会将沉降下来的尘粒重新卷起。一般情况下，气体通过隔板

时的流速可取 0.5～1m/s。

对于多层降尘室，由式(3-21)可知，与临界粒径相对应的临界沉降速度为

$$u_{tc}=\frac{V_s}{NbL} \tag{3-22}$$

比较式(3-22)和式(3-16)可知，采用多层降尘室后，颗粒的临界沉降速度降为原来的 1/N。由式(3-17)可知，此时的临界粒径降为原来的$\sqrt{1/N}$，从而使更小的颗粒能够沉降下来。

降尘室的优点是结构简单，阻力小。缺点是体积庞大，分离效率较低。普通降尘室仅能分离粒径在 50μm 以上的粗颗粒。

例 3-2　某药厂用长 5m、宽 2.5m、高 2m 的降尘室回收气体中所含的球形固体颗粒。已知气体在操作条件下的密度为 0.75kg/m³，黏度为 2.6×10^{-5}Pa·s，流量为 5m³/s；固体的密度为 3000kg/m³。试计算：(1) 理论上能完全收集下来的最小颗粒直径；(2) 粒径为 50μm 的颗粒的回收百分率；(3) 若要完全回收直径为 20μm 的颗粒，对原降尘室应采取何种措施？

解：(1) 理论上能完全收集下来的最小颗粒直径：由式(3-16)得降尘室能完全分离出来的最小颗粒的沉降速度为

$$u_{tc}=\frac{V_s}{bL}=\frac{5}{2.5\times5}=0.4\text{m/s}$$

设颗粒的沉降位于层流区，则由式(3-17)得

$$d_c=\sqrt{\frac{18\mu u_{tc}}{g(\rho_s-\rho)}}=\sqrt{\frac{18\times2.6\times10^{-5}\times0.4}{9.81\times(3000-0.75)}}=8\times10^{-5}\text{m}$$

核算流型：

$$Re_c=\frac{d_c u_{tc}\rho}{\mu}=\frac{8\times10^{-5}\times0.4\times0.75}{2.6\times10^{-5}}=0.92<1$$

可见，颗粒沉降位于层流区，即原假设成立，故理论上能完全收集下来的最小颗粒直径等于临界粒径，即

$$d_{min}=d_c=8\times10^{-5}\text{m}=80\mu\text{m}$$

(2) 粒径为 40μm 的颗粒的回收率：由(1)的计算结果可知，直径为 50μm 的颗粒，其沉降区域必为层流区。由式(3-6)得

$$u'_t=\frac{gd^2(\rho_s-\rho)}{18\mu}=\frac{9.81\times(50\times10^{-6})^2\times(3000-0.75)}{18\times2.6\times10^{-5}}=0.16\text{m/s}$$

对于粒径小于临界粒径的颗粒，其回收率等于颗粒的沉降速度与临界粒径下颗粒的沉降速度之比，故粒径为 50μm 的颗粒的回收率为

$$\frac{u'_{tc}}{u_{tc}}=\frac{0.16}{0.4}=0.40=40\%$$

(3) 完全回收直径为 20μm 的颗粒应采取的措施：要完全回收直径为 20μm 的颗粒，则可在降尘室内设置水平隔板，即将单层降尘室改为多层降尘室。由(1)的计算结果可知，原单层降尘室的临界粒径 $d_c=8\times10^{-5}$m，改为 N 层多层降尘室后临界粒径降为$\sqrt{1/N}d_c$。若要完全回收直径为 20μm 的颗粒，则有

$$\sqrt{1/N}d_c=20$$

即

$$\sqrt{1/N}\times 80=20$$

解得

$$N=16$$

则隔板间距为

$$h=\frac{H}{N}=\frac{2}{16}=0.125\mathrm{m}$$

可见，在原降尘室内设置 15 层隔板，理论上可完全回收直径为 $20\mu\mathrm{m}$ 的颗粒。

第二节 离心沉降

由于重力沉降的速度较小，尤其当颗粒的粒径或分离两相间的密度差较小时，重力沉降的速度通常极低。为此，本节将介绍一种新的沉降操作，即离心沉降，该操作具有较高的沉降速度。离心沉降是指在惯性离心力的作用下，使得非均相物系发生分离的沉降运动。

一、惯性离心力作用下的离心沉降

（一）离心沉降原理

如图 3-6 所示，当流体围绕某一中心轴作圆周运动时，便形成了惯性离心力场。在与中心轴距离为 R、切向速度为 u_T 的位置上，相应的离心加速度为$\frac{u_T^2}{R}$。可见，惯性离心力场的离心加速度并非为常数，而是随位置及切向速度的改变而变化。离心力的作用方向为沿着旋转半径由中心指向外周。显然，当颗粒跟随流体一起旋转时，若颗粒的密度大于流体密度，则在惯性离心力的作用下，颗粒势必在径向上与流体发生相对运动，进而飞向外围，实现与流体的分离。

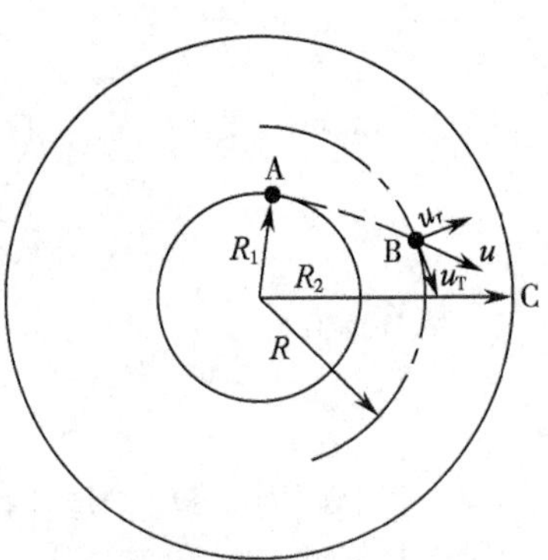

图 3-6 颗粒在离心场中的运动

（二）离心沉降速度

与重力沉降过程相似，在惯性离心力场中，颗粒在径向上也将受到三个力的作用，即惯性离心力（相当于重力场中的重力，方向为沿半径指向外周）、向心力（相当于重力场中的浮力，方向为沿半径指向旋转中心）和阻力（与颗粒的运动方向相反，方向为沿半径指向中心）。若颗粒的直径为 d、密度为 ρ_s，流体密度为 ρ，颗粒与中心轴的距离为 R，切向速度为 u_T，则上述三个力的作用大小可分别表达为

$$\text{惯性离心力}=\frac{\pi}{6}d^3\rho_s\frac{u_T^2}{R}$$

$$\text{向心力}=\frac{\pi}{6}d^3\rho\frac{u_T^2}{R}$$

$$\text{阻力}=\zeta\frac{\pi}{4}d^2\rho\frac{u_r^2}{2}$$

式中 u_r 为颗粒与流体在径向上的相对运动速度，单位为 m/s。

当上述三个力的合力为零，即受力达到平衡时，颗粒在径向上相对于流体的运动速度 u_r 便称为颗粒在该位置处的离心沉降速度，其值可通过下式求取，即

$$\frac{\pi}{6}d^3\rho_s\frac{u_T^2}{R}-\frac{\pi}{6}d^3\rho\frac{u_T^2}{R}-\zeta\frac{\pi}{4}d^2\rho\frac{u_r^2}{2}=0$$

得

$$u_r=\sqrt{\frac{4d(\rho_s-\rho)}{3\zeta\rho}\frac{u_T^2}{R}} \tag{3-23}$$

比较式(3-2)与式(3-23)，可以看出，离心沉降速度 u_r 与重力沉降速度 u_t 具有十分相似的计算式，只是后者采用离心加速度 u_T^2/R 替换了前者中的重力加速度 g。但需说明的是，离心沉降速度 u_r 并不是颗粒运动时的绝对速度，而只是绝对速度在径向上的分量。

对于离心沉降，若颗粒与流体间的相对运动为层流，则式(3-23)中阻力系数 ζ 可直接采用式(3-5)进行描述，结合式(3-3)，整理可得

$$u_r=\frac{d^2(\rho_s-\rho)}{18\mu}\frac{u_T^2}{R} \tag{3-24}$$

(三) 离心分离因数

同一颗粒在相同的流体介质中，其离心沉降速度与重力沉降速度之比，称为离心分离因数，以 K_c 表示，相应的定义式可写为

$$K_c=\frac{u_r}{u_t}=\frac{u_T^2}{gR} \tag{3-25}$$

离心分离因数是考察离心分离设备的重要性能参数。虽然某些高速离心分离设备的分离因数可高达数十万，但就绝大多数普通的离心分离设备而言，其分离因数还多只介于 5～2500 之间。例如，当旋转半径 $R=0.3$m、切向速度 $u_T=30$m/s 时，其离心分离因数为

$$K_c=\frac{30^2}{9.81\times0.3}=306$$

二、离心分离设备

在制药生产中，常见的离心分离设备有旋风分离器、旋液分离器和离心机等。通常，气固非均相物系的离心沉降是在旋风分离器中进行，液固悬浮物系的离心沉降是在旋液分离器或离心机中进行。

(一) 旋风分离器

旋风分离器是利用惯性离心力的作用，从气流中离心分离出尘粒的操作设备，属气固分离设备。该分离器具有结构简单、制造方便和分离效率高等优点。

图 3-7 示意了标准型旋风分离器的结构。器体的上部呈圆筒形，下部呈圆锥形，各部位的尺寸均与圆筒的直径成比例。操作时，含尘气流由位于圆筒上部的进气管切向进入器内，然后沿圆筒的内壁作自上而下地螺旋运动，其间颗粒因惯性离心力的作用被抛向器壁，再沿壁面逐渐下沉至排灰口收集，而净化后的气流则在中心轴附近作自下而上地螺旋运动，最后由顶部的排气管排出。

图 3-8 是气流在旋风分离器内的运动流线示意图。为便于研究与描述，通常把下行的螺旋气流称为外旋流，上行的螺旋气流称为内旋流。操作时，两旋流的旋转方向相同，其中除尘区主要集中于外旋流的上部。旋风分离器内的压强大小是各处不同的，其中器壁附近的压强最大，而越靠近中心轴处，压强将越小，通常会形成一个负压气柱(由排气管入口至底部出灰口)。因此，旋风分离器的出灰口必须要严格密封，否则易造成外界气流的渗入，进而卷起已沉降的粉尘，降低除尘效率。

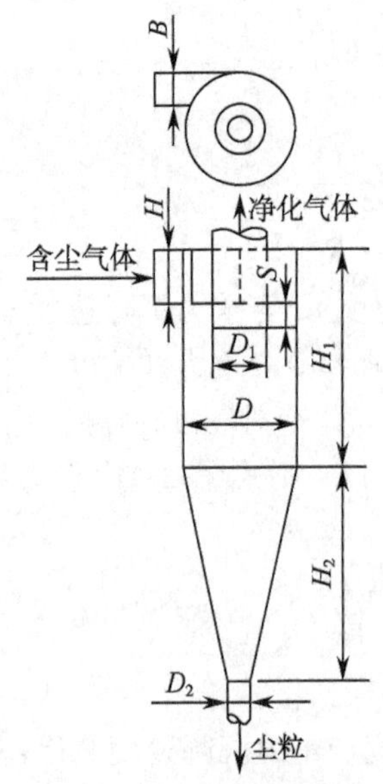

图 3-7 标准型旋风分离器

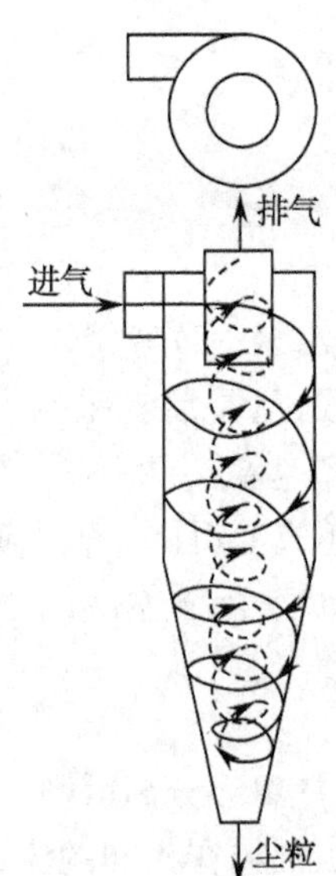

图 3-8 气流在旋风分离器内的运动

注：$H=\frac{D}{2}$；$S=\frac{D}{8}$；$B=\frac{D}{4}$；$D_1=\frac{D}{2}$；$D_2=\frac{D}{4}$；$H_1=2D$；$H_2=2D$

旋风分离器于1885年投入使用，在普通操作条件下，作用于粒子上的离心力是重力的5～2500倍。目前，已出现多种型式的旋风分离器。按气流进入方式的不同，旋风分离器可分为切向进入式和轴向进入式两大类。在相同压力损失下，后者能处理的气体约为前者的3倍，且气流分布均匀。旋风分离器主要用来去除3μm以上的粒子。为增加处理风量，可将多个旋风分离器并联使用。并联的多管旋风分离器装置对3μm的粒子也具有80%～85%的除尘效率。通常情况下，当粉尘密度大于$2g/cm^3$时，使用旋风分离器才能显现出效果。选用耐高温、耐磨蚀和腐蚀的特种金属或陶瓷材料构造的旋风分离器，可在温度高达1000℃、压力达500×10^5Pa的条件下操作。

（二）旋液分离器

旋液分离器的结构及工作原理均与旋风分离器相似，它也是利用离心力的作用，使得悬浮液增稠或使得颗粒分级的操作设备。如图3-9所示，操作时，悬浮液由圆筒上部的进料口进入器内，然后自上而下地作旋流运动。其间，在惯性离心力的作用下，悬浮液中的固体颗粒将离心沉降至器壁，且随外旋流逐渐下降至锥底的出口，成为黏稠的悬浮液而排出，称为底流；与此同时，澄清的液体或含有细小颗粒的液体，则在器内形成向上的内旋流，并经上方的中心溢流管而排出，称为溢流。

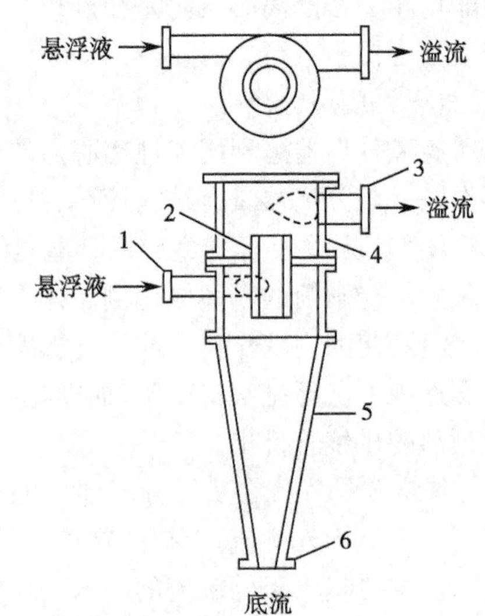

图 3-9 旋液分离器

1-悬浮液进口；2-中心溢流管；3-溢流出口；4-圆筒；5-锥形筒；6-底流出口

旋液分离器在制药生产中的应用也十分广泛，既可用于悬浮液的增浓或颗粒的分级操作，也可用于气液分离和互不相溶液体混合物的分离，以及传热、传质和雾化等操作。旋液分离器结构上的显著特点是圆筒段的直径较小及圆锥段的距离较长。采用较小的圆筒直径可增大旋转时的惯性离心力，提高离心沉降速度；采用较长的圆锥段高度可增加液流的行程，延长悬浮液在器内的停留时间，进而有利于液固分离。

（三）离心分离机

离心分离机又简称离心机，它是利用离心沉降的原理，使液体混合物或液固混合物得以分离的工业操作设备。常见的离心机型式有管式离心机、碟式离心机和三足式离心机等。

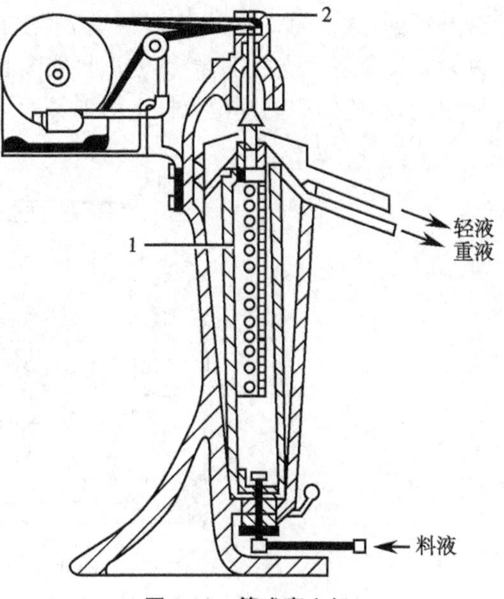

图 3-10　管式离心机

1-转鼓；2-传动装置

1. 管式离心机　如图 3-10 所示，管式离心机的核心构件为管状转鼓。操作时，转鼓高速旋转，从而产生强大的离心力场。

若分离的对象为乳浊液，则料液经加料管连续地送至转鼓，并在转鼓内自下而上地运动，届时因离心力场的作用，密度不同的两种液体将被分成内层和外层，分别称为轻液层和重液层。当两层液体旋转上升至转鼓的顶部时，将由各自的溢流口单独排出。可见，此操作可连续进行。但与此不同，若分离的对象为悬浮液，则操作一般只可间歇进行。当悬浮液被送至转鼓内，并在转鼓内自下而上地运动时，液相可由转鼓上部的溢流口连续排出，而固相只能沉积于鼓壁，并待积累到一定程度，停机后方可卸出。因此，在实际的工业生产中，当采用管式离心机分离悬浮液时，常将两台管式离心机交替使用，一台运转，而另一台除渣清理。

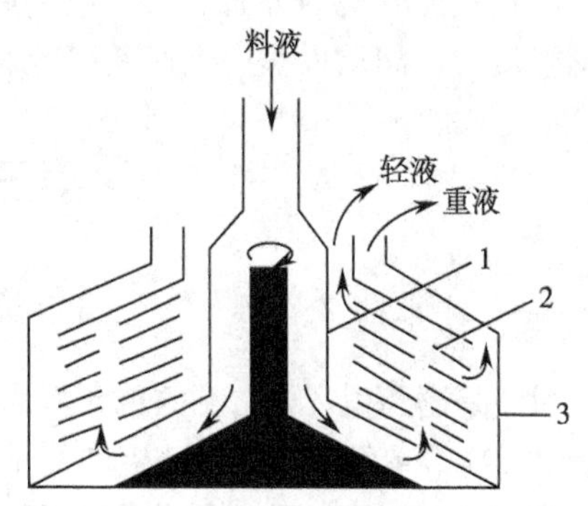

图 3-11　碟式离心机

1-中心管；2-碟片；3-转鼓

2. 碟式离心机　如图 3-11 所示，碟式离心机的主要构件为中心管、转鼓和倒锥形碟片。其中，碟片的直径一般约为 0.2～1.0m，锥角一般为 35°～50°，碟片数目一般为 30～150 片，相邻碟片间的空隙一般为 0.15～0.25mm。操作时，在高速离心力场的作用下，密度小的轻液将沿着碟片的锥面向上流动，而密度大的重液则沿着碟片的锥面向下流动，两者在转鼓内被自动地分成内层和外层，并最终都由位于转鼓顶部的各自流道分别排出。

碟式离心机既可用于乳浊液的分离，又可用于含少量细粒的悬浮液的分离，其优点主要为分离时间短，且因操作均处于密闭的管道和容器中进行，不仅较好地避免了类似于重力沉降生产中的热气散失现象，同时也可有效地预防细菌污染，提高产品质量。因此，在制药生产中，碟式离心机有着非常广泛的应用。例如，中药煎煮液经一次粗过滤后，即可直接进入碟式离心机进行分离和除杂，所得药液随即进入后续的浓缩设备浓缩，从而真正实现了生产过程的连续化。

3. 三足式离心机　此类离心机的壳体内设有可高速旋转的转鼓，鼓壁上开有诸多小孔，内侧衬有一层或多层滤布。操作时，将悬浮液注入转鼓内，随着转鼓的高速旋转，液体便在离心力的作用下依次穿过滤布及壁上的小孔而排出，与此同时颗粒将被截留于滤布表面。

图 3-12 为工业上常见的三足式离心机的结构示意图。为减轻转鼓的摆动以及便于安装与拆卸，该机的转鼓、外壳和传动装置均被固定于下方的水平支座上，而支座则借助于拉杆被悬挂于三根支柱上，故称为三足式离心机。工作时，转鼓的高速旋转是由下方的三角带所驱动，相应的摆动则由拉杆上的弹簧所承受。

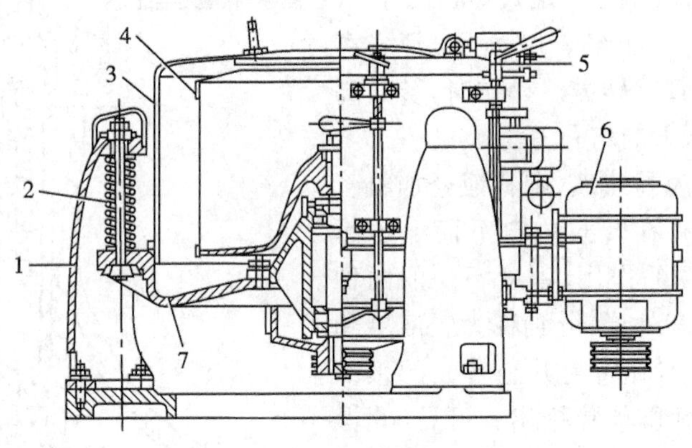

图 3-12　三足式过滤离心机

1-支柱；2-拉杆；3-外壳；4-转鼓；5-制动器；6-电动机；7-机座

三足式离心机的分离因数一般可达 500～1000，分离粒径约为 0.05～5mm，主要缺点为劳动强度大及间歇操作的生产效率低。

第三节　过　　滤

一、基本概念

过滤是制药生产中常见的单元操作，一般作为沉降、结晶和固液反应等单元操作的后续生产单元，属机械分离操作。

如图 3-13 所示，过滤操作所处理的悬浮液称为料浆或滤浆，所用的多孔材料称为过滤介质，通过介质的液体称为滤液，而被介质所截留的固相颗粒称为滤饼或滤渣。过滤操作的推动力可以为重力、惯性离心力，也可为压强差，其中以压强差为推动力的过滤操作最为常见。按过滤推动力的不同，过滤操作可分为重力过滤、离心过滤、加压过滤和真空过滤。其中，对于加压过滤，又可依据加压的大小是否恒定，区分为恒压过滤和先恒速后恒压过滤。

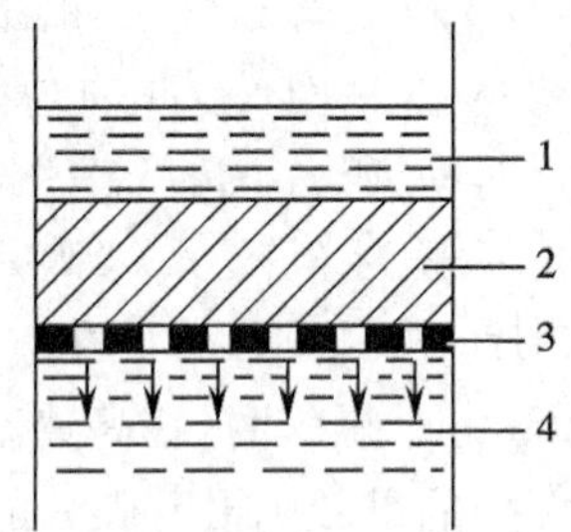

图 3-13　过滤操作示意图

1-料浆；2-滤饼；3-过滤介质；4-滤液

（一）过滤介质

过滤介质必须是多孔材料，以便于让滤液顺利通过，但孔道尺寸也不能过大，须能截留住颗粒并起到支撑滤饼的作用。可见，过滤介质应具有尽可能小的流动阻力及足够的机械强度。此外，过滤介质通常还应具有良好的抗腐蚀性和耐热性。

工业上常见的过滤介质主要有织物介质、粒状介质、多孔固体介质和多孔膜。

1. 织物介质　又称为滤布，是用棉、毛、丝、麻等天然纤维或各种合成纤维加工而成的织物，以及由玻璃丝或金属丝编织而成的多孔网。织物介质的厚度一般较薄，具有阻力小、易清洗及更新方便、价格便宜等优点，故工业应用最为广泛，通常可截留最小粒径5～65μm的颗粒。

2. 粒状介质　是指由各种固体颗粒（如砂、木炭、石棉、硅藻土等）或非纺织纤维等堆积而成的固定床层，一般床层较厚，多用于深层过滤。

3. 多孔固体介质　是指采用多孔陶瓷、多孔塑料或多孔金属等具有大量微细孔道的固体材料所制成的管或板等。该类介质通常较厚、阻力较大，但孔道细，可截留1～3μm的小颗粒。

4. 多孔膜　是指用于膜过滤的各种无机材料膜和有机高分子膜。该类膜的厚度通常较薄，多介于几十微米到200μm之间，且孔径极小，可截留1μm以下的微细颗粒，故在超滤和微滤的工业生产中，该类过滤介质多有应用。

（二）过滤方式

工业上的过滤操作有滤饼过滤和深层过滤之分。

1. 滤饼过滤　由于悬浮液中多数颗粒的尺寸都大于过滤介质的孔道直径，故当悬浮液被置于过滤介质的一侧并在外力推动下穿过介质时，颗粒将被截留而形成滤饼层，液体则可顺利地通过滤饼层和过滤介质，形成滤液。在过滤操作的开始阶段，会有部分的小颗粒进入介质的孔道内，并通过孔道而不被截留，使得早期的滤液呈混浊状。随着过程的进行，颗粒将在孔道内迅速产生"架桥"现象，如图3-14所示。由于架桥现象，使得小颗粒也可被介质所截留，即此后的颗粒会在介质上逐步堆积，形成滤饼层。滤饼层一旦形成，滤液将变得澄清，操作可顺利进行，此过程称为滤饼过滤或饼层过滤。可见，在饼层过滤中，真正对颗粒起截留作用的主要是不断增厚的滤饼层，并不是过滤介质。饼层过滤适于颗粒含量较高（固相体积分数大于1%）的悬浮液分离。

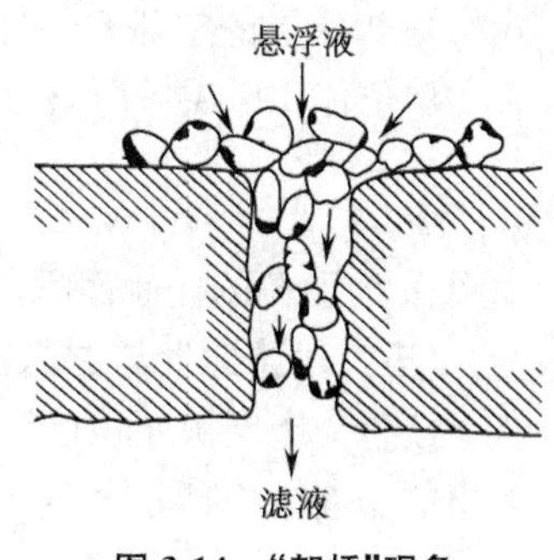

图3-14　"架桥"现象

2. 深层过滤　若悬浮液的颗粒尺寸普遍小于介质的孔径，则此时可选用较厚的粒状床层即固定床作为过滤介质。由于此类介质的孔道弯曲细长，故当颗粒随流体在曲折孔道中流动时，将会因表面力和静电力的作用而被孔道壁面所附着，使得固液相分离。可见，该过滤过程并非是在过滤介质的表面形成滤饼，而是被附着和沉积于过滤介质的内部，故称为深层过滤。在深层过滤中，真正起过滤作用的是过滤介质。

深层过滤适于固相含量少（固相体积分数小于0.1%）、粒度小但处理量大的悬浮液的分离。典型的深层过滤如混浊药液的澄清、分子筛脱色等。

（三）滤饼的压缩性和助滤剂

随着过滤操作的进行，滤饼层不断加厚，使得滤液的流动阻力增大。研究表明，滤饼颗粒的特性决定了滤液流动阻力的大小。若构成滤饼的颗粒为不易变形的坚硬固体，如碳酸钙、硅藻土等，则当两侧的压强差增大时，颗粒的形状及颗粒间的空隙一般均不会发生明显的变化，此时单位厚度的滤饼层所具有的流动阻力可视为恒定，该种滤饼称为不可压缩滤饼。若滤饼层为絮状物或胶状物，则当两侧的压强差增大时，滤饼内颗粒的形状及颗粒间的空隙均将发生明显的变化，故此时单位厚度的滤饼层所具有的流动阻力将随压强差或滤饼层厚度的增加而增大，这种滤饼称为可压缩滤饼。

对于可压缩滤饼，随着过滤压强差的增大，滤饼层内的空隙将变小，滤液流动时的阻力将增大。此外，对于所含颗粒十分细小的悬浮液的过滤，初始时这些细粒极易进入介质的孔道并将孔道堵死，即使未完全堵死，这些细粒所形成的滤饼层也极不利于滤液的流动，导致流动阻力急剧增大，操作难以继续。为解决上述两个问题，工业过滤中，会经常采用添加助滤剂的方法，即在过滤开始前，将另一种质地坚硬且能形成疏松饼层的固体颗粒混入料浆中或涂于过滤介质之上，以帮助过滤操作形成疏松的滤饼层。这种预混或预涂的固体颗粒习惯称为助滤剂，其使用量一般不超过固体颗粒质量的 0.5%，常见的助滤剂有硅藻土、石棉、活性炭、珍珠岩等。需注意的是，由于混入的助滤剂通常难以除去，故一般只在以液体回收为目的的过滤操作中，才使用助滤剂。

（四）床层的空隙率和颗粒的比表面积

单位体积床层中所具有的空隙体积，称为空隙率，即

$$\varepsilon=\frac{\text{空隙体积}}{\text{床层体积}} \tag{3-26}$$

式中，ε 为床层的空隙率，单位为 m^3/m^3。

单位体积床层中所具有的颗粒表面积，称为比表面积，即

$$a=\frac{\text{颗粒的表面积}}{\text{颗粒的体积}} \tag{3-27}$$

式中，a 为颗粒的比表面积，单位为 m^2/m^3。

（五）过滤速度与过滤速率

按整个床层截面积计算的滤液流速，称为过滤速度，可理解为单位时间内通过单位过滤面积的滤液体积，即

$$u=\frac{\mathrm{d}V}{A\mathrm{d}\tau} \tag{3-28}$$

式中，u 为过滤速度，单位为 m/s；V 为滤液体积，单位为 m^3；A 为过滤面积，单位为 m^2；τ 为过滤时间，单位为 s。

与过滤速度不同，过滤速率则是指单位时间内获得的滤液体积，单位为 m^3/s。

应当指出的是过滤速度与过滤速率是两个不同的概念，但习惯上也常将过滤速度称为过滤速率。

（六）过滤阻力

过滤阻力由滤饼阻力和过滤介质阻力两部分组成。单位厚度滤饼所具有的阻力称为比阻，以 r 表示，其值反映了颗粒形状、尺寸及床层空隙率对滤液流动的影响。若滤饼的厚度为 L，则滤饼的阻力可表示为

$$R=rL \tag{3-29}$$

式中，R 为滤饼的阻力，单位为 1/m；r 为滤饼的比阻，单位为 $1/m^2$。

对于不可压缩滤饼，滤饼的比阻可用下式计算

$$r=\frac{5a^2(1-\varepsilon)^2}{\varepsilon^3} \tag{3-30}$$

过滤介质的阻力与其厚度及致密程度有关，一般可视为常数。习惯上将过滤介质的阻力折合成相当厚度的滤饼层阻力，该厚度称为虚拟滤饼厚度或当量滤饼厚度。与式(3-29)

类似，过滤介质的阻力可表示为

$$R_m = rL_e \tag{3-31}$$

式中，R_m 为过滤介质的阻力，单位为 1/m；L_e 为虚拟滤饼厚度或当量滤饼厚度，即与过滤介质阻力相当的滤饼层厚度，单位为 m。

（七）过滤推动力

为克服流体在过滤过程中通过过滤介质和滤饼层的阻力，必须施加一定的外力，如重力、离心力和压强差等，所加的外力即为过滤推动力。由于流体所受的重力较小，所以一般重力过滤仅适用于过滤阻力较小的场合。而制药化工生产上常以压强差为推动力，此时过滤的总推动力为滤液通过串联的滤饼和过滤介质的总压强降，总阻力为两层的阻力之和。

过滤时，若一侧处于大气压下，则过滤压强差即为另一侧表压的绝对值。实际操作时有恒压过滤和恒速过滤两种操作方式，其中恒压过滤最为常见。此外，为避免过滤初期因压强差过高而引起滤液浑浊或滤布堵塞，也可采用先恒速后恒压的复合操作方式。

例 3-3　采用过滤法分离某悬浮液，已知悬浮液中颗粒的直径为 0.35mm，固相的体积分率为 22%，过滤所形成的滤饼为不可压缩滤饼，其空隙率约为 55%，试计算：(1) 滤饼的比阻；(2) 每平方米过滤面积上获得 $1m^3$ 滤液时的滤饼阻力。

解：(1) 由式(3-27)得颗粒的比表面积为

$$a = \frac{颗粒表面积}{颗粒体积} = \frac{\pi d^2}{\frac{\pi}{6}d^3} = \frac{6}{d} = \frac{6}{0.35\times10^{-3}} = 1.714\times10^4 m^2/m^3$$

由式(3-20)得滤饼的比阻为

$$r = \frac{5a^2(1-\varepsilon)^2}{\varepsilon^3} = \frac{5\times(1.714\times10^4)^2\times(1-0.55)^2}{0.55^3} = 1.788\times10^9(1/m^2)$$

(2) 设每平方米过滤面积上获得 $1m^3$ 滤液时的滤饼厚度为 L，则对滤饼、滤液及料浆中的水分进行物料衡算得

$$滤液体积+滤饼中水的体积=料浆中水的体积$$

即

$$1+1\times L\times0.55=(1+1\times L)\times(1-0.22)$$

解得

$$L=0.957m$$

因此，滤饼的阻力为

$$R=rL=1.788\times10^9\times0.957=1.711\times10^9(1/m)$$

二、恒压过滤

过滤操作有恒压过滤和恒速过滤之分，其中以恒压过滤较为常见。此外，为避免过滤初期因压强差过高而引起滤液浑浊或滤布堵塞等现象，实际生产中还可采用先恒速再恒压的复合过滤方式。一般情况下，连续过滤机上进行的操作均为恒压过滤，而间歇过滤机上进行的也多为恒压过滤。因此，本节将只对恒压过滤的相关计算做简要介绍。

恒压过滤时，过滤的总推动力即过滤压强差 Δp 为定值。随着过滤过程的进行，滤饼不断增厚，滤液的流动阻力不断增大，过滤速率逐渐降低。

设每获得 $1m^3$ 滤液所形成的滤饼体积为 νm^3，则任一瞬间滤饼层的厚度 L 与当时已获取的滤液体积 V 之间的关系为

$$LA=\nu V$$

即

$$L=\frac{\nu V}{A} \tag{3-32}$$

式中，ν 为滤饼体积与相应的滤液体积之比，单位为 m^3/m^3。

依此类推，设生成厚度为 L_e 的滤饼层所获得的滤液体积为 V_e，则

$$L_e=\frac{\nu V_e}{A} \tag{3-33}$$

式中，V_e 为过滤介质的虚拟滤液体积或当量滤液体积，单位为 m^3。

对于不可压缩滤饼，可以导出下列关系

$$V_e^2=KA^2\tau_e \tag{3-34}$$

$$V^2+2V_eV=KA^2\tau \tag{3-35}$$

式(3-34)和式(3-35)中，τ_e 为虚拟过滤时间，即获得体积为 V_e 的滤液所需的时间，单位为 s；K 为过滤常数，其值由物料特性及过滤压强差决定，单位为 m^2/s。对于不可压缩滤饼，K 与压强差 Δp 成正比。

将式(3-34)和式(3-35)相加并整理得

$$(V+V_e)^2=KA^2(\tau+\tau_e) \tag{3-36}$$

式(3-34)～式(3-36)统称为恒压过滤方程式。

令 $q=\frac{V}{A}$ 及 $q_e=\frac{V_e}{A}$，并依次代入式(3-34)～式(3-36)，则恒压过滤方程式将变换为

$$q_e^2=K\tau_e \tag{3-37}$$

$$q^2+2q_eq=K\tau \tag{3-38}$$

$$(q+q_e)^2=K(\tau+\tau_e) \tag{3-39}$$

式(3-37)至式(3-39)中，q_e 为介质常数，其值反映过滤介质阻力的大小，单位为 m^3/m^2。

习惯上将 K、q_e 和 τ_e 统称为过滤常数，它们均可由实验直接测得。其中，对于不可压缩滤饼，除 q_e 外，K 和 τ_e 将随着过滤压强差 Δp 而变化；而对于可压缩滤饼，三者均随着 Δp 而变化。

当过滤介质的阻力可忽略，即 q_e 和 τ_e 均为零时，式(3-39)可简化为

$$q^2=K\tau \tag{3-40}$$

例 3-4　某悬浮液中固相体积分率为 20%，在 9.81×10^3 Pa 的恒定压强差下过滤，得不可压缩滤饼和滤液水。已知滤饼的空隙率为 50%，过滤常数 $K=7.32\times10^{-3}\ m^2/s$，过滤介质的阻力可忽略，试计算：(1) 每获得 $1m^3$ 滤液所形成的滤饼体积；(2) 每平方米过滤面积上获得 $1.8m^3$ 滤液所需的过滤时间；(3) 过滤时间延长一倍所增加的滤液量；(4) 在与(1)相同的过滤时间内，当过滤压强差增至原来的 1.5 倍时，每平方米过滤面积上所能获得的滤液量。

解：(1) 设每获得 $1m^3$ 滤液所形成的滤饼体积为 νm^3，则对滤饼、滤液及料浆中的水分进行物料衡算得

滤液体积＋滤饼中水的体积＝料浆中水的体积

即

$$1+\nu\times0.5=(1+\nu)\times(1-0.2)$$

解得

$$\nu=0.67\mathrm{m}^3/\mathrm{m}^3$$

（2）由题意可知，过滤介质的阻力可忽略，且 $q=1.8\mathrm{m}^3/\mathrm{m}^2$，故代入式(3-40)得

$$\tau=\frac{q^2}{K}=\frac{1.8^2}{7.32\times10^{-3}}=443\mathrm{s}$$

即每平方米过滤面积上获得 $1.8\mathrm{m}^3$ 滤液所需的过滤时间为 443s。

（3）若过滤时间延长一倍，则

$$\tau'=2\tau=2\times443=886\mathrm{s}$$

由式(3-40)得

$$q'=\sqrt{K\tau'}=\sqrt{7.32\times10^{-3}\times886}=2.55\mathrm{m}^3/\mathrm{m}^2$$

即

$$q'-q=2.55-1.8=0.75\mathrm{m}^3/\mathrm{m}^2$$

可见，每平方米过滤面积上可再增加 $0.75\mathrm{m}^3$ 的滤液。

（4）对于不可压缩滤饼，K 与压强差 Δp 成正比，则有

$$\frac{K'}{K}=\frac{\Delta p'}{\Delta p}=1.5$$

即

$$K'=1.5K$$

故

$$q'=\sqrt{K'\tau}=\sqrt{1.5K\tau}=\sqrt{1.5\times7.32\times10^{-3}\times443}=2.21\mathrm{m}^3/\mathrm{m}^2$$

可见，每平方米过滤面积上所能获得的滤液量为 $2.21\mathrm{m}^3$。

三、过滤设备

过滤悬浮液的生产设备统称为过滤机。依据过滤压强差的不同，过滤机可分为压滤、吸滤和离心三种类型。目前，制药生产中广泛使用的板框压滤机和叶滤机均属典型的压滤式过滤机，而三足式离心机则为典型的离心式过滤机。此外，依据操作方式的不同，过滤机又可分为间歇式和连续式两大类，前述的板框压滤机、叶滤机均属间歇式过滤机，而转筒真空过滤机则属连续式过滤机。

（一）板框压滤机

如图 3-15 所示，板框压滤机由多块带凸凹纹路的滤板与滤框交替排列于机架上而构成。板和框一般均制成正方形，其角端均开有圆孔，故当板和框装合于一起并压紧后，即构成了供滤浆、滤液或洗涤液流动的通道。框的两侧覆以滤布，于是空框与滤布便围成了可容纳滤浆和滤饼的空间。除最外侧两端板的外侧表面外，其余的板两侧表面均开有纵横交错的沟槽。依据结构的不同，板又分为洗涤板和过滤板两种，前者的两侧表面有暗孔与通道 3 相通，后者的两侧表面有暗孔与通道 2 和通道 4 相通，而通道 1 代表了滤浆通道，通道 2，3 和 4 代表了滤液通道。为区分不同的板及框，常在板和框的外侧铸有标记钮，通常过滤板为一钮，洗涤板为三钮，而框为二钮。装合时，应按钮数 1-2-3-2-1-2-3-2…的顺序对板和框加以排列。

过滤时，悬浮液从框右下角的通道 1 进入滤框，届时固体颗粒将被滤布截留于框内形成滤饼，而滤液则依次穿过滤饼和滤布，到达过滤框两侧的板，再经板面的暗孔进入通道 2、3 或 4 排走。待框内全部充满滤饼后，操作即可停止。

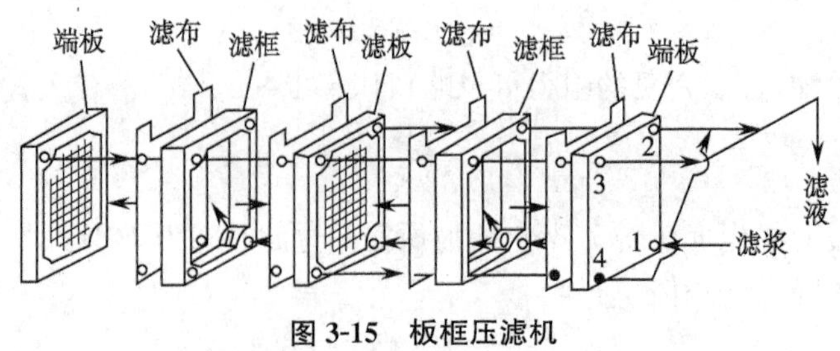

图 3-15 板框压滤机

若滤饼需要洗涤，则应先切断通道 1，再将洗涤液压入通道 3，届时洗涤液将经过洗涤板两侧的暗孔进入板面与滤布之间，并在压强差的推动下依次穿过滤布、滤饼和滤布，最后由过滤板板面的暗孔进入通道 2 和 4 排走，此种洗涤法称为横穿洗涤法。洗涤结束后，旋开压紧装置将板与框拉开，卸下滤饼，洗涤滤布，然后重新组装，进入下一操作循环。

板框压滤机的结构简单，操作灵活，压差推动力高，占地少，过滤面积大且可调，便于采用耐腐蚀性材料制造。主要缺点为劳动强度大，以及间歇操作方式致使其生产效率低。

（二）转筒真空过滤机

如图 3-16(a)所示，转筒真空过滤机的主体为一个转动的水平圆筒，称为转鼓。其表面装有一层用于支承的金属网，网的外周覆以滤布，采用纵向隔板将转鼓的内腔分隔为若干个扇形小格，每个小格都有一根管道与转鼓侧面圆盘的一个端孔相连，该圆盘被固定于转鼓并随转鼓一起转动，称为转动盘，其结构如图 3-16(b)所示。转动盘与另一静止的圆盘相配合，后者盘面上开有三个圆弧形的凹槽，这些凹槽均通过孔道分别与滤液排出管（连接真空系统）、洗水排出管（连接真空系统）和压缩空气管相连通。由于该圆盘静止不动，故称为固定盘，其结构如图 3-16(c)所示。当固定盘与转动盘的表面紧密贴合时，转动盘上的小孔与固定盘上的凹槽将对应相通，称为分配头。

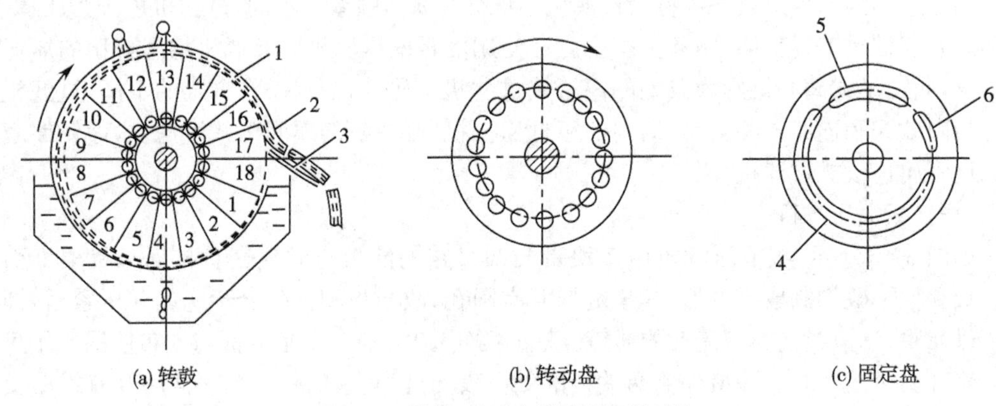

图 3-16 转鼓、转动盘及固定盘的结构

1-转筒；2-滤饼；3-刮刀；4-吸走滤液的真空凹槽；5-吸走洗水的真空凹槽；6-通入压缩空气的凹槽

转筒真空过滤机工作时，筒的下部浸入料浆中，转动盘随转鼓一起旋转。凭借分配头的作用，使得相应的转筒表面上的各部位分别处于被抽吸或被吹送的状态。于是，在转鼓旋转一周的过程中，每个扇形小格所对应的转鼓表面可依次有序地进行过滤、洗涤、吸干、吹松和卸渣等操作阶段，现分述如下：

1. 过滤阶段　当转动盘上某几个小孔与固定盘上的滤液排出管所对应的凹槽贴合时，与这几个小孔相连通的各扇形小格及对应的转鼓表面将与滤液抽空系统相连，于是滤液被抽吸而出，而滤饼将沉积于滤布的外表面，从而实现对料浆的过滤操作。

2. 洗涤和吸干阶段 随着转鼓的转动，当这些小孔与洗水排出管所对应的凹槽贴合时，相应的扇形小格及对应的转鼓表面将与吸水抽空系统相连，届时自转鼓上方喷洒而下的洗水将被直接吸入排出管，从而完成对滤饼的洗涤和吸干操作。

3. 吹松阶段 当这些小孔与压缩空气管所对应的凹槽贴合时，扇形小格及转鼓表面将与压缩空气的吹气系统相连，从而实现对滤饼的吹松操作。

4. 卸渣阶段 随着转鼓的转动，这些小孔所对应的转鼓表面上的滤饼将与刮刀相遇，从而实现对滤饼的卸渣操作。

若继续旋转，这些小孔所对应的转鼓表面又将重新浸入料浆中，开始下一操作循环。此外，每当转动盘上的小孔与固定盘两凹槽之间的空白位置（与外界不相通的部分）相遇时，相应的转鼓表面将停止工作，以避免两工作区发生串通。

转筒真空过滤机的突出优点是可实现连续自动操作，劳动强度小，适于处理量大但易于分离的料浆过滤；主要缺点为体积大，附属设备多，投资费用高，有效的过滤面积小，以及由于真空吸液的推动力有限，故料浆的温度不能过高等。

（三）叶片压滤机

叶片压滤机又简称叶滤机。如图 3-17 所示，叶滤机是由诸多的滤叶组成，每一滤叶均相当于一过滤单元，其上覆有滤布。操作时，料浆先由加压泵打入机壳内，并在压差的推动下穿过滤布，使得滤液进入到滤叶的内腔，再由滤叶的各排出口汇聚至总管收集。与此同时，滤饼则被截留于滤布上。待操作进行一段时间后，用洗涤水置换料浆，对滤饼进行洗涤，称为置换洗涤法。洗涤结束后，可打开机壳的上盖，将滤叶取出，进行卸渣和清洗滤布，然后重新组装开始下一操作循环。

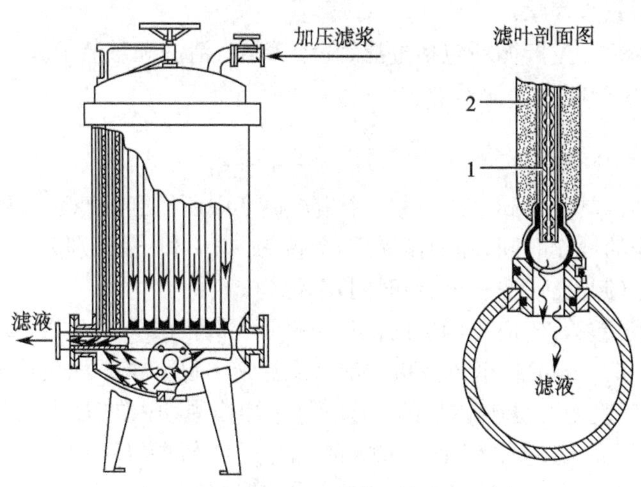

图 3-17 圆形滤叶压滤机

1-滤叶；2-滤饼

叶滤机的最大优点在于其洗涤与装卸过程均较方便，且占地面积小，过滤速度大，但滤饼的厚度一般不均匀，同时设备的造价也较高。

四、滤饼的洗涤

由于滤饼层的颗粒间存有空隙，其内存有一定量的滤液，这不仅降低了固相产品的质量，同时又影响了液相产品的回收，为此生产中一般需对滤饼进行洗涤。通常，洗涤液多为清液，因其内不含固体，故进行洗涤操作时，滤饼层的厚度可视为不变。因此，若此时的操作压强差保持恒定，则洗涤液的体积流量也应为恒定。

洗涤速率可采用单位时间内所消耗的洗涤液体积来表示，即

$$\left(\frac{dV}{d\tau}\right)_W=\frac{V_W}{\tau_W} \tag{3-41}$$

式中，$\left(\frac{dV}{d\tau}\right)_W$ 为洗涤速率，单位为 m^3/s；V_W 为洗涤过程中所消耗的洗涤液体积，单位为 m^3；τ_W 为洗涤时间，单位为 s。

对于板框压滤机，洗涤时间可用下式计算

$$\tau_W=\frac{8(V+V_e)V_W}{KA^2}=\frac{8(q+q_e)V_W}{KA} \tag{3-42}$$

若洗涤操作的压差推动力与过滤终了时的推动力一致，且洗涤液的黏度与滤液相近，则洗涤速率与过滤终了时的过滤速率之间将存有定量的换算关系。

对于板框压滤机，由于采取的是横穿洗涤法，则洗涤液需穿越两层滤布及整个框内的滤饼层，其流经长度约为过滤终了时滤液流经长度的 2 倍，而流通截面积却只有后者的一半，故板框压滤机的洗涤速率约为过滤终了时过滤速率的 1/4。

对于叶片压滤机，由于采用的是置换洗涤法，洗涤液与过滤终了时的滤液流径基本相同，且洗涤面积与过滤面积也相同，故叶滤机的洗涤速率大致等于过滤终了时的过滤速率。

五、板框压滤机的生产能力

过滤机的生产能力既可采用单位时间内所获得的滤液体积量来表示，又可采用单位时间内所获得的滤饼量来表示。

板框压滤机的每一生产循环包括过滤、洗涤、卸渣、清洗和重装等操作，属典型的间歇操作式生产设备，其生产能力可计算为

$$Q=\frac{V}{T}=\frac{V}{\tau+\tau_W+\tau_D} \tag{3-43}$$

式中，Q 为生产能力，单位为 m^3/s；V 为一个生产循环中所得到的滤液体积，单位为 m^3；T 为一个生产循环所需的操作时间，即操作周期，单位为 s；τ_W 和 τ_D 分别为一个生产循环内的洗涤时间和辅助操作（卸渣、清洗和重装）时间，单位为 s。

例 3-5 在压强差为 3.3×10^5 Pa 的操作条件下，采用 BMS20/635-25 型（框的边长和厚度分别为 635mm 和 25mm）板框压滤机过滤某悬浮液。已知该压滤机内配有 26 个滤框；洗涤液采用清水，其消耗量为滤液体积的 10%；每一操作周期内的辅助操作时间为 18min；每获得 $1m^3$ 滤液所得的滤饼体积为 $0.023m^3$。若过滤常数 $K=1.681\times10^{-4}\ m^2/s$，$q_e=0.025m^3/m^2$，试计算该板框压滤机的生产能力（以滤液体积量表示）。

解：由题意知，该板框压滤机的总过滤面积 $A=0.635^2\times2\times26=21m^2$，滤饼总体积 $V_{饼}=0.635^2\times0.025\times26=0.262m^3$，故当滤框内全部充满滤饼时所得的滤液体积为

$$V=\frac{V_{饼}}{\nu}=\frac{0.262}{0.023}=11.4m^3$$

则

$$q=\frac{V}{A}=\frac{11.4}{21}=0.543m^3/m^2$$

由过滤常数 K 和 q_e，结合式(3-37)，可得另一过滤常数 τ_e 值，即

$$\tau_e=\frac{q_e^2}{K}=\frac{0.025^2}{1.681\times10^{-4}}=3.72\text{s}$$

将 q、K、q_e 及 τ_e 代入恒压过滤方程式(3-39)，即

$$(q+q_e)^2=K(\tau+\tau_e)$$

$$(0.543+0.025)^2=1.681\times10^{-4}(\tau+3.72)$$

解得

$$\tau=1916\text{s}$$

由题意知，洗涤水的用量为

$$V_W=0.1V=0.1\times11.4=1.14\text{m}^3$$

代入式(3-42)得洗涤时间为

$$\tau_W=\frac{8(q+q_e)V_W}{KA}=\frac{8\times(0.543+0.025)\times1.14}{1.681\times10^{-4}\times21}=1467\text{s}$$

因此，由式(3-43)得该过滤机的生产能力为

$$Q=\frac{V}{\tau+\tau_W+\tau_D}=\frac{11.4}{1916+1467+18\times60}=0.00255\text{m}^3/\text{s}=9.18\text{m}^3/\text{h}$$

第四节　膜　过　滤

一、膜过滤原理与膜组件

（一）膜过滤原理

膜可以看作是一个具有选择透过性的屏障，它允许一些物质透过而阻止另一些物质透过，从而起到分离作用。膜可以是均相的或非均相的，对称型的或非对称型的，固体的或液体的，中性的或荷电性的，其厚度可以从0.1微米至数毫米。

膜过滤是以膜为过滤介质，其原理可用图3-18来说明。将含有A、B两种组分的原料液置于膜的一侧，然后对该侧施加某种作用力，若A、B两种组分的分子大小、形状或化学结构不同，其中A组分可以透过膜进入到膜的另一侧，而B组分被膜截留于原料液中，则A、B两种组分即可分离开来。膜过滤时，被分离的混合物中至少有一种组分几乎可以无阻碍地通过膜，而其他组分则不同程度地被膜截留于原料侧。

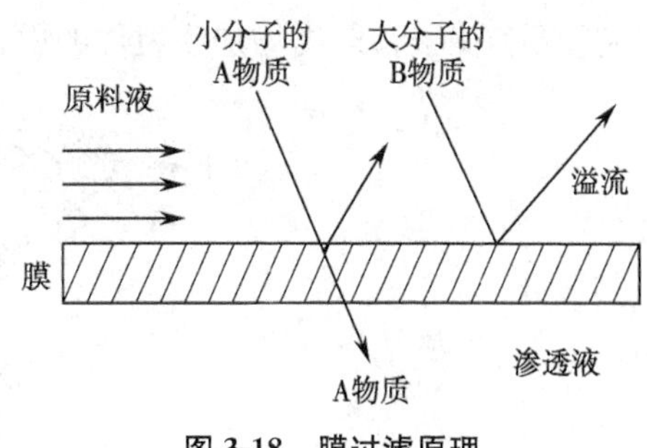

图3-18　膜过滤原理

（二）膜组件

将膜按一定的技术要求组装在一起即成为膜组件，它是所有膜过滤装置的核心部件，其基本要素包括膜、膜的支撑体或连接物、流体通道、密封件、壳体及外接口等。将膜组件与泵、过滤器、阀、仪表及管路等按一定的技术要求装配在一起，即成为膜过滤装置。常见的膜组件有板框式、卷绕式、管式和中空纤维膜组件等。

1. 板框式膜组件　将平板膜、支撑板和挡板以适当的方式组合在一起，即成为板框式膜组件。典型平板膜片的长和宽均为1m，厚度为200μm。支撑板的作用是支撑膜，挡板的

作用是改变流体的流向，并分配流量，以避免沟流，即防止流体集中于某一特定的流道。板框式膜组件中的流道如图 3-19 所示。

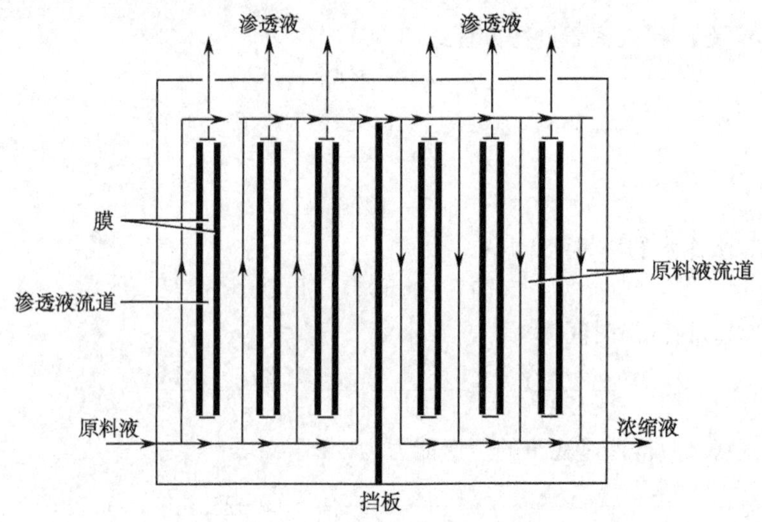

图 3-19 板框式膜组件中的流道

对于板框式膜组件，每两片膜之间的渗透物都被单独引出来，因而可通过关闭个别膜组件来消除操作中的故障，而不必使整个膜组件停止运行，这是板框式膜组件的一个突出优点。但板框式膜组件中需个别密封的数量太多，且内部阻力损失较大。

2. 卷绕式膜组件 平板膜片也可制成卷绕式膜组件。将一定数量的膜袋同时卷绕于一根中心管上，即成为卷绕式膜组件，如图 3-20 所示。膜袋由两层膜构成，其中三个边沿被密封而黏接在一起，另一个开放的边沿与一根多孔的产品收集管即中心管相连。膜袋内填充多孔支撑材料以形成透过液流道，膜袋之间填充网状材料以形成料液流道。工作时料液平行于中心管流动，进入膜袋内的透过液，旋转着流向中心收集管。为减少透过侧的阻力，膜袋不宜太长。若需增加膜组件的面积，可增加膜袋的数量。

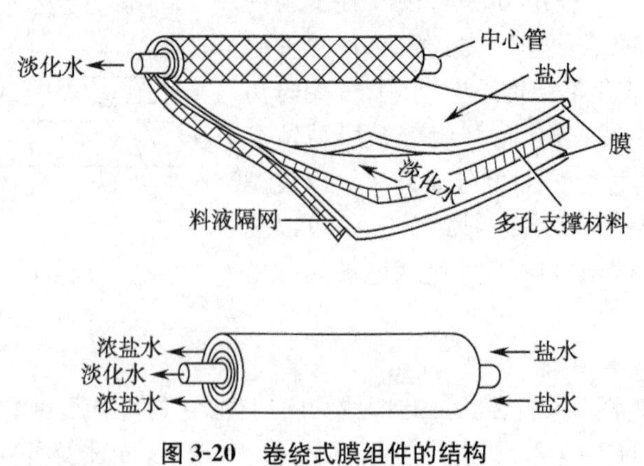

图 3-20 卷绕式膜组件的结构

3. 管式膜组件 将膜制成直径约几毫米或几厘米、长约 6m 的圆管，即成为管状膜。管式膜可以玻璃纤维、多孔金属或其他适宜的多孔材料作为支撑体。将一定数量的管式膜安装于同一个多孔的不锈钢、陶瓷或塑料管内，即成为管式膜组件，如图 3-21 所示。

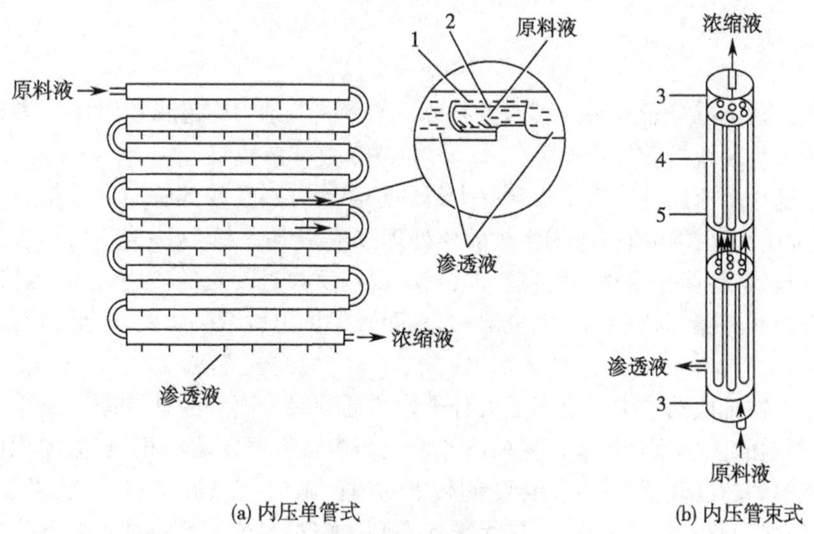

图 3-21 管式膜组件

1-多孔外衬管；2-管式膜；3-耐压端套；4-玻璃钢管；5-渗透液收集外壳

管式膜组件有内压式和外压式两种安装方式。当采用内压式安装时，管式膜位于几层耐压管的内侧，料液在管内流动，而渗透液则穿过膜并由外套环隙中流出，浓缩液从管内流出。当采用外压式安装时，管式膜位于几层耐压管的外侧，原料液在管外侧流动，而渗透液则穿过膜进入管内，并由管内流出，浓缩液则从外套环隙中流出。

4. 中空纤维膜组件 将一端封闭的中空纤维管束装入圆柱型耐压容器内，并将纤维束的开口端固定于由环氧树脂浇注的管板上，即成为中空纤维膜组件，如图 3-22 所示。工作时，加压原料液由膜件的一端进入壳侧，当料液由一端向另一端流动时，渗透液经纤维管壁进入管内通道，并由开口端排出。

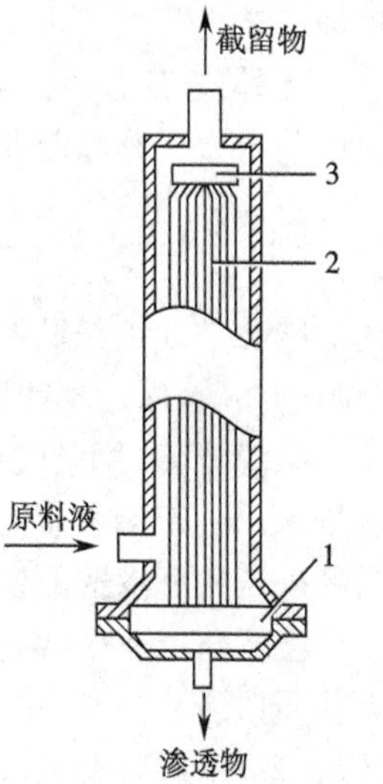

截留物
3
2
原料液
1
渗透物

图 3-22 中空纤维膜组件

1-环氧树脂管板；2-纤维束；3-纤维束端封

膜过滤的种类很多，常见的有微滤、超滤、纳滤、反渗透、渗析和电渗析等，其中微滤、超滤和反渗透的推动力均为压力差，渗析的推动力为浓度差，而电渗析的推动力则是电位差。

二、微滤

微滤是目前应用最为广泛的一种膜过滤技术，常用于从液相或气相中截留微粒、细菌和其他污染物，以达到净化除菌的目的。

微滤膜具有材质薄、滤速快、吸附少、无介质脱落、不参与化学反应等优点，这是普通过滤材料无法取代的。孔径为 0.6～0.8μm 的微滤膜可用于气体的除菌和过滤，其中以 0.45μm 的微滤膜的应用最为广泛，常用于料液和水的净化处理。此外，0.2μm 的微滤膜可用于药液的除菌过滤。

目前微滤技术已在药品生产中得到广泛应用。许多药品，如葡萄糖大输液、右旋糖酐注射液、维生素类注射液、硫酸庆大霉素注射液等的生产过程以及空气的无菌过滤等，均使用微滤技术来去除细菌和微粒，以达到提高产品质量的目的。

三、超滤

超滤是一种具有分子水平的膜过滤技术。在制药工业中，超滤常用作反渗透、电渗析、离子交换树脂等装置的前处理设备。

制备制药用水所用的原水中常含有大量的悬浮物、微粒、胶体物质以及细菌和海藻等杂质，其中的细菌和藻类物质很难用常规的预处理技术完全除去，这些物质可在管道及膜表面迅速繁衍生长，容易堵塞水路和污染反渗透膜，影响反渗透装置的使用寿命。通过超滤可将原水中的细菌和海藻等杂质几乎完全除去，从而既保护了后续装置的安全运行，又提高了水的质量。

超滤在生物合成药物中主要用于大分子物质的分级分离和脱盐浓缩以及小分子物质的纯化、生化制剂的去热原处理等。目前已开发出结构与板框压滤机相似，但体积比板框小得多的工业规模的超滤装置，可取代传统的板框对发酵液进行过滤，该装置已用于红霉素、青霉素、头孢菌素、四环素、林可霉素、庆大霉素和利福霉素等抗生素的过滤生产。

由于超滤过程无相变，不需要加热，不会引起产品变性或失活，因而药品生产中常用于病毒及病毒蛋白的精制。目前狂犬疫苗、日本乙型脑炎疫苗等病毒疫苗均已采用超滤浓缩提纯工艺生产。

此外，超滤技术还可用于制备复方单参、五味消毒饮等中药注射液以及中药口服液、提取中药有效成分和制备中药浸膏等。

四、纳滤

纳滤是近年来发展起来的一种介于超滤与反渗透之间的膜过滤技术，可截留能通过超滤膜的溶质，而让不能通过反渗透膜的溶质通过，从而填补了由超滤与反渗透留下的空白。

纳滤能截留小分子有机物，并同时透析出无机离子，是一种集浓缩与脱盐于一体的膜过滤技术。由于无机盐能透过纳滤膜，因而大大降低了渗透压，故在膜通量一定的前提下，所需的外压比反渗透的要低得多，从而可使动力消耗显著下降。

在制药工业中，纳滤技术可用于抗生素、维生素、氨基酸、酶等发酵液的澄清除菌过滤、剔除蛋白以及分离与纯化等。此外，该技术还用于中成药、保健品口服液的澄清除菌过滤以及从母液中回收有效成分等。

五、反渗透

反渗透所用的膜为半透膜，该膜是一种只能透过水而不能透过溶质的膜。反渗透原理可用图 3-23 来说明。将纯水和一定浓度的盐溶液分别置于半透膜的两侧，开始时两边液面等高，如图 3-23(a)所示。由于膜两侧水的化学位不等，水将自发地由纯水侧穿过半透膜向溶液侧流动，这种现象称为渗透。随着水的不断渗透，溶液侧的液位上升，使膜两侧的压力差增大。当压力差足以阻止水向溶液侧流动时，渗透过程达到平衡，此时的压力差 $\Delta\pi$ 称为该溶液的渗透压，如图 3-23(b)所示。若在盐溶液的液面上方施加一个大于渗透压的压力，则水将由盐溶液侧经半透膜向纯水侧流动，这种现象称为反渗透，如图 3-23(c)所示。

若将浓度不同的两种盐溶液分别置于半透膜的两侧，则水将自发地由低浓度侧向高浓度侧流动。若在高浓度侧的液面上方施加一个大于渗透压的压力，则水将由高浓度侧向低浓度流动，从而使浓度较高的盐溶液被进一步浓缩。

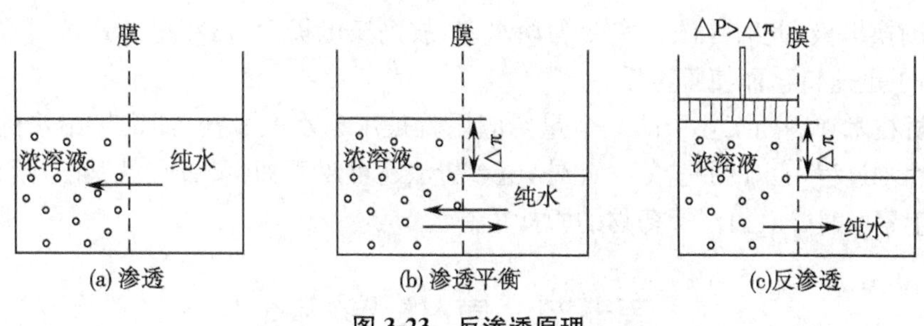

图 3-23　反渗透原理

反渗透技术在制药工业中的一个重要应用就是用来制备注射用水。此外,还常用于抗生素、维生素、激素等溶液的浓缩过程。如在链霉素提取精制过程中,传统的真空蒸发浓缩方法对热敏性的链霉素很不利,且能耗很大。若采用反渗透法取代传统的真空蒸发,则可提高链霉素的回收率和浓缩液的透光度,并可降低能耗。

六、电渗析

电渗析法是在外加直流电场的作用下,以电位差为推动力,使溶液中的离子作定向迁移,并利用离子交换膜的选择透过性,使带电离子从水溶液中分离出来。

电渗析所用的离子交换膜可分为阳离子交换膜(简称阳膜)和阴离子交换膜(简称阴膜),其中阳膜只允许水中的阳离子通过而阻挡阴离子,阴膜只允许水中的阴离子通过而阻挡阳离子。

电渗析系统由一系列平行交错排列于两极之间的阴、阳离子交换膜所组成,这些阴、阳离子交换膜将电渗析系统分隔成若干个彼此独立的小室,其中与阳极相接触的隔离室称为阳极室,与阴极相接触的隔离室称为阴极室。操作中离子减少的隔离室称为淡水室,离子增多的隔离室称为浓水室。如图 3-24 所示,在直流电场的作用下,带负电荷的阴离子向正极移动,但它只能通过阴膜进入浓水室,而不能透过阳膜,因而被截留于浓水室中。同理,带正电荷的阳离子向负极移动,通过阳膜进入浓水室,并在阴膜的阻挡下被截留于浓水室中。

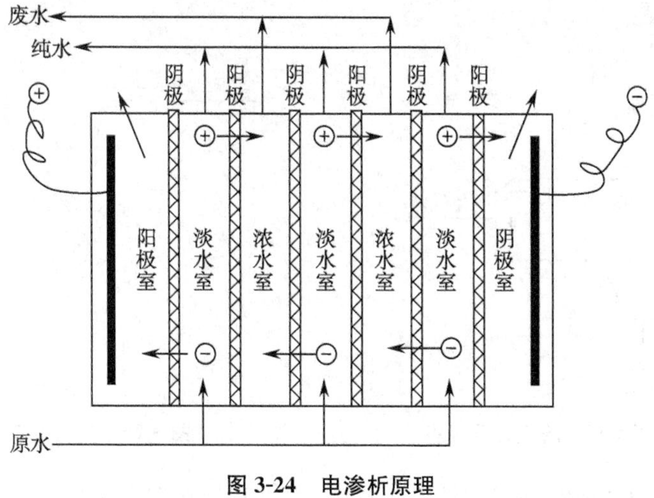

图 3-24　电渗析原理

由于阳极的极室中有初生态氯产生而对阴膜有毒害作用,故贴近电极的第一张膜宜用阳膜,因阳膜价格较低且耐用。而在阴极的极室及阴膜的浓室侧易有沉淀,故电渗析每运行

4～8h，需倒换电极，此时原浓水室变为淡水室，故倒换电极后，需将电压逐渐升高至工作电压，以防离子迅速转移而使膜生垢。

电渗析技术在制药工业中的一个重要应用就是用于水的脱盐，如锅炉给水的脱盐以及制备注射用水过程中水的脱盐等。此外，电渗析法还可用于葡萄糖液、氨基酸、溶菌酶、淀粉酶、肽、维生素 C、甘油、血清等药物的脱盐精制。

第五节 气体净化

为保证药品质量，药品必须在严格控制的洁净环境中生产。凡送入洁净区（室）的空气都要经过一系列的净化处理，使其与洁净室（区）的洁净等级相适应。此外，药品生产中的工艺用气体也要经过一系列的净化处理，使其与药品的生产工艺要求相适应。

洁净空气来源于环境空气，环境空气中所含的尘埃和细菌是空气中的主要污染物，应采取适当措施将其去除或将其降至规定值之下。除去空气中数量较多且较大的尘埃可采用机械除尘、洗涤除尘和过滤除尘等方法，较小的尘埃和细菌可用洁净空气净化系统专用过滤器予以去除。

一、机械除尘

机械除尘是利用机械力（重力、惯性力、离心力）将固体悬浮物从气流中分离出来。常用的机械除尘设备有重力沉降室、惯性除尘器、旋风分离器等。

重力沉降室是利用粉尘与气体的密度不同，依靠粉尘自身的重力从气流中自然沉降下来，从而达到分离或捕集气流中含尘粒子的目的。沉降室通常是一个断面较大的空室，如图 3-25 所示，当含尘气体从入口进入比管道横截面积大得多的沉降室的时候，气体的流速大大降低，粉尘便在重力作用下向下沉降，净化气体从沉降室的另一端排出。

惯性除尘器是利用粉尘与气体在运动中的惯性力不同，使含尘气流方向发生急剧改变，气流中的尘粒因惯性较大，不能随气流急剧转弯，便从气流中分离出来。图 3-26 是常见的反转式惯性除尘器。

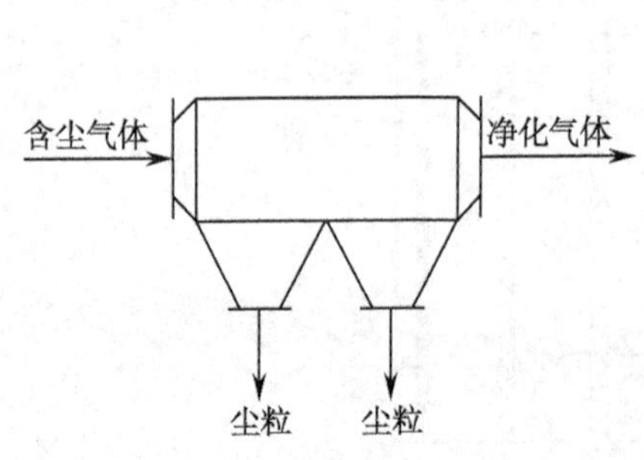

图 3-25 单层水平气流重力沉降室

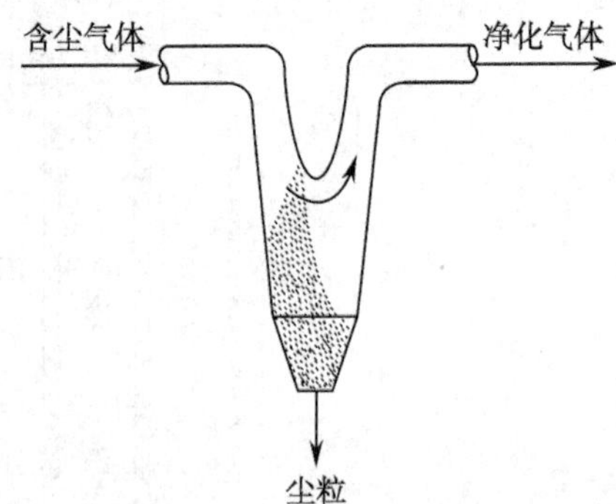

图 3-26 反转式惯性除尘器

机械除尘设备具有结构简单、易于制造、阻力小和运转费用低等特点，但此类除尘设备只对大粒径粉尘的去除效率较高，而对小粒径粉尘的捕获率很低。为了取得较好的分离效率，可采用多级串联的形式，或将其作为一级除尘使用。

二、过滤除尘

过滤除尘是使含尘气体通过多孔材料，将气体中的尘粒截留下来，使气体得到净化。目前，我国使用较多的是袋式除尘器，其基本结构是在除尘器的集尘室内悬挂若干个圆形或椭圆形的滤袋，当含尘气流穿过这些滤袋的袋壁时，尘粒被袋壁截留，在袋的内壁或外壁聚集而被捕集。常见的袋式除尘器如图 3-27 所示。

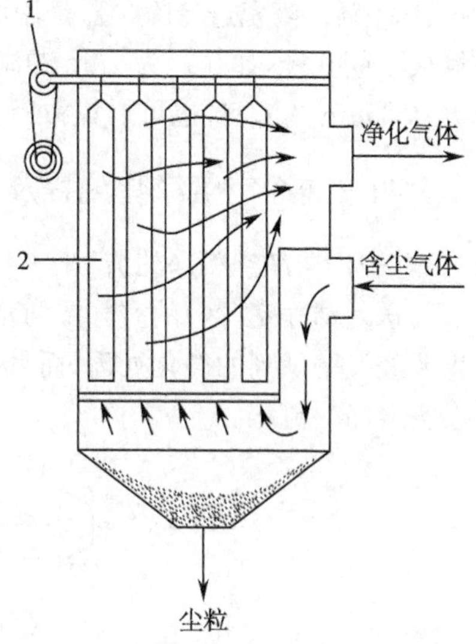

图 3-27　袋式除尘器

1-振动装置；2-滤袋

袋式除尘器在使用一段时间后，滤布的孔隙可能会被尘粒堵塞，从而使气体的流动阻力增大。因此袋壁上聚集的尘粒需要连续或周期性地被清除下来。图 3-27 所示的袋式除尘器是利用机械装置的运动，周期性地振打布袋而使积尘脱落。此外，利用气流反吹袋壁而使灰尘脱落，也是常用的清灰方法。

袋式除尘器结构简单，使用灵活方便，可以处理不同类型的颗粒污染物，尤其对直径在 0.1～20μm 范围内的细粉有很强的捕集效果，除尘效率可达 90%～99%，是一种高效除尘设备。但袋式除尘器的应用要受到滤布的耐温和耐腐蚀等性能的限制，一般不适用于高温、高湿或强腐蚀性废气的处理。

各种除尘装置各有其优缺点。对于那些粒径分布范围较广的尘粒，常将两种或多种不同性质的除尘器组合使用。

三、洗涤除尘

又称湿式除尘，它是用水（或其他液体）洗涤含尘气体，利用形成的液膜、液滴或气泡捕获气体中的尘粒，尘粒随液体排出，气体得到净化。洗涤除尘设备形式很多，图 3-28 为常见的填料式洗涤除尘器。

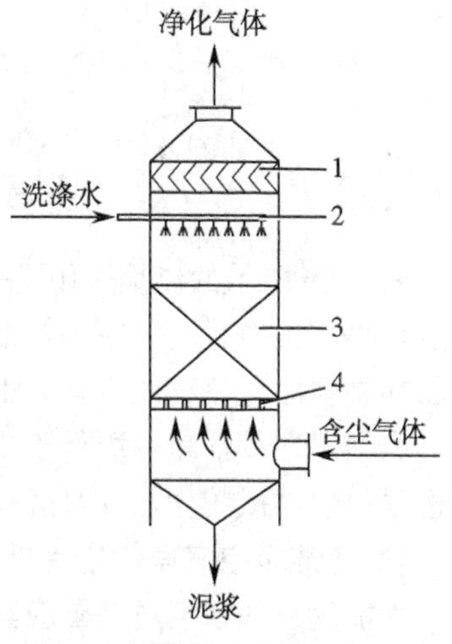

图 3-28　填料式洗涤除尘器

1-除沫器；2-分布器；3-填料；4-填料支承

洗涤除尘器可以除去直径在 0.1μm 以上的尘粒，且除尘效率较高，一般为 80%～95%，高效率的装置可达 99%。洗涤除尘器的结构比较简单，设备投资较少，操作维修也比较方便。洗涤除尘过程中，水与含尘气体可充分接触，有降温增湿和净化有害有毒废气等作用，尤其适合高温、高湿、易燃、易爆和有毒废气的净化。洗涤除尘的明显缺点是除尘过程中要消耗大量的洗涤水，而且从废气中除去的污染物全部转移到水中，因此必须对洗涤后的水进行净化处理，并尽量回用，以免造成水的二次污染。此外，洗涤除尘器的气流阻力较大，因而运转费用较高。

除上述除尘器外，还有高梯度磁力除尘器、静电湿式除尘器、陶瓷过滤除尘器等。钢铁工业废气中的尘粒约有 70%以上具有强磁性，因此可以使用高梯度磁过滤器。如转炉烟尘，主要是强磁性的微粒，用磁过滤器捕集粒径 0.8μm 以上的尘粒，效率可达 99%，压力损失为

170mmH_2O柱。静电湿式除尘器装有高压电离器，可使气流中的尘粒在进入有填料的洗涤区前荷电，荷电尘粒被填料吸引而被水冲洗掉，此种除尘器去除粒径 0.1μm 的尘粒的效率可达 90%。陶瓷过滤除尘器是用微孔陶瓷作为滤料，可用于高温气体的除尘。滤料微孔可做成不同孔径，如孔径为 1μm 的滤料，可将粒径 1μm 以上的粉尘全部捕集。研究表明，孔径为 0.85μm 的滤料，也可捕集粒径大于 0.1μm 的尘粒。

四、洁净空气净化流程及专用过滤器

（一）洁净空气净化流程

送入洁净室（区）的空气要与洁净室（区）的洁净等级、温度和湿度相适应，因此，空气不仅要经过一系列的净化处理，而且要经过加热、冷却或加湿、去湿处理。图 3-29 是典型的洁净空气净化流程。

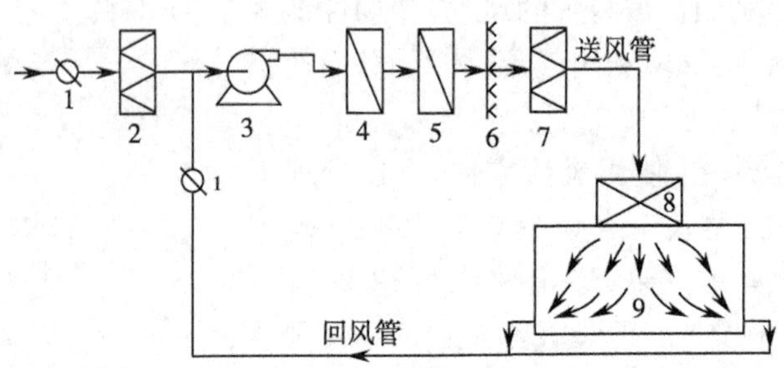

图 3-29 洁净空气净化流程

1-调节阀；2-初效（一级）过滤器；3-风机；4-冷却器；5-加热器；6-增湿器；7-中效（二级）过滤器；8-高效（三级）过滤器；9-洁净室

图 3-29 所示的流程采用了一级初效、二级中效和三级高效过滤器，可用于任何洁净等级的洁净室。净化流程中的初效和中效过滤器一般集中布置在空调机房，而三级高效过滤器常布置在净化流程的末端，如洁净室的顶棚上，以防送入洁净室的洁净空气再次受到污染。若洁净室的洁净等级低于 10 万级，则净化流程中可不设高效过滤器。若洁净室内存在易燃易爆气体或粉尘，则净化流程不能采用回风，以防易燃易爆物质的积聚。

（二）洁净空气净化专用过滤器

性能优良的空气过滤器应具有分离效率高、穿透率低、压强降小和容尘量大等特点。按性能指标的高低，洁净空气净化专用过滤器可分为四类，如表 3-1 所示。

表 3-1 空气过滤器的分类

名称	粒径为 0.3μm 尘粒的计数效率/%	初压强降/Pa
初效过滤器	<20	≤30
中效过滤器	20～90	≤100
亚高效过滤器	90～99.9	≤150
高效过滤器	≥99.9	≤250

1. 初效过滤器　对初效过滤器的基本要求是结构简单、容尘量大和压强降小。初效过滤器一般采用易于清洗和更换的粗、中孔泡沫塑料、涤纶无纺布、金属丝网或其他滤料，通过

滤料的气速宜控制在 0.8～1.2m/s。

初效过滤器常用作净化空调系统的一级过滤器，用于新风过滤，以滤除粒径大于 10μm 的尘粒和各种异物，并起到保护中、高效过滤器的作用。此外，初效过滤器也可以单独使用。图 3-30 是常用的 M 型初效空气过滤器的结构示意图。

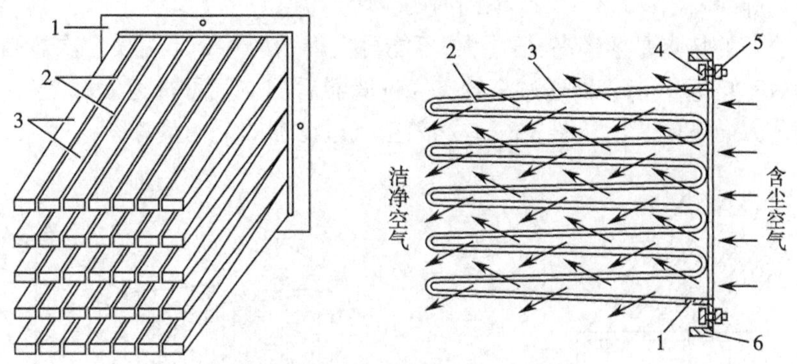

图 3-30　M 型初效空气过滤器

1-25×25×3 角钢边框；2-ϕ3 铅丝支撑；3-无纺布过滤层；4-ϕ8 固定螺栓；5-螺帽；6-40×40×4 安装框架

2. 中效过滤器　对中效过滤器的要求和初效过滤器的基本相同。中效过滤器一般采用中、细孔泡沫塑料、玻璃纤维、涤纶无纺布、丙纶无纺布或其他滤料，通过滤料的气速宜控制在 0.2～0.3m/s。

中效过滤器常用作净化空调系统的二级过滤器，用于新风及回风过滤，以滤除粒径在 1～10μm 范围内的尘粒，适用于含尘浓度在 1×10^{-7}～6×10^{-7} kg/m^3 范围内的空气的净化，其容尘量为 0.3～0.8kg/m^3。在高效过滤器之前设置中效过滤器，可延长高效过滤器的使用寿命。图 3-31 是常用的 WD 型中效空气过滤器的结构示意图。

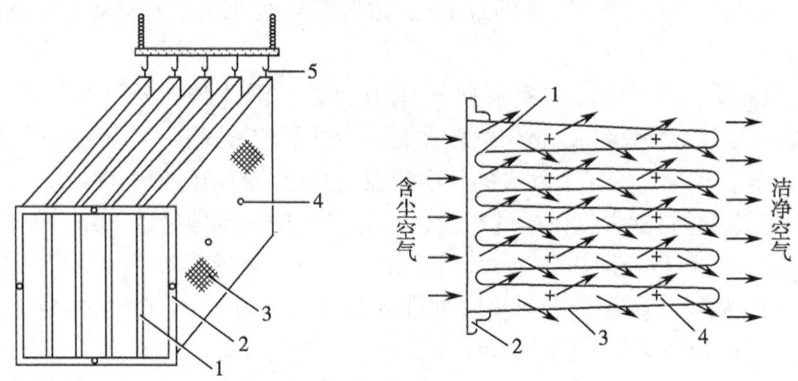

图 3-31　WD 型中效空气过滤器

1-滤框；2-角钢边框 25×25×3；3-无纺布滤料；4-限位扣 ϕ4.5 圆钢；5-吊钩

3. 亚高效过滤器　亚高效过滤器应以达到 100 000 级洁净度为主要目的，其滤料可用玻璃纤维滤纸、过氯乙烯纤维滤布、聚丙烯纤维滤布或其他纤维滤纸，通过滤料的气速宜控制在 0.01～0.03m/s。

亚高效过滤器具有运行压降低、噪声小、能耗少和价格便宜等优点，常用于空气洁净度为 100 000 级或低于 100 000 级的工业和生物洁净室中，作为最后一级过滤器使用，以滤除粒径在 1～5μm 范围内的尘粒。图 3-32 是常用的 PF 型亚高效空气过滤器的结构示意图。

4. 高效过滤器 高效过滤器的滤料一般采用超细玻璃纤维滤纸或超细过氯乙烯纤维滤布的折叠结构，通过滤料的气速宜控制在 0.01～0.03m/s。

高效过滤器常用于空气洁净度高于 10 000 级的工业和生物洁净室中，作为最后一级过滤器使用，以滤除粒径在 0.3～1μm 范围内的尘粒。

高效过滤器的特点是效率高、压降大、不能再生，一般 2～3 年更换一次。高效过滤器对细菌的滤除效率接近 100%，即通过高效空气过滤器后的空气可视为无菌空气。此外，高效过滤器的安装方向不能装反。图 3-33 是高效空气过滤器的结构示意图。

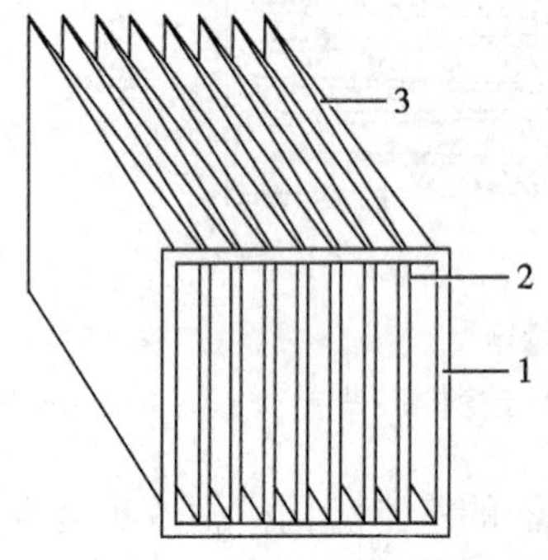

图 3-32 PF 型亚高效空气过滤器

1-型材外框；2-薄板小框；3-滤袋

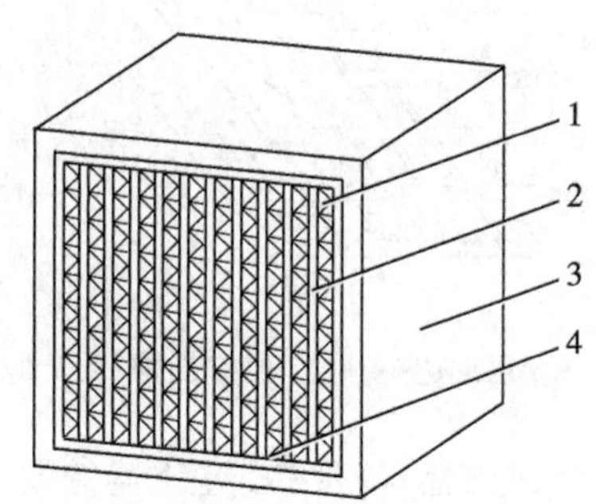

图 3-33 高效空气过滤器

1-过滤介质；2-分隔板；3-框体；4-密封树脂

习 题

1. 试计算直径 40μm、密度 2600kg/m^3 的球形颗粒在 30℃、常压大气中的自由沉降速度。(0.122m/s)

2. 用底面积为 40m^2 的降尘室回收气体中的球形固体颗粒。已知气体的处理量为 3600m^3/h，固体密度 ρ_s＝3000kg/m^3，气体在操作条件下的密度 ρ＝1.06kg/m^3、黏度 μ＝2×10^{-5}Pa·s，试计算理论上能完全除去的最小颗粒的直径。(1.75×10^{-5}m)

3. 用一多层降尘室除去气体中的粉尘。已知粉尘的最小粒径为 8μm，密度为 4000kg/m^3；降尘室的长、宽和高分别为 4.1m、1.8m 和 4.2m；气体的温度为 427℃，黏度为 3.4×10^{-5}Pa·s，密度为 0.5kg/m^3。若每小时处理的含尘气体量为 2160m^3(标准状态)，试确定降尘室内隔板的间距及层数。(0.082m，51 层)

4. 采用过滤面积为 0.1m^2 的过滤器，对某药物颗粒在水中的悬浮液进行过滤。若过滤 5min 得滤液 1.2L，又过滤 5min 得滤液 0.8L，试计算再过滤 5min 所增加的滤液量。(0.67L)

5. 某悬浮液中固相体积分率为 16%，在 9.81×10^{3}Pa 的恒定压强差下过滤，得不可压缩滤饼和滤液水。已知滤饼的空隙率为 55%，过滤常数 K＝8×10^{-3}m^2/s，过滤介质的阻力可忽略，试计算：(1) 每获得 1m^3 滤液所形成的滤饼体积；(2) 每平方米过滤面积上获得 2.0m^3 滤液所需的过滤时间；(3) 过滤时间延长一倍所增加的滤液量；(4) 在与(1)相同的过滤时间内，当过滤压强差增至原来的 1.8 倍时，每平方米过滤面积上所能获得的滤液量。

（$0.55m^3/m^3$；500s；$0.83m^3/m^2$；$2.68m^3$）

6. 在压强差为 0.4MPa 的操作条件下，采用板框压滤机对某药物悬浮液进行间歇恒压过滤，得到不可压缩滤饼。已知该压滤机的滤框数为 26 个，框尺寸为 635mm×635mm×25mm，过滤得到的滤饼与滤液的体积之比为 0.016。在其他操作工况相同的实验条件下，当过滤压强差为 0.1MPa 时，测得该压滤机的过滤常数 $q_e=0.0227m^3/m^2$，$\tau_e=2.76s$。试计算当滤框内全部充满滤饼时，所获得的滤液体积及所需的过滤时间。（$16.375m^3$，8634s）

7. 在 4×10^5Pa 的压强差下，对某药物颗粒在水中的悬浮液进行过滤试验，测得过滤常数 $K=5.2\times10^{-5}m^2/s$，$q_e=0.013m^3/m^2$，每获取 $1m^3$ 滤液所获得的滤饼体积为 $0.078m^3$。现采用备有 38 个滤框的 BMY50/810-25 型（框的边长和厚度分别为 810mm 和 25mm）板框压滤机对此悬浮液进行过滤处理，过滤推动力及所用滤布与试验相同。若滤饼为不可压缩滤饼，试计算：(1) 过滤至框内全部充满滤饼时所需的时间；(2) 若过滤结束后，采用相当于滤液体积 15%的清水进行洗涤，洗涤时间为多少？(3) 若每次卸滤饼和重装等全部辅助的操作时间为 20min，则过滤机的生产能力为多少（以滤液体积量表示）？(4) 若将过滤压强差提高一倍，则过滤至框内全部充满滤饼时所需的时间为多少？（573s；639.8s；$11.9m^3$；286.5s）

思 考 题

1. 举例说明什么是均相物系？什么是非均相物系？
2. 什么是离心分离因数？如何提高此值？
3. 结合图 3-8，简述旋风分离器工作过程。
4. “架桥”现象在过滤过程中有什么意义？
5. 什么是助滤剂？何种情况下需要添加助滤剂？
6. 简述饼层过滤过程中的推动力和阻力。
7. 板框压滤机的洗涤速率与过滤终了时的过滤速率有何关系。
8. 影响板框压滤机生产能力的因素有哪些？如何提高板框压滤机的生产能力？
9. 什么是膜组件？常见的膜组件有哪些？
10. 结合图 3-23，简述反渗透的工作原理。
11. 结合图 3-24，简述电渗析的工作原理。
12. 简述空气净化专用过滤器的类型及特点。

（王志祥　杨　照）

第四章　传　　热

第一节　概　　述

传热,即热的传递,是自然界和工程技术领域中极普遍的一种传递过程。由热力学第二定律可知,凡是有温度差存在的地方,就必然有热的传递,故传热是自然界中极为普遍的一种过程现象,也是工程技术领域中应用最为广泛的单元操作之一。

制药化工过程与传热的关系尤为密切。这是因为制药化工生产中的许多过程和单元操作,都需要进行加热或冷却。例如,化学反应通常要在一定的温度下进行,为了达到并保持一定的温度,常需向反应器输入或从中移出热量。又如,在蒸发、蒸馏、干燥等单元操作中,都要向这些设备输入或输出热量。此外,制药化工设备的保温,生产过程中热能的合理利用及废热的回收等都涉及传热问题。

制药化工生产中对传热的要求主要有以下两种情况。一种是强化传热过程,如各种换热设备中的传热;另一种是削弱传热过程,如对设备和管道的保温,以减少热损失。

本章的重点是讨论传热的基本原理及其在制药化工生产中的应用。

一、传热的基本方式

热的传递是由于物体内或系统内的两部分之间的温度差而引起的,净的热流方向总是由高温处向低温处流动。

根据传热机制的不同,热的传递有三种基本方式:传导、对流和辐射。

1. 热传导　若物体上的两部分间连续存在着温度差,则热将从高温部分自动地流向低温部分,直至整个物体的各部分温度相等为止,此种传热方式称为热传导或导热。固体中热的传递是典型的热传导。在金属固体中,热传导起因于自由电子的运动;在不良导体的固体和大部分液体中,热传导是由个别分子的动量传递所致;在气体中,热传导是由分子不规则运动而引起的。在热传导时,物体内的分子或质点不发生宏观的运动。

2. 对流传热　对流传热是指流体中质点发生相对位移而引起的热交换。对流传热仅发生在流体中,因此它与流体的流动状况密切相关。在对流传热时,必须伴随着流体质点间的热传导。事实上,要将传导和对流分开是很困难的。若将两者合并处理时,一般也称为对流传热(又称为给热)。制药化工中讨论的对流传热,就是指热由流体传递至固体壁面或由固体壁面传递至流体的过程。

在流体中产生对流的原因有二:一为流体质点的相对位移是因流体中各处的温度不同而引起的密度差别,使轻者上浮,重者下沉,流体的这种对流则称为自然对流;二为流体质点的运动是因为泵(风机)或搅拌等外力所致,流体的这种对流称为强制对流。两种对流的原因不同,对流传热的规律也有所不同。应予指出,在同一种流体中,有可能同时发生自然对流和强制对流。

3. 辐射传热　因热的原因而产生的电磁波在空间的传递，称为热辐射。物体都能将热能以电磁波的形式发射出去，而不需要任何介质。热辐射不仅产生能量的转移，还伴随着能量形式的转换。在放热处，热能转变为辐射能，以电磁波的形式向空间传递；当遇到另一个能够吸收辐射能的物体时，即被其部分或全部地吸收而转化为热能。辐射传热就是物体间相互辐射和吸收能量的总结果。应予指出，任何物体只要在绝对零度以上，都能发生辐射，但是只有在物体的温度差别较大时，辐射传热才能成为主要的传热方式。

上述三种传热基本方式，常常不是单独出现的。传热过程往往是两种或三种基本传热方式的组合，如制药化工过程普遍使用的间壁式换热器，主要是以对流和热传导相结合的方式进行传热。

二、典型的传热设备

在制药化工生产中最常遇到两流体间的热交换。一般来说，冷、热流体被固体壁面（传热面）所隔开，它们分别在壁面的两侧流动，这种换热器称为间壁式换热器，也是最为典型的传热设备。

冷、热流体通过间壁两侧的传热过程可看成由下列三个传热过程串联而成：①热流体以对流传热方式将热量传递至与之接触的固体壁面一侧；②热量以热传导方式从固体壁面的一侧传递至另一侧；③固体壁面的另一侧以对流传热方式将热量传递给冷流体。

间壁式换热器的类型很多，为便于讨论传热的基本原理，此处先简要介绍套管式换热器和列管式换热器的基本结构，其他型式的换热器将在本章第五节中讨论。

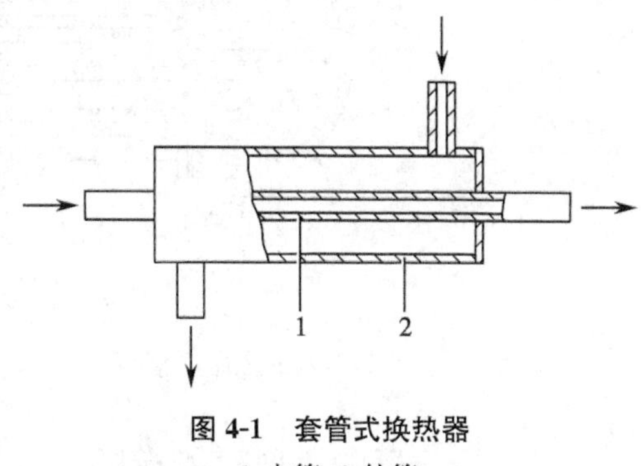

图 4-1　套管式换热器
1-内管；2-外管

图 4-1 为简单的套管换热器。它是由直径不同的两根管子同心套在一起组成的。冷、热流体分别流经内管和环隙，从而进行热的交换。

图 4-2 为单程列管式换热器。一流体由左侧封头 11 的接管 1 进入换热器内，经封头 11 与管板 10 间的空间（分配室）分配至各管内，流经管束 4 后，由右侧封头 6 的接管 7 流出换热器。另一流体由壳体右下侧的接管 8 进入，壳体内装有数块折流板 9，使流体沿折流板在壳与管束之间作折流流动，最后由壳体左上侧接管 2 流出换热器。通常，将流体流经管束称为流经管程，将该流体称为管程流体；把流体流经管间环隙称为流经壳程，将该流体称为壳程流体。由于图中的管程流体在管束内只流过一次，故称为单程列管式换热器。

图 4-3 为双程列管式换热器。隔板 11 将分配室等分为二，管程流体只能先经一半管束，待流到另一分配室折回而后再流经另一半管束，然后从接管流出换热器。由于管程流体在管束内流经两次，故称为双程列管式换热器。若流体在管束内来回流过几次，则称为多程（如四程、六程等）换热器。

由于两流体间的传热是通过管壁进行的，故管壁表面积即为传热面积。显然，传热面积越大，传递的热量也越多。对于特定的列管式换热器，其传热面积可按下式计算

$$S=n\pi dL \tag{4-1}$$

式中，S 为传热面积，单位为 m^2；n 为管子数；d 为管径，单位为 m；L 为管长，单位为 m。

应予指出，管径 d 可分别用管内径 d_i、管外径 d_o 或平均直径 d_m $\left(即\frac{d_i+d_o}{2}\right)$ 来表示，相应的传热面积分别为管内侧面积 S_i、管外侧面积 S_o 或平均面积 S_m。

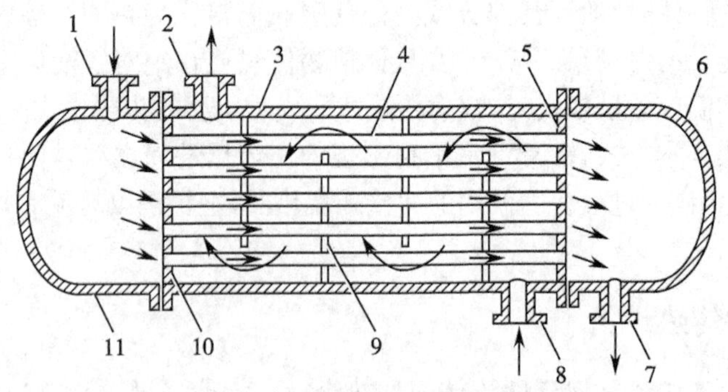

图 4-2　单程列管式换热器

1，2，7，8-接管；3-管壳；4-管束；5，10-管板；6，11-封头；9-折流板

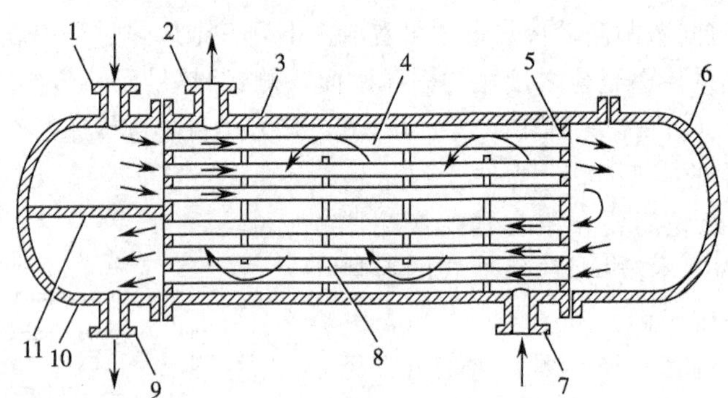

图 4-3　双程列管式换热器

1，2，7，9-接管；3-管壳；4-管束；5-管板；6，10-封头；8-折流板；11-隔板

三、换热器的主要性能指标

（一）传热速率

在换热器中热传递的快慢可用传热速率来表示。传热速率是指单位时间内通过传热面的热量，以 Q 表示，单位为 W。传热速率是反映换热器换热能力大小的性能指标。

（二）热通量

热通量是指单位时间内通过单位传热面积的热量，即单位面积上的传热速率，以 q 表示，单位 W/m^2。

$$q=\frac{Q}{S} \tag{4-2}$$

式中，Q 为传热量，单位为 W；S 为传热面积，单位为 m^2；

对于管式换热器而言，其传热面积可采用管内侧面积、管外侧面积或平均面积表示，因此所得热通量的数值各不相同，计算时应注明所选择的基准面积。

传热速率和热通量是评价换热器工艺性能的主要指标。

四、稳态传热和非稳态传热

若传热系统(例如换热器)中各点的温度仅随位置而变,不随时间而变,则此种传热过程称为稳态传热。稳态传热的特点是通过传热面的传热速率为常量。

若传热系统中各点的温度既随位置而变,又随时间而变,则此种传热过程称为非稳态传热。

在制药化工生产中,连续生产过程所涉及的传热多为稳态传热,而间歇生产过程以及连续生产过程在开车、停车阶段所涉及的传热均属于非稳态传热。本章中除非另有说明,所讨论的传热均为稳态传热。

第二节　热　传　导

一、温度场和温度梯度

(一) 温度场

物体或系统内各点间的温度差,是进行热传导的必要条件。由热传导方式所引起的热传递速率(简称导热速率)取决于物体内的温度分布情况。温度场就是某一瞬间物体或系统内各点的温度分布。

物体或系统内任一点的温度为该点的位置和时间的函数,即

$$t=f(x,y,z,\tau) \tag{4-3}$$

式(4-3)中,t 为温度,单位为℃或 K;x、y、z 为任一点的空间坐标;τ 为时间,单位为 s。

若温度场内各点的温度随时间而变,则此温度场为非稳态温度场;若温度场内各点的温度不随时间而变,则为稳态温度场。对于稳态温度场,有

$$t=f(x,y,z) \tag{4-4}$$

若物体或系统内的温度仅沿一个坐标方向发生变化,则此温度场为稳态的一维温度场即

$$t=f(x) \tag{4-5}$$

温度场中某时刻温度相同的各点所组成的面称为等温面。由于任一时刻空间任意一点不可能同时有两个不同的温度,故温度不同的等温面彼此不能相交。

(二) 温度梯度

如图 4-4 所示,两相邻等温面Ⅰ和Ⅱ的温度分别为 t 和 $(t+\Delta t)(\Delta t>0)$,等温面Ⅰ上过 C 点的法线方向指向温度升高的方向。若沿此法线方向等温面Ⅰ和Ⅱ间的距离为 Δn,则 C 点处的温度梯度可表示为

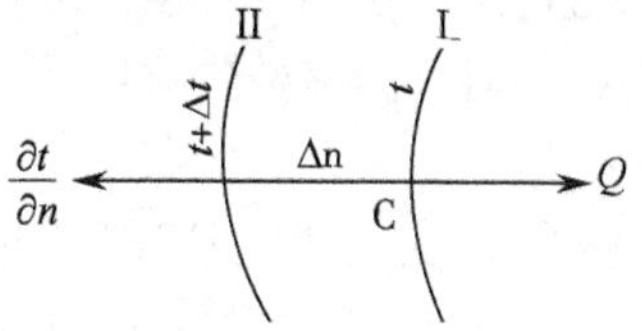

Ⅱ　Ⅰ　$t+\Delta t$　t　$\frac{\partial t}{\partial n}$　Δn　C　Q

图 4-4　温度梯度

$$\text{grad}\ t=\lim_{\Delta n\to 0}\frac{\Delta t}{\Delta n}=\frac{\overrightarrow{\partial t}}{\partial n} \tag{4-6}$$

温度梯度是向量,其方向垂直于等温面,并指向温度增加的方向。因此,温度梯度的方向与传热的方向正好相反。

对于一维稳态温度场,温度梯度可表示为

$$\text{grad}\ t=\frac{\mathrm{d}t}{\mathrm{d}x} \tag{4-7}$$

二、傅立叶定律和导热系数

(一) 傅立叶定律

傅立叶定律为热传导的基本定律，它表示通过等温表面的导热速率与温度梯度及传热面积成正比，即

$$dQ=-\lambda dS\frac{\partial t}{\partial n} \tag{4-8}$$

式中，Q 为导热速率，即单位时间内传导的热，单位为 W；S 为等温表面的面积，单位为 m^2；λ 为比例系数，称为导热系数，单位为 W/(m·K)或 W/(m·℃)。

式(4-8)中的负号表示热流方向总是和温度梯度的方向相反。

(二) 导热系数

式(4-8)可改写为

$$\lambda=-\frac{dQ}{ds\frac{\partial t}{\partial n}} \tag{4-9}$$

式(4-9)即为导热系数的定义式。由式(4-9)可知，导热系数在数值上等于单位温度梯度下的热通量。因此，导热系数 λ 是表征物质导热能力大小的一个参数，是物质的物理性质之一。导热系数在实际应用中具有重要的意义。例如，对于间壁式换热器，间壁材料的导热速率要快，故宜选用钢、铜、铝等导热系数较大的金属材料。此外，非金属材料石墨的导热系数较大(见附录 10)，且具有良好的耐腐蚀性能，因而也常用作间壁的材料。再如，对于蒸汽管道，保温材料的导热速率要慢，故宜选用石棉、软木等导热系数较小的材料。

导热系数的数值和物质的组成、结构、密度、温度及压强有关。物质的导热系数通常由实验测定。一般而言，金属的导热系数最大，非金属固体次之，液体的较小，而气体的最小。工程计算中常见物质的导热系数可从有关手册中查得，常见固体、液体及气体的导热系数分别列于附录 10 至 12 中。

在所有固体中，金属是最好的导热体。纯金属的导热系数一般随温度的升高而减小。金属的导热系数通常随其纯度的增加而增大，如普通碳钢的导热系数为 45W/(m^2·℃)，而不锈钢(合金钢)的导热系数约为 16W/(m^2·℃)。

非金属建筑材料或绝热材料的导热系数与温度、组成及结构的紧密程度有关，通常 λ 值随密度的增加或温度的升高而增大。

对于大多数匀质固体，当温度变化范围不大时，导热系数大致与温度呈线性关系，即

$$\lambda=\lambda_0(1+\alpha t) \tag{4-10}$$

式中，λ 为物质在 t℃时的导热系数，单位为 W/(m^2·℃)；λ_0 为物质在 0℃时的导热系数，单位为 W/(m^2·℃)；α 为温度系数，单位为 1/℃。对于大多数金属材料和液体，α 为负值；而对于大多数非金属材料和气体，α 为正值。

液体可分为金属液体和非金属液体。液态金属的导热系数比一般液体的要高。在非金属液体中，水的导热系数最大。除水和甘油外，绝大多数液体的导热系数随温度的升高而略有减小。水的导热系数与温度不呈线性关系。水的导热系数在 120℃时达到最大。当温度低于 120℃时，其导热系数随温度的升高而增大；当温度高于 120℃时，其导热系数随温度的升高而下降。此外，甘油的温度系数为正值，即甘油的导热系数随温度的升高而增大。

由式(4-10)可知，气体的导热系数随温度的升高而增大。此外，在通常的压力范围内，

气体的导热系数随压力的变化很小，一般可忽略压力对气体导热系数的影响。

气体的导热系数很小，对导热不利，但对保温有利。软木、玻璃棉等固体材料的导热系数很小，就是因为其空隙中存在大量的空气所致。寒冷地区常采用双层玻璃窗对房屋进行保温，也是这个道理。

应予指出，在热传导过程中，物体内不同位置的温度各不相同，因而导热系数也随之而异。在工程计算中，对于各处温度不同的固体，其导热系数可取固体两侧壁面温度下 λ 值的算术平均值，或取两侧壁面温度的算术平均值下的 λ 值。

三、平壁的热传导

（一）单层平壁的热传导

单层平壁的热传导如图 4-5 所示。假设平壁材料均匀，导热系数 λ 不随温度而变（或取平均导热系数）；平壁内的温度仅沿垂直于壁面的 x 方向变化，因此等温面是垂直于 x 轴的平面；若平壁面积与厚度相比很大，则壁边缘处的热损失可以忽略。根据上述假设，该平壁热传导为一维稳态热传导，导热速率 Q 和传热面积 S 都为常量，此时式(4-8)可简化为

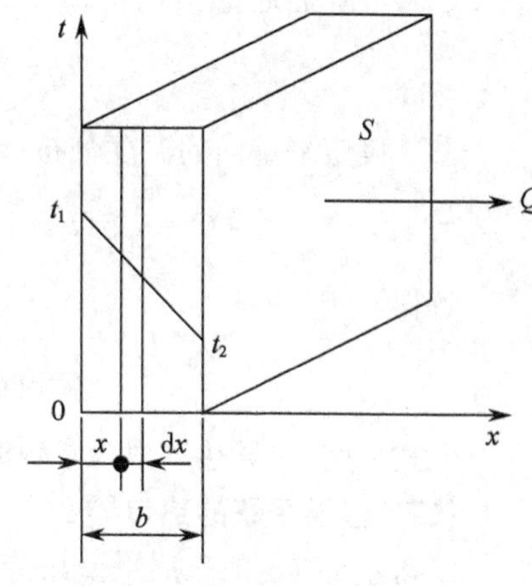

图 4-5　单层平壁的热传导

$$Q=-\lambda S\frac{\mathrm{d}t}{\mathrm{d}x} \tag{4-11}$$

式(4-11)的边界条件为

$$x=0, t=t_1$$
$$x=b, t=t_2$$

将式(4-11)分离变量并积分得

$$Q=\frac{\lambda}{b}S(t_1-t_2) \tag{4-12}$$

或

$$Q=\frac{t_1-t_2}{\dfrac{b}{\lambda S}}=\frac{\Delta t}{R}=\frac{\text{热传导推动力}}{\text{导热热阻}} \tag{4-13}$$

式(4-12)和式(4-13)中，b 为平壁厚度，单位为 m；Δt 为温度差，导热推动力，单位为℃；$R=\dfrac{b}{\lambda S}$为导热热阻，单位为℃/W。

式(4-13)表明传热速率 Q 与传热推动力 Δt 成正比，与导热热阻 R 成反比。

由式(4-2)和(4-12)得热通量为

$$q=\frac{Q}{S}=\frac{\lambda}{b}(t_1-t_2)=\frac{\Delta t}{\dfrac{b}{\lambda}}=\frac{\Delta t}{R'}=\frac{\text{热传导推动力}}{\text{导热比热阻}} \tag{4-14}$$

式中，$R'=\dfrac{b}{\lambda}$为导热比热阻，通常也称为导热热阻，单位为 m^2 · ℃/W。

研究表明，自然界中的传递过程遵循下列关系

$$\text{过程传递速率}=\frac{\text{过程的推动力}}{\text{过程的阻力}} \tag{4-15}$$

例 4-1 某平壁的传热面积为 $30m^2$，壁厚为 200mm，内表面温度为 600℃，外表面温度为 75℃。已知平壁材料的导热系数为 1.0W/(m·℃)，试分别计算通过该平壁的导热速率和热通量，并确定平壁内的温度分布。

解：(1) 计算导热速率 Q：由式(4-12)得

$$Q=\frac{\lambda}{b}S(t_1-t_2)=\frac{1.0}{0.2}\times30\times(600-75)=78\,750(\text{W})$$

(2) 计算热通量 q：由式(4-2)或(4-14)得

$$q=\frac{Q}{S}=\frac{78\,750}{30}=2625(\text{W/m}^2)$$

(3) 确定平壁内的温度分布：设壁厚为 x 处的温度为 t，则

$$Q=\frac{\lambda}{x}S(t_1-t)=\frac{1.0}{x}\times30\times(600-t)=78\,750(\text{W})$$

解得

$$t=600-\frac{78\,750}{1.0\times30}x=600-2625x$$

上式表明，当导热系数为常数时，平壁内温度 t 与壁厚 x 之间呈线性关系。

(二) 多层平壁的热传导

以图 4-6 所示的三层平壁热传导为例。已知各层的壁厚分别为 b_1、b_2 和 b_3，导热系数分别 λ_1、λ_2 和 λ_3。假设层与层之间接触良好，即相接触的两表面温度相同。各表面温度分别为 t_1、t_2、t_3 和 t_4，且 $t_1>t_2>t_3>t_4$。

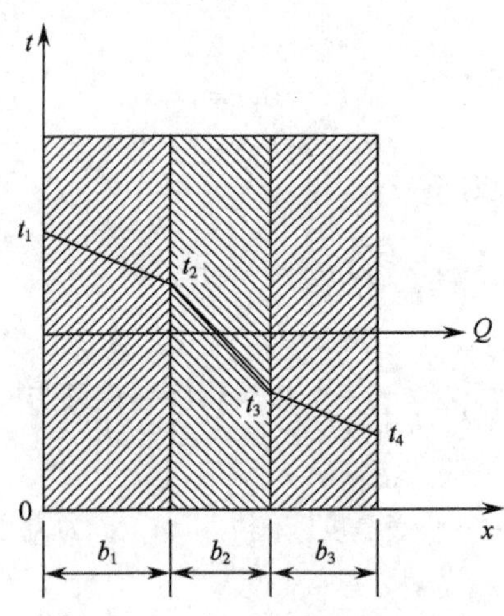

图 4-6 三层平壁的稳态热传导

在稳态导热时，通过各层的导热速率必相等，即

$$Q=Q_1=Q_2=Q_3 \tag{4-16}$$

结合式(4-12)得

$$Q=\frac{\lambda_1S(t_1-t_2)}{b_1}=\frac{\lambda_2S(t_2-t_3)}{b_2}=\frac{\lambda_3S(t_3-t_4)}{b_3} \tag{4-17}$$

由上式可得

$$\Delta t_1=t_1-t_2=Q\frac{b_1}{\lambda_1S}$$

$$\Delta t_2=t_2-t_3=Q\frac{b_2}{\lambda_2 S}$$

$$\Delta t_3=t_3-t_4=Q\frac{b_3}{\lambda_3 S}$$

将以上三式相加并整理得

$$Q=\frac{\Delta t_1+\Delta t_2+\Delta t_3}{\frac{b_1}{\lambda_1 S}+\frac{b_2}{\lambda_2 S}+\frac{b_3}{\lambda_3 S}}=\frac{t_1-t_4}{\frac{b_1}{\lambda_1 S}+\frac{b_2}{\lambda_2 S}+\frac{b_3}{\lambda_3 S}} \tag{4-18}$$

式(4-18)即为三层平壁的热传导速率方程式。类似地，对于 n 层平壁，其热传导速率方程式可表示为

$$Q=\frac{t_1-t_{n+1}}{\sum_{i=1}^{n}\frac{b_i}{\lambda_i S}}=\frac{\sum\Delta t}{\sum R} \tag{4-19}$$

由式(4-18)和(4-19)可知，对于多层平壁的稳态热传导，不仅各层的传热速率相等，而且各层的热通量也相等。总推动力为各层温度差之和，即总温度差，总热阻为各层热阻之和。

例 4-2　某平壁燃烧炉是由耐火砖与普通砖砌成，两层厚度均为 200mm，其导热系数分别为 1.00W/(m・℃)及 0.80W/(m・℃)。待操作稳定后，测得炉壁的内表面温度为 900℃，外表面温度为 88℃。为减少燃烧炉的热损失，在普通砖的外表面增加一层厚度为 60mm、导热系数为 0.07W/(m・℃)的保温砖。操作稳定后，又测得炉内表面温度为 900℃，外表面温度为 50℃，两层材料的导热系数不变，试计算加保温层后炉壁的热损失比原来减少了百分之几。

解：加保温砖前，由式(4-19)得单位面积炉壁的热损失为

$$q_1=\frac{Q}{S}=\frac{t_1-t_3}{R'_1+R'_2}=\frac{t_1-t_3}{\frac{b_1}{\lambda_1}+\frac{b_2}{\lambda_2}}=\frac{900-88}{\frac{0.20}{1.00}+\frac{0.20}{0.80}}=1804(\text{W/m}^2)$$

加保温砖后，由式(4-18)得单位面积炉壁的热损失为

$$q_2=\frac{t_1-t_4}{\frac{b_1}{\lambda_1}+\frac{b_2}{\lambda_2}+\frac{b_3}{\lambda_3}}=\frac{900-50}{\frac{0.20}{1.00}+\frac{0.20}{0.80}+\frac{0.06}{0.07}}=650(\text{W/m}^2)$$

所以，加保温砖后炉壁的热损失比原来减少的百分数为

$$\frac{q_1-q_2}{q_1}\times 100\%=\frac{1804-650}{1804}\times 100\%=64.0\%$$

四、圆筒壁的热传导

制药化工生产中的设备及管道大多为圆筒形，通过圆筒壁的热传导过程非常普遍。对于圆筒壁的热传导，它与平壁热传导的不同之处在于圆筒壁的传热面积不是常量，随半径而变；同时温度也随半径而变。

（一）单层圆筒壁的热传导

单层圆筒壁的热传导如图 4-7 所示。设圆筒的内半径为 r_1，外半径为 r_2，长度为 L；圆筒内、外壁面的温度分别为 t_1 和 t_2，且 $t_1>t_2$，并保持恒定；若圆筒壁材料的导热系数 λ 为定值，且圆筒壁很长，则轴向散热可忽略不计。根据上述假设，沿径向的传热过程为稳态传热，其传热速率为定值。

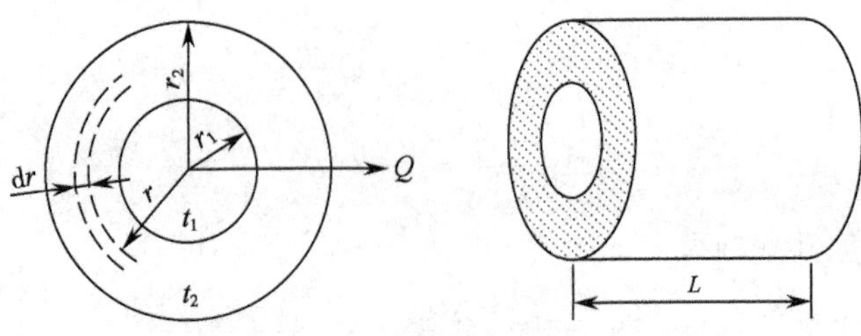

图 4-7 单层圆筒壁的热传导

如图 4-7 所示，在半径 r 处沿半径方向取微元厚度 dr 的薄壁圆筒，其传热面积可视为常量，可用 $2\pi rL$ 表示；通过该薄层的温度变化为 dt。仿照式(4-11)，通过该薄圆筒壁的导热速率可表示为

$$Q=-\lambda S\frac{dt}{dr}=-\lambda(2\pi rL)\frac{dt}{dr} \tag{4-20}$$

式(4-20)的边界条件为

$$r=r_1,t=t_1$$
$$r=r_2,t=t_2$$

将式(4-20)分离变量积分并整理得

$$Q=\frac{2\pi\lambda L(t_1-t_2)}{\ln\frac{r_2}{r_1}} \tag{4-21}$$

式(4-21)即为单层圆筒壁的热传导速率方程式。该式也可写成与平壁热传导速率方程式相类似的形式，即

$$Q=\frac{S_m\lambda(t_1-t_2)}{b}=\frac{S_m\lambda(t_1-t_2)}{r_2-r_1} \tag{4-22}$$

将上式与式(4-21)比较可知

$$S_m=\frac{2\pi L(r_2-r_1)}{\ln\frac{r_2}{r_1}}=2\pi r_m L \tag{4-23}$$

其中

$$r_m=\frac{r_2-r_1}{\ln\frac{r_2}{r_1}} \tag{4-24}$$

式中，r_m 为圆筒壁的对数平均半径，单位为 m。

式(4-23)也可改写为

$$S_m=\frac{2\pi L(r_2-r_1)}{\ln\frac{2\pi Lr_2}{2\pi Lr_1}}=\frac{S_2-S_1}{\ln\frac{S_2}{S_1}} \tag{4-25}$$

式中，S_m 为圆筒壁的内、外表面的对数平均面积，单位为 m^2。

在工程计算中，当两个变量的比值不超过 2 时，可用算术平均值代替对数平均值进行计算，由此而产生的误差不超过 4%，可满足一般工程计算的精度要求。

例 4-3 在外径为 89mm 的蒸汽管道外包扎保温材料，以减少热损失。已知蒸汽管道的外壁温度为 160℃，保温层厚度为 50mm，导热系数为 0.12W/(m·℃)，外表面温度为 40℃。试计算：(1) 每米管长的热损失；(2) 保温层中的温度分布。假设蒸汽管外壁与保温层之间接触良好。

解：依题意知，$r_2=0.0445\text{m}$，$r_3=r_2+0.05=0.0945\text{m}$，$\lambda_2=0.12\text{W}/(\text{m}\cdot℃)$，$t_2=160℃$，$t_3=40℃$。

(1) 每米管长的热损失：由式(4-21)得

$$\frac{Q}{L}=\frac{2\pi\lambda_2(t_2-t_3)}{\ln\frac{r_3}{r_2}}=\frac{2\times3.14\times0.12\times(160-40)}{\ln\frac{0.0945}{0.0445}}=120\text{W/m}$$

即每米管长的热损失为 120W/m。

(2) 保温层中的温度分布：设保温层中半径为 r 处的温度为 t，则

$$\frac{Q}{L}=\frac{2\pi\lambda_2(t_2-t)}{\ln\frac{r}{r_2}}=\frac{2\times3.14\times0.12\times(160-t)}{\ln\frac{r}{0.0445}}=120$$

解得

$$t=-159.2\ln r-335.6$$

可见，当导热系数为常数时，圆筒壁内的温度与半径之间的关系为曲线。

(二) 多层圆筒壁的热传导

现以图 4-8 所示的三层圆筒壁的传导为例。假设各层间接触良好，则接触界面处的温度相等，即不存在附加热阻。各层的导热系数分别为 λ_1、λ_2 和 λ_3，厚度分别为 $b_1=(r_2-r_1)$、$b_2=(r_3-r_2)$和 $b_3=(r_4-r_3)$。各层的表面温度分别为 t_1、t_2、t_3 和 t_4，且 $t_1>t_2>t_3>t_4$。

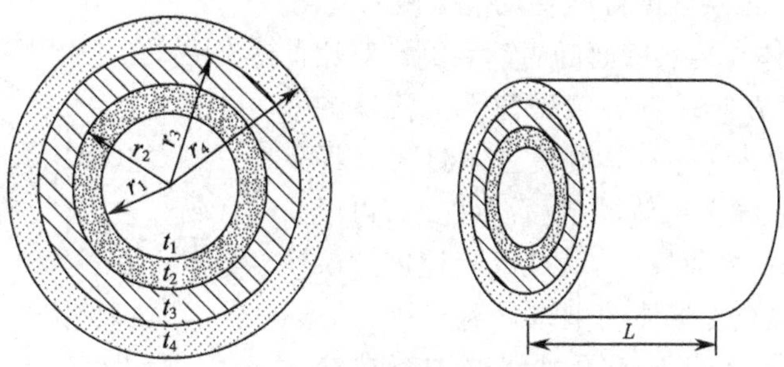

图 4-8　三层圆筒壁的热传导

多层圆筒壁的热传导达到稳态时，通过各层的传热速率均相等，即

$$Q=Q_1=Q_2=Q_3 \tag{4-26}$$

结合式(4-21)得

$$Q=\frac{2\pi L\lambda_1(t_1-t_2)}{\ln\frac{r_2}{r_1}}=\frac{2\pi L\lambda_2(t_2-t_3)}{\ln\frac{r_3}{r_2}}=\frac{2\pi L\lambda_3(t_3-t_4)}{\ln\frac{r_4}{r_3}}$$

仿照式(4-18)的推导方法，由式(4-26)可导出三层圆筒壁的热传导速率方程式为

$$Q=\frac{2\pi L(t_1-t_4)}{\frac{1}{\lambda_1}\ln\frac{r_2}{r_1}+\frac{1}{\lambda_2}\ln\frac{r_3}{r_2}+\frac{1}{\lambda_3}\ln\frac{r_4}{r_3}} \tag{4-27}$$

类似地，n 层圆筒壁的热传导速率方程式可表示为

$$Q=\frac{t_1-t_{n+1}}{\sum_{i=1}^{n}\frac{1}{2\pi L\lambda_i}\ln\frac{r_{i+1}}{r_i}} \tag{4-28}$$

应予注意，对于多层圆筒壁的热传导，通过各层的传热速率都是相同的，但由于各层的半径不同，故各层的热通量并不相等。

第三节 对流传热

一、对流传热分析

对流传热是指流体与固体壁面间的传热过程，即由流体传热给壁面，或由壁面将热传给流体的过程。对流传热主要是依靠流体质点的移动和混合来完成，故对流传热与流体的流动状况密切相关。

当流体作层流流动时，各层流体均沿壁面作平行流动，在与流动方向相垂直的方向上，其热量传递方式为热传导。

当流体作湍流流动时，靠近壁面处总有一层层流内层存在，在此薄层内流体呈层流流动。在层流内层中，沿壁面的法线方向没有热对流，在该方向上流体的传热方式仅为热传导。由于流体的导热系数较小，因而层流内层中的导热热阻很大，相应的温度差也较大，即温度梯度较大。在湍流主体中，由于流体质点剧烈混合并充满旋涡，因此湍流主体中的温度差极小，即基本不存在温度梯度，可认为没有传热热阻。工程上，将有温度梯度存在的区域称为传热边界层。在湍流主体和层流内层之间的缓冲层内，热量传递则是由热传导与热对流共同作用的结果，该层内的温度将发生缓慢的变化。

图 4-9 表示流体在传热壁面(间壁)两侧作对流传热时与流体流动方向垂直的某一截面上流体的温度分布情况，其中热流体从其湍流主体温度 T 经过渡区、层流内层降温至该侧的壁面温度 T_w，再经间壁降温至另一侧的壁面温度 t_w，又经冷流体的层流内层、过渡区降温至冷流体的主体温度 t。

由于冷、热流体之间不断通过间壁进行热交换，所以不同截面上各对应点的温度值可能有所不同，但温度分布规律是类似的。

由以上分析可知，流体主体与壁面之间的温度差是流体与壁面之间进行对流传热的推动力，其中热流体侧的推动力为$(T-T_w)$，冷流体侧的推动力为(t_w-t)。由于对流传热的热阻主要集中于层流内层中，因此，减薄层流内层的厚度是强化对流传热的重要途径。

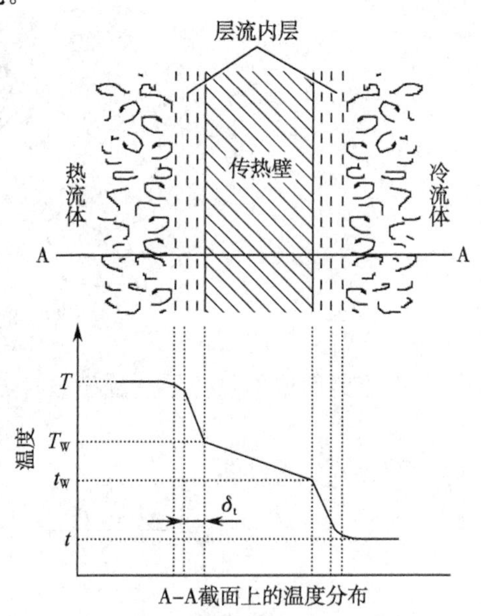

图 4-9 对流传热的温度分布

二、对流传热速率方程

对流传热是一个极其复杂的传热过程，影响对流传热速率的因素很多。因此，对流传热的纯理论计算是相当困难的。目前，工程计算主要采用半理论半经验的方法进行处理。

对流传热遵循传递过程的普遍规律，其速率与推动力成正比，与阻力成反比，即

$$对流传热速率 \propto \frac{对流传热的推动力}{对流传热的阻力} \tag{4-29}$$

式(4-29)中的推动力就是壁面与流体间的温度差，而阻力的影响因素很多，但有一点是明确的，即阻力与壁面的表面积成反比。还应指出，在换热器中，沿流体的流动方向上，流体与壁面的温度通常都是变化的，相应的对流传热速率也随之而变，故对流传热速率方程应以微分的形式表示。

若以热流体与壁面间的对流传热为例，对流传热速率方程可表示为

$$dQ=\frac{T-T_W}{\frac{1}{\alpha dS}}=\alpha(T-T_W)dS \tag{4-30}$$

式中，dQ 为局部对流传热速率，单位为 W；dS 为微元传热面积，单位为 m^2；T 为换热器任一截面上热流体的平均温度，单位为℃；T_W 为换热器任一截面上与热流体相接触一侧的壁面温度，单位为℃；α 为比例系数，又称为局部对流传热系数，单位为 $W/(m^2 \cdot ℃)$。

式(4-30)即为对流传热速率方程式，又称为牛顿冷却定律。

在换热器中，局部对流传热系数 α 随管长而变，但在工程计算中，常采用平均对流传热系数，且一般也用 α 表示，但应注意与局部对流传热系数的区别。此时，牛顿冷却定律可表示为

$$Q=\alpha S\Delta t \tag{4-31}$$

式中，α 为平均对流传热系数，单位为 $W/(m^2 \cdot ℃)$；S 为总传热面积，单位为 m^2；Δt 为流体与壁面(或反之)间温度差的平均值，单位为℃。

此外，管式换热器的传热面积可用管内侧面积 S_i 或管外侧面积 S_o 表示。例如，若热流体在换热器的管内流动，冷流体在换热器的管间(环隙)流动，则对流传热速率方程可分别表示为

$$Q=\alpha_i S_i \Delta t \tag{4-32}$$

$$Q=\alpha_o S_o \Delta t \tag{4-33}$$

式(4-32)和(4-33)中，α_i、α_o 分别为管内侧和外侧流体的平均对流传热系数，单位为 $W/(m^2 \cdot ℃)$；Δt 为管内壁面与热流体或冷流体与管外壁面间的平均温度差，单位为℃。

式(4-32)和(4-33)表明，对流传热系数总是与传热面积和温度差相对应。

三、对流传热系数

牛顿冷却定律也是对流传热系数的定义式。由式(4-31)得

$$\alpha=\frac{Q}{S\Delta t} \tag{4-34}$$

式(4-34)即为对流传热系数的定义式，它表示在单位温度差下，对流传热系数在数值上等于由对流传热产生的热通量(即单位面积的对流传热速率)。

(一) 影响对流传热系数的因素

对流传热系数与导热系数不同，它不是流体的物性参数。对流传热系数不仅与流体的物性有关，而且会受诸多因素的影响。

1. 流体的种类　对流传热系数与流体的种类有关。制药化工过程所处理的物料多种多样，其性质不同，对流传热情况也不同。通常情况下，液体的对流传热系数要大于气体的对流传热系数。

2. 流体的物性 影响对流传热系数的流体物性主要有导热系数、密度、比热、黏度和体积膨胀系数。

(1) 导热系数:流体的导热系数越大,传热边界层的热阻就越小,对流传热系数就越大。

(2) 密度和比热:密度与比热的乘积表示单位体积流体所具有的热容量。流体的密度或比热越大,表示流体携带热量的能力就越大,因而对流传热的强度就越大。

(3) 黏度:流体的黏度越小,Re 值就越大,流体的湍流程度就越剧烈,从而可减薄传热边界层的厚度,增大对流传热系数。

(4) 体积膨胀系数:流体自然对流时,其体积膨胀系数越大,所产生的密度差就越大,自然对流的强度就越大,从而使对流传热系数增大。由于流体在传热过程中的流动多为变温流动,所以即使在强制对流的情况下,也存在附加的自然对流,故流体的体积膨胀系数对于强制对流时的对流传热系数也会产生一定的影响。

3. 流体的相变情况 传热过程中,流体有相变化时的对流传热系数与无相变化时的差别很大。发生相变的情况有两种,即蒸汽冷凝放热和液体受热沸腾汽化。通常,有相变时的对流传热系数要远大于无相变时的对流传热系数。例如,在套管式换热器中用水蒸气加热管内的空气,则环隙中蒸汽冷凝时的对流传热系数要远大于管内空气的对流传热系数。

4. 流体的流动状态 层流和湍流的传热机制有着本质区别。当流体作层流流动时,在传热方向上无质点运动,传热基本上是依靠分子扩散作用所产生的热传导而进行的,因而对流传热系数较小;当流体作湍流流动时,除有主流方向上的流动外,流体质点还有径向的强烈碰撞与混合,因而对流传热系数较大。但不论流体的湍动程度多么强烈,靠近壁面处总存在层流内层,其热阻是对流传热的主要热阻。在层流内层中,传热方式主要为热传导。随着 Re 值的增大,层流内层的厚度逐渐减薄,对流传热系数逐渐增大,从而使对流传热过程得以强化。

5. 对流情况 一般情况下,对于同一种流体,强制对流时的流速较大,而自然对流时的流速较小。因此,强制对流时的对流传热系数一般要大于自然对流时的对流传热系数。

6. 传热面的结构 传热面的形状(如管、板、环隙、管束等)、位置(如管子排列方式,水平、垂直或倾斜放置等)及流道尺寸(如管径、管长、板高等)都直接影响对流传热系数,这些都将反映在对流传热系数的计算公式中。

(二) 对流传热系数的一般准数关联式

由以上分析可知,影响对流传热系数的因素很多,要想从理论上建立一个通式来计算对流传热系数极其困难。研究表明,影响对流传热系数的因素有流体的密度 ρ、黏度 μ、定压比热 C_p、导热系数 λ、流速 u 以及传热设备的尺寸等。借助于数学、物理中的量纲分析法,可将众多的影响因素组合成 Nu、Re、Pr 和 Gr 四个无因次数群,它们之间的关系为

$$Nu=f(Re,Pr,Gr) \tag{4-35}$$

式中,Nu 为努塞尔特准数,$Nu=\frac{\alpha l}{\lambda}$,是表示对流传热系数的准数,无因次;$Re$ 为雷诺准数,$Re=\frac{lu\rho}{\mu}$,是反映流体流动状态的准数,无因次;Pr 为普兰特准数,$Pr=\frac{C_p\mu}{\lambda}$,是反映流体物性的准数,无因次;$Gr$ 为格拉斯霍夫准数,$Gr=\frac{l^3\rho^2\beta g\Delta t}{\mu^2}$,是反映重力(自然对流)影响的准数,无因次;$\alpha$ 为对流传热系数,单位为 W/(m^2·℃);l 为传热面的特征尺寸,可以是管内径、管外径或平板高度等,单位为 m;λ 为流体的导热系数,单位为 W/(m·℃);μ 为流体的

黏度，单位为 Pa·s；C_p 为流体的定压比热，单位为 J/(kg·℃)；u 为流体的流速，单位为 m/s；β 为流体的体积膨胀系数，单位为 1/℃；Δt 为温度差，单位为℃；g 为重力加速度，9.81m/s^2。

对无相变的强制对流传热，可忽略因重力因素而导致的自然对流的影响，此时式(4-35)可简化为

$$Nu=f(Re,Pr) \tag{4-36}$$

对无相变的自然对流传热，可忽略表示流动状态影响的 Re 准数，此时式(4-35)可简化为

$$Nu=f(Pr,Gr) \tag{4-37}$$

影响对流传热系数的几个准数之间的关系式通常可表示为幂指数的形式，如强制对流时努塞尔特准数 Nu 可表示为

$$Nu=CRe^{\alpha}Pr^{k} \tag{4-38}$$

式中，C、α、k 均常数，可通过实验确定。

对流传热系数的准数关联式是一个半理论半经验公式，在各种不同情况下的对流传热系数的具体函数关系可由实验确定，但应注意以下几点。

1. 定性温度　确定准数中流体的 C_p、ρ、μ、λ 等各物性参数时所依据的温度，称为定性温度。在传热计算中，定性温度主要有三种取法。①取流体进、出口温度的算术平均值作为定性温度，即冷流体以 $t=\frac{t_1+t_2}{2}$ 作为定性温度，热流体以 $T=\frac{T_1+T_2}{2}$ 作为定性温度，其中 t_1、t_2 分别为冷流体的进、出口温度；T_1、T_2 分别为热流体的进、出口温度。②取壁面的平均温度为定性温度。③取流体与壁面的平均温度作为定性温度，该温度又称为膜温。

由于不同关联式确定定性温度的方法不完全相同，因此使用时应按关联式的规定确定定性温度。

2. 特征尺寸　通常将 Nu、Re 及 Gr 等无因次准数中所包含的传热面尺寸称为特征尺寸。在传热计算中，通常选取对流体的流动和传热有决定性影响的尺寸作为特征尺寸。例如，流体在圆形管内进行对流传热时，特征尺寸常取管内径 d_i；流体在非圆形管内进行对流传热时，特征尺寸常取传热当量直径 d'_e，因此对流传热系数的准数关联式中应说明特征尺寸的取法。

值得注意的是，传热当量直径与流动当量直径的定义是不同的。传热当量直径的定义为

$$d'_e=\frac{4\times\text{流道截面积}}{\text{传热周边长度}} \tag{4-39}$$

流动当量直径 d_e 应用于流动阻力的计算；而传热计算中，传热当量直径 d'_e 与流动当量直径 d_e 都可能被选用，取决于具体的关联式。

3. 适用范围　在使用对流传热系数的准数关联式时，应注意不能超出公式的适用范围。

（三）流体无相变时的对流传热系数

与流体力学中的情况有所不同，在传热计算中，一般规定 $Re<2300$ 为层流，$Re>10\,000$ 为湍流，而 $2300<Re<10\,000$ 则为过渡流。

1. 流体在管内作强制对流

(1) 流体在圆形直管内作强制湍流

1) 低黏度流体。对于低黏度($<2\times10^{-3}$Pa·s)流体，可应用下列准数关联式计算对流

传热系数

$$Nu=0.023Re^{0.8}Pr^{n} \tag{4-40}$$

或

$$\alpha=0.023\frac{\lambda}{d_{\rm i}}Re^{0.8}Pr^{n}=0.023\frac{\lambda}{d_{\rm i}}\left(\frac{d_{\rm i}u\rho}{\mu}\right)^{0.8}\left(\frac{C_{\rm p}\mu}{\lambda}\right)^{n} \tag{4-41}$$

式中，n 为与热流方向有关的常数，无因次。当流体被加热时，$n=0.4$；被冷却时 $n=0.3$。

定性温度　流体进、出口温度的算术平均值。

特征尺寸　Re、Nu 等准数中的 l 取为管内径 $d_{\rm i}$。

适用范围　$Re>10\ 000$，$0.7<Pr<120$；管长与管径之比 $\frac{L}{d_{\rm i}}>60$。若 $\frac{L}{d_{\rm i}}<60$，可将式(4-40)或(4-41)求得的 α 乘以 $\left[1+\left(\frac{d_{\rm i}}{L}\right)^{0.7}\right]$ 进行校正。

在式(4-40)中，Pr 准数的方次 n 采用不同的数值是为了校正热流方向对 α 的影响，这是因为层流内层的温度及厚度都因热流方向的不同而不同。例如，液体被加热时，层流内层的温度要高于液体的平均温度，而由于液体的黏度随温度的升高而减小，故层流内层中液体的黏度减小，层流内层的厚度减薄，从而使对流传热系数增大。液体被冷却时的情况正好相反，即层流内层中液体的黏度增大，厚度增厚，使对流传热系数减小。由于 Pr 值是根据流体进、出口温度的算术平均值确定的，因此只要流体进、出口温度在加热和冷却时都相同，则 Pr 值也相同。因此为了考虑热流方向对 α 的影响，便将式(4-40)中的 Pr 准数的方次 n 取不同的数值。由于大多数液体的 Pr 值大于 1，即 $Pr^{0.4}>Pr^{0.3}$，故在式(4-40)中，当液体被加热时 n 值取为 0.4，得到的 α 值就大；当液体被冷却时 n 值取为 0.3，得到的 α 值就小。

气体的黏度通常随温度的升高而增大，因此，当气体被加热时，层流内层中气体的温度要高于气体的平均温度，层流内层的黏度与厚度都增大，使对流传热系数减小；气体被冷却时的情况正好相反。由于大多数气体的 Pr 值小于 1，即 $Pr^{0.4}<Pr^{0.3}$，故在式(4-40)中，当气体被加热时 n 值取为 0.4；被冷却时 n 值取为 0.3。

2) 高黏度流体。对于高黏度($>2\times10^{-3}$Pa·s)流体，可应用下列准数关联式计算对流传热系数

$$Nu=0.027Re^{0.8}Pr^{1/3}\left(\frac{\mu}{\mu_{\rm w}}\right)^{0.14} \tag{4-42}$$

式中，$\mu_{\rm w}$ 为壁面温度下流体的黏度，单位为 Pa·s。

定性温度　除 $\mu_{\rm w}$ 取壁温外，其余均取流体进、出口温度的算术平均值。

特征尺寸　管内径 $d_{\rm i}$。

适用范围　$Re>10^{4}$；$0.7<Pr<16\ 700$，其余同式(4-40)。

式(4-42)中引入 $\left(\frac{\mu}{\mu_{\rm w}}\right)^{0.14}$ 一项，也是为了校正热流方向对 α 的影响。一般而言，由于壁温为未知量，故应用式(4-42)时需采用试差法，比较繁琐，因此工程上常按下述方法进行近似计算。若液体被加热，则取 $\left(\frac{\mu}{\mu_{\rm w}}\right)^{0.14}\approx1.05$；若液体被冷却，则取 $\left(\frac{\mu}{\mu_{\rm w}}\right)^{0.14}\approx0.95$。对于气体，则不论加热或冷却，均取 $\left(\frac{\mu}{\mu_{\rm w}}\right)^{0.14}\approx1.0$。

例 4-4　常压空气在 $\phi25\times2.5$mm 的管内由 20℃加热到 100℃，管长为 2m，空气的平均

流速为 10m/s，试求管壁对空气的对流传热系数。

解：依题意可知，定性尺寸 $l=d_i=0.02\text{m}$；定性温度 $t=\frac{t_1+t_2}{2}=\frac{100+20}{2}=60℃$。由附录 7 查得 60℃时空气的物性数据为

$$\rho=1.06\text{kg/m}^3;\lambda=2.9\times10^{-2}\text{W/(m}\cdot℃);\mu=2.01\times10^{-5}\text{Pa}\cdot\text{s};Pr=0.696$$

故

$$Re=\frac{du\rho}{\mu}=\frac{0.02\times10\times1.06}{2.01\times10^{-5}}=10\,550>10\,000(\text{湍流})$$

又

$$\frac{L}{d_i}=\frac{2}{0.02}=100$$

显然，Re、Pr 及$\frac{L}{d_i}$值均在式(4-41)的应用范围内，故可用式(4-41)计算管壁对空气的对流传热系数。气体被加热，取 $n=0.4$，故

$$\alpha=0.023\frac{\lambda}{d_i}Re^{0.8}\times Pr^{0.4}=0.023\times\frac{0.029}{0.02}\times10\,550^{0.8}\times0.696^{0.4}=47.7\text{W/(m}^2\cdot℃)$$

(2) 流体在圆形直管内作强制层流：流体在管内作强制层流时，应考虑自然对流的影响，且热流方向对 α 的影响也更加显著，情况比较复杂。

当管径较小，流体与壁面间的温度差不大，流体的$\frac{\mu}{\rho}$值较大，并使 $Gr<2.5\times10^4$ 时，自然对流对强制层流传热的影响可忽略不计，此时对流传热系数的准数关联式为

$$Nu=1.86Re^{1/3}Pr^{1/3}\left(\frac{d_i}{L}\right)^{1/3}\left(\frac{\mu}{\mu_w}\right)^{0.14} \tag{4-43}$$

定性温度　除黏度 μ_w 取壁温外，其余均取流体进、出口温度的算术平均值。

特征尺寸　管内径 d_i。

适用范围　$Re<2300$，$0.6<Pr<6700$，$\left(RePr\frac{d_i}{L}\right)>10$。

当 $Gr>2.5\times10^4$ 时，自然对流的影响不能忽略，此时可先用式(4-43)计算出对流传热系数 α，然后再乘以校正系数 f，其中 f 可按下式计算

$$f=0.8\times(1+0.015Gr^{1/3}) \tag{4-44}$$

需要指出的是，在换热器的设计中，为提高总传热系数，流体大多呈湍流流动。

(3) 流体在圆形直管中作过渡流：当 $Re=2300\sim10\,000$ 时，对流传热系数可先用湍流时的计算公式计算，然后再乘以校正系数 f，即得过渡流下的对流传热系数，其中 f 的计算式为

$$f=1-\frac{6\times10^5}{Re^{1.8}} \tag{4-45}$$

(4) 流体在弯管内作强制对流：如图 4-10 所示，流体在圆形弯管内流动时，在惯性离心力的作用下，流体的湍动程度将增大，从而使对流传热系数较直管内的大，此时对流传热系数可用下式计算

$$\alpha'=\alpha\left(1+1.77\frac{d_i}{R}\right) \tag{4-46}$$

式中，α'为流体在弯管内作强制对流时的对流传热系数，单位为 W/(m² · ℃)；α 为流体在直

管内作强制对流时的对流传热系数，单位为 W/(m²·℃)；d_i 为管内径，单位为 m；R 为弯管轴的弯曲半径，单位为 m。

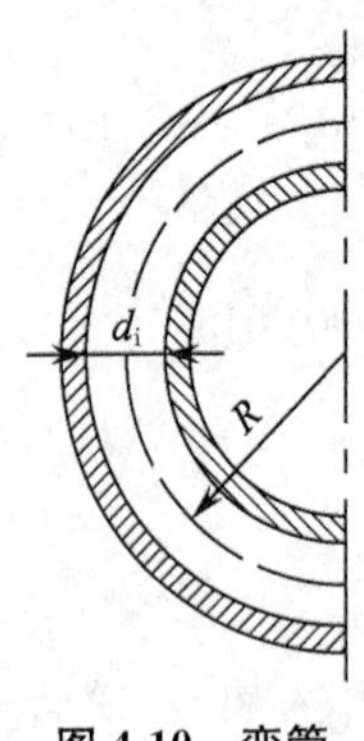

图 4-10 弯管

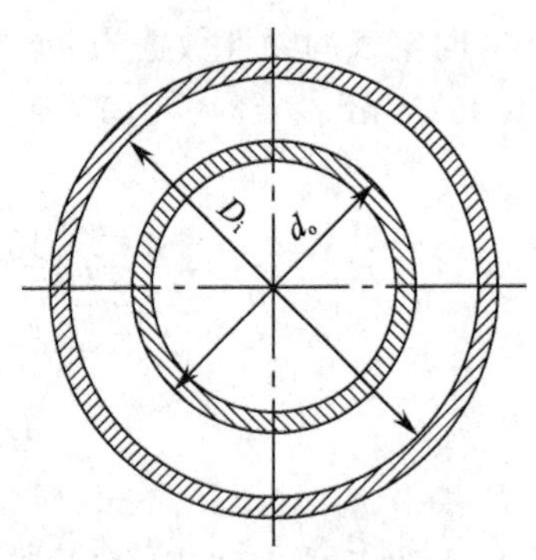

图 4-11 套管环隙

(5) 流体在非圆形管内作强制对流：流体在非圆形管内作强制对流时仍可采用上述各关联式计算对流传热系数，但应将特征尺寸由管内径改为相应的当量直径。在传热计算中，一些关联式常采用传热当量直径。例如，对于图 4-11 所示的换热器套管环隙，由式(4-39)得该套管环隙的传热当量直径为

$$d'_e=\frac{4\times\frac{\pi}{4}(D_i^2-d_o^2)}{\pi d_o}=\frac{D_i^2-d_o^2}{d_o} \tag{4-47}$$

式中，D_i 为外管的内径，单位为 m；d_o 为内管的外径，单位为 m。

而由式(1-61)可知，套管环隙的流动当量直径为

$$d_e=\frac{4\times\frac{\pi}{4}(D_i^2-d_o^2)}{\pi(D_i+d_o)}=D_i-d_o \tag{4-48}$$

传热计算中，究竟采用哪个当量直径，由具体的关联式所决定。应当指出，用当量直径计算流体在非圆形管内作强制对流时的对流传热系数虽然简便，但误差较大。对于常用的非圆形管道，也可通过实验得出计算对流传热系数的关联式。例如，对于套管环隙，用水和空气进行实验，可得对流传热系数的关联式为

$$\alpha=0.02\frac{\lambda}{d_e}\left(\frac{D_i}{d_o}\right)^{0.53}Re^{0.8}Pr^{1/3} \tag{4-49}$$

定性温度 流体进、出口温度的算术平均值。

特征尺寸 流动当量直径 d_e。

适用范围 $12\,000\leqslant Re\leqslant 220\,000$，$1.65<\frac{D_i}{d_o}<17$。

2. 流体在管外作强制对流 流体垂直流过单根圆管时，沿管子圆周各点的局部对流传热系数是不同的。但在一般传热计算中，只需计算通过整个圆管的平均对流传热系数。

(1) 流体在管束外强制垂直流动：管子的排列分为直列和错列两种，其中错列又有正方形和等边三角形两种，如图 4-12 所示。

流体在管束外强制垂直流过时的对流传热系数可用下式计算，即

$$Nu=C\varepsilon Re^n Pr^{0.4} \tag{4-50}$$

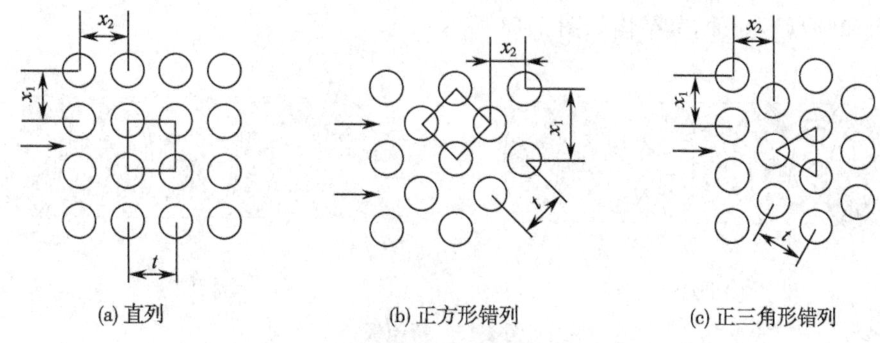

(a) 直列 (b) 正方形错列 (c) 正三角形错列

图 4-12 列管式换热器管束的排列方式

式中，C、ε 和 n 的值见表 4-1。

表 4-1 列管式换热器流体管外流动时的 C、ε、n 值

管排数	直列		错列		C
	n	ε	N	ε	
1	0.6	0.171	0.6	0.171	当$\frac{x_1}{d_o}=1.2\sim3$时，$C=1+\frac{0.1x_1}{d_o}$
2	0.65	0.157	0.6	0.228	
3	0.65	0.157	0.6	0.290	当$\frac{x_1}{d_o}>3$时，$C=1.3$
4	0.65	0.157	0.6	0.290	

定性温度 流体进、出口温度的算术平均值。

特征尺寸 管外径 d_o。

特征流速 流速取流体通过每排管子中最狭窄通道处的流速。错列管距最狭窄处的距离为(x_1-d_o)和$(t-d_o)$中的小者。

适用范围 $Re=5000\sim70\,000$，$\frac{x_1}{d_o}=1.2\sim5.0$，$\frac{x_2}{d_o}=1.2\sim5.0$。

由表 4-1 可知，对于第 1 排(行)管子，不论直列或错列，n 和 ε 的取值都相同，所以对流传热系数亦相同。从第 2 排开始，流体从错列管束间通过时，其湍动程度因受到阻拦而加剧，所以错列时的对流传热系数要大于直列时的对流传热系数。而从第 3 排开始，直列或错列的对流传热系数均基本上不再变化。

由于管束中各排的对流传热系数不同，故按式(4-50)计算出各排管子的对流传热系数后，可按下式计算平均值，即

$$\alpha=\frac{\alpha_1S_1+\alpha_2S_2+\cdots+\alpha_nS_n}{S_1+S_2+\cdots+S_n}=\frac{\sum_{i=1}^{n}\alpha_iS_i}{\sum_{i=1}^{n}S_i} \tag{4-51}$$

式中，α 为整个管束的平均对流传热系数，单位为 W/(m^2·℃)；α_i 为管束中第 i 排管子的对流传热系数，单位为 W/(m^2·℃)；S_i 为管束中第 i 排管子的传热面积，单位为 m^2；n 为管束中的管排数。

(2) 流体在换热器的管间流动：在制药化工生产中以列管式换热器最为常见。列管式换热器的壳体为圆筒形，管束中各列的管子数目不同，且一般都有折流板。常用折流板主要

有圆缺形和圆盘形两种，其结构如图 4-13 所示。

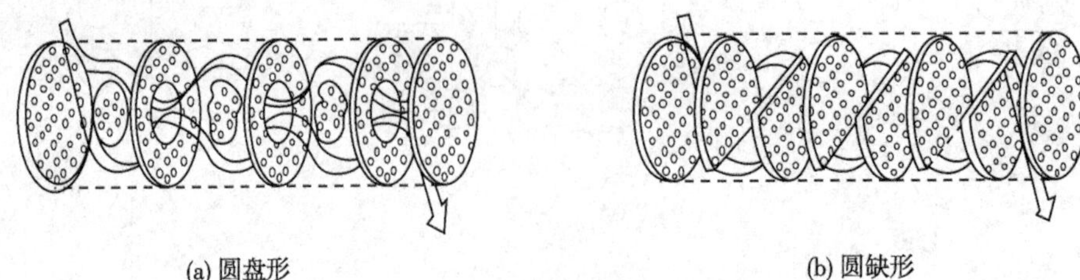

图 4-13 折流板

当流体在有折流板的换热器的管间流动时，流速和流向将不断发生改变，因而在 $Re>100$ 时即可达到湍流，从而使对流传热系数增大。若 $2\times10^3\leqslant Re\leqslant1\times10^6$，则对流传热系数可按下式计算

$$Nu=0.36Re^{0.55}Pr^{1/3}\left(\frac{\mu}{\mu_w}\right)^{0.14} \tag{4-52}$$

定性温度 除黏度 μ_w 取壁温外，其余均取流体进、出口温度的算术平均值。

特征尺寸 传热当量直径 d'_e，单位为 m。

若管子采用图 4-14(a)所示的正方形排列，则传热当量直径 d'_e 可按下式计算

$$d'_e=\frac{4\left(t^2-\frac{\pi}{4}d_o^2\right)}{\pi d_o} \tag{4-53}$$

式中，t 为相邻两换热管的中心距，单位为 m；d_o 为管外径，单位为 m。

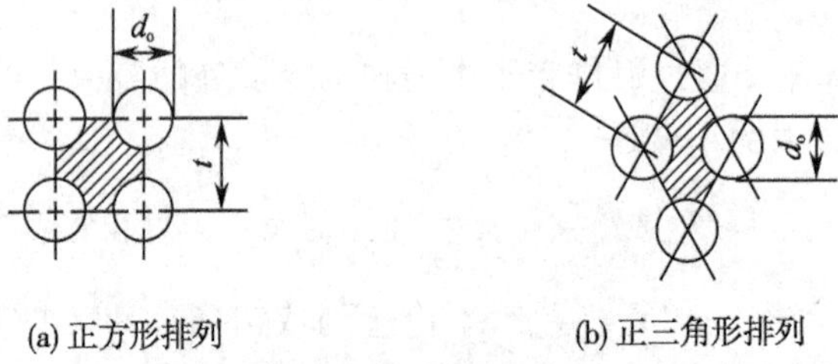

图 4-14 管间当量直径的推导

若管子采用图 4-14(b)所示的正三角形排列，则传热当量直径 d'_e 可按下式计算

$$d'_e=\frac{4\left(\frac{\sqrt{3}}{2}t^2-\frac{\pi}{4}d_o^2\right)}{\pi d_o} \tag{4-54}$$

特征流速 根据流体流经管间的最大截面积 A 计算，即

$$A=hD\left(1-\frac{d_o}{t}\right) \tag{4-55}$$

式中，h 为相邻折流板之间的距离，单位为 m；D 为换热器壳体的内径，单位为 m。

若 $Re=3\sim2\times10^4$，则对流传热系数的计算公式为

$$Nu=0.23Re^{0.6}Pr^{1/3}\left(\frac{\mu}{\mu_w}\right)^{0.14} \tag{4-56}$$

应当指出的是，在管间安装折流挡板可使对流传热增大，但流体阻力亦随之增大，且若

挡板与壳体间以及挡板与管束间的间隙过大，部分流体会从间隙中流过，这股流体称为旁流。旁流严重时反而使对流传热系数减小。

此外，若换热器的管间无挡板，则管外流体将沿管束作平行流动，此时可用管内强制对流的公式计算，但需将式中的管内径改为管间的当量直径。

3. 自然对流传热　自然对流时的对流传热系数仅与反映流体自然对流状况的准数 Gr 以及 Pr 准数有关，其准数关系式为

$$Nu=C(Gr\mathrm{Pr})^{n} \tag{4-57}$$

定性温度　取壁面温度与流体平均温度的算术平均值。

特征尺寸　对于水平管，取管外径 d_o；对于垂直管或板，取垂直高度 L。

若传热壁面位于很大的空间内，且四周无阻碍自然对流的物体存在，则壁面与周围流体间因温度不同而引起的自然对流，称为大空间自然对流传热。例如，管道或设备表面与周围大气之间因温度不同而引起的自然对流，即属于大空间自然对流传热。

对于大空间自然对流传热，由实验测得的 C 和 n 的值，列于表 4-2 中。

表 4-2　式(4-57)中 C 和 n 的值

壁面形状	$Gr \cdot Pr$	C	n
水平圆管(d<0.2m)	$1\sim10^4$	1.09	1/5
	$10^4\sim10^9$	0.53	1/4
	$10^9\sim10^{12}$	0.13	1/3
垂直管或板(L<1m)	$<10^4$	1.36	1/5
	$10^4\sim10^9$	0.59	1/4
	$10^9\sim10^{12}$	0.10	1/3

（四）流体有相变时的对流传热系数

蒸汽冷凝和液体沸腾都是典型的伴有相变化的对流传热过程。此类传热过程的特点是相变流体要吸收或放出大量的潜热，但流体的温度不发生改变。流体在相变时产生气、液两相流动，搅拌剧烈，仅在壁面附近的流体层中存在较大的温度梯度，因而对流传热系数要远大于无相变时的对流传热系数。例如，水沸腾或水蒸气冷凝时的对流传热系数较单相水流的对流传热系数要大得多。

1. 蒸汽冷凝

(1) 蒸汽冷凝方式：饱和水蒸气冷凝是制药化工生产中的常见过程之一。当饱和蒸汽与温度较低的壁面相接触时，蒸汽将放出潜热，并在壁面冷凝成液体。蒸汽冷凝有膜状冷凝和滴状冷凝两种方式。

1) 膜状冷凝：若冷凝液能够润湿壁面，在壁面上可形成一层完整的液膜，则称为膜状冷凝。膜状冷凝时，壁面与蒸汽之间的对流传热必须通过液膜才能进行，因而增大了传热热阻。由于蒸汽冷凝时伴有相变化，因而热阻很小，故壁面上的冷凝液膜往往成为膜状冷凝的主要热阻。壁面越高或水平管的直径越大，冷凝液向下流动形成的液膜的平均厚度就越大，整个壁面的平均对流传热系数也就越小。

2) 滴状冷凝：若冷凝液不能湿润壁面，则在表面张力的作用下，冷凝液将在壁面上形成许多液滴，并沿壁面落下，此种冷凝称为滴状冷凝。滴状冷凝时大部分壁面直接暴露于空气

中，可供蒸汽冷凝。由于没有液膜阻碍热流，因此滴状冷凝的传热系数比膜状冷凝的可高几倍甚至十几倍。

实际生产中所遇到的冷凝过程多为膜状冷凝过程，即使是滴状冷凝，也因大部分表面在可凝性蒸汽中暴露一段时间后会被蒸汽所润湿，很难维持滴状冷凝，所以工业冷凝器的设计总是按膜状冷凝处理，其对流传热系数可由经验公式计算或通过实验测定。

(2) 影响冷凝传热的因素：单组分饱和蒸汽冷凝时，气相内的温度均匀，都是饱和温度，没有温度差，所以热阻主要集中于冷凝液膜内。凡有利于削弱液膜厚度及改善流动状况的因素，均能提高蒸汽冷凝时的对流传热系数。

1) 流体的物性：液膜的密度、黏度、导热系数及蒸汽的冷凝潜热等，均会影响冷凝传热时对流传热系数的值。

2) 冷凝液膜两侧的温度差：若增大液膜两侧的温度差，则蒸汽冷凝速率将增大，液膜厚度将增厚，冷凝传热时的对流传热系数将减小。

3) 不凝性气体：水在锅炉中形成蒸汽时，水中溶解的空气也同时释放至蒸汽中。当蒸汽在冷凝器中冷凝时，壁面可能为空气及其他不凝性气体(导热系数很小)层所遮盖，这相当于增加了一层附加热阻，使冷凝传热系数急剧下降。研究表明，若蒸汽中含有1%的不凝性气体，对流传热系数可下降60%。因此，在冷凝器的设计和操作中，都必须考虑排除不凝性气体。如在蒸汽侧的上方设置排气阀，以定期排放不凝性气体。

4) 冷凝水：由于水的对流传热系数比蒸汽冷凝时的对流传热系数要小，因此在冷凝传热过程中应及时将冷凝水从冷凝器中排出，以免冷凝水占据部分传热面而导致传热效率下降。对于用蒸汽加热的换热器，在下部适当部位应设置疏水阀，以及时排放冷凝水，同时需避免逸出过量的蒸汽。

5) 蒸汽的流速和流向：蒸汽以一定流速流动时，蒸汽与液膜之间会产生一定的摩擦力。当蒸汽与液膜间的相对速度小于10m/s时，其影响可忽略不计。当蒸汽与液膜间的相对速度大于10m/s时，则会影响液膜的流动。此时若蒸汽与液膜同向流动，则摩擦力将使液膜加速，液膜厚度减薄，对流传热系数将增大；反之，若两者逆向流动，则对流传热系数将减小。应当指出的是，若蒸汽流速足够大，以致液膜会被蒸汽吹离液面，此时随着蒸汽流速的增大，对流传热系数将急剧增大。实际生产中，用蒸汽加热的换热器，其蒸汽进口常设在换热器的上部，以避免蒸汽与液膜间的逆向流动。

6) 冷凝壁面的状况：冷凝壁面的形状和布置方式对膜状冷凝时的液膜厚度有一定的影响。若沿冷凝液流动方向积存的液体增多，则液膜增厚，对流传热系数将下降。因此，在设计和安装冷凝器时，应正确选择和安放冷凝壁面。例如，增大冷凝壁面的粗糙度，液膜的厚度将增大，对流传热系数将下降。又如，对于水平放置的管束，冷凝液将自上而下流过各层管子，使下层管子的液膜厚度依次增厚，对流传热系数则依次减小。为减薄下层管子的液膜厚度，应设法减少垂直方向上的管排数，或将管束旋转一定的角度，使冷凝液沿下一根管子的切向流过，这样可减小液膜的平均厚度，增大平均对流传热系数。

此外，冷凝壁面的表面情况也会影响冷凝传热时的对流传热系数。例如，壁面因腐蚀而产生粗糙不平或有氧化层、垢层，会增大液膜厚度和膜层阻力，导致对流传热系数减小。

2. 液体沸腾　在液体的对流传热过程中，伴有由液相变为气相，即在液相内部产生气泡或气膜的过程称为液体沸腾或沸腾传热。工业上液体沸腾有两种情况：一种是将加热壁面浸没在大容器的液体中，液体被壁面加热而引起的无强制对流的沸腾现象，称为大容器内沸腾；另一是液体在管内流动时受热沸腾，称为管内沸腾。下面主要讨论液体在大容器内的沸腾。

（1）沸腾过程：当液体被加热面加热至沸腾时，首先在加热面上某些粗糙不平的点上产生气泡，这些产生气泡的点称为汽化中心。气泡形成后，由于壁温高于气泡温度，因此，热量将由壁面传入气泡，并将气泡周围的液体汽化，从而使气泡长大。气泡长大至一定尺寸后，便脱离壁面自由上升。在上升过程中气泡所受的静压力逐渐下降，气泡将进一步膨胀，膨胀至一定程度后便发生破裂。当一批气泡脱离壁面后，另一批新的气泡又不断形成。由于气泡的不断产生、长大、脱离、上升、膨胀和破裂，使加热面附近的液体层受到强烈扰动，因而沸腾传热时的对流传热系数比没有沸腾时的要大得多。

（2）沸腾曲线：研究表明，大容器内饱和液体沸腾的情况随沸腾温度差 Δt（即 $t_w - t_s$）的变化而出现不同类型的沸腾状态。图 4-15 为常压下水在大容器内的沸腾曲线，它反映了沸腾温度差 Δt 对热通量 q 和对流传热系数 α 的影响。根据 Δt 的大小，可将图 4-15 分为三个区域。

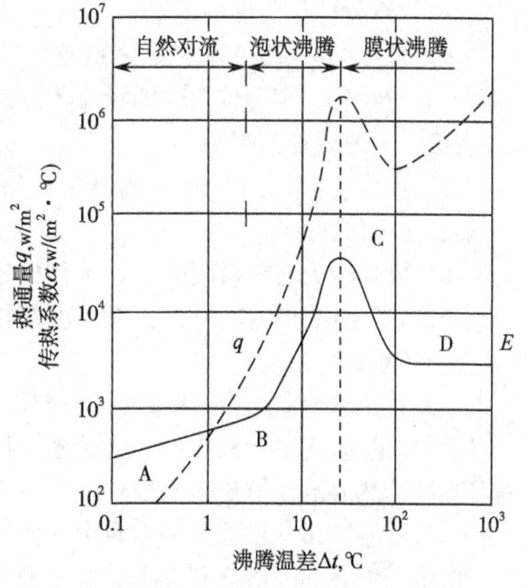

图 4-15　常压下水的沸腾曲线

1）自然对流区：即图 4-15 中的 AB 段所对应的区域。该区域内的沸腾温度差较小（$\Delta t <$ 5℃），加热表面上的液体仅轻微过热，加热面附近的液体受到的扰动不大，无气泡从液面中逸出，热量传递方式主要是自然对流。在该区域内，α 和 q 均随 Δt 的增加而略有增大，但都比较低。

2）核状沸腾区：即图 4-15 中的 BC 段所对应的区域，又称为泡状沸腾区。该区域内的沸腾温度差较大（Δt＝5～25℃），在加热表面的局部位置上将产生气泡，该局部位置称为汽化核心。在该区域内，气泡的生成速度随沸腾温度差的增大而迅速增大，气泡对液体会产生强烈的搅拌作用，故 α 和 q 均随 Δt 的增大而迅速增大。

3）膜状沸腾区：即图 4-15 中的 CDE 段所对应的区域。该区域内的沸腾温度差更大（$\Delta t >$ 25℃），汽化核心的数量随沸腾温度差的增大迅速增多，使气泡产生的速度大于脱离壁面的速度，结果气泡在壁面处破裂并连成一片而形成一层不稳定的蒸汽膜。蒸汽膜覆盖于加热面上，使液体不能与加热表面直接接触，其附加热阻使 α 和 q 急剧下降。蒸汽膜开始形成时是不稳定的，有可能形成大气泡脱离表面，故此阶段称为不稳定的膜状沸腾或部分泡状沸腾，如图 4-15 中 CD 段所对应的区域。但 D 点以后，传热面几乎全部被蒸汽膜所覆盖，并形成稳定的蒸汽膜。此后，随着 Δt 的增大，α 基本不变，q 则上升，这是由于随着壁温的升高，辐射传热的影响变得越来越显著，如图 4-15 中 DE 段所对应的区域。实际上，一般将 CDE 段称为膜状沸腾。

图 4-15 中的 C 点是泡状沸腾向膜状沸腾过渡的转折点，称为临界点，该点所对应的温度差、传热系数和热通量分别称为临界温度差 Δt_c、临界沸腾传热系数 α_c 和临界热通量 q_c。由于泡状沸腾时传热系数较膜状沸腾的大，因此实际生产中的沸腾传热一般应维持在核状沸腾区操作，并控制 Δt 不大于 Δt_c。否则，一旦转变为膜状沸腾，不仅传热系数会急剧下降，

而且会造成壁温过高，导致传热管寿命缩短，甚至会烧毁传热管。例如，水在常压下沸腾时的 Δt_c 约为 25℃，一般取 $90\%\Delta t_c$（即 22.5℃）作为设计或操作的依据。

其他液体在不同压强下的沸腾曲线与水的有类似的形状，仅临界点的数值不同而已。

（3）沸腾传热时的对流传热系数：计算沸腾传热时对流传热系数的经验公式很多，但由于沸腾传热过程的机制极其复杂，因而这些公式均不够完善，且计算结果往往相差较大。在间壁式换热器中，沸腾侧的热阻一般不是间壁传热的控制热阻，因此其对流传热系数对总传热的影响不大。

沸腾传热时的对流传热系数常根据经验数据选取。例如，常压下水沸腾传热过程的对流传热系数常选 1500～45 000W/(m^2 · ℃)。

（4）沸腾传热的影响因素

1）液体的物性：液体的导热系数、密度、黏度和表面张力等均对沸腾传热有重要的影响。一般情况下，沸腾传热时的对流传热系数随液体导热系数和密度的增加而增大，随黏度和表面张力的增加而减小。

2）温度差：温度差是控制沸腾传热的重要参数，适宜的温度差应使沸腾传热维持在核状沸腾区操作。

3）操作压力：提高操作压力，液体的饱和温度将升高，其表面张力和黏度均下降，这有利于气泡的生成和脱离。因此，在温度差相同的情况下，提高操作压力可提高沸腾传热时的对流传热系数。

4）传热壁面状况：传热壁面的材料和粗糙度对沸腾传热有重要的影响。一般情况下，传热面越粗糙，提供的汽化中心就越多，对沸腾传热就越有利。新的、洁净的、粗糙的加热壁面，沸腾传热时的对流传热系数较大。当壁面被油脂沾污或产生污垢后，沸腾传热系数将急剧下降。此外，传热壁面的分布对沸腾传热也有明显的影响。例如，液体在水平管束外沸腾时，由下面上升的气泡会覆盖上方管子的一部分加热面，使平均对流传热系数下降。

第四节 传热计算

制药化工生产中所涉及的传热计算大致可分为两类。一类是设计计算，即根据生产任务所要求的热负荷确定换热器的传热面积，供设计或选用换热器之用；另一类是校核计算，即校核给定换热器的某些参数，如传热量、流体的流量或温度等。

一、能量衡算

对于间壁式换热器，传热过程中无外功加入，且位能和动能项均可忽略，因此间壁式换热器的能量衡算可简化为热量衡算。

假设换热器绝热良好，则热损失可以忽略，此时单位时间内换热器中热流体所放出的热量必然等于冷流体所吸收的热量，即

$$Q=W_h(H_{h1}-H_{h2})=W_c(H_{c2}-H_{c1}) \tag{4-58}$$

式中，Q 为换热器的热负荷（即传热速率），单位为 W 或 kW；W 为流体的质量流量，单位为 kg/s；H 为单位质量流体所具有的焓，单位为 kJ/kg。

下标 h、c 分别表示热流体和冷流体；1、2 分别表示换热器的进口和出口。

式(4-58)即为间壁式换热器的热量衡算式，它是传热计算的基本方程式。

若换热器中两流体均无相变化，且流体的定压比热不随温度而变或取平均温度下的比热，则式(4-58)可改写为

$$Q=W_hC_{ph}(T_1-T_2)=W_cC_{pc}(t_2-t_1) \tag{4-59}$$

式中，C_p 为流体的平均定压比热，单位为 kJ/(kg·℃)；T 为热流体的温度，单位为℃；t 为冷流体的温度，单位为℃。

若换热器中的冷、热流体进行热交换时仅发生相变化，如用饱和蒸汽加热饱和液体，则式(4-58)可改写为

$$Q_h=W_hr_h=W_cr_c \tag{4-60}$$

式中，W_h 为饱和蒸汽的质量流量，单位为 kg/s；W_c 为饱和液体的质量流量，单位为 kg/s；r_h 为饱和蒸汽的冷凝潜热，单位为 kJ/kg；r_c 为饱和液体的汽化潜热，单位为 kJ/kg。

若换热器中热流体仅发生相变化，而冷流体仅有温度变化，则式(4-58)可改写为

$$Q=W_hr_h=W_cC_{pc}(t_2-t_1) \tag{4-61}$$

应用式(4-61)时应注意冷凝液的温度为饱和温度。若冷凝液的温度低于饱和温度，则应考虑冷凝液降温所放出的热量，此时式(4-61)可改写为

$$Q=W_h[r+C_{ph}(T_s-T_2)]=W_cC_{pc}(t_2-t_1) \tag{4-62}$$

式中，C_{ph} 为冷凝液的平均定压比热，单位为 kJ/(kg·℃)；T_s 为冷凝液的饱和温度，单位为℃。

二、总传热速率方程

对于间壁式换热器，若间壁两侧流体的平均传热温度差为 Δt_m，则可仿照式(4-31)写出间壁两侧的传热速率为

$$Q=KS\Delta t_m \tag{4-63}$$

式中，K 为平均总传热系数，简称为总传热系数，单位为 W/(m^2·℃)；Δt_m 为间壁两侧流体的平均传热温度差，单位为℃。

式(4-63)即为总传热速率方程，也是总传热系数的定义式，它表明总传热系数在数值上等于单位温度差下的热通量。总传热系数 K 与对流传热系数 α 的单位完全相同，使用时也要与传热面积和温度差相对应。例如，对于圆筒壁，以不同传热面积为基准的总传热速率方程可分别表示为

$$Q=K_iS_i\Delta t_m \tag{4-64}$$

$$Q=K_oS_o\Delta t_m \tag{4-65}$$

$$Q=K_mS_m\Delta t_m \tag{4-66}$$

式(4-64)至式(4-66)中，K_i、K_o、K_m 分别为基于管内表面积、外表面积和内外表面平均面积的总传热系数，单位为 W/(m^2·℃)；S_i、S_o、S_m 分别为换热器的内表面积、外表面积和内外侧的平均面积，单位为 m^2。

稳态传热时，由式(4-64)～(4-66)得

$$Q=K_iS_i\Delta t_m=K_oS_o\Delta t_m=K_mS_m\Delta t_m \tag{4-67}$$

由于 $S_i<S_m<S_o$，故 $K_i>K_m>K_o$。

由式(4-67)可知，对于特定的传热过程，传热速率 Q 及平均传热温度差 Δt_m 与所选择的基准面积无关。对于圆筒壁，有

$$\frac{K_o}{K_i}=\frac{S_i}{S_o}=\frac{d_i}{d_o} \tag{4-68}$$

$$\frac{K_o}{K_m}=\frac{S_m}{S_o}=\frac{d_m}{d_o} \tag{4-69}$$

式(4-68)和式(4-69)中，d_i、d_o、d_m 分别为管内径、外径和平均直径，单位为 m。

在传热计算中，选择何种面积为基准，计算结果是相同的，但习惯上常以外表面积为基准。在以后的讨论中，如无特别说明，总传热系数均以外表面积为基准。

三、总传热系数

（一）总传热系数的计算

两流体通过间壁的传热由下列三个过程串联而成。(1) 热量以对流传热的方式由热流体传递至间壁的高温侧。(2) 热量以热传导的方式由间壁的高温侧传递至低温侧。(3) 热量以对流传热的方式由间壁的低温侧传递至冷流体。设间壁两侧流体的对流传热系数分别为 α_1 和 α_2，传热面积分别为 S_1 和 S_2，则可导出以 S_1 为基准的总传热系数为

$$\frac{1}{K_1}=\frac{1}{\alpha_1}+\frac{b}{\lambda}\frac{dS_1}{dS_m}+\frac{1}{\alpha_2}\frac{dS_1}{dS_2} \tag{4-70}$$

式中，b 为间壁厚度，单位为 m；λ 为间壁材料的导热系数，单位为 W/(m·℃)。

式(4-70)即为总传热系数的计算式，它表明两流体通过间壁的传热总热阻等于两侧流体的对流传热热阻与间壁的热传导热阻之和，即传热过程的总热阻等于各串联热阻的叠加。

若间壁为平壁，则式(4-70)可改写为

$$\frac{1}{K}=\frac{1}{\alpha_1}+\frac{b}{\lambda}+\frac{1}{\alpha_2} \tag{4-71}$$

对于圆筒壁，若以管外表面积为基准，则由式(4-70)得

$$\frac{1}{K_o}=\frac{1}{\alpha_o}+\frac{b}{\lambda}\frac{d_o}{d_m}+\frac{1}{\alpha_i}\frac{d_o}{d_i} \tag{4-72}$$

同理，若以管内表面积为基准，则由式(4-70)可得

$$\frac{1}{K_i}=\frac{1}{\alpha_o}\frac{d_i}{d_o}+\frac{b}{\lambda}\frac{d_i}{d_m}+\frac{1}{\alpha_i} \tag{4-73}$$

若间壁为薄管壁，则式(4-72)和式(4-73)中的 d_o、d_m、d_i 相等或近似相等，此时式(4-72)和式(4-73)均可简化为式(4-71)的形式。

（二）污垢热阻

实际生产中，换热器经一段时间使用后，其传热表面常会产生污垢，对传热产生附加热阻，导致总传热系数下降。因此，在计算总传热系数 K 时，一般不能忽略污垢热阻。由于污垢层的厚度及其导热系数难以准确估计，因此常采用污垢热阻的经验值，作为计算 K 值的依据。常见流体的污垢热阻列于附录 21 中。

对于平壁，若污垢热阻不能忽略，则式(4-71)应改写为

$$\frac{1}{K}=\frac{1}{\alpha_1}+R_{S1}+\frac{b}{\lambda}+R_{S2}+\frac{1}{\alpha_2} \tag{4-74}$$

式中，R_{S1}、R_{S2} 分别为平壁两侧表面的污垢热阻，单位为 m^2·℃/W。

类似地，对于圆筒壁，若污垢热阻不能忽略，则式(4-72)和式(4-73)应分别改写为

$$\frac{1}{K_o}=\frac{1}{\alpha_o}+R_{So}+\frac{b}{\lambda}\frac{d_o}{d_m}+R_{Si}\frac{d_o}{d_i}+\frac{1}{\alpha_i}\frac{d_o}{d_i} \tag{4-75}$$

$$\frac{1}{K_i}=\frac{1}{\alpha_o}\frac{d_i}{d_o}+R_{So}\frac{d_i}{d_o}+\frac{b}{\lambda}\frac{d_i}{d_m}+R_{Si}+\frac{1}{\alpha_i} \tag{4-76}$$

式(4-75)和(4-76)中，R_{Si}、R_{So}分别为圆筒壁内、外传热表面的污垢热阻，单位为 $m^2 \cdot ℃/W$。

由于污垢热阻会随换热器操作时间的延长而增大，因此，应根据实际操作情况对换热器进行定期清洗，这也是设计和操作换热器时应予考虑的问题。

（三）总传热系数的数值范围

影响总传热系数 K 值的因素很多，如流体的物性、操作条件以及换热器的类型等，因而 K 值的变化范围很大。对于列管式换热器，某些情况下总传热系数 K 的经验值列于表 4-3 中。此外，还可通过实验测定不同条件下总传热系数 K 的值。

表 4-3 列管式换热器总传热系数 K 的经验值

冷流体	热流体	K/W/(m²·℃)	冷流体	热流体	K/W/(m²·℃)
水	水	850～1700	水	水蒸气冷凝	1420～4250
水	气体	17～280	气体	水蒸气冷凝	30～300
水	有机溶剂	280～850	气体	气体	10～40
水	轻油	340～910	有机溶剂	有机溶剂	115～340
水	重油	60～280	水沸腾	水蒸气冷凝	2000～4250
水	低沸点烃类冷凝	455～1140	轻油沸腾	水蒸气冷凝	455～1020

例 4-5 某列管式换热器的管束由 $\phi25\times2.5$mm 的钢管组成。已知热空气流经管程，冷却水在管外流动；管内空气侧的对流传热系数 $\alpha_i=50W/(m^2 \cdot ℃)$，管外水侧的对流传热系数 $\alpha_o=3200W/(m^2 \cdot ℃)$，钢的导热系数 $\lambda=45W/(m \cdot ℃)$。空气侧的污垢热阻 $R_{Si}=4.5\times10^{-4}m^2 \cdot ℃/W$，水侧的污垢热阻 $R_{So}=2.5\times10^{-4}m^2 \cdot ℃/W$。试计算：(1) 以管外表面积为基准的总传热系数 K_o；(2) 保持其他条件不变，将管内空气侧的对流传热系数增大一倍时的总传热系数 K_o；(3) 保持其他条件不变，将管外水侧的对流传热系数增大一倍时的总传热系数 K_o。

解：(1) 以管外表面积为基准的总传热系数 K_o：由式(4-75)得

$$\frac{1}{K_o}=\frac{1}{\alpha_o}+R_{So}+\frac{b}{\lambda}\frac{d_o}{d_m}+R_{Si}\frac{d_o}{d_i}+\frac{1}{\alpha_i}\frac{d_o}{d_i}$$

$$=\frac{1}{3200}+2.5\times10^{-4}+\frac{0.0025\times0.025}{45\times0.0225}+4.5\times10^{-4}\times\frac{0.025}{0.02}+\frac{0.025}{50\times0.02}=0.02619$$

解得

$$K_o=38.18W/(m^2 \cdot ℃)$$

(2) 将 α_i 提高一倍时的 K_o 值：此时 $\alpha_i=2\times50=100W/(m^2 \cdot ℃)$，则

$$\frac{1}{K_o}=\frac{1}{3200}+2.5\times10^{-4}+\frac{0.0025\times0.025}{45\times0.0225}+4.5\times10^{-4}\times\frac{0.025}{0.02}+\frac{0.025}{100\times0.02}=0.01369$$

解得

$$K_o=73.05W/(m^2 \cdot ℃)$$

(3) 将 α_o 提高一倍时的 K_o 值：此时 $\alpha_o=2\times3200=6400W/(m^2 \cdot ℃)$，则

$$\frac{1}{K_o}=\frac{1}{6400}+2.5\times10^{-4}+\frac{0.0025\times0.025}{45\times0.0225}+4.5\times10^{-4}\times\frac{0.025}{0.02}+\frac{0.025}{50\times0.02}=0.02603$$

解得

$$K_o=38.42\text{W}/(\text{m}^2\cdot℃)$$

例 4-5 表明，总传热系数小于任一侧流体的对流传热系数，但总接近于热阻较大即对流传热系数较小的流体侧的对流传热系数。因此，欲提高 K 值，必须对影响 K 值的各项进行分析，如在例 4-5 的条件下，应设法提高空气侧的对流传热系数，才能显著提高总传热系数。

四、平均温度差

依据两流体沿壁面的温度变化情况，可将间壁传热分为恒温传热和变温传热两大类。

（一）恒温传热

间壁传热时，若两流体均发生相变化，则两流体的温度将不随管长而变。例如，蒸发器中饱和蒸汽与沸腾液体间的传热就是典型的恒温传热。恒温传热时，冷、热流体间的温度差处处相等，即 $\Delta t=T-t$，且流体的流动方向对 Δt 也无影响。由式(4-63)得

$$Q=KS\Delta t_m=KS(T-t) \tag{4-77}$$

应用式(4-77)时，要注意 K 与 S 的对应关系。

（二）变温传热

间壁传热时，壁面一侧或两侧流体的温度将沿管长而变，且两流体的相互流向对传热温度差也有影响。实际生产中，两流体在换热器内的流动方向大致可分为四种情况，如图 4-16 所示。若两流体在传热面两侧以相同的方向流动，则为并流；若以相反的方向流动，则为逆流。若两流体在传热面两侧彼此呈垂直方向流动，则为错流。折流时的情况比较复杂，又可分为简单折流和复杂折流。若一种流体在传热面的一侧仅沿一个方向流动，而另一种流体在传热面的另一侧先沿一个方向流动，然后折回以相反的方向流动，如此反复地作折流，则为简单折流；而两流体在传热面两侧均作折流或既有折流又有错流，则为复杂折流。

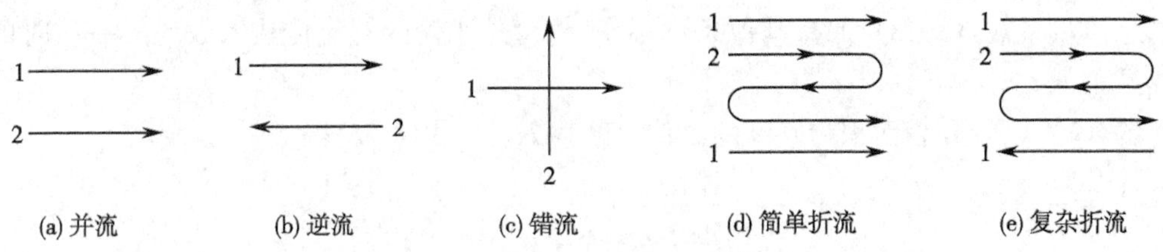

图 4-16 换热器中两流体的流向

1. 逆流和并流时的平均温度差 在换热器中，逆流或并流传热时温度差均沿管长而变，如图 4-17 所示。

逆流流动时冷流体的出口温度低于或接近于热流体的进口温度，但可能高于热流体的出口温度；并流流动时冷流体的出口温度低于或接近于热流体的出口温度。若换热器两端传热温度差中的较大者为 Δt_2，较小者为 Δt_1，则可导出逆流和并流时的平均温度差为

$$\Delta t_m=\frac{\Delta t_2-\Delta t_1}{\ln\dfrac{\Delta t_2}{\Delta t_1}} \tag{4-78}$$

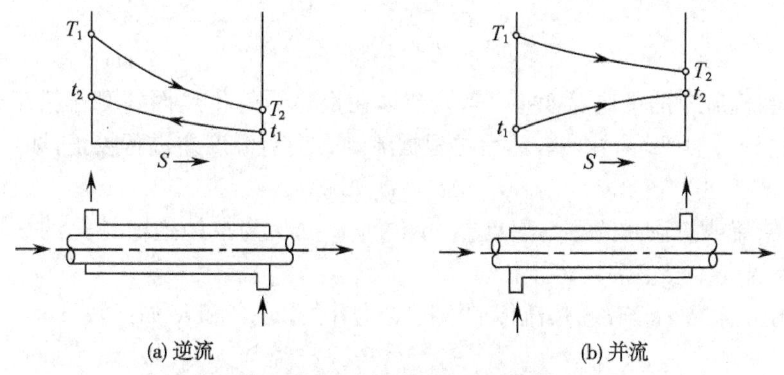

(a) 逆流　　(b) 并流

图 4-17　逆流和并流传热时的温度差变化

式(4-78)表明，逆流或并流时的平均温度差为换热器两端传热温度差的对数平均值。在工程计算中，若$\frac{\Delta t_2}{\Delta t_1}\leqslant 2$，则可用算术平均温度差代替对数平均温度差进行计算，即 $\Delta t_m=\frac{\Delta t_1+\Delta t_2}{2}$，由此而产生的误差不超过 4%。此外，若 Δt_1 或 Δt_2 等于零，则对数平均温度差也为零，即 $\Delta t_m=0$；若$\frac{\Delta t_2}{\Delta t_1}=1$，则用算术平均温度差进行计算。

式(4-78)也适用于间壁一侧流体恒温的传热。此时，逆流操作与并流操作的对数平均温度差相同。

例 4-6　并流和逆流操作时，热流体的温度均由 70℃冷却至 50℃，冷流体的温度均由 25℃加热到 40℃，试分别计算并流和逆流操作时的平均温度差。

解：(1) 并流操作时的平均温度差

$$\begin{array}{lll} T & 70℃ \longrightarrow & 50℃ \\ t & 25℃ \longrightarrow & 40℃ \\ \hline \Delta t & 45℃ & 10℃ \end{array}$$

$$\Delta t_m=\frac{\Delta t_2-\Delta t_1}{\ln\frac{\Delta t_2}{\Delta t_1}}=\frac{45-10}{\ln\frac{45}{10}}=23.3℃$$

(2) 逆流操作时的平均温度差

$$\begin{array}{lll} T & 70℃ \longrightarrow & 50℃ \\ t & 40℃ \longleftarrow & 25℃ \\ \hline \Delta t & 30℃ & 25℃ \end{array}$$

$$\Delta t_m=\frac{\Delta t_2-\Delta t_1}{\ln\frac{\Delta t_2}{\Delta t_1}}=\frac{30-25}{\ln\frac{30}{25}}=27.4℃$$

例 4-6 表明，虽然逆流和并流时两流体的进、出口温度均相同，但逆流操作时的 Δt_m 比并流的大。此外，由于逆流操作时$\frac{\Delta t_2}{\Delta t_1}=\frac{30}{25}=1.2<2$，故也可用算术平均温度差代替对数平均温度差进行计算，即

$$\Delta t_m=\frac{\Delta t_1+\Delta t_2}{2}=\frac{25+30}{2}=27.5℃$$

由此产生的误差为

$$\frac{27.5-27.4}{27.5}\times 100\%=0.36\%$$

2. 错流和折流时的平均温度差 若两流体在换热器的传热面两侧作错流或折流流动，则可先按纯逆流计算平均温度差，然后再根据流动方向对温度差进行校正，即

$$\Delta t_m=\varphi_{\Delta t}\Delta t'_m \tag{4-79}$$

式中，Δt_m 为错流或折流时的平均温度差，单位为℃；$\Delta t'_m$为按纯逆流计算的平均温度差，单位为℃；$\varphi_{\Delta t}$为温度差校正系数，无因次。

温度差校正系数 $\varphi_{\Delta t}$与冷、热流体的温度变化有关，是 P 和 R 的函数，即

$$\varphi_{\Delta t}=f(P,R) \tag{4-80}$$

式(4-80)中，

$$P=\frac{t_2-t_1}{T_1-t_1}=\frac{\text{冷流体的温升}}{\text{两流体的最初温度差}} \tag{4-81}$$

$$R=\frac{T_1-T_2}{t_2-t_1}=\frac{\text{热流体的温升}}{\text{冷流体的温升}} \tag{4-82}$$

温度差校正系数 $\varphi_{\Delta t}$可根据 P 和 R 的值由附录 19 查取。$\varphi_{\Delta t}$值恒小于 1，这是因为在各种复杂流动中同时存在逆流和并流的缘故，故错流或折流时的 Δt_m 值要比纯逆流的小。设计换热器时，应使 $\varphi_{\Delta t}\geqslant 0.8$，否则经济上不合理。若 $\varphi_{\Delta t}<0.8$，则应考虑增加壳程数或将多台换热器串联使用，使传热过程更接近于逆流。

由以上分析可知，对于两流体通过间壁的稳态变温传热，若两流体的进、出口温度相同，则采用逆流操作的平均温度差最大，并流操作的平均温度差最小，折流或错流的平均温度差介于逆流和并流之间。因此，对于给定的传热任务（Q 一定），若总传热系数 K 值相同，则采用逆流操作可减少换热器的传热面积。此外，逆流操作还可节省加热介质或冷却介质的消耗量。例如，将一定流量的冷流体由 25℃加热至 40℃，而热流体的进口温度为 70℃，出口温度不作规定。此时，若采用逆流操作，热流体的出口温度最低可降至接近 25℃，而采用并流操作，最低只能降至接近 40℃。显然，逆流操作时加热介质的消耗量较并流时的要小。

由于逆流操作要优于并流，因此实际生产中的换热器多采用逆流操作。但在某些特殊情况下也采用并流操作。例如，若工艺要求冷流体被加热时不得超过某一温度，或热流体被冷却时不得低于某一温度，则宜采用并流操作。又如，加热黏度较大的冷流体宜采用并流操作，这样可充分利用并流操作初温差较大的特点，使冷流体迅速升温，以降低黏度，提高对流传热系数。

例 4-7 一单程列管式换热器，由直径为 $\phi 25\times 2.5$mm 的钢管束组成。苯在换热器的管内流动，流量为 1.25kg/s，由 80℃冷却到 30℃。冷却水在管间与苯呈逆流流动，进口水温为 20℃，出口不超过 50℃。若已知水侧和苯侧的对流传热系数分别为 1.70 和 0.85kW/(m^2·℃)，污垢热阻和换热器的热损失可以忽略，试计算换热器的传热面积。已知苯的平均定压比热为 1.9kJ/(kg·℃)，管壁材料（钢）的导热系数为 45W/(m^2·℃)。

解：(1) 计算热负荷

$$Q=W_hC_{ph}(T_1-T_2)=1.25\times 1.9\times 10^3\times (80-30)=118.8\text{kW}$$

(2) 计算平均温度差

$$\begin{array}{lcc} T & 80℃\longrightarrow & 30℃ \\ t & 50℃\longleftarrow & 20℃ \\ \hline & 30℃ & 10℃ \end{array}$$

$$\Delta t_m = \frac{\Delta t_2 - \Delta t_1}{\ln \frac{\Delta t_2}{\Delta t_1}} = \frac{30-10}{\ln \frac{30}{10}} = 18.2℃$$

(3) 计算总传热系数：依题意知，污垢热阻和换热器的热损失可以忽略，则由式(4-72)得

$$\frac{1}{K_o} = \frac{1}{1.7} + \frac{0.0025 \times 0.025}{0.045 \times 0.0225} + \frac{0.025}{0.85 \times 0.02}$$

解得

$$K_o = 0.472 \text{kW}/(\text{m}^2 \cdot ℃)$$

(4) 计算传热面积：由式(4-65)得换热器的传热面积为

$$S_o = \frac{Q}{K_o \Delta t_m} = \frac{118.8}{0.472 \times 18.2} = 13.8 \text{m}^2$$

五、壁温的估算

在某些对流传热系数的关联式中，需要知道壁温才能计算对流传热系数。此外，壁温也是选择换热器型式和管子材料的重要依据。通常情况下，管内、外流体的平均温度 t_i 和 t_o 为已知，此时可通过试差法确定壁温。

试差时可先在 t_i 和 t_o 之间假设一壁温 t_w 值，然后分别计算两流体的对流传热系数 α_i 和 α_o，再按下式校核 t_w 是否正确

$$\frac{t_o - t_w}{\frac{1}{\alpha_o} + R_{So}} = \frac{t_w - t_i}{\frac{1}{\alpha_i} + R_{Si}} = \frac{\Delta t_m}{\frac{1}{K_o}} \tag{4-83}$$

式中，t_o、t_i、t_w 分别为管外流体、管内流体及管壁的平均温度，单位为℃；Δt_m 为平均传热温度差，单位为℃；α_o、α_i 分别为管外流体、管内流体的对流传热系数，单位为 W/(m² · ℃)；R_{Si}、R_{So}分别为管内、外传热表面的污垢热阻，单位为 m² · ℃/W。

式(4-83)忽略了管壁热阻。由式(4-83)计算出的 t_w 值若与原假设的 t_w 值一致，则 t_w 值即为所求壁温。否则应重新假设壁温，并重复上述计算步骤，直至计算值与假设值相符为止。

例 4-8　两流体在某列管式换热器中进行换热。已知管内、外流体的平均温度分别为 170℃和 135℃；管内、外流体的对流传热系数分别为 12 000W/(m² · ℃)和 1100W/(m² · ℃)，管内、外侧的污垢热阻分别为 0.0002m² · ℃/W 和 0.0005m² · ℃/W，试估算管壁的平均温度。假设管壁的导热热阻可以忽略。

解：由式(4-83)得

$$\frac{t_o - t_w}{\frac{1}{\alpha_o} + R_{So}} = \frac{t_w - t_i}{\frac{1}{\alpha_i} + R_{Si}}$$

即

$$\frac{135 - t_w}{\frac{1}{1100} + 0.0005} = \frac{t_w - 170}{\frac{1}{12\,000} + 0.0002}$$

或

$$\frac{135 - t_w}{0.00141} = \frac{t_w - 170}{0.000283}$$

解得

$$t_w \approx 164℃$$

例 4-8 表明，管壁温度与热阻较小的那一侧流体的温度相接近。因此，采用试差法确定壁温时可根据冷、热流体的对流传热情况，首先粗略地估算出 α 值，再假设 t_w 初始值与 α 值较大的那一侧流体的温度相接近，且两流体的 α 值相差愈多，壁温愈接近于 α 较大的那一侧流体的温度。

六、设备热损失的计算

实际生产中，许多设备或管道的外壁温度往往高于周围环境的温度，此时热量将由壁面以对流和辐射两种方式散失于大气中，这部分散失的热量即为设备的热损失。为减少热损失，对于温度较高的蒸汽管道、反应器、换热器等都需要进行隔热保温。

设备的热损失速率常采用与对流传热速率方程相似的公式进行计算，即

$$Q_L = \alpha_T S_w (t_w - t) \tag{4-84}$$

式中，Q_L 为设备的热损失速率，单位为 W；α_T 为对流-辐射联合传热系数，单位为 W/(m^2·℃)；S_w 为与周围环境直接接触的设备外壁的表面积，单位为 m^2；t_w 为与周围环境直接接触的设备外表面温度，单位为℃；t 为周围环境的温度，单位为℃。

若设备、管道等的外壁存在保温层，则式(4-84)中的联合传热系数可采用相应的经验公式进行估算。

(1) 空气自然对流，且 $t_w < 150℃$。在平壁保温层外，α_T 可用下式估算

$$\alpha_T = 9.8 + 0.07(t_w - t) \tag{4-85}$$

在圆筒壁保温层外，α_T 可用下式估算

$$\alpha_T = 9.4 + 0.052(t_w - t) \tag{4-86}$$

(2) 空气沿粗糙壁面作强制对流。若空气流速 $u \leqslant 5$m/s，则 α_T 可按下式估算

$$\alpha_T = 6.2 + 4.2u \tag{4-87}$$

式中，u 为空气流速，单位为 m/s。

若空气流速 $u > 5$m/s，则 α_T 可按下式估算

$$\alpha_T = 7.8u^{0.78} \tag{4-88}$$

此外，对于室内操作的釜式反应器，α_T 的值可近似取为 10W/(m^2·℃)。

例 4-9 平壁设备外表面上包有保温层，设备内流体的平均温度为 145℃，保温层外表面温度为 42℃，保温材料的导热系数为 0.08W/(m·℃)，周围环境温度为 25℃，试计算保温层的厚度。设传热总热阻全部集中于保温层内，其他热阻均可忽略不计。

解：由式(4-85)得平壁保温层外的 α_T 为

$$\alpha_T = 9.8 + 0.07(t_w - t) = 9.8 + 0.07 \times (42 - 25) = 10.99\text{W/(m}^2\cdot℃)$$

由式(4-84)得单位面积上的热损失速率为

$$q = \alpha_T (t_w - t) = 10.99 \times (42 - 25) = 186.8\text{W/m}^2$$

因传热总热阻全部集中于保温层内，故

$$q = \frac{\lambda}{b}(t_i - t_w)$$

所以保温层的厚度为

$$b = \frac{\lambda}{q}(t_i - t_w) = \frac{0.08}{186.8} \times (145 - 42) = 0.044\text{m}$$

第五节 换 热 器

换热器是制药、化工、食品、石油等许多工业部门的通用设备，在生产中占有重要地位。换热器的种类很多，特点不一。按用途的不同，换热器可分为加热器、冷却器、冷凝器、蒸发器和再沸器等；按传热原理及热交换方式的不同，换热器可分为间壁式、混合式和蓄热式三大类。在制药化工生产中，尤以间壁式换热器最为常用。下面以间壁式换热器为例，介绍制药化工生产中的常用换热器。

一、间壁式换热器

(一) 夹套式换热器

夹套式换热器的结构如图 4-18 所示。夹套通常用钢或铸铁制成，可直接焊在器壁上或者用螺钉固定在容器的法兰或器盖上。夹套与容器壁之间形成的密闭空间，可作为载热体（加热介质）或载冷体（冷却介质）的通道，另一个空间为容器内部，可作为物料的通道。

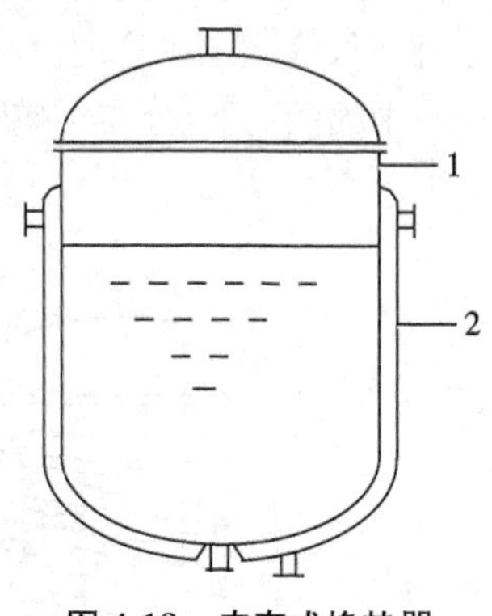

图 4-18 夹套式换热器

1-容器；2-夹套

夹套式换热器具有结构简单、造价低廉、加工方便、适应性强等特点，常用于传热量不大的场合，如用于釜式反应器、提取罐、发酵罐内物料的加热或冷却等。当采用水蒸气加热时，蒸汽应从上部接管进入夹套，冷凝水则经下部的疏水阀排出。当采用冷却水或冷冻盐水冷却时，冷却介质应从下部接管进入夹套，以排尽夹套内的不凝性气体，然后由上部的接管排出。

夹套式换热器的传热面仅为夹套所包围的容器器壁，因而传热面积受到限制。为增加传热面积，可在容器内装设蛇管。由于容器内物料的对流传热系数较小，故常在容器内安装搅拌装置，使物料作强制对流，以提高传热效果。由于夹套内难以清洗，因此只能通入不易结垢的清洁流体。当夹套内通入水蒸气等压力较高的流体时，其表压一般不能超过 0.5MPa，以免在外压作用下容器发生变形（失稳）。

(二) 套管式换热器

套管式换热器由直径不同的直管同心套合而成，其结构如图 4-19 所示。内管以及内管与外管构成的环隙组成流体的两个通道，内管表面为传热面。每一段套管称为一程，总程数可根据换热要求确定。相邻程数的内管之间采用 U 形管（180°回弯头）连接，而外管之间则直接用管子连接。每程的有效长度为 4～6m，若管子太长，管中间会向下弯曲，使环隙中的流体分布不均匀。

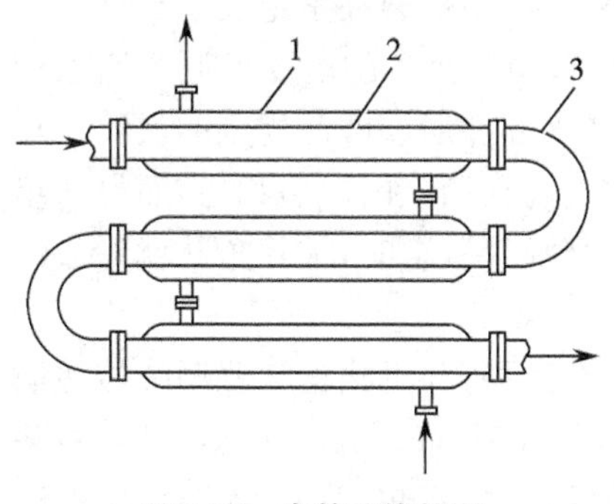

图 4-19 套管式换热器

1-外管；2-内管；3-U 形管

套管式换热器的优点是结构简单，加工方便，能耐高压，传热系数较大，可实现纯逆流操作，传热面积可根据需要增减。缺点是结构不紧凑，占地面积较大，且接头较多，易产生泄漏，环隙也不易清洗。此类换热器常用于压力较高，但流量和传热面积不大的热交换场合。

(三) 蛇管换热器

按换热方式的不同,蛇管式换热器可分为沉浸式和喷淋式两大类。

1. 沉浸式 此类换热器主要由容器和蛇管组成,其结构如图 4-20 所示。蛇管常以金属管子弯制而成,或制成与容器相适应的形状,并沉浸于液体中,从而构成管内及管外空间,传热面为蛇管表面。

沉浸式蛇管换热器的优点是结构简单,制造容易,价格低廉,管内能耐高压,防腐蚀,管外易于清洗。缺点是单位体积设备所具有的传热面积较小,管内不易清洗,管外流体的对流传热系数较小,因而总传热系数较低。适当缩小容器体积,或在容器内增设搅拌装置,可提高传热效果。此类换热器常用于釜式反应器内物料的加热或冷却,以及高压或强腐蚀性介质的传热。

2. 喷淋式 此类换热器主要由蛇管、循环泵和控制阀组成,其结构如图 4-21 所示。蛇管固定于支架上,并排列在同一垂直面上,从而构成管内及管外空间,蛇管表面为传热面。工作时,热流体在管内流动,自最上管进入,由最下管流出。冷却水由最上面的多孔管(淋水管)中喷洒而下,分布于蛇管上,并沿其两侧依次下降至下层蛇管表面,最后流入水槽而排出。

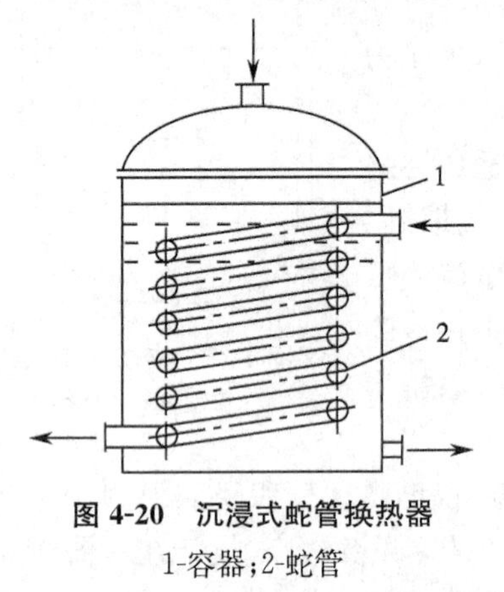

图 4-20 沉浸式蛇管换热器

1-容器;2-蛇管

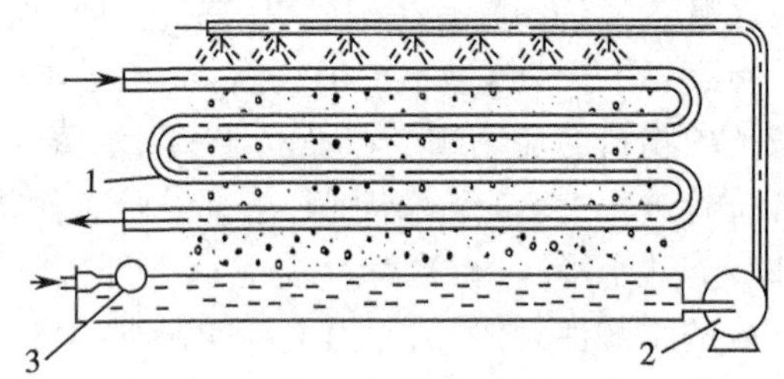

图 4-21 喷淋式蛇管换热器

1-蛇管;2-循环泵;3-控制阀

喷淋式蛇管换热器多用作冷却器,并放置于室外空气流通处。当冷却水流过蛇管表面时,可在蛇管外表面上部分汽化,因而对流传热系数较大,传热效果较好。与沉浸式相比,还具有便于清洗和检修等优点。缺点是占地面积大,喷淋不易均匀,易造成部分干管。

(四) 板式换热器

此类换热器的核心部件是一组长方形的薄金属板,又称为板片,其结构如图 4-22(a)所示。将各板片平行排列,并在相邻两板的边缘之间衬以垫片,再用框架夹紧组装于支架上即成为板式换热器。压紧后的板片之间形成封闭的流体通道,调节垫片的厚度可调节通道的大小。为提高流体的湍动程度,并增大传热面积,常将板片表面冲压成凹凸规则的波纹。在每块板片的四个角上均开有圆形角孔,其中一组角孔(两个)与板面上的流道相通,而另一组(两个)则不相通。两组角孔的位置在相邻板上是错开的,当板片叠合时,板片角孔就形成供冷、热流体进出的四个通道,如图 4-22(b)所示。

板式换热器结构紧凑,单位体积设备能提供较大的传热面积,并可根据需要调节传热面积;总传热系数较高,如对低黏度液体的传热,K 值可高达 7000W/(m^2·℃);热损失小,耗材少,易于清洗和检修。缺点是处理量不大,操作压强较低(一般不超过 2000kPa),操作温度受垫片耐热性能的限制,如对合成橡胶垫圈不能超过 130℃,压缩石棉垫圈不能超过

250℃。此外，一旦垫片发生损坏，则容易发生泄漏。此类换热器常用于需精密控制温度以及热敏性或高黏度物料的热交换过程，尤其适用于所需传热面积不大及压力较低的场合，但不适用于易结垢、堵塞的物料处理。

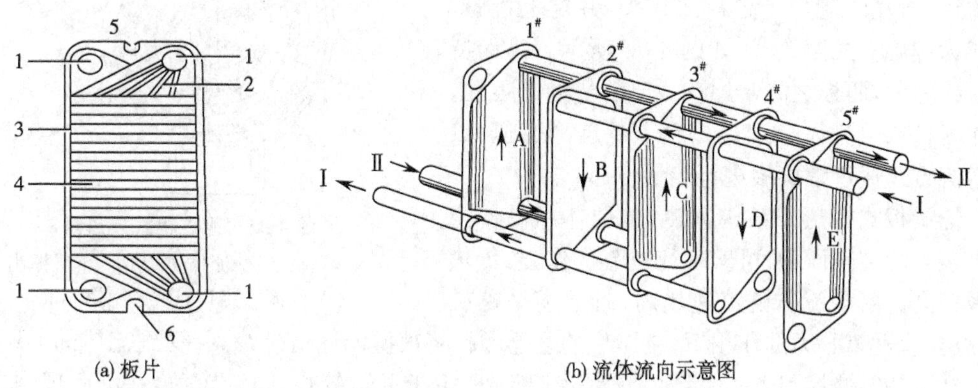

图 4-22　板式换热器

1-角孔（流体进出口）；2-导流槽；3-密封槽；4-水平波纹；5-挂钩；6-定位缺口

（五）翅片管式换热器

此类换热器的特点是在管子的内表面或外表面上加装径向或轴向翅片，如图 4-23 所示。

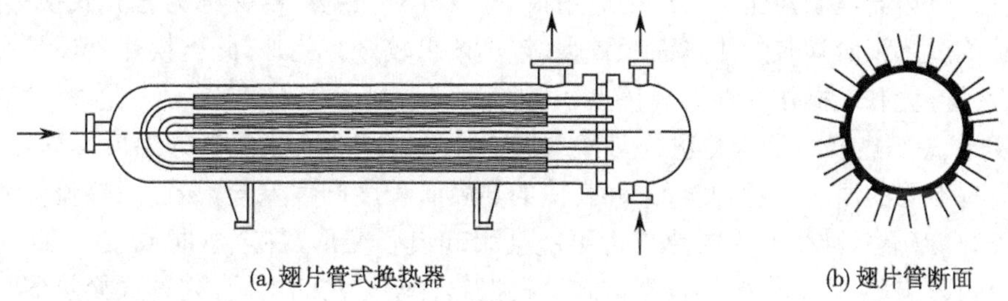

图 4-23　翅片管式换热器

翅片的种类很多，常见翅片如图 4-24 所示。按翅片高度的不同，可将翅片分为高翅片和低翅片两种。低翅片一般为螺纹管，适用于两流体的对流传热系数相差不太大的场合，如黏度较大的液体的加热或冷却等。高翅片适用于两流体的对流传热系数相差较大的场合，如用水蒸气加热空气等。安装翅片既可增大传热面积，又可加剧流体的湍流程度，从而可显著提高对流传热系数和传热效果。但翅片与管的连接应紧密、无间隙。否则，会在连接处产生较大的附加热阻，影响传热效率。

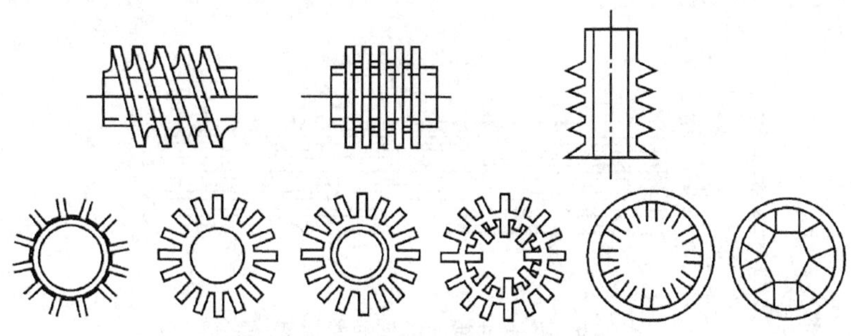

图 4-24　常见翅片

(六) 螺旋板式换热器

将两张薄金属板分别焊接在一块分隔板的两端并卷成螺旋体,从而形成两个互相隔开的螺旋形通道,再在两侧焊上盖板或封头,并配上接管,即成为螺旋板式换热器,如图 4-25 所示。为保持通道的间距,两板之间常焊有一定数量的定距柱。工作时,冷、热流体分别进入两个螺旋形通道,以纯逆流方式通过螺旋板进行热量传递。

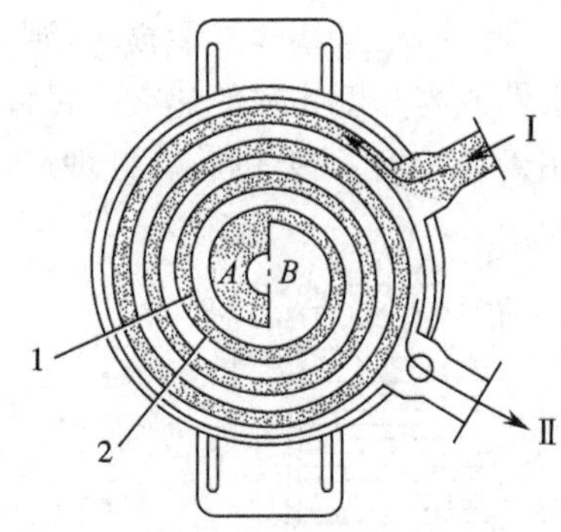

图 4-25 螺旋板式换热器

1,2-金属板;Ⅰ-冷流体进口;Ⅱ-热流体出口;A-冷流体出口;B-热流体进口

螺旋板式换热器结构紧凑,单位体积设备能提供较大的传热面积;可实现纯逆流操作,总传热系数较高。由于流体的流速较高,且通道呈螺旋形,故在惯性离心力的作用下,流体中的悬浮颗粒将被抛向通道外缘,并受到流体的冲刷,这种自冲刷功能使换热器不易结垢或堵塞。此外,由于通道较长,间壁较薄,并可实现纯逆流传热,因而可在温差较小的条件下进行操作,从而可使低温热源得到充分利用。缺点是流动阻力较大,操作压力和温度一般不能太高,一旦发生内漏则很难检修。此类换热器可用于处理悬浮液或黏度较高的流体,尤其适用于热源温度较低或需精密控温的场合。

(七) 列管式换热器

列管式换热器是制药化工生产中应用最为广泛的传热设备,又称为管壳式换热器,其突出优点是单位体积所具有的传热面积较大,传热效果较好。此外,此类换热器还具有结构紧凑坚固、选材范围广、操作弹性大等优点。

1. 列管式换热器的基本类型 列管式换热器中,由于冷、热流体的温度不同,将使管束和壳体具有不同的温度,从而使管束和壳体的热膨胀程度产生差异。若冷、热流体的温度相差较大(50℃以上),则所产生的热应力可能会引起设备变形,甚至弯曲或破裂,此时必须考虑热应力的影响,采取适当的热补偿措施。根据热补偿方法的不同,列管式换热器大致可分为三种类型。

(1) 固定管板式换热器:此类换热器的两端管板与壳体焊接成一体,其基本结构如图 4-26 所示。固定管板式换热器的优点是结构简单,造价低廉,缺点是壳程不易检修和清洗,故壳程流体应为洁净且不易结垢及腐蚀性较小的物料。若两流体的温度相差较大,则应考虑热应力的影响。图 4-26 是具有补偿圈的固定管板式换热器。补偿圈又称为膨胀节,可通过自身的弹性变形(拉伸或压缩)来适应管束与壳体之间不同的热膨胀程度。但补偿圈的补偿能力有限,且不能完全消除热应力,因而仅适用于冷、热流体的温差小于 70℃,且壳程流体压强小于 600kPa 的场合。

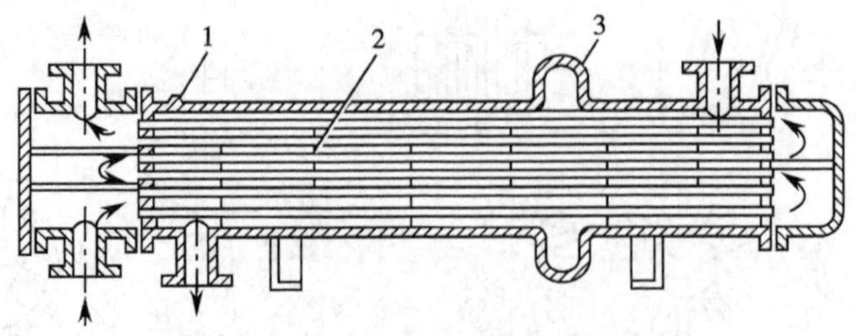

图 4-26 具有补偿圈的固定管板式换热器

1-放气嘴;2-折流板;3-补偿圈

(2) U 形管式换热器:此类换热器的换热管均弯成了 U 形,两端均固定于同一管板上,如图 4-27 所示。U 形管的进、出口分别安装于同一管板的两侧,U 形弯转端则悬空。由于每根 U 形管均与其他管子及外壳不相连,因而可自由伸缩,从而可完全消除热应力的影响。

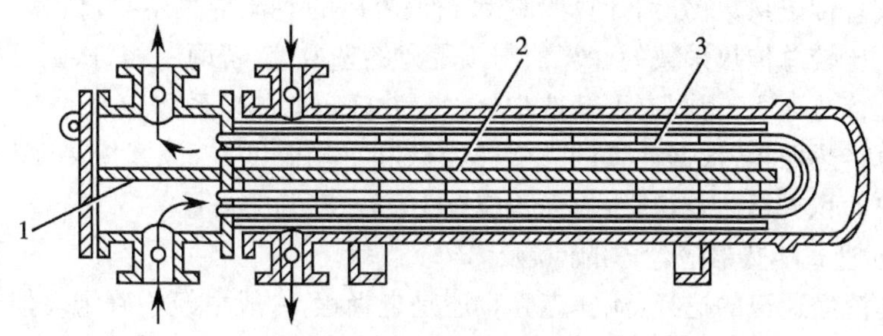

图 4-27 U 形管式换热器

1-管程隔板;2-壳程隔板;3-U 形管

U 形管式换热器的优点是结构简单,重量轻,无热应力,清洗检修方便。缺点是管程内的清洁比较困难,且管子需一定的弯曲半径,故管板的利用率较低。此外,内层换热管一旦发生泄漏损坏,只能将其堵塞而不能更换。此类换热器适用于处理不结垢、不腐蚀的清洁流体以及用于高温或高压的场合。

(3) 浮头式换热器:此类换热器仅一端管板与外壳固定连接,而另一端在器内加装一个内封头,称为浮头,如图 4-28 所示。当管子受热或受冷时,管束连同浮头可在壳体内沿轴向自由伸缩,与外壳的热膨胀无关,因而可完全消除热应力的影响。

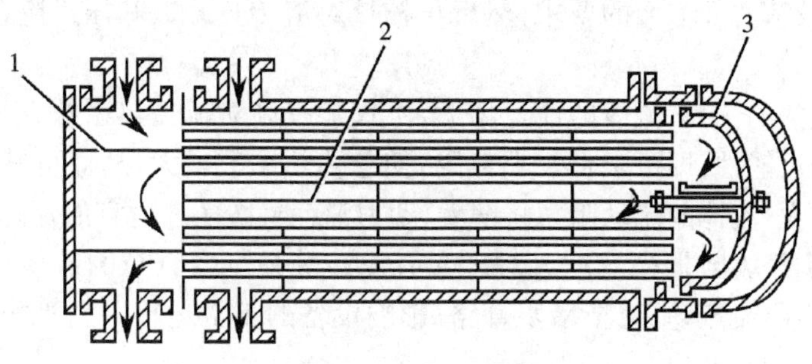

图 4-28 浮头式换热器

1-管程隔板;2-壳程隔板;3-浮头

浮头式换热器固定端的管板以法兰与壳体相连接,管板及整个管束可从壳体中抽出,这对清洗和维修十分有利。缺点是结构比较复杂,造价较高,但由于能完全消除热应力,且清洗和维修方便,因而在制药化工生产中有着广泛的应用。

2. 列管式换热器的选用步骤 常见的列管式换热器均已实现标准化,通常可按下列步骤进行选择。

(1) 根据传热任务和工艺要求,计算换热器的热负荷。

(2) 根据换热器中冷、热流体的压强、温度及腐蚀性等情况,选择换热器的材质。

(3) 计算平均温度差:先按单壳程多管程的换热器进行计算,若温度差校正因数 $\varphi_{\Delta t}<0.8$,则应增加壳程数。

(4) 依据经验选取总传热系数，估算传热面积。

(5) 确定冷、热流体的流经通道(管程或壳程)，并选定流体的流速：由流速和流量估算单管程的管子根数，再由管子根数和估算的传热面积，计算管子长度，最后根据系列标准选取适宜型号的换热器。

(6) 校核总传热系数：分别计算管程和壳程流体的对流传热系数，估算污垢热阻，计算总传热系数。比较总传热系数的计算值与步骤④的选取值，若两者相符，则可按总传热系数的计算值计算传热面积；否则应重新按步骤④～⑥确定总传热系数。

(7) 计算传热面积：根据计算的总传热系数和平均温度差，计算传热面积，并与所选的换热器的传热面积进行比较，其传热面积应有10%～25%的裕量。

3. 选用列管式换热器应考虑的问题

(1) 流体流经通道的选择：流体走壳程还是走管程，一般由经验确定。但总的原则是使传热效果更好，结构更简单，清洗更方便。

例如，对于固定管板式换热器，对于需提高流速以增大对流传热系数的流体，宜走管程，因管程流通面积常小于壳程，且可采用多管程以增大流速；具有腐蚀性的流体宜走管程，以免管束和壳体同时受到腐蚀，且管子便于清洗和检修；压力高的流体宜走管程，以免壳体承受过大的压力；不清洁、易结垢或有毒的流体宜走管程，以便于清洗。相反，饱和蒸汽宜走壳程，以便排除不凝性气体及冷凝液，且蒸汽较为洁净，冷凝传热系数与流速关系也不大；黏度较大或流量较小的流体宜走壳程，因在折流板的作用下，流体的流速和流向将不断改变，在较低雷诺数($Re>100$)时即可达到湍流；此外，需冷却的流体也宜走壳程，这样可利用外壳向外的散热作用增强冷却效果。

在选择流体流经通道时，应视具体情况，抓主要问题。一般情况下，应首先考虑流体在压力、防腐蚀以及清洗等方面的要求，然后再校核对流传热系数和压力降，尽可能做出较为合理的选择。

(2) 流体流速的选择：流体的流速增大，不仅能提高对流传热系数，而且可减少污垢在传热面上沉积的可能性，即可降低污垢热阻，使总传热系数增大，从而可减小换热器的传热面积。但流速过大，流体的流动阻力将增大，动力消耗将增多。适宜的流速可通过经济衡算来确定，也可根据经验数据来选取。对于含有泥沙等易沉降颗粒的流体，所选流速不能过低，以免流体产生层流流动，甚至堵塞管路，影响设备的正常运行。列管式换热器常采用的流速范围列于表4-4～4-6中。

表4-4 列管式换热器常采用的流速范围

流体种类		低黏度流体	易结垢液体	气体
流速，m/s	管程	0.5～3	>1	5～30
	壳程	0.2～1.5	>0.5	3～15

表4-5 列管式换热器中不同黏度液体的常用流速

液体黏度，cP	>1500	1500～500	500～100	100～35	35～1	<1
最大流速，m/s	0.6	0.75	1.1	1.5	1.8	2.4

表 4-6　列管式换热器中易燃、易爆液体的安全允许流速

液体名称	乙醚、二硫化碳、苯	甲醇、乙醇、汽油	丙酮
安全允许流速,m/s	<1	<2	<10

(3) 冷却介质终温的选择：若冷、热流体的进出口温度均由工艺条件所规定，则不存在流体温度的确定问题。若其中的一种流体仅已知进口温度，而出口温度未知，则此时需由设计者自行确定。例如，用水冷却热流体时，水的进口温度可根据当地的气候条件确定，但其出口温度需通过经济衡算来确定。为节约用水，可提高水的出口温度，但传热面积将增大；反之，为减小传热面积，冷却水的用量势必增加。一般情况下，冷却水两端的温度差可取 5～10℃。水源充足的地区，可选较小的温差，以减小传热面积；水源不足的地区，可选较大的温差，以节约用水。

(4) 换热管的规格和排列方式：我国现行的列管式换热器系列标准中，管径有 $\phi 25\times 2.5$mm 和 $\phi 19\times 2$mm 两种规格，管长有 1.5m、2m、3m 和 6m 四种规格，其中以 3m 和 6m 最为常用。管子有直列和错列两种排列方式，其中错列又分为正方形和正三角形两种，如图 4-12 所示。

(5) 管程和壳程数的确定：若流体的流量较小或因传热面积较大而导致换热器内的管数较多时，则管内流体的流速将很低，使得对流传热系数偏小。为提高管内流体的流速，可采用多管程。但程数也不宜过多，否则动力消耗将增大。在列管式换热器的系列标准中，管程数有 1、2、4、6 四种规格。

当采用多管程或多壳程时，冷、热流体的流动形式较为复杂，对数平均温度差应按式(4-79)进行校正。若温度差校正因数 $\varphi_{\Delta t}<0.8$，则应适当增加壳程数。但由于多壳程换热器的分程隔板在制造、安装及维修方面均较为困难，故一般并不采用多壳程换热器，而是将多台换热器串联使用。

(6) 折流板：安装折流板的目的是为了提高壳程流体的流速，加剧流体的湍动程度，以提高对流传热系数。折流板的形式很多，以圆缺形最为常见。为取得良好的换热效果，折流板的形状和间距必须设计适当。例如，对于圆缺形折流板，切去的弓形高度一般可取外壳内径的 20%～25%。若弓形缺口过大或过小，都易产生“死角”，既不利于传热，又可能会增加流动阻力。同样，折流板的间距对壳程中的流体流动也有重要影响。一般情况下，折流板间距可选取壳体内径的 0.2～1.0 倍。目前，对于固定管板式换热器，折流板间距有 150mm、300mm 和 600mm 三种规格；浮头式有 150mm、200mm、300mm、480mm 和 600mm 五种规格。板间距过大，难以保证流体垂直通过管束，管外流体的对流传热系数可能减小；反之，若板间距过小，则流动阻力将增大，且不便于制造和维修。

(7) 材料选用：列管式换热器的材料应根据操作压强、操作温度及流体的腐蚀性等具体情况来选取。一般情况下，为了满足设备的操作压强和操作温度，即仅从设备的强度或刚度的角度来考虑，是比较容易达到的，但材料的耐腐蚀性能，有时会成为一个复杂的问题。应注意的是，材料的机械性能及耐腐蚀性能在高温下一般要下降，同时具有耐热性、高强度及耐腐蚀性的材料是很少的。目前，常用的金属材料有碳钢、不锈钢、低合金钢、铜和铝等；非金属材料有石墨、聚四氟乙烯和玻璃等。

二、传热过程的强化

传热过程的强化就是力求用较小的传热面积或较小体积的传热设备来完成给定的传热

任务，以提高传热过程的经济性。由总传热速率方程(4-63)不难看出，增大总传热系数 K、传热面积 S 或平均温度差 Δt_m 都可以提高传热速率 Q。因此，在换热器的设计、操作及改进中，主要也是从这三方面来考虑传热过程的强化。

(一) 增大传热面积 S

增大传热面积 S，可提高传热速率，这是使用最多也是最简单的一种方法。但增大传热面积不应靠加大设备的尺寸或增加设备的数量来实现，而应从改进设备的结构，提高其紧凑性入手，力求使单位体积的设备能提供较大的传热面积。实际应用中，可采用波纹管、螺旋管或翅片管代替光滑管，以改进传热面结构，进而提高传热面积。此外，采用具有紧凑结构的新型换热器，如板式换热器、翅片管式换热器以及螺旋板式换热器等，均可增加单位体积设备所具有的传热面积。如板式换热器，每立方米体积可提供的传热面积高达 250～1500m^2，而列管式换热器仅有 40～160m^2。

(二) 增大平均温度差 Δt_m

增大平均温度差，以提高传热速率，是强化传热过程的常用措施之一。传热平均温度差的大小主要取决于冷、热流体的进、出口温度。多数情况下，流体的温度为生产工艺所规定，可变动的范围非常有限。若换热器中冷、热流体进行的是变温传热，则应尽可能采用逆流操作，以便获得较大的传热平均温度差。采用套管式换热器或螺旋板式换热器，均可实现两流体的纯逆流流动。

(三) 增大总传热系数 K

由式(4-74)或(4-75)可知，要提高总传热系数 K，必须设法减小各项热阻，尤其是控制热阻的值。一般情况下，金属壁的热阻和相变热阻不会成为传热的控制热阻，因此应着重考虑无相变流体侧的热阻和污垢热阻。

1. 提高流体流速　提高流速或对设备的结构进行适当改进(如安装折流板等)，以提高流体的湍流程度，可减薄层流内层的厚度，减小对流传热热阻，进而提高对流传热系数。例如，增加列管式换热器的管程数及壳程中的折流板数，均可提高流体的流速，但设备的结构也变得复杂，给清洗及检修带来不便。又如，将板式换热器的板片表面冲压成凹凸不平的波纹，流体在螺旋板式换热器的螺旋形通道中受离心力的作用，均可增加流体的湍动程度。但应注意，随着流速的增大，流体的流动阻力也迅速增大，从而导致动力消耗增大。因此，不能片面地通过提高流速来增大对流传热系数，而应综合考虑，选择最经济的流速。

2. 防止结垢和及时清除垢层　换热器经一段时间使用后，传热面上可能会形成污垢或结晶，产生附加热阻，导致总传热系数下降。为此，可适当增大流速或选用具有自冲刷作用的螺旋板式换热器，以减缓垢层的形成和增厚，从而减小污垢热阻。在选用换热器时，可选用易清洗的换热器，以便定期清除污垢。此外，还可根据结垢情况，采用机械或化学的方法定期清除垢层。

习　题

1. 一平壁加热器为减少热损失，外面又包一层绝热材料，其导热系数为 0.163W/(m·K)，厚度为 260mm。若测知绝热材料外表面的温度为 35℃，插入绝热材料层 50mm 处的温度为 70℃。试计算加热器壁面的温度为多少。(217℃)

2. 炉壁内层由耐火砖组成，其厚度为 500mm，导热系数为 1.163W/(m·K)；外层由普通砖组成，其厚度为 250mm，导热系数为 0.582W/(m·K)。该炉壁内壁面温度为 1200℃，外壁面温度为 80℃。试计算：(1) 每小时每平方米炉壁面的热损失；(2) 耐火砖与普通砖界面的温度。(4.691×10^3kJ/(m^2·h)，639.8℃)

3. 已知蒸汽管的内径为 160mm，外径为 170mm，管外先包一层 20mm 厚的石棉，再包一层 40mm 厚的保温灰。设蒸汽管的内壁温度为 169℃，保温灰外表面的温度为 40℃，钢管的导热系数为 46.52W/(m·K)，石棉的导热系数为 0.174W/(m·K)，保温灰的导热系数为 0.07W/(m·K)。试计算：(1) 每米管长的热损失；(2) 石棉层与保温灰间的温度；(3) 管外壁与石棉层间的温度。(113.6W/m；123.4℃；169℃)

4. 在蒸汽管道外包扎两层厚度相同而导热系数不同的绝热层。已知外层绝热层的平均直径为蒸汽管道外径的 2 倍，外层绝热层的导热系数为内层绝热层的 2 倍。现将两绝热层的材料互换，而其他条件保持不变，试确定：(1) 每米管长的热损失是原来的多少倍？(2) 哪一种材料包扎在内层更为合适？(1.25 倍；导热系数小的包扎在内层更合适)

5. 水在 $\phi38\times1.5$mm 的管内流动，流动速度为 1m/s，水进管时的温度为 15℃，出管时的温度为 85℃，试计算管壁对水的对流传热系数。(4872W/(m^2·K))

6. 欲将 4200kg/h 的苯从 303K 加热至 323K，苯在 $\phi38\times2.5$mm 的管内流动，管外套以 $\phi57\times3$mm 的钢管。甲苯在环形空间中由 335K 冷却至 311K。已知苯的定压比热为 $C_{pc}=1780$J/(kg·K)；甲苯的定压比热为 $C_{ph}=1820$J/(kg·K)，黏度为 $\mu=0.45\times10^{-3}$Pa·s，导热系数为 $\lambda=0.129$W/(m·K)，密度为 $\rho=838.6$kg/m^3。若热损失可以忽略，试计算甲苯的对流传热系数。(1634.7W/(m·K))

7. 在列管式换热器中用水冷却油。已知换热管的规格为 $\phi21\times2$mm，管壁的导热系数 $\lambda=45$W/(m·℃)，水在管内流动，对流传热系数 $\alpha_i=3500$W/(m^2·℃)；油在管间流动，对流传热系数 $\alpha_o=240$W/(m^2·℃)。水侧的污垢热阻 $R_{Si}=2.54\times10^{-4}m^2$·℃/W，油侧的污垢热阻 $R_{So}=1.67\times10^{-4}m^2$·℃/W，试计算：(1) 以管外表面为基准的总传热系数；(2) 污垢产生后热阻增加的百分数及总传热系数下降的百分数。[197.67W/(m^2·℃)；10.5%，9.5%]

8. 已知在列管式换热器中，加热介质走壳程，其进、出口温度分别为 100℃和 70℃。冷流体走管程，其进、出口温度分别为 20℃和 60℃，试计算下列各种情况下的平均温度差：(1) 壳程和管程均为单程的换热器，设两流体呈逆流流动；(2) 壳程和管程均为单程的换热器，设两流体呈并流流动。(44.8℃；33.7℃)

9. 已知有一列管换热器，管内走原油，流量为 68 000kg/h，温度由 81℃升至 102℃；管外走柴油，温度由 249℃降至 129℃。若换热器面积为 100m^2，原油的平均定压比热为 2.2kJ/(kg·K)，试计算该操作条件下换热器的总传热系数。(113.14W/(m^2·K))

10. 在某内管为 $\phi180\times10$mm 的套管换热器内，每小时将 3500kg 的热水从 100℃冷却到 60℃，冷却水进、出温度分别为 40℃、50℃，总传热系数 K=2000W/(m^2·K)。试计算：(1) 冷却水用量；(2) 两流体分别作并、逆流时的平均温度差。(14 070kg/h；27.91℃，32.74℃)

11. 在一传热外表面积为 260m^2 的单程列管式换热器中，用流量为 2.6kg/s、温度为 600℃的气体作为加热介质，使流量为 3.0kg/s、温度为 350℃的某气体流过壳程并被加热至 450℃。已知两流体作逆流流动，平均比热均为 1.024kJ/(kg·℃)，若换热器的热损失为壳

程气体传热量的 15%，试计算总传热系数。(8.3W/(m^2·℃))

12. 某列管式换热器，管束由 ϕ25×2.5mm 的钢管组成。CO_2 在管内流动，流量为 5kg/s，温度由 60℃冷却至 25℃。冷却水走管间，与 CO_2 呈逆流流动，流量为 3.8kg/s，进口温度为 20℃。已知管内 CO_2 的定压比热 $C_{ph}=0.653$kJ/(kg·℃)，对流传热系数 $\alpha_i=$ 260W/(m^2·℃)；管间水的定压比热 $C_{pc}=4.2$kJ/(kg·℃)，对流传热系数 $\alpha_o=1500$W (m^2·℃)；钢的导热系数 $\lambda=45$W/(m·℃)。若热损失和污垢热阻均可忽略不计，试计算换热器的传热面积。(39.03m^2)

思 考 题

1. 简述传热的三种基本方式及特点。
2. 对于多层平壁的稳态热传导，各层的热阻与温度差之间有什么关系？
3. 简述冷、热流体分别在固体壁面的两侧流动时，热量如何进行传递。
4. 简述影响对流传热系数的主要因素。
5. 简述影响蒸汽冷凝传热的主要因素。
6. 简述影响液体沸腾传热的主要因素。
7. 简述导热系数、对流传热系数和总传热系数的物理意义。
8. 逆流传热有何优点？何时宜采用并流传热？
9. 列举列管式换热器的几种常见的热补偿方式。
10. 简述传热过程的强化途径。

（于智莘　杨　照）

第五章 蒸 发

将含有不挥发性溶质的溶液加热至沸腾，使溶剂部分汽化并移除蒸汽，从而使溶液中溶质浓度提高的单元操作称为蒸发，所采用的设备称为蒸发器。蒸发是一种古老的单元操作，在《天工开物》中记载着用大锅熬卤制盐和榨汁制糖，是蒸发的早期应用。在日常生活中，熬中药亦属于此操作。蒸发操作不仅在日常生活中常见，同时也广泛应用于化工、制药、食品、轻工等许多行业。例如，由中药提取罐流出的溶液，有效成分的浓度一般很低，可通过蒸发的方法来提高浓度。又如，在化学合成药物生产中，反应常在稀溶液中进行，其中间体及产品则溶解于溶液中，此时常采用蒸发的方法来提高其浓度，以便进一步通过结晶的方法使目标产物析出。

第一节 概 述

蒸发操作在制药化工生产中主要应用于以下几个方面：①将稀溶液浓缩获得浓缩的溶液，直接作为产品或半成品，如各种中药水提液的浓缩等；②将溶液浓缩并与结晶联合操作精制固体产品，如通过蒸发和结晶工序得到有效成分的结晶等；③将溶液蒸发并冷凝获得纯净的溶剂，如蒸馏水的制备等；④同时浓缩溶液和回收溶剂，如中药生产中酒精浸出液的蒸发等。

被蒸发的溶液可以是水溶液，也可以是其他溶剂的溶液。在制药化工生产中，由于被蒸发的溶液大多为水溶液，采用的加热剂通常为水蒸气，故本章主要介绍以水蒸气作为加热剂的水溶液的蒸发过程。

一、蒸发过程的特点

蒸发过程只是从溶液中分离出部分溶剂，而溶质仍留在溶液中，因此，蒸发操作是一种使溶液中的挥发性溶剂与不挥发性溶质分离的过程。尽管蒸发操作的目的是物质的分离，但蒸发过程的实质是传热壁面一侧的蒸汽冷凝与另一侧的溶液沸腾间的传热过程，溶剂的汽化速率取决于传热速率，故蒸发操作属于传热操作的范畴，蒸发设备为传热设备。但由于蒸发操作是含有不挥发性溶质的溶液的沸腾传热，故又不同于一般的传热过程。与一般传热过程相比，蒸发过程具有以下特点。

1. 传热性质　传热壁面一侧为加热蒸汽进行冷凝，另一侧为溶液沸腾，故蒸发过程属于壁面两侧流体均有相变化的恒温传热过程。

2. 溶液沸点的改变　由于溶液含有不挥发性溶质，因此，在相同温度下，溶液的蒸气压比纯溶剂的小，即在相同压强下，溶液的沸点要高于纯溶剂的沸点，故当加热蒸汽一定时，蒸发溶液时的传热温度差要小于蒸发纯溶剂时的传热温度差。溶液的浓度越高，这种影响就越显著。

3. 溶液性质 有些溶液在蒸发过程中，溶质或杂质常在加热表面沉积、析出结晶而形成垢层，影响传热；有些溶质是热敏性的，在高温下停留时间过长易变质；有些溶液在蒸发过程中黏度逐渐增大，腐蚀性逐渐增强，等等。溶液的这些性质对蒸发器的结构提出了特殊的要求。例如，若溶液在蒸发过程中易形成垢层使传热过程恶化，在设计蒸发器结构时应设法防止或减少垢层的生成，并使加热面易于清洗。又如，若溶液在高温下停留时间过长易变质，则应设法减少溶液在蒸发器中的停留时间。

4. 雾沫夹带 蒸发过程中产生的蒸汽常夹带较多的雾沫和液滴，冷凝前必须设法除去，否则不但损失物料，而且会对冷凝设备、多效蒸发器的传热面产生污染。因此，蒸发室内要有足够的分离空间，往往还要设置适当形式的除沫器除去雾沫和液滴。

5. 能量回收 蒸发过程是溶剂的汽化过程，溶剂汽化需吸收大量的汽化热，故蒸发过程是一个高能耗的单元操作，而溶剂汽化产生的大量的水蒸气又具有较大的潜热。习惯将用于加热的水蒸气称为生蒸汽或一次蒸汽，而从蒸发器中汽化生成的水蒸气称为二次蒸汽。如何利用二次蒸汽的潜热和节能是蒸发操作应予考虑的重要问题。

二、蒸发的分类

按加热方式的不同，蒸发可分为直接加热和间接加热两大类。间接加热时加热蒸汽的热量是通过间壁式换热器传递给被蒸发溶液而使溶剂汽化，制药化工生产中的蒸发过程多属于此类。

按蒸发方式的不同，蒸发可分为自然蒸发和沸腾蒸发两大类。自然蒸发是溶液中的溶剂在低于其沸点的条件下汽化，此种蒸发仅在溶液的表面进行，故效率较低。沸腾蒸发是在溶液的沸点下蒸发，效率较高。制药化工生产中多采用沸腾蒸发。

按操作方式的不同，蒸发可分为间歇蒸发和连续蒸发两大类。间歇蒸发采用分批进料或出料，随着过程的进行，蒸发器内提取液的浓度和沸点均随时间而变，是一种典型的非稳态过程，常用于小批量、多品种的场合。而连续蒸发时提取液随进随出，当操作达到稳定时则为稳态过程，常用于大规模工业生产。

按效数的不同，蒸发可分为单效蒸发和多效蒸发两种。若将二次蒸汽直接引入冷凝器中冷凝或用作与蒸发无关的其他操作的热源，这种操作方式称为单效蒸发。若将二次蒸汽引至下一台蒸发器作为加热蒸汽，并将多个蒸发器串联，这种串联蒸发操作方式称为多效蒸发。多效蒸发使蒸汽的热能得到多次利用，从而达到节能降耗的目的。

按操作压力的不同，蒸发可分为常压、加压和减压蒸发操作三种类型。显然，对于热敏性物料，如抗生素溶液、果汁等的蒸发浓缩应在减压的条件下进行。减压蒸发又称为真空蒸发。真空蒸发是在减压或真空条件下进行的蒸发过程，具有许多突出优点：①在减压条件下操作，溶液的沸点降低，从而增大了传热温度差，使蒸发过程的传热推动力增大，蒸发速率加快，因而可减少蒸发器的传热面积；②减压蒸发的操作温度较低，因而蒸发过程中产品不易结焦，产品的质量较好，并可减少蒸发器的热损失；③减压蒸发的温度较低，特别适用于热敏性溶液的蒸发。例如，常压下中草药提取液的沸点在100℃左右，当减压至600～700mmHg时，可将其沸点降至40～60℃，从而可防止有效成分的分解；④减压蒸发提供了利用温度较低的低压蒸汽和废热蒸汽作为加热蒸汽的可能性。减压蒸发的缺点是溶液黏度随沸点的降低而增大，这对传热过程是不利的。此外，减压蒸发需设置真空系统，使得设备投资和能耗增大。

第二节 单效蒸发

一、单效蒸发流程

溶液所产生的二次蒸汽不再被利用的蒸发操作称为单效蒸发。单效蒸发流程如图 5-1 所示。图中蒸发器由加热室 1 和蒸发室 2 两部分组成。料液加入蒸发器，进入其下部的加热室。加热室为列管式换热器，加热蒸汽在加热室的管间冷凝，放出的热量通过管壁传递给列管内的料液，料液受热沸腾，其中的溶剂汽化。蒸发器的上部为蒸发室，其内常设有除沫器（参见本章第五节）。汽化产生的二次蒸汽在蒸发室及除沫器内将夹带的雾沫和液滴予以分离，分离后的液体返回至蒸发器中。当料液被浓缩至规定浓度后即从蒸发器底部排出，此时的溶液又称为完成液。二次蒸汽及不凝性气体进入冷凝器，分别冷凝后排出与排空。加热蒸汽冷凝成的冷凝水由疏水阀排出。

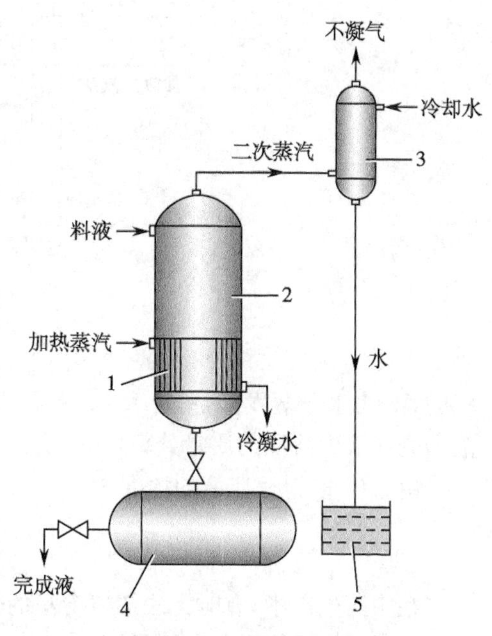

图 5-1 单效蒸发流程

1-加热室；2-蒸发室；3-冷凝器；4-贮罐；5-水槽

蒸发时，被蒸发出来的二次蒸汽必须不断地从蒸发器内移除，否则蒸汽与溶液之间将逐渐趋于平衡状态，使蒸发过程无法继续进行。

二、单效蒸发计算

单效蒸发中，料液的组成、流量、温度以及完成液的浓度均取决于工艺条件，加热蒸汽的压力、冷凝器的真空度等取决于工艺条件和生产条件。

单效蒸发的计算内容主要有三项：①单位时间内蒸出的水分量，即水分蒸发量；②加热蒸汽消耗量；③蒸发器的传热面积。

对于给定的生产任务和操作条件，可通过物料衡算和热量衡算来确定水分蒸发量、加热蒸汽消耗量以及蒸发器的传热面积等工艺参数。

（一）水分蒸发量

溶液在蒸发过程中料液中的溶质量保持不变。如图 5-2 所示，在单效蒸发器中对溶质进行物料衡算得

$$Fx_{W0}=(F-W)x_{W1} \tag{5-1}$$

则水分蒸发量为

$$W=F\left(1-\frac{x_{W0}}{x_{W1}}\right) \tag{5-2}$$

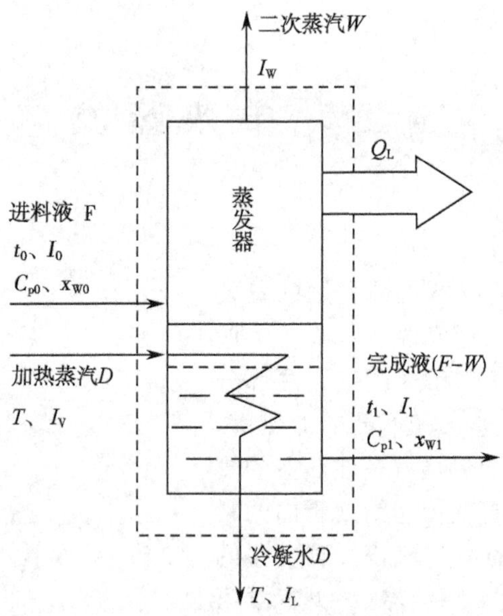

图 5-2 单效蒸发的计算

式中，W 为水分蒸发量，单位为 kg/s；F 为原料液处理量，单位为 kg/s；x_{W0}、x_{W1} 分别为原料液和完成液中溶质的质量分率，无因次。

由式(5-2)得完成液的浓度为

$$x_{W1}=\frac{Fx_{W0}}{F-W} \tag{5-3}$$

在中药生产中，有时无法知道溶液的确切浓度，此时可根据浓缩前后的溶液体积及所测得的相对密度求出水分蒸发量，即

$$W=1000(V_1s_1-V_2s_2) \tag{5-4}$$

式中，W 为水分蒸发量，单位为 kg/s；V_1、V_2 分别为原料液和浓缩液的体积流量，单位为 m^3/s；s_1、s_2 分别为原料液和浓缩液的相对密度。

(二) 加热蒸汽消耗量

在蒸发操作中，加热蒸汽的热量主要用于三个方面。①将溶液加热至沸点所需的热量；②溶剂蒸发所需的热量；③向周围环境散失的热量。对于某些溶液，由于稀释时放出热量，所以在蒸发这些溶液时还应考虑要供给与稀释热量相当的浓缩热。

加热蒸汽消耗量可通过热量衡算求得。如图 5-2 所示，若加热蒸汽冷凝为同温度下的饱和液体，则对蒸发器进行热量衡算得

$$FI_0+DI_V=(F-W)I_1+DI_L+WI_W+Q_L \tag{5-5}$$

则

$$Q=D(I_V-I_L)=Dr=(F-W)I_1+WI_W-FI_0+Q_L \tag{5-6}$$

所以

$$D=\frac{F(I_1-I_0)+W(I_W-I_1)+Q_L}{r} \tag{5-7}$$

式中，Q 为蒸发器的热负荷或传热速率，单位为 kJ/s 或 kW；D 为加热蒸汽消耗量，单位为 kg/h；I_0、I_1 分别为原料液和完成液的焓，单位为 kJ/kg；I_V、I_L 分别为加热蒸汽及其冷凝液的焓，单位为 kJ/kg；I_W 为二次蒸汽的焓，单位为 kJ/kg；r 为加热蒸汽的汽化潜热，单位为

kJ/kg；Q_L 为蒸发器的热损失，单位为 kJ/s 或 kW。

若完成液在沸点下排出，则

$$I_w - I_1 \approx r' \tag{5-8}$$

式中，r'为二次蒸汽的汽化潜热，单位为 kJ/kg。

将式(5-8)代入式(5-7)得

$$D=\frac{F(I_1-I_0)+Wr'+Q_L}{r} \tag{5-9}$$

某些溶液在蒸发过程中要吸收浓缩热，且随着浓度的增大吸收的浓缩热也增大，导致加热蒸汽消耗量增大。实际上，浓缩热是一种浓度变化热。但除了某些酸、碱水溶液的浓缩热较大外，大多数物质水溶液的浓缩热并不大。由于溶液的浓缩热已被合并计算到溶液的热焓变化中，故用焓进行热量衡算可使计算过程简化，计算结果精确。溶液的焓可从焓浓图中查得，但中药体系的焓浓图较为缺乏。

若蒸发过程溶液的浓缩热不能忽略，但又无焓浓图可查，可先按忽略浓缩热的方法计算，然后再对计算结果进行修正。

对于大多数物料的蒸发，若溶液的浓缩热可以忽略，则可由比热求得其焓。习惯上取0℃为基准，即规定 0℃时的焓为零，则

$$I_1=C_{p1}t_1-0=C_{p1}t_1$$

$$I_0=C_{p0}t_0-0=C_{p0}t_0$$

代入式(5-9)得

$$D=\frac{F(C_{p1}t_1-C_{p0}t_0)+Wr'+Q_L}{r} \tag{5-10}$$

式中，C_{p0}、C_{p1} 分别为原料液和完成液定压比热，单位为 kJ/(kg · ℃)；r、r'分别为加热蒸汽和二次蒸汽的汽化潜热，单位为 kJ/kg；t_0、t_1 分别为原料液的温度和完成液的温度，单位为℃。

为避免使用不同溶液浓度下的定压比热，可近似认为溶液的定压比热和所含溶质的浓度呈加和关系，即

$$C_{p0}=C_w(1-x_{W0})+C_Bx_{W0} \tag{5-11}$$

$$C_{p1}=C_w(1-x_{W1})+C_Bx_{W1} \tag{5-12}$$

式(5-11)和式(5-12)中，C_w、C_B 分别为溶剂和溶质的定压比热，单位为 kJ/(kg · ℃)。

当溶液浓度较低时，$C_{p1}\approx C_{p0}$，则式(5-10)可写成

$$D=\frac{FC_{p0}(t_1-t_0)+Wr'+Q_L}{r} \tag{5-13}$$

若原料由预热器加热至沸点后进料(沸点进料)，即 $t_1=t_0$，且热损失可以忽略，则式(5-13)可简化为

$$D=\frac{Wr'}{r} \tag{5-14}$$

令

$$e=\frac{D}{W} \tag{5-15}$$

则由式(5-14)得

$$e=\frac{r'}{r} \tag{5-16}$$

式中，e 为蒸发 1kg 水分时的加热蒸汽消耗量，称为单位蒸汽消耗量，单位为 kg/kg。

由于蒸汽的汽化潜热随压力变化不大，即 r' 与 r 的值近似相等，因此 $e\approx1$。可见，每蒸发 1kg 的水分约需消耗 1kg 的加热蒸汽。但在实际蒸发操作中，由于存在热损失等原因，e 的值约等于 1.1 或更大。可见，单效蒸发过程的能耗很大，是很不经济的。

（三）传热面积

由总传热速率方程(4-63)得

$$S=\frac{Q}{K\Delta t_{\mathrm{m}}} \tag{5-17}$$

式中，S 为蒸发器的传热面积，单位为 m^2；K 为蒸发器的总传热系数，单位为 W/(m^2・℃)；Δt_{m} 为传热平均温度差，单位为℃；Q 为蒸发器的热负荷，单位为 W 或 kJ/kg。

若忽略热损失，式(5-17)中的 Q 即为加热蒸汽冷凝所放出的热量，即

$$Q=D(I_{\mathrm{V}}-I_{\mathrm{L}})=Dr \tag{5-18}$$

为计算蒸发器的传热面积，还必须先确定 Δt_{m} 和 K 的值。

1. 传热平均温度差 Δt_{m}　在蒸发操作中，蒸发器加热室一侧是蒸汽冷凝，另一侧为液体沸腾，故传热平均温度差为

$$\Delta t_{\mathrm{m}}=T-t_1 \tag{5-19}$$

式中，T 为加热蒸汽的温度，单位为℃；t_1 为操作条件下溶液的沸点，单位为℃。

应当指出的是，溶液的沸点不仅与蒸发器内的操作压强有关，而且与溶液浓度、液位深度等因素有关。因此，在计算 Δt_{m} 时需考虑这些因素。

(1) 溶液浓度的影响：由于溶液中存在不挥发性溶质，因此其蒸气压比纯溶剂的低。换言之，一定压强下溶液的沸点比纯溶剂的高，其差值称为溶液的沸点升高。影响溶液沸点升高的主要因素为溶液的性质及浓度。一般情况下，有机物溶液的沸点升高较小；无机物溶液的沸点升高较大；稀溶液的沸点升高值不大，但随着溶液浓度的增大，沸点升高值亦明显增大。例如，7.4%的 NaOH 溶液在常压下的沸点为 102℃，沸点升高值仅为 2℃；而 20%的 NaOH 溶液在常压下的沸点为 108.5℃，此时溶液的沸点升高值达到 8.5℃。

沸点升高现象将使蒸发操作过程中的传热温度差减少，导致传热速率下降。例如，用 120℃饱和水蒸气加热 20%的 NaOH 水溶液，并使之沸腾，则传热温度差为(120－108.5)＝11.5℃；而用 120℃饱和水蒸气加热纯水并使之沸腾时的传热温度差为(120－100)＝20℃。可见，由于存在沸点升高现象，使得相同条件下蒸发溶液时的有效温度差下降了 8.5℃，这是因溶液蒸气压下降而引起的温度差损失，以 Δ' 表示。

有时蒸发操作在加压或减压条件下进行，须求出各种浓度在不同压力下的沸点，若缺乏实验数据，可用下式估算沸点升高值 Δ'，即

$$\Delta'=f\Delta'_a \tag{5-20}$$

式中，Δ' 为操作条件下的溶液沸点升高值，单位为℃；Δ'_a 为常压下的溶液沸点升高值，单位为℃；f 为校正系数，无因次，其值可由下式计算

$$f=0.0162\frac{(T'+273)^2}{r'} \tag{5-21}$$

式中，T' 为操作压力下二次蒸汽的饱和温度，单位为℃；r' 为操作压力下二次蒸汽的汽化潜热，单位为 kJ/kg。

（2）液柱静压力的影响：某些蒸发操作要求维持一定高度的液位，由于液柱静压力的作用，使溶液内部的压力大于液面的压力，导致溶液内部的沸点高于液面的沸点，且溶液内部的沸点随液层深度的增加而上升，两者之差即为因液柱静压力而引起的温度差损失，以 Δ''表示。为简便起见，计算时溶液内部的压力取为液层中部的压力 p_m。根据流体静力学基本方程式，液层中部的压力 p_m 为

$$p_m = p_0 + \frac{\rho g L}{2} \tag{5-22}$$

式中，p_0 为溶液表面的压力，即蒸发器分离室内的压力，单位为 Pa；ρ 为溶液的平均密度，单位为 kg/m³；L 为液层深度，单位为 m。

因此，由液柱静压力所引起的温度差损失 Δ''的计算式为

$$\Delta'' = t_{pm} - t_{p0} \tag{5-23}$$

式中，t_{pm}为液层中部 p_m 压力下溶液的沸点，单位为℃；t_{p0}为溶液表面压力 p_0 下溶液的沸点，单位为℃。

近似计算时，式(5-23)中的 t_{pm}和 t_{p0}可分别用相应压力下水的沸点代替。

（3）管道流动阻力的影响：若设计计算中温度以冷凝器的压力（即饱和温度）为基准，则还需考虑二次蒸汽从分离室流动至冷凝器时因管路流动阻力使二次蒸汽的压强降低而引起的温度差损失，以 Δ'''表示。影响 Δ'''值的因素很多，如二次蒸汽的流速，管路的材料、结构、形状、长度，管件的数量以及除沫器的阻力等。管子愈长，管件愈多，则 Δ'''的值也愈大。由于 Δ'''的值难以精确计算，故常取经验值为 1～1.5℃，即 Δ'''＝1～1.5℃。

综上所述，操作条件下溶液的沸点 t_1 可按下式计算

$$t_1 = t_1' + \Delta' + \Delta'' + \Delta''' \tag{5-24}$$

或

$$t_1 = t_1' + \Delta \tag{5-25}$$

式(5-24)和式(5-25)中，t_1'为冷凝器操作压力下的饱和水蒸气温度，单位为℃；$\Delta = (\Delta' + \Delta'' + \Delta''')$为总温度差损失，单位为℃；

蒸发计算中，常将$(T - t_1)$称为有效温度差，而将$(T - t_1')$称为理论温度差，即认为是蒸发器蒸发纯水时的温度差。

2. 总传热系数 K 根据传热基本关系式，蒸发器的总传热系数可按下式计算

$$K = \frac{1}{\frac{d_o}{\alpha_i d_i} + R_{Si}\frac{d_o}{d_i} + \frac{b d_o}{\lambda d_m} + R_{So} + \frac{1}{\alpha_o}} \tag{5-26}$$

式中，α_i 为管内溶液沸腾的对流传热系数，单位为 W/(m²·℃)；α_o 为管外蒸汽冷凝的对流传热系数，单位为 W/(m²·℃)；d_o、d_i、d_m 分别为管外径、内径、平均直径，单位为 m；R_{Si}为管内污垢热阻，单位为 m²·℃/W；R_{So}为管外污垢热阻，单位为 m²·℃/W；b 为管壁厚度，单位为 m；λ 为管材的导热系数，单位为 W/(m·℃)。

多数情况下要定量计算蒸发器的总传热系数是相当困难的。目前蒸发器的总传热系数仍主要靠现场实测或根据经验选取，以作为设计计算的依据。表 5-1 中列出了常用蒸发器总传热系数的大致范围，供设计计算时参考。选用时，对于稀溶液且温度差较大时，可取较大的数值；对黏度高而温度差比较低的溶液，可取较小的数值。

表 5-1 常用蒸发器总传热系数 K 的经验值

蒸发器型式		总传热系数,W/(m² · ℃)
标准式(自然循环)		600～3000
标准式(强制循环)		1200～6000
悬筐式		600～3000
外热式(自然循环)		1200～6000
外热式(强制循环)		1200～7000
升膜式		1200～6000
降膜式		1200～3500
刮板式	料液黏度:0.001～0.1Pa · s	1500～5000
	料液黏度:1～10Pa · s	600～1000
离心式		3000～4000

例 5-1 用单效蒸发器将原料浓度为 5%溶液浓缩至 20%,进料量为 10 000kg/h,加热用饱和蒸汽压力为 200kPa,蒸发室内压力为 20kPa,溶液沸点为 75℃,原料液定压比热为 3.7kJ/(kg · ℃),蒸发器的总传热系数为 2000W/(m² · ℃),热损失为 16kW。试确定:(1) 水分蒸发量;(2) 进料温度分别为 20℃和沸点时,加热蒸汽的消耗量、蒸发器的传热面积以及生蒸汽的经济性。

解:(1) 由式(5-2)得水分蒸发量

$$W=F\left(1-\frac{x_{W0}}{x_{W1}}\right)=10\,000\times\left(1-\frac{0.05}{0.20}\right)=7500\text{kg/h}$$

(2) 由附录 6 查得,加热蒸汽绝对压力为 200kPa 时,加热蒸汽温度 T=120.2℃,汽化潜热 r=2205kJ/kg;蒸发室内压力为 20kPa 时,二次蒸汽的汽化潜热 r'=2355kJ/kg。

1) 进料温度为 20℃:由式(5-13)得加热蒸汽消耗量为

$$D=\frac{FC_{p0}(t_1-t_0)+Wr'+Q_L}{r}$$

$$=\frac{10\,000\times3.7\times(75-20)+7500\times2355+16\times3600}{2205}$$

$$=8959\text{kg/h}$$

由式(5-17)得蒸发器的传热面积为

$$S=\frac{Q}{K\Delta t_m}=\frac{Dr}{K(T-t_1)}=\frac{8959\times2205\times10^3}{2000\times3600\times(120.2-75)}=60.7\text{m}^2$$

由式(5-15)得生蒸汽的经济性为

$$e=\frac{D}{W}=\frac{8959}{7500}=1.19$$

2) 沸点进料:此时 $t_0=t_1$,代入式(5-13)得加热蒸汽消耗量为

$$D=\frac{FC_{p0}(t_1-t_0)+Wr'+Q_L}{r}=\frac{Wr'+Q_L}{r}=\frac{7500\times2355+16\times3600}{2205}=8036\text{kg/h}$$

由式(5-17)得蒸发器的传热面积为

$$S=\frac{8036\times2205\times10^3}{2000\times3600\times(120.2-75)}=54.4\text{m}^2$$

由式(5-15)得生蒸汽的经济性为

$$e=\frac{D}{W}=\frac{8036}{7500}=1.07$$

例 5-1 表明,原料液的温度愈高,生蒸汽的经济性就愈好。

第三节 多效蒸发

在单效蒸发中,二次蒸汽的潜热未被利用,因此,为提高蒸发过程的经济性,宜采用多效蒸发,以充分利用二次蒸汽的潜热。

一、多效蒸发原理

在单效蒸发中,每蒸发 1kg 水分要消耗加热蒸汽略多于 1kg,要蒸发大量的水分必然要消耗大量的加热蒸汽。为减少加热蒸汽的消耗量,生产中宜采用多效蒸发操作。将若干台蒸发器串联起来,并将前一台蒸发器所产生的二次蒸汽引至后一台蒸发器的加热室,作为后一台蒸发器的加热热源,即成为多效蒸发。在多效蒸发中,每一台蒸发器均称为一效,第一个生成二次蒸汽的蒸发器称为第一效,利用第一效的二次蒸汽来加热的蒸发器称为第二效,依此类推,最后一台蒸发器常称为末效。

在多效蒸发中,仅第一效需从外界引入加热蒸汽即生蒸汽,除末效外各效的二次蒸汽都作为下一效蒸发器的加热蒸汽,二次蒸汽中的潜热被较为充分地利用,可以节约较多的生蒸汽,由末效引出的二次蒸汽进入冷凝器冷凝后,变成液态水而排出。

要使多效蒸发过程能顺利进行,系统中除第一效外,任一效蒸发器的蒸发温度和压力均要低于前一效蒸发器的蒸发温度和压力。由于蒸发室的操作压力是逐效降低的,故蒸发器的末效通常需与真空装置相连。

二、多效蒸发流程

根据溶液与蒸汽流向的不同,多效蒸发有并流加料、逆流加料和平流加料三种工艺流程。下面以三效蒸发为例,介绍多效蒸发流程。当效数增加或减少时,其原理不变。

(一) 并流加料流程

并流加料又称为顺流加料。图 5-3 是由三台蒸发器组成的并流加料三效蒸发流程。并流加料流程是最常见的多效蒸发流程。并流加料流程中溶液和蒸汽的流向相同,都是从第一效顺序流至末效。生蒸汽通入第一效的加热室,第一效产生的二次蒸汽作为加热蒸汽进入第二效的加热室,第二效产生的二次蒸汽同样作为加热蒸汽进入第三效的加热室,末效的二次蒸汽则进入冷凝器全部冷凝后排出。与此同时,原料液进入第一效,被蒸发浓缩后由底部排出送入第二效,在第二效中被继续浓缩,再由底部排出送入第三效,在第三效被继续浓缩后由第三效底部排出完成液。

并流加料时,料液可借助相邻二效之间的压强差自动流入后一效,而不需用泵输送。同时,由于前一效的沸点比后一效的高,因此当物料进入后一效时,会呈过热状态而产生自蒸发,从而可产生更多的二次蒸汽。但在并流加料流程中,各效的浓度会逐渐增高,而沸点却逐渐降低,导致溶液黏度逐渐增大,传热系数逐渐降低,这种现象在末效中表现得尤为突出。因此,对于黏度随浓度的增大而迅速增大的溶液,不宜采用并流加料流程。

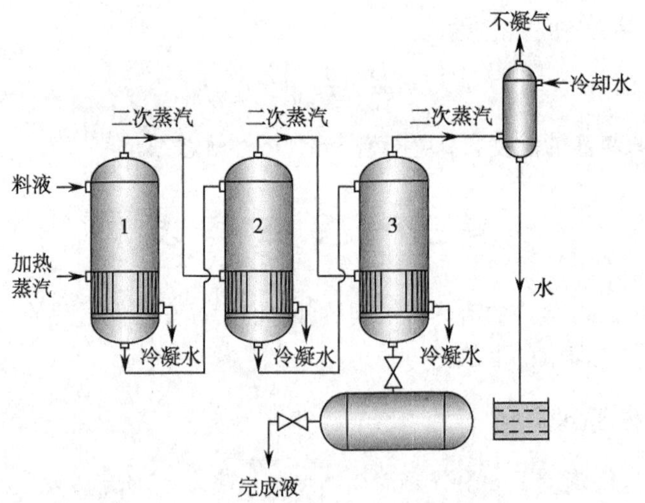

图 5-3 并流(顺流)加料三效蒸发流程

(二) 逆流加料流程

图 5-4 是由三台蒸发器组成的逆流加料三效蒸发流程。在逆流加料流程中,加热蒸汽的流向由第一效顺序流向末效,但原料液由末效加入,除末效外依次用泵将各效溶液送入前一效,最后浓缩液(完成液)由第一效底部排出,即料液的流向与加热蒸汽的流向相反。

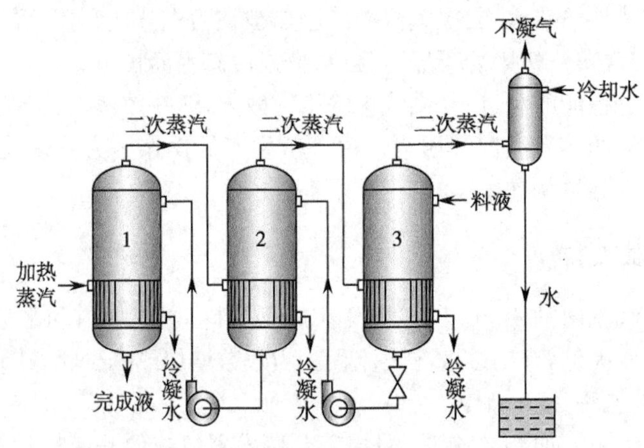

图 5-4 逆流加料三效蒸发流程

逆流加料时,溶液浓度和操作温度均沿流动方向不断升高,各效浓度和温度对溶液的黏度的影响大致相抵消,因此各效溶液的黏度相近,各效的传热条件大致相同,即传热系数大致相同。但除末效外,必须用泵将溶液从压力较低的一效输送至压力较高的一效,增大了过程能耗和操作费用;由于各效进料温度都较沸点低,与并流加料相比产生的二次蒸汽量减少,不利于蒸发的进行,因此在各效间往往需要有预热。逆流加料流程适用于溶液黏度随温度和浓度变化较大的场合。

(三) 平流加料流程

图 5-5 是由三台蒸发器组成的平流加料三效蒸发流程。在平流加料流程中,蒸汽的走向仍是由第一效顺序流向末效,但原料液和完成液则分别从各效加入和排出。平流加料流程适用于在蒸发过程中有结晶析出的溶液。例如,对于某些盐溶液而言,在较低的浓度下也

易析出晶体，故不便于在效间输送，此时宜采用平流流程。

对于蒸发操作，选择流程的主要依据包括物料的特性、操作是否方便以及过程的经济性等。采用多效蒸发时，应将原料液适当预热。为防止液沫带入下一效，使下一效的加热面结垢，需在各效间设置气液分离装置，同时应尽量减少二次蒸汽中的不凝性气体。

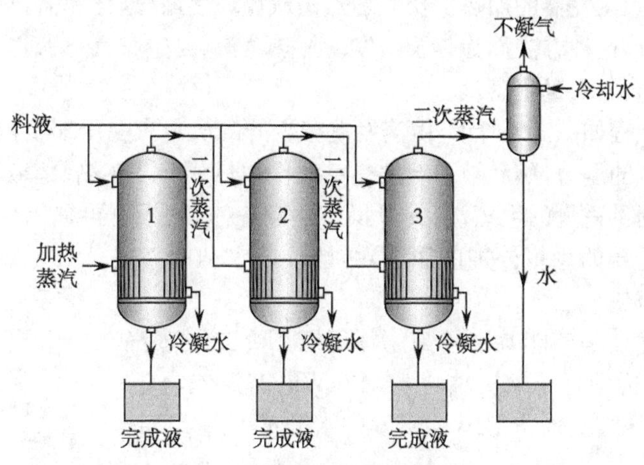

图 5-5 平流加料三效蒸发流程

三、蒸发过程的节能措施

蒸发过程需通过加热汽化的方法去除溶液中的溶剂，故要消耗大量的加热蒸汽或电能。因此，能耗是蒸发操作应考虑的主要问题之一。

蒸发器可供回收利用的能量包括加热蒸汽冷凝液的显热、二次蒸汽的潜热以及冷凝液和浓缩产品冷却时的显热。

目前，蒸发系统常采用的节能措施主要有以下几种：①采用多效蒸发；②利用蒸汽冷凝水的自蒸发，回收其显热；③采用热泵蒸发；④额外引出蒸汽；⑤用热的浓缩液预热冷的料液。

（一）多效蒸发

前已述及，将单效蒸发改为多效蒸发可使二次蒸汽得以充分利用，这是最有效的蒸发节能措施。

（二）冷凝水自蒸发的利用

在蒸发过程中，加热室要排出大量的高温冷凝水，可用来预热冷的料液或加热其他的冷物料，也可采用如图 5-6 所示的方式将排出的冷凝水送至自蒸发器减压，减压后的冷凝水因过热而产生自蒸发现象。自蒸发产生的低温蒸汽通常可与二次蒸汽一并送入下一效的加热室，作为下一效的加热蒸汽使用，于是，冷凝水的显热被部分回收利用。

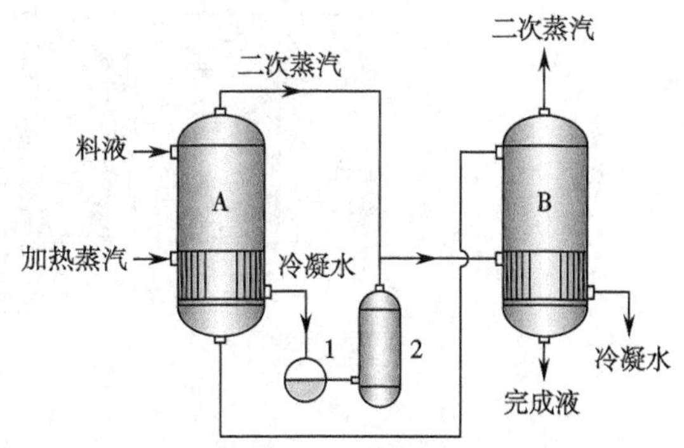

图 5-6 冷凝水自蒸发流程

A、B-蒸发器；1-冷凝水排出器；2-冷凝水自蒸发器

总之，利用各效加热蒸汽冷凝液的余热，对减少加热蒸汽的消耗量，提高过程的经济

性都是十分有效的，且设备和流程比较简单，现已被广泛采用。

(三) 热泵蒸发

在蒸发过程中，二次蒸汽的热焓其实并不比加热蒸汽的低多少，只是由于压力低、温度低而不能被利用。若将蒸发器产生的二次蒸汽用压缩机压缩，将其压力提高至加热蒸汽的压力，则可重新送入蒸发器的加热室作为加热蒸汽循环使用，这样无需再引入生蒸汽即可使蒸发过程顺利进行，这种方法称为热泵蒸发。加热蒸汽（或生蒸汽）只作为启动或补充泄漏、损失等用，因此节省了大量生蒸汽。

热泵蒸发的流程如图 5-7 所示，由蒸发室产生的二次蒸汽在压缩机内被绝热压缩，其压力提高至加热蒸汽的压力，然后被引至加热室用作加热蒸汽。在热泵蒸发过程中，仅需在蒸发器的起动阶段提供适量的生蒸汽，一旦操作达到稳态，就无需再提供生蒸汽，此时仅需提供可使二次蒸汽升压的少量外加的压缩功，即可回收利用二次蒸汽的大量汽化潜热。

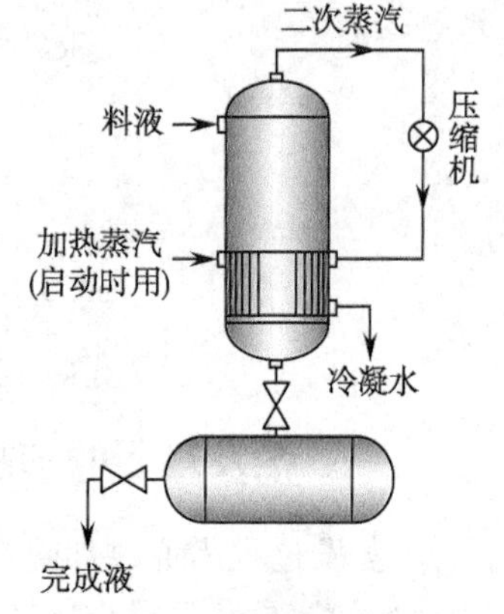

图 5-7 热泵蒸发流程

热泵蒸发的优点是节能效率较高。每压缩 1kg 二次蒸汽，若温差为 22℃，仅需消耗压缩机轴功 54.12kWh；若温差为 5～10℃，则仅需消耗压缩机轴功 1kWh，蒸发的水分量可达 13.5～40kg。

热泵蒸发的投资费用较大，维修保养费用较高。当溶液的浓度较大而沸点上升较高时，所需的压缩比较大，此时该流程的经济性可能欠佳，即热泵蒸发一般不适用于沸点上升较大的溶液。此外，混合蒸汽中不可避免地会夹带微量液沫，使加热蒸汽的冷凝液受到污染，这也在一定程度上限制了热泵蒸发的使用。

(四) 引出额外蒸汽

将蒸发器产生的二次蒸汽引出或部分引出，作为其他加热设备的热源，可提高加热蒸汽的经济性，并可降低冷凝器的负荷，减少冷却水用量。被引出的二次蒸汽称为额外蒸汽，其典型蒸发流程如图 5-8 所示，该流程分别从第一效和第二效中引出部分二次蒸汽用作其他设备的热源。

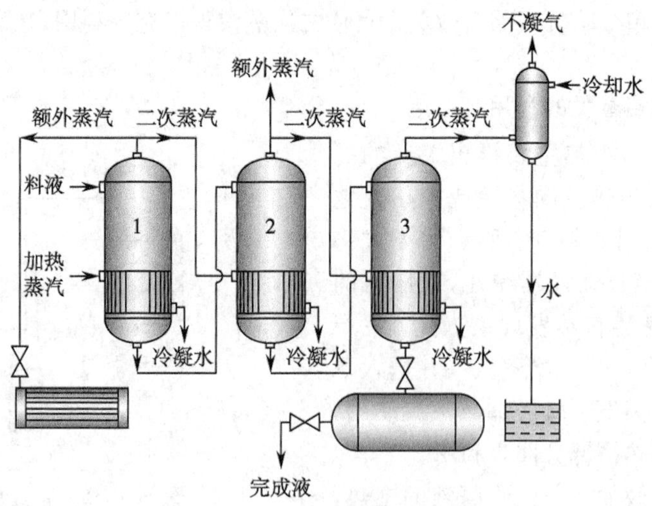

图 5-8 引出额外蒸汽的蒸发流程

从提高整个蒸发装置的经济效益的角度，只要二次蒸汽的温度能够满足其他加热设备的需要，则应尽可能从效数较高的蒸发器中引出额外蒸汽，因为引出额外蒸汽的蒸发器的效数越高，蒸汽的利用率就越高。

第四节 蒸发器的生产能力、生产强度及效数的限制

一、生产能力

蒸发器的生产能力是指单位时间内蒸发的溶剂量。对于水溶液的蒸发过程，蒸发器的生产能力即为单位时间内的水分蒸发量W。在蒸发过程中，水分蒸发量取决于蒸发器的传热速率，因此也可用传热速率来衡量蒸发器的生产能力。

若蒸发器的热损失可以忽略，且原料液在沸点下进入蒸发器，则由蒸发器的热量衡算可知，通过传热面所传递的热量全部用来蒸发水分，此时蒸发器的生产能力与传递速率成比例。若原料液在低于沸点下进入蒸发器，则需消耗部分热量将冷溶液加热至沸点，因而降低了蒸发器的生产能力。若原料液在高于沸点下进入蒸发器，则由于部分原料液的自动蒸发，使蒸发器的生产能力有所增加。

现以单效和双效蒸发过程为例，来说明蒸发器的生产能力。

假设单台蒸发器的传热系数和传热面积均相等，并分别等于K和S；生蒸汽的温度和冷凝器中的压力均已给定，则对于单效蒸发器，由总传热速率方程(4-63)得

$$Q_{单}=KS(\Delta t_{m})_{单} \tag{5-27}$$

对于双效蒸发器，由总传热速率方程(4-63)得

$$Q_{双}=KS(\Delta t_{m})_{1}+KS(\Delta t_{m})_{2}=KS[(\Delta t_{m})_{1}+(\Delta t_{m})_{2}]=KS(\Delta t_{m})_{双} \tag{5-28}$$

由于溶液的沸点升高、液柱静压强的影响以及二次蒸汽的流阻损失，导致每台蒸发器中均存在温度差损失。一般情况下，单效和双效蒸发之间的有效温度差存在下列关系

$$(\Delta t_{m})_{单}>(\Delta t_{m})_{双} \tag{5-29}$$

所以

$$Q_{单}=KS(\Delta t_{m})_{单}>Q_{双}=KS(\Delta t_{m})_{双} \tag{5-30}$$

式(5-30)表明，蒸发器效数增加，其生产能力将下降。研究表明，多效蒸发的生产能力一般要低于单效蒸发的生产能力，且蒸发器的效数越多，其生产能力将越低。

二、生产强度

蒸发器的生产强度简称蒸发强度，是指单位时间单位传热面积上所蒸发的溶剂量，即

$$U=\frac{W}{S} \tag{5-31}$$

式中，U为蒸发强度，单位为$kg/(m^{2}\cdot h)$。

蒸发强度通常可用于评价蒸发器的优劣。对于给定的蒸发任务，若蒸发强度越大，则所需的传热面积越小，即设备的投资就越少。

在相同条件下，由于多效蒸发的生产能力比单效蒸发的小，而传热面积又为单效蒸发的n倍，故多效蒸发的生产强度通常仅为单效蒸发的$1/n$左右。因此，采用多效蒸发来提高生蒸汽经济性的操作方法，其实是以降低生产能力和生产强度为代价的。研究表明，随着效数

的增加，蒸发器的生产强度将急剧下降，导致设备投资迅速增大。可见，多效蒸发虽节省了生蒸汽的消耗量，即减少了操作费用，但设备的投资费用将增大。

三、多效蒸发效数的限制

在多效蒸发中，除末效外，各效的二次蒸汽均用作下一效蒸发器的加热蒸汽，故与单效蒸发相比，同样的生蒸汽量可蒸发出更多的水分，从而提高了生蒸汽的经济性。显然，当生产能力一定时，采用多效蒸发的生蒸汽消耗量要远低于单效的生蒸汽消耗量，进而提高了装置的经济性，但同时多效蒸发也付出了一定的成本代价。

首先，多效蒸发需配置多台蒸发器。通常，为便于制造和维修，所配蒸发器的传热面积均相同，故多效蒸发的设备费近似与其效数成正比。

其次，单效和多效蒸发过程中均存在温度差损失。若单效和多效蒸发的操作条件相同，即第一效（或单效）的加热蒸汽压力以及冷凝器的操作压力分别相同，则多效蒸发中由于各效中均存在因溶液蒸气压下降而引起的温度差损失、加热管内液柱静压力而引起的温度差损失以及管路流体流动阻力而引起的温度差损失，且温度差经过多次损失，导致总温度差损失比单效蒸发的温度差损失要大。显然，效数越多，温度差损失将越大，总有效传热温度差将越小。在极限情况下，随着效数的无限增加，多效蒸发的总有效传热温度差可能趋近于零，从而导致蒸发操作无法进行。可见，多效蒸发的效数并非越高越好，而存在一定的限制。

对于给定的蒸发任务，最佳蒸发效数可通过经济衡算来确定，其确定原则是使单位生产能力下的设备投资费和操作费之和为最小。

第五节 蒸 发 设 备

蒸发设备实为传热设备，其主体是蒸发器，它由加热室和蒸发室组成。此外，蒸发设备还包括除沫器、冷凝器等附属设备。按料液在蒸发器内流动情况的不同，蒸发器可分为循环型与单程（非循环）型两大类。按加热方式的不同，蒸发器可分为直接热源加热和间接热源加热两大类，其中以后一种加热方式最为常用。按操作方式的不同，蒸发器又可分为间歇式和连续式两大类，其中间歇式适用于小批量、多品种的蒸发过程；而连续式则适用于大规模的蒸发过程。

一、蒸发设备的结构

（一）循环型蒸发器

循环型蒸发器的特征是料液在蒸发器内作连续的循环流动，以提高传热效率，减少料液结垢。按促使溶液循环流动原因的不同，循环型蒸发器可分为自然循环型和强制循环型两大类。前者的循环流动是由于溶液在加热室不同位置上的受热程度不同而产生的密度差所引起；后者则是由外力的作用所引起。

1. 中央循环管式蒸发器　此类蒸发器属于自然循环型，也称为标准式蒸发器，是目前应用最为广泛的蒸发器，其结构如图 5-9 所示。此类蒸发器主要由加热室、蒸发室、中央循环管等组成。蒸发器的加热器由垂直管束构成，管束中央有一根直径较大的管子，称为中央循环管，其截面积一般为管束总截面积的 40%～100%。当加热蒸汽（介质）在管间冷凝放热时，由于加热管束内单位体积溶液的受热面积远大于中央循环管内溶液的受热面积，因此，管束中溶液的相对汽化率就大于中央循环管内的汽化率，导致管束中的气液混合物的密度远小于中央循环管内气液混合物的密度，从而形成混合液在管束中向上、在中央循环管中向下的自然循环流动。混合液的循环流速与密度差和管长有关。密度差越大，加热管越长，循环流速越大。此类蒸发器的加热管长度通常为 1～2m，直径为 25～75mm，长径比为 20～40。

中央循环管式蒸发器结构简单、紧凑，制造方便，操作可靠，投资费用少。但清理和检修比较麻烦，溶液循环速度较低，一般仅在 0.5m/s 以下，传热系数较小。此类蒸发器主要用于黏度适中、结垢不严重、结晶析出量较少及腐蚀性不大的料液。

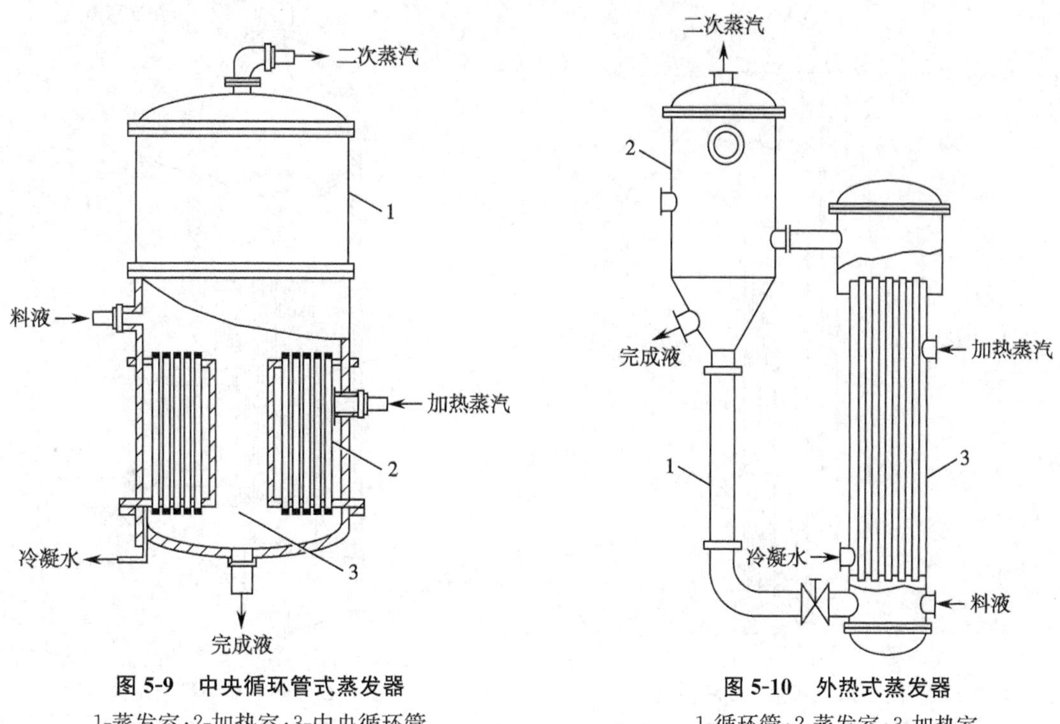

图 5-9 中央循环管式蒸发器
1-蒸发室；2-加热室；3-中央循环管

图 5-10 外热式蒸发器
1-循环管；2-蒸发室；3-加热室

2. 外热式蒸发器 外热式蒸发器亦属于自然循环型。如图 5-10 所示，此类蒸发器将加热器与分离室分开安装，这样不仅易于清洗和更换，而且有利于降低蒸发器的总高度。

外热式蒸发器的加热管较长，长径比可达 50～100，溶液在加热管中被加热上升至蒸发室，蒸发出部分溶剂后，沿循环管下降，循环管内溶液未受蒸汽加热，其密度比加热管内的大，从而形成循环运动，循环流速可达 1.5m/s，因而不易结垢，且传热系数较高，可达 1200～3500W/(m^2·℃)。缺点是热损失较大。

3. 列文式蒸发器 列文式蒸发器亦属于自然循环型。如图 5-11 所示，此类蒸发器的结构特点是加热室在液层深处，其上增设直管作为沸腾室，加热室内溶液的沸点因受到液柱静压力的作用而升高，使溶液不在加热室中沸腾。当溶液继续上升至沸腾室时，因其所受压力降低而开始沸腾。在沸腾室内装有挡板，以防气泡增大。由于溶液的沸腾过程转移到了没有传热面的沸腾室中进行，在加热室内并不发生汽化，从而减轻了加热管内的结晶或结垢现象。在蒸发室顶部安装除沫器，以除去二次蒸汽所夹带的液沫，减少物料损失。由于循环管不受热，且管的截面积较大，可达加热管总截面积的 2～3 倍，故料液的循环阻力较小，循环流速可达 2.5m/s。

列文式蒸发器的优点是可减少或避免加热管表面析出结晶和结垢，传热效果较好。缺点是因液柱静压力而引起的温度差损失较大，为保持一定的有效温度差需采用压力较高的加热蒸汽。此外，设备庞大，耗材多，循环管的高度一般为7～8m，需要较高大的厂房。

上述几种自然循环型蒸发器中，料液的循环流动均是由于加热管与循环管内溶液的密度差所引起，故循环流速相对较低，一般不适用于高黏度、易结垢及有大量结晶析出的溶液蒸发，此时宜采用强制循环型蒸发器。

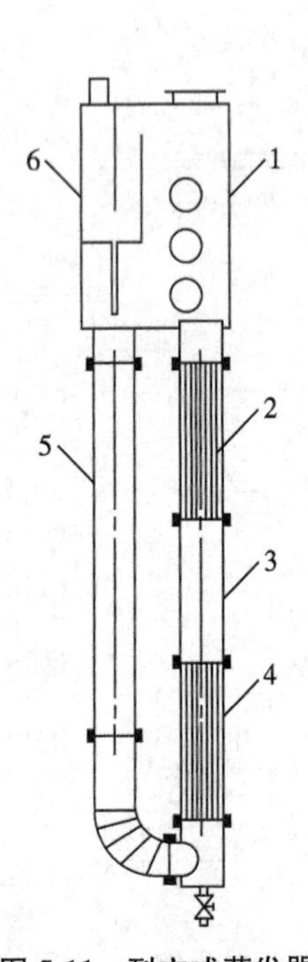

图 5-11 列文式蒸发器

1-蒸发室；2-挡板；3-沸腾室；4-加热室；5-循环管；6-除沫器

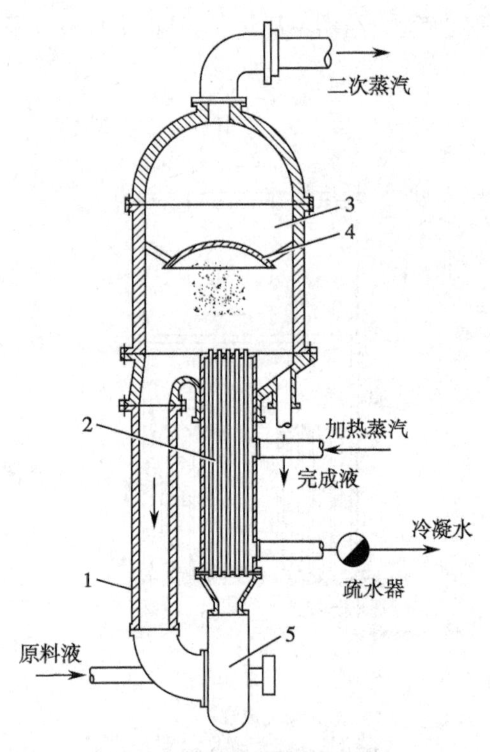

图 5-12 强制循环型蒸发器

1-循环管；2-加热室；3-分离室；4-除沫器；5-循环泵

4. 强制循环型蒸发器 在蒸发黏度较大的溶液时，为提高料液循环流速，常采用强制循环型蒸发器。如图5-12所示，此类蒸发器的循环管道上安装了一台循环泵，迫使料液沿一定方向以较高速度循环流动，循环流速可达1.5～5m/s。

强制循环型蒸发器具有较大的传热系数，适用于处理黏度较大、易结垢、易结晶的物料。缺点是动力消耗较大。

循环型蒸发器的共同缺点是溶液在蒸发器内的滞留量较大，且在高温下的停留时间过长，故对热敏性溶液的处理十分不利，此时宜采用单程型蒸发器。

（二）单程型蒸发器

在单程型蒸发器中，溶液沿加热管壁成膜状流动，一次通过加热器即达浓缩要求，其停留时间仅数秒或十几秒。此类蒸发器的传热效率高、蒸发速度快、溶液在蒸发器内的停留时间短、器内存液量少，因而特别适用于热敏性物料的蒸发。但由于溶液通过加热器仅一次就要达到浓缩要求，故对蒸发器的设计和操作要求较高。由于溶液通过加热室时在管壁上呈膜状流动，故又称为膜式蒸发器。根据物料在蒸发器内的流动方向和成膜原因的不同，单程型蒸发器可分为下列几种型式。

1. 升膜式蒸发器　升膜式蒸发器的结构如图 5-13 所示，其加热室由一根或数根垂直长管组成，管外径约为 25～50mm，管长与管径之比约为 100～150。原料液预热后由蒸发器底部进入加热器管内，在管内受热迅速沸腾汽化，生成的二次蒸汽在管内高速上升，带动料液沿管内壁成膜状向上流动，在此过程中料液中的水分被快速蒸发汽化。在蒸发室内，二次蒸汽与完成液分离后由顶部排出，而完成液则由底部导出。为确保加热管内能形成有效的上升液膜，二次蒸汽在加热管内的流速不应小于 10m/s。一般情况下，常压操作时的流速以 20～50m/s 为宜，减压操作时的流速可达 100～160m/s。若料液中蒸发的水量不多，则难以达到所要求的气速，因此升膜式蒸发器一般不适用于高浓度溶液的蒸发。

升膜式蒸发器要满足溶液仅一次通过加热管后即达到所需的浓度，故需精心设计与操作。管长和温度差是升膜式蒸发器设计与操作时应考虑的重要因素。管长选短了不能充分发挥升膜段的作用，选长了则在管子上端浓缩的液体不足以覆盖管壁，从而产生干壁现象，影响传热效果。若将常温下的液体直接引入加热室，则在加热室底部必有一部分受热面用来加热溶液使其达到沸点后才能汽化，溶液在这部分壁面上不能呈膜状流动，而在各种流动状态中，又以膜状流动效果最好，故溶液应预热至沸点或接近沸点后再从蒸发器底部引入。

升膜式蒸发器适宜处理蒸发量较大、热敏性、黏度不大及易起沫的溶液，但不适用于高黏度、有晶体析出和易结垢的溶液。对于中药提取液的浓缩，常用升膜式蒸发器对料液进行预蒸发，待料液浓缩至一定相对密度后，再采用其他型式的蒸发器，如刮板式、降膜式蒸发器来进一步浓缩。

2. 降膜式蒸发器　降膜式蒸发器的结构如图 5-14 所示。原料液由加热室顶端加入，经分布器分布后，在重力作用下沿管壁成膜状向下流动，并在成膜过程中不断被蒸发而增浓，气液混合物由加热管底部排出进入分离室，完成液由分离室底部排出，二次蒸汽由顶部导出。

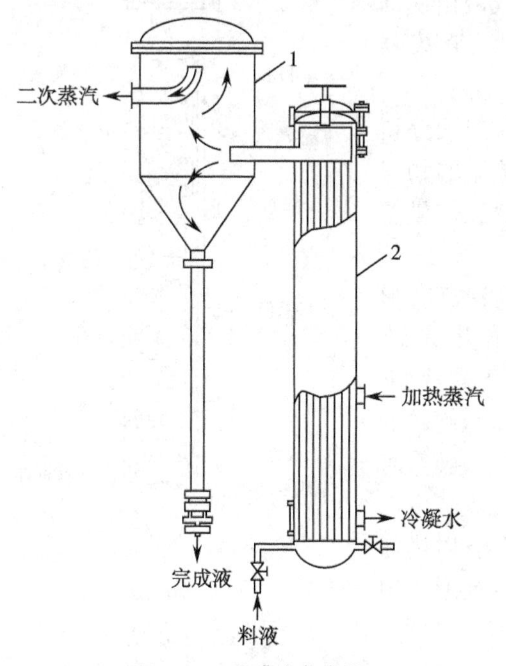

图 5-13　升膜式蒸发器

1-蒸发室；2-加热室

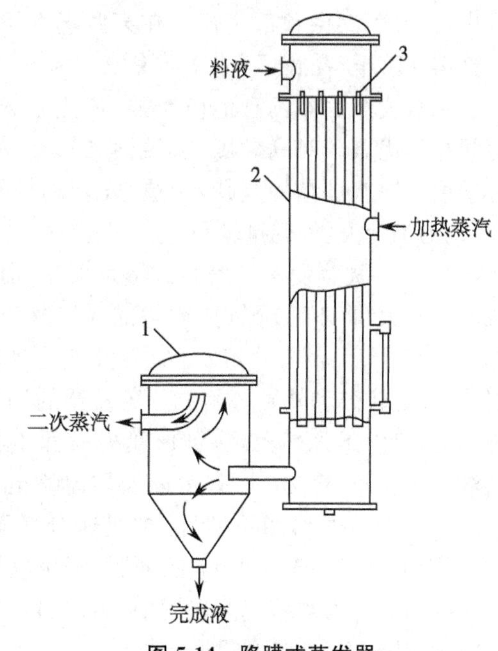

图 5-14　降膜式蒸发器

1-蒸发室；2-加热室；3-液体分布器

为使料液进入加热管后能在加热管内壁形成均匀的液膜，并阻止二次蒸汽由管上端窜出，每根加料管顶部都需安装性能优良的液体分布器。常见的液体分布器结构如图5-15所示。

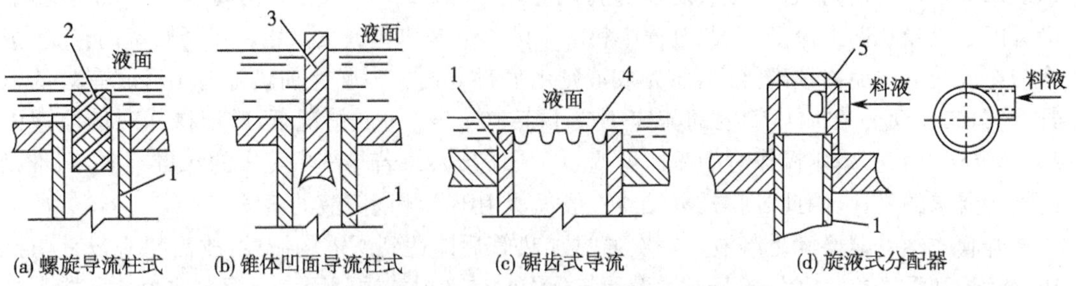

图5-15 常见的液体分布器结构

1-加热管；2-螺旋导流柱；3-锥体凹面导流柱；4-齿缝型分布器；5-旋液分配头

降膜式蒸发器适用于处理热敏性物料、蒸发浓度较高的溶液或黏度较大的物料，如黏度在0.05～0.45Pa·s范围内的物料，但不适用于处理易结晶和易结垢的溶液，因为这些溶液难以形成均匀的液膜，且传热系数也不高。

3. 刮板式蒸发器　刮板式蒸发器是一种新型的利用外力成膜的单程型蒸发器。如图5-16所示，刮板式蒸发器主要由加热夹套和刮板组成，夹套可分为几段隔开，以调节不同的加热温度，夹套内通入加热蒸汽。刮板装于加热室中心可旋转的轴上，刮板与加热夹套内壁保持很小间隙，通常间隔为0.5～1.5mm。料液经预热后由蒸发器上部沿切线方向加入，在重力和旋转刮板的作用下，料液均匀地分布于加热管内壁上，并形成下旋的薄液膜，膜的厚度由刮板与器壁的间隔决定。液膜在下降过程中不断被蒸发浓缩，完成液由底部排出，二次蒸汽由顶部引出。在某些场合下，此类蒸发器可将溶液蒸干，在底部直接得到固体产品。

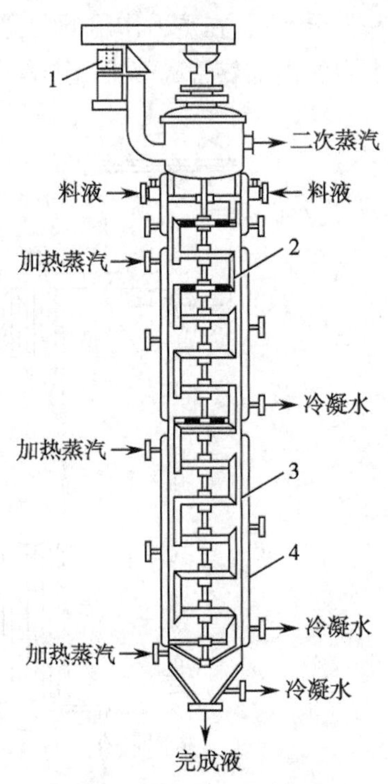

图5-16 刮板式蒸发器

1-电动机；2-刮板；3-壳体；4-夹套

刮板式蒸发器具有适应性强、传热系数高、溶液停留时间短等优点。对高黏度、热敏性和易结晶、结垢的物料都适用。缺点是结构复杂，制造、安装和维修的工作量较大，动力消耗大，处理量较小。

4. 离心式蒸发器　离心式蒸发器是利用高速旋转形成的离心力，将料液分散成均匀的薄膜来进行加热蒸发。如图5-17所示，离心式蒸发器主要由空心转轴、上碟片、下碟片、离心转鼓和外壳等组成。蒸发器的加热面为旋转的锥形盘，盘内走加热蒸汽，锥形盘外表面走物料。操作时料液由蒸发器上部进入，经分配器均匀喷至锥形盘蒸发面上。在离心力的作用下，料液被迅速分散至整个加热面上，并形成厚度小于0.1mm的薄膜，经蒸发后由锥形盘的轴向孔向上流入浓缩液汇集槽中，由出料口排出。二次蒸汽由中心管上升至蒸发器中部被引出。

离心式蒸发器具有离心分离和薄膜蒸发的双重优点，传热系数高，设备体积小，浓缩比高(15～20倍)，原料液受热时间短(约1秒)，浓缩时不易起泡和结垢，特别适用于热敏性物料的蒸发浓缩，如用于感冒冲剂、止咳冲剂、九节茶等中草药提取液的浓缩。

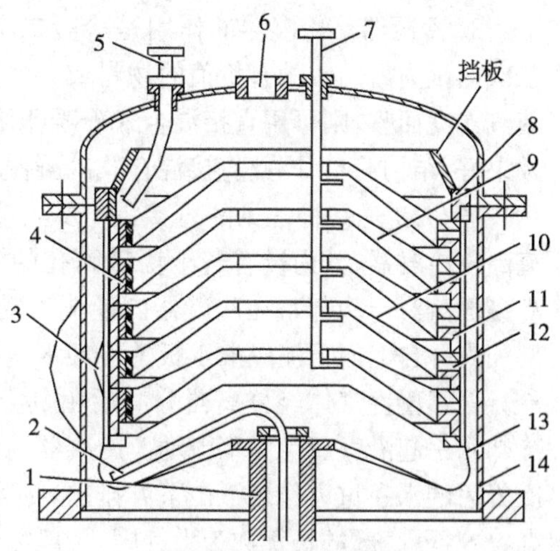

图 5-17 离心式蒸发器

1-空心转轴；2-冷凝水排出管；3-二次蒸汽排出管；4-套管垂直通道；5-完成液出口；6-视镜；7-进料管；8-压紧环；9-上碟片；10-下碟片；11-套环；12-加热蒸汽通道；13-离心转鼓；14-外壳

(三) 蒸发器附属设备

蒸发器的附属设备主要有除沫器和冷凝器等。

1. 除沫器 除沫器又称为气液分离器。蒸发操作时产生的二次蒸汽，在分离室与液体分离后，仍夹带大量液滴，尤其在处理易产生泡沫的液体时，夹带更为严重。为防止有用产品的损失或冷凝装置及多效蒸发器加热面被污染，改善后续工序的操作状况，常在蒸发器内部或外部设置除沫器，以分离二次蒸汽与其所夹带的液体。除沫器大多是利用液沫的惯性来达到气液分离的目的。

几种常见除沫器的结构如图5-18所示，其中5-18(a)～5-18(e)通常安装于蒸汽出口的内侧，而5-18(f)～5-18(h)则安装于蒸汽出口的外侧。

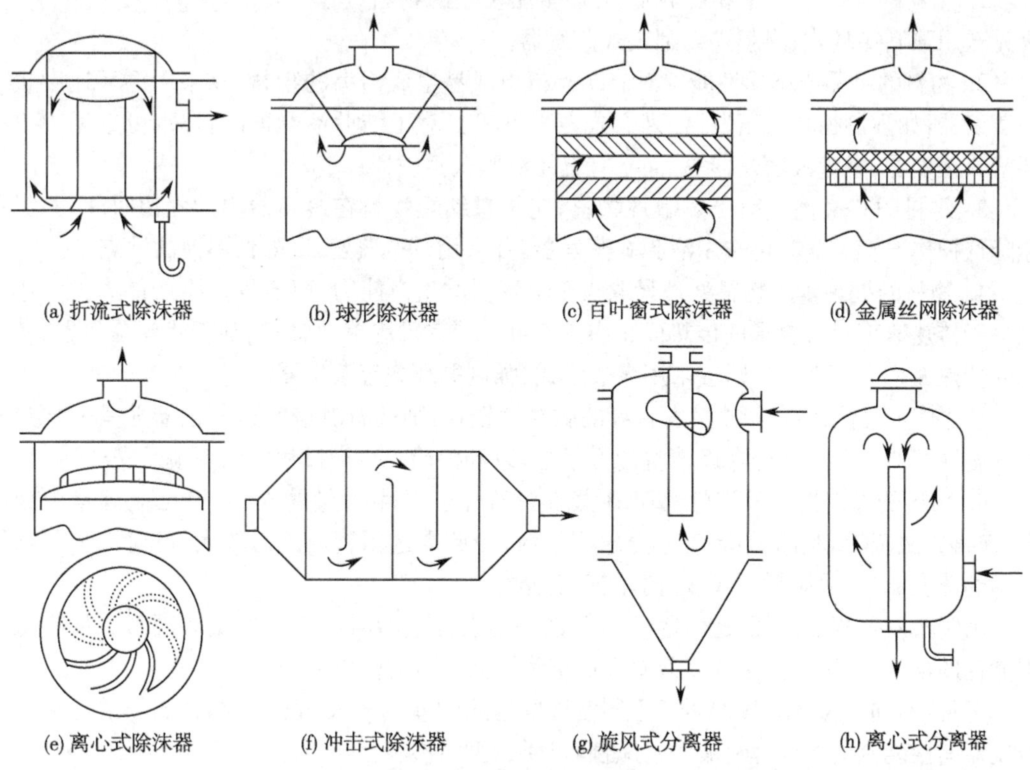

图 5-18 常见除沫器的结构

2. 冷凝器 冷凝器的作用是冷凝二次蒸汽。冷凝器有间壁式和直接接触式两种。若二次蒸汽为需回收的有价值的物料或会严重污染水、空气时，则采用间壁式冷凝器。若二次蒸汽无需回收，则可用直接混合式冷凝器使二次蒸汽与冷却水直接接触进行热交换，其冷凝效果好，结构简单，因此直接混合式冷凝器在蒸发过程中被广泛采用。

图 5-19 是一种常见的直接混合式冷凝器，又称为干式逆流高位冷凝器，其内设有若干块带筛孔的淋水板。工作时，被冷凝的蒸汽与冷却水在冷凝器内逆流流动。上升蒸汽与由顶部加入并自上而下流经淋水板的冷却水逆流接触，使二次蒸汽冷凝。不凝性气体经分离器分离后由其上部抽出。冷凝液与冷却水一起沿气压管向下流动。冷凝器为负压操作，为使混合冷凝后的水在重力作用下由下方排出，冷凝器必须设置得足够高，冷凝器底部的长管称为大气腿，一般需大于 10m。

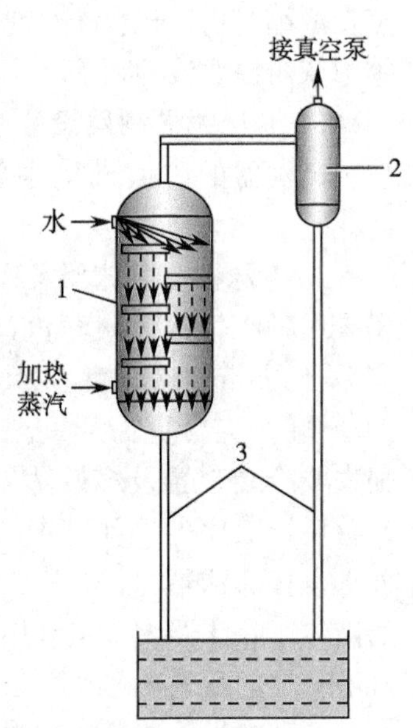

图 5-19 逆流高位冷凝器

1-干式逆流高位冷凝器；2-气水分离器；3-气压管

二、蒸发器的选型

蒸发器的结构形式很多，应根据原料液的物性和蒸发任务，并结合各种蒸发器的性能进行选型。选用和设计时，要在满足生产任务要求、保证产品质量的前提下，尽可能兼顾生产能力大、结构简单、维修方便及经济性好等因素。此外，物料的性质以及物料在增浓过程中的性质变化也是蒸发器选型应考虑的重要因素。

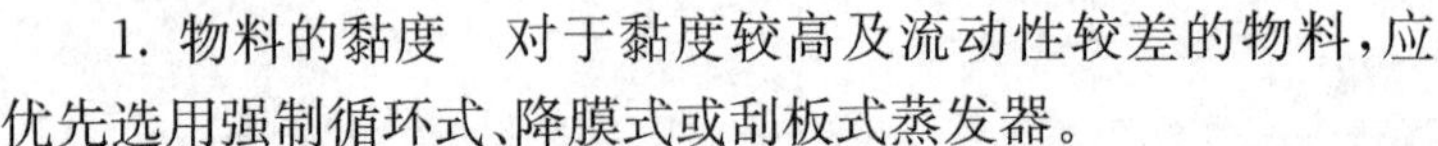

1. 物料的黏度 对于黏度较高及流动性较差的物料，应优先选用强制循环式、降膜式或刮板式蒸发器。

2. 物料的结晶或结垢性能 对有结晶析出或易生成污垢的物料，宜采用循环速度较高的蒸发器，如强制循环式蒸发器、列文式蒸发器等。对于结垢不严重的料液，可选用中央循环管式蒸发器、悬筐式蒸发器等，而不宜选用液膜式蒸发器。

3. 物料的热敏性 对于热敏性物料，应尽量缩短物料在蒸发器内的停留时间，并尽可能降低操作温度。此时可选用液膜式蒸发器，并采用真空蒸发，以降低料液的沸点。

4. 物料的处理量 物料处理量取决于蒸发器的生产能力，而蒸发器生产能力的大小又取决于传热速率。若要求的传热面积小于 $20m^2$，则宜采用单效膜式、刮板式等蒸发器；若要求的传热面积大于 $20m^2$，则宜采用多效膜式、强制循环式等蒸发器。

5. 物料的腐蚀性 若被蒸发料液的腐蚀性较强，则选材时应考虑蒸发器尤其是加热管的耐腐蚀性能。此外还应考虑清洗的方便性，以确保药品生产过程中的卫生及安全性。

6. 物料的发泡性 发泡性溶液在蒸发过程中会产生大量的泡沫，以至充满整个分离室，使得二次蒸汽和溶液的流动阻力急剧增大，为此需选用管内流速较大、可对泡沫起抑制作用的蒸发器，如强制循环式或升膜式蒸发器等。

由于蒸发过程的能耗较大，因此节能也是蒸发器选型时应考虑的重要因素。从降低过程能耗的角度，宜选用热泵或多效蒸发的流程装置，提高操作经济性。

可见，不同类型的蒸发器对于不同溶液的适应性差别较大，表 5-2 综合比较了几种常见蒸发器的性能及对被处理料液的适应性，可供选型时参考。

表 5-2　常见蒸发器的性能及对被处理料液的适应性

蒸发器型式	加热管内溶液流速，m/s	传热系数	停留时间	完成液浓度控制	处理量	对溶液的适应性						造价
						稀溶液	高黏度	易起泡	易结垢	热敏性	有结晶析出	
标准式	0.1～0.5	一般	长	易	一般	适	难适	能适	尚适	不甚适	能适	最廉
外热式	0.4～1.5	较高	较长	易	较大	适	尚适	尚适	尚适	不甚适	能适	廉
列文式	1.5～2.5	较高	较长	易	大	适	尚适	尚适	适	不甚适	能适	高
强制循环式	2.0～3.5	高	较长	易	大	适	适	适	适	不甚适	适	高
升膜式	0.4～1.0	高	短	难	大	适	难适	适	尚适	适	不适	廉
降膜式	0.4～1.0	高	短	较难	较大	能适	适	尚适	不适	适	不适	廉
旋转刮板式		高	短	较难	小	能适	适	尚适	适	适	能适	最高

习　　题

1. 某药厂采用真空蒸发浓缩葡萄糖溶液，原料处理量为 9000kg/h，进料液浓度为 20%（质量分率，下同），出料液浓度为 50%，沸点进料，操作真空度下溶液的沸点为 70℃，加热蒸汽的绝压为 400kPa，冷凝水在其冷凝温度时排出。已知蒸发器的总传热系数为 1750W/(m^2·℃)，热损失可忽略不计，试计算：(1) 每小时的水分蒸发量；(2) 每小时的加热蒸汽消耗量；(3) 每蒸发 1kg 水分所消耗的蒸汽量；(4) 蒸发器的传热面积。(5400kg/h；5887kg/h；1.09kg；27.2m^2)

2. 拟用一台单效蒸发器浓缩某水溶液。已知料液处理量为 1000kg/h，初始浓度为 12%（质量分率，下同），要求完成液的浓度为 30%。已知料液的平均定压比热为 3.77kJ/(kg·℃)；蒸发操作的平均压强为 40kPa（绝压），相应的溶液沸点为 80℃；加热蒸汽的绝对压强为 300kPa，蒸发器的热损失为 12 000W。若溶液的稀释热可忽略，试计算：(1) 水分蒸发量；(2) 原料液温度分别为 30℃ 和 80℃ 时的加热蒸汽消耗量，并比较各自的经济性。(600kg/h；746.7kg/h，659.8kg/h)

3. 在单效蒸发器中用饱和水蒸气加热浓缩溶液，加热蒸汽的用量为 2100kg/h，加热水蒸气的温度为 120℃，其汽化潜热为 2205kJ/kg。已知蒸发器内二次蒸汽的温度为 81℃，由于溶质和液柱引起的沸点升高值为 9℃，饱和蒸汽冷凝的传热膜系数为 8000W/(m^2·℃)，沸腾溶液的传热膜系数为 3500W/(m^2·℃)。若蒸发器的热损失以及换热器的管壁和污垢层热阻均可忽略，试计算蒸发器的传热面积。(17.6m^2)

思 考 题

1. 简述蒸发操作的特点。
2. 简述真空蒸发的优缺点。
3. 蒸发过程中温度差损失有哪几种类型？
4. 多效蒸发中为什么有最佳效数？应如何确定多效蒸发的最佳效数？

5. 简述多效蒸发三种常用流程的特点。
6. 简述蒸发操作的节能措施。
7. 简述蒸发器选型时应考虑的因素。

（潘永兰　黄德春）

第六章 结　晶

结晶是获取高纯固体物质的重要方法之一，是指固体物质以晶体形态从蒸汽、溶液或熔融混合物中分离析出的过程。结晶在制药化工生产中有着广泛应用，大量的固体药物都是以晶体形态存在或是由结晶法分离而得。例如，青霉素和红霉素等抗生素类药物的精制、氨基酸和尿苷酸等生物产品的纯化等，一般都离不开结晶操作。

与其他分离过程相比，结晶过程具有一系列优点：①结晶过程的选择性较高，可获得高纯或超高纯(≥99.9%色谱纯)的晶体制品；②与精馏过程相比，结晶过程的能耗较低，结晶热一般仅为精馏过程能耗的1/3～1/7；③结晶过程特别适用于同分异构体、共沸或热敏性物系的分离；④结晶过程的操作温度一般较低，对设备的腐蚀及对环境的污染均较小，很少有"三废"排放等。

结晶过程一般可分为溶液结晶、熔融结晶、升华结晶和沉淀结晶四大类，其中溶液结晶在制药化工生产中的应用最为广泛，历来都是结晶学界关注的重点，同时也是研究其他类型结晶机制的重要基础。本章将重点围绕溶液结晶技术，从结晶的基本概念入手，着重介绍晶体成核与生长动力学、生产操作控制、工艺计算及典型的生产设备。

第一节 基本概念

溶液结晶乃通过降温或浓缩的方法使溶液进入过饱和状态，进而析出固体溶质的操作。溶液结晶发生于固液两相之间，与溶液的溶解度和过饱和度有着密切联系。

一、溶解度

根据相似相溶原理，溶质能够溶解于与之结构相似的溶剂中，即极性分子溶质与极性分子溶剂、非极性分子溶质与非极性分子溶剂之间均可实现互溶，但不同溶质或溶剂所表现出的溶解程度存在差异。在一定温度下，某溶质在某溶剂中的最大溶解能力，称为该溶质于该温度下在该溶剂中的溶解度，单位为kg溶质/kg溶剂，简写为kg/kg。

溶解度是一个相平衡参数。因为当溶质被添加进溶剂之后，溶质分子一方面由固相向液相扩散溶解，另一方面又由液相向固相表面析出并沉积。只有当溶解和析出速率相等，即达到动态平衡时，溶液的浓度才能达到饱和且维持恒定，此时的溶液浓度即为溶解度。因此，溶解度又称为平衡浓度或饱和浓度，相应的溶液称为饱和溶液。

溶解度同时又是一个状态函数，其数值随操作温度的变化而变化。对于固液溶解的相平衡体系，由相率可知，只需两个独立参数，即可确定体系的状态。压力通常作为一个独立参数，研究表明压力对溶解度的影响很小；另一个独立参数可以是温度也可以是溶解度，两者只要确定其中的一个，另一个也就随之确定，即温度与溶解度之间存在着一一对应的函数关系。因此，可将溶解度与温度间的关系用曲线关联起来，所得曲线称为溶解度曲线。

物质的溶解度数据一般由实验测定。图 6-1 是实验测得的几种物质在水中的溶解度曲线。研究表明，绝大多数物质的溶解度随温度的升高而增大，只有极少数物质（如螺旋霉素等）的溶解度随温度的升高而下降。对于溶解度随温度升高而下降的物质，在结晶过程中不能采用降温的方法来使溶液达到过饱和状态，而应采取蒸发溶剂的方法来实现晶体的析出。

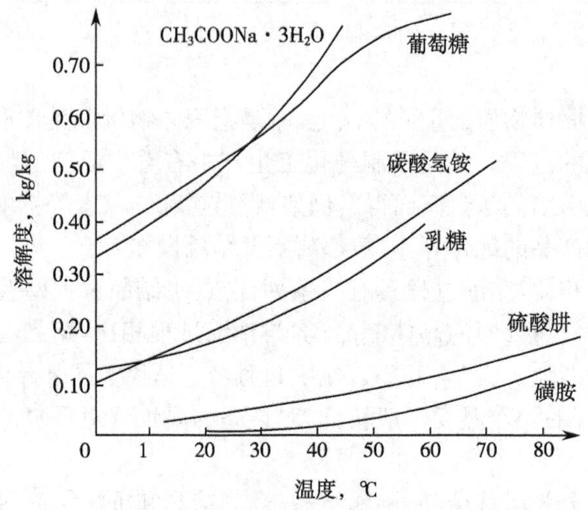

图 6-1 几种物质在水中的溶解度曲线

此外，溶液的 pH 和离子强度等因素也可能对物质的溶解度产生一定的影响。例如，在氨基酸和抗生素类产品的生产中，常采用改变体系 pH 和离子强度的办法，对结晶过程进行调控，且效果显著。

物质的溶解度数据是结晶操作的重要基础数据，结合结晶操作的具体控温区间，可对晶体的产量进行预测。

例 6-1 已知 20℃和 100℃时 KNO_3 在水中的溶解度分别为 0.304kg/kg 和 2.470kg/kg。现将 600kg、100℃的 KNO_3 饱和水溶液，降温至 20℃，试计算理论上能析出的晶体量。

解：设 100℃时 600kg 的饱和水溶液中含 KNO_3 质量为 W_1kg，则

$$\frac{W_1}{600-W_1}=2.470$$

即

$$W_1=\frac{600\times 2.470}{1+2.470}=427\text{kg}$$

设冷却至 20℃时，溶液中仍含 W_2kg 的 KNO_3，则

$$\frac{W_2}{600-W_1}=0.304$$

得

$$W_2=0.304\times(600-W_1)=0.304\times(600-427)=52.6\text{kg}$$

因此，理论上能析出的 KNO_3 晶体量应为

$$427-52.6=374.4\text{kg}$$

二、过饱和度

在一定的温度 t 下，将溶质缓慢地加入溶剂，可得到最大浓度等于溶解度的饱和溶液。此后，即使再添加溶质，溶液的浓度也不会增加。但是若通过降温的方法，将浓度稍高于溶解度的溶液由较高温度冷却至温度 t 时，溶液中并不会析出晶体。这表明溶质仍完全溶解于溶液中，即溶液的浓度要高于该温度下的溶解度，这种现象称为溶液的过饱和现象。处于过饱和状态的溶液，其浓度与对应温度下的溶解度之差即为该溶液的过饱和度，即

$$\Delta C=C-C^{*} \tag{6-1}$$

式中，ΔC 为溶液的过饱和度，单位为 kg/kg；C 为过饱和溶液的浓度，单位为 kg/kg；C^{*} 为相同温度下饱和溶液的浓度，即溶解度，单位为 kg/kg。

一定温度下，某溶液的过饱和度与溶解度之比称为该溶液的相对过饱和度，即

$$S=\frac{\Delta C}{C^{*}}=\frac{C-C^{*}}{C^{*}} \tag{6-2}$$

式中，S 为相对过饱和度，无因次。

处于过饱和状态的溶液，只要过饱和度值不是很大，晶体一般不会自动析出。只有当溶液浓度超过某一限度，使溶液的过饱和度值过大时，溶液才会自发结晶，这个限度就是图 6-2 中所示的超溶解度曲线。与物质的溶解度曲线不同，超溶解度曲线会受到多种因素的干扰，如冷却或蒸发的速率、搅拌强度以及溶液纯度等。因此，对于特定的结晶物系，通常会具有一条确定的溶解度曲线，而不存在唯一的超溶解度曲线。超溶解度曲线的位置经常发生变化，但大致会与溶解度曲线保持平行状。

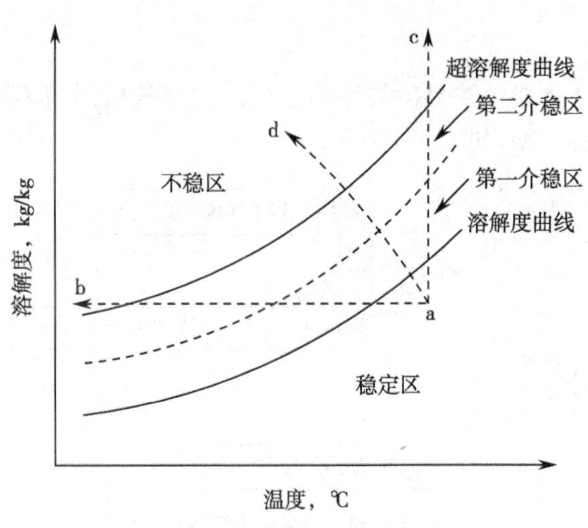

图 6-2　溶液状态图

图 6-2 中的溶解度曲线与超溶解度曲线将溶液浓度划分为三个区域。在溶解度曲线的下方，由于溶液处于不饱和状态，因而不可能发生结晶现象，故该区域称为稳定区。当溶液浓度高于超溶解度曲线所对应的浓度时，溶液会立即发生大规模的自发结晶现象，故该区域称为不稳定区。而溶解度曲线与超溶解度曲线之间的区域，常称为介稳区。在介稳区内，溶液虽已处于过饱和状态，但由于过饱和度值不是很高，溶液仍不能轻易地析出结晶。在靠近溶解度曲线的介稳区内，通常还存在一个极不易发生自发结晶的区域，位于该区域中的溶液

即使其内存在晶种(晶体颗粒),溶质也只会在晶种的表面沉积生长,而不会产生新的晶核,该区域习惯上称为第一介稳区,而此外的介稳区则称为第二介稳区。在第二介稳区内,若向溶液中添加晶种,则不仅会有晶种的生长,而且还会诱发产生新的晶核,只是晶核的形成过程要稍微滞后一段时间。习惯上,将溶解度曲线和超溶解度曲线之间的垂直或水平间距称为介稳区宽度,它是指导结晶操作的又一个重要的基础数据。

显然,溶液处于过饱和状态是结晶过程得以实现的必要条件。通常情况下,采用降温冷却或蒸发浓缩的方法均可使溶液达到过饱和状态。降温冷却过程对应图 6-2 中的 ab 线,对于溶解度和超溶解度曲线的曲率较大的物系,宜采用该法来获取过饱和度。蒸发浓缩过程对应图 6-2 中的 ac 线,对于溶解度和超溶解度曲线的曲率较小的物系,宜采用该法来获取过饱和度。此外,在实际的工业生产中,也可将这两种方法结合起来一并使用,即采取绝热蒸发的操作方法,又称为真空结晶法,如图 6-2 中的 ad 线所示。由于该法可同时起到降温和浓缩的双重效果,故结晶进程可显著加快,所用设备通常为真空式结晶器。

第二节 结晶动力学与操作控制

一、结晶动力学

溶质从溶液中的结晶析出通常要经历晶核形成和晶体生长两个步骤。晶核形成是指在过饱和溶液中生成一定数量的结晶微粒;而在晶核的基础上成长为晶体,则为晶体生长。结晶动力学就是研究结晶过程中的晶核形成和晶体生长的规律,包括成核动力学和生长动力学两部分内容。

(一) 晶核的形成

在过饱和溶液中新生成的结晶微粒称为晶核。按成核机制的不同,晶核形成可分为初级成核和二次成核两种类型,如图 6-3 所示。

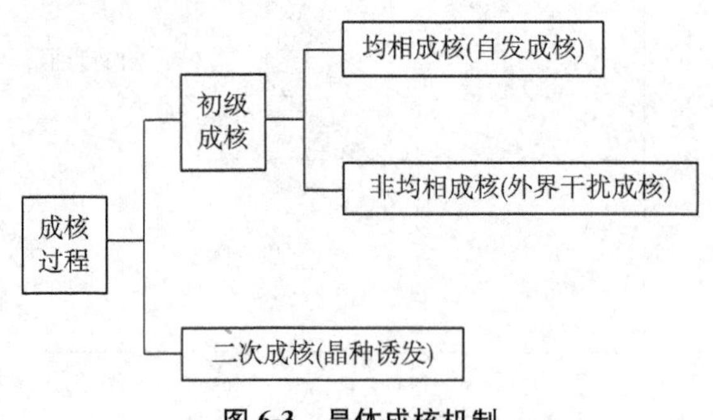

图 6-3 晶体成核机制

1. 初级成核 与溶液中存在的其他悬浮晶粒无关的新核形成过程,称为初级成核。初级成核通常有两种不同的起因。若纯净溶液本身存在较高的过饱和度,则因溶质分子、原子或离子间的相互碰撞而成核,称为均相成核;若过饱和溶液因受到一些外界因素(固体杂质颗粒、容器界面的粗糙度、电磁场、超声波、紫外线等)的干扰而成核,则称为非均相成核。非均相成核时,由于外界因素的干扰作用降低了体系的成核壁垒,因而成核所需的过饱和度要低于均相成核所需的过饱和度,这对于部分体系的结晶分离是有利的。

由于均相成核只能发生在较为纯净的过饱和溶液中,且不能有任何大的外界干扰,因而生产实践中很难满足这样的条件。实际上，对于大多数物系的工业结晶过程，晶核形成的主要方式并不是均相成核。迄今为止，有关均相和非均相成核机制的研究都不很充分。通常的做法是将初级成核速率与溶液的过饱和度相关联，即

$$r=k_{p}\Delta C^{\alpha} \tag{6-3}$$

或

$$r=k'_{p}S^{\beta} \tag{6-4}$$

式(6-3)和式(6-4)中，r 为初级成核速率，单位为粒/(m^3·s)；k_p、k'_p为初级成核动力学参数，单位为粒/(m^3·s)；α、β 为初级成核动力学参数，无因次。

初级成核通常是爆发式的，其成核速率难以控制，因而容易引起晶体粒度分布指标的较大波动。因此，除超细粒子制造业外，一般工业结晶过程均要尽量避免初级成核现象的发生，以获得粒度较为均匀的晶体。

2. 二次成核　二次成核是由于晶种的诱发作用而引起的，因而所需的过饱和度要低于初级成核所需的过饱和度。对于溶解度较大的物质的结晶过程，二次成核通常起着非常重要的作用。有关二次成核的过程机制，目前尚无统一的认识。一般认为，二次成核速率与晶浆(结晶器中析出的晶体与剩余溶液所构成的混合物)中的晶体悬浮密度有关，即

$$r=k_{b}\Delta C^{m}M_{T}^{p} \tag{6-5}$$

或

$$r=k'_{b}S^{n}M_{T}^{q} \tag{6-6}$$

式(6-5)和式(6-6)中，r 为二次成核速率，单位为粒/(m^3·s)；k_b、k'_b为二次成核动力学参数，单位为粒/(m^3·s)；m、n、p、q 为二次成核动力学参数，无因次；M_T 为晶体悬浮密度，即单位体积晶浆中所包含的晶体体积，无因次。

二次成核是绝大多数工业结晶过程的主要成核方式，它在很大程度上决定着最终产品的粒度分布等指标。

（二）晶体的生长

晶体生长及其过程机制是结晶动力学研究的又一个重要内容。按照两步学说，晶体生长要经历两个步骤：第一步是溶质由溶液主体向晶体表面的转移扩散过程；第二步是溶质由晶体表面嵌入晶面的表面反应过程。这两个步骤均可能成为晶体生长的控制步骤。研究表明，若溶液的过饱和度较高，晶体生长过程多为扩散控制；反之则可能为表面反应控制。

光滑晶体的表面是一个二维平面结构，新的溶质分子首先在这些表面上迁移，以找到有利于晶体生长的位置。晶体生长的可能位置如图 6-4 所示，在位置 A 处，溶质分子只能与晶体的一个表面进行结合；而台阶位置 B 和扭折位置 C 可分别为溶质分子提供两个和三个可供结合的表面，因此更有利于晶体的生长。表面吸附、表面扩散以及晶体的表面位置决定了溶质分子是沉积于晶体表面还是重新溶解于溶液主体。

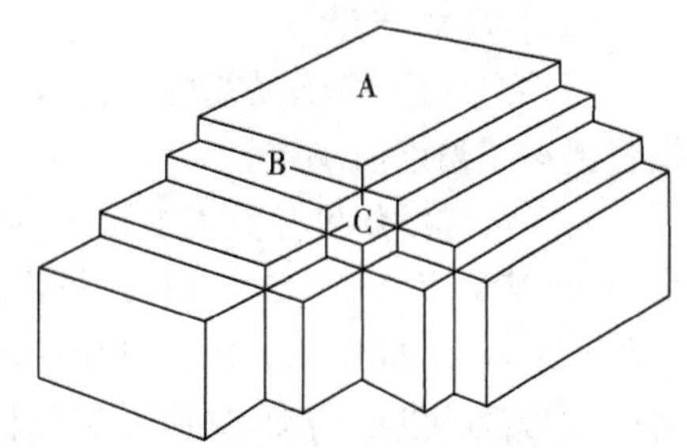

图 6-4　溶质分子与晶体表面的结合位置
A-平面；B-台阶；C-扭折位置

晶体生长过程的机制也非常复杂。对于大多数结晶体系，晶体的生长速率可近似看作与晶体的粒度大小无关，这种现象称为 ΔL 定律。符合 ΔL 定律的体系，其晶体生长速率与体系的过饱和度一般可

关联成幂指数的形式，即

$$r=k_g\Delta C^g \tag{6-7}$$

或

$$r=k'_g S^l \tag{6-8}$$

式(6-7)和式(6-8)中，r 为晶体生长速率，单位为 m/s；k_g、k'_g为晶体生长动力学参数，单位为 m/s；g、l 为晶体生长动力学参数，无因次。

对于实际结晶过程，即使结晶器内的条件维持恒定，也不能使所有晶体都以相同或恒定的速率生长，这种现象称为生长速率分散现象。部分物系的晶体生长速率与晶体自身的粒度大小密切相关，通常粒度越大，生长速率越快。生长速率分散现象常会导致较宽的晶体粒度分布，这是结晶操作中值得注意的问题。此外，溶液中所含杂质的特性及杂质含量也可能对晶体的生长速率产生较大影响，有的杂质可促进晶体生长，而有的却抑制生长；有的可在极低的浓度下便产生显著影响，而有的却需在较高的浓度下才发挥作用。

二、结晶操作的主要性能指标

工业生产中，不同的结晶操作有着不同的性能评价指标，如产品的粒度及其分布、颗粒的变异系数及超分子结构等。其中，晶体的产品纯度和结晶物产量是两个最为常见的生产考察指标。

（一）晶体产品的纯度

结晶操作一般均追求较高的产品纯度，通常纯度越高，产品的附加值越大。就工业结晶而言，影响晶体产品纯度的因素众多，主要包括：

1. 母液的影响　因母液中通常含有诸多的杂质，若处理不净，易降低产品的纯度，故对于多数结晶操作，当操作结束后，除对晶浆进行离心分离外，一般还应运用少量的纯净溶剂对晶粒加以洗涤，以除去残留于空隙间的母液及杂质。

2. 晶体粒度的影响　相比粒度小而参差不齐的晶粒，粒度大而均匀的晶粒之间的母液夹带量通常较少，且易于过滤和洗涤，故操作中应设法制得粒度大而均匀的晶体产品。

3. 晶簇的影响　在结晶过程中，由于晶粒易凝聚于一起而形成晶簇，进而包藏母液，故为了减少晶簇的形成几率，操作时可适当对体系加以搅拌，以确保各处的操作温度尽可能一致。

4. 色素等杂质的影响　为提高晶体的纯度，通常在结晶前需向体系中添加适量的活性炭，利用后者的吸附作用，以除去溶液中的色素等杂质。在此基础上，过滤除去活性炭，再次结晶一般可得高纯的晶体制品。

此外，实际生产中，若一次结晶的产品纯度达不到指定要求，还可进行重结晶。

（二）晶体产量

由结晶理论可知，结晶的产量取决于溶液的初始浓度和结晶后母液的浓度，而后者多由操作的终了温度所决定。

对于溶质溶解度随温度变化敏感的物系结晶，当操作温度降低时，通常溶质的溶解度将减小，母液浓度降低，产量可得以提高。但与此同时，当操作温度降低时，其他杂质的溶解度也将随之降低，即杂质的析出量相应增大，故易导致晶体纯度的下降。此外，较低的温度也将引起母液稠度的增加，从而影响晶核的活动，导致微细晶粒的大量涌现，易造成晶体粒度分布的不均。对于通过蒸发浓缩而析出溶质的结晶操作，同样需注意此类问题。可见，在实际的结晶生产中，不可一味地追求过高的晶体产量，以免降低其他的晶体品质指标。

生产中，为提高结晶操作的产量，通常还对结晶后的母液加以回收与再利用，即实现母液的套用，如对母液进行再次结晶，就可适当提高溶质的析出量。

三、结晶操作方式

根据不同的生产需求，结晶操作有连续、半连续和间歇式三种操作方式。

连续结晶具有产量大、成本小、劳动强度低、母液（晶浆中除去晶体后剩余的溶液）的再利用率高等优点，缺点是换热面以及与自由液面相接触的容器壁面易结垢、晶体的平均粒度小且波动较大、对操作的控制要求较高等。因此，连续结晶的应用范围受到一定的限制，目前主要用于产量大、附加值相对较低的晶体产品的生产。

与连续结晶相比，间歇结晶不需要苛刻的稳定操作周期，也不会产生连续结晶所固有的晶体粒度分布的周期性振荡问题。此外，间歇结晶还为生产设备的批间清洗提供了方便，这在制药工业中可以防止药品的批间污染，符合 GMP 要求。但间歇结晶的操作成本较高、生产的重复性较差。近年来，随着小批量、高纯度、高附加值的精细化工和高新技术产品的不断涌现，间歇结晶在制药、化工、材料等领域中的应用不断拓展。

连续结晶和间歇结晶是结晶操作的两种典型方式，此外，工业上还采用半连续结晶方式，它是连续结晶与间歇结晶的组合。由于半连续结晶同时具有连续结晶和间歇结晶的某些优点，因而在工业中的应用非常广泛。

对于特定的结晶体系，究竟应该选择何种操作方式，需考虑很多因素，如结晶体系的特性、料液的处理量、晶体产品的产量和质量等，其中料液处理量和晶体产量是两个相对重要的选择依据。连续结晶的生产规模不宜小于 100kg/h，而间歇结晶的生产规模不存在下限。对于料液处理量大于 20kg/h 的结晶过程，则宜采用连续结晶方式。此外，对于某些产品纯度要求较高或者指定粒度分布的结晶过程，只能采用间歇操作方式。

四、结晶操作控制

（一）连续结晶的控制

由于粒度不均的晶体易于结块或形成晶簇，以至所包藏的母液不易除去，从而影响产品的纯度，故晶体应具有适宜的粒度和较窄的粒度分布。为此，可对连续结晶操作采取“过饱和度控制”和“细晶消除”等措施，以改善晶体的小粒度和宽分布的不足。

由结晶动力学可知，成核和生长速率均与溶液的过饱和度有关，而两者的速率大小将决定晶体产品的粒度及其分布，故过饱和度是结晶过程应控制的一个重要参数。对于大多数工业结晶过程（除超细粒子制造等少数领域外），为提高晶体产品的粒度及其分布指标，常采用抑制一次成核、维持适量二次成核和促进晶体生长的操作策略。因此，溶液的过饱和度宜控制在结晶介稳区的范围之内。

连续结晶的操作稳定性较差，操作参数波动频繁，即使采取过饱和度控制方案，体系的成核速率一般仍不能得到有效控制，因而体系中细小晶核的数目往往过多，不利于晶体平均粒度的增大和粒度分布的均匀。因此，在操作中应采取有效措施，将过量的细小晶核及时除去。实际生产中，常在结晶装置内设一澄清区，使晶浆缓慢向上流动，粒度较小的细晶将随晶浆一起由澄清区上部溢流而出，进入消除装置并重新溶解后循环至结晶器主体，而粒度较大的晶体则直接沉降至结晶器主体，继续生长。沉降和溢流的粒度界限称为细晶切割粒度。对于特定的结晶体系，细晶切割粒度由技术人员根据实际情况确定。

（二）间歇结晶的控制

为获得高纯和粒度均匀的晶体产品，常采用间歇结晶操作。在间歇结晶操作中，也要对体系的成核速率加以控制。生产中常采用添加晶种的办法，来达到控制成核速率的目的，即在溶液进入过饱和状态后向其内添加一定量的晶体颗粒，以诱发溶液提前发生结晶行为。

对于溶液结晶，添加晶种可有效避免初次成核，并能抑制二次成核。研究表明，当溶液刚刚进入介稳区时，就立即添加适量的晶种，并将过饱和度控制在第一介稳区内，则体系不会发生初级成核，且二次成核也能得到有效的抑制，从而可获得粒度分布较为单一的晶体产品。可见，添加晶种是对结晶过程进行控制的一个有效手段。

将粒度不一的晶体置于过饱和度不高的溶液中，粒度小的晶体将重新溶解，而粒度大的晶体则会继续长大，这种现象称为再结晶。再结晶过程又称为晶体的“熟化”过程。结晶生产中，通过再结晶可得到粒度大而均匀的晶体产品。

晶体作为化学性质均一的固体，具有规则的形状，称为晶形。不同物质具有不同的晶形，即使是同一种物质也可能有多种不同的晶形。例如，NaCl 在纯水溶液中的结晶呈立方体，而在含少量尿素的水溶液中的结晶则呈八面体；又如萘在环已烷中的结晶呈针状，而在甲醇中的结晶呈片状；再如，抗结核药物利福平也是一种多晶形的化合物，其在不同溶剂或不同生产条件下制得的产品形状差异较大，目前已发现的该化合物的晶形有四种，即无定型、[A]、[B]和[S]，各自的稳定性和生物利用度不尽相同。可见，为确保所制晶体的某些有效特性，需慎重地对结晶操作条件加以设计与调控，相应结晶过程的控制要求无疑将更高。

此外，结晶时还会因不同程度的水合作用，使晶体中含有一定数量的溶剂（水）分子，即结晶水，如 $CuSO_4$ 于 240℃以上结晶时，产品为白色的三棱形针状晶体，而于常温下结晶时，产品则为蓝色的 $CuSO_4 \cdot 5H_2O$ 水合物。由于结晶水的含量对晶体的外形乃至性质均能产生较大的影响，故在结晶操作中也要对其进行防范或控制。

第三节 结晶计算

通过对结晶过程进行物料衡算和热量衡算，可确定晶体的产品量和热负荷等数据。

一、物料衡算

对图 6-5 所示的连续式结晶器，进行总物料衡算得

$$F=G+W+M \tag{6-9}$$

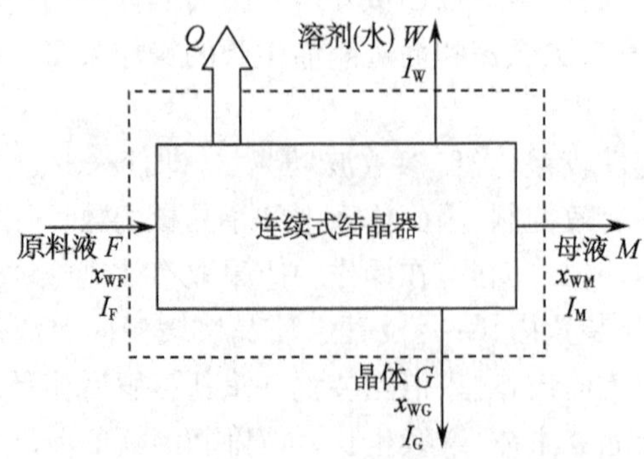

图 6-5 结晶过程的物料衡算和热量衡算

式中，F 为原料液的质量流量，单位为 kg/s；G 为晶体产品的质量流量，单位为 kg/s；W 为被汽化溶剂的质量流量，单位为 kg/s；M 为母液的质量流量，单位为 kg/s。

对溶质进行物料衡算得

$$Fx_{WF}=Gx_{WG}+Mx_{WM} \tag{6-10}$$

式中，x_{WF} 为原料液中溶质的质量分率，无因次；x_{WG} 为晶体中的溶质含量，无因次；x_{WM} 为母液中溶质的质量分率，无因次。

晶体中的溶质含量可用下式计算

$$x_{WG}=\frac{\text{溶质的分子量}}{\text{晶体水合物的分子量}} \tag{6-11}$$

显然，对于不含结晶水的晶体，$x_{WG}=1$。

由式(6-9)和式(6-10)联立求解得

$$G=\frac{F(x_{WF}-x_{WM})+Wx_{WM}}{x_{WG}-x_{WM}} \tag{6-12}$$

式(6-12)虽是依据连续结晶过程推导出来的，但也适用于间歇结晶过程的计算，只是此时应注意，晶体的产品量、溶剂的汽化量及母液量等均将随着时间而改变。

原料液和母液中的溶质含量也可采用单位质量溶剂中所溶解的溶质质量来表示，即

$$x_{WF}=\frac{C_F}{1+C_F} \tag{6-13}$$

$$x_{WM}=\frac{C_M}{1+C_M} \tag{6-14}$$

式(6-13)和式(6-14)中，C_F 为以单位质量溶剂中所溶解的溶质质量来表示的原料液浓度，单位为 kg/kg；C_M 为以单位质量溶剂中所溶解的溶质质量来表示的母液浓度，单位为 kg/kg。

实际计算中，当母液浓度 C_M 为未知时，可近似采用结晶终了温度下的溶解度数据代替 C_M 进行计算，即假设出料时晶体与母液已达成固液平衡，由此而造成的误差可满足一般工程计算的需要。

在蒸发式结晶或空气冷却式结晶操作中，一般会预定被汽化的溶剂质量，此时可用式(6-12)直接计算出晶体的产品量。

在使用冷水或冷冻盐水的冷却结晶操作中，由于结晶过程中没有溶剂汽化，则 $W=0$。此时式(6-12)可简化为

$$G=\frac{F(x_{WF}-x_{WM})}{x_{WG}-x_{WM}} \tag{6-15}$$

此外，对于伴有溶剂自然蒸发的真空结晶过程，晶体产品量的计算还需考虑热量衡算。

例 6-2 将 150kg 的 Na_2CO_3 水溶液冷却至 20℃，以结晶出 $Na_2CO_3 \cdot 10H_2O$ 晶体。已知结晶前每 100kg 的水中约含 39.5kg 的 Na_2CO_3，结晶过程中自蒸发的水分质量约为原料液质量的 3%，20℃时 Na_2CO_3 在水中的溶解度为 0.215kg/kg，试计算晶体产品量及母液量。

解：计算晶体产品量：依题意知 $C_F=0.395$kg/kg，则由式(6-13)得

$$x_{WF}=\frac{C_F}{1+C_F}=\frac{0.395}{1+0.395}=0.283$$

结晶终了时的母液浓度可近似采用结晶终了温度下的溶解度数据，即 $C_M\approx0.215$kg/kg，则

$$x_{WM}=\frac{C_M}{1+C_M}=\frac{0.215}{1+0.215}=0.177$$

对于 $Na_2CO_3 \cdot 10H_2O$ 晶体，由式(6-11)得

$$x_{WG}=\frac{\text{溶质的分子量}}{\text{晶体水合物的分子量}}=\frac{106}{106+180}=0.371$$

所以，由式(6-12)得晶体产品量为

$$G=\frac{F(x_{WF}-x_{WM})+Wx_{WM}}{x_{WG}-x_{WM}}=\frac{150\times(0.283-0.177)+150\times0.03\times0.177}{0.371-0.177}=86.1\text{kg}$$

由式(6-9)得母液量为

$$M=F-G-W=150-86.1-150\times0.03=59.4\text{kg}$$

二、热量衡算

溶液结晶是溶质由液相向固相转变的过程，该过程存在相变热。形成单位质量晶体而产生的相变热称为结晶热，它是结晶工艺与设备设计的一个重要参数，对结晶操作的热负荷有着直接的影响。

对图 6-5 中的连续式结晶器进行热量衡算得

$$FI_F=GI_G+WI_W+MI_M+Q \tag{6-16}$$

式中，I_F 为原料液的焓，单位为 kJ/kg；I_G 为晶体的焓，单位为 kJ/kg；I_W 为被汽化溶剂的焓，单位为 kJ/kg；I_M 为母液的焓，单位为 kJ/kg；Q 为结晶器与周围环境之间交换的热量，单位为 kW。

由式(6-9)和式(6-16)可得

$$Q=F(I_F-I_M)-G(I_G-I_M)-W(I_W-I_M) \tag{6-17}$$

由于焓是相对值，是相对于某一基准而言的，因此计算时必须规定基准状态和基准温度。在结晶计算中，常规定液态溶剂以及溶解于溶剂中的溶质在结晶终了温度时的焓值为零。设原料液温度为 t_1，结晶终了温度为 t_2，则式(6-17)可改写为

$$Q=FC_p(t_1-t_2)+G\Delta H_{t_2}-Wr_{t_2} \tag{6-18}$$

式中，C_p 为原料液的平均定压比热，单位为 kJ/(kg·℃)；ΔH_{t_2} 为溶质在温度为 t_2 时的结晶热，单位为 kJ/kg；r_{t_2} 为溶剂在温度为 t_2 时的汽化潜热，单位为 kJ/kg。

若由式(6-17)或式(6-18)求得的 Q 为正值，则表明需要从设备及所处理的物料移走热量，即需要冷却；反之，若 Q 为负值，则表明需要向设备及所处理的物料提供热量，即需要加热。此外，对于绝热结晶过程，$Q=0$。

若不计设备本身因温度改变而消耗的热量或冷量，则式(6-17)和式(6-18)亦可用于间歇结晶过程的计算。

例 6-3 在绝热条件下，将 500kg 的 KNO_3 水溶液真空蒸发降温至 20℃，以结晶析出 KNO_3 晶体。已知结晶前溶液中溶质的质量分率为 37.2%，20℃时 KNO_3 在水中的溶解度为 23.3%(质量分率)，结晶过程中自蒸发的水分量为 15.8kg，结晶热为 68kJ/kg，溶液的平均定压比热为 2.9kJ/(kg·℃)，水的汽化潜热为 2446kJ/kg，试计算进料温度。

解：依题意知，$F=500$kg，$W=15.8$kg，$x_{WF}=0.372$kg/kg，$x_{WM}=0.233$kg/kg，$t_2=20$℃，$C_p=2.9$kJ/(kg·℃)，$\Delta H_{20℃}=68$kJ/kg(结晶放热)，$r_{20℃}=2446$kJ/kg(水分汽化吸热)，$Q=0$(绝热操作)。

由于 KNO_3 晶体不含结晶水，故 $x_{WG}=1$。由式(6-12)得晶体产品量为

$$G=\frac{F(x_{WF}-x_{WM})+Wx_{WM}}{x_{WG}-x_{WM}}=\frac{500\times(0.372-0.233)+15.8\times0.233}{1-0.233}=95.413\text{kg}$$

所以，由式(6-18)得

$$\begin{aligned}Q&=FC_p(t_1-t_2)+G\Delta H_{t_2}-Wr_{t_2}\\&=500\times2.9\times(t_1-20)+95.413\times68-15.8\times2446=0\end{aligned}$$

解得

$$t_1=42.2℃$$

即进料温度为 42.2℃。

第四节 结晶设备

结晶设备的种类很多，可按不同的方法进行分类。例如，按操作方式的不同，结晶设备可分为连续式、半连续式和间歇式；按流动方式的不同，结晶设备可分为母液循环型和晶浆循环型；按能否进行粒度分级，结晶设备可分为粒析作用式和无粒析作用式；按产生过饱和度方法的不同，结晶设备可分为冷却式、蒸发式和真空式等。

一、冷却式结晶器

冷却式结晶器是通过降温而使得溶质的溶解度减小，进而析出晶体的结晶设备。工业上，最简单的冷却式结晶器仅为一敞口结晶槽，称为空气冷却式结晶器。操作时，溶液通过液面或器壁向空气中散热，降低自身温度，从而析出晶体。该类结晶器的主要优点为制品的质量好、粒度大，特别适于含多结晶水的物质的结晶处理；主要缺点为传热速率小，且因间歇操作，生产能力低。

目前，生产中应用最广泛的冷却式结晶器当属釜式结晶器，又称为结晶罐。按溶液循环方式的不同，该类结晶器又分为内循环式和外循环式两类，它们均采取间接换热方式。图 6-6 示意了常见的内循环式釜式结晶器，它是在空气冷却式结晶器的基础上，于釜的外部加装了传热夹套，以加速溶液的冷却。由于受传热面积的制约，内循环式结晶器的传热量一般较小，故为了提高其传热速率和传热量，可改用图 6-7 所示的外循环式釜式结晶器。与前者相比，后者为一种强制循环式结晶器，设有循环泵，故料液的循环速率较大，传热效果更好。此外，由于外循环式结晶器采用了外部换热器实施降温，因而传热面积也易于调节。

除空气冷却式结晶器和釜式结晶器外，工业上还有众多其他类型的冷却式结晶器，其中连续式搅拌结晶槽即为常见的一种，结构如图 6-8 所示。该结晶槽的外形为一长槽，槽底呈半圆形，槽内装有长螺距的螺带式搅拌器，槽外设有夹套。操作时，料液由槽的一端加入，在搅拌器的推动下流向另一端，形成的晶浆由出料口排出，其间冷却剂在夹套内与料液呈逆流流动。该结晶槽内的搅拌器除起到排料作用外，还可提高槽内传热与传质的均匀性，从而促进晶体的均匀生长，减少晶簇的形成和结块等现象。此外，为防止晶体在槽内堆积或结垢，可在搅拌器上安装钢丝刷，以便及时清除附着于传热表面的晶体。通常，连续式结晶槽的生产能力较大，故多用于处理量大的结晶操作，如葡萄糖的结晶等。

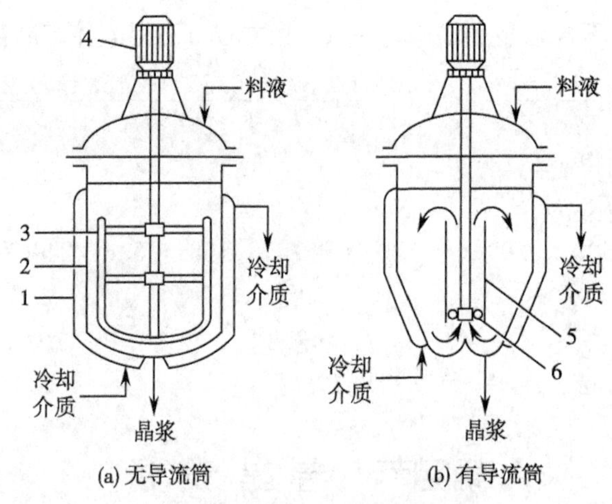

图 6-6 内循环式釜式结晶器

1-夹套;2-釜体;3-框式搅拌器;4-电动机;5-导流筒;6-推进式搅拌器

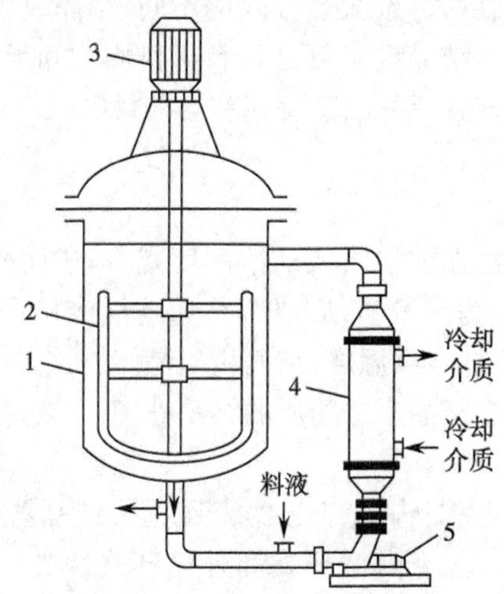

图 6-7 外循环式釜式结晶器

1-釜体;2-搅拌器;3-电动机;4-换热器;5-循环泵

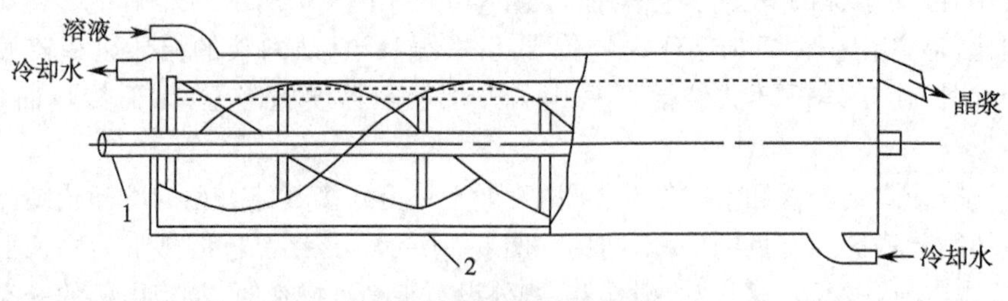

图 6-8 连续式搅拌结晶槽

1-搅拌器;2-冷却夹套

二、蒸发式结晶器

蒸发式结晶器是一类通过蒸发溶剂使溶液浓缩并析出晶体的结晶设备。图 6-9 是一类典型的蒸发式结晶器,称为奥斯陆蒸发式结晶器。该结晶器主要由结晶室、蒸发室及加热室

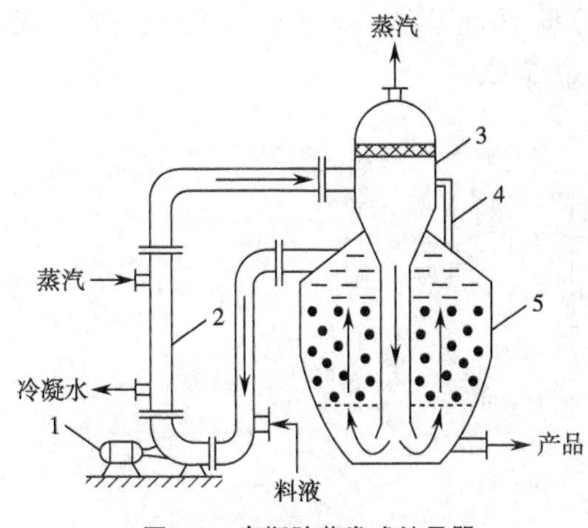

图 6-9　奥斯陆蒸发式结晶器
1-循环泵；2-加热器；3-蒸发器；4-通气管；5-结晶器

组成。工作时，原料液由进料口加入，经循环泵输送至加热器加热，加热后的料液进入蒸发室。在蒸发室内，部分溶剂被蒸发，形成的二次蒸汽由蒸发室顶部排出，浓缩后的料液经中央管下行至结晶室底部，然后向上流动并析出晶体。由于结晶室呈锥形，自下而上截面积逐渐增大，因而固液混合物在结晶室内自下而上流动时，流速逐渐减小。由沉降原理可知，粒度较大的晶体将富集于结晶室底部，因而能与新鲜的过饱和溶液相接触，故粒度将愈来愈大。而粒度较小的晶体则处于结晶室的上层，只能与过饱和度较小的溶液相接触，故粒度只能缓慢增长。显然，结晶室中的晶体被自动分级，这对获取均匀的大粒度晶体十分有利，此为奥斯陆结晶器的一个突出优点。

奥斯陆结晶器同时也是一个母液循环式结晶器。工作时，到达结晶室顶层的溶液，其过饱和度已消耗完毕，其中也不再含有颗粒状的晶体，故可以澄清母液的形式参与管路循环。

奥斯陆结晶器的操作性能优异，缺点是结构复杂、投资成本较高。

三、真空式结晶器

真空结晶操作是将常压下未饱和的溶液，在绝热条件下减压闪蒸，由于部分溶剂的汽化而使溶液浓缩、降温并很快达到过饱和状态而析出晶体。真空结晶又称为蒸发冷却结晶，相应的真空式结晶器又称为蒸发冷却式结晶器。

真空式结晶器是一种新型的结晶设备，但它与蒸发式结晶器之间又没有严格的界限。如图 6-9 所示的奥斯陆蒸发式结晶器，若将蒸发室与真空系统相连接，则成为真空式结晶器。可见，与蒸发式结晶器相比，真空式结晶器只是操作的温度更低、真空度更高而已。

图 6-10 是一种典型的间歇真空式结晶器。设备的真空一般由蒸汽喷射泵或其他类型的真空泵产生并维持，结晶器内的料液因闪蒸而剧烈沸腾，如同搅拌器推动晶浆均匀混合一样，为晶体的均匀生长提供了条件。此类结晶器结构简单，结晶器内进行的过程为绝热蒸发过程，不需要设置传热面，因而不会引起传热面的结垢现象。

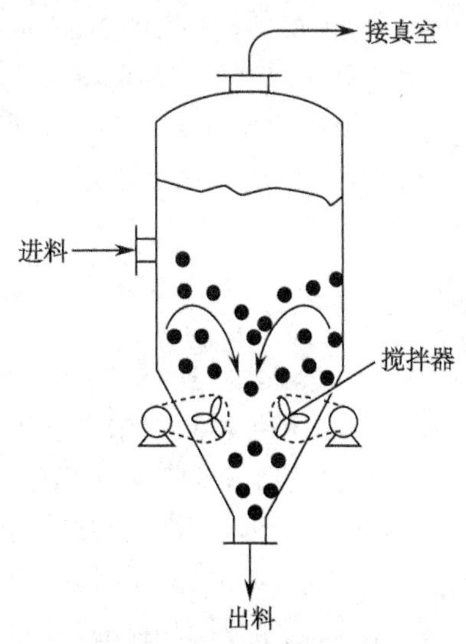

图 6-10　间歇真空式结晶器

图 6-11 示意了一种可连续操作的真空冷却式结晶器，其操作的高真空状态由双级蒸汽喷射泵产生并维持。操作时，原料液经预热后，自底部的进料口被连续地送至结晶室，并在循环泵的外功作用下，进行强制循环流动，进而较好确保了溶液在结晶室内可充分、均匀地混合与结晶。其间，被汽化的溶剂将由室顶部的真空系统抽出，并送至高位冷凝器与水进行混合冷凝，与此同时，晶浆则由底部的出口泵连续排出。由于该类结晶器的操作温度一

般较低，故产生的溶剂蒸汽不易被冷却水直接冷凝，为此需在冷凝器的前方装设一蒸汽喷射泵，便于在冷凝前对蒸汽进行压缩，以提高其冷凝温度。

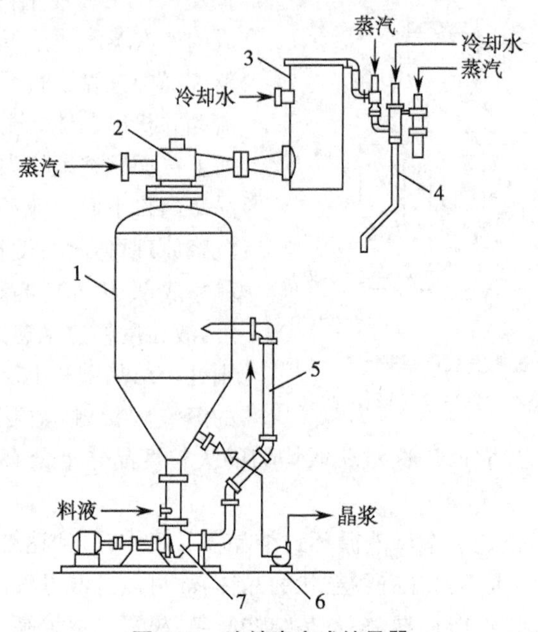

图 6-11 连续真空式结晶器

1-结晶室；2-蒸汽喷射泵；3-冷凝室；4-双级蒸汽喷射泵；5-循环管；6-出料泵；7-循环泵

习 题

1. 将 800kg 的 $NaNO_3$ 水溶液冷却至 40℃，以析出 $NaNO_3$ 晶体。已知结晶前每 100kg 的水中含有 125kg 的 $NaNO_3$，结晶过程中自蒸发的水分量约为 18kg，40℃时 $NaNO_3$ 在水中的溶解度为 1.04kg/kg，试计算晶体产品量和母液量。(93.8kg，688kg)

2. 将 600kg、30℃的 $MgSO_4$ 水溶液在绝热条件下真空蒸发降温至 10℃，以析出 $MgSO_4 \cdot 7H_2O$ 晶体。已知结晶前溶液中溶质的质量分率为 35.4%，10℃时 $MgSO_4$ 在水中的溶解度为 15.3%(质量分率)，该物系的溶液结晶热为 50kJ/kg，溶液的平均定压比热为 3.1kJ/(kg·℃)，水的汽化潜热为 2468kJ/kg，试计算晶体产品量和水分蒸发量。(370kg，22.6kg)

思 考 题

1. 简述溶解度、过饱和度的概念及相关的影响因素。
2. 简述溶解度曲线、超溶解度曲线、稳定区、不稳定区和介稳区在结晶生产操作中的应用。
3. 如何使得溶液达到过饱和状态？
4. 结合结晶动力学机制，阐述结晶操作的有效控制方法。
5. 简述常见结晶器的结构及特点。

（黄德春）

第七章　蒸　　馏

第一节　概　　述

蒸馏是制药化工生产中用于分离液体混合物的单元操作，特别是对于互溶液体混合物，蒸馏是应用最为广泛的分离方法。例如，在化工行业中利用蒸馏将原油分离成汽油、柴油、石蜡、沥青等。又如，在中药生产中，常用蒸馏法回收提取液中的乙醇溶液，并将其重新用于中草药有效成分的提取。

一、蒸馏过程的分离机制

蒸馏是根据一定总压下液体混合物中各组分的挥发度不同而进行分离的一种单元操作。对于双组分均相液体混合物，其中的低沸点组分易挥发，称为易挥发组分或轻组分；高沸点组分难挥发，称为难挥发组分或重组分。若将其加热使之部分汽化，则易挥发组分将在气相中富集，难挥发组分将在液相中富集，从而实现轻、重组分的分离。将液体混合物一次部分汽化或气体混合物一次部分冷凝的操作，称为蒸馏。蒸馏可同时得到两个产品，其中气相以轻组分为主，液相则以重组分为主，但纯度通常都不太高。若将液体混合物进行多次部分汽化，或将气体混合物进行多次部分冷凝，最终气相或液相均成为近乎纯净的组分，这种操作称为精馏。

二、蒸馏过程的分类

蒸馏的种类很多，根据不同的分类方式，蒸馏可分为以下几种。

1. 根据操作方式的不同　蒸馏可分为简单蒸馏、平衡蒸馏、精馏和特殊精馏。其中简单蒸馏和平衡蒸馏适用于易分离物系以及分离要求不高的场合，精馏适用于较难分离的物系以及分离要求较高的场合，特殊精馏适用于普通精馏不能分离的场合。

2. 根据操作压力的不同　蒸馏可分为常压蒸馏、减压蒸馏和加压蒸馏。其中以常压蒸馏最为常用，减压蒸馏适用于高沸点以及热敏性和易氧化物系的分离，加压蒸馏适用于常压下是气相的物系。

3. 根据操作是否连续　蒸馏可分为间歇蒸馏和连续蒸馏。其中间歇蒸馏适用于小批量生产以及某些有特殊要求的场合，连续蒸馏适用于大规模生产。

4. 根据液体混合物中所含的组分数　蒸馏可分为双组分蒸馏和多组分蒸馏，其中双组分蒸馏是最简单、最基础的蒸馏操作，也是本章讨论的重点。

第二节　双组分溶液的气液平衡

气液相平衡是分析精馏原理和精馏塔计算的理论依据。本节以双组分溶液的气液相平衡为例，介绍恒压下不同组成的混合液加热汽化达到气液相平衡时，平衡温度与液相组成和气相组成之间的关系。

一、溶液的蒸气压及拉乌尔定律

在密闭的容器中盛有纯组分液体 A，若在一定温度下，单位时间内从液相进入气相中的 A 分子数与从气相返回液相中的 A 分子数相等，气液两相即达到动态平衡，此时液面上方的蒸气压强即为该温度下纯组分 A 的饱和蒸气压，简称蒸气压，以 p_A° 表示。

一般而言，纯组分液体的饱和蒸气压随温度的升高而增大。在相同温度下，不同液体的饱和蒸气压不同。液体的挥发能力越强，蒸气压就越大，故液体的饱和蒸气压是液体挥发能力的一个属性。纯组分液体的饱和蒸气压与温度之间的关系可用安托因公式估算

$$\lg p^\circ = A - \frac{B}{t+C} \tag{7-1}$$

式中，p° 为纯组分液体的饱和蒸气压，单位为 kPa；t 为温度，单位为℃；A、B、C 为安托因常数，可从有关手册或资料中查得。

当温度一定时，液体混合物也具有一定的蒸气压，其中各组分的蒸气分压与其单独存在时的蒸气压不同。在一定温度下，溶液中组分 A 的蒸气分压 p_A 等于纯组分的饱和蒸气压 p_A° 乘以它在溶液中所占的摩尔分率 x_A，即

$$p_A = p_A^\circ x_A \tag{7-2}$$

式(7-2)称为拉乌尔定律，它不仅适用于两种物质构成的溶液，也可用于多种物质组成的溶液。但实际上只有理想液体才符合这个规律。因为理想溶液中的各种分子之间的相互作用力的大小相同，即溶剂分子之间、溶质分子之间及溶剂与溶质分子之间的作用力相同。当由几种纯物质混合而构成理想溶液时，不产生热效应和体积的变化，此时，处于理想溶液中的任何分子的处境才与它在纯物质中的处境相同。因此，常将溶液中任一组分在全部浓度范围内都遵守拉乌尔定律的溶液称为理想溶液。

理想溶液中两个组分(A 和 B)，两组分的蒸气压分压都可用拉乌尔定律表示，对于组分 B，有

$$p_B = p_B^\circ x_B = p_B^\circ (1 - x_A) \tag{7-3}$$

对于多数溶液而言，拉乌尔定律仅在浓度很低时才成立。但实验发现，由性质相似的物质所组成的溶液，如苯-甲苯、正己烷-正庚烷、甲醇-乙醇等，在全部浓度范围内均遵循拉乌尔定律，这是因为它们的分子结构和分子大小非常接近，分子间的相互作用力几乎相等，其蒸气分压符合拉乌尔定律。

理想溶液的蒸气也是理想气体，它服从道尔顿分压定律，即

$$y_A = \frac{p_A}{P} \tag{7-4}$$

$$y_B = \frac{p_B}{P} \tag{7-5}$$

$$P = p_A + p_B \tag{7-6}$$

式(7-4)至式(7-6)中，y_A、y_B 分别为气相中组分 A 和 B 的摩尔分率；p_A、p_B 分别为气相中组分 A 和 B 的分压，单位为 Pa；P 为气相的总压，单位为 Pa。

将式(7-2)和(7-3)代入式(7-6)得

$$P=p_A+p_B=p_A^\circ x_A+p_B^\circ(1-x_A)=(p_A^\circ-p_B^\circ)x_A+p_B^\circ$$

所以

$$x_A=\frac{P-p_B^\circ}{p_A^\circ-p_B^\circ}或x=\frac{P-p_B^\circ}{p_A^\circ-p_B^\circ} \tag{7-7}$$

将式(7-2)代入式(7-4)得

$$y_A=\frac{p_A^\circ x_A}{P}或y=\frac{p_A^\circ x}{P} \tag{7-8}$$

式(7-7)和式(7-8)即为双组分理想溶液的气液平衡关系式。对于理想溶液，若已知一定温度下纯组分的饱和蒸气压，即可由式(7-7)和式(7-8)求得平衡时的气液相组成。

二、温度组成图(t-y-x 图)

蒸馏操作通常是在一定的外压下进行，溶液的平衡温度随组成而变。溶液的平衡温度-组成图(t-y-x 图)是分析蒸馏原理的理论基础。

常压(101.3kPa)下，苯和甲苯溶液的温度-组成图如图7-1所示。图中以温度 t 为纵坐标，苯的液相 x 或气相 y 组成为横坐标。图中点H和点G分别为苯和甲苯的沸点，不同组成的苯和甲苯混合液的平衡温度在这两个纯组分的沸点之间。位于下方的实线为液相线，表示平衡时液相组成 x 与温度 t 之间的关系，线上各点所对应的液体均为饱和液体，故该线亦称为饱和液体线；位于上方的虚线为气相线，表示平衡时气相组成 y 与温度 t 之间的关系，线上各点所对应的气相均为饱和蒸气，故该线亦称为饱和蒸气线。上述两条曲线将 t-y-x 图分成三个区域。气相线以上的区域为过热蒸气区；液相线以下的区域为液相区；而两曲线所包围的区域表示气液两相同时存在，故称为气液共存区。

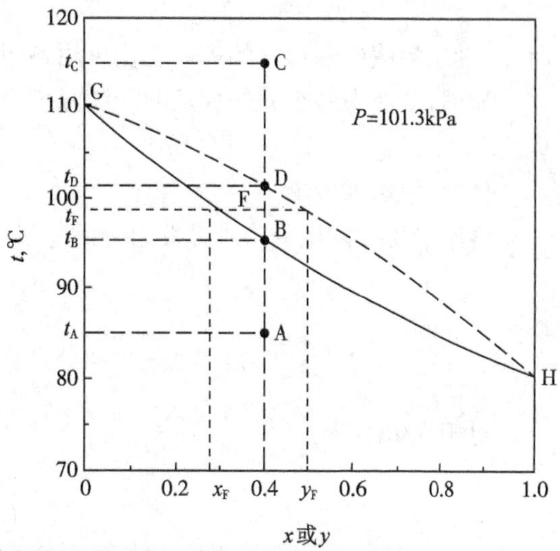

图7-1　苯和甲苯溶液的 t-y-x 图

若将组成为 $x=0.4$ 的溶液(A点)加热，使其温度由 t_A 升至 t_B(B点)时，溶液开始沸腾，产生第一个气泡，相应的温度 t_B 称为泡点温度，故液相线又称为泡点线。同理，若将温度为 t_C、组成为 $y=0.4$(C点)的过热蒸气冷却，当温度到达 t_D(D点)时，混合气体开始冷凝，产生第一滴液体，相应的温度 t_D 称为露点，故气相线又称为露点线。

由图7-1可知，当气、液两相达到平衡时，如物系点F，气、液两相的温度相同(t_F)，但气相组成(y_F)大于液相组成(x_F)。而当气、液两相的组成相同时，气相的露点温度总是大于液相的泡点温度。

三、挥发度及相对挥发度

(一) 挥发度

挥发度是用来表示物质挥发能力大小的物理量，用 υ 来表示。前已述及纯组分液体的饱和蒸气压可反映其挥发能力，纯液体的挥发度即为该液体在一定温度下的饱和蒸气压。而对于溶液，由于组分之间的相互影响，溶液中各组分的蒸气压要比纯态时的低。溶液中某组分的挥发度可用该组分在蒸气中的分压与平衡液相中的摩尔分率之比来表示，即

$$\upsilon_A=\frac{p_A}{x_A} \tag{7-9}$$

$$\upsilon_B=\frac{p_B}{x_B} \tag{7-10}$$

式(7-9)和式(7-10)中，υ_A、υ_B 分别为溶液中组分 A 和 B 的挥发度，单位为 Pa。

若为理想溶液，将式(7-2)和式(7-3)分别代入式(7-9)和式(7-10)得

$$\upsilon_A=\frac{p_A}{x_A}=\frac{p_A^\circ x_A}{x_A}=p_A^\circ \tag{7-11}$$

$$\upsilon_B=\frac{p_B}{x_B}=\frac{p_B^\circ x_B}{x_B}=p_B^\circ \tag{7-12}$$

所以，理想溶液中各组分的挥发度仍可用各组分在纯态时的饱和蒸气压表示。

显然，溶液中各组分的挥发度均随温度而变化，应用很不方便。为此引入相对挥发度的概念。

（二）相对挥发度

溶液中易挥发组分与难挥发组分的挥发度之比，称为相对挥发度，以 α 表示，即

$$\alpha=\frac{\upsilon_A}{\upsilon_B}=\frac{\dfrac{p_A}{x_A}}{\dfrac{p_B}{x_B}}=\frac{\dfrac{Py_A}{x_A}}{\dfrac{Py_B}{x_B}}=\frac{y_A x_B}{y_B x_A} \tag{7-13}$$

对于理想溶液

$$\alpha=\frac{\upsilon_A}{\upsilon_B}=\frac{p_A^\circ}{p_B^\circ} \tag{7-14}$$

在式(7-14)中，虽然 p_A° 和 p_B° 均随温度而变，但两者的比值随温度变化不大，因此，可将 α 视为常数。

（三）气液平衡方程

对于双组分溶液，由式(7-13)得

$$\frac{y_A}{y_B}=\alpha\frac{x_A}{x_B}\text{或}\frac{y_A}{1-y_A}=\alpha\frac{x_A}{1-x_A}$$

由上式解出 y_A，并略去下标得

$$y=\frac{\alpha x}{1+(\alpha-1)x} \tag{7-15}$$

式(7-15)称为气液平衡方程式或相平衡方程式，它是用相对挥发度表示的气液平衡关系。

根据相对挥发度的大小，可以判断混合液能否用普通精馏法来分离以及分离的难易程度。如图 7-2 所示，当 $\alpha=1$ 时，相平衡曲线与对角线 $y=x$ 重合，即气相与液相的组成相同，则此混合液不能用普通精馏法来分离；当 $\alpha>1$ 时，α 值越大，y-x 曲线越远离对角线，与同一 x 值对应的 y 值就越大，表明两组分就越容易用普通精馏法来分离。

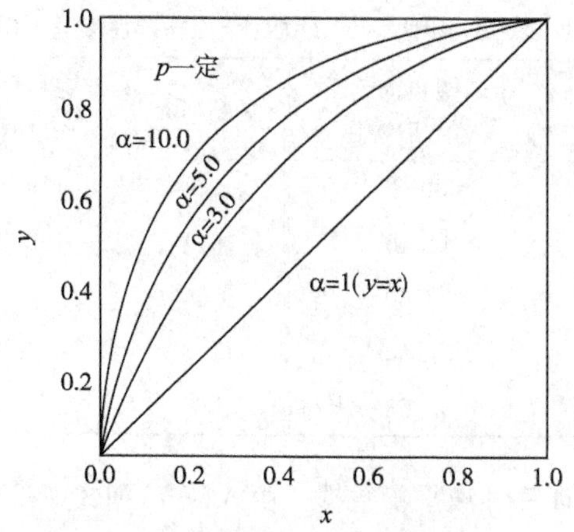

图 7-2　α 为定值的理想溶液相平衡曲线

四、气液平衡图（y-x 图）

在蒸馏计算中，除使用温度-组成图外，还经常使用气液平衡图。气液平衡图是在一定外压下，气相组成 y 和与之平衡的液相组成 x 之间的关系，又称为 y-x 图。

由物系的 t-y-x 图可画出相对应的 y-x 图。如从苯和甲苯溶液的 t-y-x 图（图 7-1）的气液两相区中任意取一物系点 F，其对应的液相组成和气相组成分别为 x_F 和 y_F，保持物系点 F 在两相区，使其温度发生改变，物系 F 的气液两相组成也会发生改变，读出其对应的气、液相组成，再以气相组成为纵坐标，液相组成为横坐标，作图即得常压（101.3kPa）下苯和甲苯溶液的气液平衡图（y-x 图），如图 7-3 所示。

除气液平衡线外，气液平衡图上还有一条辅助对角线。气液平衡线上的任一点均表示平衡时的气液相组成，但不同点的温度是不同的。

利用 y-x 图可判断物系能否用普通精馏方法加以分离，以及分离的难易程度。大多数溶液达到平衡时，气相中易挥发组分的浓度总是大于液相中易挥发组分的浓度，即平衡线位于对角线的上方，表示该溶液可用精馏法进行分离。平衡线偏离对角线越远，溶液就越容易分离。若平衡线与对角线相交或相切，则溶液达到平衡时交点或切点处的两相组成完全相同，表明该溶液不能采用普通精馏法来同时获得两个纯净的组分。

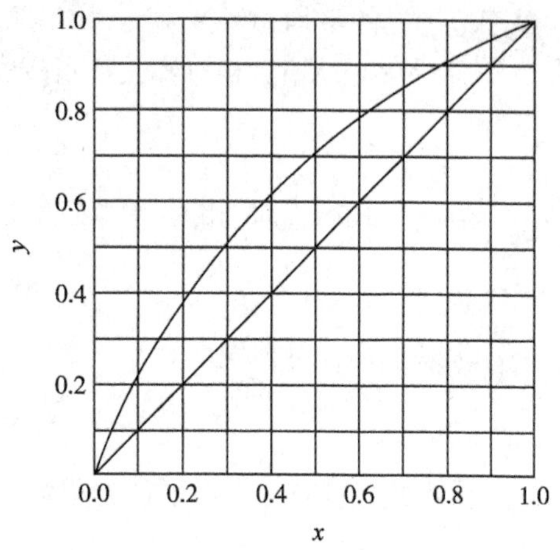

图 7-3　苯和甲苯溶液 y-x 图

总压对温度组成图的影响很大，但对气液平衡图的影响很小。一般情况下，总压变化 20%～30% 时，气液平衡线的变化不超过 2%。因此，可忽略总压对气液平衡图的影响。

例 7-1　已知苯（A）和甲苯（B）的饱和蒸气压与温度之间的关系如表 7-1 所示，苯-甲苯溶液为理想溶液，总压为 101.33kPa，试分别用拉乌尔定律和相对挥发度计算表中各温度的气液平衡数据。

表 7-1 苯(A)和甲苯(B)的饱和蒸气压与温度之间的关系

温度/℃	苯饱和蒸气压 p_A^o/kPa	甲苯饱和蒸气压 p_B^o/kPa	温度/℃	苯饱和蒸气压 p_A^o/kPa	甲苯饱和蒸气压 p_B^o/kPa
80.1	101.33	38.8	100	179.19	74.53
84	113.59	44.40	104	199.32	83.33
88	127.59	50.60	108	221.19	93.93
92	143.72	57.60	110.6	234.60	101.33
96	160.52	65.55			

解:1. 用拉乌尔定律计算气液平衡数据 由式(7-7)和式(7-8)得

$$x=\frac{P-p_B^o}{p_A^o-p_B^o}$$

$$y=\frac{p_A^o x}{P}$$

以 $t=100$℃为例。由表 7-1 可知:$p_A^o=179.19$kPa,$p_B^o=74.53$kPa。则

$$x=\frac{P-p_B^o}{p_A^o-p_B^o}=\frac{101.33-74.53}{179.19-74.53}=0.256$$

$$y=\frac{p_A^o x}{P}=\frac{179.19}{101.33}=0.453$$

计算结果列于表 7-2 中

表 7-2 苯-甲苯溶液的 *t-x-y* 计算数据(101.33kPa)

t/℃	80.1	84	88	92	96	100	104	108	110.6
x	1.0	0.823	0.659	0.508	0.376	0.256	0.155	0.058	0
y	1.0	0.923	0.830	0.721	0.597	0.453	0.305	0.127	0

2. 用相对挥发度计算气液平衡数据 用相对挥发度计算气液平衡数据时,常取所涉及温度范围内的平均相对挥发度,如本题可取 80.1℃及 110.6℃时相对挥发度的平均值。

当 $t=80.1$℃时,相对挥发度可用式(7-14)计算,即

$$\alpha_1=\frac{p_A^o}{p_B^o}=\frac{101.33}{38.8}=2.61$$

当 $t=110.6$℃时,相对挥发度为

$$\alpha_2=\frac{234.60}{101.33}=2.32$$

所以平均相对挥发度为

$$\alpha_m=\frac{2.61+2.32}{2}=2.47$$

代入式(7-15)得气液平衡方程为

$$y=\frac{\alpha x}{1+(\alpha-1)x}=\frac{2.47x}{1+1.47x}$$

在 $x=0\sim1$ 范围内每取一个 x 值,就可由上式计算出对应的 y 值。将表 7-2 中的 x 值分别代入上式计算出对应的 y 值,结果如表 7-3 所示。

表 7-3 利用相对挥发度计算的苯-甲苯溶液的 x-y 数据

t/℃	80.1	84	88	92	96	100	104	108	110.6
x	1	0.823	0.659	0.508	0.376	0.256	0.155	0.058	0
y	1	0.920	0.827	0.718	0.598	0.459	0.312	0.132	0

由表 7-2 和 7-3 中的数据可以看出，两种计算方法所得的结果基本上是一致的。

五、双组分非理想溶液

非理想溶液是指各组分的蒸气分压对乌拉尔定律产生偏差的溶液。实际上，大部分的溶液都或多或少对乌拉尔定律有一定的偏差。若真实溶液的实测值大于拉乌尔定律的计算值，则出现正偏差；反之，出现负偏差。

（一）具有正偏差的非理想溶液

具有正偏差的非理想溶液中各组分的蒸气分压均大于乌拉尔定律的计算值，根据正偏差的大小程度，又可分为两种情况。

1. 无恒沸点的溶液　这种溶液的蒸气压对拉乌尔定律的偏差不太大，其总蒸气压介于两种纯组分的蒸气压之间。

2. 有最低恒沸点的溶液　这种溶液的蒸气压对乌拉尔定律的偏差较大，在一定的浓度范围内，其总蒸气压会大于任一纯组分的蒸气压，在 t-x-y 图上会出现最低点，如常压下乙醇-水溶液。

图 7-4 为常压下乙醇-水溶液的 t-y-x 图，图中气相线与液相线在 M 点相交，表明 M 点处的气液两相组成相等，M 点处的溶液为恒沸液，M 点所对应的温度（t_M＝78.15℃）为恒沸点。由于恒沸点较纯乙醇的沸点（78.3℃）及水的沸点（100℃）都要低，故这种具有正偏差的非理想溶液又称为具有最低恒沸点的恒沸液。图 7-5 是乙醇-水溶液的 y-x 图，图中平衡线与对角线相交于 M 点（与图 7-4 中的 M 点相对应），该点处的溶液相对挥发度 α=1，不能用普通精馏法来分离。

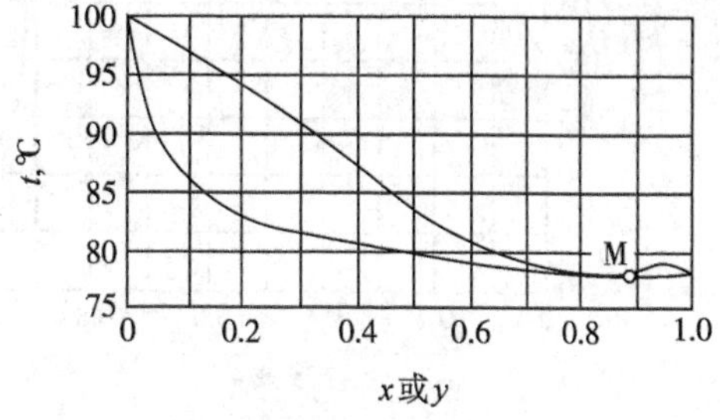

图 7-4　常压下乙醇-水溶液的 t-y-x 图

（二）具有负偏差的非理想溶液

具有负偏差的非理想溶液中各组分的蒸气分压均小于乌拉尔定律的计算值，根据负偏差的大小程度，也可分为两种情况。

1. 无恒沸点的溶液　这种溶液的蒸气压对拉乌尔定律的偏差不太大，其总蒸气压介于两种纯组分的蒸气压之间，如氯仿-苯溶液，其 y-x 图如图 7-6 所示。

2. 有最高恒沸点的溶液　这种溶液的蒸气压对乌拉尔定律的偏差较大，在一定的浓度范围内，其总蒸气压小于任何一个纯组分的蒸气压。在其 t-y-x 图上会出现最高点，如常压下硝酸-水溶液。

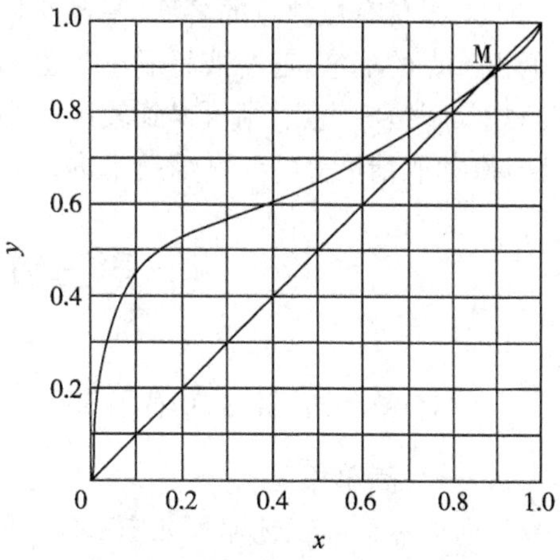

图 7-5　常压下乙醇-水溶液的 y-x 图

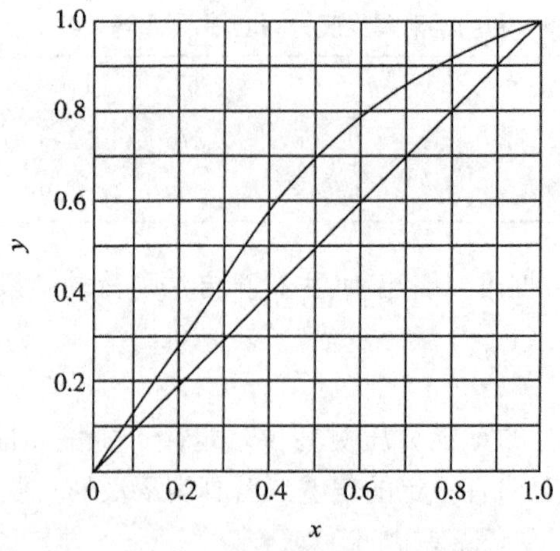

图 7-6 氯仿-苯溶液 x-y 图(无恒沸点)

图 7-7 为硝酸-水溶液的 t-y-x 图。图中恒沸点 M 处的温度(121.9℃)较纯硝酸的沸点(86℃)及水的沸点(100℃)都要高,故这种具有负偏差的非理想溶液又称为具有最高恒沸点的恒沸液。图 7-8 是硝酸-水溶液的 y-x 图,图中平衡线与对角线相交于 M 点。

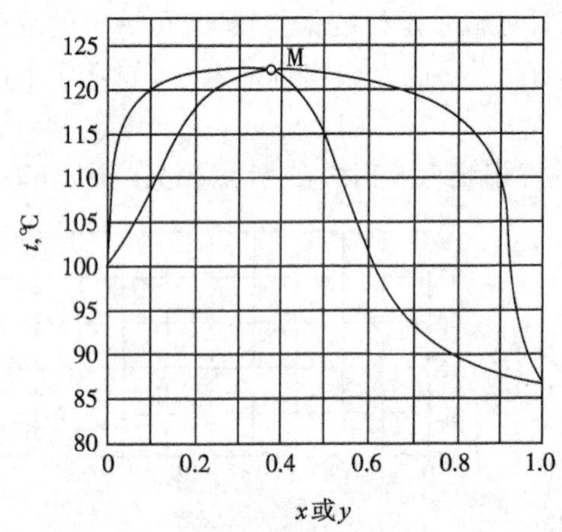

图 7-7 常压下硝酸-水溶液的 t-y-x 图

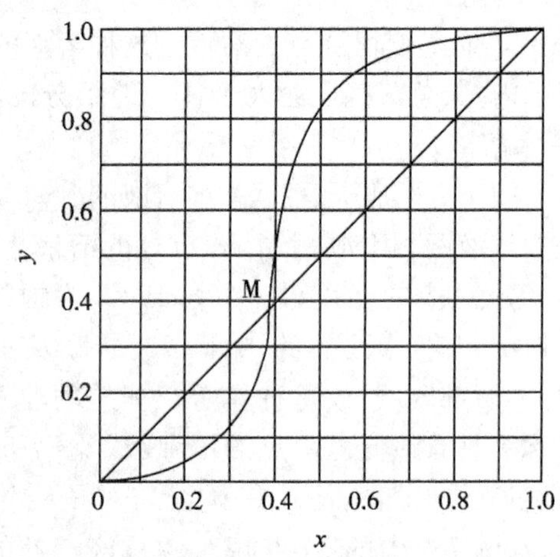

图 7-8 常压下硝酸-水溶液的 y-x 图

对于具有恒沸点的溶液,用普通精馏法不能同时得到两个几乎纯的组分。对于具有最低恒沸点的溶液,若溶液组成小于恒沸组成,则可得到较纯的难挥发组分及恒沸液;若溶液组成大于恒沸组成,则可得到较纯的易挥发组分及恒沸液。具有恒沸点的溶液常采用恒沸精馏、萃取精馏等特殊精馏技术进行分离。

第三节 蒸馏与精馏原理

一、平衡蒸馏与简单蒸馏

(一) 简单蒸馏

简单蒸馏的工艺流程如图 7-9 所示。操作时,将原料液加入蒸馏釜,在恒定压力下加热至沸腾,使液体不断汽化,所产生的蒸气经冷凝器冷凝为液体,称为馏出液。随着蒸馏过程的进行，釜内物料中易挥发组分的含量不断下降，因而所产生的蒸气中易挥发组分的含量亦不断下降。因此，简单蒸馏过程是一个典型的非稳态过程。馏出液通常是按不同的组成范围分罐收集，当釜液组成达到规定要求时即作为残液从塔釜一次性排出。

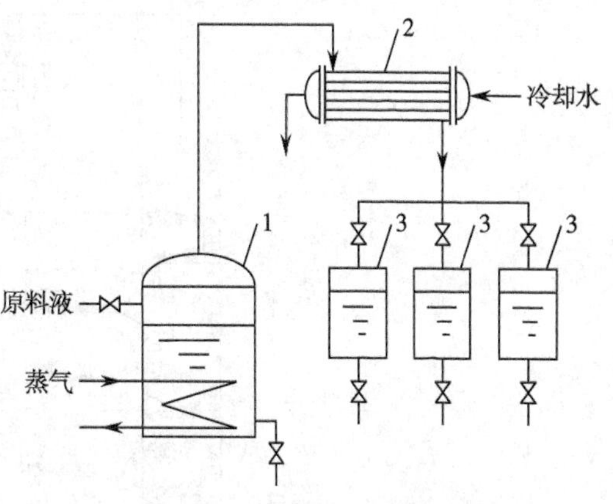

图 7-9 简单蒸馏的工艺流程

1-蒸馏釜；2-冷凝器；3-接收罐

简单蒸馏过程是一种单级分离过程。由于液体混合物仅进行一次部分汽化或冷凝，因而不能实现组分之间的完全分离，故仅适用于挥发度相差较大，以及分离要求不高的场合，或者作为初步加工，粗略分离多组分混合液，如小批量原油的粗略加工等。

（二）平衡蒸馏

平衡蒸馏又称为闪蒸，其工艺流程如图 7-10 所示。操作时，原料液经泵连续输入加热器，加热至一定温度后经减压阀突然减压至规定压力，部分料液迅速汽化，产生气液两相，并在分离器中分开，易挥发组分浓度较高的气相从塔顶排出，经冷凝器冷凝为液体后作为塔顶产品，而易挥发组分浓度较低的液相流到分离器的底部作为塔底产品。

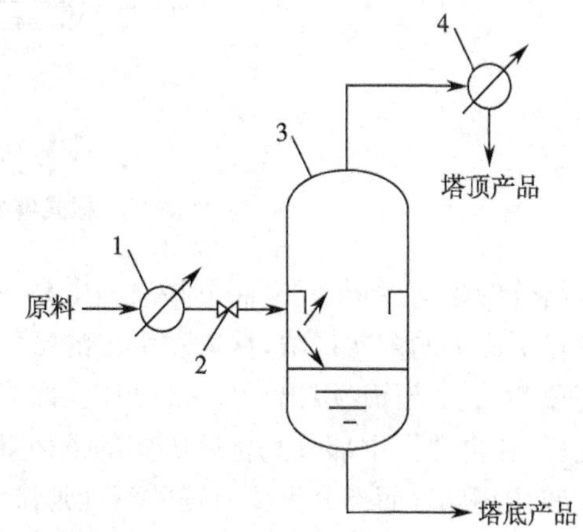

图 7-10 平衡蒸馏的工艺流程

1-加热器；2-减压阀；3-分离器；4-冷凝器

平衡蒸馏时的压力较低，溶液可在较低的温度下沸腾，且部分料液汽化所需的潜热来自于液体降温所放出的显热，因而无需另行加热。蒸气与残液处于恒定压力与温度下，并成气液平衡状态。

平衡蒸馏过程也是一种单级分离过程，也不能得到高纯组分。但平衡蒸馏是一种连续稳态过程，因而生产能力较大，在石油化工等大规模工业生产中应用较为广泛。

二、精馏原理

（一）精馏塔分离过程

在简单蒸馏和平衡蒸馏过程中，液体混合物仅进行一次部分汽化或一次部分冷凝，因而不能得到高纯组分。精馏是多级分离过程，即同时进行多次部分汽化和多次部分冷凝的过程，因此可使混合液得到几乎完全的分离，最终得到纯度很高的产品。

精馏装置主要由精馏塔、冷凝器和再沸器（或称蒸馏釜）等部分组成，图 7-11 是常见的板式精馏塔连续精馏过程示意图。板式塔内设置有若干块水平塔板。原料液由进料板送入精馏塔，沿着塔向下流至蒸馏釜。塔釜中液体被加热而部分汽化，蒸气中易挥发组分的组成 y 大于液相中易挥发组分的组成 x，即 $y>x$。蒸气沿塔上升，与下降液体逆流接触，因气相温度高于液相温度，气相部分冷凝，并将热量传递给液相，使液相部分汽化。所以，易挥发组分由液相向气相传递，难挥发组分由气相向液相传递。结果，全塔自下而上，上升气相中易挥

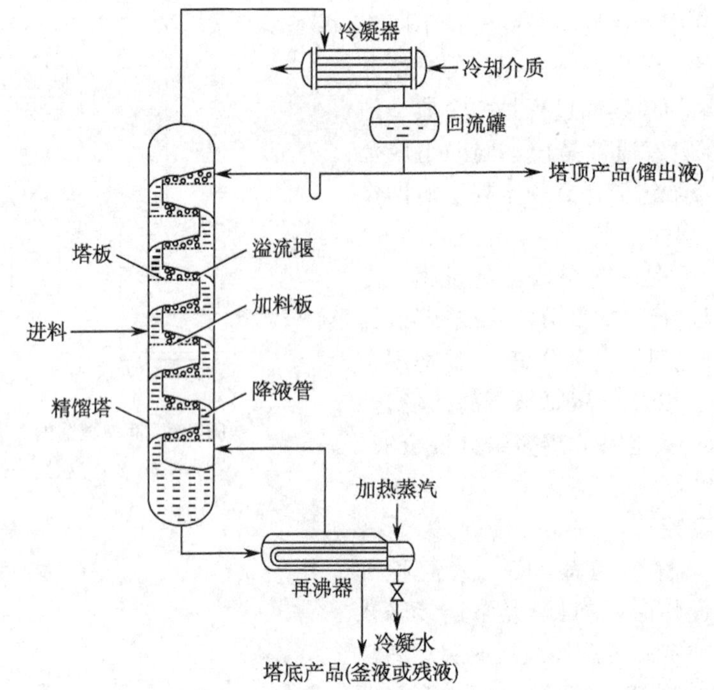

图 7-11 板式精馏塔连续精馏过程示意图

发组分的含量逐板增加，而下降液相中易挥发组分的含量逐板降低。若板数足够多，则蒸气经自下而上的多次提浓，从塔顶引出的蒸气几乎为纯净的易挥发组分，经冷凝后一部分作为塔顶产品(馏出液)引出，另一部分作为回流返回至顶部塔板。同理，液体经自上而下的多次变稀，在再沸器中部分汽化后所剩的液体几乎为纯净的难挥发组分，可作为塔底产品(釜液或残液)引出，而部分汽化所得的蒸气则作为上升气相引至最底层塔板的下部。

若某块塔板上的液体组成与原料液组成相等或相近，原料液就由此板引入，该板称为加料板。由于在加料板上半段中，上升气相的难挥发组分被除去，而得到精制，故称为精馏段；而加料板及以下的部分，上升气相从下降液中提出了易挥发组分，故称为提馏段。

当原料处理量较少时，常采用间歇精馏过程。此时可将原料一次性加入塔釜，而在操作过程中塔釜一般不出料。与连续精馏过程相比，间歇精馏塔只有精馏段而无提馏段，且釜液组成和塔顶产品组成均逐渐下降。当釜液组成降至规定组成后，精馏操作即可停止。

(二) 塔板上气液两相的传质和传热

塔板是板式精馏塔的核心部件，是气液两相进行传热和传质的场所。图 7-12 是精馏塔内第 n 块塔板上的操作情况。图中的塔板上开有许多小孔，就像筛孔一样，故将这种塔板称为筛板，它是一种非常典型的塔板。操作时，由下一块塔板即第 $n+1$ 块塔板上升的蒸气通过第 n 块塔板上的小孔上升，而上一块塔板即第 $n-1$ 块塔板上的液体通过降液管下降至第 n 块塔板上。在第 n 块塔板上，气液两相密切接触，进行热与质的交换。

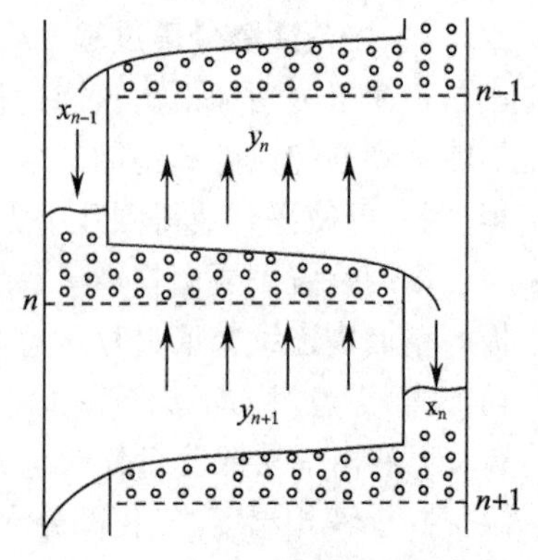

图 7-12 第 n 块塔板的操作情况

图 7-13 为第 n 块塔板上的气液组成变化情况。由于组成为 y_{n+1} 的气相与组成为 x_{n-1} 的液相不平衡，且气相温度

t_{n+1}要高于液相的温度 t_{n-1}，故两相在第 n 块塔板上接触时，气相将部分冷凝，其中的部分难挥发组分将转移至液相中；而液相将部分汽化，其中的部分易挥发组分将转移至气相中，从而使离开第 n 块塔板的气相中易挥发组分的含量较进入时的要高，而离开液相中的易挥发组分的含量较进入时的要低，即 $x_n < x_{n-1}$，$y_n > y_{n+1}$。

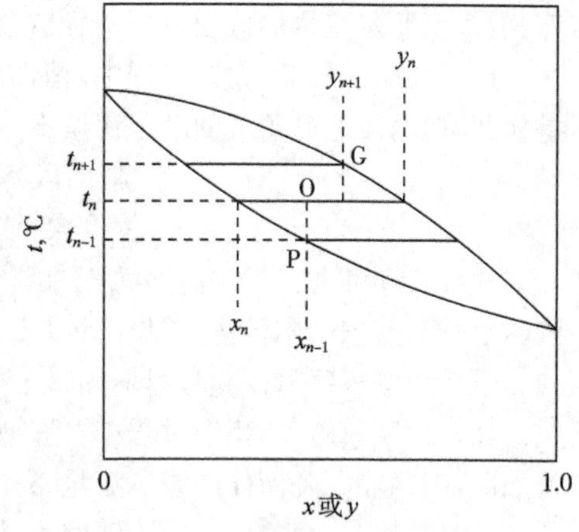

图 7-13　第 n 块塔板上气液组成的变化

若气液两相在板上接触的时间足够长，使离开该板的气相组成 y_n 与液相组成 x_n 之间达到平衡，则这种塔板称为理论板。总之，在塔中不同塔板上经过多次部分汽化和部分冷凝后，气相组成沿气相线下降，最后蒸出来的气体组成接近于纯的易挥发组分，而液相组成沿液相线上升，最后从塔釜流出的液体组成接近于纯的难挥发组分，混合液得到几乎完全的分离。

精馏是气液两相间的传质过程，对任一块塔板而言，若缺少气相或液相，精馏过程都将无法进行。因此，塔顶回流和塔底再沸器产生的上升蒸气是保证精馏过程能够连续稳定进行的必要条件。

第四节　双组分连续精馏塔的计算

本节以双组分连续精馏过程为例，讨论精馏过程的工艺计算。一般情况下，原料液的处理量、组成以及分离要求均由生产任务规定，此时工艺计算的主要内容包括确定馏出液及釜液的流量和组成、塔板数或填料高度、加料板的位置等。

一、理论板及恒摩尔流假设

（一）理论板

对于理论板而言，塔板上的液相组成是均匀的，且离开该板的气液两相处于平衡状态。例如，对于第 n 块理论板，离开该板的气相组成 y_n 与液相组成 x_n 之间符合气液平衡关系。但在实际生产中，气液两相在塔板上的接触面积和时间都是有限的，在未达到平衡状态之前就离开了塔板，使得易挥发组分从液相向气相传递的量和难挥发组分从气相向液相传递的量较平衡状态时要少，即实际塔板的分离程度比理论板小，但理论板可以作为衡量实际板分离程度的最高标准。在精馏塔设计时，先计算出所需的理论板数，再根据塔板效率确定实际塔板数。

若已知气液平衡关系，则离开理论板的气相组成 y_n 与液相组成 x_n 之间的关系即已确定。若还知道下层塔板上升蒸气的组成 y_n 与上层塔板下降液相的组成 x_{n-1}之间的关系，即可逐板计算出塔内各板的气液相组成，从而可确定达到规定分离要求所需的理论板数。而上升蒸气组成 y_n 与下降液相组成 x_{n-1}之间的关系可通过物料衡算确定，这种关系称为操作关系。

（二）恒摩尔流假设

精馏过程是一种非常复杂的传热和传质过程，其影响因素很多，计算复杂。为简化计算，引入恒摩尔流量的假设，这种假设在很多情况下与实际情况相接近。

(1) 恒摩尔气流：精馏过程中，精馏段内各板上升蒸气的摩尔流量均相等，提馏段内也是如此，但两段上升蒸气的摩尔流量不一定相等，即

$$精馏段：V_1=V_2=\cdots=V_n=V \tag{7-16}$$

$$提馏段：V'_1=V'_2=\cdots=V'_n=V' \tag{7-17}$$

式(7-16)和式(7-17)中，V 为精馏段内上升蒸气的摩尔流量，单位为 kmol/h；V'为提馏段内上升蒸气的摩尔流量，单位 kmol/h。

下标为塔板序号。编号以塔内最上层塔板为第 1 块塔板，然后依次向下编号。

(2) 恒摩尔液流：精馏过程中，精馏段内各板下降液体的摩尔流量均相等，提馏段内也是如此，但两段下降液体的摩尔流量不一定相等，即

$$精馏段：L_1=L_2=\cdots=L_n=L \tag{7-18}$$

$$提馏段：L'_1=L'_2=\cdots=L'_n=L' \tag{7-19}$$

式(7-18)和式(7-19)中，L 为精馏段内下降液体的摩尔流量，单位为 kmol/h；L'为提馏段内下降液体的摩尔流量，单位为 kmol/h。

若物系中各组分的摩尔汽化潜热相等，且气液两相接触时因温度不同而交换的显热以及塔设备的热损失均可忽略不计，则气液两相在精馏塔内的流动可视为恒摩尔流动。

二、全塔物料衡算

通过物料衡算可确定原料与产品之间流量与组成之间的关系。如图 7-14 所示，以单位时间为基准，对全塔进行总物料衡算得

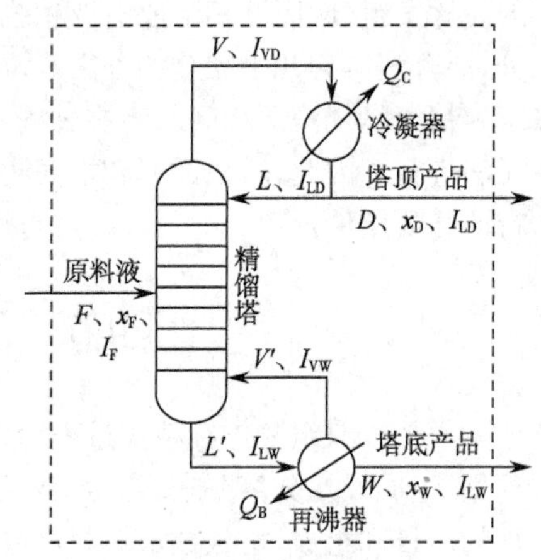

图 7-14 精馏全塔物料衡算

$$F=D+W \tag{7-20}$$

式中，F 为原料液流量，单位为 kmol/h；D 为塔顶产品（馏出液）流量，单位为 kmol/h；W 为塔底产品（釜液或残液）流量，单位为 kmol/h。

对全塔易挥发组分进行物料衡算得

$$Fx_F=Dx_D+Wx_W \tag{7-21}$$

式中，x_F 为原料液中易挥发组分的摩尔分率；x_D 为馏出液中易挥发组分的摩尔分率；x_W 为釜液中易挥发组分的摩尔分率。

由式(7-20)和式(7-21)可得

$$\frac{D}{F}=\frac{x_F-x_W}{x_D-x_W} \tag{7-22}$$

$$\frac{W}{F}=1-\frac{D}{F}=\frac{x_D-x_F}{x_D-x_W} \tag{7-23}$$

式(7-22)和式(7-23)中的$\frac{D}{F}$和$\frac{W}{F}$分别称为馏出液和釜液的采出率。

在精馏计算中，分离程度除用摩尔分率表示外，还可用回收率表示，其中塔顶易挥发组分的回收率为

$$\eta=\frac{Dx_D}{Fx_F}\times100\% \quad (7\text{-}24)$$

塔底难挥发组分的回收率为

$$\eta=\frac{W(1-x_W)}{F(1-x_F)}\times100\% \quad (7\text{-}25)$$

例 7-2 常压下用连续精馏塔分离苯和甲苯混合物，已知进料流量为 1000kmol/h，含苯为 0.4(摩尔分率)，要求塔顶馏出液中的苯含量不低于 0.9，苯的回收率不低于 90%，试计算：(1) 塔顶产品量；(2) 塔底残液量及组成。

解：(1) 计算塔顶产品量：由式(7-24)得

$$D=\frac{\eta Fx_F}{x_D}=\frac{90\%\times1000\times0.4}{0.9}=400\text{kmol/h}$$

(2) 计算塔底残液量及组成：由式(7-20)得

$$W=F-D=1000-400=600\text{kmol/h}$$

由式(7-21)得

$$x_W=\frac{Fx_F-Dx_D}{W}=\frac{1000\times0.4-400\times0.9}{600}=0.067$$

三、精馏段操作线方程

操作线方程是表示两层塔板之间下层塔板的上升蒸气组成 y_n 与上层塔板的下降液相组成 x_{n-1} 之间的关系式，可通过物料衡算求得。

如图 7-15 所示，设离开第一块塔板的气相流量为 V，经塔顶冷凝器全部冷凝成饱和液体，塔顶产品采出量为 D，回流液体量为 L，若精馏段内气液两相均为恒摩尔流动，则精馏段内各板上升蒸气的流量均为 V，下降液体的流量均为 L。习惯上将回流液体量与塔顶产品采出量之比称为回流比，即

$$R=\frac{L}{D} \quad (7\text{-}26)$$

式中，R 为回流比，无因次。

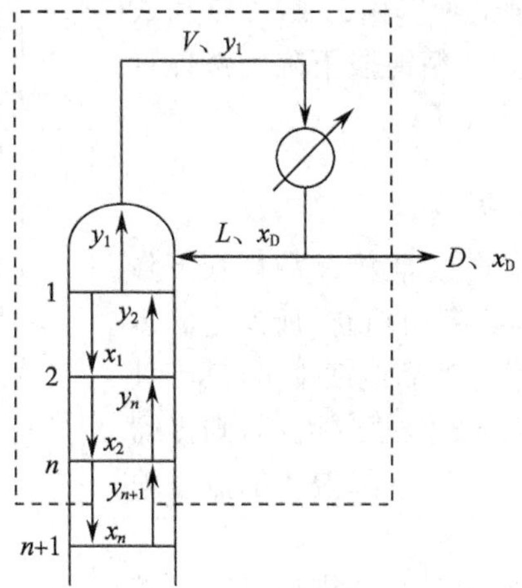

图 7-15 精馏段物料衡算

在图 7-15 中，对精馏段第 $n+1$ 块塔板以上的塔段及冷凝器在内的虚线范围进行总物料衡算得

$$V=L+D \tag{7-27}$$

在虚线范围内对易挥发组分进行物料衡算得

$$Vy_{n+1}=Lx_n+Dx_{\mathrm{D}} \tag{7-28}$$

式中，y_{n+1}为精馏段内第 $n+1$ 块塔板上升蒸气中易挥发组分的摩尔分率，无因次；x_n 为精馏段内第 n 块塔板下降液体中易挥发组分的摩尔分率，无因次。

由式(7-26)得

$$L=RD \tag{7-29}$$

代入式(7-27)得

$$V=L+D=(R+1)D \tag{7-30}$$

由式(7-28)得

$$y_{n+1}=\frac{L}{V}x_n+\frac{D}{V}x_n \tag{7-31}$$

将式(7-29)和式(7-30)代入式(7-31)得

$$y_{n+1}=\frac{R}{R+1}x_n+\frac{x_{\mathrm{D}}}{R+1} \tag{7-32}$$

式(7-31)和式(7-32)均称为精馏段操作线方程或 R 线方程，它表明在一定操作条件下，从精馏段内任意块板(第 n 块板)下降的液体组成 x_n 和与其相邻的下一层塔板(第 $n+1$ 块板)上升的蒸气组成 y_{n+1}之间的关系。

根据恒摩尔流假设，L 及 V 均为常数。对于连续稳态操作，D 为定值，故 R 也为定值，其值一般由设计者选定。因此，将 R 线方程标绘于直角坐标系中，可得一条直线，其斜率为$\frac{R}{R+1}$，截距为$\frac{x_{\mathrm{D}}}{R+1}$。

若塔顶蒸气在冷凝器中全部冷凝为液体，则该冷凝器称为全凝器，其冷凝液一部分回流入塔，一部分作为产品引出。若冷凝液在泡点温度下回流入塔，则称为泡点回流。若塔顶冷凝器仅将上升蒸气的一部分冷凝成液体，则称这种冷凝器为分凝器。全凝器不具有分离作用，而分凝器相当于一块理论板。由式(7-29)和式(7-30)可知，当操作达到稳态时，精馏段下降的液体量及上升的蒸气量均取决于回流比 R。

四、提馏段操作线方程

如图 7-16 所示，由最底层塔板即第 N 块塔板下降的液相流量为 L'，进入再沸器后部分汽化，所产生的蒸气流量为 V'，剩余液体作为塔底产品连续排出，其流量为 W。若提馏段内气液两相均为恒摩尔流动，则提馏段内各板上升蒸气的流量均为 V'，下降液体的流量均为 L'。

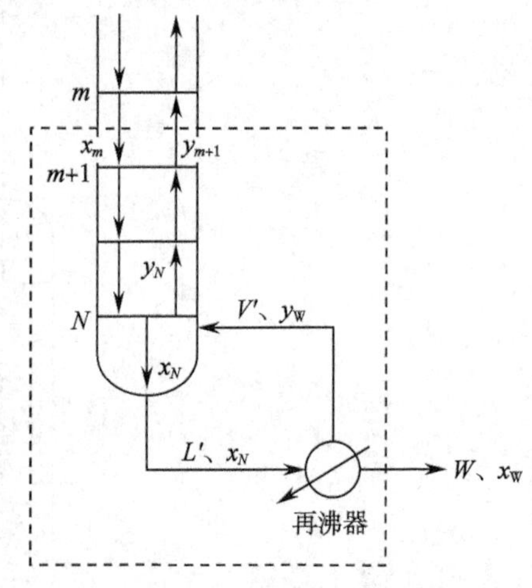

图 7-16 提馏段物料衡算

在图 7-16 中，对包括提馏段第 m 块塔板以下的塔段及再沸器在内的虚线范围进行总物料衡算得

$$L'=V'+W \tag{7-33}$$

在虚线范围内对易挥发组分进行物料衡算得

$$L'x_m = V'y_{m+1} + Wx_W \tag{7-34}$$

式中，x_m 为提馏段内第 m 块塔板下降液体中易挥发组分的摩尔分率，无因次；y_{m+1} 为提馏段内第 $m+1$ 块塔板上升蒸气中易挥发组分的摩尔分率，无因次。

由式(7-34)得

$$y_{m+1} = \frac{L'}{V'}x_m - \frac{Wx_W}{V'} \tag{7-35}$$

由式(7-33)得

$$V' = L' - W \tag{7-36}$$

将式(7-36)代入式(7-35)得

$$y_{m+1} = \frac{L'}{L'-W}x_m - \frac{Wx_W}{L'-W} \tag{7-37}$$

式(7-35)和式(7-37)均称为提馏段操作线方程或S线方程，它表明在一定操作条件下，从提馏段内任意块板(第 m 块板)下降的液体组成 x_m 和与其相邻的下一层塔板(第 $m+1$ 块板)上升的蒸气组成 y_{m+1} 之间的关系。

根据恒摩尔流假设，L' 及 V' 均为常数。对于连续稳态操作，W 和 x_W 均为定值。因此，将S线方程标绘于直角坐标系中，也可得到一条直线，该直线经过点(x_W，x_W)，斜率为 $\frac{L'}{L'-W}$，截距为 $-\frac{Wx_W}{L'-W}$。

五、进料热状况与进料方程

精馏段内上升蒸气的摩尔流量 V 与提馏段内上升蒸气的摩尔流量 V' 不一定相等，下降液体的摩尔流量 L 与 L' 也不一定相等，这主要取决于进料的热状态。

(一) 进料热状况的定性分析

如图 7-1 所示，当进料组成 x_F 一定时，按进料温度由低到高，可能出现五种不同的热状况。①温度低于泡点的冷液体；②温度等于泡点的饱和液体；③温度介于泡点与露点之间的气液混合物；④温度等于露点的饱和蒸气；⑤温度高于露点的过热蒸气。

进料热状况对进料板上升的蒸气量及下降的液体量均有显著影响。图 7-17 定性表示了不同进料热状况下，进料板上升的蒸气量及下降的液体量的变化情况。

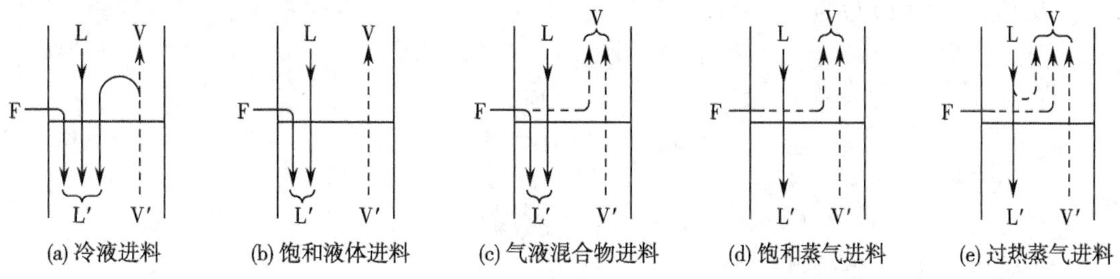

图 7-17 5 种进料热状况对精馏段和提馏段的气液流量影响

1. 冷液进料 提馏段内的回流液体量 L' 由三部分组成。①原料液量；②精馏段的回流液体量；③为将原料液的温度加热至板上液体的温度，自提馏段上升的部分蒸气将被冷凝下来，其冷凝液也成为提馏段内回流液体的一部分。由于这部分蒸气的冷凝，使上升至精馏段的蒸气量必然要少于提馏段的上升蒸气量，其差额即为被冷凝的蒸气量。因此，对于冷液进料，$L'>L+F$，$V<V'$。

2. 泡点进料　由于原料液的温度与板上液体的温度相等，故原料液将全部进入提馏段，成为提馏段内回流液体的一部分，而两段上升蒸气的摩尔流量相等，即 $L'=L+F$，$V=V'$。

3. 气液混合物进料　进料中的液相部分将成为提馏段内回流液体的一部分，而气相部分则成为精馏段内上升蒸气的一部分，所以 $L'>L$，$V>V'$。

4. 饱和蒸气进料　整个进料将成为精馏段内上升蒸气的一部分，而两段下降液体的摩尔流量相等，即 $L'=L$，$V=V'+F$。

5. 过热蒸汽进料　情况与冷液进料正好相反。此时，精馏段内的上升蒸气量 V 由三部分组成：①进料蒸气量；②提馏段的上升蒸气量；③为将过热蒸汽冷却至板上蒸气的温度。自精馏段下降的部分液体将被汽化，所形成的蒸气也成为精馏段内上升蒸气的一部分。由于这部分液体的汽化，使下降至提馏段的液体量必然要少于精馏段的下降液体量，其差额即为被汽化的液体量。因此，对于过热蒸汽进料，$L'<L$，$V>V'+F$。

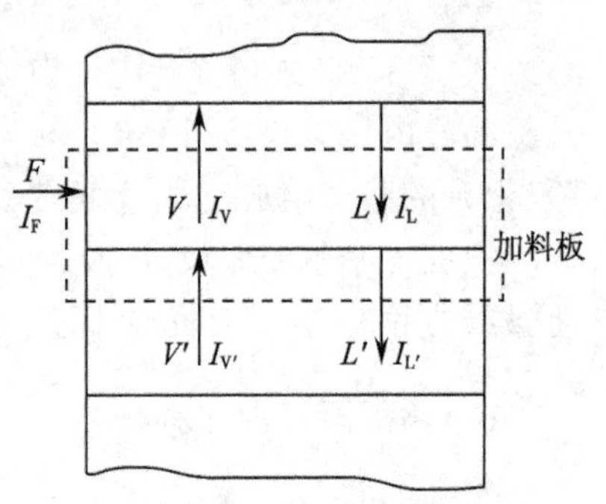

图 7-18　加料板上的物料衡算和能量衡算

（二）进料热状况的定量描述

通过对加料板进行物料衡算和热量衡算，可获得精馏塔内两段的上升蒸气及下降液体流量与进料热状况之间的定量关系。

如图 7-18 所示，对加料板进行总物料衡算得

$$F+V'+L=V+L' \tag{7-38}$$

对加料板进行热量衡算得

$$FI_F+V'I_{V'}+LI_L=VI_V+L'I_{L'} \tag{7-39}$$

式中，I_F 为原料液的焓，单位为 kJ/kmol；I_V、$I_{V'}$ 分别为加料板上、下处饱和蒸气的焓，单位为 kJ/kmol；I_L、$I_{L'}$ 分别为加料板上、下处饱和液体的焓，单位为 kJ/kmol。

由于塔内的液体和蒸气均处于饱和状态，且进料板上、下处的温度及气、液相组成各自均较为接近，因此

$$I_V\approx I_{V'},\ I_L\approx I_{L'}$$

故式(7-39)可改写为

$$FI_F+V'I_V+LI_L=VI_V+L'I_L$$

即

$$(V-V')I_V=FI_F-(L'-L)I_L \tag{7-40}$$

由式(7-38)得

$$V-V'=F-(L'-L)$$

代入式(7-40)并整理得

$$\frac{I_V-I_F}{I_V-I_L}=\frac{L'-L}{F} \tag{7-41}$$

令

$$q=\frac{I_V-I_F}{I_V-I_L}\approx\frac{\text{将 1kmol 进料液变为饱和蒸气所需的热量}}{\text{进料液的千摩尔汽化潜热}} \tag{7-42}$$

式中，q 为进料热状况参数，无因次。

由式(7-41)和(7-42)得

$$q=\frac{L'-L}{F} \tag{7-43}$$

式(7-43)表明，当进料量 F=1kmol/h 时，提馏段内下降的液体较精馏段内下降的液体所增加的量即为 q 值。因此，对于饱和液体、气液混合物及饱和蒸气 3 种进料而言，q 值即为进料中的液相分率。

由式(7-43)得

$$L'=L+qF \tag{7-44}$$

代入式(7-38)得

$$V=V'-(q-1)F \tag{7-45}$$

式(7-44)和式(7-45)表明，引入进料热状况参数 q 后，即可定量描述由进料板下降的液体量及上升的蒸气量。

1. 冷液进料　由于 $I_F<I_L$，因此 $q>1$。此时由进料板下降的液体量及上升的蒸气量可分别用式(7-44)和式(7-45)计算，其中 q 值可按下式计算

$$q=\frac{I_V-I_F}{I_V-I_L}=\frac{(I_V-I_L)+(I_L-I_F)}{I_V-I_L}=1+\frac{C_{pm}(t_B-t_F)}{r_m} \tag{7-46}$$

式(7-46)中，C_{pm} 为进料液的平均定压比热，单位为 kJ/(kmol·℃)；r_m 为进料液的汽化潜热，单位为 kJ/kmol；t_B 为进料液的沸点或泡点，单位为℃；t_F 为进料液的温度，单位为℃。

2. 饱和液体进料　饱和液体进料又称为泡点进料。由于 $I_F=I_L$，因此 $q=1$。此时 $L'=L+F$，$V=V'$。

3. 气液混合物进料　由于 $I_L<I_F<I_V$，因此 $0<q<1$。此时由进料板下降的液体量及上升的蒸气量可分别用式(7-44)和(7-45)计算。

4. 饱和蒸气进料　饱和蒸气进料又称为露点进料。由于 $I_F=I_V$，因此 $q=0$。此时 $L'=L$，$V=V'+F$。

5. 过热蒸汽进料　由于 $I_F>I_V$，因此 $q<0$。此时由进料板下降的液体量及上升的蒸气量可分别用式(7-44)和(7-45)计算，其中 q 值可按下式计算

$$q=\frac{I_V-I_F}{I_V-I_L}=\frac{I_V-I_V-(I_F-I_V)}{I_V-I_L}=-\frac{I_F-I_V}{I_V-I_L}=-\frac{C_{pm}(t_F-t_B)}{r_m} \tag{7-47}$$

式中，C_{pm} 为进料蒸气的平均定压比热，单位为 kJ/(kmol·℃)。

此外，引入进料热状况参数 q 后，也给提馏段操作线方程的计算带来了方便。将式(7-44)代入式(7-37)得

$$y_{m+1}=\frac{L+qF}{L+qF-W}x_m-\frac{W}{L+qF-W}x_W \tag{7-48}$$

对于连续稳态操作，式(7-48)中的 L、F、W、x_W 及 q 均为已知值或易于确定的值。将提馏段操作线标绘于直角坐标系中，所得直线的斜率为$\frac{L+qF}{L+qF-W}$，截距为$-\frac{Wx_W}{L+qF-W}$。

（三）进料方程

进料方程又称为 q 线方程，它是描述精馏段与提馏段操作线交点轨迹的方程，因此该方程可由式(7-28)和式(7-34)导出。在交点处，式(7-28)和式(7-34)中的变量相同，故可略去式中变量的上、下标，即

$$Vy = Lx + Dx_D$$
$$L'x = V'y + Wx_W$$

以上两式相减并整理得

$$(V'-V)y = (L'-L)x - (Dx_D + Wx_W)$$

将式(7-21)、式(7-44)、式(7-45)代入上式并整理得

$$y = \frac{q}{q-1}x - \frac{x_F}{q-1} \tag{7-49}$$

式(7-49)称为进料方程或 q 线方程，该方程也是线性方程，将其标绘于直角坐标系中，可得一条直线，直线的斜率为$\frac{q}{q-1}$，截距为$-\frac{x_F}{q-1}$。

将 $x=x_F$ 代入式(7-49)得 $y=x_F$。可见，q 线必经过对角线上的点(x_F，x_F)，如图 7-19 中的 F 点所示。过 F 点作斜率为$\frac{q}{q-1}$的直线，即得 q 线。显然，q 线的斜率随进料热状况的不同而不同。当进料组成一定时，进料热状况对 q 线的影响如图 7-19 和表 7-4 所示。

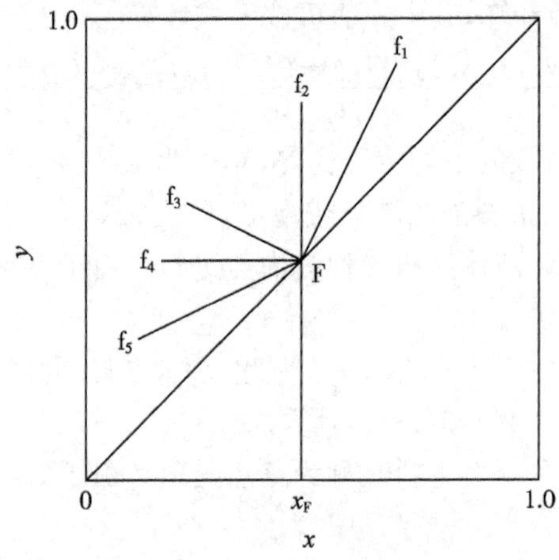

图 7-19 进料热状况对 q 线的影响

表 7-4 进料热状况对 q 线的影响

进料热状况	进料的焓 I_F	q 值	q 线的斜率	q 线在 y-x 图上的位置
冷液体	$I_F < I_L$	>1	+	Ff_1(↗)
饱和液体	$I_F = I_L$	1	∞	Ff_2(↑)
气液混合物	$I_L < I_F < I_V$	$0<q<1$	−	Ff_3(↖)
饱和蒸气	$I_F = I_V$	0	0	Ff_4(←)
过热蒸汽	$I_F > I_V$	<0	+	Ff_5(↙)

例 7-3 在例 7-2 中，已知塔顶冷凝器为全凝器，泡点进料，泡点回流，操作回流比 $R=2$，平均相对挥发度 $\alpha=2.5$，试确定：(1) 精馏段操作线方程；(2) 离开第二块塔板的蒸气组成 y_2 和液相组成 x_2；(3) 提馏段操作线方程；(4) 精馏段内上升蒸气的流量 V 及下降液体的流量 L；(5) 提馏段内上升蒸气的流量 V'及下降液体的流量 L'。

解：由例 7-2 可知，$F=1000\text{kmol/h}$，$D=400\text{kmol/h}$，$W=600\text{kmol/h}$，$x_D=0.9$，$x_W=$

0.067。

(1) 精馏段操作线方程:将 $R=2$ 及 $x_D=0.9$ 代入式(7-32)得

$$y_{n+1}=\frac{R}{R+1}x_n+\frac{x_D}{R+1}=\frac{2}{2+1}x_n+\frac{0.9}{2+1}=0.67x_n+0.3$$

(2) 第二块塔板上升蒸气的组成 y_2:由于塔顶冷凝器为全凝器,故离开第一块塔板的蒸气组成为 x_D,即

$$y_1=x_D=0.9$$

根据理论板的概念,离开第一块塔板的液相组成 x_1 与气相组成 y_1 之间符合平衡关系。将 $\alpha=2.5$ 代入式(7-15)得

$$y=\frac{\alpha x}{1+(\alpha-1)x}=\frac{2.5x}{1+(2.5-1)x}=\frac{2.5x}{1+1.5x}$$

所以

$$\frac{2.5x_1}{1+1.5x_1}=0.9$$

解得

$$x_1=0.78$$

离开第一块塔板的液相组成 x_1 与第二块塔板的上升蒸气组成 y_2 之间符合操作关系。由精馏段操作线方程得

$$y_2=0.67x_1+0.3=0.67\times0.78+0.3=0.82$$

离开第二块塔板的液相组成 x_2 与气相组成 y_2 之间符合平衡关系。由

$$\frac{2.5x_2}{1+1.5x_2}=0.82$$

解得

$$x_2=0.65$$

(3) 提馏段操作线方程:由于是泡点进料,故 $q=1$。将 $D=400\text{kmol/h}$ 及 $R=2$ 代入式(7-29)得

$$L=RD=2\times400=800\text{kmol/h}$$

将 $F=1000\text{kmol/h}$、$W=600\text{kmol/h}$、$L=800\text{kmol/h}$、$q=1$ 及 $x_W=0.067$ 代入式(7-48)得

$$\begin{aligned}y_{m+1}&=\frac{L+qF}{L+qF-W}x_m-\frac{W}{L+qF-W}x_W\\&=\frac{800+1\times1000}{800+1\times1000-600}x_m-\frac{600}{800+1\times1000-600}\times0.067\\&=1.5x_m-0.0335\end{aligned}$$

(4) 精馏段内上升蒸气的流量 V 及下降液体的流量 L:由(3)可知,$L=800\text{kmol/h}$。将 $L=800\text{kmol/h}$ 代入式(7-30)得

$$V=(R+1)D=(2+1)\times400=1200\text{kmol/h}$$

(5) 提馏段内上升蒸气的流量 V' 及下降液体的流量 L':因为是泡点进料,故 $q=1$,由式(7-44)和式(7-45)得

$$L'=L+qF=800+1\times1000=1800\text{kmol/h}$$

$$V'=V+(q-1)F=1200+(1-1)\times200=1200\text{kmol/h}$$

六、理论塔板数的确定

对于给定的分离任务，x_F、x_D、x_W、q 及 R 等均为已知，利用气液平衡关系和操作关系（操作线方程），通过逐板计算法或图解法可确定达到规定分离要求所需的理论塔板数。

1. 逐板计算法　应用相平衡方程和操作线方程从塔顶（或塔底）开始逐板计算各板的气相与液相组成，即可求得达到规定分离要求所需的理论塔板数。

如图 7-20 所示，塔顶采用全凝器，泡点进料，泡点回流。由于从塔顶第一块塔板上升的蒸气进入冷凝器后被全部冷凝，因此塔顶馏出液组成及回流液组成均与第一块塔板的上升蒸气组成相同，即 $y_1=x_D$。显然，全凝器无分离作用。

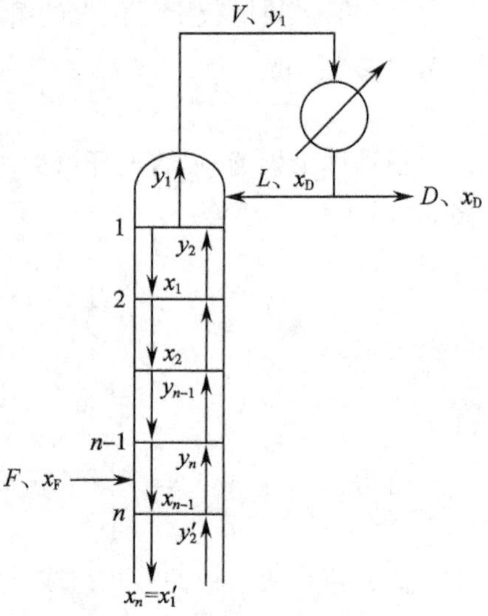

图 7-20　逐板计算法确定理论塔板数

由于离开每块理论板的气液两相互成平衡，故可用气液平衡关系即式(7-15)，由 y_1 求得 x_1。由于自第一块理论板下降的液体组成 x_1 与自第二块理论板上升的蒸气组成 y_2 之间符合操作关系，故可用精馏段操作线方程即式(7-32)，由 x_1 求得 y_2。

同理，y_2 与 x_2 互成平衡，可用气液平衡关系由 y_2 求得 x_2，再用精馏段操作线方程由 x_2 求得 y_3，依此类推，即

$$x_D=y_1\xrightarrow{\text{相平衡关系}}x_1\xrightarrow{\text{操作关系}}y_2\xrightarrow{\text{相平衡关系}}x_2\xrightarrow{\text{操作关系}}y_3\rightarrow\cdots\rightarrow x_n$$

当计算到某一理论板 $x_n \leqslant x_F$（仅指饱和液体进料状况）或 $x_n \leqslant x_f$（其中 x_f 为两操作线交点的横坐标）时，说明第 n 块理论板已是加料板。计算过程中，每使用一次平衡关系，即表示需要一块理论板，故精馏段所需的理论板数为$(n-1)$。

进料板以下，从第 n 块理论板的下降液体组成 x_n 开始交替使用提馏段操作线方程与相平衡关系，逐板求得各板的上升蒸气组成与下降液体组成。如此重复计算，直到计算到离开某块理论板（如第 N 块板）的下降液体组成 $x_N \leqslant x_W$ 为止。对于间接加热的再沸器，其内的气液两相可视为平衡，即再沸器相当于一块理论板，故所需的总理论板数为

$$N_T=N-1 \tag{7-50}$$

式中，N_T 为总理论板数（不含再沸器）。

逐板计算法是求解理论板数的基本方法，计算结果准确，且可同时获得各块塔板上的气液相组成。但该法较为繁琐，手算较为困难，目前多借助于计算机求解。

2. 图解法　图解法确定理论板数的基本原理与逐板计算法完全相同，只不过是用平衡曲线和操作线分别代替了平衡方程和操作线方程，用简单的图解法代替繁杂的计算而已。虽然图解法的准确性较差，但因其简便，因而在双组分精馏计算中仍被广泛采用。

图解法求理论板数可按下列步骤进行。

(1) 绘制平衡曲线和对角线：在直角坐标纸上绘出待分离双组分物系的 y-x 图，并作出对角线，如图 7-21 所示。

(2) 绘制精馏段操作线：精馏段操作线方程(7-32)略去变量的下标可简化为

$$y=\frac{R}{R+1}x+\frac{x_D}{R+1} \tag{7-51}$$

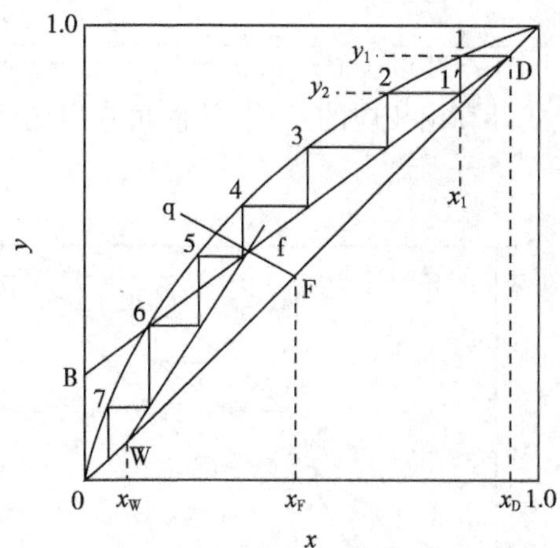

图 7-21 图解法求理论板数

对角线方程为

$$y=x \tag{7-52}$$

由式(7-51)和式(7-52)联立求解得精馏段操作线与对角线的交点坐标为(x_D,x_D),如图 7-21 中的 D 点所示。精馏段操作线在 y 轴上的截距为$\frac{x_D}{R+1}$,如图中的 B 点所示。连接 D 和 B 即得精馏段操作线 DB。

(3) 绘制 q 线:将 q 线方程(7-49)和对角线方程 $y=x$ 联合求解可得交点坐标为(x_F,x_F),如图 7-21 中的 F 点所示。过 F 点作斜率为$\frac{q}{q-1}$的直线,即得 q 线,同时 q 线与精馏段操作线 DB 相交于点 f。

(4) 绘制提馏段操作线:提馏段操作线方程(7-48)略去变量的下标可简化为

$$y=\frac{L+qF}{L+qF-W}x-\frac{W}{L+qF-W}x_W \tag{7-53}$$

将式(7-53)与对角线方程(7-52)联立求解,得提馏段操作线与对角线的交点坐标为(x_w,x_w),如图 7-21 中的 W 点所示。将 W 点与 q 线和精馏段操作线 DB 的交点 f 相连接,即得提馏段操作线 Wf。

(5) 画直角梯级:从 D 点开始,在精馏段操作线与平衡线之间绘制由水平线和铅垂线,构成直角梯级。当直角梯级跨过两操作线的交点 f 时,则改在提馏段操作线与平衡线之间绘制直角梯级,直至直角梯级的铅垂线达到或跨过 W 点为止。所绘制的梯级数即为理论板数。最后的直角梯级为再沸器,跨过 f 点的直角梯级为进料板。如图 7-21 所示,第 4 块塔板为加料板,精馏段的理论板数为 3。由于再沸器相当于一块理论板,故提馏段的理论板数亦为 3。可见,该精馏过程共需 6 块理论板(不包括再沸器)。

由图 7-19 和图 7-21 可知,当其他条件不变时,q 的值越小,两操作线的交点就越接近于平衡线,因而绘出的梯级数就越多,即所需的理论板数越多。

例 7-4 拟用连续精馏塔分离正戊烷-正己烷混合液。已知 $x_F=0.40$(摩尔分率,下同),$x_D=0.95$,$x_W=0.05$,$q=1.22$,$\alpha=2.92$,$R=2$,试分别采用图解法和逐板计算法确定所需的理论板数与进料板位置。

解:图解法(1) 作平衡线,将 $\alpha=2.92$ 代入平衡线方程(7-15)得

$$y=\frac{\alpha x}{1+(\alpha-1)x}=\frac{2.92x}{1+(2.92-1)x}=\frac{2.92x}{1+1.92x}$$

取一系列的 x 值，由上式计算出相应的 y 值，从而可在直角坐标系中绘出 y-x 曲线，即平衡线，如图 7-22 所示。

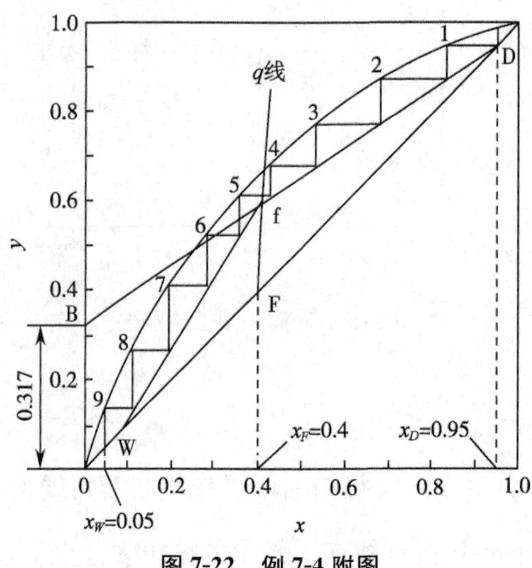

图 7-22 例 7-4 附图

(2) 作精馏段操作线，将 $R=2$，$x_D=0.95$ 代入精馏段操作线方程(7-32)得

$$y=\frac{R}{R+1}x+\frac{x_D}{R+1}=\frac{2}{2+1}x+\frac{0.95}{2+1}=0.667x+0.317$$

在 y-x 图上作垂直线 $x=0.95$，交对角线于 D 点。过 D 点作截距为 0.317 的直线，得精馏段操作线 DB。

(3) 作 q 线，将 $q=1.22$ 及 $x_F=0.4$ 代入 q 线方程(7-49)得

$$y=\frac{q}{q-1}x-\frac{x_F}{q-1}=\frac{1.22}{1.22-1}x-\frac{0.4}{1.22-1}=5.54x-1.8$$

在 y-x 图上作垂直线 $x=0.4$，交对角线于 F 点。过 F 点作斜率为 5.54 的直线，得 q 线，该线与精馏段操作线相交于 f 点。

(4) 作提馏段操作线，在 y-x 图上作垂直线 $x=0.05$，交对角线于 W 点。连接 W、f 两点得提馏段操作线 Wf。

(5) 确定理论板数和加料板位置：由 D 点开始在精馏段操作线与平衡线之间绘制直角梯级，至第 5 个梯级的水平线跨过 f 点后，改在提馏段操作线与平衡线之间继续绘制直角梯级，直至第 9 个梯级的水平线跨过 W 点为止。可见，完成该分离任务共需 9 块理论板(含再沸器)，其中第 5 块板为加料板，精馏段 4 块理论板，提馏段需 5 块理论板(含再沸器)。

逐板法计算法：(1) 由上述图解法解题过程可知相平衡方程为

$$y=\frac{2.92x}{1+1.92x}$$

上式可改写为

$$x=\frac{y}{\alpha-(\alpha-1)y}=\frac{y}{2.92-1.92y} \tag{a}$$

(2) 由上述图解法解题过程精馏段操作线方程为

$$y=0.667x+0.317 \tag{b}$$

(3) 提馏段操作线方程：将 $x_F=0.40, x_D=0.95, x_W=0.05$ 代入式(7-21)得

$$0.4F=0.95D+0.05W \tag{c}$$

上式与式(7-20)联立求解得

$$F=2.57D, W=1.57D$$

将式(7-29)代入式(7-48)得

$$y_{m+1}=\frac{RD+qF}{RD+qF-W}x_m-\frac{W}{RD+qF-W}x_W \tag{d}$$

将 $F=2.57D, W=1.57D$ 及 $x_W=0.05, q=1.22, R=2$ 代入式(d)并化简得提馏段操作线方程为

$$y_{m+1}=1.44x_m-0.022 \tag{e}$$

(4) 两操作线交点的横坐标：由式(b)和式(e)联立求解得两操作线交点的横坐标为

$$x_F=0.438$$

(5) 理论板数计算：先交替使用相平衡方程(a)与精馏段操作线方程(b)计算如下

$y_1=x_D=0.95 \xrightarrow{\text{相平衡}} x_1=0.867$

$y_2=0.895 \longrightarrow x_2=0.745$

$y_3=0.814 \longrightarrow x_3=0.600$

$y_4=0.717 \longrightarrow x_4=0.465$

$y_5=0.627 \longrightarrow x_5=0.365<x_F$

可见，第 5 板为加料板。

再交替使用提馏段操作线方程(e)与相平衡方程(a)计算如下

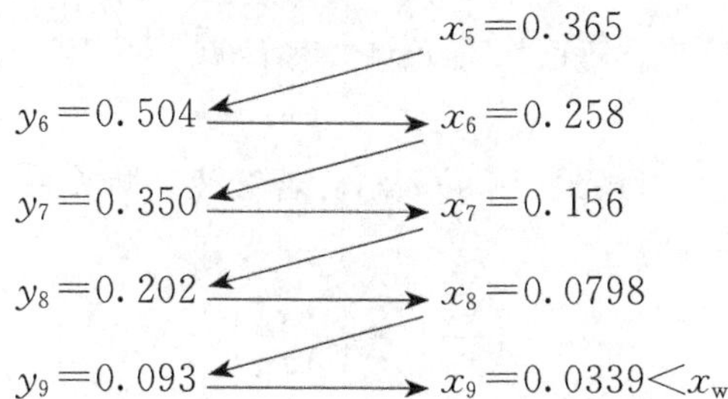

逐板计算表明，总理论板数为 9(包括再沸器)，精馏段理论板数为 4，第 5 板为进料板。

七、回流比的影响与选择

精馏与简单蒸馏的区别就在于精馏有回流，回流比的大小对精馏塔的设计与操作有着重要的影响。增大回流比，两操作线将向对角线移动，达到规定分离任务所需的理论板数将减少。但另一方面，当塔顶产品量一定时，回流比增大，塔顶上升蒸气量必然要增加，这不仅要增加冷却剂和加热剂的消耗，而且精馏塔的塔径、再沸器及冷凝器的传热面积都将相应地增加。因此，回流比是影响精馏塔投资费用和操作费用的重要因素。

(一) 全回流和最少理论板数

若塔顶上升蒸气经冷凝后全部回流至塔内，这种方式称为全回流。全回流操作时，全部物料都在塔内循环，既无进料，又无出料，因而全塔无精馏段和提馏段之分。在指定的分离

度(x_D,x_W)条件下,全回流所需的理论塔板数最少,称为最少理论塔板数,用 N_{min}表示。

全回流时不采出馏出液,即 $D=0$。由式(7-26)可知,此时的回流比为∞,为最大回流比。

全回流时无进料,故全塔均为精馏段而无提馏段。由精馏段操作线方程即式(7-32)得全塔操作线方程为

$$y_{n+1}=\frac{R}{R+1}x_n+\frac{x_D}{R+1}=x_n \tag{7-54}$$

显然,全回流操作时,全塔操作线与对角线重合。如图 7-23 所示,根据分离要求,从点 D(x_D,x_D)开始,在平衡线与对角线之间绘制直角梯级,直至 $x_N \leqslant x_W$ 为止。由于梯级的跨度最大,故所得梯级数为所需的最少理论板数 N_{min}(包括再沸器)。

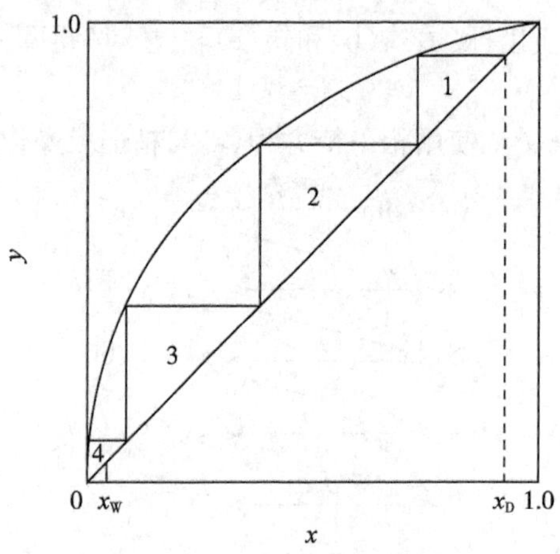

图 7-23 全回流时的理论板数

对于双组分理想溶液,N_{min}还可用芬斯克方程计算。下面简要介绍芬斯克方程的推导过程。

全回流时的操作线方程可用式(7-54)表示。若气液平衡关系可用式(7-13)表示,则第 n 块理论板的气液平衡关系为

$$\left(\frac{y_A}{y_B}\right)_n=\alpha_n\left(\frac{x_A}{x_B}\right)_n \tag{7-55}$$

若塔顶采用全凝器,则

$$y_1=x_D \text{ 或} \left(\frac{y_A}{y_B}\right)_1=\left(\frac{x_A}{x_B}\right)_D$$

对于第 1 块理论板,由气液平衡关系式(7-55)得

$$\left(\frac{y_A}{y_B}\right)_1=\alpha_1\left(\frac{x_A}{x_B}\right)_1$$

在第 1 块塔板和第 2 块塔板之间应用操作关系即式(7-54)得

$$y_{A2}=x_{A1} \text{ 及 } y_{B2}=x_{B1} \text{ 或} \left(\frac{y_A}{y_B}\right)_2=\left(\frac{x_A}{x_B}\right)_1$$

所以

$$\left(\frac{x_A}{x_B}\right)_D=\left(\frac{y_A}{y_B}\right)_1=\alpha_1\left(\frac{y_A}{y_B}\right)_2$$

同理，第 2 块理论板的气液平衡关系为

$$\left(\frac{y_A}{y_B}\right)_2=\alpha_2\left(\frac{x_A}{x_B}\right)_2$$

所以

$$\left(\frac{x_A}{x_B}\right)_D=\alpha_1\left(\frac{y_A}{y_B}\right)_2=\alpha_1\alpha_2\left(\frac{x_A}{x_B}\right)_2$$

重复上述计算过程，直至再沸器为止。若将再沸器视为第 $N+1$ 块理论板，则有

$$\left(\frac{x_A}{x_B}\right)_D=\alpha_1\alpha_2\cdots\alpha_{N+1}\left(\frac{x_A}{x_B}\right)_W \tag{7-56}$$

令

$$\alpha_m=\sqrt[N+1]{\alpha_1\alpha_2\cdots\alpha_{N+1}} \tag{7-57}$$

则有

$$\left(\frac{x_A}{x_B}\right)_D=\alpha_m^{N+1}\left(\frac{x_A}{x_B}\right)_W \tag{7-58}$$

式中，α_m 为全塔平均相对挥发度。当 α 变化不大时，可近似取塔顶 α_1 和塔底 α_N 的几何平均值，即 $\alpha_m=\sqrt{\alpha_1\alpha_N}$。

由于全回流时所需的理论板数为 N_{min}，故用 N_{min} 代替式(7-58)中的 N，再两边取对数并整理得

$$N_{min}+1=\frac{\lg\left[\left(\frac{x_A}{x_B}\right)_D\left(\frac{x_B}{x_A}\right)_W\right]}{\lg\alpha_m} \tag{7-59}$$

对于双组分溶液，式(7-59)中的下标 A 和 B 可以略去，从而有

$$N_{min}+1=\frac{\lg\left[\left(\frac{x_D}{1-x_D}\right)\left(\frac{1-x_W}{x_W}\right)\right]}{\lg\alpha_m} \tag{7-60}$$

式(7-59)和(7-60)中，N_{min} 为全回流操作时所需的最少理论板数(不包括再沸器)。

式(7-59)和式(7-60)均称为芬斯克方程，用来计算全回流下采用全凝器时的最少理论板数。若将式中的 x_W 换成进料组成 x_F，α_m 取塔顶和进料的平均值，则式(7-59)和(7-60)也可用于计算精馏段的理论板数及确定加料板的位置。

由于全回流操作得不到产品，因此全回流操作仅用于精馏塔的开工、调试和实验研究中，以利于过程的稳定和控制。

(二) 最小回流比

减小回流比，两操作线将向平衡线移动，达到规定分离任务所需的理论板数将增加。当回流比减小至某一数值，使两操作线的交点 f 正好落在平衡线的 P 点处，此时，若在平衡线与操作线之间绘制直角梯级，则需无穷多个梯级才能到达 P 点，如图 7-24 所示。此时，所需的理论板数为无穷多，相应的回流比称为最小回流比，以 R_{min} 表示。由于 P 点前后各板(加料板上下区域)的气液两相组成基本不发生变

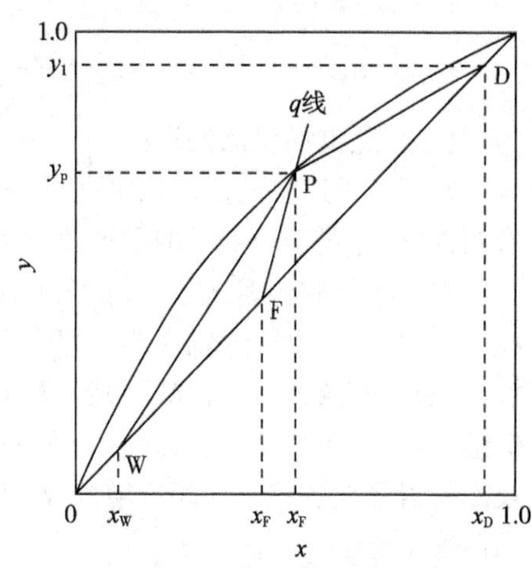

图 7-24　最小回流比

化，即无增浓作用，故该区域又称为恒浓区或挟紧区，P 点称为挟紧点。

根据平衡曲线的具体形状，可用作图法或解析法确定最小回流比 R_{min}。

1. 正常平衡曲线　如图 7-24 所示的正常平衡曲线，由精馏段操作线的斜率得

$$\frac{R_{min}}{R_{min}+1}=\frac{x_D-y_p}{x_D-x_p}$$

所以

$$R_{min}=\frac{x_D-y_p}{y_p-x_p} \tag{7-61}$$

式中，x_p、y_p 为 q 线与平衡线的交点坐标，可由图中直接读出或由 q 线方程与平衡线方程联立解出。

2. 非正常平衡曲线　对于图 7-25 所示的具有下凹部分的非正常平衡曲线，在两操作线交点 f 尚未到达平衡线之前，操作线与平衡线相切于 P 点，P 点即为挟紧点。因此在 P 点处已出现恒浓区，此时的回流比即为最小回流比 R_{min}。在这种情况下，R_{min} 仍可用式(7-61)计算，但式中 x_p、y_p 需改用 q 线与精馏段操作线交点(图中 f 点)的坐标(x_f，y_f)。也可过 D 点作平衡线的切线，由切线的斜率或截距求得最小回流比 R_{min}。

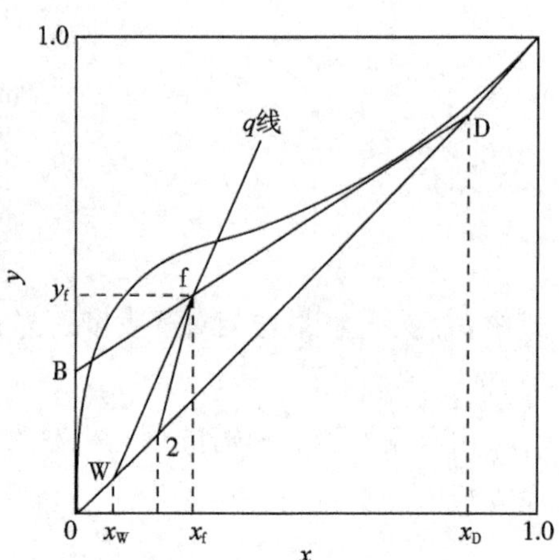

图 7-25　非正常平衡曲线时 R_{min} 的确定

例 7-5　试根据例 7-4 中的数据，计算最小回流比。

解：由例 7-4 可知，平衡线方程为

$$y=\frac{2.92x}{1+1.92x} \tag{a}$$

q 线方程为

$$y=5.54x-1.8 \tag{b}$$

由式(a)和式(b)解得 q 线与平衡线的交点坐标为

$$x_p=0.451, y_p=0.70$$

代入式(7-61)得

$$R_{min}=\frac{x_D-y_p}{y_p-x_p}=\frac{0.95-0.70}{0.70-0.451}=0.80$$

(三) 适宜回流比的选择

精馏过程适宜的回流比可通过经济衡算来确定。精馏过程的总费用包括操作费和设备费两部分，总费用最低时的回流比即为适宜回流比。

对于给定的分离任务，若在全回流下操作，虽然所需的理论板数最少，但得不到产品；若在最小回流比下操作，则所需的塔板数为无穷多，故设备费用为无穷大。但若回流比稍增加，塔板数即从无穷多锐减至某一数值，设备费亦随之锐减。当 R 继续增加时，虽然塔板数仍继续减少，但减速趋缓；而由于 R 的增加，导致塔内上升蒸气量增加，从而使塔径、再沸器及冷凝器等设备的尺寸相应增大，故当 R 增加至某一数值后，设备费又将回升，如图 7-26 中的曲线 1 所示。

精馏过程的操作费主要取决于再沸器中加热介质及冷凝器中冷却介质的消耗量，而两者均取决于上升蒸气量的大小。当馏出液一定时，塔内两段的上升蒸气量均随 R 的增加而增大，相应的加热介质和冷却介质的消耗量也随之增大，从而使操作费相应增加，如图 7-26 中的曲线 2 所示。

精馏过程的总费用是设备费用和操作费用之和，它与回流比 R 的关系如图 7-26 中的曲线 3 所示，其最小值所对应的回流比即为适宜回流比。

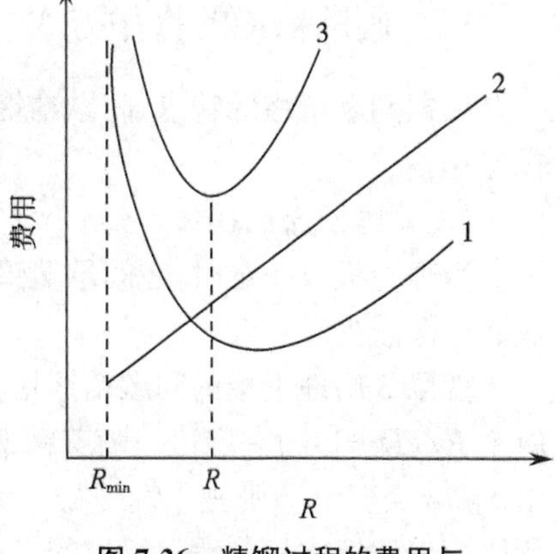

图 7-26　精馏过程的费用与回流比之间的关系

1-设备费；2-操作费；3-总费用

适宜回流比又称为操作回流比或实际回流比。在精馏设计中，一般并不进行详细的经济衡算，而是根据经验来确定操作回流比。多数情况下，操作回流比可按最小回流比的 1.1～2 倍选取，即

$$R=(1.1\sim2)R_{min} \tag{7-62}$$

对于已建成的精馏装置，其理论板数已经确定，因此，调节回流比就成为保持产品纯度的主要手段。操作过程中，若增加回流比，产品的纯度将提高；反之，则会下降。

第五节　间歇精馏

间歇精馏是将一批原料全部加入蒸馏釜中进行蒸馏，当釜液组成达到规定值后排出残液，然后开始下一批蒸馏操作，又称为分批精馏。它是制药化工生产中的重要单元操作之一。

图 7-27 为间歇精馏流程示意图，原料进入塔釜后被加热，所产生的蒸气沿塔上升，与回流液接触传质后，进入冷凝器，一部分冷凝液作为产品，一部分作为回流返回塔顶。随着精馏过程的进行，釜液中易挥发组分的浓度不断下降。当降低至规定浓度时，停止操作，釜液一次排出。间歇精馏适用于原料处理量较少且原料的种类、组成或处理量经常改变的情况，在制药企业中较为常用。需要指出的是，图中所示的精馏塔为板式塔，而制药企业中实际使用的精馏塔通常为填料塔（参见本章第七节）。

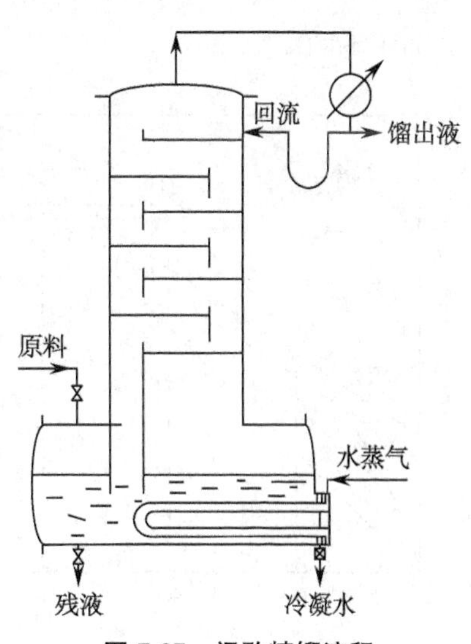

图 7-27　间歇精馏流程

一、间歇精馏的特点

与连续精馏相比，间歇精馏具有以下特点。

（1）非稳态操作：操作中釜液量不断减少，其中易挥发组分的浓度也不断下降。因此，若操作中保持回流比不变，塔顶产品中易挥发组分浓度将不断下降。若要保持塔顶产品组成不变，则回流比必须不断增大。

（2）精馏塔只有精馏段，没有提馏段：为获得与连续精馏同样组成的塔顶产品和塔底产品，其能耗大于连续精馏。

二、间歇精馏的操作方式

根据间歇精馏的特点，间歇精馏有两种典型的操作方式，即恒回流比操作和恒馏出液组成操作。

（一）恒回流比操作

当理论板数一定时，在间歇蒸馏过程中釜液逐渐减少。若回流比保持恒定，则馏出液组成必逐渐减少。

现以 3 层理论板的间歇精馏塔为例。如图 7-28 所示，因回流比 R 保持恒定，则操作线斜率 $R/(R+1)$ 为一定值。随着精馏过程的进行，若釜液组成由 x_{W1} 减少至 x_{W2}，馏出液组成由 x_{D1} 减少至 x_{D2}，则操作线平行下移。依次变化，直至釜液组成达到规定值，操作立即停止。所得馏出液组成是各瞬间组成的平均值，而最初馏出液组成 x_{D1} 是恒回流比间歇精馏过程中可能达到的最高馏出液组成。

（二）恒馏出液组成操作

间歇精馏时若回流比保持恒定，则馏出液组成必逐渐减小。因此，为使馏出液组成保持恒定，必须逐渐增大回流比。

现以 4 层理论板的间歇精馏塔为例。如图 7-29 所示，若馏出液组成 x_D 保持恒定，在回流比 R_1 下操作时，釜液组成为 x_{W1}，此时的操作线为图中的实线。随着操作过程的进行，釜液组成不断减小，回流比不断增大，使馏出液组成恒定为 x_D。当釜液组成减小至 x_{W2}、回流比增大至 R_2 时，操作线为图中的虚线。这样不断增大回流比，直至釜液组成达到规定要求即停止操作。

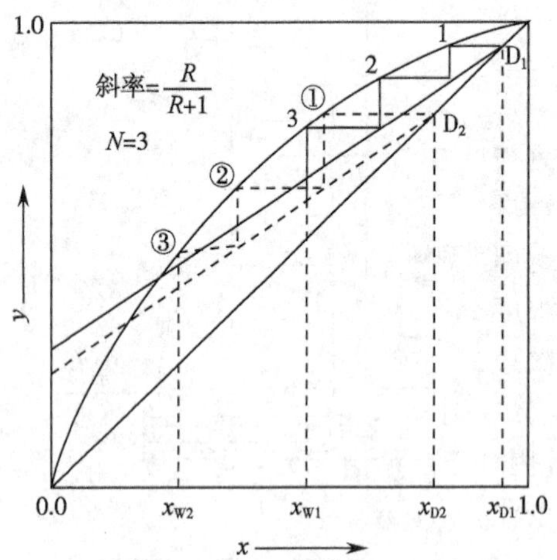

图 7-28 恒回流比间歇精馏过程

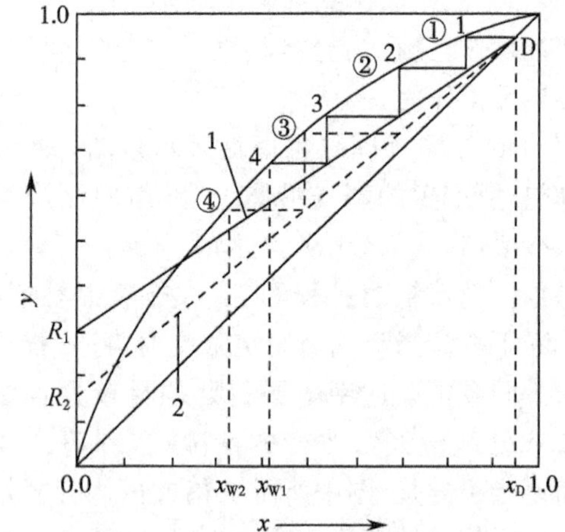

图 7-29 恒馏出液组成间歇精馏过程

恒回流比操作和恒馏出液组成操作各有优缺点。前者操作方便，但馏出液组成为操作开始至终止时的平均值；后者馏出液组成较大，但连续增大回流比操作较困难。实际生产中常将上述两种操作方式结合起来，使连续式增大回流比改为间断地增大回流比，即先在恒定回流比下操作一段时间，当馏出液组成减小至一定数值时，使回流比增大一定量，保持恒定再操作一段时间，如此间断的增大回流比，以保持馏出液组成基本不变。

在每批精馏的后期，釜液组成很低，回流比很大，馏出液量又很小，经济上不合算。因此，在回流比急剧增大时，终止收集原定组成的馏出液，仍保持较小回流比，蒸出一部分中间馏分，直至釜液组成达到规定为止，中间馏分加入下一批料液再次精馏。

第六节 特殊蒸馏

常规蒸馏是根据液体混合物中各组分挥发度的不同而实现组分之间的分离。若体系为恒沸液，或组分间的挥发性相差很小，或被分离物系具有热敏性，则无法用常规精馏来分离，此时可考虑特殊蒸馏。常见的特殊蒸馏有恒沸精馏、萃取精馏、水蒸气蒸馏和分子蒸馏等。

一、恒沸精馏

恒沸精馏是指在双组分溶液中加入一种夹带剂，它能与原溶液中一个或两个组分形成双组分或三组分最低沸点的恒沸物，所生成的恒沸物与塔顶产品之间的沸点相差较大。因此，恒沸物从塔顶蒸出，塔底引出沸点较高的产品。

恒沸精馏主要适用于以下场合：

(1) 当混合物中两组分的相对挥发度接近于1时，若采用普通精馏法分离，所需理论板数很多，且回流比也很大，使设备费与操作费都增多，经济上不合算。如以丙酮为夹带剂分离苯和环己烷，以异丙醚为夹带剂分离水和醋酸等。

(2) 具有恒沸点的非理想溶液，其恒沸物中两组分的相对挥发度等于1，用普通精馏法不能分离。如以苯作为夹带剂分离乙醇-水恒沸物。

下面以乙醇-水恒沸物的恒沸精馏为例，介绍恒沸精馏的工艺过程。

稀的乙醇溶液经普通精馏只能得到乙醇组成为0.894(摩尔分率，下同)的恒沸物。要获得组成更高的乙醇，可在乙醇-水恒沸物中加入苯作为夹带剂，进行恒沸蒸馏。

乙醇-水常压下的恒沸点为78.15℃，其恒沸物中乙醇的摩尔分率为0.894，质量百分率为95.6%。当加入夹带剂苯时，即可形成更低沸点的三元恒沸物，其组成为苯0.539、乙醇0.228、水0.233，沸点为64.9℃，比乙醇的沸点78.3℃以及乙醇-水的恒沸点78.15℃都低。因此，精馏时恒沸物从塔顶馏出。在较低温度下，苯与乙醇、水不互溶而分层，从而可将夹带剂苯分离出来。

图7-30是乙醇-水体系的恒沸精馏流程。塔1为恒沸精馏塔，由塔中部的适当位置加入接近恒沸组成的乙醇-水溶液，苯由顶部加入。精馏过程中，苯与进料中的乙醇、水形成三元恒沸物由塔顶蒸出，无水酒精由塔底排出。塔顶三元恒沸物及其他组分所组成的混合蒸气被冷却至较低温度后在分层器中分层。20℃时，上层苯相的摩尔组成为苯0.745、乙醇0.217，其余为水；下层水相的摩尔组成为苯0.0428、乙醇0.35，其余为水。上层苯相返回塔1的顶部作为回流，下层水相则进入塔2以回收残余的苯。塔2顶部所得的恒沸物并入分层器中，塔底则为稀乙醇-水溶液，可用普通精馏塔3回收其中的乙醇，废水由塔3的底部排出。除苯外，乙醇-水体系的恒沸精馏，还可采用戊烷、三氯乙烯等作为夹带剂。

选择适宜的夹带剂是能否采用恒沸精馏分离以及是否经济合理的重要条件。对夹带剂的基本要求如下。

(1) 夹带剂可与原料液中的一个或两个组分形成双组分或三组分最低恒沸点的恒沸物。

(2) 夹带剂应与原料液中含量较少的组分形成恒沸物，由塔顶蒸出，以减小热能消耗。

(3) 相对被夹带的组分而言，夹带剂的用量要少。

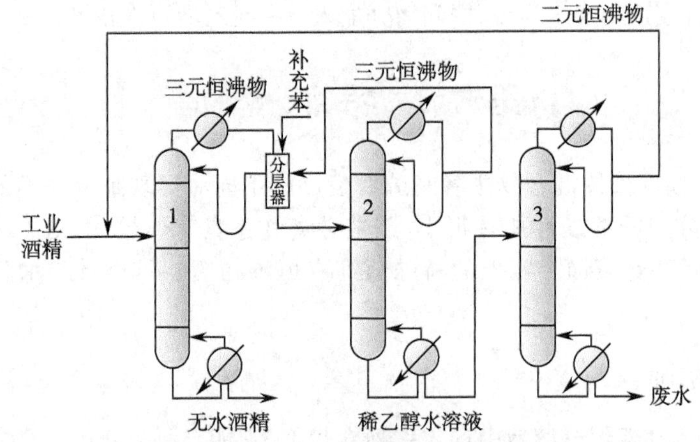

图 7-30 乙醇-水体系的恒沸精馏流程

1-恒沸精馏塔;2-苯回收塔;3-乙醇回收塔

(4) 新生成的最低恒沸点的恒沸物,其挥发度较大,使精馏分离更容易,釜液中不含夹带剂。

(5) 夹带剂应易于回收,新生成的恒沸物最好是非均相的,可方便地用分层法将夹带剂分离出来。

(6) 夹带剂应与原料不发生化学反应,对设备不腐蚀,汽化热小,黏度小,来源容易,价格低廉。

二、萃取精馏

当双组分溶液中两组分的相对挥发度接近于 1 或形成恒沸物时,在溶液中加入萃取剂。萃取剂的沸点比原溶液中任一组分的沸点都高,挥发度小,不与混合物形成共沸物,却能显著地增大原混合物组分间的相对挥发度,使两组分容易精馏分离,这种精馏操作称为萃取精馏。

下面以环己烷-苯的萃取精馏为例,介绍萃取精馏的工艺过程。

常压下环己烷与苯的相对挥发度接近于 1,若加入糠醛萃取剂后,则使苯由易挥发组分变为难挥发组分,且相对挥发度亦发生显著改变,其值远离 1,如表 7-5 所示。由表可见,只要加入适量的糠醛,即可使环己烷与苯混合物易于采用精馏方法加以分离。

表 7-5 苯与环己烷的相对挥发度与糠醛加入量之间的关系

溶液中糠醛的摩尔分数	0.1	0.2	0.4	0.5	0.6	0.7
环己烷对苯的相对挥发度	0.98	1.38	1.86	2.07	2.36	2.7

环己烷-苯的萃取精馏流程如图 7-31 所示。塔 1 为萃取精馏塔,原料液由塔 1 中部的适当位置加入,糠醛由塔 1 的顶部加入,塔顶蒸气中主要为高浓度的环己烷以及微量的糠醛。为回收塔顶蒸气中的微量糠醛,可在塔 1 上部设置回收段 2。若萃取剂的沸点很高,也可不设回收段。苯-糠醛混合液由塔 1 底部流出,并进入苯回收塔 3 中。由于常压下苯与糠醛的沸点相差较大,因而两者很容易分离。塔 3 底部排出的是糠醛,可循环使用。

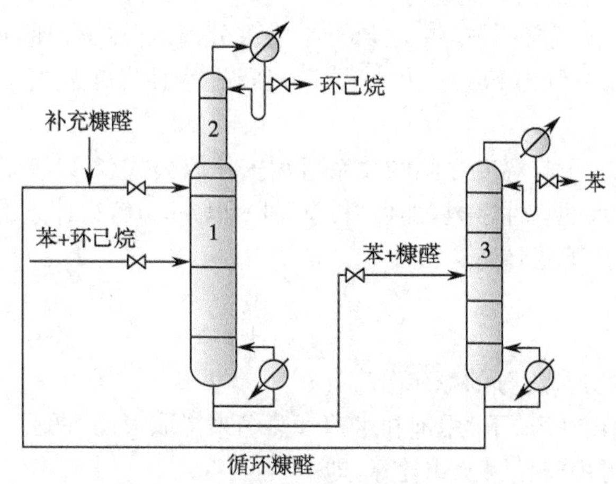

图 7-31 苯-环己烷体系的萃取精馏流程

1-萃取精馏塔;2-萃取剂回收段;3-苯回收塔

选择萃取剂时,应考虑以下原则。

(1) 原料液中加入少量萃取剂,即能使原料液中两组分的相对挥发度有很大的提高。

(2) 萃取剂的挥发度应比原液中两组分的挥发度足够小,即沸点要足够大,使萃取剂易于回收。

(3) 萃取剂应与原溶液中各组分互溶,以保证液相中萃取剂的浓度,充分发挥萃取剂的分离作用。

(4) 萃取剂应不与原溶液中任一组分发生化学反应,对设备不腐蚀,黏度小,来源容易,价格低廉。

三、水蒸气蒸馏

水蒸气蒸馏是将含有挥发性成分的液体或固体与水一起加热,使挥发性成分随水蒸气一并馏出,经冷凝提取挥发性成分的一种分离方法。该法适用于分离具有挥发性、能随水蒸气蒸馏而不被破坏、在水中稳定且难溶或不溶于水的组分,是中药生产中提取和纯化挥发油的主要方法。

(一) 水蒸气蒸馏的基本原理

水蒸气蒸馏是基于不互溶液体的独立蒸气压原理。若将水蒸气直接通入被分离物系,则当物系中各组分的蒸气分压与水蒸气的分压之和等于体系的总压时,体系便开始沸腾。此时,被分离组分的蒸气将与水蒸气一起蒸出。蒸出的气体混合物经冷凝后去掉水层即得产品。

水蒸气蒸馏时,体系的沸腾温度低于各组分的沸点温度,这是水蒸气蒸馏的突出优点。例如,由水相和有机相所组成的体系,其沸腾温度低于水的沸点即 100℃,从而可将沸点较高的组分从体系中分离出来。

(二) 沸点和馏出液组成的计算

对于饱和水蒸气蒸馏,若被分离组分不溶于水,则体系会因部分水蒸气的冷凝而产生水相。由于水与被分离组分的蒸气分压仅取决于温度,而与混合液的组成无关,因此水与被分离组分的蒸气分压分别等于操作温度下纯水和纯组分的饱和蒸气压,而蒸气总压则为两者之和,即

$$P = p_A^0 + p_B^0 \tag{7-63}$$

式(7-63)中,P 为蒸气总压,单位为 Pa;p_A^o 为被分离组分的分压,即被分离组分在操作温度下的饱和蒸气压,单位为 Pa;p_B^o 为水蒸气分压,即水在操作温度下的饱和蒸气压,单位为 Pa。

纯组分的饱和蒸气压与温度之间的关系可用安托因公式(7-1)来描述。当总压一定时,若已知被分离组分和水的物性常数,即可由式(7-1)和(7-63)解得体系的沸点。

馏出液的组成可用下式计算

$$y=\frac{p_A^o}{P}=\frac{p_A^o}{p_A^o+p_B^o} \tag{7-64}$$

式中,y 为馏出液中被分离组分的摩尔分率。

例 7-6 常压(101.3kPa)下,用饱和水蒸气蒸馏来提取大茴香醚。已知大茴香醚(A)和水(B)的饱和蒸气压可用安托因公式计算,即

$$\lg p_A^o=6.953-\frac{2331}{t+235.5} \tag{a}$$

$$\lg p_B^o=7.092-\frac{1668}{t+228} \tag{b}$$

式(a)和式(b)中,p_A^o 和 p_B^o 的单位为 kPa,t 的单位为℃。试计算体系的沸点及馏出液的组成。

解:由式(a)和(b)得

$$p_A^o=10^{6.953-\frac{2331}{t+235.5}}$$

$$p_B^o=10^{7.092-\frac{1668}{t+228}}$$

代入式(7-63)

$$10^{6.953-\frac{2331}{t+235.5}}+10^{7.092-\frac{1668}{t+228}}=101.3$$

用试差法对上式进行求解得体系的沸点为

$$t_b=t=99.65℃$$

将 t=99.65℃代入式(a)得

$$\lg p_A^o=6.953-\frac{2331}{99.65+235.5}=-0.00209$$

解得

$$p_A^o=0.995\text{kPa}$$

由式(7-64)得馏出液的组成为

$$y=\frac{p_A^o}{P}=\frac{0.995}{101.3}=0.0098$$

(三) 水蒸气消耗量的计算

由于水蒸气蒸馏所产生的气相中水的摩尔分率很大,因而水蒸气的消耗量很大。如在例 7-6 中,馏出液组成 $y=0.0098$,即每汽化 1mol 大茴香醚需同时汽化$\frac{1-0.0098}{0.0098}=101.04$mol 的水,由此可估算出水蒸气的消耗量。

四、分子蒸馏

(一) 分子蒸馏原理

分子在两次连续碰撞之间所走路程的平均值称为分子平均自由程。分子蒸馏正是利用

分子平均自由程的差异来分离液体混合物的，其基本原理如图 7-32 所示。待分离物料在加热板上形成均匀液膜，经加热，料液分子由液膜表面自由逸出。在与加热板平行处设一冷凝板，冷凝板的温度低于加热板，且与加热板之间的距离小于轻组分分子的平均自由程而大于重组分分子的平均自由程。这样由液膜表面逸出的大部分轻组分分子能够到达冷凝面并被冷凝成液体，而重组分分子则不能到达冷凝面，故又重新返回至液膜中，从而可实现轻重组分的分离。

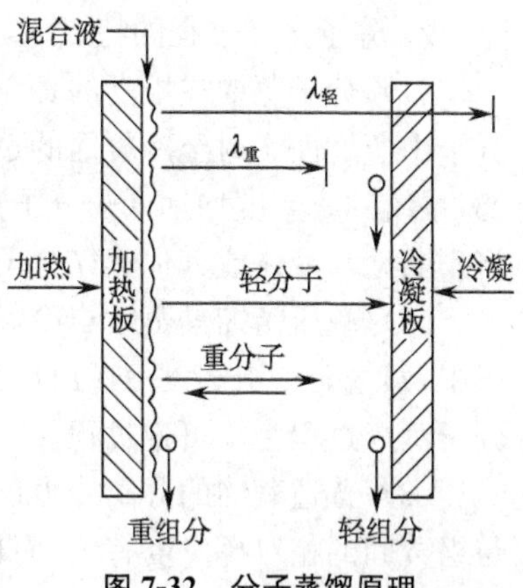

图 7-32　分子蒸馏原理

（二）分子蒸馏设备的组成

一套完整的分子蒸馏设备主要由进料系统、分子蒸馏器、馏分收集系统、加热系统、冷却系统、真空系统和控制系统等部分组成，其工艺流程如图 7-33 所示。为保证所需的真空度，一般需采用二级或二级以上的泵联用，并设液氮冷阱以保护真空泵。分子蒸馏器是整套设备的核心，分子蒸馏设备的发展主要体现在对分子蒸馏器的结构改进上。

（三）分子蒸馏过程及其特点

1. 分子蒸馏过程　如图 7-34 所示，分子由液相主体至冷凝面上冷凝的过程需经历以下四个步骤。

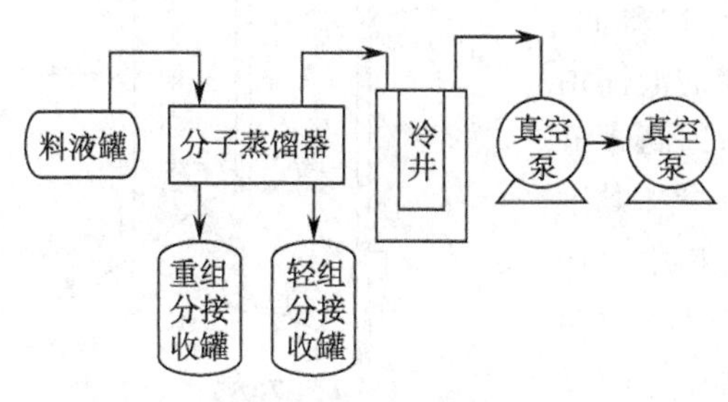

图 7-33　分子蒸馏流程

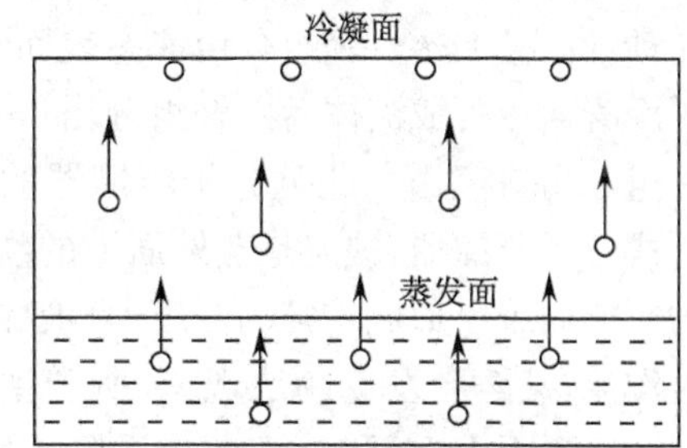

图 7-34　分子蒸馏过程

(1) 分子由液相主体扩散至蒸发面：该步骤的速率即分子在液相中的扩散速率，是控制分子蒸馏速度的主要因素，因此在设备设计中，应尽可能减薄液层的厚度并强化液层的流动。

(2) 分子在液层表面上的自由蒸发：蒸发速率随温度的升高而增大，但分离因子有时却随温度的升高而下降。因此，应根据组分的热稳定性、分离要求等具体情况，选择适宜的操作温度。

(3) 分子由蒸发面向冷凝面飞射：蒸气分子由蒸发面向冷凝面飞射的过程中，既可能互相碰撞，又可能与残存的空气分子碰撞。由于蒸发分子均具有相同的运动方向，因此它们之间的相互碰撞对飞射方向和蒸发速率影响不大。但残存的空气分子呈杂乱无章的热运动状态，其数量的多少对蒸发分子的飞射方向及蒸发速率均有重要的影响。因此，分子蒸馏过程必须在足够高的真空度下进行。当然，一旦系统的真空度可以确保飞射过程快速进行时，再提高真空度就没有意义了。

(4) 分子在冷凝面上冷凝：为使该步骤能够快速完成，应采用光滑且形状合理的冷凝面，并保证蒸发面与冷凝面之间有足够的温度差（一般应大于 60℃）。

2. 分子蒸馏过程的特点　与普通蒸馏相比，分子蒸馏具有如下特点。

(1) 分子蒸馏在极高的真空度下进行，且蒸发面与冷凝面之间的距离很小，因此在蒸发分子由蒸发面飞射至冷凝面的过程中，彼此发生碰撞的几率很小。而普通蒸馏包括减压蒸馏，系统的真空度均远低于分子蒸馏，且蒸气分子需经过很长的距离才能冷凝为液体，期间将不断地与液体或其他蒸气分子发生碰撞，整个操作系统存在一定的压差。

(2) 减压精馏是蒸发与冷凝的可逆过程，气液两相可形成相平衡状态；而在分子蒸馏过程中，蒸气分子由蒸发面逸出后直接飞射至冷凝面上，理论上没有返回蒸发面的可能性，故分子蒸馏过程为不可逆过程。

(3) 普通蒸馏的分离能力仅取决于组分间的相对挥发度，而分子蒸馏的分离能力不仅与组分间的相对挥发度有关，而且与各组分的分子量有关。

(4) 只要蒸发面与冷凝面之间存在足够的温度差，分子蒸馏即可在任何温度下进行；而普通蒸馏只能在泡点温度下进行。

(5) 普通蒸馏存在鼓泡和沸腾现象，而分子蒸馏是在液膜表面上进行的自由蒸发过程，不存在鼓泡和沸腾现象。

(四) 分子蒸馏设备

1. 降膜式分子蒸馏器　降膜式分子蒸馏器也是较早出现的一种结构简单的分子蒸馏设备，其典型结构如图 7-35 所示。工作时，料液由进料管进入，经分布器分布后在重力的作用下沿蒸发表面形成连续更新的液膜，并在几秒钟内被加热。轻组分由液态表面逸出并飞向冷凝面，在冷凝面冷凝成液体后由轻组分出口流出，残余的液体由重组分出口流出。此类分子蒸馏器的分离效率远高于静止式分子蒸馏器，缺点是蒸发面上的物料易受流量和黏度的影响而难以形成均匀的液膜，且液体在下降过程中易产生沟流，甚至会发生翻滚现象，所产生的雾沫夹带有时会溅到冷凝面上，导致分离效果下降。此外，依靠重力向下流动的液膜一般处于层流状态，传质和传热效率均不高，导致蒸馏效率下降。

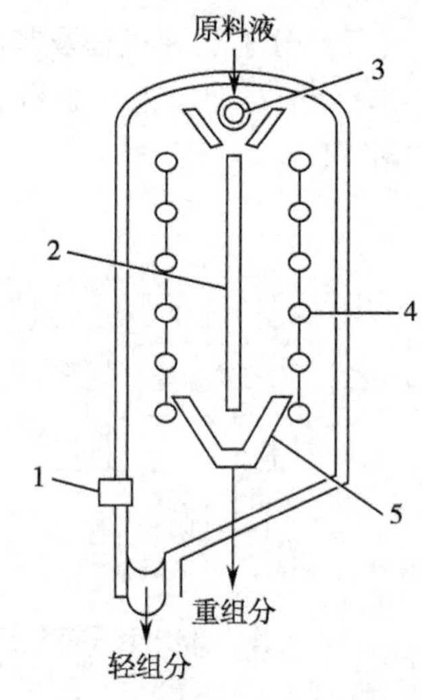

图 7-35　降膜式分子蒸馏器

1-真空接口；2-蒸发面；3-分布器；4-冷凝面；5-重组分收集器

降膜式分子蒸馏器适用于中、低黏度液体混合物的分离。但由于液体是依靠重力的作用而向下流动的，故此类蒸馏器一般不适用于高黏度液体混合物的分离，否则会加大物料在蒸发温度下的停留时间。

2. 刮膜式分子蒸馏器　刮膜式分子蒸馏器是目前应用最广的一种分子蒸馏设备，它是对降膜式的有效改进，与降膜式的最大区别在于引入了刮膜器。刮膜器可将料液在蒸发面上刮成厚度均匀、连续更新的涡流液膜，从而大大增强了传热和传质效率，并能有效地控制液膜厚度(0.25～0.76mm)、均匀性和物料停留时间，使蒸馏效率明显提高，热分解程度显著降低。

刮膜式分子蒸馏器的蒸馏室内设有一个可以旋转的刮膜器，其结构如图 7-36(a)所示。刮膜器的转子环常用聚四氟乙烯材料制成。当刮膜器在电机的驱动下高速旋转时，其转子环可贴着蒸馏室的内壁滚动，从而可将流至内壁的液体迅速滚刷成 10～100μm 的液膜，如图 7-36(b)所示。

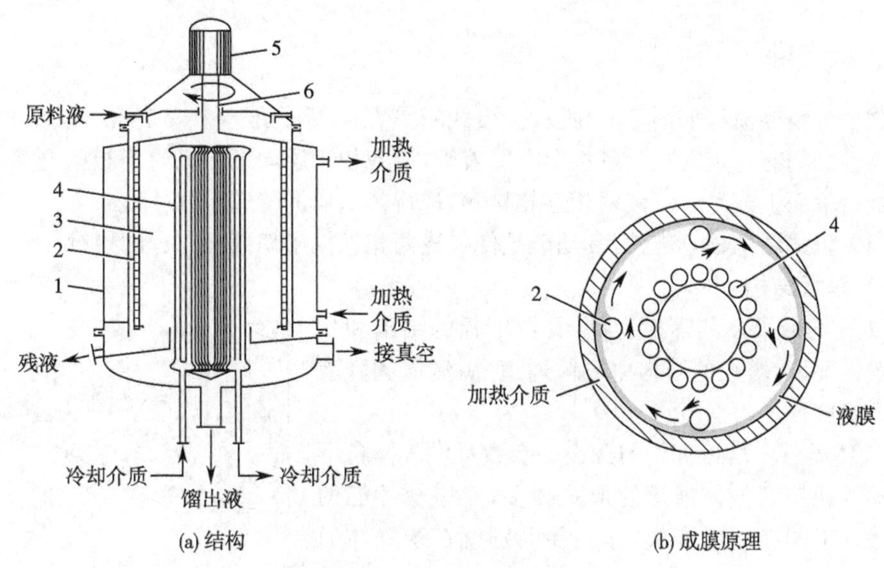

图 7-36 刮膜式分子蒸馏器

1-夹套;2-刮膜器;3-蒸馏室;4-冷凝器;5-电机;6-进料分布器

与降膜式相比,刮膜式分子蒸馏器的液膜厚度比较均匀,一般不会发生沟流现象,且转子环的滚动可加剧液膜向下流动时的湍动程度,因而传热和传质效果较好。

3. 离心式分子蒸馏器 离心式分子蒸馏器内有一个旋转的蒸发面,其典型结构如图 7-37 所示。工作时,将料液加至旋转盘中心,在离心力的作用下,料液被均匀分布于蒸发面上。此类蒸馏器的优点是液膜分布均匀,厚度较薄,且具有较好的流动性,因而分离效果较好。由于料液在蒸馏温度下的停留时间很短,故可用于热稳定性较差的料液的分离。缺点是结构复杂,密封困难,造价较高。

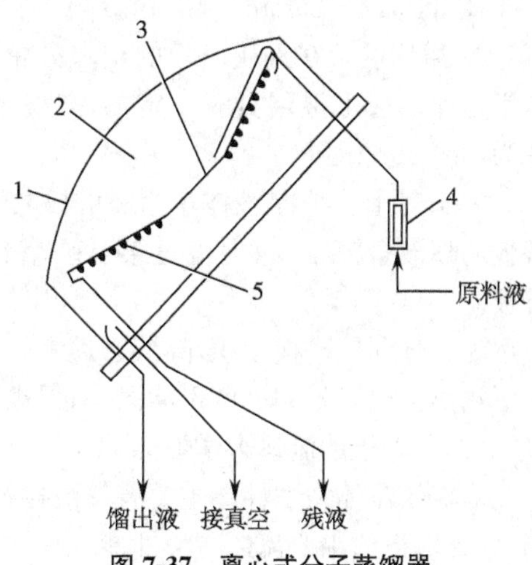

图 7-37 离心式分子蒸馏器

1-冷凝器;2-蒸馏室;3-转盘;4-流量计;5-加热器

(五) 分子蒸馏技术在制药工业中的应用

分子蒸馏具有操作温度低、受热时间短、分离速度快、物料不会被氧化等优点。目前该技术已成功地应用于制药、食品、香料等领域,其中的典型应用是从鱼油中提取 DHA 和 EPA 以及天然及合成维生素 E 的提取等。此外,分子蒸馏技术还用于提取天然辣椒红色素、α-亚麻酸、精制羊毛酯以及卵磷脂、酶、维生素、蛋白质等的浓缩。可以预见,随着研究的不断深入,分子蒸馏技术的应用范围将不断扩大。

第七节 精 馏 塔

精馏塔是最典型的气液传质设备,在制药化工生产中有着广泛的应用。按其结构形式的不同,精馏塔可分为板式塔和填料塔两大类。

一、板式塔

板式塔的精馏流程如图 7-11 所示。板式塔是在圆筒形壳体中安装若干层水平塔板构成。板与板之间有一定间距。塔板上有降液管，供液相逐层向下流动。塔板上开有小孔，供气相逐板自下而上流动。气液两相互相接触，进行热与质的传递。

塔板是板式塔的核心部件，其功能是使气液两相保持密切而又充分的接触。

（一）塔板结构

现以图 7-38 所示的筛板为例，介绍塔板的结构和功能。一般情况下，塔板的结构由气体通道、溢流堰和降液管三部分组成。

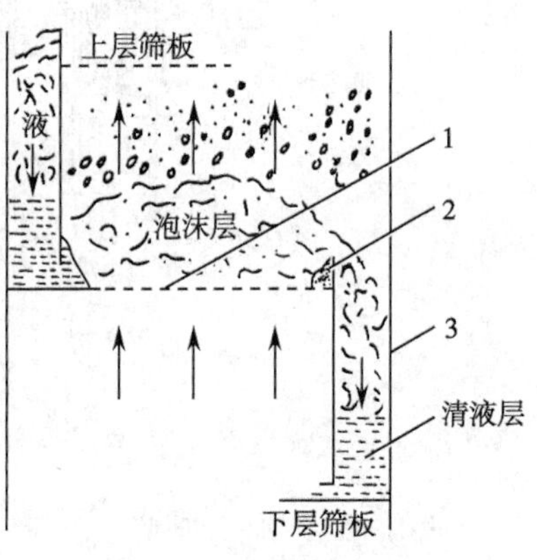

图 7-38 筛板的结构

1-筛板；2-溢流堰；3-降液管

1. 气体通道　塔板上均匀开设一定数量供气体自下而上流动的通道。气体通道的形式很多，对塔板性能的影响极大。不同型式的塔板，其主要区别就在于气体通道形式的不同。

筛板上气体通道的孔径一般为 3～8mm，大通量筛板的孔径可达 12～25mm。

2. 溢流堰　在每块塔板的出口处常设有溢流堰，其作用是保证板上液层具有一定的厚度。一般情况下，堰高为 30～50mm。

3. 降液管　它是液体在相邻塔板之间自上而下流动的通道。工作时，液体自第 $n-1$ 块塔板的降液管流下，横向流过第 n 块塔板，并翻越其溢流堰，进入降液管，流至第 $n+1$ 块塔板。

为充分利用塔板面积，降液管通常为弓形。为确保降液管中的液体能顺利流出，降液管的下端离下层塔板的高度不能太小，但也不能超过溢流堰的高度，以防气体窜入降液管。

（二）塔板的流体力学性能

塔板的流体力学性能主要有气液接触状态、漏液、雾沫夹带和液泛等。下面仍以筛板为例，介绍塔板的主要流体力学性能。

1. 气液接触状态　气体通过筛孔的速度称为孔速，不同的孔速可使气液两相在塔板上呈现不同的接触状态，如图 7-39 所示。

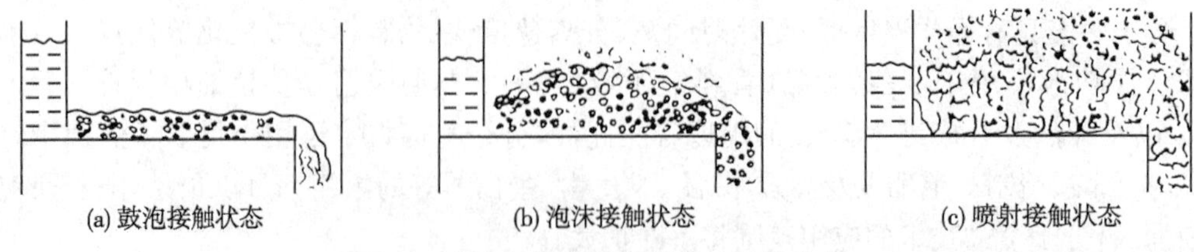

(a) 鼓泡接触状态　(b) 泡沫接触状态　(c) 喷射接触状态

图 7-39 气液两相在塔板上的接触状态

（1）鼓泡接触状态：当孔速很低时，气体通过筛孔后，将以鼓泡的形式通过板上的液层，使气液两相呈现鼓泡接触状态。由于两相接触的传质面积仅为气泡表面，且气泡的数量较少，液层的湍动程度不高，故该接触状态的传质阻力较大。

（2）泡沫接触状态：当孔速增大至某一数值时，气泡表面因气泡数量的大量增加而连成一片，并不断发生合并与破裂。此时，仅在靠近塔板表面处才有少量清液，而板上大部分液体均以高度湍动的泡沫形式存在于气泡之中，这种高度湍动的泡沫层为气液两相传质创造了良好的流体力学条件。

(3) 喷射接触状态：当孔速继续增大时，气体将从孔口高速喷出，从而将板上液体破碎成大小不等的液滴而抛至塔板的上部空间。当液滴落至板上并汇成很薄的液层时将再次被破碎成液滴而抛出。喷射接触状态也为气液两相的传质创造了良好的流体力学条件。

实际生产中使用的筛板，气液两相的接触状态通常为泡沫接触状态或喷射接触状态。

2. 漏液　当孔速过低时，板上液体就会从筛孔直接落下，这种现象称为漏液。由于板上液体尚未与气体充分传质就落至浓度较低的下一块塔板上，因而使传质效果下降。当漏液量较大而使板上不能积液时，精馏操作将无法进行。

按整个塔截面计算的气相流速，称为空塔气速。漏液量达到10%时的空塔气速，称为漏液气速。正常操作时，漏液量不应大于液体流量的10%，即空塔气速不应低于漏液气速。

3. 雾沫夹带　当气体穿过板上液层继续上升时，会将一部分小液滴夹带至上一块塔板，这种现象称为雾沫夹带。下一块塔板上浓度较低的液体被气流夹带至上一块塔板上浓度较高的液体中，其结果必然导致塔板传质效果的下降。

雾沫夹带量主要与气速和板间距有关，其值随气速的增大而增大，随板间距的增大而减少。为保证塔板具有正常的传质效果，应控制雾沫夹带量不超过0.1kg液体/kg气体。

4. 液泛　当气相或液相的流量过大，使降液管内的液体不能顺利流下时，液体便开始在管内积累。当管内液位增高至溢流堰顶部时，两板间的液体将连为一体，该塔板便产生积液，并依次上升，这种现象称为液泛或淹塔。

发生液泛时，气体通过塔板的压降急剧增大，且气体大量带液，导致精馏塔无法正常操作，故正常操作时应避免产生液泛现象。

液泛时的空塔气速，称为液泛气速，它是精馏塔正常操作的上限气速。液泛气速不仅取决于气液两相的流量和液体物性，而且与塔板结构，尤其是板间距密切相关。为提高液泛气速，可采用较大的板间距。

二、填料塔

填料塔是一种非常重要的气液传质设备，在制药化工生产中有着广泛的应用。填料塔也有一个圆筒形的塔体，其内分段安装一定高度的填料，如图7-40所示。操作时，来自冷凝器的回流液经液体分布器均匀喷洒于塔截面上。在填料层内液体沿填料表面呈膜状自上而下流动，各段填料之间设有液体收集器和液体再分布器，其作用是将上段填料中的液体收集后重新均匀分布于塔截面上，再进入下段填料。来自再沸器的蒸气由蒸气进口管进入塔内，并通过填料缝隙中的自由空间，自下而上流动，最后由塔顶排至冷凝器。

(一) 填料

按堆积方式的不同，填料可分为散堆填料和规整填料两大类。散堆填料以无规则堆积方式填充于塔筒内，装卸比较方便，缺点是压降较大、效率较低。规整填料是用波纹板片或波纹网片捆扎焊接而成的圆柱形填料，具有压降小、效率高等优点，常用于直径大于50mm的填料塔。常见的散堆填料和规整填料如图7-41所示。

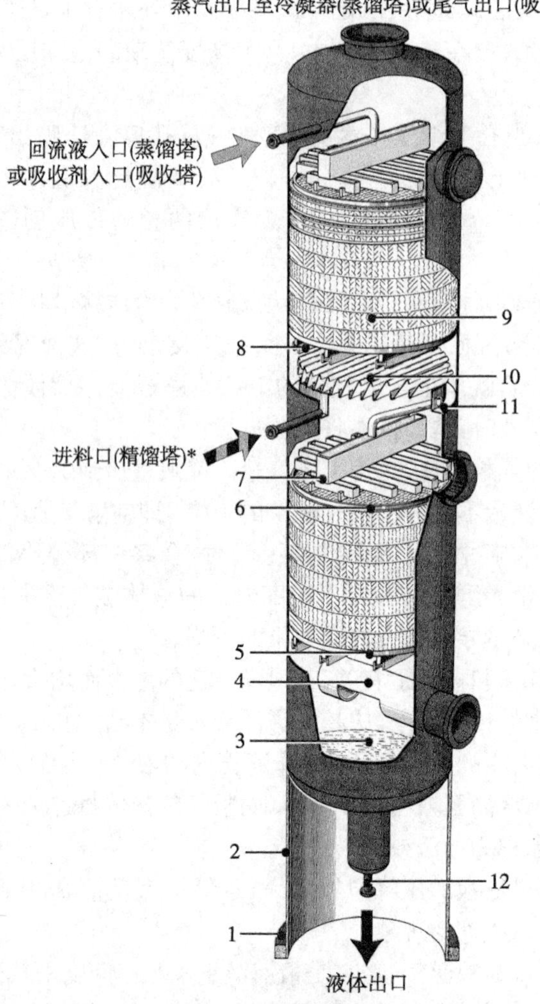

图 7-40 填料塔的结构示意图

1-底座圈；2-裙座；3-塔底；4-蒸气进口管（蒸馏塔）或气体进口管（吸收塔）；5-支承栅；6-填料压栅；7-液体分布器；8-支承架；9-填料；10-液体收集器；11-排放孔；12-液体出口管接再沸器（蒸馏塔）或吸收液出口管（吸收塔）

* 吸收塔无此接管

（二）填料塔的液泛

单位时间单位面积的填料层上所喷淋的液体体积，称为液体喷淋密度，单位为 $m^3/(m^2 \cdot h)$。而单位体积的填料层中所滞流的液体体积，称为持液量。

若液体喷淋密度一定，则上升气体的流速越大，持液量就越大，气体通过填料层的压力降也越大。当气速超过某一数值后，液体便不能顺利下流，从而使填料层内的持液量不断增多，以致液体几乎充满填料层的空隙，并在填料层上部形成积液层，而压力降则急剧上升，全塔的操作被破坏，这种现象称为填料塔的液泛。显然，正常操作时应避免产生液泛现象。

（三）填料塔附件

1. 填料支承装置　对于填料塔，无论是使用散堆填料还是规整填料，都要设置填料支承装置，以承受填料层及其所持有的液体的重量。填料支承装置不仅要有足够的强度，而且通道面积不能小于填料层的自由截面积，否则会增大气体的流动阻力，降低塔的处理能力。

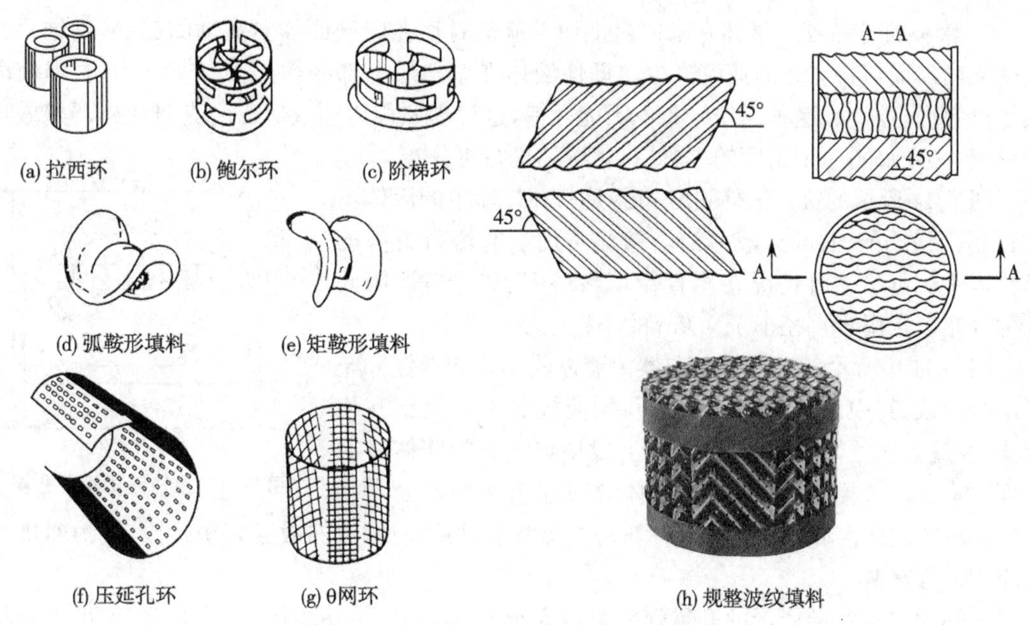

图 7-41 常见填料

栅板式支承装置是最常用的支承装置，其结构如图 7-42(a)所示。此外，具有圆形或条形升气管的支承装置具有较高的机械强度和较大的通道面积，其典型结构如图 7-42(b)所示。气体由升气管的管壁小孔或齿缝中流出，而液体则由板上的筛孔流下。

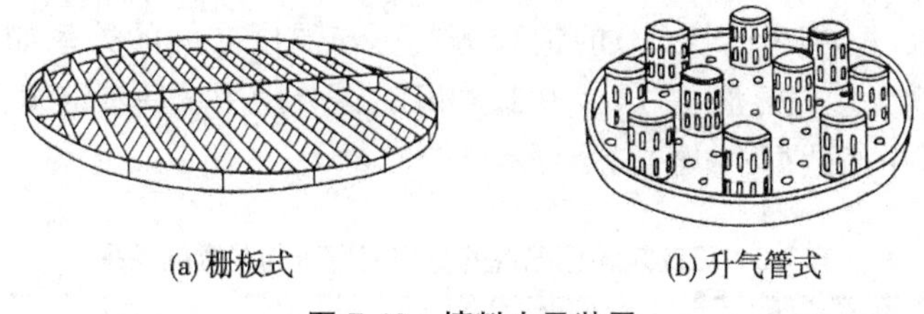

图 7-42 填料支承装置

2. 液体分布器 液体在塔截面上的均匀分布是保证气液两相充分接触传质的先决条件。为了给填料层提供一个良好的初始液体分布，液体分布器须有足够的喷淋点。研究表明，对于直径小于 0.75m 的填料塔，每平方米截面上的液体喷淋点不应少于 160 个；而对于直径大于 0.75m 的填料塔，每平方米截面上应有 40～50 个液体喷淋点。

液体分布器的种类很多，常见型式如图 7-43 所示。

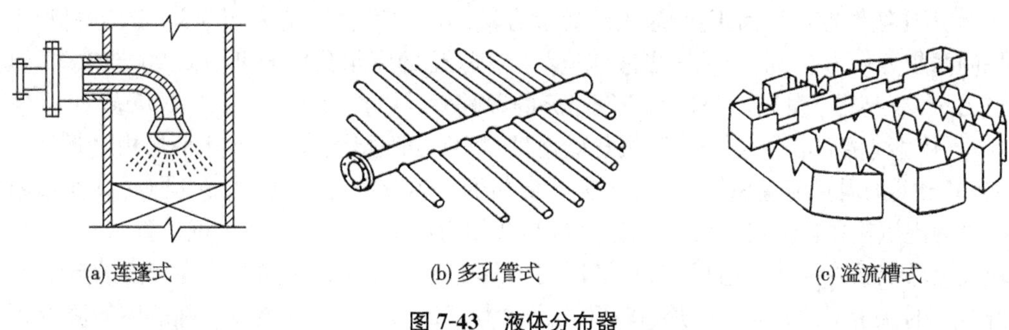

图 7-43 液体分布器

3. 液体再分布器 液体在塔内自上而下流动时存在向壁面径向流动的趋势，其结果是使壁流增加而填料主体的液流减少。即使液体在填料层上部的初始分布非常均匀，但随着液体自上而下流动，这种均匀分布也不能保持，这种现象称为壁效应。为克服或减弱壁效应的影响，必须每隔一定高度的填料层，对液体进行再分布。

图 7-44 所示的锥形液体再分布器是一种最简单的液体再分布器，一般用于大部分液体沿塔壁流下而引起塔效下降的填料塔中。由于这种情况在小直径填料塔中更为严重，因此这种分布器常用于直径小于 0.6m 的小直径填料塔中。

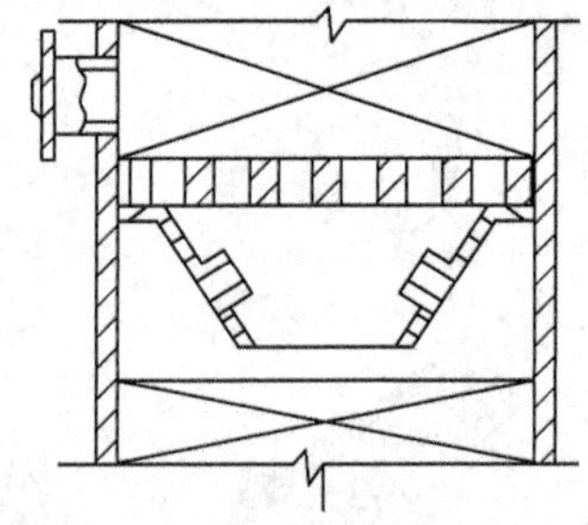
图 7-44 锥形液体再分布器

图 7-44 中所示的液体再分布器由液体收集器和液体分布器组合而成，其中液体收集器的倾斜集液板的水平投影互相重叠，并遮盖住整个塔截面，这样由上段填料流下的液体将被全部收集于环形槽中，并被导入液体分布器重新均匀分布于下一段填料表面。此种组合式液体再分布器具有结构简单、分布效果好等优点，在填料塔中的应用非常普遍。

此外，图 7-42(b)所示的升气管式填料支承实际上也是一种液体再分布器，可用于直径较大的填料塔中。

习 题

1. 已知正戊烷(A)和正己烷(B)的饱和蒸气压与温度之间的关系如表 7-6 所示，正戊烷-正己烷溶液可视为理想溶液，总压为 101.33kPa，试分别用拉乌尔定律和相对挥发度计算表中各温度的气液平衡数据。(略)

表 7-6 正戊烷和正己烷的饱和蒸气压和温度的关系

温度/℃	苯饱和蒸气压 (p_A^0)/kPa	甲苯饱和蒸气压 (p_B^0)/kPa	温度/℃	苯饱和蒸气压 (p_A^0)/kPa	甲苯饱和蒸气压 (p_B^0)/kPa
36.1	101.33	31.98	50	185.18	64.44
40	115.62	37.26	60	214.35	76.36
45	136.05	45.02	65	246.89	89.96
50	159.16	54.04	68.7	273.28	101.33

2. 用连续精馏塔分离正戊烷-正己烷混合液。已知进料流量为 4000kg/h，进料液中正戊烷的摩尔分率为 0.3。要求馏出液与釜液中正戊烷的摩尔分率分别为 0.90 与 0.05，试计算馏出液、釜液的流量以及塔顶易挥发组分的回收率。(14.63kmol/h，35.12kmol/h，88%)

3. 用连续精馏塔分离氯仿-四氯化碳溶液(可视为理想溶液)。已知平均相对挥发度为 1.66，馏出液的质量流量为 1500kg/h，其中氯仿的摩尔分率为 0.90；塔顶蒸气进入全凝器后被冷凝为泡点液体，部分作为馏出液采出，其余作为回流液回流入塔。试计算：(1) 塔顶第一块理论塔板下降液体的组成；(2) 塔顶液体回流比 $R=2$ 时，精馏段下降液体的流量 L 及上升蒸气的流量 V；(3) 进料为饱和液体、流量为 20kmol/h 时，提馏段下降液体的流量 L' 及

上升蒸气的流量 V'。(0.88;24.42kmol/h,36.63kmol/h;44.42kmol/h,36.63kmol/h)

4. 用连续操作的精馏塔分离苯-甲苯混合液。已知原料液中苯的组成为 0.3(摩尔分率,下同),馏出液组成为 0.90,釜液组成为 0.03。精馏段上升蒸气的流量 V=1500kmol/h,由塔顶进入全凝器,冷凝为泡点液体,一部分以回流液 L 进入塔顶,剩余部分作为馏出液 D 采出。若回流比 R=2.0,试计算:(1) 馏出液流量 D 与精馏段下降液体流量 L;(2) 进料量 F 及塔釜釜液采出量 W;(3) 进料为饱和液体时,提馏段下降液体的流量 L' 及上升蒸气的流量 V'。(500kmol/h,1000kmol/h;1611kmol/h,1111kmol/h;2611kmol/h,1500kmol/h)

5. 用常压精馏塔分离苯和甲苯混合液,进料流量为 1000kmol/h,含苯 0.40(摩尔分率,下同),要求塔顶馏出液中含苯 90%以上,苯回收率不低于 90%,泡点进料,泡点回流,相对挥发度 α=2.5,若回流比为最小回流比的 1.5 倍,试确定:(1) 塔顶产品量 D;(2) 塔底残液量 W 及组成 x_w;(3) 最小回流比;(4) 精馏段操作线方程及提馏段操作线方程。(400kmol/h;600kmol/h,0.067;1.22;$y=0.646x+0.318$,$y_{m+1}=1.53x_m-0.0353$)

6. 用连续精馏塔分离正戊烷-正己烷溶液。已知进料温度为 20℃,进料组成为 0.4(摩尔分率,下同),馏出液组成为 0.95,釜液组成为 0.05。若精馏段下降液体的流量为馏出液流量的 1.6 倍(摩尔比),试确定提馏段操作线方程。($y_{m+1}=1.5x_m-0.0249$)

7. 某连续操作的精馏塔,泡点进料。已知精馏段操作线方程为 $y=0.8x+0.172$,提馏段操作线方程为 $y=1.3x-0.018$,试确定塔顶回流比、馏出液组成、釜液组成及进料组成。(4,0.86,0.06,0.38)

8. 拟用连续精馏塔分离正戊烷和正己烷的混合液。已知正戊烷与正己烷的相对挥发度 α=2.92,进料热状况参数 q=1.2,进料液中正戊烷的含量 x_F=0.4(摩尔分率,下同),馏出液中正戊烷的含量 x_D=0.98,釜液中正戊烷的含量 x_W=0.03。若塔顶采用全凝器,泡点回流,回流比 R=2.5,试用图解法确定所需的理论板数及加料板位置。[11 块(含再沸器),第 6 块]

9. 拟用连续精馏塔分离苯和甲苯混合液。已知进料为泡点进料,进料量为 30kmol/h,含苯 0.5(摩尔分率,下同),塔顶和塔底产品中含苯分别为 0.95 和 0.1,塔顶采用全凝器,泡点回流,回流比 $R=1.5R_{min}$,若相对挥发度 α=2.5,试计算:(1) 塔顶、塔底的产品量;(2) 离开第二块理论板的蒸气和液体组成。(14.1kmol/h,15.9kmol/h;0.910,0.808)

10. 拟用常压连续精馏塔分离苯-甲苯混合液。已知进料中含苯 0.4(摩尔分率,下同),要求馏出液含苯 0.97。若平均相对挥发度为 2.46,试计算下列两种进料热状态下的最小回流比。(1) 冷液进料,其进料热状况参数 q=1.38;(2) 进料为气液混合物,气液比为 3∶4。(1.29;2.29)

11. 拟用一座具有 3 块理论板(含塔釜)的精馏塔分离含苯 50%(摩尔分率,下同)的苯-氯苯混合液,处理量 F=100kmol/h,要求 D=45kmol/h,且 x_D>84%。若精馏条件为:回流比 R=1,泡点进料,加料位置在第二块理论板,相对挥发度 α=4.1,问能否完成上述分离任务?(能)

思 考 题

1. 简述蒸馏操作的依据和目的。

2. 简述理想溶液和非理想溶液的区别。

3. 简述拉乌尔定律和道尔顿分压定律。

4. 简述挥发度和相对挥发度，并指出相对挥发度的大小对精馏操作的影响。

5. 简述简单蒸馏与平衡蒸馏的基本原理及特点。

6. 简述精馏塔的塔顶液相回流及塔底再沸器在精馏操作中的作用。

7. 简述连续精馏装置的主要设备。

8. 简述精馏塔沿塔高自上而下气相组成、液相组成及温度的变化情况。

9. 什么是理论板？有何意义？

10. 实际生产中，进料有哪几种热状况？指出不同进料热状态下 q 值的范围，并大致画出不同热状况下 q 线在 y-x 图上的位置。

11. 简述图解法确定理论塔板数的方法和步骤。

12. 在 x_F、x_D、x_W 一定的条件下，进料热状态参数 q 值一定时，若塔顶回流比 R 增大，对一定分离要求所需理论塔板数将如何变化？若塔顶回流比 R 一定时，进料热状态参数 q 值增大，理论板数又如何变化？

13. 什么是回流比？回流比的大小对精馏塔的操作有何影响？适宜回流比通常为最小回流比 R_{min}的多少倍？

14. 什么是全回流？全回流操作有何特点？什么情况下使用全回流操作？

15. 什么是液泛？液泛时塔设备能否正常操作？

16. 对于连续精馏塔，若$\frac{D}{F}$一定，则 x_D 随回流比 R 的增大而增大，那么是否可用增大回流比的方法获得任意的 x_D？为什么？

17. 间歇精馏有哪两种典型操作方式？

18. 分别简述恒沸精馏和萃取精馏的基本原理，并比较它们的特点。

19. 简述水蒸气蒸馏的基本原理和特点。

20. 简述分子蒸馏的基本原理和特点。

（黄宏妙 王志祥）

第八章 吸 收

第一节 概 述

一、吸收过程的基本概念

吸收是利用气体混合物中各组分在某种液体吸收剂中的溶解度不同而实现分离的单元操作，属于平衡分离方法。当气体混合物与某种液体接触时，其中的一个或几个组分将会被液体所溶解，而不被溶解的组分仍保留于气相中，从而将气体混合物中的组分分离开来。在吸收操作中，溶解度大、易被吸收的气体组分称为溶质或吸收质，以 A 表示；溶解度小、基本不被吸收的气体组分称为惰性组分或载体，以 B 表示；所用的液体称为吸收剂或溶剂，以 S 表示；吸收后得到的溶液和排出的气体分别称为吸收液和尾气。吸收液要通过解吸（或脱吸）过程才能得到溶质的纯产品，同时回收吸收剂，以循环利用。

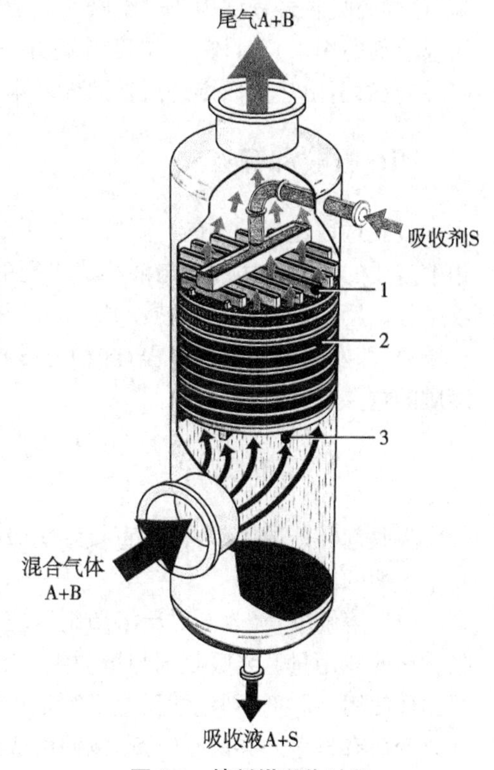

图 8-1 填料塔吸收过程

1-液体分布器；2-填料；3-填料支承

图 8-1 是常见的填料塔吸收过程的示意图，图中吸收液主要含有溶质和吸收剂，尾气中除含有惰性组分外，一般还含有少量残留的溶质。

二、吸收的工业应用

吸收操作在工业上主要应用在三个方面。①分离混合气体以获得一定的组分。例如，用硫酸处理焦炉气以回收其中的氨；用洗油处理焦炉气以回收其中的芳烃；用液态烃处理裂解气以回收其中的乙烯、丙烯等；②除去有害组分以净化气体。例如，用水或碱液脱除合成氨原料气中的二氧化碳、药厂尾气中的二氧化硫；用丙酮脱除裂解气中的乙炔等；③制备某种气体的溶液。例如，用水吸收氯化氢以制取盐酸溶液；用水吸收二氧化氮以制造硝酸；用水吸收甲醛以制备福尔马林溶液等。

三、吸收的分类

按溶质与吸收剂之间是否发生显著的化学反应，吸收可分为物理吸收和化学吸收两大类。在吸收过程中，若溶质与溶剂之间不发生显著的化学反应，则可视为气体单纯地溶解于液相的物理过程，此类吸收过程称为物理吸收；若溶质与溶剂之间发生显著的化学反应，则称为化学吸收。如用水吸收二氧化硫、用洗油吸收芳烃等过程均属于物理吸收；用硫酸吸收氨、用碱液吸收二氧化碳等过程均属于化学吸收。

按溶质组分数的多少，吸收可分为单组分吸收和多组分吸收。若混合气体中只有一个组分进入液相，其余组分皆可认为不溶于吸收剂，此类吸收过程称为单组分吸收。若混合气体中有两个或多个组分进入液相，则称为多组分吸收。例如，合成氨原料气中含有 N_2、H_2、CO 及 CO_2 等几种成分，其中唯独 CO_2 在水中有较为显著的溶解度，这种原料气用水吸收的过程即属于单组分吸收；用洗油处理焦炉气时，气体中的苯、甲苯、二甲苯等几种组分都在洗油中有显著的溶解度，这种吸收过程则属于多组分吸收。

按吸收剂温度是否发生显著变化，吸收可分为等温吸收和非等温吸收。气体溶解于液体之中，常常伴随着热效应，当发生化学反应时，还会有反应热，其结果是使液相温度逐渐升高，这样的吸收过程称为非等温吸收。但若热效应很小，或被吸收的组分在气相中浓度很低而吸收剂的用量相对较大，温度升高并不显著，可认为是等温吸收。如果吸收设备散热良好，能及时引出热量而维持液相温度基本不变，也应按等温吸收处理。

四、吸收和解吸

吸收过程进行的方向与限度取决于溶质在气液两相中的平衡关系（详见第二节）。当气相中溶质的实际分压高于与液相成平衡的溶质分压时，溶质便由气相向液相转移，即发生吸收过程。反之，若气相中溶质的实际分压低于与液相成平衡的溶质分压，溶质便由液相向气相转移，即发生吸收的逆过程，这种过程称为解吸（或脱吸）。解吸是回收吸收剂、获得纯净溶质的重要步骤。

五、吸收剂的选择

吸收剂性能的优劣，往往直接影响吸收操作的效果。在选择吸收剂时，应注意考虑以下几个方面的问题。

（1）溶解度：吸收剂对于溶质组分应具有较大的溶解度，这样可以提高吸收速率并减小吸收剂的耗用量。当吸收剂与溶质组分之间有化学反应发生时，溶解度可以显著提高，但若要循环使用吸收剂，则化学反应必须是可逆的。对于物理吸收，也应选择其溶解度随操作条件改变而有显著差异的吸收剂，以便解吸操作。

（2）选择性：吸收剂要在对溶质组分有良好吸收能力的同时，对混合气体中的其他组分却基本上不吸收或吸收甚微，否则难以实现有效的分离。

（3）挥发度：操作温度下吸收剂的蒸气压要低，因为离开吸收设备的气体往往为吸收剂蒸气所饱和，吸收剂的挥发度愈高，其损失量便愈大。

（4）黏性：操作温度下吸收剂的黏度要低，这样可以改善吸收塔内的流动状况，从而提高吸收速率，且有助于降低泵的功耗，还能减小传质阻力。

（5）其他：所选用的吸收剂还应尽可能无毒性，无腐蚀性，不易燃，不发泡，凝固点低，价廉易得，并具有化学稳定性。

第二节 气液相平衡

一、溶解度曲线

在恒定的温度与压强下，使一定量的吸收剂与混合气体接触，溶质便向液相转移，直至液相中溶质达到饱和，浓度不再增加为止。此时并非没有溶质分子继续进入液相，只是任何瞬间内进入液相的溶质分子数与从液相逸出的溶质分子数恰好相抵，气液两相中溶质的浓度不再变化，这种状态称为气液相平衡。平衡状态下气相中的溶质分压称为平衡分压或饱和分压，液相中的溶质浓度称为平衡浓度或饱和浓度。气体在液体中的溶解度就是指气体在液相中的饱和浓度，常以单位质量(或体积)的液体中所含溶质的质量来表示。

气体在液体中的溶解度表明一定条件下吸收过程可能达到的限度。要确定吸收设备内任何位置上气液实际浓度与其平衡浓度的差距，即推动力，并利用该推动力计算吸收过程进行的速率，必须明确系统的气液平衡关系。

互成平衡的气液两相彼此依存，且任何平衡状态都是有条件的。一般而言，气体溶质在特定液体中的溶解度与整个物系的温度、压强及该溶质在气相中的浓度密切相关。因为单组分的物理吸收涉及由 A、B、S 三个组分构成的气液两相物系，由相律可知其自由度数应为 3，故在一定的温度和总压下，溶质在液相中的溶解度取决于它在气相中的组成。在总压不很高的情况下，可以认为气体在液体中的溶解度仅取决于该气体的分压，而与总压无关。

在同一溶剂中，不同气体的溶解度存在很大差异。图 8-2～图 8-4 分别为总压不很高时氨、二氧化硫和氧在水中的溶解度与其在气相中的分压之间的关系。图中的关系线称为溶解度曲线。

由图 8-2～图 8-4 可知，当温度为 20℃、溶质分压为 20kPa 时，每 1000kg 水中所能溶解的氨、二氧化硫或氧的质量分别为 170kg、25kg 或 0.009kg，这表明氨易溶于水，氧难溶于水，而二氧化硫的溶解度居中。此外，在 20℃时，若分别有 100g 的氨和 100g 的二氧化硫各溶于 1000kg 水中，则氨在其溶液上方的分压仅为 9.3kPa，而二氧化硫在其溶液上方的分压

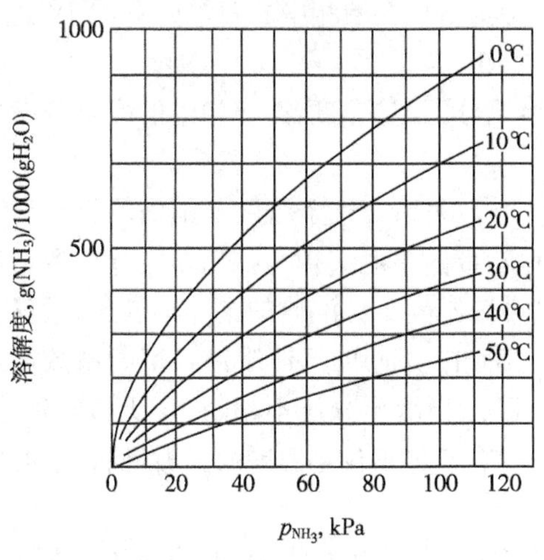

图 8-2 氨在水中的溶解度

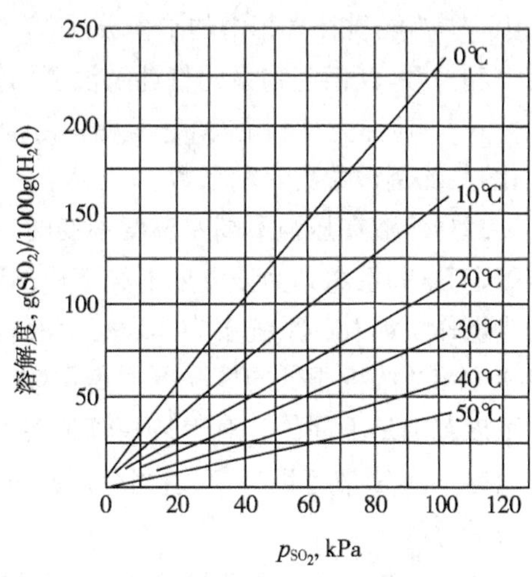

图 8-3 二氧化硫在水中的溶解度

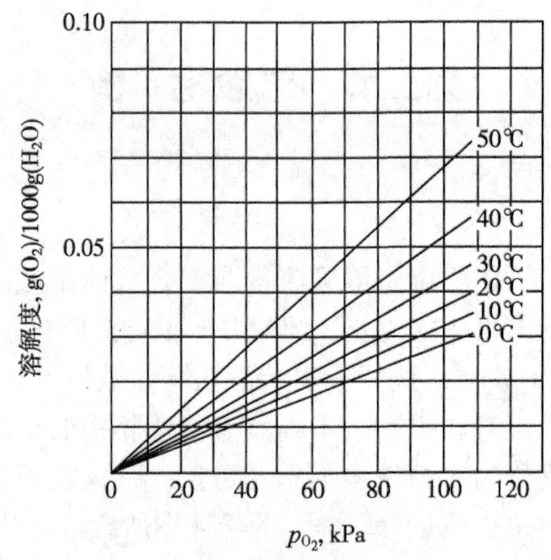

图 8-4 氧在水中的溶解度

为 93kPa。至于氧，即使在 1000kg 水中真溶有 100g 氧，在此溶液上方的分压已超过 220kPa。显然，对于同样浓度的溶液，易溶气体溶液上方的分压较小，而难溶气体溶液上方的分压较大。换言之，如欲得到一定浓度的溶液，对易溶气体所需的分压较低，而对难溶气体所需的分压较高。

由图 8-2～图 8-4 还可以看出，对于同一种溶质而言，溶解度随温度的升高而减小，这反映了一般情况下气体溶解度随温度变化的趋势。

由溶解度曲线所表现出的规律性可以得知，加压和降温对吸收操作有利，因为加压和降温可以提高气体的溶解度。反之，升温和减压则有利于解吸过程。

二、亨利定律

当总压不高(如不超过 5×10^5Pa)时，在恒定的温度下，稀溶液上方气体溶质的平衡分压与该溶质在液相中的浓度之间存在下列关系

$$p^*=Ex \tag{8-1}$$

式中，p^* 为溶质在气相中的平衡分压，单位为 kPa；x 为溶质在液相中的摩尔分率，无因次；E 为亨利系数，其值随物系的特性及温度而异，单位为 kPa。

式(8-1)称为亨利定律，它表明稀溶液上方的溶质分压与该溶质在液相中的摩尔分率成正比，其比例常数为亨利系数。

理想溶液在压强不高及温度不变的条件下，p^*-x 关系在整个浓度范围内均符合亨利定律，而亨利系数即为该温度下纯溶质的饱和蒸气压，此时亨利定律与拉乌尔定律一致。但吸收操作所涉及的系统多为非理想溶液，此时亨利系数不等于纯溶质的饱和蒸气压，且仅在液相中溶质浓度很低的情况下才是常数。在同一溶剂中，不同的气体维持其亨利系数恒定的浓度范围是不同的。对于某些较难溶解的系统而言，当溶质分压不超过 1×10^5Pa 时，恒定温度下的 E 值可视为常数；当分压超过 1×10^5Pa 后，E 值不仅是温度的函数，而且随溶质本身的分压而变。

亨利系数一般由实验测定。在恒定温度下，对指定的物系进行实验，测得一系列平衡状态下的液相溶质浓度 x 与相应的气相溶质分压 p^*，将测得的数值在普通直角坐标纸上进行

标绘，据此求出浓度趋近于零时的$\frac{p^*}{x}$值，即为系统在该温度下的亨利系数E。常见物系的亨利系数可从有关手册中查得。表8-1为某些气体在水溶液中的亨利系数。

表8-1 某些气体在水溶液中的亨利系数

气体	温度/℃											
	0	5	10	15	20	25	30	35	40	45	50	60
	$E\times10^{-6}$，kPa											
H_2	5.87	6.16	6.44	6.70	6.92	7.16	7.39	7.52	7.61	7.70	7.75	7.75
O_2	2.58	2.95	3.31	3.69	4.06	4.44	4.81	5.14	5.42	5.70	5.96	6.37
CO	3.57	4.01	4.48	4.95	5.43	5.88	6.28	6.68	7.05	7.39	7.71	8.32
空气	4.38	4.94	5.56	6.15	6.73	7.30	7.81	8.34	8.82	9.23	9.59	10.2
NO	1.71	1.96	2.21	2.45	2.67	2.91	3.14	3.35	3.57	3.77	3.95	4.24
N_2	5.35	6.05	6.77	7.48	8.15	8.76	9.36	9.98	10.5	11.0	11.4	12.2
C_2H_6	1.28	1.57	1.92	2.90	2.66	3.06	3.47	3.88	4.29	4.69	5.07	5.72
	$E\times10^{-5}$，kPa											
CO_2	0.738	0.888	1.05	1.24	1.44	1.66	1.88	2.12	2.36	2.60	2.87	3.46
H_2S	0.272	0.319	0.372	0.418	0.489	0.552	0.617	0.686	0.755	0.825	0.689	1.04
Cl_2	0.272	0.334	0.399	0.461	0.537	0.604	0.669	0.740	0.800	0.860	0.900	0.970
N_2O		1.19	1.43	1.68	2.01	2.28	2.62	3.06				
C_2H_2	0.730	0.850	0.970	1.09	1.23	1.35	1.48					
C_2H_4	5.59	6.62	7.78	9.07	10.3	11.6	12.9					
	$E\times10^{-4}$，kPa											
SO_2	0.167	0.203	0.245	0.294	0.355	0.413	0.485	0.567	0.661	0.763	0.871	1.11

对于特定的气体和溶剂，亨利系数随温度而变。一般而言，E值随温度的上升而增大，这反映了气体溶解度随温度升高而减少的变化趋势。在同一溶剂中，难溶气体的E值很大，而易溶气体的E值则很小。

由于互成平衡的气液两相组成可采用不同的表示法，因而亨利定律有不同的表达形式。

若将亨利定律表示成溶质在液相中的体积摩尔浓度C与其在气相中的分压p^*之间的关系，则可写成如下形式

$$p^*=\frac{C}{H} \tag{8-2}$$

式中，C为液相中溶质的摩尔浓度，即单位体积溶液中溶质的摩尔数，单位为kmol/m^3；p^*为气相中溶质的平衡分压，单位为kPa；H为溶解度系数，单位为kmol/(kPa·m^3)。溶解度系数H与亨利系数E之间存在一定的关系。设溶液中溶质的浓度为Ckmol(A)/m^3，密度为ρkg/m^3，则1m^{3}溶液中所含的溶质A为Ckmol，而溶剂S为$\frac{\rho-CM_A}{M_S}$kmol，其中M_A及M_S分别为溶质A及溶剂S的分子量。因此，溶质在液相中的摩尔分率为

$$x=\frac{C}{C+\frac{\rho-CM_A}{M_S}}=\frac{CM_S}{\rho+C(M_S-M_A)}$$

代入式(8-1)得

$$p^*=\frac{ECM_S}{\rho+C(M_S-M_A)}$$

比较上式与式(8-2)可知

$$\frac{1}{H}=\frac{EM_S}{\rho+C(M_S-M_A)} \tag{8-3}$$

对于稀溶液而言，C 值很小，式(8-3)等号右端分母中的 $C(M_S-M_A)$ 与 ρ 相比可以忽略不计，故式(8-3)可简化为

$$H=\frac{\rho}{EM_S} \tag{8-4}$$

溶解度系数 H 也是温度的函数。对于一定的溶质和溶剂，H 值随温度的升高而减小。易溶气体有很大的 H 值，难溶气体的 H 值则很小。

若溶质在液相和气相中的浓度分别用摩尔分率 x 及 y 表示，则亨利定律可写成

$$y^*=mx \tag{8-5}$$

式中，x 为液相中溶质的摩尔分率，无因次；y^* 为与该液相成平衡的气相中溶质的摩尔分率，无因次；m 为相平衡常数，又称为分配系数，无因次。

若系统的总压为 P，则溶质在气相中的分压为 $p=Py$，代入式(8-1)得

$$Py=Ex$$

则

$$y=\frac{E}{P}x$$

比较上式与式(8-5)可知

$$m=\frac{E}{P} \tag{8-6}$$

相平衡常数 m 是由实验结果计算出来的数值。对于一定的物系，它是温度和压强的函数。由 m 的数值亦可比较不同气体的溶解度大小，m 值愈大，则表明该气体的溶解度愈小。由式(8-6)可知，温度升高、总压下降，则 m 值变大，不利于吸收操作。

在吸收计算中常可认为惰性组分不进入液相，溶剂也没有显著的汽化现象，因而在塔的各个横截面上，气相中惰性组分 B 的摩尔流量和液相中溶剂 S 的摩尔流量保持不变。若以 B 和 S 的量作为基准分别表示溶质 A 在气液两相中的浓度，则会给吸收的计算带来一定的方便。为此，常用摩尔比 Y 和 X 来分别表示气液两相的组成，其定义为

$$Y=\frac{\text{气相中溶质的摩尔分率}}{\text{气相中惰性组分的摩尔分率}}=\frac{y}{1-y} \tag{8-7}$$

$$X=\frac{\text{液相中溶质的摩尔分率}}{\text{液相中吸收剂的摩尔分率}}=\frac{x}{1-x} \tag{8-8}$$

由式(8-7)和式(8-8)可知

$$y=\frac{Y}{1+Y} \tag{8-9}$$

$$x=\frac{X}{1+X} \tag{8-10}$$

将式(8-9)及式(8-10)代入式(8-5)得

$$\frac{Y}{1+Y}=m\frac{X}{1+X}$$

整理得

$$Y^*=\frac{mX}{1+(1-m)X} \tag{8-11}$$

式(8-11)是由亨利定律导出的，它在 Y-X 直角坐标系中的图形总是曲线。但是，当溶液浓度很低时，式(8-11)等号右端分母趋近于 1，此时式(8-11)可简化为

$$Y^*=mX \tag{8-12}$$

式(8-12)是亨利定律的又一种表达形式，它表明当液相中溶质浓度足够低时，平衡关系在 Y-X 图上可近似表示成一条通过原点的直线，其斜率为 m。

例 8-1　含有 30%（体积）CO_2 的某种混合气与水接触，系统温度为 30℃，总压为 101.3kPa。若在本题所涉及的浓度范围内亨利定律适用，试计算液相中 CO_2 的平衡浓度 C^*。

解：设 p 为 CO_2 在气相中的分压，则由分压定律可知

$$p=Py=101.3\times0.3=30.4\text{kPa}$$

由式(8-2)得

$$C^*=Hp$$

式中 H 为 30℃时 CO_2 在水中的溶解度系数。由式(8-4)可知

$$H=\frac{\rho}{EM_S}$$

查表 8-1 得 30℃时 CO_2 在水中的亨利系数 $E=1.88\times10^5$kPa。由于 CO_2 为难溶于水的气体，因此溶液浓度很低，此时溶液密度可近似按纯水计算，即取 $\rho=1000\text{kg/m}^3$。所以

$$C^*=Hp=\frac{\rho}{EM_S}p=\frac{1000}{1.88\times10^5\times18}\times30.4=8.9\times10^{-3}\text{kmol/m}^3$$

第三节　基于理论板假设的吸收塔的计算

以气液平衡关系为基础，结合理论板假设，即可计算吸收塔高度。无论是板式塔还是填料塔，都可仿照精馏过程，以理论板假设为基础，通过相平衡关系和物料衡算关系的交替应用来计算完成一定吸收任务所需的理论塔板数，进而计算塔高。

一、全塔物料衡算

按气液流动方式的不同，填料塔中的吸收操作可分为逆流和并流两种。在同样的工况条件下，逆流操作的吸收推动力较大，传质速率也较高，所以工业上多采用逆流吸收流程。

如图 8-5 所示，在逆流吸收过程中，混合气体由塔底（截面 1 处）进入，由塔顶（截面 2 处）排出，而吸收剂则由塔顶进入，塔底排出。操作时，气液两相中的溶质浓度均随塔截面位置而变，两者均在塔底处达到最高，在塔顶处达到最低，因此塔底习惯上称为浓端，塔顶称为稀端。

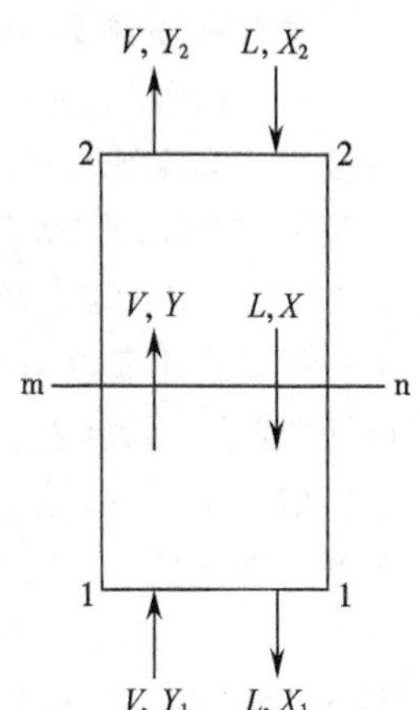

图 8-5　逆流操作吸收塔的物料衡算

由于吸收过程中惰性组分和吸收剂的流量均可视为恒定，因此以摩尔比为基准进行吸收塔的物料衡算较为方便。在全塔范围内对溶质进行物料衡算得

$$VY_1+LX_2=VY_2+LX_1 \tag{8-13}$$

或

$$V(Y_1-Y_2)=L(X_1-X_2) \tag{8-14}$$

式(8-13)和式(8-14)中，V 为单位时间内进入吸收塔的惰性气体量，单位为 kmol/h；L 为单位时间内进入吸收塔的吸收剂用量，单位为 kmol/h；Y_1、Y_2 分别为进塔和出塔气相中溶质的摩尔比，无因次；X_1、X_2 分别为出塔和进塔液相中溶质的摩尔比，无因次。

吸收塔的分离效果常用溶质的回收率来衡量，其定义为

$$\eta_A=\frac{Y_1-Y_2}{Y_1} \tag{8-15}$$

式中，η_A 为回收率，即被吸收的溶质量与进塔气体中的溶质量之比，无因次。

由式(8-13)得

$$Y_2=Y_1(1-\eta_A) \tag{8-16}$$

二、吸收操作线方程

对于填料吸收塔，操作线方程是指稳态操作时，填料层中任一横截面上气液两相组成之间的关系式。吸收过程的操作线方程可通过物料衡算求得。如图 8-5 所示，在塔底与塔内任一横截面 m-n 之间对溶质进行物料衡算得

$$VY+LX_1=VY_1+LX$$

则

$$Y=\frac{L}{V}(X-X_1)+Y_1 \tag{8-17}$$

式中，Y 为塔内任一横截面 m-n 处气相中的溶质摩尔比，无因次；X 为塔内任一横截面 m-n 处液相中的溶质摩尔比，无因次。

同理，在塔顶与塔内任一横截面 m-n 之间对溶质进行物料衡算得

$$Y=\frac{L}{V}(X-X_2)+Y_2 \tag{8-18}$$

式(8-17)和式(8-18)均称为逆流吸收的操作线方程，且两式可结合式(8-14)互相转化，故式(8-17)和式(8-18)是等效的。在 X-Y 图上，逆流吸收的操作线为一条通过(X_1,Y_1)和(X_2,Y_2)两点的直线，即图 8-6 中的 BT 线。BT 线上任一点的纵横坐标分别表示塔内某一横截面上气相和液相中的溶质浓度，如 B 点表示塔底(浓端)，T 点表示塔顶(稀端)。显然，操作线的位置仅取决于塔顶、塔底两端的气、液相组成，该直线的斜率为液气比 L/V。对于吸收操作，在塔内任一横截面上，由于气相中的溶质浓度总是大于与液相成平衡的气相中的溶质浓度，因此吸收过程的操作线总是位于平衡线上方。反之，若操作线位于平衡线的下方，则表示塔内进行的是解吸操作。操作线与平衡线之间的

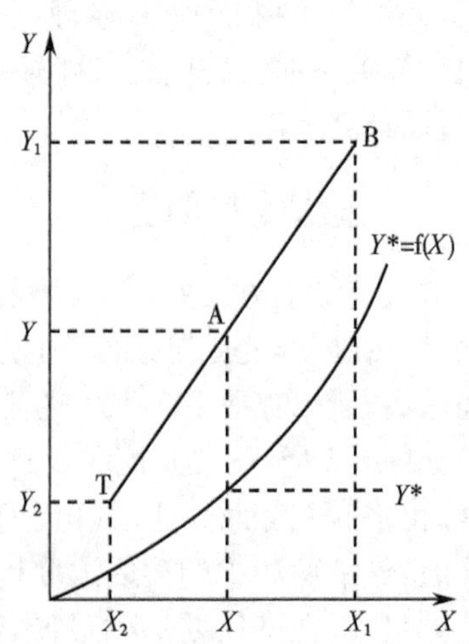

图 8-6 逆流吸收塔的操作线和平衡线

垂直或水平距离均可表示气液传质推动力的大小。

此外,由于操作线方程仅由物料衡算而得,故它与物系的相平衡关系、吸收塔的构型及操作条件等无关。

对于并流操作的填料吸收塔,或其他组合操作的吸收塔,亦可由物料衡算导出相应的操作线方程。

三、吸收剂最小用量和适宜用量

在吸收塔的设计计算中,气体处理量 V、进塔气体组成 Y_1、出塔气体组成 Y_2 及进塔吸收剂组成 X_2 一般都是设计前已经确定的,而吸收剂用量 L 则有待于计算后选定。

吸收剂用量直接影响吸收过程的分离效果、操作费用和设备尺寸,它是吸收操作设计时的一个重要参数。如图 8-7 所示,当气体处理量 V 一定时,若增加吸收剂用量 L,则吸收操作线的斜率$\frac{L}{V}$将增大,操作线将向远离平衡线的方向偏移,即传质推动力增大。但当 L 值超过某一限度后,传质推动力增加的效果将不明显,而吸收剂的消耗量以及输送和回收等操作费用将急剧增加。反之,若减少吸收剂用量,操作线将向靠近平衡线的方向偏移,即传质推动力减小,吸收速率下降,从而导致塔底吸收液的浓度上升。若吸收剂用量减少至恰使操作线与平衡线相交(如图 8-7(a)中的 B^* 点)或相切(如图 8-7(b)中 A 点),则表明交点或切点处的气液组成已达到平衡,即此时的传质推动力为零,所需的相际传质面积为无穷大。但这仅是一种假设的极限状况,在实际操作中不能实现。在该状况下,操作线的斜率为最小,换言之,此时吸收剂与惰性组分的摩尔流量之比为最小,故称为最小液气比,以$\left(\frac{L}{V}\right)_{\min}$表示。相应的吸收剂用量称为吸收剂最小用量,以 $L_{\min}$ 表示。

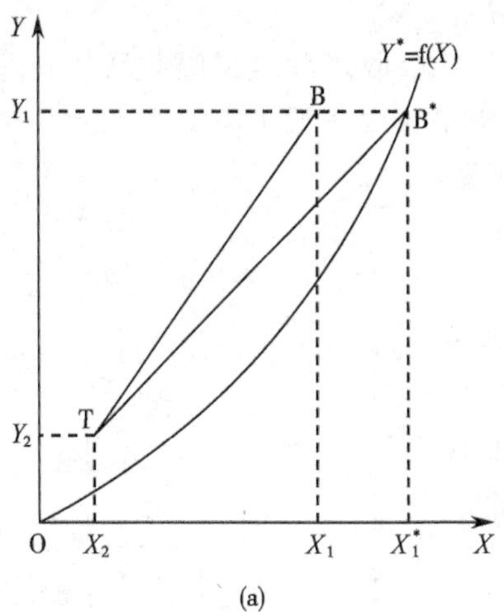

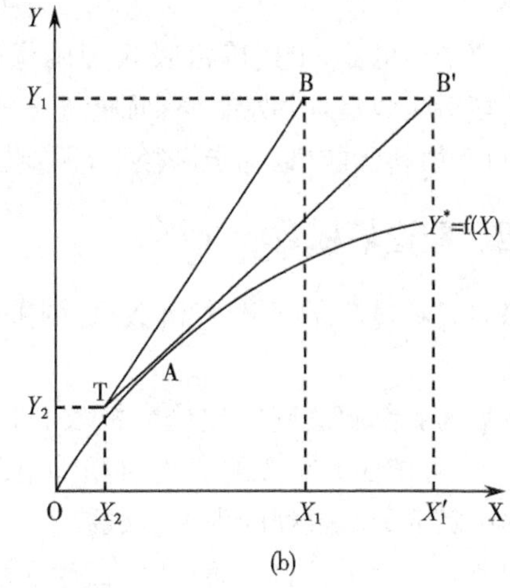

图 8-7 吸收塔的最小液气比

最小液气比可由图解法求得。若平衡曲线为如图 8-7(a)所示的一般情况,则可由图中定出 $Y=Y_1$ 线与平衡线的交点 B^*,读取 B^* 点的横坐标 X_1^* 的值,即可由下式计算出最小液气比

$$\left(\frac{L}{V}\right)_{\min}=\frac{Y_1-Y_2}{X_1^*-X_2} \tag{8-19}$$

从而有

$$L_{min}=\frac{V(Y_1-Y_2)}{X_1^*-X_2} \tag{8-20}$$

若平衡曲线呈现如图 8-7(b)所示的形状，则可过 T 点作平衡线的切线，定出切线与 $Y=Y_1$ 线的交点 B′，读取 B′点的横坐标 X'_1 的值，即可用下式计算最小液气比

$$\left(\frac{L}{V}\right)_{min}=\frac{Y_1-Y_2}{X'_1-X_2} \tag{8-21}$$

从而有

$$L_{min}=\frac{V(Y_1-Y_2)}{X'_1-X_2} \tag{8-22}$$

若平衡关系符合亨利定律，则最小液气比可直接用下式计算

$$\left(\frac{L}{V}\right)_{min}=\frac{Y_1-Y_2}{X_1^*-X_2}=\frac{Y_1-Y_2}{\frac{Y_1}{m}-X_2} \tag{8-23}$$

则

$$L_{min}=\frac{V(Y_1-Y_2)}{X_1^*-X_2}=\frac{V(Y_1-Y_2)}{\frac{Y_1}{m}-X_2} \tag{8-24}$$

显然，实际吸收操作的液气比$\frac{L}{V}$应大于最小液气比，但也不宜过高。适宜的吸收剂用量应通过经济衡算确定，但在实际设计中常取经验值，即

$$\frac{L}{V}=(1.1\sim2.0)\left(\frac{L}{V}\right)_{min} \tag{8-25}$$

则

$$L=(1.1\sim2.0)L_{min} \tag{8-26}$$

需要指出的是，上述确定吸收剂用量的方法对板式吸收塔和填料吸收塔均是适用的。但对于填料吸收塔，吸收剂应保证能充分润湿填料，喷淋密度一般不应低于 $5m^3/(m^2 \cdot h)$。因此，对于填料吸收塔，确定塔径后，还须校验喷淋密度。

四、理论塔板数的计算

确定吸收过程的理论塔板数可采用梯级图解法或解析法。

(1) 梯级图解法确定理论塔板数：利用平衡线和操作线方程，可仿照计算双组分连续精馏塔理论板数的梯级图解法确定吸收过程的理论塔板数。

如图 8-8 所示，由 T 点开始，在操作线和平衡线之间画直角梯级，直至梯级的铅垂线达到或跨过 B 点为止。图中第 3 个梯级跨过 B 点，表明该吸收过程需 3 块理论板。

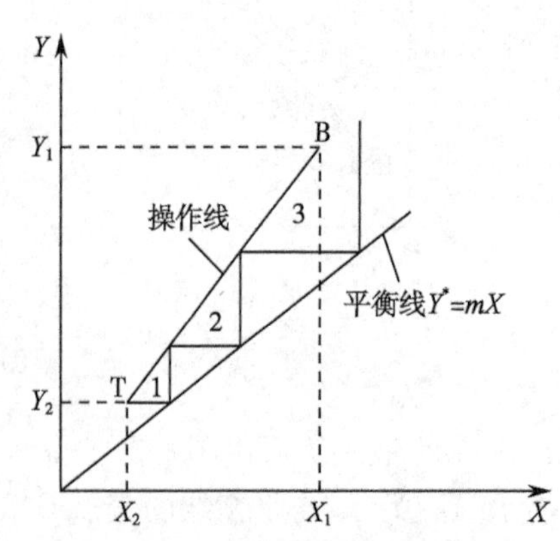

图 8-8 图解法确定吸收塔的理论塔板数

(2) 解析法确定理论塔板数：对于低浓度气体吸收过程，若在所涉及的浓度区间内平衡关系为直线($Y^*=mX+b$)，则可用克列姆塞尔方程计算理论塔板数。

$$N_T=-\frac{1}{\ln S}\ln\left[(1-S)\frac{Y_1-mX_2}{Y_2-mX_2}+S\right] \tag{8-27}$$

其中

$$S=\frac{mV}{L} \tag{8-28}$$

式中，S 为解吸因数，是相平衡线与操作线的斜率之比，无因次。

例 8-2 在逆流操作的吸收塔中，用洗油吸收焦炉气中的芳烃。已知吸收塔的操作压强为 105kPa，温度为 300K，焦炉气流量为 $1000m^3/h$，其中所含芳烃组成为 0.02(摩尔分率，下同)，吸收率为 95%，进塔洗油中所含芳烃组成为 0.005。若操作条件下的气液平衡关系为 $Y^*=0.125X$，吸收剂用量为最小用量的 1.5 倍，试计算：(1) 进入塔顶的洗油摩尔流量及出塔吸收液的组成；(2) 理论塔板数。

解：(1) 计算进入塔顶的洗油摩尔流量及出塔吸收液组成：由理想气体状态方程可知，进入吸收塔的惰性气体摩尔流量为

$$V=\frac{1000}{22.4}\times\frac{273}{273+27}\times\frac{105}{101.3}\times(1-0.02)=41.27\text{kmol/h}$$

由式(8-7)得进塔气体中芳烃的摩尔比为

$$Y_1=\frac{y_1}{1-y_1}=\frac{0.02}{1-0.02}=0.0204$$

由式(8-16)得出塔气体中芳烃的摩尔比为

$$Y_2=Y_1(1-\eta_A)=0.0204(1-0.95)=0.00102$$

由式(8-8)得进塔洗油中芳烃的摩尔比为

$$X_2=\frac{x_2}{1-x_2}=\frac{0.005}{1-0.005}=0.00503$$

由式(8-24)得吸收剂的最小用量为

$$L_{min}=\frac{V(Y_1-Y_2)}{\frac{Y_1}{m}-X_2}=\frac{41.27\times(0.0204-0.00102)}{\frac{0.0204}{0.125}-0.00503}=5.06\text{kmol/h}$$

实际吸收剂用量为

$$L=1.5L_{min}=1.5\times5.06=7.59\text{kmol/h}$$

实际吸收剂用量 L 为每小时进塔纯溶剂的用量。由于入塔洗油中含有少量芳烃，故每小时入塔的洗油量应为

$$L'=L(1+X_2)=7.63\text{kmol/h}$$

由式(8-13)得出塔吸收液的组成为

$$X_1=X_2+\frac{V(Y_1-Y_2)}{L}=0.00503+\frac{41.27\times(0.0204-0.00102)}{7.59}=0.11$$

(2) 计算理论塔板数：由式(8-28)得

$$S=\frac{mV}{L}=\frac{0.125\times41.27}{7.59}=0.68$$

由式(8-27)得理论塔板数为

$$\begin{aligned}N_T&=-\frac{1}{\ln S}\ln\left[(1-S)\frac{Y_1-mX_2}{Y_2-mX_2}+S\right]\\&=-\frac{1}{\ln 0.68}\ln\left[(1-0.68)\times\frac{0.0204-0.125\times0.00503}{0.00102-0.125\times0.00503}+0.68\right]=7.3\end{aligned}$$

第四节 基于传质速率的吸收塔的计算

一、传质机制

在吸收过程中，溶质分子由气相转移至液相需经历三个步骤，即溶质分子由气相主体向气液相界面处传递、溶质分子在界面处溶解及溶质分子由界面处向液相主体传递。简言之，吸收传质包括气相内传质、相界面处溶解和液相内传质三个阶段。其中，相界面处的溶解过程十分迅速，过程阻力很小，其气液组成近似服从平衡关系。因此，吸收传质的阻力主要来自于气相或液相中的相内传质阻力。

无论是气相还是液相，相内传质均存在分子扩散和涡流扩散两种基本传质方式。分子扩散是借助于分子的无规则热运动来传递物质的过程，发生在静止和滞流流动的流体中。涡流扩散又称为湍流扩散，它是借助于流体质点的宏观运动——湍动与旋涡来传递物质的过程，主要发生在湍流流动的流体中。在同一传质系统中，涡流扩散的传质速率一般要远大于分子扩散的传质速率，但两者的传质方向都是由高浓度处向低浓度处传递。在静止或层流流体中所发生的传质通常由分子扩散所致；而在湍流流体中，传质则是分子扩散和涡流扩散共同作用的结果。

1. 分子扩散　分子扩散是在一相流体内部有浓度差异的条件下，由于分子的无规则热运动而造成的物质传送现象。在吸收过程中，当气体沿吸收塔自下而上作层流流动时，从气相主体向气液相界面方向上由于浓度差而引起的溶质的传递即为“分子扩散”。菲克定律是描述分子扩散现象的基本定律，其数学表达式为

$$J_A = -D_{AB}\frac{dC_A}{dZ} \tag{8-29}$$

式中，J_A 为组分 A 沿 Z 方向的分子扩散速率，单位为 kmol/(m^2 · s)；D_{AB}为组分 A 在介质 B 中的分子扩散系数，单位为 m^2/s；$\frac{dC_A}{dZ}$为浓度梯度，即组分 A 的浓度 C_A 在 Z 方向上的变化率，单位为 kmol/m^4。

式(8-29)中的负号表示扩散是沿着组分 A 浓度降低的方向进行的，该方向与浓度梯度的方向正好相反。

对于双组分混合物，扩散通量相等，浓度梯度大小相等、方向相反，因此两组分的分子扩散系数相等，故可略去分子扩散系数的下标，统一以 D 表示。

分子扩散系数简称为扩散系数，它是物质的物性数据之一，其值与混合体系的种类、温度、压力和浓度有关。研究表明，压强对液体扩散系数的影响不明显，而浓度对气体扩散系数的影响不明显。扩散系数通常由实验测定，也可从手册或资料中查得，此外还可借助某些经验或半经验公式估算。气体扩散系数一般在 0.1～1cm^2/s 之间，液体扩散系数一般在 1×10^{-5}～5×10^{-5}cm^2/s 之间。可见，液体扩散系数要远小于气体扩散系数。但由于液体中物质的浓度梯度要远大于气体中物质的浓度梯度，故在一定条件下，液体中的扩散速率仍可达到与气体中的扩散速率相接近的水平。

若单位时间内通过单位面积的气体 A 和 B 的摩尔量相等，但扩散方向相反，则将该扩散过程称为等分子反向扩散。在稳态条件下，积分式(8-29)得

$$J_A = D\frac{\Delta C}{Z} \tag{8-30}$$

式中，ΔC 为传质层两侧的浓度差，单位为 kmol/m^3；Z 为扩散距离，又称为传质层厚度，单位为 m。

组分 A 在单位时间内通过单位面积的量称为组分 A 的传质速率，以 N_A 表示。对于等分子反向扩散，由于不存在气体的宏观运动，故气体 A 和 B 的传质速率与扩散速率在数值上是相等的，即

$$N_A = J_A = -J_B = -N_B \tag{8-31}$$

菲克定律也可用物质的分压来表示。由理想气体状态方程和式(8-22)得

$$J_A = -D\frac{dC_A}{dZ} = -\frac{D}{RT}\frac{dp_A}{dZ} \tag{8-32}$$

式中，D 为气相中的分子扩散系数，单位为 m^2/s；p_A 为气相中组分 A 的分压，单位为 kPa。

将式(8-32)代入式(8-31)并整理得

$$\int_0^Z N_A dZ = \int_{p_{A1}}^{p_{A2}} -\frac{D}{RT}dp_A \tag{8-33}$$

式中，Z 为截面 1 与截面 2 之间的距离，即传质层厚度，单位为 m；p_{A1}、p_{A2} 分别为组分 A 在截面 1 和 2 处的分压，单位为 kPa。

对于稳态分子扩散，各截面处的传质速率应相等，且因操作条件恒定，则 D 和 T 均为常数。所以，由式(8-33)积分并整理得

$$N_A = \frac{D}{RTZ}(p_{A1} - p_{A2}) \tag{8-34}$$

结合理想气体状态方程，式(8-34)又可改写为

$$N_A = \frac{D}{Z}(C_{A1} - C_{A2}) \tag{8-35}$$

若 A、B 双组分气体混合物与吸收剂接触，气体 A 可溶解于液相，而气体 B 则不溶于液相，即气体 A 能够顺利通过气液相界面，而气体 B 则不能通过，这种扩散现象称为单向扩散或组分 A 通过停滞组分 B 的扩散。例如，吸收操作中溶质气体的扩散即为单向扩散。气相中稳态单向扩散时的传质速率可用斯蒂芬公式计算

$$N_A = \frac{D}{RTZ}\frac{P}{p_{Bm}}(p_{A1} - p_{A2}) \tag{8-36}$$

式中，p_{Bm} 为组分 B 在截面 1 和 2 处分压的对数平均值，即 $p_{Bm} = \dfrac{p_{B2} - p_{B1}}{\ln\dfrac{p_{B2}}{p_{B1}}}$，单位为 kPa；$\dfrac{P}{p_{Bm}}$ 为漂流因子或漂流因数，无因次。

在吸收过程中，当溶质 A 进入液相后，气相主体将向相界面处作总体流动，填补 A 留下的空隙，这种总体流动加快了传质过程。定量表示为传质速率 N_A 增大了 $\dfrac{P}{p_{Bm}}$ 倍。显然，漂流因子越大，扩散速率越快。

在吸收操作中，溶质在液相中的分子扩散也多以单向扩散为主要扩散形式，但对其分子运动规律的研究还很不充分。一般情况下，液相中单向扩散的传质速率方程式可仿照式(8-36)写出，即

$$N_A=\frac{D'}{Z}\frac{C_m}{C_{Sm}}(C_{A1}-C_{A2}) \tag{8-37}$$

式中，D'为溶质在溶剂中的分子扩散系数，单位为 m^2/s；C_m 为溶液的总摩尔浓度，$C_m=C_A+C_s$，单位为 $kmol/m^3$；C_{sm}为溶剂在截面 1 和 2 处摩尔浓度的对数平均值，单位为 $kmol/m^3$。

2. 对流传质　对流传质是指发生于运动流体与相界面之间的传质过程。由于工业上的传质操作多发生于湍流流体中，故此处仅讨论湍流主体与相界面之间的对流传质过程。

根据流体流动理论，对于湍流流体，湍流主体与相界面之间依次存在层流内层、过渡区和湍流区三个区域。在层流内层，传质是依靠分子扩散作用进行的，故传质阻力较大，相应的浓度梯度也较大；在湍流区，分子扩散作用常可忽略不计，传质主要是依靠强烈的涡流扩散作用进行的，故此处的传质阻力非常小，其浓度梯度接近于零；而在过渡区，分子扩散和涡流扩散的作用均较明显，故传质阻力和浓度梯度均介于层流内层和湍流区之间。显然，对流传质过程是分子扩散和涡流扩散两种传质作用的总和，其传质速率可表示为

$$N_A=-(D+D_E)\frac{dC_A}{dZ} \tag{8-38}$$

式中，N_A 为溶质 A 在对流扩散中的传质速率，单位为 $kmol/(m^2\cdot s)$；D_E 为涡流扩散系数，单位为 m^2/s。

3. 双膜理论　目前，用于描述吸收过程中相际传质机制的理论主要有双膜理论、溶质渗透理论和表面更新理论等，其中以双膜理论最为常用。

吸收过程是溶质由气相进入液相的传质过程，假设气液两相间存在着一层膜，则吸收过程由气相与相界面间的对流传质、界面上溶质的溶解及液相与界面间的对流传质三个步骤串联而成。双膜理论是吸收过程的简化模型，又称为停滞膜理论。如图 8-9 所示，双膜理论模型可归纳为流动模型与传质模型两部分。

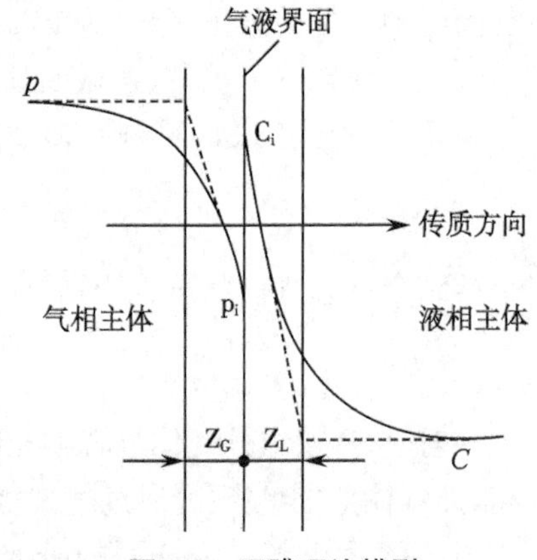

图 8-9　双膜理论模型

流动模型：①相互接触的气液两相存在一固定的相界面；②界面两侧分别存在气膜和液膜，膜内流体呈层流流动，膜外流体呈湍流流动。膜层厚度取决于流动状况，湍动越剧烈，膜层厚度越薄。

传质模型：①传质过程为稳态过程，沿传质方向上的溶质传递速率为常量；②界面上无传质阻力，即在界面上气液两相组成呈平衡关系；③在界面两侧的膜层内，物质以分子扩散机制（即流体层流流动时的传质方式）进行传质；膜外湍流主体内，传质阻力可忽略，因此气液相界面的传质阻力取决于界面两侧的膜层传质阻力。

双膜理论适用于具有固定相界面或两相流体湍动程度不大的传质过程。双膜理论将复杂的相际传质过程转化为两个停滞膜内的分子扩散过程，而相界面和两流体主体处均无传质阻力，因而在很大程度上简化了吸收传质的计算。

二、吸收速率

1. 气膜吸收速率方程式　依据双膜理论，由式(8-36)得气相侧的对流传质速率为

$$N_A=\frac{D}{RTZ_G}\frac{P}{p_{Bm}}(p-p_i) \tag{8-39}$$

式中，Z_G 为气相膜层的厚度，单位为 m；p 为气相主体中溶质 A 的分压，单位为 kPa；p_i 为气液相界面处气相中溶质 A 的分压，单位为 kPa。

令

$$k_G=\frac{D}{RTZ_G}\frac{P}{p_{Bm}} \tag{8-40}$$

代入式(8-39)得

$$N_A=k_G(p-p_i) \tag{8-41}$$

或

$$N_A=\frac{p-p_i}{\frac{1}{k_G}} \tag{8-42}$$

式(8-41)和式(8-42)中，k_G 为气膜吸收系数，单位为 kmol/(m² · s · kPa)；$(p-p_i)$为气膜吸收推动力，单位为 kPa；$\frac{1}{k_G}$为气膜吸收阻力，单位为 m² · s · kPa/kmol。

式(8-41)和式(8-42)均称为气膜吸收速率方程式。气膜内的吸收推动力除可用分压差表示外，还可用摩尔分率差表示，此时气膜吸收速率方程式可表示为

$$N_A=k_y(y-y_i) \tag{8-43}$$

或

$$N_A=\frac{y-y_i}{\frac{1}{k_y}} \tag{8-44}$$

式(8-43)和式(8-44)中，k_y 为气膜吸收系数，单位为 kmol/(m² · s)；y 为气相主体中溶质 A 的摩尔分率，无因次；y_i 为气液相界面处气相中溶质 A 的摩尔分率，无因次；$(y-y_i)$为气膜吸收推动力，无因次；$\frac{1}{k_y}$为气膜吸收阻力，单位为 m² · s/kmol。

k_G 和 k_y 均称为气膜吸收阻力，可导出它们之间的关系为

$$k_y=Pk_G \tag{8-45}$$

式中，P 为总压，单位为 kPa。

2. 液膜吸收速率方程式　依据双膜理论，由式(8-37)得液相侧的对流传质速率为

$$N_A=\frac{D'}{Z_L}\frac{C_m}{C_{Sm}}(C_i-C) \tag{8-46}$$

式中，Z_L 为液相膜层的厚度，单位为 m；C_m 为液相中溶质 A 和吸收剂 S 的总摩尔浓度，单位为 kmol/m³；C_{Sm}为液相中吸收剂 S 的平均浓度，数值上为液相扩散层两侧溶剂体积摩尔浓度的对数平均值，单位为 kmol/m³；C_i 为气液相界面处液相中溶质 A 的摩尔浓度，单位为 kmol/m³；C 为液相主体中溶质 A 的摩尔浓度，单位为 kmol/m³。

令

$$k_L=\frac{D'}{Z_L}\frac{C_m}{C_{Sm}} \tag{8-47}$$

代入式(8-46)得

$$N_A=k_L(C_i-C) \tag{8-48}$$

或

$$N_A=\frac{C_i-C}{\frac{1}{k_L}} \tag{8-49}$$

式(8-48)和式(8-49)中，k_L 为液膜吸收系数，单位为 m/s；(C_i-C)为液膜吸收推动力，单位为 $kmol/m^3$；$\frac{1}{k_L}$为液膜吸收阻力，单位为 s/m。

式(8-48)和式(8-49)均称为液膜吸收速率方程式。液膜内的吸收推动力除可用浓度差表示外，还可用摩尔分率差表示，此时液膜吸收速率方程式可表示为

$$N_A=k_x(x_i-x) \tag{8-50}$$

或

$$N_A=\frac{x_i-x}{\frac{1}{k_x}} \tag{8-51}$$

式(8-50)和式(8-51)中，k_x 为液膜吸收系数，单位为 kmol/(・m^2・s)；x 为液相主体中溶质 A 的摩尔分率，无因次；x_i 为气液相界面处液相中溶质 A 的摩尔分率，无因次；(x_i-x)为液膜吸收推动力，无因次；$\frac{1}{k_x}$为液膜吸收阻力，单位为 m^2・s/kmol。

k_L 和 k_x 均称为液膜吸收系数，可导出它们之间的关系为

$$k_x=C_m k_L \tag{8-52}$$

式中，C_m 为溶液的总摩尔浓度，$C_m=C_A+C_S$，单位为 $kmol/m^3$。

3. 总吸收速率方程式　应用气膜或液膜吸收速率方程处理吸收问题时，需已知相界面处的气相或液相浓度，而相界面处的两相浓度通常难以直接测定。因此，工程上常用两相主体浓度与各自平衡浓度的差值来表示总吸收推动力，相应的吸收系数称为总吸收系数，其倒数称为总吸收阻力。稳态传质时，总吸收速率在数值上与气膜吸收速率和液膜吸收速率相等。

以$(p-p^*)$表示总吸收推动力的总吸收速率方程为

$$N_A=K_G(p-p^*)=\frac{p-p^*}{\frac{1}{K_G}} \tag{8-53}$$

式中，p^* 为与液相主体浓度成平衡的气相中的溶质分压，单位为 kPa；K_G 为以$(p-p^*)$为总吸收推动力的气相总吸收系数，单位为 kmol/(m^2・s・kPa)。

以$(Y-Y^*)$表示总吸收推动力的总吸收速率方程为

$$N_A=K_Y(Y-Y^*)=\frac{Y-Y^*}{\frac{1}{K_Y}} \tag{8-54}$$

式中，Y 为气相主体中溶质的摩尔比，无因次；Y^* 为与液相主体浓度成平衡的气相中的溶质摩尔比，无因次；K_Y 为以$(Y-Y^*)$为总吸收推动力的气相总吸收系数，单位为 kmol/(m^2・s)。

以(C^*-C)表示总吸收推动力的总吸收速率方程为

$$N_A=K_L(C^*-C)=\frac{C^*-C}{\frac{1}{K_L}} \tag{8-55}$$

式中，C^* 为与气相主体浓度成平衡的液相中的溶质浓度，单位为 $kmol/m^3$；K_L 为以

(C^*-C)为总吸收推动力的液相总吸收系数，m/s。

以(X^*-X)表示总吸收推动力的总吸收速率方程为

$$N_A=K_X(X^*-X)=\frac{X^*-X}{\frac{1}{K_X}} \tag{8-56}$$

式中，X为液相主体中溶质的摩尔比，无因次；X^*为与气相主体浓度成平衡的液相中的溶质摩尔比，无因次；K_X为以(X^*-X)为总吸收推动力的液相总吸收系数，单位为kmol/(m^2·s)。

由以上分析可知，吸收系数总是与吸收推动力相对应。采用哪一种速率方程式计算吸收速率，通常以计算方便为原则。为避开界面组成计算，则宜用总吸收速率方程式。在低浓度气体混合物的吸收计算中，以式(8-54)最为常用；而在脱吸过程中，由于处理的是吸收液，故以式(8-54)最为常用。

还需指出的是，稳态操作时，在吸收塔的不同横截面上，气液两相的浓度均不相同，因此不同横截面上的吸收速率是不同的。但不论是气膜吸收速率方程式、液膜吸收速率方程式，还是总吸收速率方程式，它们均是以气液两相浓度保持不变为前提的，因此它们均仅适用于描述稳态操作吸收塔内任一横截面上的速率关系，而不能直接用来描述全塔的吸收速率。

4. 吸收系数之间的关系

(1) 总吸收系数之间的关系：对于低浓度气体吸收，气液两相之间的平衡关系服从亨利定律，则可导出各总吸收系数之间的关系为

$$K_Y=PK_G=\frac{1}{m}K_X=\frac{C_m}{m}K_L \tag{8-57}$$

(2) 总吸收系数与气膜、液膜吸收系数之间的关系：对于低浓度气体吸收，气液两相之间的平衡关系服从亨利定律，则可导出各总吸收系数与气膜、液膜吸收系数之间的关系分别为

$$\frac{1}{K_G}=\frac{1}{k_G}+\frac{1}{Hk_L} \tag{8-58}$$

$$\frac{1}{K_L}=\frac{1}{k_L}+\frac{H}{k_G} \tag{8-59}$$

$$\frac{1}{K_Y}=\frac{1}{k_y}+\frac{m}{k_x} \tag{8-60}$$

$$\frac{1}{K_X}=\frac{1}{mk_y}+\frac{1}{k_x} \tag{8-61}$$

式(8-58)～(8-61)表明，总吸收阻力由气膜吸收阻力和液膜吸收阻力两部分组成。

5. 气膜控制与液膜控制

(1) 气膜控制：当k_G和k_L的数量级相同或相近时，对于易溶气体，因m很小或H很大，液膜侧阻力可忽略不计，总阻力近似等于气膜侧阻力，故$K_Y\approx k_Y$或$K_G\approx k_G$，此种吸收过程称为气膜控制吸收。

对于气膜控制吸收，气膜阻力控制着整个吸收过程的速率，相界面处的浓度接近于液相主体的浓度。如用水处理氯化氢、三氧化硫或氨气等吸收过程均属于气膜控制吸收。若需提高气膜控制吸收的吸收速率，可适当提高气相的湍动程度，以减小气膜阻力。

(2) 液膜控制：当k_G和k_L的数量级相同或相近时，若溶质为难溶气体，因m很大或H

很小，气膜侧阻力可忽略不计，总阻力近似等于液膜侧阻力，故 $K_X \approx k_X$ 或 $K_L \approx k_L$，此种吸收过程称为液膜控制吸收。

对于液膜控制吸收，液膜阻力控制着整个吸收过程的速率，相界面处的浓度接近于气相主体浓度。如用水吸收氧气、二氧化碳或氢气等吸收过程均属于液膜控制吸收。

难溶气体的吸收总阻力要远大于易溶气体的吸收总阻力，若需提高难溶气体的吸收速率，一般可采用化学吸收或提高液相的湍动程度，以减小液膜阻力。

对于中等溶解度的溶质吸收，其相界面两侧的吸收阻力相当，此时气膜阻力和液膜阻力对于吸收速率均具有控制作用。如用水处理 SO_2 的吸收过程即属于此类吸收过程。

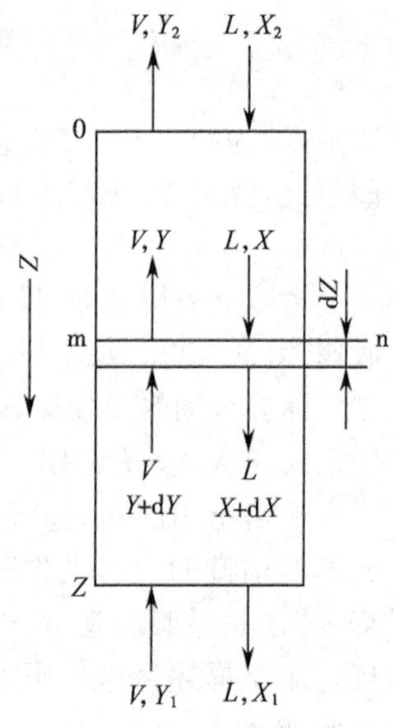

图 8-10 填料层微元高度示意图

三、填料层高度的计算

(一) 填料层高度的基本计算式

填料塔是一个连续接触式传质设备，气液两相的组成均沿填料层高度而变化，故塔内各横截面上的吸收速率并不相同。如图 8-10 所示，在填料塔内任意截取一段高度为 dZ 的微元填料层，在该微元填料层内对溶质 A 进行物料衡算得

$$dG = VdY = LdX \tag{8-62}$$

式中，dG 为微元填料层中单位时间内由气相转移至液相的溶质量，单位为 kmol/s。

由于微元填料层内的气液组成变化很小，故其内的吸收速率 N_A 可视为近似不变，则

$$dG = N_A dS \tag{8-63}$$

式中，dS 为微元填料层所提供的气液传质面积，单位为 m^2；N_A 为微元填料层上溶质 A 的传递速率，单位为 $kmol/(m^2 \cdot s)$。

对于微元填料层，气液传质面积可表示为

$$dS = aAdZ \tag{8-64}$$

式中，a 为有效比表面积，即单位体积填料层所提供的有效气液传质面积，单位为 m^2/m^3；A 为塔的横截面积，单位为 m^2；Z 为填料层高度，单位为 m。

将式(8-64)代入式(8-63)得

$$dG = N_A aAdZ \tag{8-65}$$

分别将式(8-54)和式(8-56)代入式(8-65)得

$$dG = K_Y(Y - Y^*)aAdZ \tag{8-66}$$

$$dG = K_X(X^* - X)aAdZ \tag{8-67}$$

分别将式(8-66)和式(8-67)代入式(8-62)得

$$K_Y(Y - Y^*)aAdZ = VdY \tag{8-68}$$

$$K_X(X^* - X)aAdZ = LdX \tag{8-69}$$

分别由式(8-68)和式(8-69)得

$$dZ = \frac{V}{K_Y aA}\frac{dY}{Y - Y^*} \tag{8-70}$$

$$dZ=\frac{L}{K_XaA}\frac{dX}{X^*-X} \tag{8-71}$$

有效比表面积 a 既与填料特性和充填状况有关，又与流体物性及流动状况有关，其值难以直接测定。实际应用时常将 K_Ya 或 K_Xa 视为一个整体物理量，并将 K_Ya 称为气相总体积吸收系数，将 K_Xa 称为液相总体积吸收系数，其单位均为 kmol/(m³·s)。

稳态操作时，气液两相的流量和塔的横截面积均为定值，且当气体溶质的浓度很低时，总体积吸收系数 K_Ya 和 K_Xa 也可视为常数或用平均值代替。因此，在全塔范围内，分别对式(8-70)和式(8-71)积分得

$$\int_0^z dZ=\frac{V}{K_YaA}\int_{Y_2}^{Y_1}\frac{dY}{Y-Y^*} \tag{8-72}$$

$$\int_0^z dZ=\frac{L}{K_XaA}\int_{X_2}^{X_1}\frac{dX}{X^*-X} \tag{8-73}$$

由式(8-72)和式(8-73)得

$$Z=\frac{V}{K_YaA}\int_{Y_2}^{Y_1}\frac{dY}{Y-Y^*}=\frac{L}{K_XaA}\int_{X_2}^{X_1}\frac{dX}{X^*-X} \tag{8-74}$$

式(8-74)即为填料层高度的基本计算式。

(二）传质单元高度与传质单元数

令

$$H_{OG}=\frac{V}{K_YaA} \tag{8-75}$$

$$N_{OG}=\int_{Y_2}^{Y_1}\frac{dY}{Y-Y^*} \tag{8-76}$$

$$H_{OL}=\frac{L}{K_XaA} \tag{8-77}$$

$$N_{OL}=\int_{X_2}^{X_1}\frac{dX}{X^*-X} \tag{8-78}$$

将式(8-75)～式(8-78)代入式(8-74)得

$$Z=H_{OG}N_{OG}=H_{OL}N_{OL} \tag{8-79}$$

式中，H_{OG}为气相总传质单元高度，单位为 m；N_{OG}为气相总传质单元数，无因次；H_{OL}为液相总传质单元高度，单位为 m；N_{OL}为液相总传质单元数，无因次。

下面以 N_{OG}为例，简要介绍传质单元数的物理意义。由积分中值定理得

$$N_{OG}=\int_{Y_2}^{Y_1}\frac{dY}{Y-Y^*}=\frac{Y_1-Y_2}{(Y-Y^*)_m}=\frac{\text{气相组成变化量}}{\text{平均吸收推动力}} \tag{8-80}$$

若气相流经一段填料层的浓度变化(Y_1-Y_2)恰好等于此段填料层内以气相浓度差表示的总吸收推动力的平均值$(Y-Y^*)_m$，则总传质单元数 N_{OG}的值恰好等于 1，即为一个气相总传质单元。此时，该段填料层的高度即为气相总传质单元高度 H_{OG}。

总传质单元高度 H_{OG}或 H_{OL} 与填料塔的结构及操作条件等因素有关，其值可反映填料塔吸收效能的高低。H_{OG}或 H_{OL} 的值越大，则表明吸收阻力越大；反之，H_{OG}或 H_{OL} 的值越小，则表明吸收阻力越小。为减小 H_{OG}或 H_{OL} 的值，应设法减小吸收阻力。对于同一类型的填料，H_{OG}或 H_{OL}的值一般变化不大。填料的特性越好，H_{OG}或 H_{OL}的值就越小。

总传质单元数 N_{OG}或 N_{OL}与物系的相平衡关系及进出口浓度有关，但与填料的特性无关，其值可反映吸收传质的难易程度。吸收推动力越小，则分离难度越大，N_{OG}或 N_{OL}的值就

越大；反之，吸收推动力越大，则分离难度越小，N_{OG}或N_{OL}的值就越小。为减小N_{OG}或N_{OL}的值，应设法增大吸收推动力。

（三）传质单元数的计算

传质单元数的计算方法很多，若相平衡线和操作线均为直线，则可用对数平均推动力法或解吸因数法进行计算。

1. 对数平均推动力法 如图 8-11 所示，若相平衡线和操作线均为直线，则可导出气相总传质单元数的计算式为

$$N_{OG}=\frac{Y_1-Y_2}{\dfrac{\Delta Y_1-\Delta Y_2}{\ln\dfrac{\Delta Y_1}{\Delta Y_2}}} \tag{8-81}$$

式中，ΔY_1 和 ΔY_2 分别为 B 点和 T 点处的吸收推动力，即

$$\Delta Y_1=Y_1-Y_1^* \tag{8-82}$$

$$\Delta Y_2=Y_2-Y_2^* \tag{8-83}$$

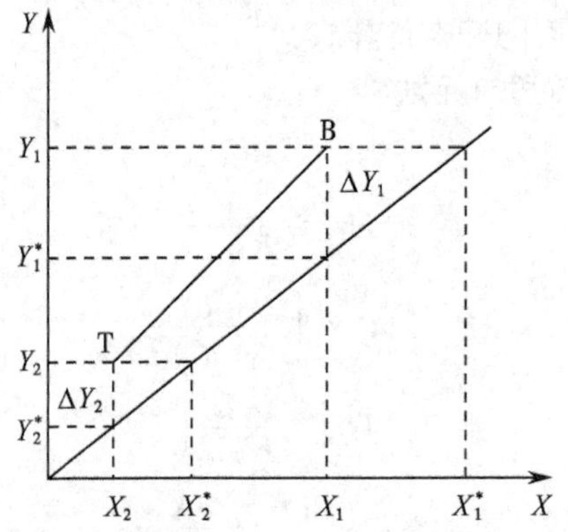

图 8-11 对数平均推动力法计算传质单元数

令

$$\Delta Y_m=\frac{\Delta Y_1-\Delta Y_2}{\ln\dfrac{\Delta Y_1}{\Delta Y_2}} \tag{8-84}$$

代入式(8-81)得

$$N_{OG}=\frac{Y_1-Y_2}{\Delta Y_m} \tag{8-85}$$

式中，ΔY_m 为气相对数平均推动力，无因次。

类似地，液相总传质单元数的计算式为

$$N_{OL}=\frac{X_1-X_2}{\Delta X_m} \tag{8-86}$$

式中，ΔX_m 为液相对数平均推动力，无因次，可按下式计算

$$\Delta X_m=\frac{\Delta X_1-\Delta X_2}{\ln\dfrac{\Delta X_1}{\Delta X_2}} \tag{8-87}$$

式中，ΔX_1 和 ΔX_2 亦为 B 点和 T 点处的吸收推动力，即

$$\Delta X_1 = X_1^* - X_1 \tag{8-88}$$

$$\Delta X_2 = X_2^* - X_2 \tag{8-89}$$

当 $0.5 < \frac{\Delta Y_1}{\Delta Y_2} < 2$ 或 $0.5 < \frac{\Delta X_1}{\Delta X_2} < 2$ 时，相应的对数平均推动力 ΔY_m 或 ΔX_m 也可近似用算术平均推动力来代替。

2. 解吸因数法　若吸收物系的相平衡线和操作线均为直线，则可导出下列计算气相总传质单元数的公式

$$N_{OG} = \frac{1}{1-S}\ln\left[(1-S)\frac{Y_1 - Y_2^*}{Y_2 - Y_2^*} + S\right] \tag{8-90}$$

式中，S 为解吸因数，无因次。

式(8-90)表明，若解吸因数 S 一定，则总传质单元数 N_{OG} 仅与 $\frac{Y_1 - Y_2^*}{Y_2 - Y_2^*}$ 的值有关，因此，可在单对数坐标纸上标绘出 N_{OG} 与 $\frac{Y_1 - Y_2^*}{Y_2 - Y_2^*}$ 之间的关系曲线，如图 8-12 所示。根据 $\frac{Y_1 - Y_2^*}{Y_2 - Y_2^*}$ 的值，可在图上方便地读取 N_{OG} 的值，但当 $\frac{Y_1 - Y_2^*}{Y_2 - Y_2^*} < 20$ 或 $S > 0.75$ 时，读数的误差较大。

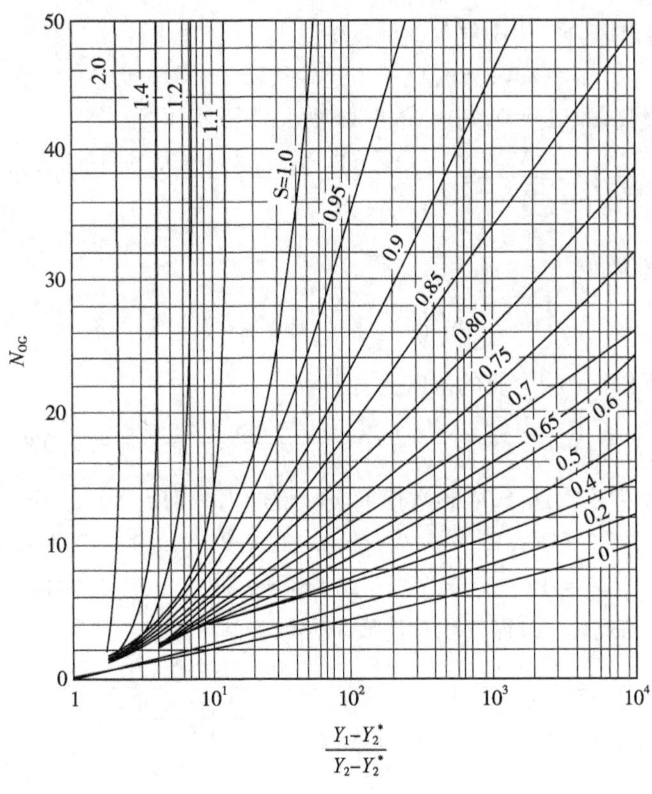

图 8-12　N_{OG} 与 S 及 $\frac{Y_1 - Y_2^*}{Y_2 - Y_2^*}$ 之间的关系

在吸收操作过程中，由于填料层高度已为定值，且总传质单元高度 H_{OG} 一般变化不大，故总传质单元数 N_{OG} 也基本不变。因此，欲提高操作时的溶质回收率，通常需要增大吸收液气比，即减小解吸因数 S 的值，故工业吸收操作的 S 值一般小于 1。

液相总传质单元数 N_{OL} 也可采用类似的解吸因数法计算，即

$$N_{OL}=\frac{1}{1-\frac{1}{S}}\ln\left[\left(1-\frac{1}{S}\right)\frac{Y_1-Y_2^*}{Y_1-Y_1^*}+\frac{1}{S}\right] \tag{8-91}$$

对数平均推动力法和解吸因数法都可计算吸收传质单元数，前者需要知道吸收塔进出口的四个浓度，即 Y_1、Y_2、X_1 和 X_2；后者只需要知道三个浓度，即 Y_1、Y_2 和 X_2。

例 8-3　在填料塔内，用清水逆流吸收空气-氨气混合气体中的氨气。已知混合气体中氨气的体积分率为 3.5%，单位塔横截面积上的惰性组分流量为 0.01kmol/(m² · s)。要求氨气的回收率为 0.97，实际液气比为最小液气比的 1.45 倍，气液相平衡关系为 $Y=0.92X$，气相总体积吸收系数 K_Ya 为 0.04kmol/(m³ · s)，试计算填料层的高度。

解：由式(8-75)得气相总传质单元高度为

$$H_{OG}=\frac{V}{K_YaA}=\frac{\frac{V}{A}}{K_Ya}=\frac{0.01}{0.04}=0.25\text{m}$$

由式(8-7)得进塔气相中氨气的浓度为

$$Y_1=\frac{y_1}{1-y_1}=\frac{0.035}{1-0.035}=0.0363$$

由式(8-16)得出塔时气相中氨气的浓度为

$$Y_2=Y_1(1-\eta_A)=0.0363\times(1-0.97)=0.0011$$

由于是清水吸收，即 $X_2=0$，则由式(8-23)得最小液气比为

$$\left(\frac{L}{V}\right)_{\min}=\frac{Y_1-Y_2}{X_1^*-X_2}=\frac{Y_1-Y_2}{\frac{Y_1}{m}-X_2}=\frac{0.0363-0.0011}{\frac{0.0363}{0.92}-0}=0.892$$

所以实际液气比为

$$\frac{L}{V}=1.45\left(\frac{L}{V}\right)_{\min}=1.45\times0.892=1.293$$

由式(8-14)得出塔液相中氨的浓度为

$$X_1=X_2+\frac{V(Y_1-Y_2)}{L}=0+\frac{(0.0363-0.0011)}{1.293}=0.0272$$

由式(8-82)和式(8-83)得塔底和塔顶的吸收推动力分别为

$$\Delta Y_1=Y_1-Y_1^*=Y_1-0.92X_1=0.0363-0.92\times0.0272=0.0113$$

$$\Delta Y_2=Y_2-Y_2^*=Y_2-0.92X_2=0.0011-0=0.0011$$

故由式(8-84)和式(8-85)得气相总传质单元数为

$$N_{OG}=\frac{Y_1-Y_2}{\Delta Y_m}=\frac{Y_1-Y_2}{\frac{\Delta Y_1-\Delta Y_2}{\ln\frac{\Delta Y_1}{\Delta Y_2}}}=\frac{0.0363-0.0011}{\frac{0.0113-0.0011}{\ln\frac{0.0113}{0.0011}}}=8.04$$

所以，填料层高度为

$$Z=H_{OG}N_{OG}=0.25\times8.04=2.01\text{m}$$

气相总传质单元数也可用解吸因数法计算。由式(8-90)得

$$N_{OG}=\frac{1}{1-S}\ln\left[(1-S)\frac{Y_1-Y_2^*}{Y_2-Y_2^*}+S\right]=\frac{1}{1-\frac{mV}{L}}\ln\left[\left(1-\frac{mV}{L}\right)\frac{Y_1-Y_2^*}{Y_2-Y_2^*}+\frac{mV}{L}\right]$$

$$=\frac{1}{1-\frac{0.92}{1.293}}\ln\left[\left(1-\frac{0.92}{1.293}\right)\frac{0.0363-0}{0.0011-0}+\frac{0.92}{1.293}\right]=8.06$$

此时，填料层高度为

$$Z=H_{OG}N_{OG}=0.25\times8.06=2.02\text{m}$$

四、吸收塔的操作型计算

对于吸收塔，若由已知的分离任务来确定操作参数（如吸收剂用量），进而计算塔径和塔高等，属于设计型计算。若针对某一固定的吸收操作，研究某些参数的改变对吸收过程的影响，相关的计算过程则属于操作型计算。操作型计算不同于设计型计算。一般情况下，设计型计算有相对固定的计算步骤，而操作型计算则因问题的多样化，其解题思路更加灵活。

在吸收操作中，溶质的回收率是一个重要的操作指标。为提高回收率，工业上常采用增大液气比、提高操作压力、降低操作温度或减小吸收剂进塔浓度等措施，因此吸收过程的操作型计算也多与此类问题相关。

与设计型计算相似，吸收过程的操作型计算的理论基础仍然是物料衡算式（操作线方程）、吸收速率方程式和相平衡关系式，以及由它们联立导出的填料层高度计算式。

例 8-4 在填料层高度为 6.4m 的吸收塔中，用清水逆流吸收某混合气体中的氨气。已知混合气体中氨气的体积分率为 2.0%，单位塔横截面积上的惰性组分流量为 0.02kmol/(m^2·s)，液气比为 0.95，气液相平衡关系为 $Y=0.85X$，气相总体积吸收系数 K_Ya 为 0.05kmol/(m^3·s)。试确定：(1) 出塔气相中氨气的浓度及氨气吸收率；(2) 若采用增大吸收剂用量的方法，使氨气的回收率达到 99%，则液气比为多少？

解：(1) 计算出塔气相中氨气的浓度：由式(8-75)得气相总传质单元高度为

$$H_{OG}=\frac{V}{K_Y aA}=\frac{0.02}{0.05}=0.4\text{m}$$

由式(8-79)得气相总传质单元数为

$$N_{OG}=\frac{Z}{H_{OG}}=\frac{6.4}{0.4}=16$$

由式(8-28)得解吸因数为

$$S=\frac{mV}{L}=\frac{0.85}{0.95}=0.89$$

由式(8-7)得进塔气相中氨气的浓度为

$$Y_1=\frac{y_1}{1-y_1}=\frac{0.02}{1-0.02}\approx0.02$$

由于是清水吸收，则 $X_2=0$，故

$$Y_2^*=mX_2=0$$

由式(8-90)得

$$N_{OG}=\frac{1}{1-S}\ln\left[(1-S)\frac{Y_1-Y_2^*}{Y_2-Y_2^*}+S\right]$$

代入数据得

$$16=\frac{1}{1-0.89}\ln\left[(1-0.89)\times\frac{0.02}{Y_2}+0.89\right]$$

解得出塔气相中氨气的浓度为

$$Y_2=4.45\times10^{-4}$$

则由式(8-15)得氨气的吸收率为

$$\eta_A=\frac{Y_1-Y_2}{Y_1}=\frac{0.02-4.45\times10^{-4}}{0.02}=97.8\%$$

(2) 计算增大吸收剂用量后的液气比:增大吸收剂用量后,由式(8-16)得出塔气相中氨气的浓度为

$$Y'_2=Y_1(1-\eta_A)=0.02\times(1-0.99)=2.0\times10^{-4}$$

则

$$\frac{Y_1-Y_2^*}{Y'_2-Y_2^*}=\frac{Y_1}{Y'_2}=\frac{0.02}{2.0\times10^{-4}}=100$$

根据$\frac{Y_1-Y_2^*}{Y'_2-Y_2^*}=100$和$N_{OG}=16$,由图8-12查得解吸因数为

$$S'=0.82$$

又由于

$$S'=\frac{m}{\left(\frac{L}{V}\right)'}$$

所以,增大吸收剂用量后的液气比为

$$\left(\frac{L}{V}\right)'=\frac{m}{S'}=\frac{0.85}{0.82}=1.04。$$

五、体积吸收系数的测定

体积吸收系数是研究吸收问题的重要数据,其大小与吸收体系的物性、塔设备、填料特性及流体流动状况等因素有关,目前尚无通用的理论计算公式。对于特定的吸收体系,一般可通过实验测出体积吸收系数。现以气相总体积吸收系数为例,介绍体积吸收系数的测定原理。

若在所涉及的浓度范围内,吸收物系的气液相平衡线为直线,则填料层高度、气相总传质单元数可分别用式(8-79)和式(8-81)计算。将式(8-75)及式(8-81)代入式(8-79)得

$$Z=\frac{V}{K_Y aA}\frac{(Y_1-Y_2)}{\Delta Y_m}$$

故气相总体积吸收系数为

$$K_Y a=\frac{V(Y_1-Y_2)}{ZA\Delta Y_m} \tag{8-92}$$

单位时间内塔内被吸收的溶质总量称为填料塔的吸收负荷,可用下式计算

$$G=V(Y_1-Y_2) \tag{8-93}$$

式中,G为填料塔的吸收负荷,单位为kmol/s。

若塔内填料层的总体积为V_T,则

$$V_T=AZ \tag{8-94}$$

将式(8-93)和式(8-94)代入式(8-92)得

$$K_Y a=\frac{G}{V_T\Delta Y_m} \tag{8-95}$$

由式(8-95)可知,只要测出气液相流量和进出口浓度,然后计算出塔内吸收负荷G和对

数平均推动力 ΔY_m，再结合已知的填料层体积 V_T，即可计算出总体积吸收系数 $K_Y a$ 的值。

除实验测定外，有时也可借助于经验公式或准数关联式估算出体积吸收系数。通常情况下，经验公式的适用范围较窄，准确性较高；而准数关联式的适用范围虽宽，但准确性较差。

第五节 解吸及其他类型吸收

一、解吸操作及计算

解吸是吸收的逆过程，其目的是为了获得较为纯净的溶质或回收有用的溶剂。回收溶剂的纯度对吸收效果有直接影响，因此，解吸过程决定着整个吸收操作的经济性。常用的解吸方法主要有气提法、减压法和升温法三种。其中，减压法和升温法不需解吸剂，故可获得纯度较高的溶质。

气提法所用的解吸剂多为惰性气体或水蒸气。在解吸操作中，溶液自塔顶向下流动，惰性气体或水蒸气则由塔底向上流动，当气液两相接触时，溶质即由液相逐渐转移至气相。在解吸操作中，塔底常可获得较为单一的溶剂组分，而塔顶只能得到溶质与惰性气体或水蒸气的混合物，即不是纯净的溶质组分。但若解吸操作的解吸剂为水蒸气，且溶质组分不溶于水，则塔顶混合气体经冷凝和分层后，即可获得较为纯净的溶质组分。

解吸操作的传质机制及计算方法均与吸收操作的相似，只是传质推动力的方向与吸收过程的相反，且操作线位于平衡线的下方，但计算方法相同。对于低浓度气体解吸，气液相平衡关系为直线，此时最小气液比可用下式计算

$$\left(\frac{V}{L}\right)_{\min}=\frac{X_1-X_2}{Y_1^*-Y_2}=\frac{X_1-X_2}{mX_1-Y_2} \tag{8-96}$$

实际解吸操作的气液比应大于最小气液比。

解吸塔的填料层高度计算式与吸收塔的基本相同，但习惯上采用液相浓度差来表示解吸推动力，即

$$Z=H_{OL}N_{OL}=\frac{L}{K_X aA}\int_{X_2}^{X_1}\frac{dX}{X-X^*} \tag{8-97}$$

其中，总传质单元数 N_{OL} 的计算式为

$$N_{OL}=\frac{X_1-X_2}{\Delta X_m}=\frac{X_1-X_2}{\dfrac{\Delta X_1-\Delta X_2}{\ln\dfrac{\Delta X_1}{\Delta X_2}}}=\frac{X_1-X_2}{\dfrac{(X_1-X_1^*)-(X_2-X_2^*)}{\ln\dfrac{(X_1-X_1^*)}{(X_2-X_2^*)}}} \tag{8-98}$$

或

$$N_{OL}=\frac{1}{1-\dfrac{L}{mV}}\ln\left[\left(1-\frac{L}{mV}\right)\frac{X_1-X_2^*}{X_2-X_2^*}+\frac{L}{mV}\right]=\frac{1}{1-\dfrac{1}{S}}\ln\left[\left(1-\frac{1}{S}\right)\frac{X_1-X_2^*}{X_2-X_2^*}+\frac{1}{S}\right] \tag{8-99}$$

二、化学吸收

多数工业吸收过程都伴有化学反应，但只有当化学反应较为显著的吸收过程才称为化学吸收。如用硫酸吸收氨气及用碱液吸收二氧化碳等均属于化学吸收。在化学吸收过程

中，一方面由于反应消耗了液相中的溶质，导致液相中溶质的浓度下降，相应的平衡分压亦下降，从而增大了吸收过程的传质推动力；另一方面，由于溶质在液膜扩散的中途即被反应所消耗，故吸收阻力有所减小，吸收系数有所增大。因此，化学吸收速率一般要大于相应的物理吸收速率。

目前，化学吸收速率的计算尚无一般性方法，设计时多采用实测数据。若化学吸收的反应速度较快，且反应不可逆，则气液相界面处的溶质分压近似为零，即吸收阻力主要集中于气膜，此时吸收速率可参照气膜控制的物理吸收速率计算。若化学反应的速率较慢，则反应主要在液相主体中进行，此时与物理吸收过程相比，气膜和液膜内的吸收阻力均未发生明显变化，只是总的吸收推动力要稍大于物理吸收过程。

习 题

1. 在总压为 101.3kPa、温度为 30℃的条件下，已知 1000kg 水中溶解有 200kg 氨气。若溶液上方气相中氨气的平衡分压为 35kPa，试计算此时的相平衡常数 m、亨利系数 E 和溶解度系数 H。(1.98，200kPa，0.278kmol/(kPa·m^3))

2. 在 101.3kPa(绝压)、27℃下用水吸收空气中的甲醇蒸气。设相平衡关系服从亨利定律，溶解度系数 H＝1.98×10^{-3} kmol(m^3·Pa)。已知气相传质分系数 k_G 为 5.67×10^{-5} kmol/(m^2·h·Pa)，液相传质系数 k_L＝0.075(m^2/h)，试计算气相传质阻力在总阻力中所占的比例。(72.4%)

3. 在 20℃和 101.3kPa 的条件下，用水吸收空气中含量极少的氨气。已知气液平衡关系符合亨利定律，且气膜吸收系数 k_G＝3.15×10^{-6}kmol/(m^2·s·kPa)，液膜吸收系数 k_L＝1.81×10^{-4}m/s，溶解度系数 H＝1.5kmol/(m^3·kPa)，试计算气相总吸收系数 K_G 和 K_Y，并分析该吸收过程的控制因素。(3.114×10^{-6}，3.15×10^{-4}kmol/(m·s))

4. 在填料吸收塔中，用清水逆流吸收磺化反应产生的二氧化硫气体。已知进塔时混合气体中二氧化硫的含量为 18%(质量分率)，其余为惰性组分，惰性组分的平均分子量为 28，吸收剂用量为最小用量的 1.65 倍。要求每小时从混合气体中吸收 200kg 的二氧化硫气体，操作条件下的气液平衡关系为 Y＝26.7X，试计算：(1) 每小时的吸收剂用量；(2) 出塔吸收液浓度。(1434kmol/h；2.18×10^{-3})

5. 在常压填料吸收塔中，用清水吸收废气中氨气，废气流量为 2500m^3/h(标准状态下)，其中氨气浓度为 0.02(摩尔分率)，要求回收率不低于 98%，若水用量为 3.6m^3/h，操作条件下平衡关系为 Y^*＝1.2X(式中 X，Y 为摩尔比)，气相总传质单元高度为 0.7m，试计算：(1) 气相总传质单元数；(2) 填料层高度。(8.33；5.83m)

6. 在一填料塔中，用含苯 0.0001(摩尔比浓度，下同)的洗油逆流吸收混合气体中的苯。已知混合气体中惰性气体的流量为 2400m^3/h(标准状态)，进塔气中含苯 0.06，要求苯的吸收率为 90%。该塔塔径为 0.6m，操作条件下的平衡关系为 Y＝24X，气相总传质单元高度为 1.36m，实际操作液气比为最小液气比的 1.3 倍，洗油摩尔质量为 170kg/kmol。试确定：(1) 吸收剂用量(kg/h)及出塔洗油中苯的含量；(2) 气相总体积传质系数 K_Ya；(3) 所需填料层高度，m；(4) 增大填料层高度，若其他操作条件不变，定性分析出塔气组成和塔底吸收液组成的变化情况，并图示操作线的变化。(533 000kg/h，0.001946；278.77kmol/(m^3·h)；

9.89m;降低,升高,图略)

7. 在 1atm、297K 的条件下,用填料塔以清水吸收丙酮-空气混合气中的丙酮,原来操作情况:$L/V=2.1$,回收率 $\varphi_A=0.95$,已知 $Y=1.18X$,过程为气膜控制,K_Ya 正比于 $V^{0.8}$。若使气体流量变为 $V'=1.2V$,而 Y_1、X_2 均与原来的相同,试问回收率有何变化?(92.4%)

8. 在一填料层高度为 5m 的填料塔内,用纯溶剂吸收混合气中溶质组分。当液气比为 1.0 时,溶质回收率可达 90%。在操作条件下气液平衡关系为 $Y=0.5X$。现改用另一种性能较好的填料,在相同操作条件下,溶质回收率可提高至 95%,试问此填料的体积吸收总系数为原填料的多少倍?(1.38)

思 考 题

1. 吸收与精馏均为质量传递过程,所用设备均为板式塔或填料塔,请指出吸收塔和精馏塔的相同和不同之处。

2. 简述亨利定律的四种形式,并指出分别在什么情况下使用。

3. 试从对塔操作的影响的角度分析最小吸收剂用量与最小脱吸剂用量与精馏中的最小回流比之间的相似之处。

4. 吸收塔高度的计算有哪两种方法?

5. 分析解吸与吸收过程的关系,指出解吸塔高度与吸收塔高度的计算方法有何相同和不同之处。

6. 举例说明气体吸收过程在制药工业中的应用。

(潘晓梅 史益强)

第九章 萃 取

萃取是分离液体或固体混合物的一种常用单元操作，其原理是利用混合物中不同组分在溶剂中的溶解度差异而将目标组分从混合物中分离开来。习惯上将以液态溶剂为萃取剂，分离液体混合物的萃取操作称为液液萃取，而分离固体混合物的萃取操作则称为固液萃取、提取或浸取。此外，若以超临界流体为萃取剂，则称为超临界流体萃取。

萃取在制药化工生产中有着广泛的应用。例如，中药有效成分的提取，沸点相近或相对挥发度相近的液体混合物的分离，恒沸混合物的分离，热敏性组分的分离等。

第一节 液液萃取

液液萃取体系至少涉及三个组分，即溶剂和原料液中的两个组分。若原料液中含有两个以上的组分，或溶剂为互不相溶的双溶剂，则体系成为多组分体系。下面以三元体系为例，讨论液-液萃取的基本原理。

液液萃取的基本过程如图 9-1 所示。萃取操作中所用的液态溶剂称为萃取剂，以 S 表示。混合液中在萃取剂中有较大溶解度的组分即易溶组分称为溶质，以 A 表示；而另一个不溶或难溶的组分称为稀释剂或原溶剂，以 B 表示。操作时，萃取剂与混合液在萃取釜中充分混合，溶质 A 即从混合液向萃取剂 S 中转移，而稀释剂 B 在萃取剂 S 中的溶解度很小，两者仅部分互溶或不互溶。萃取后的液体进入分离器，在密度差的作用下形成两相，其中一相含有较多的萃取剂，称为萃取相，以 E 表示；而另一相含有较多的稀释剂，称为萃余相，以 R 表示。萃取过程的实质是溶质由一相转移至另一相的传质过程，由于萃取所得的萃取相和萃余相仍为均相混合物，故一般还需采用蒸馏、蒸发等分离手段才能获得所需的溶质，并回收其中的萃取剂。

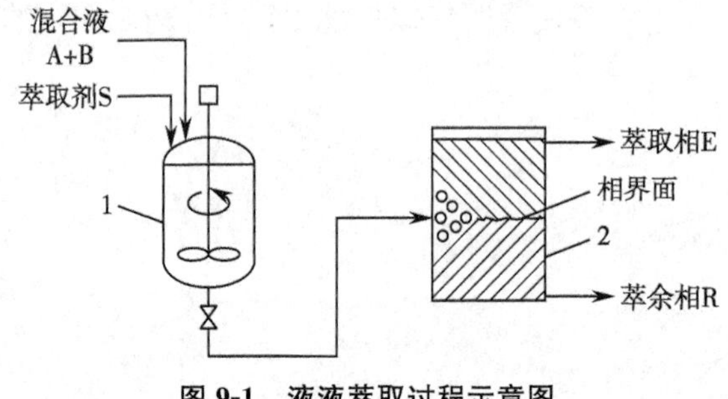

图 9-1 液液萃取过程示意图

1-萃取釜；2-分离器

一、液液萃取流程

按溶剂与混合液接触及流动方式的不同，液液萃取有下列几种常见流程。

1. 单级萃取流程 该流程的特点是原料液与萃取剂仅在单个萃取器内充分接触。如图 9-2 所示，萃取剂 S 与原料液 F 在萃取器中充分接触，分离后得萃取相 E 和萃余相 R。只要萃取剂与原料液的接触时间充分长，则萃取相与萃余相即可达到动态平衡。

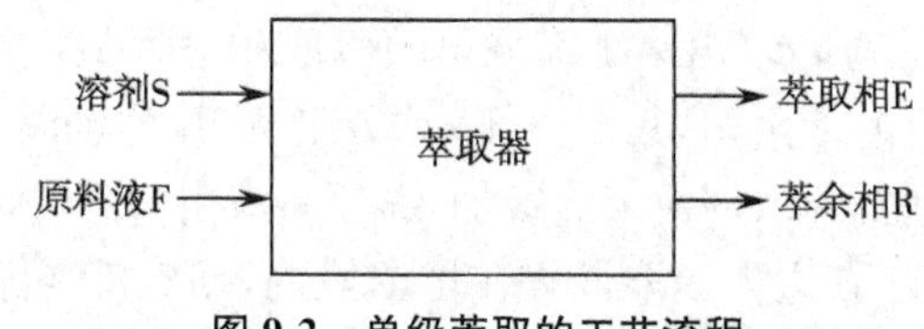

图 9-2 单级萃取的工艺流程

单级萃取的优点是设备简单，操作容易，缺点是溶剂消耗量较大，且溶质在萃余相中的残存量较多，故分离效率不高。

2. 多级错流萃取流程 该流程的特点是原料液依次流过各级萃取器，而新鲜萃取剂沿各级萃取器分别加入。如图 9-3 所示，原料液 F 首先在第 1 级萃取器中与新鲜萃取剂 S_1 充分接触，分离后得萃取相 E_1 和萃余相 R_1，然后萃余相依次流过各级，并分别与新鲜萃取剂 S_2、S_3、……、S_n 充分接触，分离后可得萃取相 E_2、E_3、……、E_n 及萃余相 R_2、R_3、……、R_n。显然，经 n 级萃取后仅得 1 个萃余相，即最终萃余相 R，但萃取相有 n 个。实际操作中，常将 n 个萃取相合并，使之成为混合萃取相。

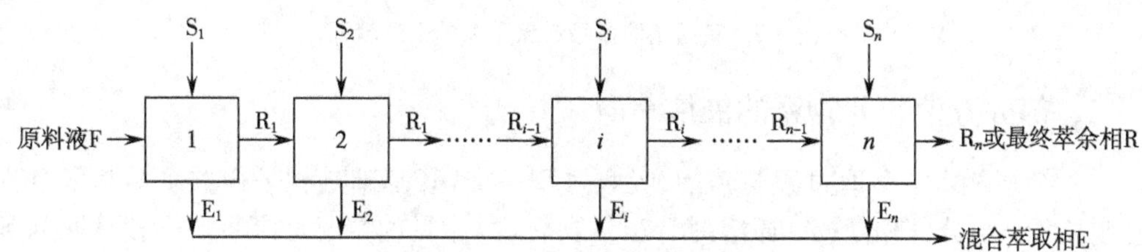

图 9-3 多级错流萃取的工艺流程

在多级错流萃取中，溶质在萃取相和萃余相中的含量均逐级下降。由于与萃余相相接触的都是新鲜萃取剂，故传质推动力较大，分离程度较高，溶质在最终萃余相中的残存量很少，溶质的回收率较高。缺点是萃取剂的消耗量较大，萃取相中溶质的含量较低，回收溶剂的费用较高。

3. 多级逆流萃取流程 该流程的特点是原料液与萃取剂在各级萃取器的流向相反，即两者以逆流方式依次流过各级萃取器。如图 9-4 所示，原料液首先流入第 1 级萃取器，然后依次流过各级萃取器，最终萃余相由第 n 级流出；而萃取剂则首先流入第 n 级，然后与原料液呈逆流方向依次流过各级萃取器，最终萃取相由第 1 级流出。

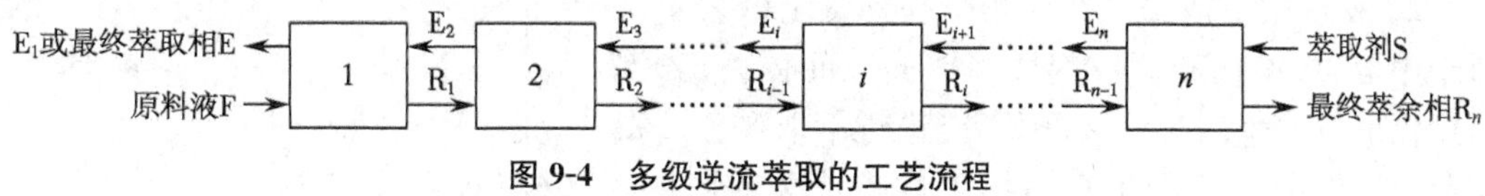

图 9-4 多级逆流萃取的工艺流程

在多级逆流萃取中，沿原料液流动方向，萃余相中的溶质含量逐级下降，而与之接触的萃取相的溶质含量亦逐级下降，因而传质推动力较大，分离程度较高，萃取剂的用量较小。但由于萃取相所能接触到的溶质含量最高的溶液为原料液，因此若原料液中的溶质含量较低，则不可能获得高浓度的最终萃取相。

4. 有回流的多级逆流萃取流程 为克服多级逆流流程的缺陷，提高最终萃取相中的溶质含量，可在多级逆流萃取流程的基础上，引出部分萃取产品作为回流，即成为有回流的多级逆流萃取流程。如图 9-5 所示，由第 1 级流出的萃取相进入最左端的萃取剂回收装置 C，回收萃取剂后可得高浓度的萃余相，其中一部分作为产品引出，而另一部分则作为回流液自左向右依次流过各级。新鲜萃取剂由第 n 级加入，原料液由中间的某级加入，该级称为加料级。加料级左边为增浓段，右边为提取段。在增浓段内，回流液与萃取相逐级逆流接触，即使萃取相增浓，以获得高浓度的最终萃取相。在提取段内，萃取剂与萃余相逐级逆流接触，萃余相中的溶质含量逐级下降，最终将萃余相中的溶质尽可能提尽。可见，有回流的多级逆流萃取流程可同时获得溶质含量较高的萃取相和溶质含量较低的萃余相。

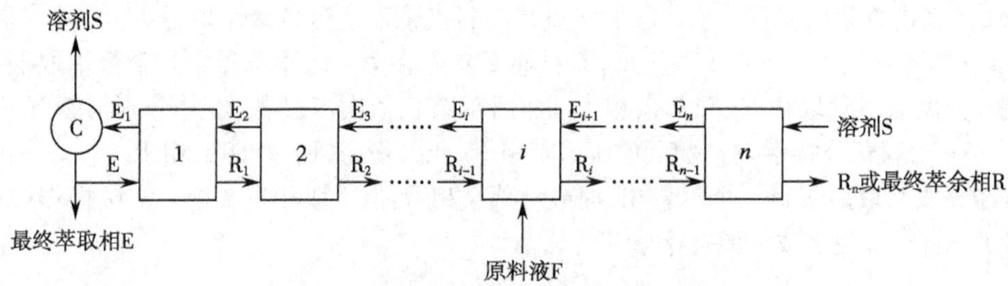

图 9-5 有回流的多级逆流萃取的工艺流程

二、部分互溶三元物系的液液萃取

1. 三角形相图　萃取过程与蒸馏、吸收过程一样，其基础是相平衡关系。萃取过程至少要涉及 3 个组分，即溶质 A、原溶剂 B 和萃取剂 S。常见的情况是原溶剂 B 和萃取剂 S 均能与溶质 A 完全互溶，而萃取剂 S 与原溶剂 B 仅部分互溶，因而由 A、B 及 S 所组成的三元体系，可形成一个液相或两个不互溶的液相，其组成情况常用三角形相图来表示。

在三角形相图中，常用质量分率或质量比表示混合物的组成。图 9-6 是常见的等腰直角三角形相图示意图，三角形的三个顶点分别表示三种纯物质，其中上方的顶点代表溶质 A，左下方的顶点代表原溶剂 B，右下方的顶点代表萃取剂 S。在三角形相图中，位于三条边上的任一点均代表一个二元混合物，其中不含第三组分；而位于三角形内的任一点均代表一个三元混合物，如图中的 M 点。过 M 点分别作三条边的平行线 CD、EF 和 GH，则线段 BC 或 SD 表示 A 的组成，线段 AE 或 BF 表示 S 的组成，线段 AG 或 SH 表示 B 的组成。由图中读出 M 点所对应的三元混合物的组成为：$x_A=0.4$，$x_B=0.3$，$x_S=0.3$，三个组分的质量分率之和等于 1。

2. 液液相平衡关系在三角形坐标图上的表示　对于由溶质、溶剂和萃取剂所组成的三元体系，若混合后仅形成一个均相溶液，则不能进行萃取操作。根据萃取操作中各组分的互溶性，可将三元物系分为以下三种情况，即

①溶质 A 可完全溶解于原溶剂 B 和萃取剂 S 中，但 B 与 S 不互溶。

②溶质 A 可完全溶解于原溶剂 B 和萃取剂 S 中，但 B 与 S 部分互溶。

③溶质 A 与原溶剂 B 完全互溶，但 A 与 S 以及 B 与 S 均为部分互溶。

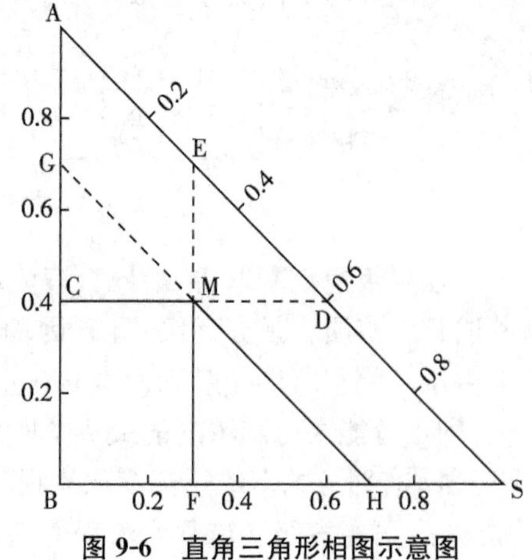

图 9-6 直角三角形相图示意图

在①、②两种情况下，三元物系可形成一对部分互溶的液相，此类物系在萃取操作中比较常见。如丙酮(A)-水(B)-甲基异丁基酮(S)、醋酸(A)-水(B)-苯(S)以及丙酮(A)-氯仿(B)-水(S)等。下面讨论此类物系的相平衡关系。

(1) 溶解度曲线和联结线：设溶质 A 可完全溶解于原溶剂 B 和萃取剂 S 中，但 B 与 S 部分互溶。当温度一定时，由组分 A、B 及 S 所组成的三元物系可形成一对部分互溶的液相，其典型相图如图 9-7 所示。当组分 B 和组分 S 以任意数量混合时，可以得到两个互不相溶的液层，各层组成对应于图中的点 L 和点 J。在总组成为 C 的二元混合液中逐渐加入组分 A 使之成为三元混合液，但组分 B 与 S 的质量比保持不变，则三元混合液的组成点将沿 AC 线而变化。若加入 A 的量正好使混合液由两相变为一相，其组成坐标如点 C′所示，则 C′点称为混溶点。同理，在总组成为 M 的二元混合液中逐渐加入组分 A 使之成为三元混合液，又可得到混溶点 M′，如此可得一系列混溶点，连接各混溶点可得一条曲线，该曲线称为该三元物系在实验温度下的溶解度曲线。

B 与 S 之间的溶解度越小，L 与 J 点就越靠近顶点 B 与 S。若 B 与 S 完全不互溶，则 L 与 J 点分别与顶点 B 与 S 相重合。

溶解度曲线将三角形分为两个区域，曲线以外的区域为单相区，其中的任一点均表示一个三元均相体系。曲线以内的区域则为两相区，其中的任一点均表示一个具有两个液相的三元非均相体系，萃取操作仅能在该区内进行。当两相达到平衡时，两个液相称为共轭相。连接共轭相组成坐标的直线称为联结线，如图中的 R_1E_1、R_2E_2 及 R_3E_3 线均为联结线。对于特定的物系，若温度一定，则联结线随组成而变，且各联结线的倾斜方向通常是一致的，但互不平行。

(2) 辅助曲线和临界混溶点：三元物系的溶解度曲线和联结线可由实验数据绘出。若已知某液相的组成，可借助于辅助曲线求得与之平衡的另一相的组成。辅助曲线可根据联结线数据绘制。如图 9-8 所示，由各联结线的两端点分别作直角边 BS 和 AB 的平行线，可得一系列交点，如图中的 C_1、C_2 和 C_3 所示，连接各交点所得的曲线即为辅助曲线。辅助曲线与溶解度曲线的交点称为临界混溶点，如图中的 P 点所示。

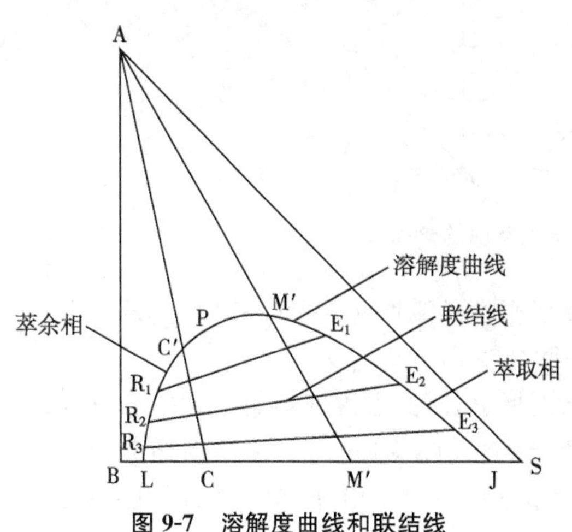

图 9-7 溶解度曲线和联结线

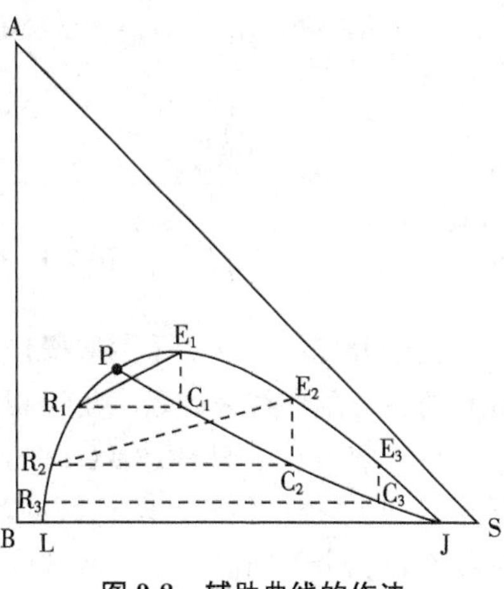

图 9-8 辅助曲线的作法

(3) 分配系数和分配曲线：三元混合物系的相平衡关系可用溶质在液液两相中的分配关系来描述。若温度一定，且三元混合液中的两个液相达到平衡，则溶质 A 在萃取相 E 和

萃余相 R 中的组成之比称为分配系数，即

$$k_A = \frac{\text{组分 A 在 E 相中的组成}}{\text{组分 A 在 R 相中的组成}} = \frac{y_A}{x_A} \tag{9-1}$$

式中，k_A 为溶质 A 的分配系数，无因次；y_A 为组分 A 在萃取相 E 中的质量分率，无因次；x_A 为组分 A 在萃余相 R 中的质量分率，无因次。

类似地，溶剂 B 的分配系数可表示为

$$k_B = \frac{\text{组分 B 在 E 相中的组成}}{\text{组分 B 在 R 相中的组成}} = \frac{y_B}{x_B} \tag{9-2}$$

式中，k_B 为溶剂 B 的分配系数，无因次；y_B 为组分 B 在萃取相 E 中的质量分率，无因次；x_B 为组分 B 在萃余相 R 中的质量分率，无因次。

分配系数可反映某组分在两平衡液相中的分配关系。显然，溶质 A 的分配系数越大，萃取分离的效果就越好。

同一溶质在不同体系中具有不同的分配系数。对于特定体系，溶质的分配系数随温度和组成而变。一般情况下，随着体系温度的升高或浓度的增大，溶质的分配系数将减小。当溶质的浓度较低且为恒温体系时，分配系数一般可视为常数。此外，若溶质为可电离物质，则其分配系数还与体系的 pH 有关。

根据三角形相图，将溶质 A 在萃取相中的组成 y_A 及在萃余相中的组成 x_A 转换至直角坐标系中，可绘出 y_A 与 x_A 的关系曲线，该曲线称为溶质 A 的分配曲线，如图 9-9 所示。在两相区内，溶质 A 在萃取相中的组成 y_A 总是大于在萃余相中的组成 x_A，即分配系数大于 1，因此分配曲线位于直线 $y=x$ 的上方。

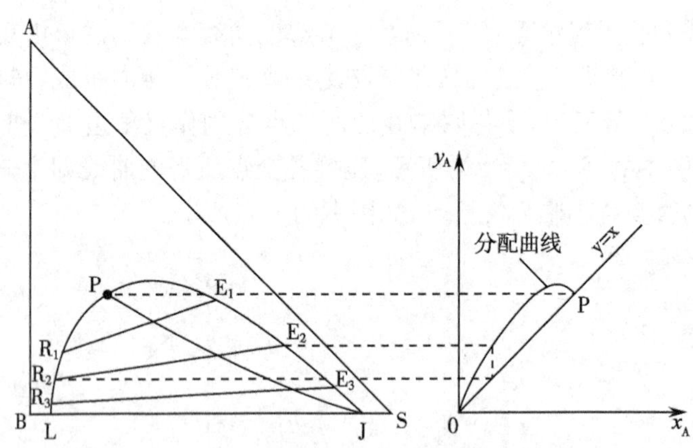

图 9-9 有一对组分部分互溶时的分配曲线

由于分配曲线反映了萃取操作中溶质在互成平衡的萃取相与萃余相中的分配关系，因此也可用分配曲线来确定三角形相图中的任一联结线。

由于溶质在溶剂中的溶解度随温度的升高而增大，因此温度对溶解度曲线和分配曲线的形状、联结线的斜率及两相区的范围，均有重要的影响。图 9-10 是有一对组分部分互溶的物系在三个不同温度下的溶解度曲线和联结线，从中可以看出，两相区的面积随温度的升高而缩小。

(4) 杠杆规则：将质量为 R kg 的 R 相与质量为 E kg 的 E 相相混合，即得总质量为 M kg 的混合液。将该混合过程表示在三角形相图上，则代表混合液的 M 点必在两相区内，

且位于直线 RE 上。反之，在两相区内，任一点 M 所代表的混合液也可分为 R 点和 E 点所代表的两个液层。R 点和 E 点均称为差点，而 M 点则称为 R 点和 E 点的和点。混合物 M 与 R 相及 E 相之间的关系可用杠杆规则来描述。如图 9-11 所示，M 点将线段 RE 分为 MR 和 ME 两段，则两线段的长度之比即为 E 相与 R 相的质量之比，即

$$\frac{E}{R}=\frac{\overline{MR}}{\overline{ME}} \tag{9-3}$$

式中，E、R 分别为 E 相及 R 相的质量，单位为 kg 或 kg/s；$\overline{\mathrm{MR}}$、$\overline{\mathrm{ME}}$分别为线段 MR 及 ME 的长度，单位为 mm。

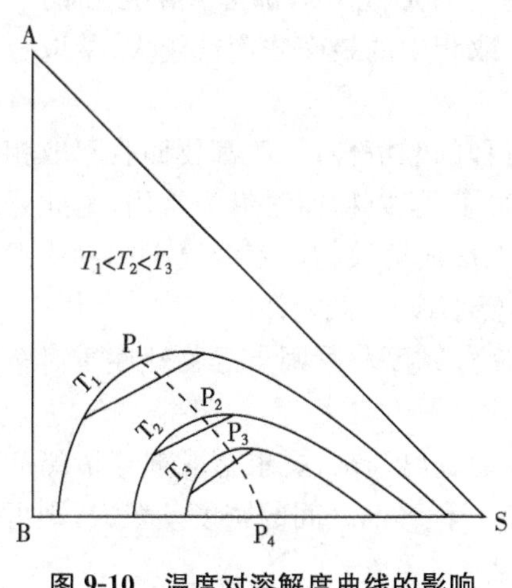

图 9-10 温度对溶解度曲线的影响

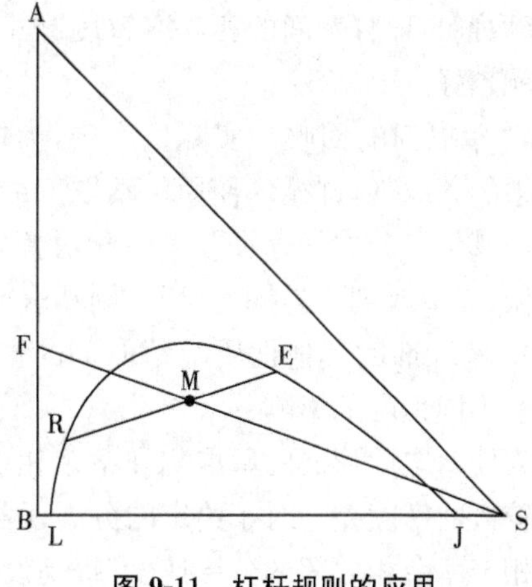

图 9-11 杠杆规则的应用

式(9-3)称为杠杆规则，它是用图解法表示的物料衡算，是萃取操作中物料衡算的基础。若向由 A 和 B 组成的二元混合液 F 中加入纯溶剂 S，则代表混合液总组成的坐标点 M 将沿着 SF 线而变，具体位置由杠杆规则确定，即

$$\frac{\overline{\mathrm{MF}}}{\overline{\mathrm{MS}}}=\frac{S}{F} \tag{9-4}$$

式中，S、F 分别为纯溶剂及二元混合液的质量，单位为 kg 或 kg/s；$\overline{\mathrm{MF}}$、$\overline{\mathrm{MS}}$分别为线段 MF 及 MS 的长度，单位为 mm。

三、萃取剂的选择

溶质在两相中分配平衡的差异是实现萃取分离的基础，因此适宜萃取剂的选择至关重要。在选择萃取剂时应着重考虑以下几方面因素。

1. 萃取剂的选择性　萃取剂的选择性是指萃取剂 S 对混合液中的两个组分 A 和 B 的溶解能力的差异。显然，若 S 对溶质 A 的溶解能力远大于对稀释剂 B 的溶解能力，则萃取剂的选择性就好。萃取剂的选择性可用选择性系数来描述，即

$$\beta=\frac{\dfrac{\text{A 在 E 相中的质量分率}}{\text{B 在 E 相中的质量分率}}}{\dfrac{\text{A 在 R 相中的质量分率}}{\text{B 在 R 相中的质量分率}}}=\frac{\dfrac{y_A}{y_B}}{\dfrac{x_A}{x_B}}=\frac{y_A}{x_A}\frac{x_B}{y_B}=k_A\frac{x_B}{y_B} \tag{9-5}$$

式中，β 为萃取剂的选择性系数，无因次；x_A、x_B 分别为组分 A 和 B 在 R 相中的质量分率，无因次；y_A、y_B 分别为组分 A 和 B 在 E 相中的质量分率，无因次；k_A 为组分 A 的分配系数，无

因次。

在萃取操作中，稀释剂 B 在萃余相 R 中的浓度要大于在萃取相 E 中的浓度，即$\frac{x_B}{y_B}>1$。又 $k_A>1$，故 $\beta>1$，且 β 值越大，萃取剂的选择性就越好，分离过程就越容易进行。此外，对于特定的分离任务，设法提高萃取剂的选择性，可使萃取剂对溶质的溶解能力增大，从而可减少萃取剂的消耗量及回收溶剂所需的能耗，并可获得较高纯度的溶质。

影响选择性系数的因素主要有分配系数、操作温度和浓度。一般情况下，随着体系温度的升高或溶质浓度的增大，萃取剂的选择性系数将减小。

2. 萃取剂与稀释剂间的互溶度　研究表明，对于可形成一对部分互溶液相的三元物系，萃取剂与稀释剂间的相互溶解度越小，溶质在萃取相中的最高浓度就越大，萃取分离的效果就越好。

3. 萃取剂的回收　实际生产中，为提高萃取过程的经济性，一般都要回收萃取相和萃余相中的萃取剂，并循环使用。萃取剂的回收方法很多，但以精馏法最为常用，为此要求萃取剂与其他组分之间存在较大的相对挥发度，且不能形成恒沸物。若溶质不挥发或挥发能力很低，而萃取剂为易挥发组分，则萃取剂的汽化热要小，以降低能耗。

4. 萃取剂的其他性质　萃取剂的密度、界面张力、黏度和凝固点等物理性质对萃取分离也有不同程度的影响。

为使萃取后形成的萃取相和萃余相能快速有效地分离开来，要求萃取剂与稀释剂之间具有较大的密度差。对于给定的分离任务，若萃取剂与稀释剂之间的密度差较大，则可加速萃取相与萃余相之间的分层速度，提高设备的生产能力。

两液相之间的界面张力也会对萃取分离的效果产生重要影响。若两相之间的界面张力过大，则液体很难分散成细小液滴，导致传质效果下降。但两相间的界面张力也不能过小，否则分散后的液滴不易凝聚，且易产生乳化现象，以致两相难以分层。经验表明，将适量的萃取剂与原料液加入分液漏斗，充分混合后静置 5～10min，若两相能澄清分层，则可认为界面张力是合适的。

此外，萃取剂还应具有较低的黏度和凝固点，化学稳定性要好，对设备的腐蚀性要小，且价廉易得。

四、萃取过程的计算

萃取过程可分为逐级接触式和连续接触式两大类，本节主要讨论逐级接触式萃取过程的计算。为简化计算过程，一般将每一级均视为一个理论级，即离开各级的萃取相与萃余相互成平衡。萃取中的理论级概念与蒸馏中的理论板概念相当。同样，一个实际级的分离效果也达不到一个理论级的分离效果，两者的差异可用级效率来校正。

1. 单级萃取过程的计算　单级萃取的工艺流程如图 9-2 所示，其特点是原料液与萃取剂仅在一个萃取器中充分接触，离开的萃取相与萃余相互为平衡。单级萃取可采用连续或间歇方式进行，以间歇方式最为常见。

萃取过程的计算常采用图解法，其基础是以三角形相图表示的相平衡关系和杠杆规则。为简便起见，萃取相组成 y 及萃余相组成 x 的下标只标注相应的流股，而不标注下标，如无特别说明，均指溶质 A。此外，在萃取计算中，还会涉及两股液体，即萃取相 E 完全脱除萃取剂后的萃取液 E′以及萃余相 R 完全脱除萃取剂后的萃余液 R′，其组成分别用 y' 和 x' 表示。

在单级萃取操作中，常需将处理量为F、组成为x_F的原料液进行分离，并规定萃余相的组成不超过x_R，要求计算萃取剂的量、萃余相的量、萃取相的量及组成、萃取液的量以及萃余液的量。此类问题一般可通过图解法来解决。

图解时，首先根据x_F及x_R的值在三角形相图上定出F点和R点，并连接FS线，如图9-12所示。过点R作联结线交FS线于M点，交溶解度曲线于E点。连接点S和R并延长交直角边AB于R′点，连接点S和E并延长交直角边AB于E′点。最后由图中直接读出x_M、y_E、y'_E及x'_R的值。

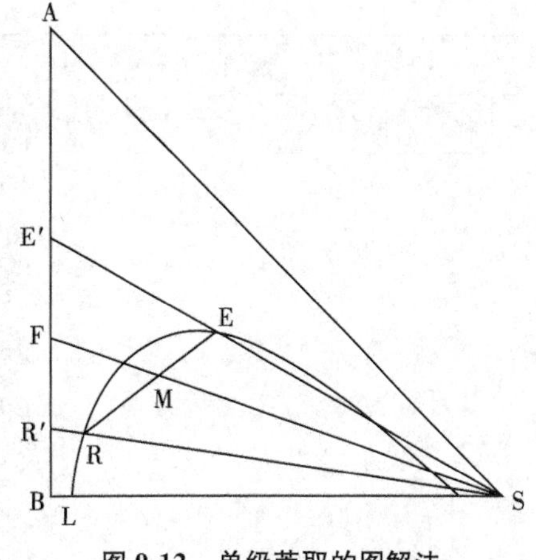

图9-12 单级萃取的图解法

前已述及，萃取相的量E与萃余相的量R之和即为和点M所对应的混合液的量M。由总物料衡算得

$$F+S=E+R=M \tag{9-6}$$

各流股的数量可由杠杆规则确定，即

$$S=F\times\frac{\overline{MF}}{\overline{MS}} \tag{9-7}$$

$$E=M\times\frac{\overline{MR}}{\overline{RE}} \tag{9-8}$$

$$R=M\times\frac{\overline{ME}}{\overline{RE}} \tag{9-9}$$

$$E'=F\times\frac{\overline{R'F}}{\overline{R'E'}} \tag{9-10}$$

$$R'=F\times\frac{\overline{E'F}}{\overline{R'E'}} \tag{9-11}$$

上述计算也可结合物料衡算进行。对溶质A进行物料衡算得

$$Fx_F+Sy_S=Ey_E+Rx_R=Mx_M \tag{9-12}$$

由式(9-6)和(9-12)得

$$E=\frac{M(x_M-x_R)}{y_E-x_R} \tag{9-13}$$

及

$$R=M-E \tag{9-14}$$

同理可得

$$E'=\frac{F(x_F-x'_R)}{y'_E-x'_R} \tag{9-15}$$

$$R'=F-E' \tag{9-16}$$

例9-1 以水为萃取剂(S)从醋酸(A)与氯仿(B)的混合液中提取醋酸。已知在25℃下原料液的处理量为100kg/h，其中醋酸的质量分率为35%，其余为氯仿；水的用量为80kg/h；操作温度下E相和R相以质量分率表示的平衡数据如表9-1所示。试计算：(1) 经单级萃取后E相和R相的组成和流量；(2) E相和R相中的萃取剂完全脱除后，萃取液及萃余液的组成和流量；(3) 操作条件下的选择性系数。

表 9-1 例 9-1 附表

氯仿层(R 相)		水层(E 相)	
醋酸/%	水/%	醋酸/%	水/%
0.00	0.99	0.00	99.16
6.77	1.38	25.1	73.69
17.72	2.28	44.12	48.58
25.72	4.15	50.18	34.71
27.65	5.20	50.56	31.11
32.08	7.93	49.41	25.39
34.16	10.03	47.87	23.28
42.5	16.5	4.50	16.50

解:根据表 9-1 中的平衡数据,在等腰直角三角形坐标上绘出溶解度曲线和辅助曲线,如图 9-13 所示。

(1) E 相和 R 相的组成和流量:由原料液中醋酸的质量分率为 35%,在 AB 边上定出 F 点,联结点 F 和 S,并按 F 和 S 的流量用杠杆规则在 FS 线上确定和点 M。利用辅助曲线由试差法确定通过 M 点的联结线 RE。由 R 点和 E 点的坐标直接读出两相的组成为

E 相:$y_A=27\%$,$y_B=1.5\%$,$y_s=71.5\%$

R 相:$x_A=7.2\%$,$x_B=91.4\%$,$x_s=1.4\%$

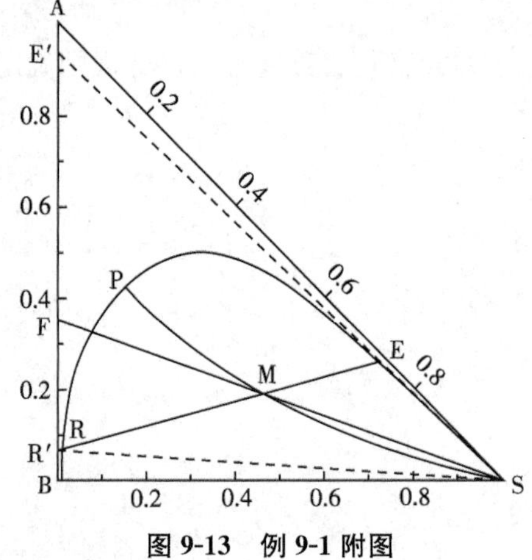

图 9-13 例 9-1 附图

由总物料衡算式(9-6)得

$$M=F+S=100+80=180\text{kg/h}$$

由图量得$\overline{RE}=35.7$mm,$\overline{MR}=22.6$mm。由式(9-8)得萃取相的量为

$$E=M\times\frac{\overline{MR}}{\overline{RE}}=180\times\frac{22.6}{35.7}=114\text{kg/h}$$

所以萃余相的量为

$$R=M-E=180-114=66\text{kg/h}$$

(2) 萃取液及萃余液的组成和流量:连接点 S 和 E,并延长交直角边 AB 于点 E′,由 E′ 点的坐标读出萃取液的组成为 $y'_E=93\%$。

类似地,连接点 S 和 R,并延长交直角边 AB 于 R′点,由 R′点的坐标读出萃余液的组成为 $x'_R=7\%$。

由式(9-15)得萃取液的量为

$$E'=\frac{F(x_F-x'_R)}{y'_E-x'_R}=\frac{100\times(0.35-0.07)}{0.93-0.07}=32.6\text{kg/h}$$

所以萃余液的量为

$$R'=F-E'=100-32.6=67.4\text{kg/h}$$

(3) 选择性系数:由式(9-5)得选择性系数为

$$\beta=\frac{y_A x_B}{x_A y_B}=\frac{0.27\times0.914}{0.072\times0.015}=228.5$$

可见，由于氯仿与水的互溶度很小，因此选择性系数 β 的值很大，所得萃取液的浓度较高。

2. 多级错流萃取过程的计算　多级错流萃取的工艺流程如图 9-3 所示，其操作特点是每级均加入新鲜溶剂，前一级的萃余相作为后一级的原料。

在多级错流萃取操作中，常需将处理量为 F、组成为 x_F 的原料液进行分离，并规定各级萃取剂的用量 S_i 及最终萃余相的组成 x_n，要求计算所需的理论级数 N。此类问题同样可用图解法来解决。

如图 9-14 所示，首先由原料液的流量、组成和第一级的萃取剂用量 S_1 确定出第一级中的混合液组成点 M_1，然后过点 M_1 作联结线 R_1E_1，且由第一级的物料衡算可求得 R_1。接着，根据 R_1 和 S_2 的量确定出第二级中的混合液组成点 M_2，然后过点 M_2 作联结线 R_2E_2，且由第二级的物料衡算可求得 R_2。如此重复进行，直至某一级的萃余相组成 x_n 达到或低于规定值为止。图解过程中所作的联接线数目即为所需的理论级数。

多级错流萃取操作中的溶剂总用量为各级的溶剂用量之和，各级的溶剂用量可以相等，也可以不等，但只有当各级的溶剂用量相等时，达到一定分离程度所需的总溶剂量才是最少的。

3. 多级逆流萃取过程的计算　多级逆流萃取的工艺流程如图 9-4 所示。在多级逆流萃取操作中，原料液流量 F 及组成 x_F、最终萃余相的组成 x_n 均由工艺条件所规定。而萃取剂的用量 S 及组成 y_s 一般由经济衡算来选定。当萃取剂的用量 S 及组成 y_s 为已知时，可用图解法确定所需的理论级数。

如图 9-15 所示，首先根据操作条件下的平衡数据作出三元物系的溶解度曲线和辅助曲线，然后根据原料液和萃取剂的组成在图上定出 F 点和 S 点的位置(若萃取剂不是纯态，则代表萃取剂组成的点将位于三角形区域内，而不是顶点)。然后根据原料液和萃取剂的量由杠杆规则在 FS 线上定出 M 点的位置，再根据最终萃余相的组成 x_n 在相图上定出 R_n 的位置。连接点 R_n 和 M，并延长交溶解度曲线于 E_1 点，该点即为离开第一级的萃取相的组成点。由杠杆规则可知，最终萃取相及萃余相的流量分别为

$$E_1=M\times\frac{\overline{MR_n}}{\overline{R_nE_1}} \tag{9-17}$$

$$R_n=M-E_1 \tag{9-18}$$

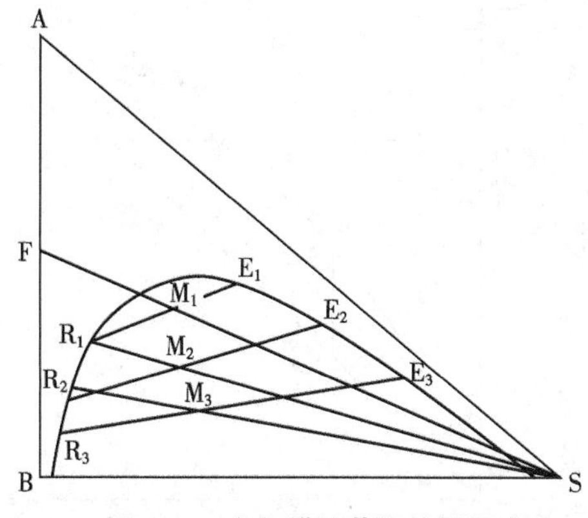

图 9-14　多级错流萃取的图解法

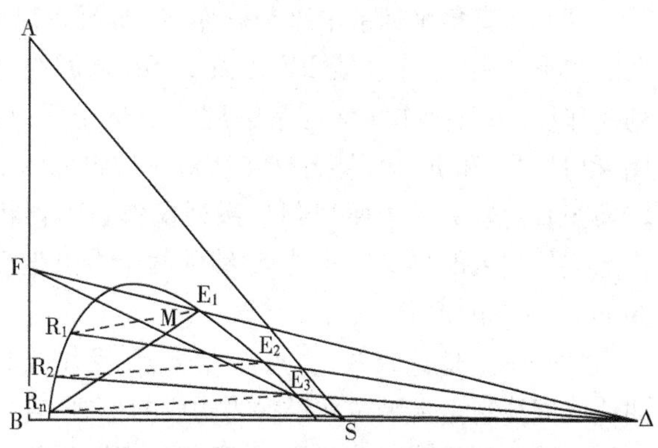

图 9-15　多级逆流萃取的图解法

如图 9-4 所示，在第一级与第 n 级之间进行总物料衡算得

$$F+S=E_1+R_n \text{ 或 } F-E_1=R_n-S$$

对第一级作总物料衡算得

$$F+E_2=E_1+R_1 \text{ 或 } F-E_1=R_1-E_2$$

对第二级作总物料衡算得

$$R_1+E_3=E_2+R_2 \text{ 或 } R_1-E_2=R_2-E_3$$

对第 i 级作总物料衡算得

$$R_{i-1}+E_{i+1}=E_i+R_i \text{ 或 } R_{i-1}-E_i=R_i-E_{i+1}$$

由以上各式可知

$$F-E_1=R_1-E_2=\cdots=R_i-E_{i+1}=\cdots=R_{n-1}-E_n=R_n-S=\Delta \tag{9-19}$$

式(9-19)表明，离开任一级的萃余相的量与进入该级的萃取相的量之差为常数，以 Δ 表示。Δ 可视为通过每一级的净流量，它是一个虚拟量，其组成（实际上并不存在）亦可用三角形相图中的 Δ 点来表示。由于点 Δ 分别为 F 与 E_1、R_1 与 E_2、……、R_{n-1} 与 E_n 以及 R_n 与 S 的差点，因此可根据杠杆规则来确定 Δ 点的位置。如图 9-15 所示，连接点 F 和 E_1 以及点 R_n 和 S 并分别延长，则两线延长线的交点即为 Δ 点。由于点 R_i 与 E_{i+1} 连线的延长线均经过 Δ 点，因此只要知道 R_i 与 E_{i+1} 之一即可定出另一点。这种将第 i 级与第 i+1 级相联系的性质与蒸馏中的操作线的作用相类似，因此 Δ 点称为操作点，点 R_i 与 E_{i+1} 的连线称为操作线。

由 E_1 点通过平衡关系即可确定第一级中的萃余相组成点 R_1，点 R_1 与 Δ 的连线交溶解度曲线于 E_2 点，该点即为第二级中萃取相的组成点。如此交替使用平衡关系和操作关系，直至某一级萃余相中的溶质含量达到或低于规定值为止。图解过程中每使用一次平衡关系即表示需要一个理论级，从而可求出达到规定分离要求时所需的理论级数。

应当指出的是，点 Δ 的位置可能位于三角形的左侧，也可能位于右侧。当其他条件一定时，点 Δ 的位置取决于溶剂比即 $\frac{S}{F}$ 的值。若溶剂比较小，则点 Δ 位于三角形的左侧，此时 R 为和点；若溶剂比较大，则点 Δ 位于三角形的右侧，此时 E 为和点。

当萃取过程所需的理论级数很多时，上述作图法的误差可能很大。此时，可在直角坐标系中绘出分配曲线，然后利用蒸馏过程所用的梯级法来求解所需的理论级。具体步骤如下：

（1）绘制分配曲线：在直角坐标系中绘出物系的分配曲线，如图 9-16 所示。

（2）在直角坐标系中绘制操作线：如图 9-14 所示，在三角形相图中，于直线 $FE_1\Delta$ 及 $R_nS\Delta$ 之间绘制一系列操作线，每条操作线均与溶解度曲线交于两点，如点 R_1 和 E_2、R_2 和 E_3 等，将各交点所对应的组成（y_{i+1}，x_i）转换至直角坐标系中便得到一系列操作点。再将各操作点连接起来即得操作线，操作线的两个端点坐标分别为 a(x_F，y_1) 和 b(x_n，y_s)。

（3）确定理论级数：由点 a 开始，在操作线和分配曲线之间绘制由水平线和铅垂线构成的梯级，直至梯级的铅垂线达到或跨过点 b 为止，所得梯级数即为所需的理论级数。

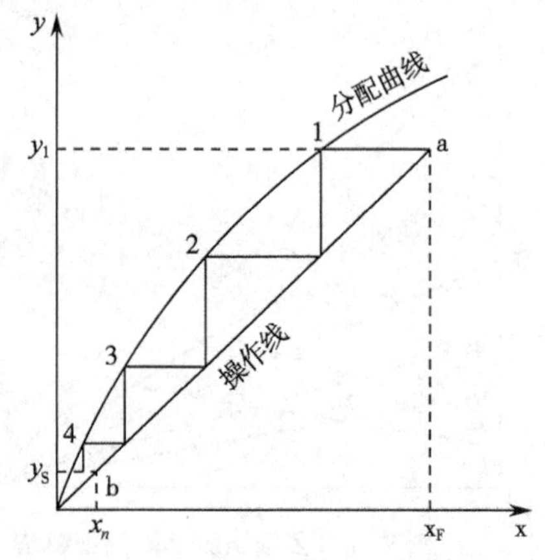

图 9-16 梯级法求理论级数

当溶剂比减小时，操作线将向分配曲线靠拢，此时完成规定分离任务所需的理论级数将增加。当溶剂比减小至某一最小值时，操作线与分配曲线将在某点相交或相切，此时所需的理论级数为无穷多，对应的溶剂比称为最小溶剂比。实际溶剂比应大于最小溶剂比，具体数值可通过经济衡算确定。

五、液液萃取设备

萃取设备的种类很多，特点各异。按两相接触方式的不同，可将萃取设备分为逐级接触式和连续接触式两大类，前者既可采用间歇操作方式，又可采用连续操作方式；而后者一般采用连续操作方式。按结构和形状的不同，又可将萃取设备分为组件式和塔式两大类，前者一般为逐级接触式，如混合-澄清器，其级数可根据需要增减；而后者可以是逐级接触式，如筛板塔，也可以是连续接触式，如填料塔。此外，萃取设备还可按外界是否输入能量来划分，如筛板塔、填料塔等不输入能量的萃取设备可称为重力萃取设备，而依靠离心力的萃取设备可称为离心萃取器等。

（一）常用萃取设备

1. 混合-澄清器　混合-澄清器是最早使用且目前仍在广泛使用的一种典型的逐级接触式萃取设备，每级均由混合器和澄清器组成。混合器内一般设有机械搅拌装置，也可采用脉冲或喷射器来实现两相间的混合。澄清器亦可称为分离器，其作用是将接近平衡状态的两相有效地分离开来。混合-澄清器既可采用单级操作，又可采用多级组合操作。

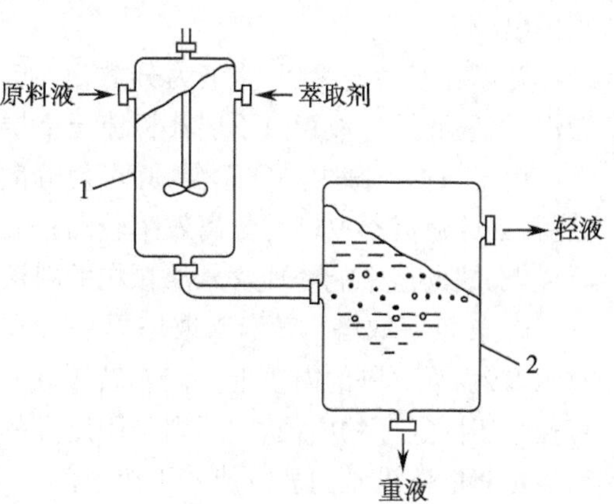

图 9-17　混合-澄清器

1-混合器；2-澄清器

典型的单级混合-澄清器如图 9-17 所示。操作时，原料液和萃取剂首先在混合器内充分混合，然后进入澄清器中进行澄清分层，较轻的液相由上部出口排出，而较重的液相则由下部出口排出。

混合-澄清器的优点是结构简单，操作容易，运行稳定，处理量大，传质效率高，易调整级数，并可处理含悬浮固体的物料。缺点是各级均需设置搅拌装置，级间均需设置送料泵，因而设备费和操作费均较高。

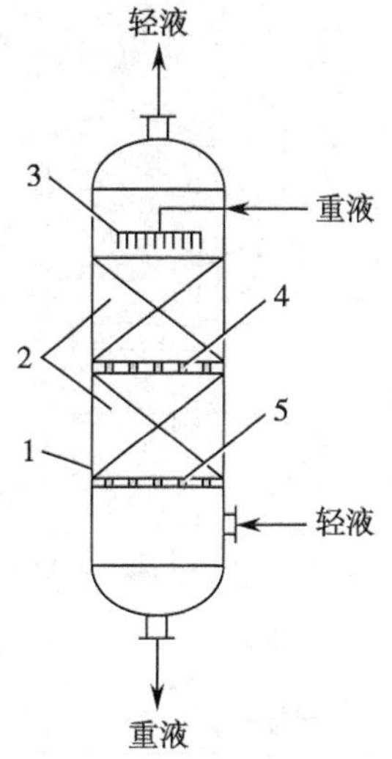

图 9-18　填料萃取塔

1-塔筒；2-填料；3-分布器；4-再分布器；5-支承板

2. 填料萃取塔　填料萃取塔是一种典型的连续接触式萃取设备，其结构是在塔筒内的支承板上安装一定高度的填料层，如图 9-18 所示。操作时，密度较小的液体即轻液由塔的下部进入塔体，然后自下而上流动，由塔顶排出；而密度较大的液体即重液则由塔的上部进入塔体，然后自上而下流动，由塔底排出。轻、重液体在塔内一个形成连续相，另一个形成分散相，其中连续相充满全塔，而分散相则以液滴的形式通过连续相。

在选择填料材质时，既要考虑料液的腐蚀性，又要考虑材质的润湿性能。从有利于液滴的生成与稳定的角度考虑，所选材质应使填料仅能被连续相所润湿，而不被分散相所润湿。通常陶瓷易被水相润湿，塑料和石墨易被有机相润湿，而金属材料的润湿性能需通过实验来确定。

填料萃取塔的优点是结构简单，操作方便，处理量较大，比较适合于腐蚀性料液的萃取，但不能萃取含悬浮颗粒的料液。

3. 筛板萃取塔 筛板萃取塔也是一种连续接触式萃取设备，其塔筒内安装有若干块水平筛板，如图 9-19 所示。筛板上开有 3～9mm 的圆孔，孔间距一般为孔径的 3～4 倍。操作时，轻、重液体分别由塔下部和上部入塔，若以轻液为分散相，则当其通过塔板上的筛孔时被分散成细小的液滴，并在塔板上与连续相充分接触，然后分层凝聚于上层筛板的下部，再在压强差的推动下通过上层塔板的筛孔而被重新分散；重液则经降液管流至下层塔板，然后水平流过筛板至另一端降液管下降。轻、重两相经如此反复的接触与分层后，分别由塔顶和塔底排出。

若以轻液为连续相，重液为分散相，则应将降液管改装于筛板之上，即将其改为升液管。操作时，轻液经升液管由下层筛板流至上层筛板，而重液则通过筛孔来分散。

由于筛板可减少轴向返混，并可使分散相反复多次地分散与凝聚，使液滴表面不断得到更新，因此筛板萃取塔的分离效率较高。此外，筛板塔还具有结构简单、操作方便、处理量大等优点，缺点是不能处理含悬浮颗粒的料液。

4. 转盘萃取塔 转盘萃取塔是一种有机械能输入的连续接触式萃取设备。如图 9-20 所示，转盘萃取塔的内壁上安装有若干块环形挡板即固定环，中心轴上装有若干个转盘，其直径小于固定环的内径，间距则与固定环的相同。由于每个转盘均处于相邻固定环的中间，因而可将塔体沿轴向分割成若干个空间。操作时，转盘在中心轴的带动下高速旋转，从而对液体产生强烈的搅拌作用，使液体的湍动程度和相际接触面积急剧增大。由于固定环可抑制轴向返混，因而转盘萃取塔的效率较高。

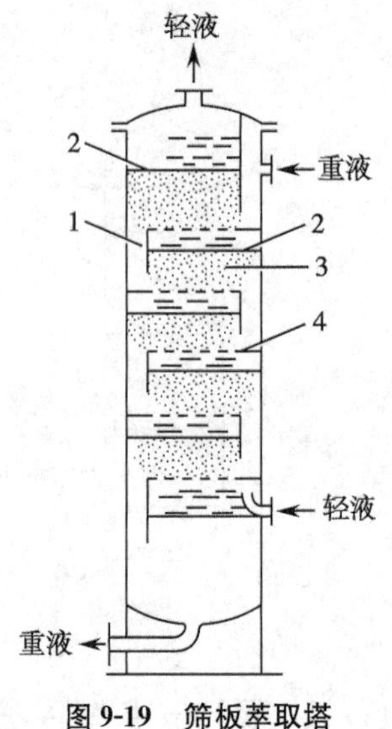

图 9-19 筛板萃取塔

1-降液管；2-轻重液层分界面；3-轻液分散于重液内；4-筛板

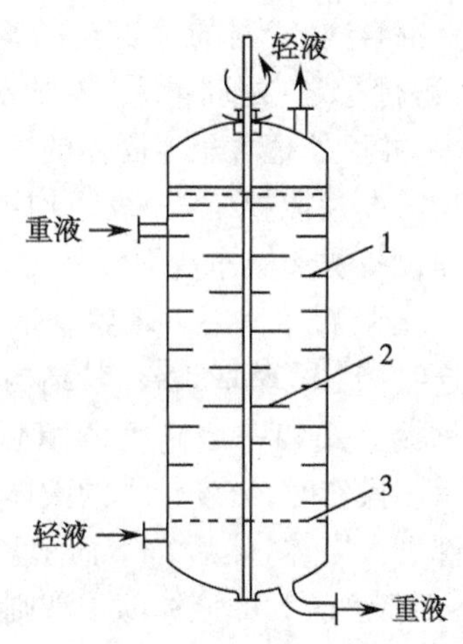

图 9-20 转盘萃取塔

1-固定环；2-转盘；3-多孔板

转盘萃取塔的分离效率与转速密切相关。转速不能太低，否则输入的机械能不足以克服界面张力，因而达不到强化传质的效果。但转速也不能太高，否则会造成澄清缓慢，并消耗较多的机械能，同时生产能力下降，甚至发生乳化，导致操作无法进行。

转盘萃取塔结构简单，分离效率高，操作弹性和生产能力大，不易堵塞，常用于含悬浮颗粒及易乳化料液的萃取。

5. 离心萃取器　离心萃取器是利用离心力使两相快速充分混合并快速分离的萃取装置。离心萃取器的种类很多，图 9-21 是应用较广的波德式(Podbielniak)离心萃取器，其核心构件是一个由多孔长带卷绕而成的螺旋形转子。转子安装于转轴上，转轴内设有中心管以及中心管外的套管，转子的工作转速可达 2000～5000r/min。工作时，重液由左侧的中心管进入转子的内层，轻液则由右侧的中心管进入转子的外层。在转子高速旋转所产生的离心力的作用下，重液由转子中部向外层流动，轻液则由外层向中部流动。同时，液体通过螺旋带上的小孔被分散，轻、重两相在逆流流动过程中密切接触，并能有效分层，因而传质效率很高。

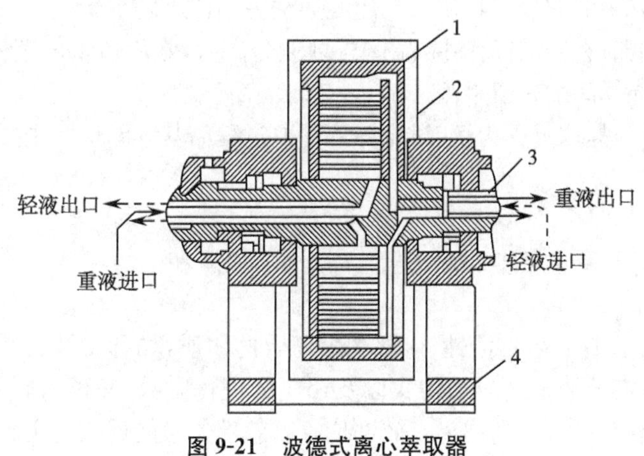

图 9-21　波德式离心萃取器

1-转子；2-壳体；3-转轴；4-底座

离心萃取器结构紧凑、物料停留时间短、分离效率高，尤其适合于处理两相密度差很小或易发生乳化以及贵重、易变质的物料，如抗菌素的分离等。

(二) 萃取设备的选择

萃取设备的种类很多，特点各异。对于特定的萃取体系，萃取设备的选择首先要满足工艺要求，其次是经济合理，使设备费与操作费之和为最小。一般情况下，选择萃取设备时应考虑下列因素。

1. 物料的停留时间　若体系中含有易分解破坏的组分，则宜选择停留时间较短的离心萃取器。在萃取过程中，若体系需同时伴有缓慢反应，则宜选择停留时间较长的混合-澄清器。

2. 生产能力　当物料处理量较小时，宜选择填料塔；反之可选择处理量较大的萃取设备，如筛板萃取塔、转盘萃取塔、混合-澄清器以及离心萃取器等。

3. 物系的物理性质　对于界面张力较大或两相的密度差较小以及黏度较大的物系，宜选择有外加能量的萃取设备。反之可选择无外加能量的萃取设备。对于密度差很小以及界面张力很小、易乳化的难分离物系，可选择离心萃取器。对于强腐蚀性物系，可选择结构简单的填料塔。对于含固体颗粒或萃取中易生成沉淀的物系,可选择转盘萃取塔或混合-澄清器。

第二节 固液萃取

固液萃取是一种利用有机或无机溶剂将原料药材中的可溶性组分溶解,使其进入液相,再将不溶性固体与溶液分开的单元操作,又称为提取或浸取,其实质是溶质由固相传递至液相的传质过程。习惯上,将药材中的可溶性组分称为溶质,所用的溶剂称为提取剂或仍称为溶剂。

固液萃取在药品生产中的应用大致可归结为两个方面:①从固体中提取有价值的可溶性物质,经精制后作为制剂的原料。例如,从中药材中提取出各种有效成分后,再经一定的制剂工艺即可加工成酒剂、酊剂、浸膏、流浸膏、软膏、片剂、冲剂、栓剂、气雾剂、注射剂等剂型。又如,在沉降、过滤、离心等固液非均相分离操作中,常用水或其他溶剂洗涤所得的固体,以回收包含于其中的有价值物质。②用溶剂洗去固体中的少量杂质,以提高固体产品或中间体的纯度。例如,在结晶操作中,晶体与母液分离后,常用适量的蒸馏水或其他溶剂洗涤,以除去包藏于晶体间的残留母液。

下面以中药材的提取过程为例,讨论固液萃取过程的基本原理及主要设备。

一、中药材中的成分

中药材来源广泛、种类繁多、成分复杂。按组成性质和生物活性的不同,中药材中的成分可分为下列几类。

1. 有效成分 指具有生物活性,能够产生药效的物质,如挥发油、生物碱和苷类等。有效成分一般具有特定的分子式或结构式以及相应的理化常数,又称为有效单体。若植物中的有效成分尚未提纯成单体,则称为有效部位。有效部位应能反映一定的生物活性指标。

2. 辅助成分 指本身没有特殊疗效,但能增强或缓和有效成分药效的物质。辅助成分能促进有效成分的吸收,增强疗效,如洋地黄中的皂苷可促进洋地黄苷的溶解和吸收,从而增强洋地黄苷的强心作用。

3. 无效成分 指没有生物活性,不能产生或增强药效的物质,如脂肪、蛋白质、淀粉、鞣质、黏液、果胶、树脂等。无效成分不仅无效,有时甚至是有害的。如脂肪、蛋白质、淀粉等,常会影响提取效果以及制剂的稳定性、外观和药效。

4. 组织物 指构成药材细胞的不溶性物质,如纤维素、栓皮等。

在提取过程中,应尽量提取出药材中的有效成分和辅助成分,而无效成分和组织物则应尽可能除去。

应当提出的是,药材中有效成分和无效成分的划分是相对的。例如,鞣质在没食子酸或五倍子中是具有收敛作用的有效成分,在大黄中是起止泻作用的辅助成分,而在其他多数药材中则是无效成分。

二、中药提取的类型

中药提取可分为单体成分提取、单味药提取和中药复方提取三种类型。

1. 单体成分提取 若某些药材的有效成分疗效确切,且化学结构、理化性质、药理、毒性等均已明确，技术经济又合理可行，则可进行单一成分的提取。例如，黄连素、石吊兰素等经提取、精制后可制成片剂；天花粉、黄藤素等经提取精制后可制成注射液。

许多单体制剂对提高药物的稳定性与安全性是有利的，但也有一些单体制剂的疗效不如单味药提取物制剂的疗效好。

2. 单味药提取　单味药提取是中药制剂加工中的常用提取方法，该法既适用于单方成药制剂如五味子、刺五加、益母草等的生产，又适用于复方成药制剂的生产。例如，将金银花和黄芩的单味提取物按一定的配方混合后，经适当的制剂工艺可分别制成银黄片和银黄注射液。

大多数单味药提取物的化学成分尚不清楚，或不完全清楚，但根据中医的临床实践，其疗效要好于单体化合物的疗效，且制备成本较低。

3. 中药复方提取　采用复方治病是中医用药的一大特色，因此中药制剂大多采用复方。中药复方在临床上往往以其综合成分为整体而发挥特定的疗效。例如，由附子、肉桂、干姜、甘草组成的四逆汤，由麻黄、杏仁、石膏、甘草组成的麻杏石甘汤，由大黄、牡丹、桃仁、瓜子、芒硝组成的大黄牡丹汤，由黄芪、甘草、白术、人参、当归、升麻、柴胡、橘皮组成的补中益气汤等，都是以其整体发挥作用的。

中药复方的成分极其复杂，提取时应根据临床疗效的需要以及各组分的性质和拟制备的剂型，选择和确定适宜的提取工艺。

三、药材有效成分的提取过程及机制

药材可分为植物、动物和矿物三大类。对无细胞结构的矿物药材，提取时其有效成分可直接溶解或分散悬浮于溶剂中。植物和动物药材均具有完好的细胞结构，但动物药材的有效成分一般为蛋白质、激素和酶等分子量较大的大分子物质，难以透过细胞膜，故提取时应先进行破壁处理；而植物药材中有效成分的分子量通常要远小于无效成分的分子量，故提取时应使有效成分透过细胞壁，而无效成分则应留在细胞内。下面以植物性药材为例，讨论药材有效成分的提取过程及机制。

中药材的提取过程大致可分为润湿、渗透、溶解、扩散等几个阶段。

1. 润湿与渗透阶段　提取是用适当的溶剂将药材中的有效成分提取出来。因此，溶剂首先要能够润湿药材表面，并渗透至药材内部。

溶剂对药材表面的润湿性能，与溶剂和药材的性质有关。若溶剂与药材之间的附着力大于溶剂分子间的内聚力，则药材易被润湿。反之，则不易被润湿。一般情况下，非极性溶剂不易从含水量较大的药材中提取出有效成分，而极性溶剂不易从富含油脂的药材中提取出有效成分。若药材中的油脂含量较高，则可先用石油醚或苯脱脂，然后再用适宜的溶剂提取。

溶剂渗透至药材内部的速度，与药材的质地、粒度及提取压力等因素有关。一般情况下，采用质地疏松及粒度较小的药材或加大提取压力，均可提高溶剂渗透至药材内部的速度。

2. 溶解阶段　溶剂渗透至药材内部后，即与药材中的各种成分相接触，并使其中的可溶性成分转移至溶剂中，该过程称为溶解。

药物成分能否被溶解取决于其结构和溶剂性质，溶解过程可能是物理溶解过程，也可能是使药物成分溶解的反应过程。不同种类的药材，其溶解机制可能差异很大。由于水能溶解晶体和胶质，故其提取液通常多含胶体物质而呈胶体液。乙醇提取液通常含胶质较少，而亲脂性提取液则不含胶质。此外，加入适当的酸、碱或表面活性剂等可以提高某些成分的溶解度，从而使溶解速度加快。

3. 扩散阶段 溶剂溶解药物成分后即形成浓溶液，从而在药材内外部产生浓度差，这正是提取过程的推动力。在浓度差的推动下，可溶性药物成分即溶质将由高浓度区向低浓度区扩散。在药材表面与溶液主体之间存在一层很薄的溶液膜，其中的溶质存在浓度梯度，该膜常称为扩散边界层。

在提取过程中，溶质不断地由药材内部的浓溶液中向药材表面扩散，并通过扩散边界层扩散至溶液主体中。一般情况下，溶质由药材表面传递至溶液主体的传质阻力远小于溶质在药材内部的扩散阻力。若药材结构为惰性多孔结构，且药材的微孔中存在溶质和溶剂，则通过固体药材的扩散过程可用有效扩散传质来描述。但对植物性药材而言，由于细胞的存在，一般并不遵循有效扩散系数为常数的简单扩散规律。

此外，在提取过程中还存在溶剂由溶液主体传递至药材表面，再由药材表面传递至药材内部的扩散过程，但该过程的速率很快，一般不会成为提取过程的速率控制步骤。

四、常用提取剂和提取辅助剂

（一）常用提取剂

适宜的提取剂应对药材中的有效成分有较大的溶解度，而对无效成分少溶或不溶。此外，提取剂还应无毒、稳定、价廉，且易于回收。常用的提取剂有水、乙醇、酒、丙酮、氯仿、乙醚和石油醚等，其中以水和乙醇最为常用。

1. 水 水具有极性大、溶解范围广、价廉易得等特点，是最常用的提取剂。药材中的生物碱、盐类、苷、苦味质、有机酸盐、苷质、蛋白质、糖、树胶、色素、多糖类（果胶、黏液质和淀粉等）以及酶和少量的挥发油等都能被水提取。但水的选择性较差，因而提取液中常含有大量的无效成分，从而给后处理和制剂带来困难。此外，部分有效成分（如某些苷类等）在水中会发生水解。

2. 乙醇 乙醇的溶解性能介于极性和非极性溶剂之间，可溶解水溶性的某些成分，如生物碱及其盐类、苷类和糖等，也能溶解非极性溶剂所能溶解的某些成分，如树脂、挥发油、内酯和芳烃类化合物等。

乙醇与水能以任意比例混溶。因此，为提高提取过程的选择性，常采用乙醇与水的混合液作为提取剂。例如，90%以上的乙醇适用于提取药材中的挥发油、有机酸、树脂和叶绿素等成分；50%～70%的乙醇适用于提取生物碱、苷类等成分；50%以下的乙醇适用于提取苦味质、蒽醌类化合物等成分。

乙醇的沸点为78℃，具有挥发性和易燃性，使用中应采取相应的安全和防护措施。

3. 酒 酒能溶解和提取多种药物成分，是一类性能良好的提取剂。酒的种类很多，提取时一般选用饮用酒中的黄酒和白酒作为提取剂。黄酒中的乙醇含量为16%～20%（ml/ml），此外还含有一定量的糖类、酸类、酯类和矿物质等成分。白酒中的乙醇含量为38%～70%（ml/ml），此外还含有一定量的酸类、酯类、醛类等成分。

4. 丙酮 丙酮常用于新鲜动物性药材的脱水或脱脂，并具有防腐功能。缺点是易挥发和易燃烧，并具有一定的毒性，因而不能残留于制剂中。

5. 氯仿 氯仿是一种非极性提取剂，能溶解药材中的生物碱、苷类、挥发油和树脂等成分，但不能溶解蛋白质、鞣质等成分。氯仿具有防腐功能且不易燃烧，缺点是药理作用强烈，故一般仅用于有效成分的提纯和精制。

6. 乙醚　乙醚是一种非极性有机提取剂，可与乙醇等有机溶剂以任意比例混溶。乙醚具有良好的溶解选择性，可溶解药材中的树脂、游离生物碱、脂肪、挥发油以及某些苷类等成分，但对大部分溶解于水的成分几乎不溶。缺点是生理作用强烈，且极易燃烧，故一般仅用于有效成分的提纯和精制。

7. 石油醚　石油醚是一种非极性提取剂，具有较强的溶解选择性，可溶解药材中的脂肪油、蜡等成分，少数生物碱亦能被石油醚溶解，但对药材中的其他成分几乎不溶。在制药生产中，石油醚常用作脱脂剂。

（二）提取辅助剂

凡加入提取剂中能增加有效成分的溶解度以及制品的稳定性或能除去、减少某些杂质的试剂，均称为提取辅助剂。常用的提取辅助剂主要有酸、碱和表面活性剂等。盐酸、硫酸、冰醋酸和酒石酸等均是常用的酸类提取辅助剂，氨水、碳酸钠、碳酸钙等均是常用的碱类提取辅助剂。例如，提取生物碱时向提取剂中加入适量的酸，由于酸能与生物碱形成可溶性的生物碱盐，因而有利于生物碱的提取。又如，提取甘草制剂时加入氨溶液则有利于甘草酸的提取等。此外，许多表面活性剂也常用作提取辅助剂。

1. 酸　酸能与生物碱形成可溶性的生物碱盐，因此在提取剂中加入适量的酸可促进生物碱的溶解。此外，酸还能提高某些生物碱的稳定性，并能使部分杂质沉淀。常用的酸类提取辅助剂有盐酸、硫酸、醋酸、酒石酸及枸橼酸等。但由于过量的酸会引起某些成分的水解或其他不良反应，因而酸的用量不宜过多，一般以能维持一定的 pH 即可。

2. 碱　常用的碱类提取辅助剂有氨水、碳酸钠和碳酸钙等，其中以氨水最为常用。在提取剂中加入适量的碱可增加有效成分的溶解度和稳定性，促使有机酸、黄酮、蒽醌、内酯、香豆素以及酚类成分溶出，此外还具有除杂作用。例如，提取甘草制剂时加入氨溶液可促使甘草酸溶出。

3. 表面活性剂　表面活性剂能提高药材表面的润湿性，促进溶剂向药材内部渗透，并对某些有效成分起到增溶作用，从而提高有效成分的提取率。例如，以 50%的乙醇为溶剂提取中药姜黄中的姜黄素，加入 0.5%的十二烷基硫酸钠，可使姜黄素的提取率增加 16%。

五、提取方法

药材的提取方法很多，常用有煎煮法、浸渍法、渗漉法、回流法、水蒸气蒸馏法等。近年来，有关超声提取和微波萃取技术在中药有效成分提取方面的应用也日趋广泛。

1. 煎煮法　该法以水为溶剂，将药材饮片或粗粉与水一起加热煮沸，并保持一定时间，使药材中的有效成分进入水相，然后去除残渣，再将水相在低温下浓缩至规定浓度，并制成规定的剂型。为促进药物有效成分的溶解与提取，煎煮前常用冷水浸泡药材 30～60min。

煎煮法是药材的传统加工方法，该法适用于有效成分能溶于水，且对湿、热较稳定的药材，可用于汤剂、分散剂、丸剂、片剂、冲剂及注射剂等的制备。缺点是提取液中的杂质较多，并含有少量脂溶性成分，给精制带来不便。此外，煎煮液易发生霉变，应及时加工处理。

2. 浸渍法　该法是在一定温度下，将药材饮片或颗粒加入提取器，然后加入适量的提取剂，在搅拌或振摇的条件下，浸渍一定的时间，从而使药材中的有效成分转移至提取剂中。收集上清液并滤去残渣即得提取液。

按浸渍温度和浸渍次数的不同,浸渍法可分为冷浸渍法、热浸渍法和重浸渍法三种类型。冷浸渍法在室温下进行,浸渍时间通常为 3～5 日。热浸渍法是用水浴将浸渍体系加热至 40～60℃,以缩短浸提时间。重浸渍法又称为多次浸渍法,该法是将全部浸提溶剂分为几份,然后先用第一份溶剂浸渍药材,收集浸渍液后,再用第二份溶剂浸渍药渣,如此浸渍 2～3 次,最后将各次浸渍液合并。重浸渍法可将有效成分尽量多的浸出,但耗时较长。

浸渍法适用于黏性药物以及无组织结构、新鲜且易膨胀药材的提取,所得产品在不低于浸渍温度的条件下能保持较好的澄明度。缺点是提取效率较低,对贵重或有效成分含量较低的药材以及制备浓度较高的制剂,均应采用重浸渍法。此外,浸渍法的提取时间较长,且常用不同浓度的乙醇或白酒为提取剂,故浸渍过程应密闭,以防溶剂的挥发损失。

3. 回流法 该法是将药材饮片或粗粉与挥发性有机溶剂一起加入提取器,其中挥发性有机溶剂馏出后又被冷凝成液体,再重新流回提取器内,如此循环,直至达到规定的提取要求为止。该法的优点是溶剂可循环使用,但由于提取的浓度不断升高,且受热时间较长,因而不适合于热敏性组分的提取。

4. 索氏提取法 将滤纸做成与提取器大小相适应的套袋,然后将固体混合物放入套袋,装入提取器内。如图 9-22 所示,在蒸馏烧瓶中加入提取溶剂和沸石,连接好蒸馏烧瓶、提取器、回流冷凝管,接通冷凝水,加热。沸腾后,溶剂蒸汽由烧瓶经连接管进入冷凝管,冷凝后的溶剂回流至套袋内,浸取固体混合物。当提取器内的溶剂液面超过提取器的虹吸管时,提取器中的溶剂将流回烧瓶内,即发生虹吸。随着温度的升高,再次回流开始,然后又发生虹吸,溶剂在装置内如此循环流动,将所要提取的物质集中于下面的烧瓶内。每次虹吸前,固体物质都能被纯的热溶剂所萃取,溶剂反复利用,缩短了提取时间,故萃取效率较高。

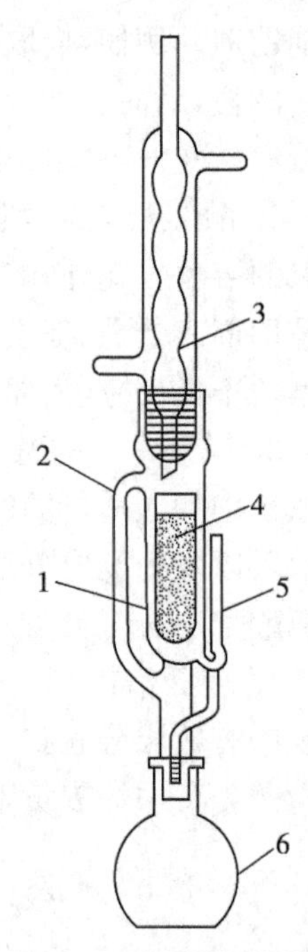

图 9-22 索氏提取装置

1-提取器;2-连接管;3-回流冷凝管;4-套袋;5-虹吸管;6-蒸馏烧瓶

5. 连续逆流提取 以上三种提取方法都属于间歇式单级接触提取过程,其共同特点是随着提取过程的进行,药材中有效成分的含量逐渐下降,提取液浓度逐渐增大,从而使传质推动力减小,提取速度减慢,并逐步达到一个动态平衡状态,提取过程即告终止。为改善提取效果,常需采用新鲜提取剂提取 2～3 次,提取剂用量一般可达药材量的 10 倍以上,造成提取剂的用量较大,并大大增加了后续浓缩工艺的负荷,导致生产成本大幅增加。由于是间歇提取,因而劳动条件较差,批间差异较大。

药材有效成分的提取过程实质上是溶质由固相向液相传递的过程。为克服传统提取方法的缺陷,可使药材与提取剂之间连续逆流接触,即采用连续逆流提取。如图 9-23 所示,在连续逆流提取过程中,提取剂中有效成分的含量沿流动方向不断增大,药材中有效成分的含量沿流动方向不断下降,从而使固-液两相界面不断得到更新。由于最终流出的提取液与新鲜药材接触,因而提取液的含量较高;而最终排出的药材残渣与新鲜提取剂接触,因而药材残渣中有效成分的含量较低。

连续逆流提取具有传质推动力大、提取速度快、提取液浓度高、提取剂单耗小等特点,常用于大批量、单味中药材的提取。

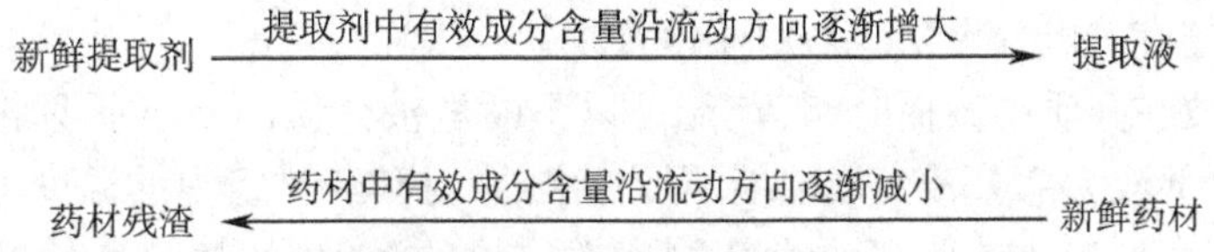

新鲜提取剂 —提取剂中有效成分含量沿流动方向逐渐增大→ 提取液

药材残渣 ←药材中有效成分含量沿流动方向逐渐减小— 新鲜药材

图 9-23 连续逆流提取过程中有效成分含量的变化

6. 渗漉法 该法是将粉碎后的药材粗粉置于特制的渗漉器内，然后自渗漉器上部连续加入提取剂，渗漉液则从下部不断流出，从而提取出药材中的有效成分。

渗漉提取过程中，提取剂自上而下穿过由药材粗粉填充而成的床层，这类似于多级接触提取，因而提取液可以达到较高的浓度，提取效果要优于浸渍法。

按操作方式的不同，渗漉法可分为单渗漉法、重渗漉法、加压渗漉法和逆流渗漉法。重渗漉法是以渗漉液为提取剂进行多次渗漉的提取方法，其提取液浓度较高，提取剂用量较少。加压渗漉法是通过加压的方法使提取剂及提取液快速流过药粉床层，从而可加快提取过程的提取方法。逆流渗漉法是使提取剂与药材在渗漉器内作反方向运动，连续而充分地进行提取的一种方法，是一种动态逆流提取过程。

渗漉提取过程一般无需加热，操作可在常温下进行，因而特别适用于热敏性组分及易挥发组分的提取。渗漉提取过程是一种动态提取过程，提取剂的利用率及有效成分的提取率均较高，因而比较适合于贵重药材、毒性药材、高浓度制剂以及有效成分含量较低的药材的提取。

7. 水蒸气蒸馏法 该法是将药材饮片或粗粉用水浸泡润湿后，一起加热至沸或直接通入水蒸气加热，使药材中的挥发性成分与水蒸气一起蒸出，蒸出的气体混合物经冷凝后去掉水层即得提取物。该法是提取和纯化药材中挥发性有效成分的常用方法，其优点是体系的沸腾温度低于各组分的沸点温度，因而可将沸点较高的组分从体系中分离出来。

8. 超声提取 超声波是指频率高于可听声频率范围的声波，是一种频率超过 17kHz 的声波。当大量的超声波作用于提取介质时，体系的液体内存在着张力弱区，这些区域内的液体会被撕裂成许多小空穴，这些小空穴会迅速胀大和闭合，使液体微粒间发生猛烈的撞击作用。此外，也可以液体内溶有的气体为气核，在超声波的作用下，气核膨胀长大形成微泡，并为周围的液体蒸汽所充满，然后在内外悬殊压差的作用下发生破裂。当空穴闭合或微泡破裂时，会使介质局部形成几百 K 到几千 K 的高温和超过数百个大气压的高压环境，并产生很大的冲击力，起到激烈搅拌的作用，同时生成大量的微泡，这些微泡又作为新的气核，使该循环能够继续下去，这就是超声波的空化效应。

利用超声提取技术提取中药有效成分时，首先利用超声波在液体介质中产生特有的空化效应，即不断产生无数内部压力达上千个大气压的微小气泡，并不断“爆破”产生微观上的强冲击波而作用于中药材上，促使药材植物细胞破壁或变形，并在溶剂中瞬时产生的空化泡的作用下发生崩溃而破裂，这样溶剂便很容易地渗透到细胞内部，使细胞内的化学成分溶解于溶剂中。由于超声波破碎过程是一个物理过程，因而不会改变被提取成分的化学结构和性质。

其次，超声波在介质中传播时可使介质质点产生振动，从而起到强化介质扩散与传质能力的作用，这就是超声波的机械效应。超声波的机械效应对物料有很强的破坏作用，可使细胞组织变形、植物蛋白质变性，并能给予介质和悬浮体不同的加速度，且介质分子的运动速度远大于悬浮体分子的运动速度，从而在两者之间产生摩擦，这种摩擦力可使生物分子解聚，使细胞壁上的有效成分更快地溶解于溶剂中。

再次，超声波在介质中传播时，其声能可以不断地被介质的质点所吸收，同时介质会将多吸收的能量全部或大部分转变成热能，导致介质本身和药材组织的温度上升，这就是超声波的热效应。超声波的热效应可增大药物有效成分的溶解度，加快有效成分的溶解速度。由于这种吸收声能而引起的药物组织内部温度的升高是瞬时的，因而不会破坏被提取成分的结构和生物活性。

可见，超声提取主要是利用超声波的空化作用来增大物质分子的运动频率和速度，从而增加溶剂的穿透力，提高被提取成分的溶出速度。此外，超声波的次级效应，如热效应、机械效应等也能加速被提取成分的扩散并充分与溶剂混合，因而也有利于提取。目前，超声提取技术已广泛应用于生物碱、苷类、黄酮类、蒽醌类、多糖类等物质的提取。

9. 微波萃取 微波是频率介于 300MHz～300GHz 之间的电磁波，常用的微波频率为 2450MHZ。微波萃取是指在提取药物有效成分的过程中加入微波场，利用物质吸收微波能力的差异使基体物质的某些区域或萃取体系中的某些组分被选择性加热，从而使被萃取物质从基体或体系中分离出来，进入到介电常数较小、微波吸收能力相对较差的萃取剂中。

微波萃取的机制可从三个方面来分析：①微波辐射过程是高频电磁波穿透萃取介质到达物料内部的维管束和细胞系统的过程。由于吸收了微波能，细胞内部的温度将迅速上升，从而使细胞内部的压力超过细胞壁膨胀所能承受的能力，结果细胞破裂，其内的有效成分自由流出，并在较低的温度下溶解于萃取介质中。通过进一步的过滤和分离，即可获得所需的萃取物。②微波所产生的电磁场，可加速被萃取组分的分子由固体内部向固液界面扩散的速率。例如，以水作溶剂时，在微波场的作用下，水分子由高速转动状态转变为激发态，这是一种高能量的不稳定状态。此时水分子或者汽化以加强萃取组分的驱动力；或者释放出自身多余的能量回到基态，所释放出的能量将传递给其他物质的分子，以加速其热运动，从而缩短萃取组分的分子由固体内部扩散至固液界面的时间，结果使萃取速率提高数倍，并能降低萃取温度，最大限度地保证萃取物的质量。③微波作用于分子时，可促进分子的转动运动。若分子具有一定的极性，即可在微波场的作用下产生瞬时极化，并以 24.5 亿次/秒的速度作极性变换运动，从而产生键的振动、撕裂和粒子间的摩擦和碰撞，并迅速生成大量的热能，促使细胞破裂，使细胞液溢出并扩散至溶剂中。

综上所述，微波能是一种能量形式，它在传输过程中可对许多由极性分子组成的物质产生作用，使其中的极性分子产生瞬时极化，并迅速生成大量的热能，导致细胞破裂，其中的细胞液溢出并扩散至溶剂中。就原理而言，传统的溶剂提取法，如浸渍法、渗漉法、回流法等，均可加入微波进行辅助提取，使之成为高效的提取方法。

六、提取设备

提取设备的种类很多，特点各异。按操作方式的不同，提取设备可分为间歇式、半连续式和连续式三大类。

1. 多功能提取罐 多功能提取罐的结构如图 9-24 所示。罐体常用不锈钢材料制造，罐外一般设有夹套，可通入水蒸气或冷却水。罐顶设有快开式加料口，药材由此加入。罐底是一个由气动装置控制启闭的活动底，提取液可经活动底上的滤板过滤后排出，而残渣则可通过打开活动底排出。罐内还设有可借气动装置提升的带有料叉的轴，其作用是防止药渣在罐内胀实或因架桥而难以排出。

多功能提取罐是一种典型的间歇式提取设备，具有提取效率高、操作方便、能耗较少等优点，在制药生产中已广泛用于水提、醇提、回流提取、循环提取、渗漉提取、水蒸气蒸馏以及回收有机溶剂等。

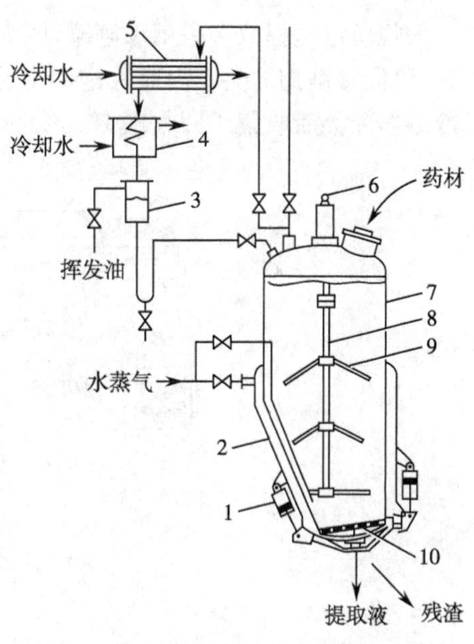

图 9-24 多功能提取罐的结构与生产工艺

1-下气动装置；2-夹套；3-油水分离器；4-冷却器；5-冷凝器；6-上气动装置；7-罐体；8-上下移动轴；9-料叉；10-带筛板的活动底

2. 搅拌式提取器 此类提取器有卧式和立式两大类，图 9-25 是常见的立式搅拌式提取器。器底部设有多孔筛板，既能支承药材，又可过滤提取液。操作时，将药材与提取剂一起加入提取器内，在搅拌的情况下提取一定的时间，提取液经滤板过滤后由底部出口排出。

搅拌式提取器的特点是结构简单，操作方式灵活，既可间歇操作，又可半连续操作，常用于植物籽的提取。但由于提取率和提取液的浓度均较低，因而不适合提取贵重或有效成分含量较低的药材。

3. 渗漉提取设备 渗漉提取的主要设备为渗漉筒或罐，可用玻璃、搪瓷、陶瓷、不锈钢等材料制造。渗漉筒的筒体主要有圆柱形和圆锥形两种，其结构如图 9-26 所示。一般情况下，膨胀性较小的药材多采用圆柱形渗漉筒。对于膨胀性较强的药材，则宜采用圆锥形，这是因为圆锥形渗漉筒的倾斜筒壁能很好地适应药材膨胀时的体积变化。此外，确定渗漉筒的适宜形状还应考虑提取剂的因素。由于以水或水溶液为提取剂时易使药粉膨胀，故宜选用圆锥形；而以有机溶剂为提取剂时则可选用圆柱形。

为增加提取剂与药材的接触时间，改善提取效果，渗漉筒可采用较大的高径比。当渗漉筒的高度较大时，渗漉筒下部的药材可能被其上部的药材及提取液压实，致使渗漉过程难以进行。为此，可在渗漉筒内设置若干块支承筛板，从而可避免下部床层被压实。

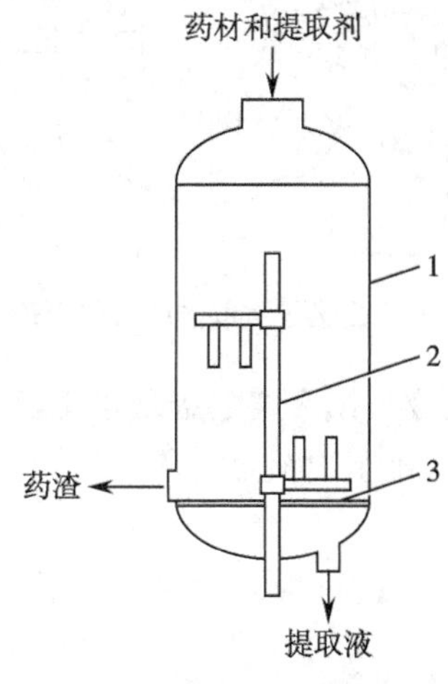

图 9-25 立式搅拌式提取器

1-器体；2-搅拌器；3-支承筛板

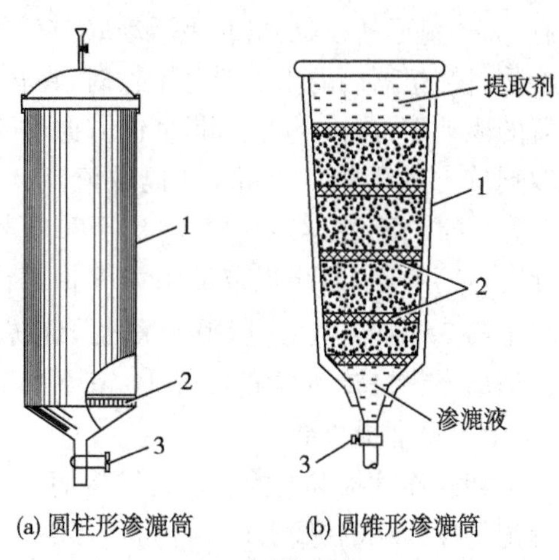

图 9-26 渗漉筒

1-渗漉筒；2-筛板；3-出口阀

大规模渗漉提取多采用渗漉罐，图 9-27 是采用渗漉罐的提取过程示意图。渗漉提取结束时，可向渗漉罐的夹套内通入饱和水蒸气，使残留于药渣内的提取剂汽化，汽化后的蒸汽经冷凝器冷凝后收集于回收罐中。

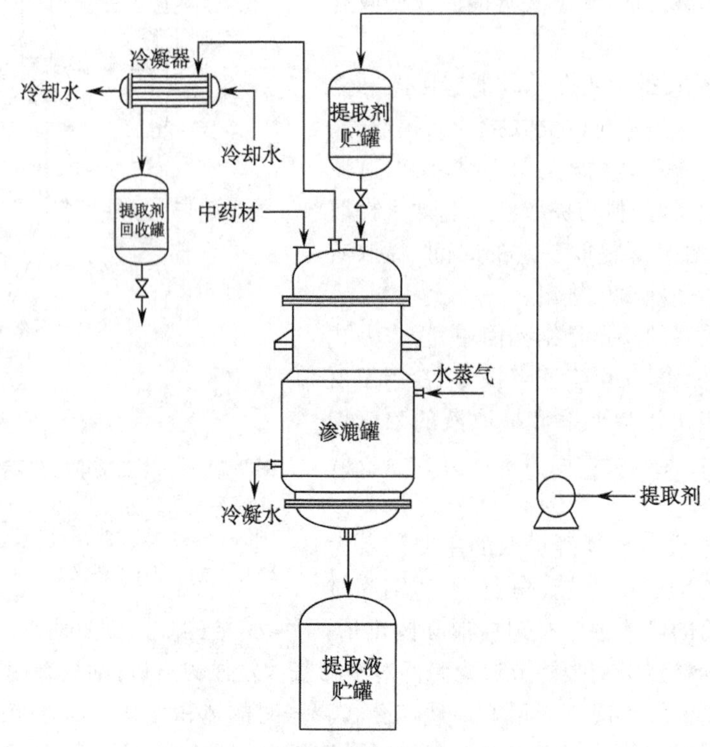

图 9-27 采用渗漉罐的提取工艺流程

4. 平转式连续提取器 此类提取器也是一种渗漉式连续提取器，主要由圆筒形容器、扇体料格、循环泵及传动装置等组成，其工作原理如图 9-28 所示。在圆筒形容器内间隔安装有 12 个扇形料格，料格底为活动底，打开后可将物料卸至器底的出渣器。工作时，在传动装置的驱动下，扇形料斗沿顺时针方向转动。提取剂首先进入第 1、2 格，其提取液流入第 1、2 格下的贮液槽，然后由泵输送至第 3 格，如此直至第 8 格，最终提取液由第 8 格引出。

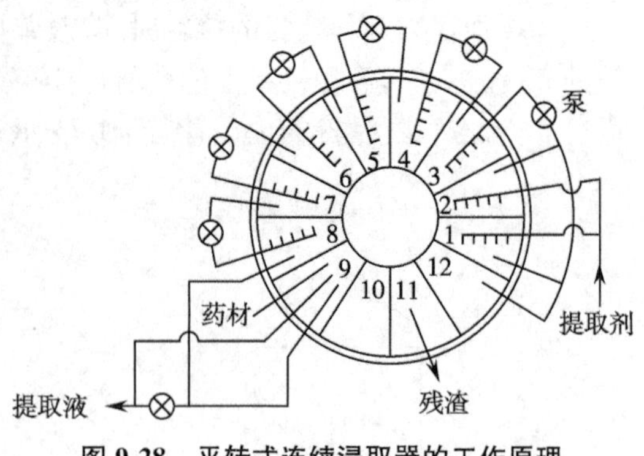

图 9-28 平转式连续浸取器的工作原理

药材由第 9 格加入，加入后用少量的最终提取液润湿，其提取液与第 8 格的提取液汇集后排出。当扇形料格转动至第 11 格时，其下的活动底打开，将残渣排至出渣器。第 12 格为淋干格，其上不喷淋提取剂。

平转式连续提取器的优点是结构简单紧凑、生产能力大，目前已成功地用于麻黄素、莨菪等植物性药材的提取。

5. 罐组式逆流提取机组 图 9-29 是具有 6 个提取单元的罐组式逆流提取过程的工作原理示意图。操作时，新鲜提取剂首先进入 A 单元，然后依次流过 B、C、D 和 E 单元，并由 E

单元排出提取液。在此过程中，E单元进行出渣、投料等操作。由于A单元接触的是新鲜提取剂，因而该单元中的药材被提取得最为充分。经过一定时间的提取后，使新鲜提取剂首先进入B单元，然后依次流过C、D、E和F单元，并由F单元排出提取液。在此过程中，A单元进行出渣、投料等操作。随后再使新鲜提取剂首先进入C单元，即开始下一个提取循环。由于提取剂要依次流过5个提取单元中的药粉层，因而最终提取液的浓度很高。显然，罐组式逆流提取过程实际上是一种半连续提取过程，又称为阶段连续逆流提取过程。

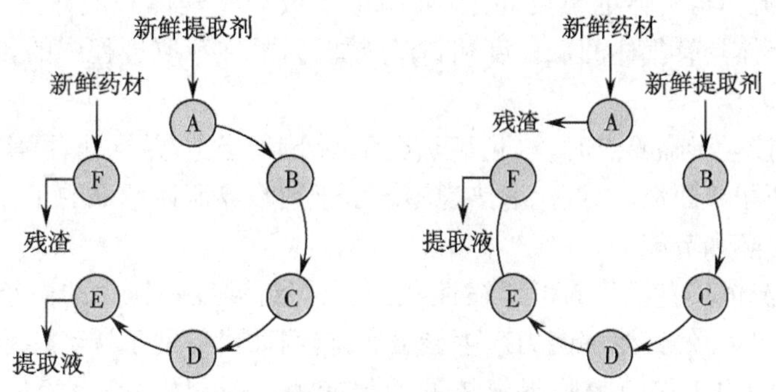

图 9-29　罐组式逆流提取过程的工作原理

实际生产中，通过管道、阀门等将若干组提取单元以图9-29所示的方式组合在一起，即成为罐组式逆流提取机组。操作中可通过调节或改变提取单元组数、阶段提取时间、提取温度、溶剂用量、循环速度以及颗粒形状、尺寸等参数，以达到缩短提取时间、降低提取剂用量、并最大限度地提取出药材中的有效成分的目的。

第三节　超临界流体萃取

一、超临界流体

当流体的温度和压力分别超过其临界温度和临界压力时，则该状态下的流体称为超临界流体，以SCF表示。对于特定的气体，当温度超过其临界温度时，则无论施加多大的压力也不能使其液化，故超临界流体不同于通常的气体和液体。

流体的相图如图9-30所示，由于阴影区中的状态点所对应的温度和压力分别超过流体的临界温度和临界压力，故阴影区即为超临界流体区。超临界流体具有许多特殊的性能，表9-2分别给出了超临界流体、气体和液体的某些性质。

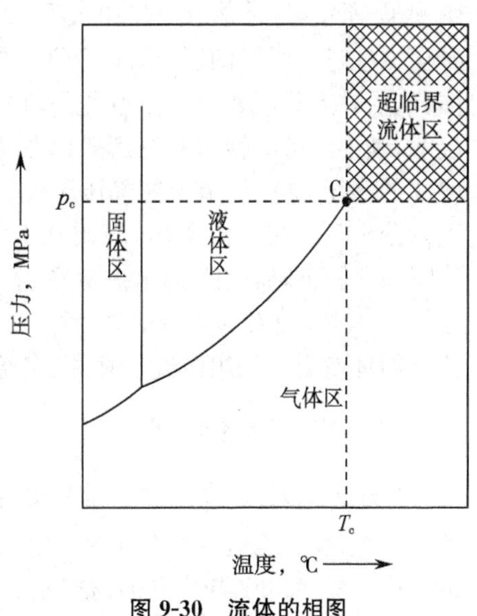

图 9-30　流体的相图

结合图9-30和表9-2可知，超临界流体具有以下特点。

（1）超临界流体与液体的密度相近。由于溶质在溶剂中的溶解度与溶剂的密度成正比，故超临界流体的萃取能力与液体溶剂的萃取能力相近。

表 9-2 超临界流体、气体和液体的某些性质

流体	密度,kg/m³	黏度,Pa·s	扩散系数,m²/s
气体(15～30℃)	0.6～2	$(1\sim3)\times10^{-5}$	$(0.1\sim0.4)\times10^{-4}$
超临界流体	$(0.4\sim0.9)\times10^{3}$	$(3\sim9)\times10^{-5}$	0.2×10^{-7}
有机溶剂(液态)	$(0.6\sim1.6)\times10^{3}$	$(0.2\sim3)\times10^{-3}$	$(0.2\sim2)\times10^{-13}$

(2) 超临界流体与气体的黏度相近,而扩散系数介于气体和液体之间,但更接近于气体,因此超临界流体具有气体的低黏度和高渗透能力,故在萃取过程中的传质能力远大于液体溶剂的传质能力。

(3) 当流体接近于临界点时,汽化潜热会急剧下降,至临界点处,可实现气液两相的连续过渡。此时,两相界面消失,汽化潜热为零。由于超临界流体萃取的工作区域接近于临界点,因而有利于传热和节能。

(4) 超临界流体具有显著的可压缩性,临界点附近温度和压力的微小变化将引起流体密度的显著变化,从而使其溶解能力产生显著变化,因此可借助于调节体系的温度和压力的方法在较宽的范围内来调节超临界流体的溶解能力,这正是超临界流体萃取工艺的设计基础。

二、超临界流体萃取的基本原理

超临界流体对溶质的溶解度取决于其密度。一般情况下,超临界流体的密度越大,其溶解能力就越大,且在临界点附近,当压力和温度发生微小变化时,密度即发生较大改变,从而引起溶解度的改变。研究表明,适当改变体系的温度或压力,可使超临界流体的溶解度在1000倍的范围内变化。恒温下,溶质的溶解度随压力的升高而增大;而在恒压下,溶质的溶解度则随温度的升高而减小,超临界流体萃取正是利用这一特性将某些易溶解的成分萃取出来。

现以超临界 CO_2 流体的萃取过程为例,简要介绍超临界流体萃取的基本原理。如图 9-31 所示,将被萃取原料加入萃取釜,CO_2 气体首先经换热器冷凝成液体,再用加压泵提升至工艺过程所需的压力(高于 CO_2 的临界压力),同时调节温度,使其成为超临界 CO_2 流体,然后进入萃取釜。在萃取釜内,原料与超临界 CO_2 充分接触,其中的可溶性组分溶解于超临界 CO_2 中。此后,含萃取物的高压 CO_2 经节流阀降压至低于 CO_2 的临界压力,再进入分离釜。在分离釜内,溶质在 CO_2 中的溶解度因压力下降而急剧下降,从而析出被萃取组分,并自动分离成溶质与 CO_2 气体,前者即为萃取物,后者经换热器冷凝成 CO_2 液体后循环使用。采用该流程时,操作通常在等温下进行。

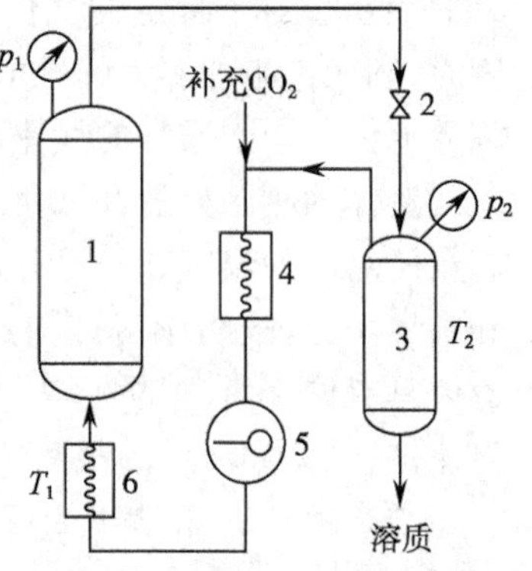

图 9-31 超临界 CO_2 流体萃取示意图

1-萃取釜;2-节流阀;3-分离釜;4-冷凝器;5-加压泵;6-换热器

三、超临界萃取剂

按极性的不同,超临界萃取剂可分为极性和非极性两大类。二氧化碳、乙烷、丙烷、丁烷、戊烷、环已烷、苯、甲苯等均可用作非极性超临界萃取剂;氨、水、丙酮、甲醇、乙醇、异丙醇、丁醇等均可用作极性超临界萃取剂。在各种萃取剂中,

以非极性的 CO_2 最为常用，这是由超临界 CO_2 所具有的特点所决定的。

1. 溶质在超临界 CO_2 中的溶解性能 许多非极性和弱极性溶质均能溶于超临界 CO_2，如碳原子数小于 12 的正烷烃、小于 10 的正构烯烃、小于 6 的低碳醇、小于 10 的低碳脂肪酸均能与超临界 CO_2 以任意比例互溶。而相对分子量超过 500 的高分子化合物几乎不溶于超临界 CO_2。

高碳化合物可部分溶解于超临界 CO_2，且溶解度随碳原子数的增加而下降。

强极性化合物和无机盐难溶于超临界 CO_2，如乙二醇、多酚、糖类、淀粉、氨基酸和蛋白质等几乎不溶于超临界 CO_2。

对极性较强的溶质，超临界 CO_2 的溶解能力较差。有时，为提高超临界 CO_2 对溶质的溶解度和选择性，可适量加入另一种合适的极性或非极性溶剂，这种溶剂称为夹带剂。加入夹带剂的目的，一是提高被分离组分在超临界 CO_2 中的溶解度，二是提高超临界 CO_2 对被分离组分的选择性。

2. 超临界 CO_2 的特点 CO_2 的临界温度为 31.1℃，该温度接近于室温，因此以超临界 CO_2 为萃取剂可避免常规提取过程中可能产生的氧化、分解等现象，从而可保持药物成分的原有特性，这对热敏性或易氧化药物成分的提取是十分有利的。

CO_2 的临界压力为 7.38MPa，属于中压范围。就目前的技术水平而言，该压力范围在工业上比较容易实现。

超临界 CO_2 具有极高的扩散系数和较强的溶解能力，因而有利于快速萃取和分离。

超临界 CO_2 萃取的产品纯度较高，控制适宜的温度、压力或使用夹带剂，可获得高纯度的提取物，因而特别适用于中药有效成分的提取浓缩。

CO_2 的化学性质稳定，并具有抗氧化灭菌作用以及无毒、无味、无色、不腐蚀、无污染、无溶剂残留、价格便宜、易于回收和精制等优点，这对保证和提高天然产品的品质是十分有利的。

超临界 CO_2 易于萃取挥发油、烃、酯、内酯、醚、环氧化合物等非极性物质；使用适量的水、乙醇、丙酮等极性溶剂作为夹带剂，以提高 CO_2 的极性，也可萃取某些内酯、生物碱、黄酮等极性不太强的物质。但超临界 CO_2 不能萃取极性较强或分子量较大的物质。

四、超临界流体萃取药物成分的特点

与传统分离方法相比，利用超临界流体萃取技术提取药物成分具有许多独特的优点。

（1）超临界流体萃取兼有精馏和液液萃取的某些特点。溶质的蒸气压、极性及分子量的大小均能影响溶质在超临界流体中的溶解度，组分间的分离程度由组分间的挥发度和分子间的亲和力共同决定。一般情况下，组分是按沸点高低的顺序先后被萃取出来；非极性的超临界 CO_2 流体仅对非极性和弱极性物质具有较高的萃取能力。

（2）超临界萃取在临界点附近操作，因而特别有利于传热和节能，这是因为当流体接近于临界点时，汽化潜热将急剧下降。在临界点处，可实现气液两相的连续过渡。此时，气液两相界面消失，汽化潜热为零。

（3）超临界流体的萃取能力取决于流体密度，因而可方便地通过调节温度和压力来加以控制，这对保证提取物的质量稳定是非常有利的。

（4）超临界萃取所用的萃取剂可循环使用，其分离与回收方法远比精馏和液液萃取简单，因而可大幅降低能耗和溶剂消耗。实际操作中，常采用等温减压或等压升温的方法，将溶质与萃取剂分离开来。

(5) 当用煎煮、浓缩、干燥等传统方法提取中药有效成分时，一些活性组分可能会因高温作用而破坏。而超临界流体萃取过程可在较低的温度下进行，如以 CO_2 为萃取剂的超临界萃取过程可在接近于室温的条件下进行，因而特别适合于对湿、热不稳定或易氧化物质的中药有效成分的提取，且无溶剂残留。

超临界流体萃取技术用于中药有效成分的提取也存在一些局限性。例如，对于极性较大、分子量超过 500 的物质的萃取，需使用夹带剂或提高过程的操作压力，这就需要选择适宜的夹带剂或提高设备的耐压等级。又如，超临界萃取装置存在一个转产问题，更换产品时，为防止交叉污染，装置的清洗非常重要，但比较困难。再如，萃取原料多为固体(制成片状或粒状等)，其装卸方式是间歇式的。此外。药材中的成分往往非常复杂，类似化合物较多，因此单独采用超临界流体萃取技术往往不能满足产品的纯度要求，此时需与其他分离技术，如色谱、精馏等分离技术联用。

五、超临界 CO_2 萃取装置

目前，超临界 CO_2 萃取装置已实现系列化。按萃取釜的容积不同，试验装置有 50ml、100ml、250ml 和 500ml 等；小型装置有 4L、10L、20L 和 50L 等；中型装置有 100L、200L、300L 和 500L 等；大型装置有 1.2m^3、6.5m^3 和 10m^3 等。

由于萃取过程在高压下进行，因此对设备及整个管路系统的耐压性能有较高的要求。如前所述，超临界 CO_2 流体萃取装置主要由升压装置(压缩机或高压泵)、萃取釜、分离釜和换热器等组成。

1. CO_2 升压装置　超临界 CO_2 流体萃取系统的升压装置可采用压缩机或高压泵。采用压缩机的流程和设备均比较简单，经分离后的 CO_2 流体不需冷凝成液体即可直接加压循环，且可采用较低的分离压力以使解析过程更为完全。但压缩机的体积和噪声较大、维修比较困难、输送流量较小，因而不能满足工业规模生产时对大流量 CO_2 的需求。目前，仅在一些实验规模的超临界 CO_2 流体萃取装置上使用压缩机来升压。采用高压泵的流程具有噪声小、能耗低、输送流量大、操作稳定可靠等优点，但进泵前 CO_2 流体需经冷凝系统冷凝为液体。考虑到萃取过程的经济性以及装置运行的效率和可靠性等因素，目前国内外中型以上的超临界 CO_2 流体萃取装置，其升压装置一般都采用高压泵，以适应工业规模的装置需有较大的流量以及能够在较高压力下长时间连续运行的要求。

CO_2 高压泵是超临界 CO_2 流体萃取装置的“心脏”，是整套装置中主要的高压运动部件，它能否正常运行对整套装置的影响是不言而喻的。但不幸的是它恰恰是整套装置中最容易发生故障的地方。出现此问题的根本原因是泵的工作介质在性能上的特殊性。水的黏度较大且可在泵的柱塞和密封填料之间起润滑作用，因此高压水泵的问题比较容易解决。而超临界 CO_2 流体的性质不同于普通液体的性质。如前所述，超临界 CO_2 流体具有易挥发、低黏度、渗透力强等特点，这些特点是 CO_2 作为溶剂的突出优点，但在超临界 CO_2 流体的输送过程中却会因此而产生很多麻烦。由于高压柱塞泵是依靠柱塞的往复运动来输送超临界 CO_2 流体的，当柱塞暴露于 CO_2 气体的瞬间，其表面的 CO_2 会迅速挥发，使柱塞杆干涩而失去润滑作用，从而加剧柱塞杆与密封填料之间的磨损，导致密封性能丧失、密封填料剥落堵塞 CO_2 高压泵的单向阀等。很多泵在使用 2～3 天或一个星期左右即需更换柱塞密封填料，频繁的更换会严重影响科研和生产的正常进行。因此，对于输送 CO_2 的

高压泵，应解决好柱塞杆与密封填料之间的润滑问题，并强化柱塞杆表面的耐磨性。实践表明，若能较好地解决上述问题，输送 CO_2 的高压泵可维持较长的连续运行时间（半年以上）而不需检修。

目前，输送 CO_2 的高压泵可采用双柱塞、双柱塞调频和三柱塞等类型，其工作压力可达 50MPa 以上。在 50MPa 的工作压力下，双柱塞泵的工作流量可达 20L/h，双柱塞调频泵的工作流量可达 50L/h，三柱塞泵的工作流量可达 400L/h。

2. 萃取釜　萃取釜是超临界 CO_2 流体萃取装置的主要部件，它必须满足耐高压、耐腐蚀、密封可靠、操作安全等要求。萃取釜的设计应根据原料的性质、萃取要求和处理量等因素来决定萃取釜的形状、装卸方式和设备结构等。目前大多数萃取釜是间歇式的静态装置，进出固体物料时需打开顶盖。为提高操作效率，生产中常采用 2 个或 3 个萃取釜交替操作和装卸的半连续操作方式。

为便于装卸，通常将物料先装入一个吊篮，然后再将吊篮置于萃取釜中。吊篮的上、下部位均设有过滤板，其作用是防止 CO_2 流体通过时带走物料。吊篮的外部设有密封机构，其作用是确保 CO_2 流体流经物料而不会从吊篮与萃取釜之间的间隙穿过，即防止 CO_2 流体产生短路。对于装填量极大且基本上为粉尘的物料，则可采用从萃取釜上端装料、下端卸料的两端釜盖快开设计。

习 题

1. 25℃时，以水为萃取剂(S)，从醋酸(A)与氯仿(B)的混合液中提取醋酸，平衡数据如表 9-1（见例 9-1）所示。试确定：(1) 在等腰直角三角形相图上绘出辅助曲线和溶解度曲线，并在直角坐标系中绘出分配曲线；(2) 由 20kg 醋酸、80kg 氯仿和 100kg 水所组成的混合液在相图上的坐标位置，并确定该混合液达到平衡时的两相组成和质量。(3) 上述两相液层的分配系数和选择性系数。（图略；$x_A=2\%$，$x_B=96.6\%$，$x_S=1.4\%$，$y_A=17.7\%$，$y_B=0.5\%$，$y_S=81.8\%$，R 相 119kg，E 相 81kg；$k_A=8.85$，$k_B=0.0052$，$\beta=1701$）

2. 对于上题中的物系，拟在单级萃取装置中用水萃取混合液中的醋酸。已知原料液的流量为 100kg/h，醋酸的含量为 20%（质量分率），试计算获得最大浓度的萃取液时的萃取剂用量。（85kg/h）

思考题

1. 简述液体混合物在什么情况下采用萃取分离而不用精馏分离。
2. 简述萃取剂的选择性及其在液液萃取中的意义。
3. 简述固液提取过程的阶段划分。
4. 药材的常用提取方法有哪些？
5. 结合图 9-24，简述多功能提取罐的结构和特点。
6. 结合图 9-28，简述平转式连续提取器的工作原理。

7. 结合图 9-29,简述罐组式逆流提取机组的工作原理。

8. 简述超临界流体及其特点。为什么超临界流体萃取常采用 CO_2 作为萃取剂?

9. 简述超临界流体萃取的基本原理。

10. 简述超临界流体萃取药物成分的优点。

(王志祥 高文义 崔志芹)

第十章　固体干燥

第一节　概　　述

一、去湿方法

制药化工生产中，针对含有湿分（水分或有机溶剂）的固体原料、中间体或产品，为便于进一步的加工、运输、贮存和使用，常需将其中的湿分去除至规定指标，这种操作简称“去湿”。

常用的去湿方法有机械去湿法、物理化学去湿法和热过程去湿法。其中，机械去湿法是采用压榨、过滤和离心分离等机械方法而除去湿分，通常能耗小、费用低，但湿分去除不彻底，如离心分离后的物料含水率尚有5%～10%，某些物料过滤后的含水率甚至高达50%～60%。物理化学去湿法是利用某种吸湿性较强的化学药品（如浓硫酸、无水氯化钙）或吸附剂（如分子筛、硅胶等）来吸收或吸附物料中的湿分，通常受吸湿剂平衡浓度的限制，多用于微量湿分的脱除。热过程去湿法是指利用热过程（加热、冷冻、冷却），使湿物料中的湿分（汽化、升华、冷凝）得以除去的过程，习惯简称固体干燥。干燥操作中，湿分发生相变化，过程耗能大、费用高，但湿分去除较彻底。

生产中，为节省能耗，一般先利用机械去湿法去除湿物料中的大部分湿分，然后再采用干燥操作得到湿含量少的合格产品。

二、干燥操作的分类

按操作压力的不同，干燥操作可分常压干燥和真空干燥。其中，真空干燥可适当降低湿分的汽化温度，提高干燥速度，因此尤其适用于热敏性、易氧化或终态含水量极低物料的干燥处理。按操作方式的不同，干燥操作可分为连续干燥和间歇干燥。连续干燥适用于大规模的连续生产，相反，间歇干燥则更适合小批量、多品种的间歇生产，是制药生产中经常采用的形式。按热量传给湿物料的方式不同，干燥过程可分为导热干燥、对流干燥、热辐射干燥和介电加热干燥。

导热干燥时，热量通过传热壁面以热传导的方式供给物料，所产生的蒸气被干燥介质（热气流）带走，或是用真空泵抽走。所以，导热干燥又可称为间接加热干燥，其热能利用率较高，缺点是与壁面相接触的物料易过热而变质。

对流干燥时，干燥介质直接与湿物料相接触，热能以对流方式传递给物料，所产生的蒸气被干燥介质带走，因此对流干燥又称为直接加热干燥。在对流干燥中，干燥介质的温度调节比较方便，物料不至于过热，但热能利用率较导热干燥低。

热辐射干燥中，辐射器产生的辐射能以电磁波形式达到物料表面，被物料吸收并转变为热能，从而使湿分汽化。热辐射干燥的生产强度比导热或对流干燥大，干燥时间短，设备紧凑，使用灵活，适于表面积大而薄的物料处理，缺点是电能消耗大。

介电加热干燥中，将被干燥物料置于高频电场内，在高频电场的交变作用下，物料内部的极性分子的运动振幅增大，振动能量将使得物料发热，从而达到湿分汽化和干燥的目的，故又称为高频干燥。一般情况下，物料内部的湿含量较表面的要高，而极性水分子的介电常数又大于固体的介电常数。因此，物料内部的吸热量较多，将使得物料干燥时内部的温度高于其表面温度，即传热与传质的方向一致，干燥速度较高。通常将电场频率低于 300MHz 的介电加热称为高频加热，在 300MHz～300GHz 之间的介电加热称为超高频加热，又称为微波加热。由于介电加热干燥的设备投资较大，能耗高，故大规模的生产应用不多。

就制药化工生产而言，应用最广泛的当属对流干燥操作，其干燥介质虽有过热蒸汽或其他惰性气体等，但多数仍使用空气，且除去的湿分也多为水分。因此，本章将主要介绍以空气为干燥介质、水为湿分的对流干燥过程，所涉原理对其他干燥介质及湿分的干燥操作也同样适用。

三、对流干燥过程分析

对流干燥过程中，干燥介质热空气的温度 t 高于物料表面温度 θ，热能以对流方式从干燥介质传至物料表面，再由表面传至物料的内部，这是一个传热过程。传热的方向是由气相到固相，传热的推动力为空气温度 t 与物料表面温度 θ 的温度差 $\Delta t=t-\theta$，同时，由于热空气中的水分分压 p_w 低于固体物料表面水的分压 p_i，水分汽化并通过物料表面的气膜扩散至热气流主体，湿物料内部的水分以液态或气态扩散通过物料层至表面，这是一个传质过程。传质的方向是由固相到气相，传质的推动力为物料表面的水汽分压 p_i 与空气主体的水汽分压 p_w 间的分压差 $\Delta p=p_i-p_w$，对流干燥过程是传热与传质相伴进行的过程，传热与传质的方向相反，如图 10-1 所示。

对流干燥过程中，为保证干燥过程的进行，干燥介质空气既要为物料提供水分汽化所需的热量，又要带走已汽化的水汽。因此，空气既是载热体，又是载湿体。

干燥操作的必要条件是物料表面的水汽分压必须大于干燥介质中的水汽分压，两者差别越大，干燥过程的推动力越大，干燥进行得越快。若干燥介质被水汽所饱和，则推动力为零，这时干燥操作停止。

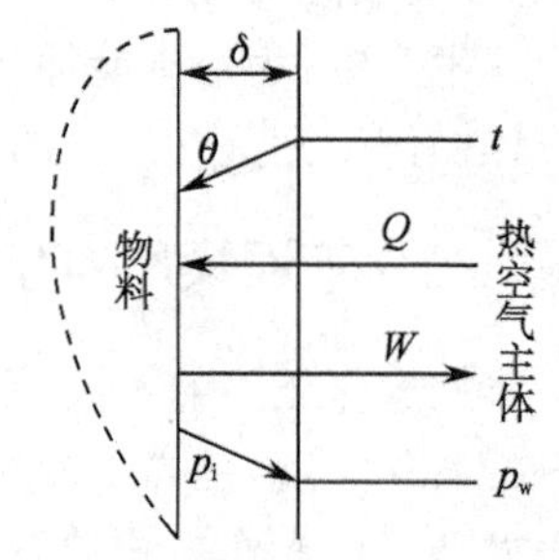

图 10-1 对流干燥过程分析

分析对流干燥过程可知，影响固体湿物料干燥速度和干燥程度的主要因素，有干燥介质的性质（如温度，湿度），湿物料含水性质，物料特性（如颗粒尺寸，形状和内部结构）等。此外，干燥器的类型、结构和尺寸等也直接关系到物料与干燥介质的接触程度和流动状况。本章将着重对干燥过程的这些影响因素进行逐一分析。

第二节 湿空气的性质与焓湿图

一、湿空气的性质

通常把含有水蒸气的空气称为湿空气，而把湿空气中除水蒸气以外的部分称为绝对干空气，简称干空气。

干燥一般在常压或减压下进行，可把这种状态下的湿空气作为理想气体来处理。在对流干燥过程中，随着物料中的水分不断进入湿空气，湿空气中的水汽含量在不断变化，但其中干空气的质量是不变的，故为了便于定量与分析，多以单位质量的干空气为计算基准。

（一）水蒸气分压 p_w

湿空气中的水蒸气压强，称为水蒸气分压，单位为 Pa。

在一定总压下，水蒸气分压越大，说明湿空气中的水蒸气含量越高。因此，常利用水蒸气分压，来表示湿空气中的水蒸气含量。

（二）湿度 H

湿度是指单位质量(1kg)干空气所对应的湿空气中含有的水蒸气质量，可按下式计算

$$H=\frac{\text{湿空气中的水蒸气质量}}{\text{湿空气中的绝干空气质量}}=\frac{M_w n_w}{M_g n_g}=\frac{18n_w}{29n_g}=0.622\frac{n_w}{n_g} \tag{10-1}$$

式(10-1)中，H 为空气的湿度，单位为 kg/kg$_{干}$；M_w 为水蒸气的千摩尔质量，单位为 kg/kmol；M_g 为干空气的平均千摩尔质量，单位为 kg/kmol；n_w、n_g 分别为水蒸气和干空气的千摩尔数，单位为 kmol。

常压下的湿空气可视为理想气体，由道尔顿分压定律可知

$$\frac{n_w}{n_g}=\frac{p_w}{p_g}=\frac{p_w}{P-p_w}$$

式中的 P 为湿空气的总压，单位为 kPa；p_w、p_g 分别为湿空气中水蒸气和干空气的分压，单位为 kPa。

代入式(10-1)得

$$H=0.622\frac{p_w}{P-p_w} \tag{10-2}$$

由式(10-2)可知，湿空气的湿度与总压及其中的水蒸气分压有关。当总压一定时，水蒸气的分压越大，空气的湿度也就越大。

（三）相对湿度 φ

在一定总压下，湿空气中的水蒸气分压 p_w 与同温度下水的饱和蒸气压 p_s 之比的百分数，称为相对湿度，即

$$\varphi=\frac{p_w}{p_s}\times100\% \tag{10-3}$$

相对湿度可以用来衡量湿空气的不饱和程度。当 $p_w=0$ 时，$\varphi=0$，表示湿空气中不含水分，此时空气为绝对干空气；当 $p_w=p_s$ 时，$\varphi=100\%$，表示空气中的水蒸气分压等于同温度下水的饱和蒸气压，湿空气已达饱和，此时空气为饱和湿空气；当 $0<p_w<p_s$ 时，$0<\varphi<100\%$，此时空气为不饱和湿空气。

干燥过程中，通常以 φ 值来评估空气容纳水分的能力。φ 值愈低，表示该空气偏离饱和程度愈远，空气容纳水的能力越强，干燥速率越快；φ 值愈高，空气愈接近饱和，空气容纳水的能力越弱，干燥速率越慢；$\varphi=100\%$，空气达到饱和，容纳水的能力为零，无干燥能力。

由式(10-3)可知，对 p_w 相同的湿空气而言，温度升高，p_s 增大，φ 降低，空气容纳水的能力增强。在干燥生产中，通常把加热后的空气作为干燥介质，其目的：一是为了将热量传递给物料，二是为了降低 φ，提高空气的干燥能力。

将式(10-2)与式(10-3)联立得

$$H=0.622\frac{\varphi p_s}{P-\varphi p_s} \tag{10-4}$$

由于 p_s 是温度的函数，故上式反映了在一定总压、温度下，湿空气的 H 与 φ 间关系。

（四）湿比热 C_H

湿比热即湿空气的比热，是指常压下将 1kg 干空气所对应的湿空气温度升高 1℃所需要的热量，即

$$C_H=C_g+C_vH \tag{10-5}$$

式中，C_H 为湿空气的比热，kJ/(kg$_干$·℃)；C_g、C_v 分别为干空气和水蒸气的比热，单位为 kJ/(kg·℃)。

由于常压下 C_g 和 C_v 在 0～200℃温度范围内变化不大，可视为常数，其值分别可取为 1.01kJ/(kg·℃)和 1.88kJ/(kg·℃)。因此，湿空气的比热可写为

$$C_H=1.01+1.88H \tag{10-6}$$

（五）湿空气的焓 I_H

湿空气的焓是指 1kg 干空气所对应的湿空气的焓，可计算为 1kg 干空气的焓与 Hkg 水蒸气的焓之和，即

$$I_H=I_g+I_vH \tag{10-7}$$

式中，I_H 为湿空气的焓，kJ/kg$_干$；I_g、I_v 分别为干空气和水蒸汽的焓，kJ/kg。

工程计算时，为方便起见，通常规定干空气和液态水在 0℃时的焓值为零。所以，t℃干空气的焓，即 1kg 干空气从 0℃升至 t℃所需的热能为

$$I_g=C_gt$$

同时，t℃水蒸气的焓则为 1kg、0℃液态水变成 t℃水蒸气所需的热能，包括 0℃液态水汽化为 0℃蒸气所需的热能，以及 0℃蒸气升温至 t℃蒸气所需的热能，可计算为

$$I_v=C_vt+r_0$$

式中的 r_0 为 1kg 水在 0℃时的汽化潜热，其值约 2490kJ/kg。

代入式(10-7)得

$$I_H=C_gt+H(C_vt+r_0)=(C_g+HC_v)t+Hr_0$$

整理得

$$I_H=C_Ht+Hr_0 \tag{10-8}$$

或

$$I_H=(1.01+1.88H)t+2490H \tag{10-9}$$

（六）湿比容 υ_H

湿空气的比容简称湿比容，是指 1kg 干空气所对应的湿空气的体积，可表示为 1kg 干空气的体积与 Hkg 水蒸气的体积之和，即

$$\upsilon_H=\upsilon_g+H\upsilon_v \tag{10-10}$$

式(10-10)中，υ_H 为湿空气的比容，单位为 m^3/kg$_干$；υ_g 为干空气的比容，即 1kg 干空气的体积，单位为 m^3/kg；υ_v 为水蒸气的比容，即 1kg 水蒸气的体积，单位为 m^3/kg。

根据理想气体状态方程，标准状态下，对压力为 PkPa、温度为 t℃的 Mkg 干空气有

$$PV=\frac{M}{29}R(273+t)$$

整理得

$$\upsilon_g=\frac{V}{M}=\frac{R(273+t)}{29P}$$

将 $R=22.4\times101.33/273$ 代入上式得

$$\upsilon_g=\frac{22.4\times(273+t)}{29\times273}\times\frac{101.33}{P}$$

整理得

$$\upsilon_g=\frac{0.772\times(273+t)}{273}\times\frac{101.33}{P}$$

同理，对压力为 PkPa、温度为 t℃的水蒸气，可得

$$\upsilon_v=\frac{1.244\times(273+t)}{273}\times\frac{101.33}{P}$$

将以上两式代入式(10-10)得

$$\upsilon_H=\frac{(0.772+1.244H)\times(273+t)}{273}\times\frac{101.33}{P} \tag{10-11}$$

若是常压湿空气，则有

$$\upsilon_H=\frac{(0.772+1.244H)\times(273+t)}{273} \tag{10-12}$$

（七）干球温度与湿球温度

干球温度 t，是指普通温度计测得的湿空气温度，也就是湿空气的真实温度。湿球温度 t_w，是指由湿纱布包裹感温球的温度计所测得的湿空气温度。

图 10-2 为干、湿球温度计的示意图，图中湿球温度计的感温球由纱布包裹，而纱布的下端浸于水中，在毛细管作用下，可保持纱布充分润湿。初时，水分充足的湿纱布温度与空气温度相同，但由于其表面的水蒸气分压比空气中的水汽分压高，因此当大量温度为 t、湿度为 H 的不饱和湿空气流经纱湿布表面时，后者中的水分必然汽化，并通过气膜向空气主体扩散，纱布因被吸热而降温。由于纱布中水温的降低，与空气间存在温度差，于是空气便向其传递热量，传热速率的大小将与两者间的温差相关。待空气向纱布的传热速率等于纱布表面水分汽化所需的传热速率时，纱布中的水温将保持恒定。此时，湿球温度计所显示的温度就是空气的湿球温度 t_w。需说明的是，湿球温度是上述热平衡状态下湿纱布中水分的温度，而不是空气的真实温度。此外，因自湿纱布表面向空气汽化的水分量相对大量的湿空气而言，其影响可以忽略，即可认为湿空气的 t 和 H 均不发生变化。

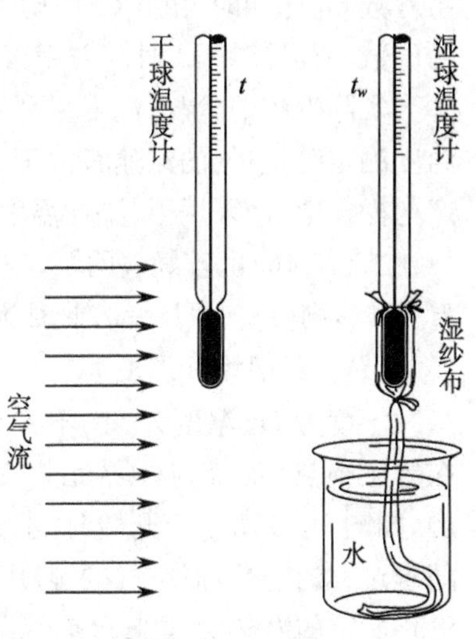

图 10-2 干、湿球温度计

湿球温度 t_w 与湿空气的 t 及 H 有关。当湿空气的温度一定时，湿度愈高，则湿球温度值也愈高；当湿空气达到饱和时，湿球温度与干球温度相等。

空气向湿纱布表面的传热速率可计算为

$$Q=\alpha S(t-t_w) \tag{10-13}$$

式中，Q 为传热速率，单位为 kW；α 为空气对流传热系数，单位为 W/(m² · ℃)；S 为传热面积，单位为 m²；t、t_w 分别为湿空气的干球温度和湿球温度，单位为℃。

与此同时，湿纱布中水分向空气中汽化。若空气的湿度为 H，当空气传给湿纱布的热量等于水从湿纱布汽化所吸收的热量时，与湿纱布表面交界处的空气为水蒸气所饱和，该层空气的湿度为 t_w 温度下的饱和湿度 H_w，则水蒸气向空气的传质速率可计算为

$$N=k_H S(H_w-H) \tag{10-14}$$

因此，水分汽化所需的传热速率为

$$Q=Nr_w \tag{10-15}$$

式中，N 为传质速率，单位为 kg/s；k_H 为以湿度差为推动力的传质系数，单位为 $kg_干/(m^2 \cdot s)$；H_w 为 t_w 下湿空气的湿度，单位为 $kg/kg_干$；r_w 为 t_w 下汽化潜热，单位为 kJ/kg。

根据热衡算原理，即空气传给湿纱布的显热等于湿纱布中水汽化的潜热，故由式(10-13)～式(10-15)可知

$$\alpha S(t-t_w)=k_H S(H_w-H)r_w$$

整理得

$$t_w=t-\frac{k_H r_w}{\alpha}(H_w-H) \tag{10-16}$$

式中，k_H/α 为同侧气膜传质系数与传热系数之比。

湿球温度为湿空气的状态函数。当空气的状态一定，即湿空气的温度 t、湿度 H 以及物系常数 k_H 已知时，由式(10-16)可求出空气的湿球温度 t_w。由于 k_H 和 H_w 又均为湿球温度的函数，所以计算 t_w 时需采用试差法。

实际生产中，湿球温度多利用湿球温度计直接测取。为减少辐射或热传导的影响，湿球温度测定时，空气的流速宜大于 5m/s，旨在确保对流效果，使得测量结果更为可靠。干燥生产与操作中，常采用干、湿球温度计来测量与计算空气的湿度。

式(10-16)也较好表明了，空气的 H 越大，则空气的 t_w 越高；当空气达到饱和状态时，$H=H_w$，则 $(H_w-H)=0$，此时湿球温度等于干球温度。

（八）绝热饱和温度 t_{as}

湿度为 H、温度为 t 的不饱和湿空气与足量的水，在等压绝热（系统与外界无热交换）饱和器中流动接触，如图 10-3 所示。开始时，水分不断向空气中汽化，随着过程的进行，湿空气的湿度不断升高，另由于水分汽化所需的潜热完全来自空气降温所放出的显热，故空气的温度逐渐下降。当湿空气与水有足够长的接触时间，湿空气最终将被汽化的水汽所饱和（$\varphi=100\%$），系统达到稳定，空气的温度不再下降，且等于循环水的温度。就湿空气而言，失去的显热被汽化了的水分又以潜热的方式还回，即焓值保持不变，因此该过程常被称为绝热（或等焓）增湿过程。出口处的空气温度，称为初始状态湿空气的绝热饱和温度，以 t_{as} 表示，相应的湿度也被称作绝热饱和湿度，以 H_{as} 表示。

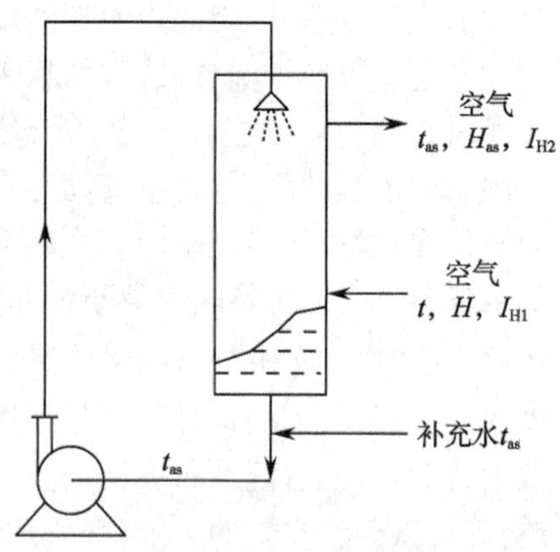

图 10-3 绝热饱和器示意图

由式(10-8)可知，进入系统的湿空气焓值 I_{H1} 可写为

$$I_{H1}=C_H t+Hr_0 \tag{10-17}$$

同样，湿空气绝热状态下冷却到 t_{as} 时的焓值 I_{H2} 可表示为

$$I_{H2}=C_{as}t_{as}+H_{as}r_0 \tag{10-18}$$

式中，I_{H1}、I_{H2}分别为湿空气进入、离开系统时的焓，单位为 $kJ/kg_干$；r_0 为 0℃时水的汽化潜热，其值约 2490kJ/kg；t_{as}为湿空气的绝热饱和温度，单位为℃；H_{as}为湿空气在 t_{as}时的饱和湿度，单位为 $kg/kg_干$。

由于是等焓过程，$I_{H1}=I_{H2}$，故

$$C_H t+Hr_0=C_{as}t_{as}+H_{as}r_0$$

又因 H 及 H_{as}的数值均远小于 1，故由式(10-6)知 $C_H\approx C_{as}$，因此上式可化简得

$$t_{as}=t-\frac{r_0}{c_H}(H_{as}-H) \tag{10-19}$$

式(10-19)表明，绝热饱和温度 t_{as}是湿空气初始温度 t 与湿度 H 的函数，即当 t、H 一定时，t_{as}也为定值。

实验表明，对有机液蒸气与空气的混合气而言，通常式(10-16)中$(\alpha/k_H)=1.67\sim2.09$；而对空气和水蒸气系统而言，有 $\alpha/k_H\approx1.09$，接近$(1.01+1.88H)$，亦即$(\alpha/k_H)\approx C_H$。另就式(10-16)和式(10-19)而言，由于一般情况下有 $r_w=r_0$ 及 $H_w\approx H_{as}$，故对于空气-水蒸气系统，一定温度和湿度下，其湿球温度近似等于绝热饱和温度，即

$$t_w\approx t_{as}$$

对于非空气-水蒸气系统，因$(\alpha/k_H)\neq C_H$，故 $t_w\neq t_{as}$。

尽管绝热饱和温度和湿球温度是两个完全不同的概念，但两者均为初始状态下湿空气的温度和湿度的函数，特别对空气-水蒸气系统来说，两者在数值上还近似相等，实际生产中常可简化干燥计算。

（九）露点 t_d

露点 t_d 是指在总压和湿度不变的条件下，使湿空气降温至饱和状态的温度。与之对应的饱和湿度，习惯采用 H_d 表示。

露点形成过程的特点，是在总压和湿空气的 H 恒定的条件下，由于温度下降，湿空气的相对湿度逐渐升高，待 φ 值升至 100%即达到饱和状态时，空气中出现露滴。所以，此时的温度称为湿空气的露点。

与 t_d 对应的 H_d，可利用式(10-3)求得

$$H_d=0.622\frac{p_d}{P-p_d} \tag{10-20}$$

式中，H_d 为湿空气的饱和湿度，即 t_d 下湿空气的湿度，单位为 $kg/kg_干$；p_d 为露点温度下水的饱和蒸气压，单位为 kPa。

湿空气的四个温度参数，分别是干球温度 t，湿球温度 t_w，绝热饱和温度 t_{as}及露点 t_d，都可用来确定空气状态。对于特定状态的空气，彼此间的关系为

对不饱和空气：$t>t_{as}=t_w>t_d$

对于饱和空气：$t=t_{as}=t_w=t_d$

例 10-1　已知湿空气的总压为 101.33kPa，相对湿度为 50%，干球温度为 20℃。试求：(1) 水蒸气分压 p_w，kPa；(2) 湿度 H，$kg/kg_干$；(3) 焓 I_H，$kJ/kg_干$。

解：(1) 水蒸气分压 p_w：依题意 $P=101.33kPa$，$\varphi=50\%$，$t=20℃$。由附录 7 查得 20℃时水的饱和蒸气压为 $p_s=2.34kPa$。则由式(10-3)得

$$p_w=\varphi p_s$$

$$p_w=0.50\times2.34=1.17\text{kPa}$$

(2) 湿度 H：由式(10-2)得

$$H=0.622\frac{p_w}{P-p_w}=0.622\times\frac{1.17}{101.33-1.17}=0.0073\text{kg/kg}_{干}$$

(3) 焓 I_H：由式(10-9)得

$$\begin{aligned}I_H&=(1.01+1.88H)t+2490H\\&=(1.01+1.88\times0.0073)\times20+2490\times0.0073=38.65\text{kJ/kg}_{干}\end{aligned}$$

二、湿空气的焓湿图及其应用

(一) 湿空气的焓湿图

干燥计算中，经常要用到湿空气的各项参数，如 H、φ、I_H、t_d 等。这些参数尽管可用公式进行计算，但过程繁琐。工程上，往往将各参数之间的关系绘制成图，以便查取和计算。根据坐标选择的参数不同，图的形式也有所不同。

本章重点介绍湿空气的焓湿图(I_H-H 图)，如图 10-4 所示。图中关联了湿空气-水系统的焓、湿度、相对湿度、温度及水蒸气分压等参数。

为避免焓湿图中曲线密集难读，I_H-H 图采用斜角坐标系，两轴之间成 135°夹角。纵轴为湿空气的焓 I_H，单位为 kJ/kg$_{干}$；斜轴为湿空气的湿度 H，单位为 kg/kg$_{干}$；为便于读取，使用中将斜轴上 H 的数值投影到与纵轴正交的辅助水平线上。需注意的是，该图是基于总压 $P=101.33$kPa 绘制的，当系统的总压偏离较大时，不能直接使用，应对压力的影响给予校正。

I_H-H 图上共有四组线群和一条水蒸气分压线。

1. 等湿度线(等 H 线) 等 H 线为一系列平行于纵轴的直线。在同一条等 H 线上，各点的湿度相同，其值可在辅助水平线上读取。

由露点的定义可知，不同状态的湿空气，如湿度相同则其露点值也相同。因此，在同一条等 H 线上，湿空气的 t_d 为一定值。

2. 等焓线(等 I_H 线) 等 I_H 线为一系列平行于斜轴的直线。在同一条等 I_H 线上，各点的焓值相同，其值可在纵轴上读取。

3. 等温线(等 t 线) 将式(10-9)改写为

$$I_H=1.01t+(1.88t+2490)H \tag{10-21}$$

由式(10-21)可知，当空气的干球温度不变时，I_H 与 H 成直线关系，故在 I_H-H 图中，对应不同的 t 可作出系列等温线。不同温度的等温线均倾斜于水平轴，斜率为(1.88t+2490)，且斜率值随温度的升高而增大。因此，各等 t 线彼此间并不平行。但在一般情况下，因 $1.88t\ll2490$，即斜率随温度的变化不大，因此作图计算时，又常将各等 t 线视为平行。

4. 等相对湿度线(等 φ 线) 等相对湿度线是根据式(10-4)绘制而成，式(10-4)为

$$H=0.622\frac{\varphi p_s}{P-\varphi p_s}$$

常压下，上式各物理量的函数关系可简写成 $\varphi=f(H、p_s)$。由于 p_s 仅与湿空气温度 t 有关，所以又可写成 $\varphi=f(H、t)$。如 φ 值一定，则给定温度 t_i 就可查到一个对应的饱和水蒸气压 p_{si}，据此代入式(10-4)便可算取一个对应的 H_i 值。将多个由(t_i，H_i)汇聚起来的点连线，可绘得该 φ 值下的等相对湿度线。图 10-4 中即绘出了 $\varphi=5\%\sim100\%$的一系列等 φ 线。

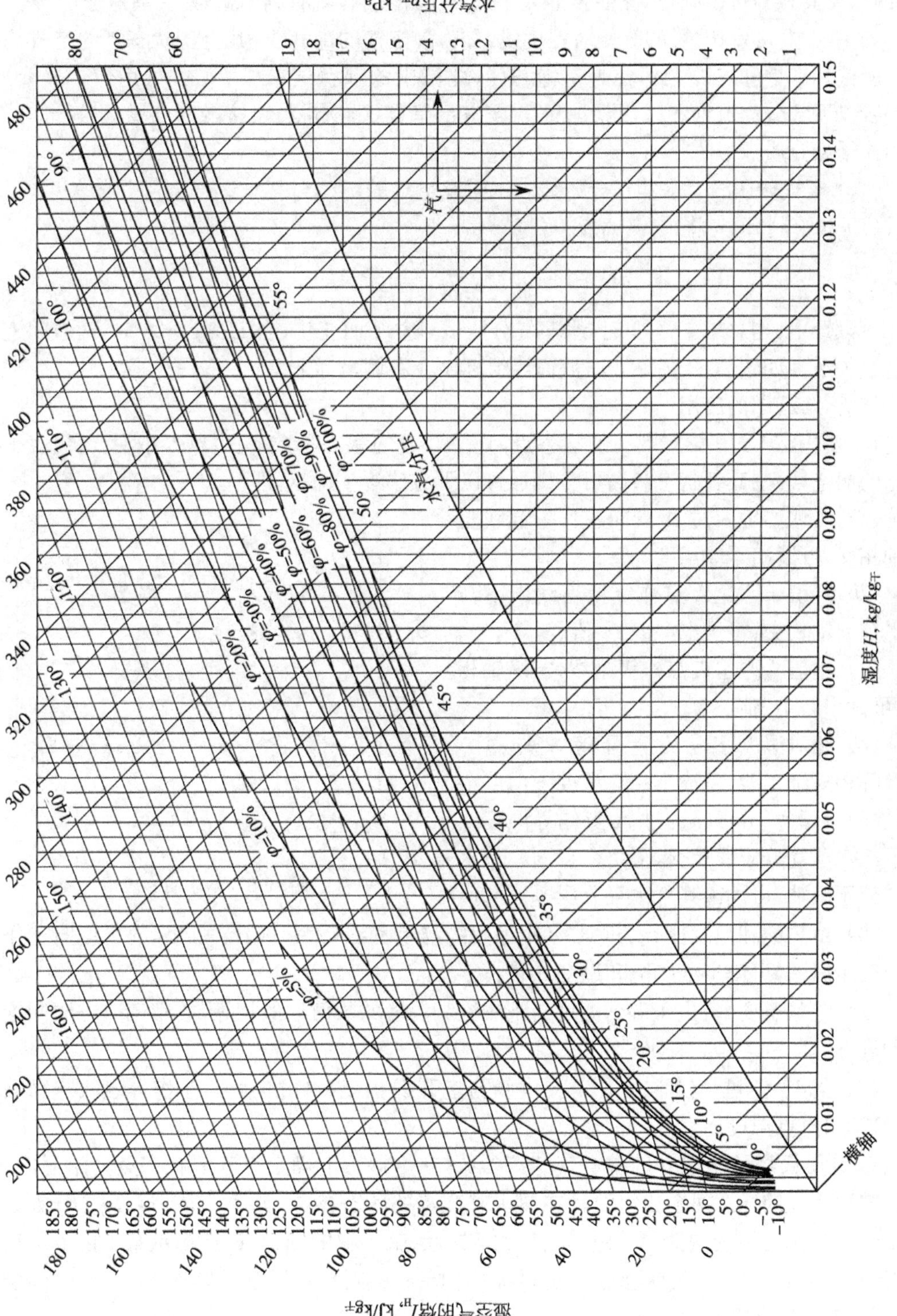

图 10-4 湿空气的焓湿图（I_H—H 图）

当湿空气的 H 为定值时，其 φ 值会随温度的升高而降低。可见，湿空气经加热后再作为干燥介质，会提升其吸收水汽的能力。因此，实际生产中，通常先采用预热器将湿空气等湿加热，使其相对湿度降低，然后再通入干燥器干燥物料，既有利于载热，又有利于吸湿。

图 10-4 中，$\varphi=100\%$的等相对湿度线，称为湿空气的饱和线，其上各状态点的空气均被水汽所饱和。饱和线以上部分为不饱和区，此域中的湿空气 $\varphi<100\%$，可用作干燥介质。饱和线以下部分为过饱和区，此域中的湿空气已呈雾状，物料与之接触则会增湿、返潮，故不可用作干燥介质。

5. 水蒸气分压线 水蒸气分压线表示了湿空气的湿度与其水蒸气分压间的关系，可依据式(10-3)绘制，即先将式(10-3)改写为

$$p_w=\frac{HP}{0.622+H}$$

可以看出，当总压 P 不变时，水蒸气分压 p_w 随 H 而变化；当 $H\ll 0.622$ 时，两者间近似成直线关系。如图 10-4 所示，p_w 数值习惯标绘在右侧坐标上。

（二）焓湿图的应用

1. 利用湿空气在焓湿图上的状态点，查取对应的状态参数 图 10-5 中 A 点代表了某状态的湿空气，则其各状态参数可分别通过以下方法逐一确定，即

（1）干球温度 t：过 A 点向左作等温线与纵轴相交，可读出干球温度 t 值。

（2）湿度 H：由 A 点作等湿度线向下与水平辅助轴相交，可读出湿度 H 值。

（3）焓值 I_H：过 A 点作等焓线，与纵轴相交，可读出焓 I_H 值。

（4）相对湿度 φ：参照上、下等 φ 线，过 A 点作等相对湿度线，可读出相对湿度 φ 值。

（5）水蒸气分压 p_w：过 A 点作等湿度线向下与水蒸气分压线相交，再由交点向右作水平线交于纵轴，可读出其水蒸气分压 p_w 值。

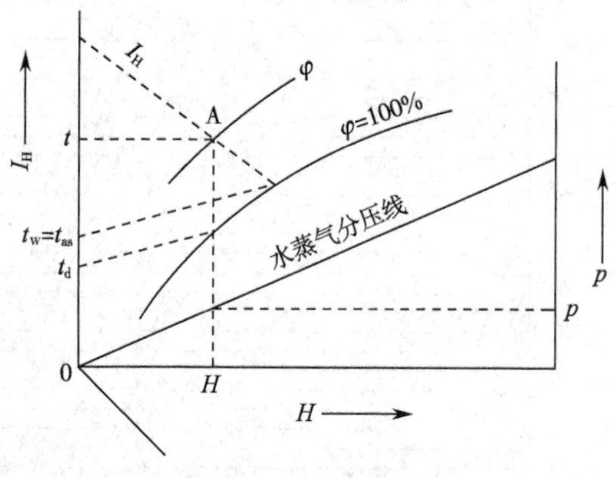

图 10-5 焓湿图的应用

（6）绝热饱和温度值 t_{as}：过 A 点作等焓线与饱和线($\varphi=100\%$)相交，过交点向左作等温线交于纵轴，可读出绝热饱和温度 t_{as} 值。

（7）湿球温度 t_w：由于湿球温度与绝热饱和温度的数值近似相等，故其读取方法同绝热饱和温度。

（8）露点 t_d：过 A 点向下作等湿度线与饱和线相交，再由交点向左作等温线与纵轴相交，可读出露点温度 t_d 值。

2. 利用任意两个独立的湿空气状态参数，在焓湿图上确定空气的状态点 焓湿图中，若已知湿空气的任意两个独立的且在图中有交点的状态参数，如 I_H-H、t-H、t-φ、$t-t_w$、$t-t_d$、$\varphi-p$ 等，则可方便快捷地确定出空气的实际状态。例如，图 10-6(a)即示意了由干球温度 t 和湿球温度 t_w 确定空气状态点 A 的过程；图 10-6(b)则示意了由干球温度 t 和露点 t_d 确定空气状态点 A 的过程。

需提醒注意的是，空气的性质参数并非都是独立的，如 t_d、H、p_w 三者间彼此就不独立，故不能依据其中的两参数来确定出空气的实际状态点。

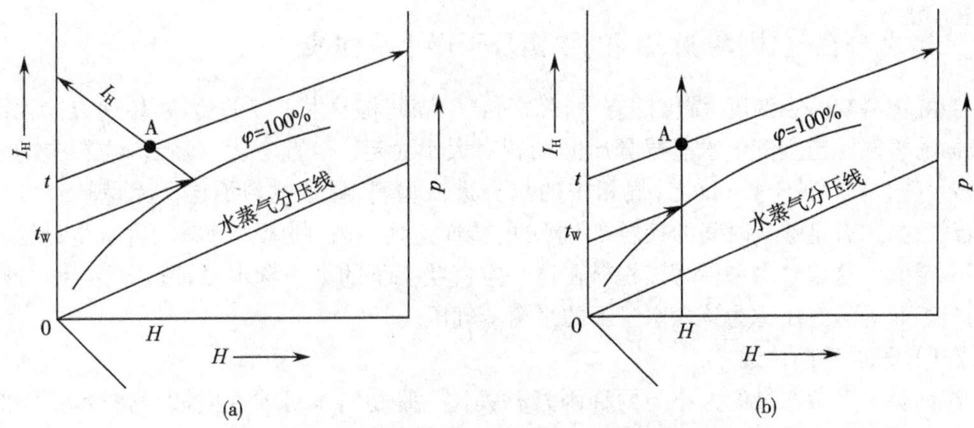

图 10-6 基于焓湿图的空气状态点确定

第三节 干燥过程的相平衡

如前所述,干燥过程即包括热量由干燥介质向湿物料的传递,亦包括湿分(水分)由湿物料向干燥介质(湿空气)的传递。因此,干燥过程的进行不仅取决于湿空气的性质,亦受到物料中所含水分性质的影响。只有了解物料中水分的种类和性质,以及掌握物料与空气中水分的平衡关系,才能判断干燥过程进行的方向、最大限度及干燥过程的推动力。

一、湿物料含水量的表示方法

湿物料的含水量有湿基含水量和干基含水量两种表示方法。

(一) 湿基含水量 *w*

湿基含水量是指单位质量(1kg)湿物料中所含的水分质量,即

$$w=\frac{\text{湿物料中水分的质量}}{\text{湿物料的质量}}\times 100\% \tag{10-22}$$

式中,w 为湿基含水量,单位为 $kg/kg_{湿}$。

(二) 干基含水量 *X*

干基含水量是指单位质量(1kg)绝对干燥物料(不含水分的物料)所对应的湿物料中含有的水分质量,即

$$X=\frac{\text{湿物料中水分的质量}}{\text{绝对干燥物料的质量}} \tag{10-23}$$

式中,X 为干基含水量,单位为 $kg/kg_{绝}$。

湿基含水量和干基含水量两者间的换算关系为

$$w=\frac{X}{1+X}\times 100\% \tag{10-24}$$

或

$$X=\frac{w}{1-w} \tag{10-25}$$

在实际生产中,为方便测量,物料中的含水量通常用湿基含水量表示。但在干燥过程中,由于湿物料的总质量会因水分汽化而逐渐减少,而绝干物料的质量却保持不变,故将其作为计算基数将十分方便,因此干燥计算时多使用干基含水量。

二、水分在气、固两相之间的平衡及干燥平衡曲线

当湿物料与一定温度、湿度的空气接触时，气、固间将发生水分的传递，传递方向视湿物料表面的蒸气压与空气中水蒸气分压间的相对大小而定。若前者大于后者，物料中的水分将进入气相，物料被干燥；反之，气相中的水分进入物料，导致物料返湿。无论转移方向如何，若气、固间有足够长时间的接触，使水分的传递达到平衡，则固体物料的含水量最终将保持某一定值。这个含水量称为该物料在这一空气状态下的平衡含水量，以 X^* 表示。此时，湿物料表面的蒸气压称为该含水量下的平衡蒸气压。

（一）干燥平衡曲线

湿物料平衡含水量的大小与两种因素有关。一是物料本身的性质，即物料本身的结构和水分在物料中的结合情况；二是空气的状态，亦即干燥介质的湿度、温度等条件。不同的物料有不同的平衡含水量，其值通常都通过实验来测定。

1. $p_w \sim X^*$ 线　一定温度下，当水分在气、固两相间达到平衡时，湿空气中的水分分压 p_w 与湿物料的平衡含水量 X^* 之间的关系线，常称为平衡曲线，亦可看成是描述湿物料的含水量 X 与平衡蒸气压 p_w^* 之间的关系曲线，如图 10-7 所示。由图可见，对应绝干物料的平衡蒸气压为零，可见，只有与绝干空气相接触而达到相平衡，才有可能得到绝干物料。因此，通常干燥生产后的产品并不是绝干物料，而只是含水量降到了工艺规定的要求。

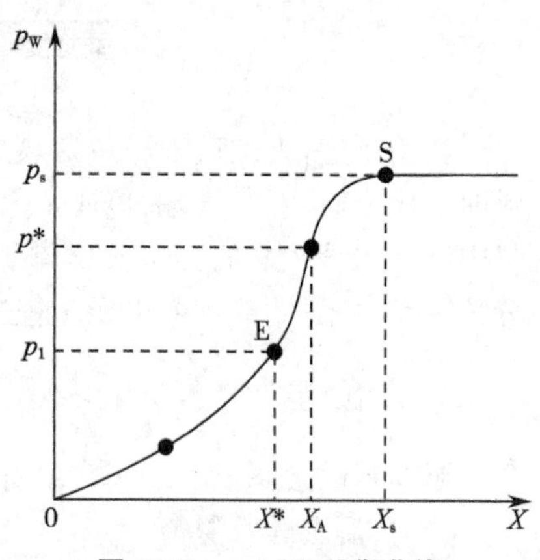

图 10-7　$p_w \sim X^*$ 平衡曲线

此外，图 10-7 还表明，当湿物料含水量增加时，与之平衡的湿空气中的水分分压也增大。当湿物料含水量达到或超过某一定值 X_s 时，水蒸气分压不再随水的含量而变化，湿润的物料将像纯水一样，其平衡蒸气压为该温度下水的饱和蒸气压 p_s，与其相平衡的湿空气为该温度下的饱和湿空气。

2. $\varphi \sim X^*$ 线　同一种类物料的 $p_w \sim X^*$ 平衡曲线与温度有关，而采用相对湿度 φ 对 X^* 作图，则曲线的变化将较小，因而工程计算中常采用 $\varphi \sim X^*$ 类型的平衡曲线，如图 10-8 所示，旨在数据缺乏时忽略温度的影响。

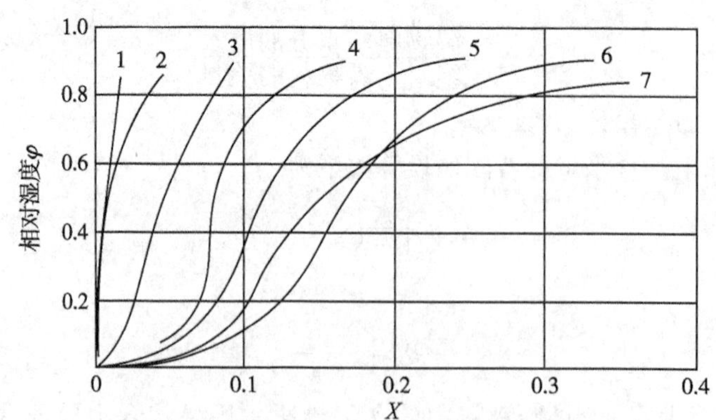

图 10-8　室温下某些物料的 $\varphi \sim X^*$ 平衡曲线

1-石棉纤维板；2-聚氯乙烯粉；3-木炭；4-牛皮纸；5-黄麻；6-小麦；7-土豆

在相同的空气条件下，物料经脱湿达到平衡或由增湿达到平衡时，有可能得到不同的平衡含水量，因此有吸湿平衡线和脱湿平衡线之分。一般情况下，吸湿过程所得的平衡含水量较脱湿过程所得的平衡含水量小，这种现象称为吸湿滞后。

（二）物料中所含水分的性质

1. 自由水分与平衡水分　一定温度下，湿物料与相对湿度为 φ 的不饱和湿空气接触达到动态平衡时，物料中所含的水分，称为平衡水分。平衡水分表示一定空气状态下物料能够达到的干燥极限，是干燥生产无法去除的水分。湿物料中除去平衡水分之外的水分，称为自由水分，也是经干燥生产可去除的水分。平衡含水量是干燥计算的重要参数，其值与物料及湿空气的性质有关。

2. 结合水分与非结合水分　依据固-液间相互作用力的强弱，固体物料中的水分可分为结合水分与非结合水分。结合水分是以物化方式与固体物料结合的水分，包括湿物料中存在于细胞壁内的溶胀水分，以及多孔性物料中的毛细管水分等。由于固-液间的结合力较强，结合水分所产生的蒸气压小于同温度下纯水的饱和蒸气压，故不易干燥除去。非结合水分是以机械方式与固体物料结合的水分，包括以游离态附着于物料表面的水分和物料大孔隙中的水分。非结合水分固-液间的结合力较弱，所产生的蒸气压等于同温度下纯水的蒸气压，故易于干燥除去。

直接测定物料的结合水分是比较困难的，但可根据其特点，利用平衡关系曲线外推得到。如图 10-9 所示，在一定温度下，由实验测定的某物料的平衡曲线，将该平衡曲线延长与 $\varphi=100\%$ 的横轴相交于 A 点，则 A 点左侧的水分即为该物料的结合水分，其蒸气压低于同温度下纯水的饱和蒸气压。A 点右侧的水分为非结合水分，非结合水的含量随物料的总含水量而变化。

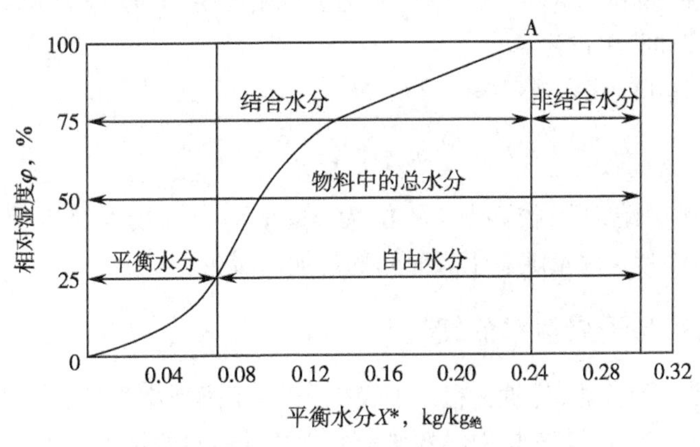

图 10-9　物料中水分的划分

总之，平衡水分与自由水分、结合水分与非结合水分是物料中总水分的两种不同的划分方法。非结合水分是容易干燥除去的水分，而结合水分较难除去，各自的含水量取决于固体物料本身的性质，而与空气的状态无关。自由水分是在干燥中可以除去的水分，而平衡水分是不能除去的。自由水分和平衡水分的划分，除与物料的性质有关外，还决定于空气的状态。

（三）平衡曲线的应用

利用干燥平衡曲线，可判断干燥过程的进行方向，以及确定过程的推动力。含水量为 X

的湿物料，与一定温度下水汽分压为 p_w 的湿空气相接触时，可在干燥平衡曲线上找到与该湿空气相对应的平衡含水量 X^*。比较 X 与 X^* 的大小，若 X 高于 X^*，则物料脱水被干燥，过程推动力为 $\Delta X=X-X^*$；若 X 低于 X^*，物料将吸湿，吸湿推动力为 $\Delta X=X^*-X$。就干燥操作而言，其过程推动力也更多地常采用湿度差 $\Delta H=H^*-H$ 来表示。

干燥平衡曲线也可用来确定在给定干燥介质的条件下，湿物料中可能去除的水分及干燥后物料的最低含水量即干燥极限。当然，利用干燥平衡曲线，也可确定为达到一定干燥要求而所用干燥介质的最高湿含量。

此外，根据物料的干燥平衡曲线，还可以确定湿物料中的结合水分量与非结合水分量，从而判断生产中多少水分易于除去，而多少水分较难除去。

第四节 干燥过程速率

干燥生产中，干燥速率的快慢直接影响着干燥时间与干燥效果。只有已知干燥速率，才能计算出干燥所需的时间，从而为干燥器的工艺尺寸设计提供依据。类似地，只有了解干燥过程的机制，以及干燥速率的影响因素，才能提出改进干燥器的科学措施及提高干燥生产效率的有效方法。

一、干燥速率

干燥速率为单位时间内，在单位干燥面积上汽化的水分量，即

$$u=\frac{dW}{S d\tau} \tag{10-26}$$

式中，u 为干燥速率，单位为 kg/(m^2·s)；W 为去除的水分量，单位为 kg；S 为干燥面积，单位为 m^2；τ 为干燥时间，单位为 s。

因为 $dW=-G_c dX$，代入式(10-26)得

$$u=-\frac{G_c}{S}\frac{dX}{d\tau} \tag{10-27}$$

式中，G_c 为湿物料中绝对干物料量，单位为 $kg_{绝}$；X 为湿物料的干基含水量，单位为 $kg/kg_{绝}$；“－”表示物料含水量随着干燥时间的增加而减少。

二、干燥曲线与干燥速率曲线

干燥过程是复杂的传热、传质过程。干燥生产中，干燥速率受到物料性质、结构、所含水分种类、热空气状态、流速、空气与物料的接触方式及干燥器的结构等因素的多重影响，因此干燥速率通常多由实验直接测定，且为了简便起见，实验多于恒定干燥条件下进行，即干燥过程中保持干燥介质的温度、湿度、流速及与物料的接触方式等均不变。

（一）干燥曲线

在恒定干燥条件下，对湿物料进行干燥，随着时间的延续，水分不断汽化，湿物料的质量逐渐减少，最终趋于稳定，其中所含的水分趋近平衡含水量 X^*。若将各时间间隔内物料的失重及物料的表面温度等数据进行记录、整理，即可得物料含水量 X、物料表面温度 θ 与干燥时间 τ 的关系曲线，称为干燥曲线，如图 10-10 所示。

由图 10-10 可以看出，初始时，物料的含水量为 X_1，温度为 θ_1，对应图中 A 点。干燥开

始后，物料含水量及其表面温度均随时间而变化。在AB段内物料的表面温度升高，含水量下降，但变化率不大，即 $dX/d\tau$ 较小，是物料预热阶段，时间一般较短。到达B点时物料的表面温度升至空气的湿球温度 t_w。BC段中，X 与 τ 基本呈直线关系，即 $dX/d\tau$ 为常数，另物料的表面温度维持 t_w 不变，表明空气传给物料的显热恰好等于水分汽化所需的潜热，这种平衡一直维持到C点。C点之后，空气传给物料的热量仅有一部分用于汽化水分，另一部分则被物料吸收，因此进入CDE段后，物料的表面温度将由 t_w 升高至 θ_2，该段曲线的斜率 $dX/d\tau$ 逐渐变小，直到物料中所含水分降至平衡含水量 X^*，最终 $dX/d\tau$ 降为零，即干燥速率降为零，干燥过程结束。

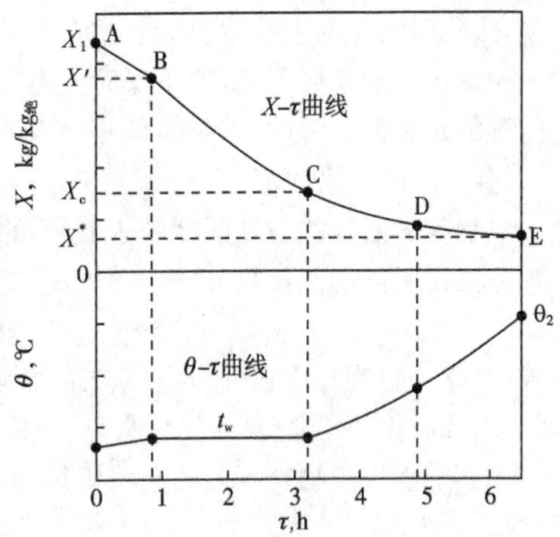

图 10-10　恒定条件下的干燥曲线

（二）干燥速率曲线

计算干燥曲线上各点的斜率 $dX/d\tau$，便可算取各时间点的干燥速率 u，再以干燥速率为纵坐标，含水量为横坐标，可绘制得到干燥速率曲线，如图10-11所示。干燥速率曲线的形状随物料种类的不同而变化，但通常均可划分成三个阶段，即物料的预热阶段、恒速干燥阶段和降速干燥阶段。

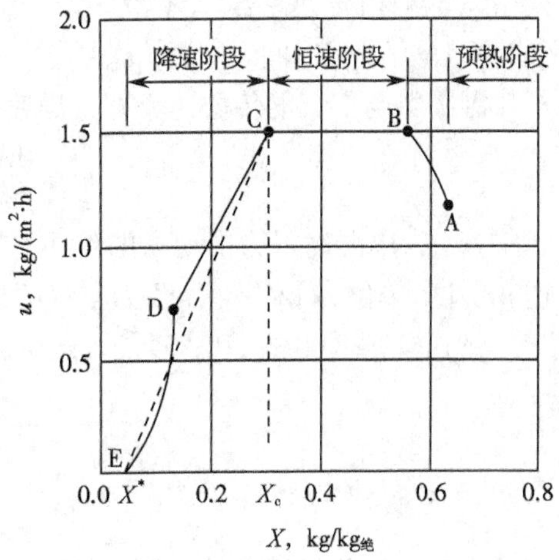

图 10-11　恒定干燥条件下的干燥速率曲线

1. 预热阶段　预热阶段即图中的AB段。该段内干燥速率逐渐增大，物料温度升高，但变化都较小。由于预热阶段一般很短，通常可并入恒速干燥阶段。

2. 恒速干燥阶段　恒速干燥阶段即图中的BC段。该阶段中干燥速率保持恒定，基本上不随物料含水量的减少而变化。此外，该阶段中，物料的表面温度亦维持不变，且等于空气的湿球温度 t_w。

3. 降速干燥阶段　降速干燥阶段即图中的CDE段。该阶段内干燥速率随物料含水量的减少而降低，直至E点，物料的含水量最终等于平衡含水量 X^*，干燥速率降为零，干燥过程停止。

恒速干燥阶段与降速干燥阶段之间的交点C，称为临界点。点C既是恒速段的终点，又是降速段的起点，与点C对应的物料含水量称为临界含水量，以 X_c 表示。

（三）干燥机制及干燥速率的影响因素

恒速干燥阶段和降速干燥阶段的干燥机制及影响因素均不尽相同。

1. 恒速干燥阶段　生产中，湿物料内部水分的干燥包括两个过程，即水分由物料内部向物料表面的迁移传递过程和水分在物料表面汽化并进入气相的过程。恒速干燥阶段中，湿物料内部水分充沛，其向表面传递的速率足够大，即物料表面始终能维持充分湿润的状态，故恒速干燥阶段的干燥速率主要取决于物料表面水分的汽化速率，亦即取决于干燥空气条件，而不受物料内部水分状态的影响，所以该阶段又称为表面汽化速率控制阶段。一般来说，该阶段汽化的水分主要为非结合水，雷同于自由液面的水的汽化。

恒定干燥条件下，恒速干燥阶段内固体物料的表面充分润湿，类似于湿球温度计测量时的湿纱布表面。因此，若忽略辐射传热的影响，则物料的表面温度应等于空气的湿球温度 t_w，事实正是如此。

物料表面处的空气湿度等于 t_w 下的饱和湿度 H_w，且空气传给湿物料的显热恰好等于水分汽化所需的汽化热，即

$$dQ' = r_{t_w} dW' \tag{10-28}$$

式中，Q' 为批操作中恒速段空气传给物料的热量，单位为 kJ；r_{t_w} 为水分在 t_w 温度下的气化潜热，kJ/kg；W' 为恒速段的汽化水分，单位为 kg。

其中空气与物料表面的对流传热速率为

$$\frac{dQ'}{S d\tau} = \alpha(t - t_w) \tag{10-29}$$

式中，α 为对流传热系数，单位为 W/(m^2·℃)；S 为干燥面积，单位为 m^2；t 为空气温度，单位为℃；τ 为干燥时间，单位为 s。

湿物料与空气的传质速率即干燥速率为

$$u_c = \frac{dW'}{S d\tau} = k_H(H_{s,t_w} - H) \tag{10-30}$$

式中，k_H 为以湿度差为推动力的传质系数，单位为 kg$_{干}$/(m^2·s)；H_{s,t_w} 为 t_w 温度下空气的饱和湿度，单位为 kg/kg$_{干}$；H 为空气的湿度，单位为 kg/kg$_{干}$。

将式(10-28)和式(10-29)代入式(10-30)并整理得

$$u_c = \frac{dW'}{S d\tau} = \frac{dQ'}{r_{t_w} S d\tau}$$

$$u_c = k_H(H_{s,t_w} - H) = \frac{\alpha}{r_{t_w}}(t - t_w) \tag{10-31}$$

由于干燥是在恒定的空气条件下进行，故只随空气条件而变的 α 和 k_H 值均保持不变，且 $(t-t_w)$ 及 $(H_{s,t_w}-H)$ 也为定值，因此湿物料和空气间的传热速率及传质速率均恒定。由式(10-31)可以看出，恒速干燥段的干燥速率 u_c 也可以通过对流传热系数 α 来计算。物料与干燥介质的接触方式对于对流传热系数 α 的影响很大，常用的经验公式有

(1) 当空气平行流过静止物料层的表面时

$$\alpha = 0.0204(L')^{0.8} \tag{10-32}$$

式中，L' 为湿空气的质量流速，单位为 kg/(m^2·h)。

式(10-32)的应用条件为 L'=2450～29 300kg/(m^2·h)，空气的平均温度 45～150℃。

(2) 当空气垂直流过静止物料层的表面时

$$\alpha = 1.17(L')^{0.37} \tag{10-33}$$

式(10-33)的应用条件为 L'=3900～19 500kg/(m^2·h)。

(3) 当气体与运动颗粒间传热时

$$\alpha = \frac{\lambda_g}{d_p}\left[2 + 0.54\left(\frac{d_p u_t}{\mu_g}\right)^{0.5}\right] \tag{10-34}$$

式中，d_p 为颗粒的平均直径，单位为 m；u_t 为颗粒的沉降速率，单位为 m/s；λ_g 为空气的导热系数，单位为 W/(m·K)；μ_g 为空气的运动黏度，单位为 m^2/s。

根据上述经验公式，计算出对流传热系数 α，再由式(10-31)便可求出干燥速率值。不难

看出，影响恒速段干燥速率的因素主要有空气的温度、湿度、流速及空气与物料间的接触方式。通常，空气的流速越高、温度越高、湿度越低，则干燥速率越快；但温度过高、湿度过低，则可能会导致物料因干燥速率太快而变形、开裂或表面硬化。此外，空气的流速过大，也易引起气流夹带现象。所以，应视具体的生产需求，选择、确定适宜的操作条件。

2. 降速干燥阶段　当湿物料中的含水量降至临界含水量 X_c 以后，干燥便转入降速阶段。该阶段中，由于物料的水分减少，导致水分自物料内部向表面迁移的速率，将小于物料表面的水分汽化速率，即物料的表面不能维持充分润湿，部分变干。此时，空气传给物料的热量，并不全部用于水分汽化，相当一部分用于加热物料，其间物料内部的水分逐渐向表面迁移，干燥速率逐渐减小，物料温度则不断升高。待干燥进行到 D 点时，物料表面已完全干燥，汽化面将逐渐向物料的内部深入，汽化所需的热量必须通过已干燥的固体层传入，而汽化出的水分也必须经过这层固体传递到空气主流中，无疑增加了干燥传热和传质的阻力，导致干燥速率比 CD 段下降得更快，直至 E 点时，干燥速率降为零，物料表面温度升为 θ_2，而物料的含水量则等于该空气状态下的平衡含水量。

降速阶段干燥速率曲线的形状，随物料内部的结构而异。某些多孔性物料，其降速阶段的干燥速率曲线只有 CD 段；而某些无孔吸水性物料，干燥速率曲线的降速段只有类似 DE 段的曲线，且通常还没有恒速段曲线；另有些物料的 DE 段弯曲情况恰与图 10-11 所示的相反。

总之，降速阶段的干燥速率，主要取决于物料本身的结构、形状及堆积厚度，而与干燥介质的状态关系不大。因此，降速阶段又习惯称为物料内部水分迁移速度控制阶段。

3. 临界含水量　临界点是干燥恒速段与降速段的分界点，乃干燥生产中的一个重要参数。临界含水量 X_c 的大小，与物料的性质（结构、厚度等）、干燥介质的状态（温度、湿度和流速等）以及干燥器的结构密切相关。通常，无孔吸水性物料的 X_c 比多孔物料的大；一定干燥条件下，物料层越厚，X_c 值越大；干燥介质的温度越高、湿度越低时，恒速段的高速干燥易使得物料的表面发生板结，从而较早进入降速段，故 X_c 值较大；此外，对物料有翻动或搅动的干燥过程，X_c 值较低。

临界含水量 X_c 值越大，表明干燥转入降速段越早，导致相同的干燥任务所需的干燥时间就越长，不利于生产。因此，X_c 值越小越好。通常，降低物料层的厚度，以及加强对物料的搅拌，可适量减小 X_c，同时亦增大了干燥面积。另外，采用气流干燥器或流化床干燥器生产，X_c 值也较低。

临界含水量通常由实验测定，也可查阅相关手册获取，表 10-1 即列出了部分物料的 X_c 值。

表 10-1　不同物料的临界含水量

有机物料		无机物料		临界含水量，%（干基）
特征	例子	特征	例子	
很粗的纤维	未染过的羊毛	粗核无孔的物料（大于 50 目）	石英	3～5
		晶体的、粒状的、孔隙较少的物料（50～325 目）	食盐、海砂、矿石	5～15
晶体的、粒状的、孔隙较少的物料	麸酸结晶	细晶体有孔物料	硝石、细沙、黏土料、细泥	15～25

续表

有机物料		无机物料		临界含水量，%（干基）
特征	例子	特征	例子	
粗纤维细粉	粗毛线、醋酸纤维、印刷纸、碳素颜料	细沉淀物、无定形和胶体状态的物料、无机颜料	碳酸钙、细陶土、普鲁士蓝	25～50
细纤维、无定形和均匀状态的压紧物料	淀粉、亚硫酸、纸浆、厚皮革	纸浆、有机物的无机盐	碳酸钙、碳酸镁、二氧化钛、硬脂酸钙	50～100
分散的压紧物料、胶体和凝胶状态的物料	鞣制皮革、糊墙纸、动物胶	有机物的无机盐、触媒、吸附剂	硬脂酸锌、四氯化锡、硅胶、氢氧化铝	100～3000

第五节　干燥过程的工艺计算

干燥工艺计算中，需要确定的工艺参数主要有干燥中去除的水分量、干燥产品量、干燥空气的消耗率、干燥器的热效率及干燥时间等。

一、物料衡算

如图 10-12 所示的干燥器，G_1、G_2 分别为单位时间进、出干燥器的物料质量，单位为 kg/s。实际生产中，G_1 常被称作干燥器的处理量或物料量，而 G_2 则称作干燥器的产量或生产能力等。G_c 为绝干物料量，单位为 $kg_{绝}/s$；w_1、w_2 分别为干燥前后物料的湿基含水量，单位为 $kg/kg_{湿}$；X_1、X_2 分别为干燥前后物料的干基含水量，单位为 $kg/kg_{绝}$；L 为绝干空气的质量流量，进、出干燥器时数值不变，单位为 $kg_{干}/s$；H_1、H_2 分别为进、出干燥器时的空气湿度，单位为 $kg/kg_{干}$；W 为单位时间内的水分汽化量，单位为 kg/s；V_1、V_2 分别为进、出干燥器的湿空气的体积流量，单位为 m^3/s。

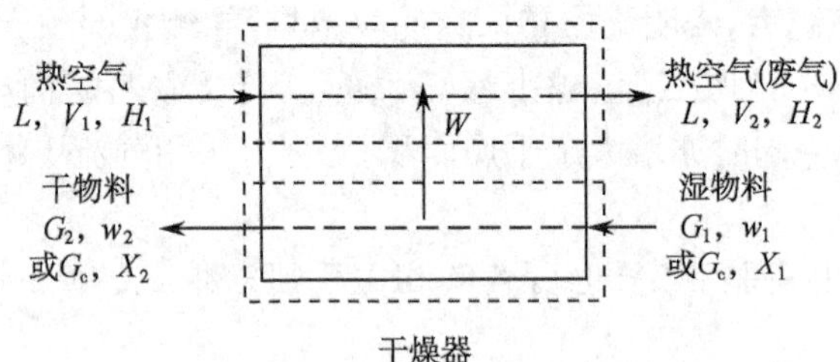

图 10-12　干燥系统的物料衡算

（一）干燥产品量 G_2

假定干燥过程无物料损失，即干燥前后物料中绝干物料的质量不变，则

$$G_c=G_1(1-w_1)=G_2(1-w_2) \tag{10-35}$$

即

$$G_2=G_1\frac{1-w_1}{1-w_2} \tag{10-36}$$

（二）汽化水分量 W

由物料衡算，知 $G_1=G_2+W$ 或 $W=G_1-G_2$，则水分汽化量为

$$W=G_1\frac{w_1-w_2}{1-w_2}\text{或}W=G_2\frac{w_1-w_2}{1-w_1}\tag{10-37}$$

若以干基含水量表示，则

$$W=G_c(X_1-X_2)\tag{10-38}$$

（三）干空气消耗量 L

干燥过程中，湿物料中水分的减少量，等于空气中水汽的增加量，即

$$W=L(H_2-H_1)$$

即

$$L=\frac{W}{H_2-H_1}\tag{10-39}$$

（四）湿空气的体积流量 V

$$V=L\upsilon_H\tag{10-40}$$

需注意的是，υ_H 为状态函数，随温度 t 和湿度 H 的变化而变化。因此，在计算 V 时，须说明空气所处的位置，如"预热前"、"预热后或干燥器前"以及"干燥器后"等。

如果是间歇干燥器，其物料衡算的原则与上述连续干燥器的计算完全相同，只是以某批物料为衡算基准。

例 10-2　某药厂一台连续干燥器，常压操作。处理物料量为 800kg/h，要求干燥后物料的含水量由 30%降到 4%（均为湿基）。干燥介质空气的初始温度为 15℃，相对湿度为 50%。经预热器加热到 120℃进入干燥器，出干燥器时温度为 45℃，相对湿度为 80%。试求：(1) 水分汽化量 W，kg/h；(2) 干燥产品量 G_2，kg/h；(3) 干空气消耗量 L，$kg_干$/h；(4) 如果鼓风机装在进口处，求风机的送风量 V，m^3/h。

解：计算分析如图 10-13 所示。

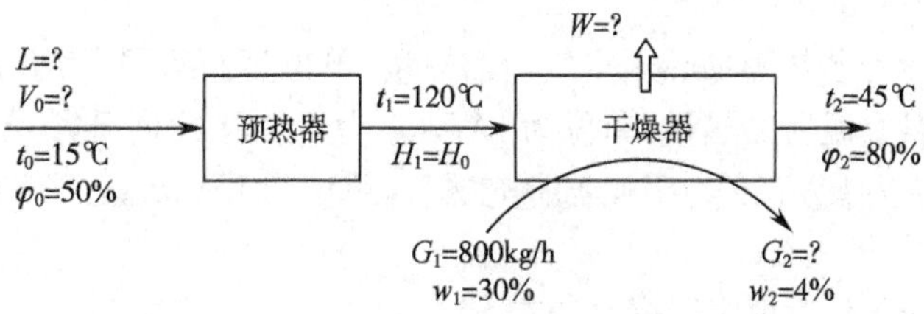

图 10-13　例题 10-2 附图

(1) 水分汽化量 W：依题意知，$G_1=800$kg/h、$w_1=30\%$、$w_2=4\%$。由式(10-37)得

$$W=G_1\frac{w_1-w_2}{1-w_2}=800\times\frac{0.30-0.04}{1-0.04}=216.7\text{kg/h}$$

(2) 干燥产品量 G_2：由物料衡算可知

$$G_2=G_1-W=800-216.7=583.3\text{kg/h}$$

(3) 空气消耗量 L：由式(10-39)得

$$L=\frac{W}{H_2-H_1}$$

因湿空气的预热过程为等湿升温过程，故 $H_1=H_0$。由 $t_0=15$℃、$\varphi_0=50\%$查 I_H-H 图得 $H_1=H_0=0.005$kg/$kg_干$；由 $t_2=45$℃、$\varphi_2=80\%$查 I_H-H 图得 $H_2=0.052$kg/$kg_干$。代入上式得

$$L=\frac{216.7}{0.052-0.005}=4610\text{kg}_{干}/\text{h}$$

(4) 入口处风机的送风量 V_0：依题意可知，系统为常压操作，则由式(10-12)得

$$v_{H0}=\frac{(0.772+1.244H_0)\times(273+t_0)}{273}$$

$$=\frac{(0.772+1.244\times0.005)\times(273+15)}{273}=0.821\text{m}^3/\text{kg}_{干}$$

所以，由式(10-40)得

$$V_0=Lv_{H0}$$

$$V_0=4610\times0.821=3785\text{m}^3/\text{h}$$

二、热量衡算

如图10-14所示，对流干燥系统通常由预热部分和干燥部分组成。干燥时，通过预热器，把0状态的湿空气(新空气)加热至1状态，然后再送入干燥器对湿物料进行干燥，离开干燥器时变成2状态的湿空气(对于空气不循环的干燥系统常称为废空气，对于空气部分循环的干燥系统又称为原空气)。

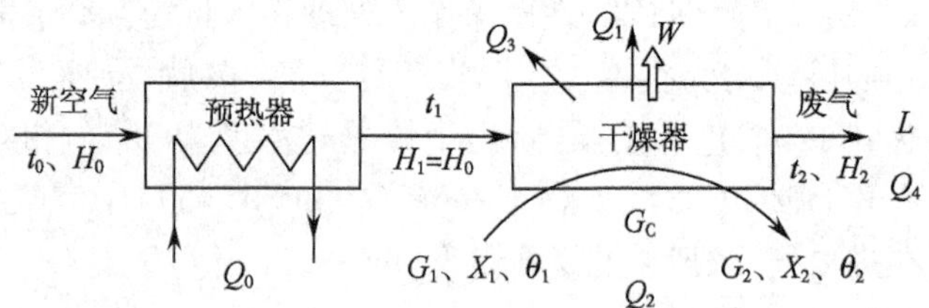

图10-14 干燥系统的热量衡算

图10-14中，Q_0 为预热器加热新空气所需热量，单位为kW；Q_1 为水分汽化所需热量，单位为kW；Q_2 为物料升温所需热量，单位为kW；Q_3 为干燥器的热损失，单位为kW；Q_4 为废空气带走热量，单位为kW；Q_5 为干燥器补充热量，单位为kW；θ_1、θ_2 分别为湿物料干燥前后的温度，单位为℃。

根据能量守恒原理，对恒定干燥系统有

$$\sum加入热量=\sum消耗热量 \tag{10-41}$$

(一) 加入热量的计算

加入干燥系统的热量，有 Q_0 和 Q_5 两部分。

1. 预热器加热新空气所需热量 Q_0　若忽略预热器自身的热损失，则预热器将流经的新空气从 t_0 加热至 t_1 所消耗的热量 Q_0 为

$$Q_0=LC_{H0}(t_1-t_0)$$

或

$$Q_0=L(1.01+1.88H_0)(t_1-t_0) \tag{10-42}$$

2. 干燥器补充热量 Q_5　为维持特定的干燥条件，如恒温干燥过程，有时需在干燥器中补充一部分的外加热量，以 Q_5 表示。如果无需给干燥器补充热量，则 $Q_5=0$。

(二) 消耗热量的计算

干燥系统消耗热量有 Q_1、Q_2、Q_3 和 Q_4 四部分。

1. 水分汽化所需的热量 Q_1　将 W 的温度 θ_1 的初态水，汽化为温度 t_2 的终态水蒸气所需的热量，计为 Q_1，则

$$Q_1=W(I_2-I_1)$$

式中的 I_1、I_2 分别为 W 水分的初、终态焓值，单位为 kJ/kg。

易知

$$I_2=1.88t_2+2490$$

$$I_1=4.18\theta_1$$

所以

$$Q_1=W(1.88t_2+2490-4.18\theta_1) \tag{10-43}$$

2. 物料升温所需的热量 Q_2　将湿物料中的 G_2 部分，从干燥前 θ_1 升温至干燥后 θ_2 所需的热量，计为 Q_2，则

$$Q_2=G_cC_m(\theta_2-\theta_1) \tag{10-44}$$

其中

$$C_m=C_s+4.18X_2$$

式中的 C_s 为绝对干燥物料的比热，单位为 kJ/(kg$_{绝}$·℃)；C_m 为含水量 X_2 时的湿物料平均比热，单位为 kJ/(kg$_{湿}$·℃)。物料的含水量以 X_2 计，是因为 W 水分从 θ_1 升温至 θ_2 所需的热量已包括在 Q_1 中，不可重复计算。

3. 干燥器的热损失 Q_3　干燥器的热损失 Q_3，需结合干燥操作的实际情况，依照传热章节所介绍的相关方法计算。

4. 废空气带走的热量 Q_4　被废气带走的热量，计为 Q_4，则

$$Q_4=L(1.01+1.88H_0)(t_2-t_0) \tag{10-45}$$

其中，因汽化 W 水分所需的热量已计算在 Q_1 中，故废气的湿度是按进入干燥器时的空气状态 H_0 计，而不是以离开干燥器时的空气状态 H_2 计，不可重复计算。

(三) 系统热量衡算

将各热量代入式(10-41)，得

$$Q_0+Q_5=Q_1+Q_2+Q_3+Q_4 \tag{10-46}$$

因干燥器内通常不需要另行补充热量，即 $Q_5=0$。因此，将式(10-42)和式(10-45)代入式(10-46)，可得

$$L(1.01+1.88H_0)(t_1-t_0)=Q_1+Q_2+Q_3+L(1.01+1.88H_0)(t_2-t_0)$$

整理得

$$L(1.01+1.88H_0)(t_1-t_2)=Q_1+Q_2+Q_3 \tag{10-47}$$

由于

$$L=\frac{W}{H_2-H_1}$$

且

$$H_1=H_0$$

所以，式(10-47)可改写为

$$\frac{t_1-t_2}{H_2-H_1}=\frac{t_1-t_2}{H_2-H_0}=\frac{Q_1+Q_2+Q_3}{W(1.01+1.88H_0)} \tag{10-48}$$

式(10-48)给出了，恒定干燥条件下湿空气的温度与湿度间的相互变化关系。

由衡算分析可知，加入干燥系统的热量，被耗于空气升温、物料升温、水分汽化以及补充干燥系统的热损失等。通过干燥器的热量衡算，可确定得到干燥操作所需的各项热量及其大小分配，从而为计算与设计预热器的传热面积、干燥器尺寸，加热介质耗量及干燥器的热效率等提供了理论依据。

（四）空气通过干燥器时的状态变化

干燥器内有空气与物料间的热量传递和质量传递，还有外界与干燥器间的热量交换，使得空气在干燥器内的状态变化比较复杂，离开干燥器时的空气状态取决于空气在干燥器内所经历的过程。根据空气在干燥器内经历的状态变化，通常将干燥过程分为绝热干燥与非绝热干燥两大类。

1. 绝热干燥过程　绝热干燥过程又称等焓干燥过程，应满足如下条件：①不向干燥器补充热量，即 $Q_5=0$；②忽略干燥器向周围散失的热量，即 $Q_3=0$；③物料进出干燥器时的焓相等。

将以上三项假设代入式(10-48)，得

$$I_{H1}=I_{H2}$$

此时，空气传给物料的热量全部用于汽化水分，汽化后的水分又将这部分热量以潜热的形式带回空气中，使得空气通过干燥器时的焓恒定。在 I_H-H 图上表示绝热干燥过程中空气状态的变化，如图 10-15 所示。已知新鲜空气的两个独立状态参数，如 t_0 及 H_0，在图上确定进入预热器前的空气状态点 A。空气在预热器内被加热到 t_1，其间湿度没有变化，故从点 A 沿等 H 线上升与等温线 t_1 相交于点 B，点 B 即为离开预热器时的空气状态点。由于空气在干燥器内经历的是等焓过程，即沿着过 B 点的等 I_H 线变化，故只要知道空气离开干燥器时的其他任一参数，如温度 t_2，则过 B 点的等 I_H 线与 t_2 等温线的交点点 C，即为空气离开干燥器时的状态点。

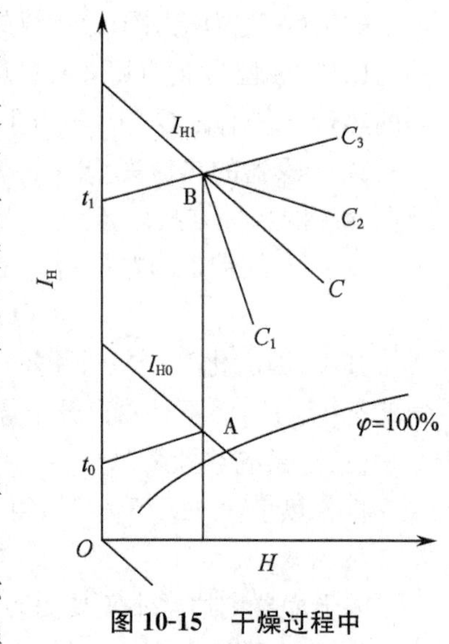

图 10-15　干燥过程中空气状态的变化

实际操作中，很难保证绝热过程，故绝热干燥过程又称为理想干燥过程。过点 B 的等 I_H 线是理想干燥过程的操作线，相应的干燥器称为理想干燥器。

2. 非绝热干燥过程　非绝热干燥过程又称为非理想干燥过程或实际干燥过程。根据空气焓变化的不同，非绝热干燥过程可能有以下几种情况，即

(1) 干燥过程中空气的焓值降低($I_{H1}>I_{H2}$)：当 $Q_5-G_c(I'_2-I'_1)-Q_3<0$ 时，即对干燥器补充的热量，小于干燥器热损失与物料带出干燥器的热量之和时，空气离开干燥器的焓将小于进入干燥器时的焓，如图 10-15 中 BC_1 线所示。

(2) 干燥过程中空气焓值的增加($I_{H1}<I_{H2}$)：向干燥器补充的热量，大于损失的热量与加热物料所消耗的热量之和时，空气经过干燥器后焓值将增大，如图 10-15 中 BC_2 线所示。

(3) 干燥过程中空气经历等温过程：若向干燥器补充的热量足够多，恰好使干燥过程在等温下进行，即空气在干燥过程中维持恒定的温度 t_1，这时操作线为过点 B 的等 t 线，如图 10-15 中 BC_3 线所示。

无论空气在干燥器中经历了怎样的过程，湿空气离开干燥器时的状态都可以根据废气

出口温度 t_2，结合式(10-48)求出湿度 H_2 来确定。

例 10-3　某连续干燥器的生产能力为 3000kg/h，干燥前后物料的湿基含水量分别为 2%和 0.2%。绝对干物料的比热 1.25kJ/(kg绝・℃)，物料在干燥器内由 30℃升至 35℃。干燥介质为空气，其初始状态为干球温度 20℃、湿球温度 17℃，预热至 100℃后进入干燥器。若离开干燥器的废气温度为 40℃，湿球温度 32℃。试求：(1) 汽化的水分量 W，kg/h；(2) 干空气的用量 L，kg干/h；(3) 干燥器的热损失 Q_3，kW；(4) 若加热蒸汽的压力为 196.1kPa，预热器的热损失可以忽略，试计算预热器的蒸汽用量 D，kg/h。

解：计算分析如图 10-16 所示。

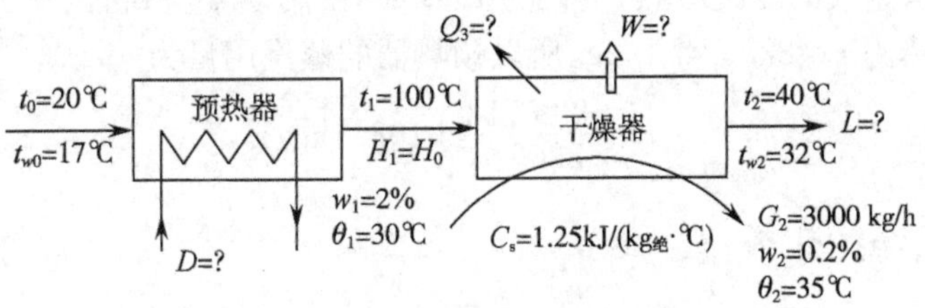

图 10-16　例 10-3 附图

(1) 汽化的水分量 W：依题意知，$G_2=3000$kg/h、$w_1=2\%$、$w_2=0.2\%$。则由式(10-37)得

$$W=G_2\frac{w_1-w_2}{1-w_1}=3000\times\frac{0.02-0.002}{1-0.02}=55.1\text{kg/h}$$

(2) 干空气用量 L：因湿空气的预热过程为等湿升温过程，故 $H_1=H_0$。由 $t_0=20$℃、$t_{w0}=17$℃查 I_H-H 图得 $H_1=H_0=0.011$kg/kg干；再由 $t_2=40$℃、$t_{w2}=32$℃查 I_H-H 图得 $H_2=0.03$kg/kg干。则由式(10-39)得

$$L=\frac{W}{H_2-H_1}=\frac{55.1}{0.03-0.011}=2900\text{kg干/h}$$

(3) 干燥器的热损失 Q_3：由式(10-48)可知

$$\frac{t_1-t_2}{H_2-H_1}=\frac{Q_1+Q_2+Q_3}{W(1.01+1.88H_0)}$$

其中

$$Q_1=W(1.88t_2+2490-4.18\theta_1)$$

$$Q_2=G_c(C_s+4.18X_2)(\theta_2-\theta_1)$$

已知 $t_2=40$℃、$\theta_1=30$℃、$\theta_2=35$℃、$C_s=1.25$kJ/(kg绝・℃)，且

$$X_2=\frac{w_2}{1-w_2}=\frac{0.002}{1-0.002}=0.002$$

$$G_c=G_2(1-w_2)=3000\times(1-0.002)=2994\text{kg绝/h}$$

则

$$Q_1=55.1\times(1.88\times40+2490-4.18\times30)=134\,433\text{kJ/h}$$

$$Q_2=3000\times(1.25+4.18\times0.002)\times(35-30)=18\,875\text{kJ/h}$$

所以

$$\frac{100-40}{0.03-0.011}=\frac{134\,433+18\,875+Q_3}{55.1\times(1.01+1.88\times0.011)}$$

解得

$$Q_3=179\ 339-134\ 433-18\ 875=26\ 031\text{kJ/h}\approx7.23\text{kW}$$

(4) 预热器的蒸汽用量 D:依题意知 $t_1=100℃$,则由式(10-42)得加热新空气所需的热量为

$$Q_0=L(1.01+1.88H_0)(t_1-t_0)$$
$$=2900\times(1.01+1.88\times0.011)\times(100-20)=239\ 118\text{kJ/h}$$

由于预热器的热损失可以忽略,故加热新空气所需的热量即为蒸汽冷凝所放出的潜热,即

$$Q_0=Dr$$

式中的 r 为水蒸气的冷凝潜热,单位为 kJ/kg。由附录 8 查得,当压力为 196.1kPa 时,水蒸气的冷凝潜热为 $r=2206.4$kJ/kg,所以预热器的蒸汽用量为

$$D=\frac{239\ 118}{2206.4}\approx108.4\text{kg/h}$$

三、干燥系统的热效率

(一) 热效率的计算

干燥系统的热效率,通常定义为

$$\eta=\frac{Q_1}{\sum Q}\times100\% \tag{10-49}$$

式中,Q_1 为汽化水分所消耗的热量,单位为 kW;$\sum Q$ 为预热器和干燥器内的外加总热量,单位为 kW。

若干燥器内无加热器,则 $\sum Q=Q_0$,所以

$$\eta=\frac{(H_2-H_0)(1.88t_2+2490-4.18\theta_1)}{(1.01+1.88H_0)(t_1-t_0)}\approx\frac{2490(H_2-H_0)}{(1.01+1.88H_0)(t_1-t_0)} \tag{10-50}$$

由式(10-50)可知,空气离开干燥器时的湿度越高,干燥器的热效率将越高。但空气湿度的过大,势必将降低物料与空气间的传质推动力,影响生产效率。

由式(10-48)整理得

$$Q_1=L(1.01+1.88H_0)(t_1-t_2)-(Q_2+Q_3) \tag{10-51}$$

将式(10-42)和式(10-51)代入式(10-49)得

$$\eta=\frac{L(1.01+1.88H_0)(t_1-t_2)-(Q_2+Q_3)}{L(1.01+1.88H_0)(t_1-t_0)}$$

即

$$\eta=\frac{t_1-t_2}{t_1-t_0}-\frac{Q_2+Q_3}{L(1.01+1.88H_0)(t_1-t_0)} \tag{10-52}$$

(二) 提高干燥系统热效率的措施

干燥系统的热效率,反映了干燥生产的过程能耗及相应的热利用率,是干燥操作的重要经济指标。为提高干燥系统的热效率,可采取以下几种措施。

1. 提高 H_2,同时降低 t_2。提高 H_2 可降低空气的用量,降低 t_2 可减少废气带走的热量。干燥系统的能耗,主要是水分的蒸发吸热及废气带走的热量,其中后者大约占总热量的20%~40%,有时甚至高达 60%。因此,降低 t_2 可显著提高干燥热效率,但相应降低了干燥过程的传质、传热推动力,干燥速率下降,尤其对于部分吸水性物料的干燥,不仅空气的出口温度应高些,相应的湿度也应低些,即相对湿度值要小。实际生产中,空气离开干燥器时的

温度，一般需比进入干燥器时的绝热饱和温度高20～50℃，如此才能保证空气在干燥系统的后续设备内不因温度降低而析出水滴，反之将使得干燥产品返潮，以及易造成管路的堵塞或设备的腐蚀。

2. 提高空气的入口温度 t_1，可相应减小空气的用量，降低总的加热需求量，提高系统热效率，但对于部分热敏性物料和易产生局部过热的干燥器，空气的入口温度不宜过高。在气流干燥器中，由于颗粒表面的蒸发温度通常较低，因此空气的入口温度可适当高于产品的变质温度。

3. 利用废气来预热空气或物料，或采用废气部分循环操作，以回收被废气带走的热量，减少空气用量，提高干燥操作的热效率。采用废气循环操作时，空气进入干燥器的温度低，故特别适于热敏性物料的干燥，此时可利用低品位热源。

4. 采用二级干燥操作。如在奶粉的干燥生产中，第一级采用喷雾干燥，获得湿含量0.06～0.07的粉状产品；第二级采用体积较小的流化床干燥器，获得湿含量为0.03的产品。如此，便可节省总耗能的80%。二级干燥可提高产品的质量并节能，尤其适用于热敏性物料。

5. 利用内换热器。在干燥系统内设置换热器称为内换热器，它可适当减少总能量供给，降低空气的用量，提高热效率。

此外，加强干燥设备、管路的保温，减少系统热损失；在前序操作中，如过滤或离心分离等，尽可能地能降低物料的含水量，减小干燥系统的蒸发负荷；就负压操作的干燥器而言，加强设备的密封，从而减少冷空气漏入系统等措施，也是提高干燥效率的重要途径。

四、干燥时间的计算

干燥时间包括物料的预热时间、恒速干燥时间和降速干燥时间。由于预热时间很短，故通常将预热时间与恒速干燥时间合并计算。

（一）恒速干燥时间 τ_1

设恒速干燥阶段的干燥速率为 u_0（常数）、物料的初始含水量为 X_1，则由式(10-27)得

$$\tau_1=\int_0^{\tau_1}\mathrm{d}\tau=\int_{X_1}^{X_c}-\frac{G_c\mathrm{d}X}{Su_0}$$

积分并整理得

$$\tau_1=\frac{G_c(X_1-X_c)}{Su_0} \tag{10-53}$$

式中，τ_1 为恒速干燥时间，单位为s或h；S 为干燥面积，单位为m^2；G_c 为绝干物料质量，单位为$kg_{绝}$；X_c 为物料临界含水量，单位为$kg/kg_{绝}$。

式(10-53)中，X_c、u_0 可由恒定干燥条件下测定的干燥速率曲线获取，也可通过查表及利用传热系数的经验式计算获得。

例10-4　在恒定干燥条件下，测得某物料的干燥速率曲线，如图10-11所示。若将该物料从初始含水量 $X_1=0.55kg/kg_{绝}$，干燥至 $X_2=0.35kg/kg_{绝}$。已知单位面积的绝干物料量为$21.5kg_{绝}$，试求所需的干燥时间，h。

解：由图10-11查得，物料的临界含水量为$0.3kg/kg_{绝}$，表明本干燥过程处于恒速干燥阶段。由图10-11查得恒速干燥速率 $u_c=1.5kg/(m^2\cdot h)$，又依题意知 $G_c/S=21.5kg_{绝}/m^2$，故由式(10-53)得所需的干燥时间为

$$\tau_1=\frac{G_c(X_1-X_c)}{Su_c}=\frac{21.5\times(0.55-0.35)}{1.5}=2.87\text{h}$$

（二）降速干燥时间 τ_2

在降速干燥阶段，干燥速率不再是定值。由式(10-27)得

$$d\tau=-\frac{G_c}{Su}dX$$

设降速干燥时间为 τ_2，则上式的积分条件为

$$\text{当 }\tau=0\text{ 时},X=X_c$$
$$\text{当 }\tau=\tau_2\text{ 时},X=X_2$$

所以

$$\tau_2=\int_0^{\tau_2}d\tau=-\frac{G_c}{S}\int_{X_c}^{X_2}\frac{dX}{u}=\frac{G_c}{S}\int_{X_2}^{X_c}\frac{dX}{u} \tag{10-54}$$

式(10-54)的积分计算可采用图解法或解析法。

1. 图解积分法　由干燥速率曲线查出不同 X 值下的 u 值，然后以 X 为横坐标，$\frac{1}{u}$ 为纵坐标，标绘出 $\frac{1}{u}$ 与 X 之间的关系曲线，如图 10-17 所示。图中由 $X=X_c$、$X=X_2$ 及 $\frac{1}{u}$ 与 X 的关系曲线所包围的面积即为积分值 $\int_{X_2}^{X_c}\frac{dX}{u}$，代入式(10-54)即可求出降速干燥时间 τ_2。

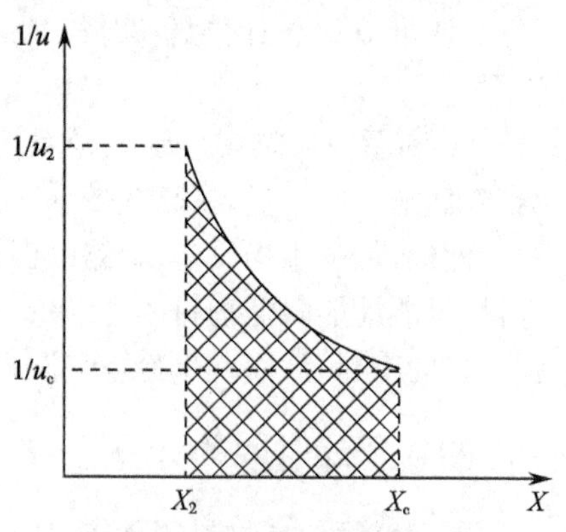

图 10-17　干燥时间的计算

2. 解析法　若缺乏物料在降速干燥阶段的干燥速率曲线，则可用图 10-11 中的直线 CE 近似代替降速干燥阶段的干燥速率曲线。由直线的斜率可得

$$\frac{u-0}{X-X^*}=\frac{u_c-0}{X_c-X^*}$$

故

$$u=\frac{u_c}{X_c-X^*}(X-X^*)$$

代入式(10-54)得

$$\tau_2=\frac{G_c}{S}\int_{X_2}^{X_c}\frac{dX}{u}=\frac{G_c(X_c-X^*)}{Su_c}\int_{X_2}^{X_c}\frac{dX}{X-X^*}=\frac{G_c(X_c-X^*)}{Su_c}\ln\frac{X_c-X^*}{X_2-X^*} \tag{10-55}$$

式中，τ_2 为降速阶段干燥时间，单位为 s 或 h；X^* 为物料的平衡含水量，单位为 $kg/kg_{绝}$；X_2 为干燥终了时的物料含水量，单位为 $kg/kg_{绝}$。

（三）干燥过程所需的总时间

对于连续干燥过程，物料干燥所需的时间，为物料在干燥器内的停留时间，亦是恒速干燥阶段与降速干燥阶段的时间之和，即

$$\tau=\tau_1+\tau_2 \tag{10-56}$$

对于间歇干燥过程，还应考虑装卸物料等操作所需的时间 τ'，则每批物料的干燥周期为

$$\tau=\tau_1+\tau_2+\tau' \tag{10-57}$$

例 10-5　某药厂采用间歇操作的方式进行物料干燥，干燥速率曲线如图 10-11 所示。若将含水量 30%的物料干燥至含水量 5%(均为湿基)，每批湿物料的质量为 300kg，物料干

燥的表面积为0.05m²/kg绝，装卸等辅助时间为1.5h，试计算每批物料的干燥周期，h。

解：由于$X_2<X_c$，故该干燥过程包括恒速干燥和降速干燥两个阶段。由式(10-57)可知，每批物料的干燥周期为

$$\tau=\tau_1+\tau_2+\tau'$$

由式(10-53)得

$$\tau_1=\frac{G_c(X_1-X_c)}{Su_0}$$

其中

$$G_c=G_1(1-w_1)=300\times(1-0.3)=210\text{kg}_{绝}$$

$$S=0.05\times210=10.5\text{m}^2$$

$$X_1=\frac{w_1}{1-w_1}=\frac{0.3}{1-0.3}=0.43\text{kg/kg}_{绝}$$

由图10-11查得，$X_c=0.30\text{kg/kg}_{绝}$、$u_0=1.5\text{kg/(m}^2\cdot\text{h)}$，所以

$$\tau_1=\frac{210}{10.5\times1.5}\times(0.43-0.3)=1.73\text{h}$$

由式(10-55)得

$$\tau_2=\frac{G_c(X_c-X^*)}{Su_c}\ln\frac{X_c-X^*}{X_2-X^*}$$

其中

$$X_2=\frac{w_2}{1-w_2}=\frac{0.05}{1-0.05}=0.053\text{kg/kg}_{绝}$$

$$X_c=0.30\text{kg/kg}_{绝},X^*=0.05\text{kg/kg}_{绝}$$

所以

$$\tau_2=\frac{210}{10.5\times1.5}(0.3-0.05)\ln\frac{(0.3-0.05)}{(0.053-0.05)}=14.74\text{h}$$

依题意知$\tau'=1.5\text{h}$，因此

$$\tau=\tau_1+\tau_2+\tau'=1.73+14.74+1.5=17.97\text{h}$$

第六节 干 燥 器

在制药化工生产中，由于被干燥物料的形状和性质的不同，加上生产规模、生产能力及干燥要求的差异，干燥器的形式是多种多样的。按热能传给湿物料的方式不同，干燥器可分为四类：①传导干燥器：如减压干燥器和冷冻干燥器等。②对流干燥器：如厢式干燥器、气流干燥器、沸腾床干燥器、喷雾干燥器、带式干燥器和转筒干燥器等。③辐射干燥器：如红外干燥器等。④介电干燥器：如微波干燥器等。

一、常用干燥器

（一）厢式干燥器

厢式干燥器又称为盘架式干燥器，是一种典型的常压间歇干燥设备。一般小型的称为烘箱，大型的称为烘房，其基本结构如图10-18所示。

工作时，先将湿物料置于长方形浅盘中，然后将浅盘放在装有框架的小车上，并推入厢

内。原空气由进口处吸入，在风扇的作用下分为两路，分别经预热器加热后，沿可调节的百页窗式挡板均匀地流入各层，与物料进行对流干燥。干燥后的废气一部分由出口排出，一部分循环使用，以提高热效率，这种干燥流程称为部分废气循环流程。当物料达到规定的含水量时，将小车从厢内推出。

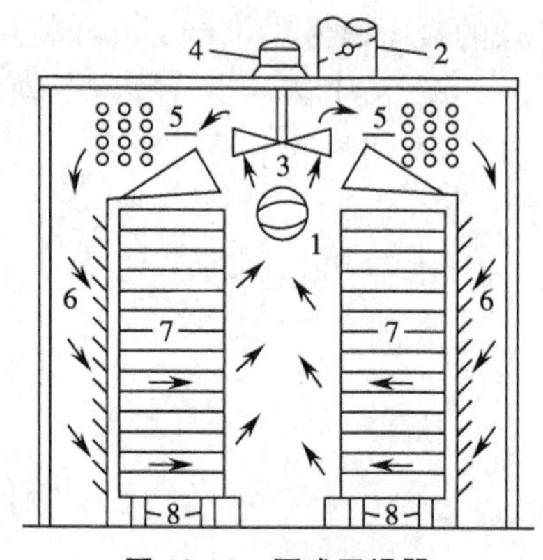

图 10-18 厢式干燥器

1-空气进口；2-空气出口；3-风扇；4-电动机；5-加热器；6-挡板；7-盘架；8-移动轮

操作过程中应根据干燥情况控制废气的循环比。干燥初期通常处于恒速干燥阶段，应控制较低的循环比。干燥后期通常处于降速干燥阶段，应控制较高的循环比，甚至全循环。

厢式干燥器的优点是结构简单，投资费用少，可同时干燥几种物料，具有较强的适应能力，适用于小批量的粉粒状、片状、膏状物料以及脆性物料的干燥。缺点是装卸物料的劳动强度较大，且热空气仅与静止的物料相接触，因而干燥速率较小，干燥时间较长，且干燥不易均匀。

（二）真空耙式干燥器

真空耙式干燥器由带蒸气夹套的壳体，以及壳体内可定时变向旋转的耙式搅拌器组成，如图 10-19 所示。混合物由壳体上方加入，干燥产品由底部卸料口放出。由于耙齿搅拌器的不断转动，使物料得以均匀干燥。物料由间接蒸气加热，汽化的气体被真空泵抽出，经旋风分离器将所夹带的粉尘分离后，再经冷凝器将水蒸气冷凝后排出，不凝性气体则放空。

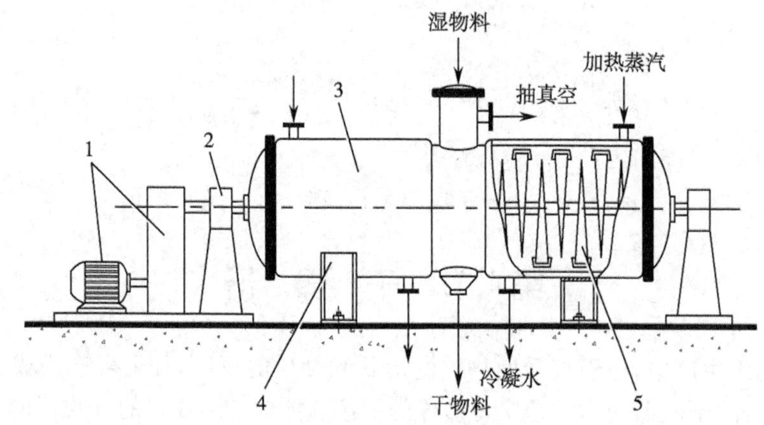

图 10-19 真空耙式干燥器

1-传动装置；2-轴承支座；3-干燥筒体；4-筒体支座；5-搅拌耙

真空耙式干燥器和厢式干燥器相比，劳动强度低、工作条件好，且比其他干燥器有更好的适应性。所干燥物料既可为浆状和膏状，也可为粒状和粉状，可将物料含水量降低至 0.05%。缺点是干燥时间长，生产能力低，设备结构复杂，活动部件需经常检修。此外，该设备的卸料也不易卸干净，不宜用于经常更换品种或物料耐热性差的干燥生产。

（三）气流干燥器

气流干燥器是利用高速热气流，使粒状或块状物料悬浮于气流中，一边随气流并流输送，一边进行干燥。

如图 10-20 所示，气流干燥器的主体是一根 10～20m 的直立圆筒，称为干燥管。工作时，物料由螺旋加料器输送至干燥管下部，空气由风机输送，经热风炉加热至一定温度后，以 20～40m/s 的高速进入干燥管。在干燥管内，湿物料被热气流吹起，并随热气流一起流动。在流动过程中，湿物料与热气流之间进行充分的传质与传热，使物料得以干燥，经旋风分离器分离后，产品由底部收集、包装，废气经袋滤器回收细粉后排空。

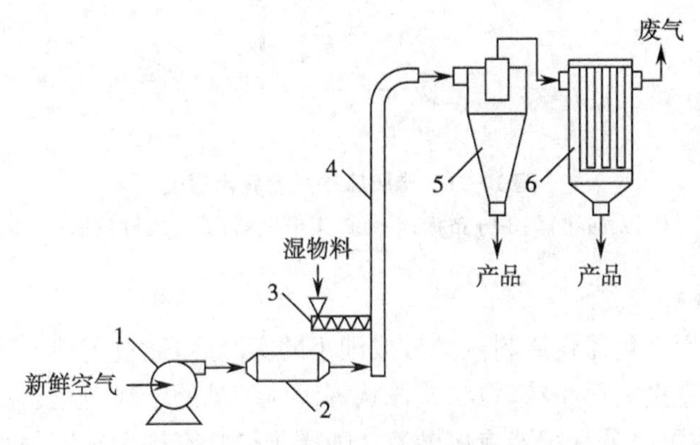

图 10-20　气流干燥流程示意图

1-鼓风机；2-加热器；3-螺旋加料器；4-干燥管；5-旋风分离器；6-袋滤器

气流干燥器结构简单，占地面积小，热效率较高，可达 60％左右。由于物料高度分散于气流中，因而气、固两相间的接触面积相对较大，从而使传热和传质的速率高，干燥时间短，一般仅需 0.5～2s。另由于物料的粒径小，临界含水量较低，从而使干燥主要处于恒速干燥阶段。因此，即使热空气的温度高达 300～600℃，物料表面的温度也仅为湿空气的湿球温度(62～67℃)，即不会使物料过热。在降速干燥阶段，物料的温度虽有所提高，但因供给水分汽化所需的大量潜热，空气的温度通常已降至 77～127℃，因此较适于热敏性物料的干燥。

气流干燥器因使用高速气流，流阻较大，能耗较高，且物料之间的磨损亦较严重，对粉尘的回收要求较高。

气流干燥器适用于以非结合水为主的颗粒状物料的干燥，但不适于对产品晶体形状有一定要求的物料干燥。

(四) 沸腾床干燥器

沸腾床干燥器又称为流化床干燥器，它是流态化原理在干燥生产中的具体应用。如图 10-21 所示，颗粒状湿物料由床侧加料器加入，与通过多孔分布板的热气流充分接触。只要气流速度保持在颗粒的临界流化速度与带出速度(自由沉降速度)之间，颗粒便能在床内形成“沸腾状”的翻动，互相碰撞和混合，并与热气流之间进行充分的传热与传质，达到干燥的目的。干燥后的物料由床侧出料管卸出，气流由顶部经旋风分离器和袋滤器回收细粉后排出。

沸腾床干燥器结构简单、紧凑，造价较低。由于物料与气流之间可充分接触，因而接触面积大，干燥速率快。此外，物料在床内的停留时间可根据需要进行调节，因而特别适用于难干燥或低含水量要求的颗粒状物料干燥。若向沸腾床内喷入黏接剂和包衣，则可将造粒、包衣、干燥三种过程一次完成，称为一步流化造粒机。缺点是物料在床内的停留时间分布不均，易引起物料的短路与返混，不适于易结块及黏性物料的干燥。

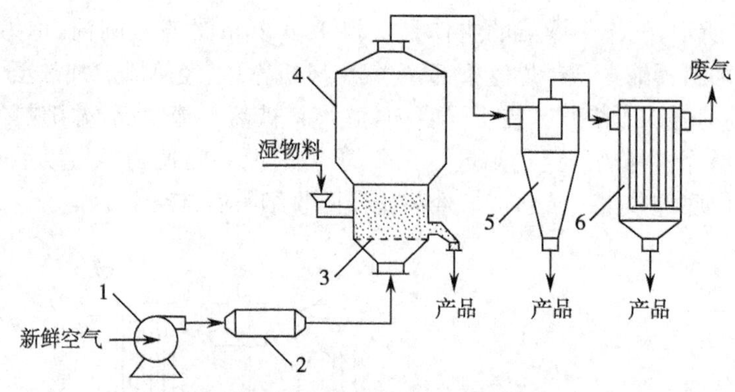

图 10-21 沸腾床干燥流程示意图

1-鼓风机；2-加热器；3-分布板；4-沸腾床干燥器；5-旋风分离器；6-袋滤器

（五）喷雾干燥器

喷雾干燥是利用雾化器将原料液分散成细小的雾滴后，通过与热气流相接触，使雾滴中水分被迅速汽化而直接获得粉状、粒状或球状等固体产品的干燥过程。原料液可以是溶液、悬浮液或乳浊液，也可以是膏糊液或熔融液。喷雾干燥具有许多独特的技术优势，因而在制药生产中有着十分广泛的应用。

1. 喷雾干燥流程　虽然喷雾干燥所处理的原料液千差万别，最终获得的产品形态也不尽相同，但其装置流程却基本相似。一般情况下，喷雾干燥流程由气流加热、原料液供给、干燥、气固分离和操作控制五个子系统组成。喷雾干燥所用的干燥介质通常为热空气，典型的喷雾干燥流程如图 10-22 所示。

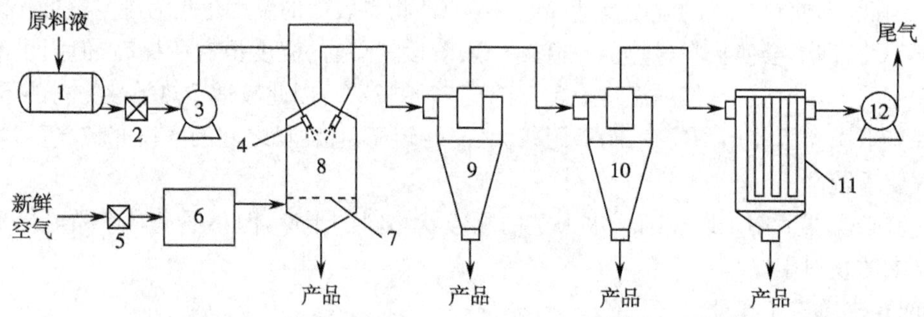

图 10-22 喷雾干燥流程

1-料液贮罐；2-料液过滤器；3-输料泵；4-雾化器；5-空气过滤器；6-空气加热器；7-空气分布器；
8-喷雾干燥器；9-一次旋风分离器；10-二次旋风分离器；11-袋滤器；12-引风机

操作时，新鲜空气经过滤、加热和分布器分布后，直接进入干燥室，而原料液则由泵先输送至雾化器，分散成雾滴后，再进入干燥室与热气流接触并被干燥，干燥后的产品一部分由底部直接排出，而随尾气带出的另一部分产品则由旋风分离器或袋滤器进行收集。

2. 雾化器　在喷雾干燥操作中，雾化器是影响产品质量和生产能耗的一个关键设备，不同的雾化器会产生不同的雾化形式。目前工业生产中，雾化器的种类很多，常见的有气流式、离心式和压力式等。气流式雾化器是采用压缩空气或水蒸气从喷嘴处的高速喷出，引起气液两相间的速度差并产生摩擦力，使料液分散成雾滴。离心式雾化器是采用高速旋转的转盘或转轮所产生的离心力，使料液由盘或轮的边缘处快速甩出而形成雾滴。压力式雾化器是采用高压泵先使料液获得高压，然后当料液通过喷嘴时，压力能将转变为动能，料液被高速喷出而形成雾滴。气流式、离心式和压力式雾化器的结构如图 10-23 所示。

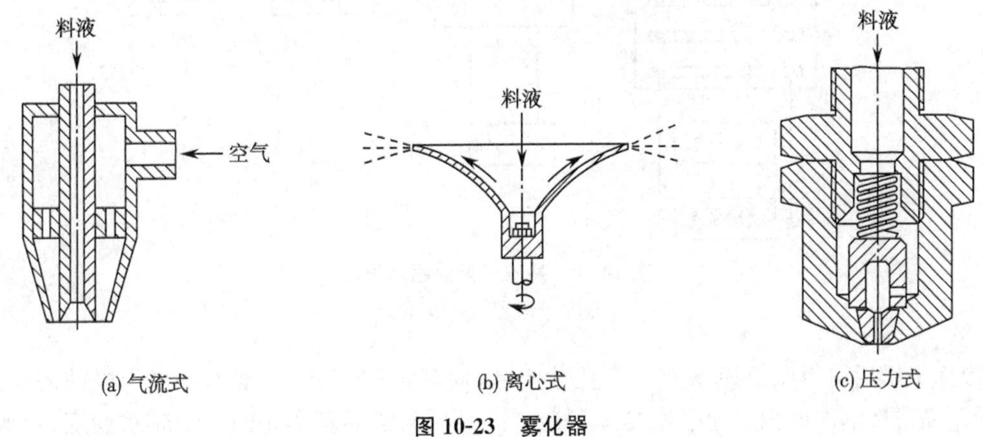

图 10-23 雾化器

虽然气流式、离心式和压力式雾化器都可形成相对均匀的雾滴，满足干燥雾化的要求，但均存在着各自的优势与不足。其中，气流式雾化器的结构相对简单，适用范围较广，可处理任何黏度或稍带固体的料液，但它的动力消耗较大，一般约为离心式或压力式雾化器的 5～8 倍。离心式雾化器的操作较为简便，对料液的适应性较强，操作弹性也较大，还不易堵塞，适于处理高黏度或固体浓度较大的料液干燥，但结构相对复杂，对制造和加工技术的要求较高，且不适于逆流操作。压力式雾化器的制造成本相对较低，维修方便，生产能力也较大，能耗也不高，但难以用于高黏度料液的雾化，且因喷嘴的孔径所限，喷雾前需对料液进行严格的过滤。

与其他类型的干燥器相比，喷雾干燥有许多优点：①干燥过程速率快、时间短，尤其适于热敏性物料；②能干燥其他方法难于处理的低浓度溶液，且可直接获得干燥产品，省去蒸发、结晶、分离及粉碎等操作；③可连续、自动化生产，操作稳定；④产品质量高及劳动条件好（干燥过程中无粉尘飞扬）。缺点是体积庞大，操作弹性较小，热效率低，能耗大。

（六）冷冻干燥器

冷冻干燥是将湿物料冷冻至冰点以下，然后将其置于高真空中加热，使其中的水分由固态冰直接升华为气态水而除去，从而达到干燥的目的。

如图 10-24 所示，冷冻干燥器内设有若干层导热隔板，隔板内设有冷冻管和加热管，分别对物料进行冷冻和加热。冷凝器内设有若干组螺旋冷凝蛇管，其作用是对升华的水气进行冷凝。工作时，首先对湿物料进行预冻，预冻温度比共熔点低 5℃左右。待物料完全冻结后，保持 1～2h 左右开始抽真空升华，升华时物料温度必须保持在共熔点以下。待物料内的冻结冰全部升华完毕，将板温升高至 30℃左右。当物料温度与板温一致时，即达干燥终点。

冷冻干燥具有与其他干燥过程不同的特点：①由于物料在升华脱水前先经冻结，形成稳定"骨架"，冷冻干燥去除的水分是从冰晶状态直接升华的水蒸气，故干燥后物料的物理结构及组分的分子分布变化不大，所以干燥后物料会保持原形，不会出现收缩现象，且内部呈疏松多孔的海绵结构。②物料在低温低压下进行干燥，可避免物料中热敏成分分解变质，同时由于低压缺氧，又可使物料中的易氧化成分不致氧化变质，尤其适于热敏性、极易氧化的物料干燥，如蛋白质、微生物之类不会因冷冻干燥而发生变性或失去生物活力。③复水性极

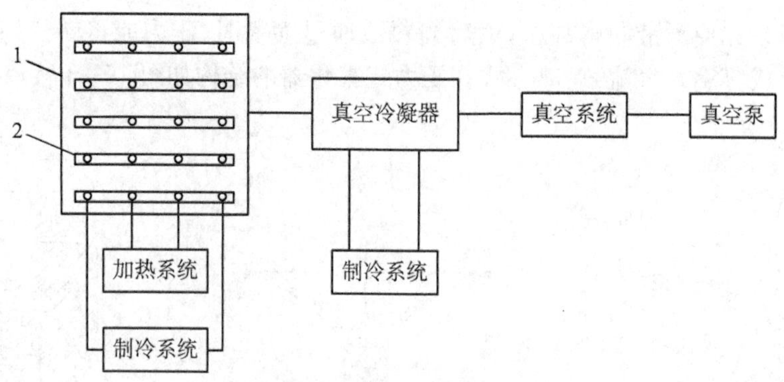

图 10-24 冷冻干燥流程示意图

1-冷冻干燥器；2-导热隔板

好，冷冻干燥后可得原组织不变的多孔性产品，向其添加水分后，基本恢复干燥前的状态。冻干制品可在短时间内迅速吸水复原，其色泽、品质与鲜品基本相同。④脱水彻底，干燥时能排除 95%～99%的水分，干燥后可在常温下长期保存，并且因质量轻而便于运输。冷冻干燥的缺点是设备投资较大，干燥时间较长，能量消耗较高。

（七）红外干燥器

红外干燥器是利用红外辐射器发出的红外线被湿物料所吸收，引起分子激烈共振并迅速转变为热能，从而使物料中的水分汽化而达到干燥的目的。由于物料对红外辐射的吸收波段大部分位于远红外区域，如水、有机物等在远红外区域内具有很宽的吸收带，因此在实际应用中以远红外干燥技术最为常用。

图 10-25 所示的隧道式远红外干燥器是一种连续式红外干燥设备，它主要由远红外发生器、物料传送装置和保温排气罩组成。远红外发生器由煤气燃烧系统和辐射源组成，其中辐射源是以铁铬铝丝制成的煤气燃烧网。当煤气与空气的混合气体在煤气燃烧网上燃烧时，铁铬铝网即发出远红外线。工作时，装有物料的浅盘由链条传送带连续输入和输出隧道，物料在通过隧道的过程中不断吸收辐射器发出的远红外线，从而使所含的水分不断汽化而被除去。

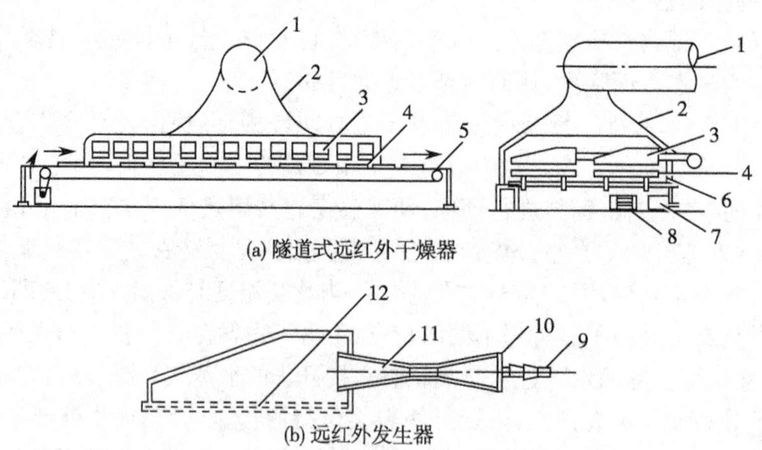

图 10-25 隧道式远红外干燥器

1-排风管；2-罩壳；3-远红外发生器；4-物料盘；5-传送链；6-隧道；7-变速箱；8-电动机；9-煤气管；10-调风板；11-喷射器；12-煤气燃烧网

红外干燥器是一种辐射干燥器，工作时不需要干燥介质，从而可避免废气带走大量的热量，故热效率较高。此外，红外干燥器具有结构简单、造价较低、维修方便、干燥速度快、控温方便迅速、产品均匀清净等优点，但红外干燥器一般仅限于薄层物料的干燥。

(八) 微波干燥器

微波干燥器主要由直流电源、微波发生器(微波管)、连接波导、微波加热器(干燥室)和冷却系统组成，如图 10-26 所示。微波发生器的作用是将直流电源提供的高电压转换成微波能量。波导由中空的光亮金属短管组成，其作用是将微波能量传输至微波加热器，以对湿物料进行加热干燥。冷却系统用于对微波管的腔体等部分进行冷却，冷却方式可以采用风冷或水冷。

微波炉是最常用的微波干燥器，其工作原理如图 10-27 所示。腔内被干燥物料受到来自各个方向的微波反射，使微波几乎全部用于湿物料的加热。

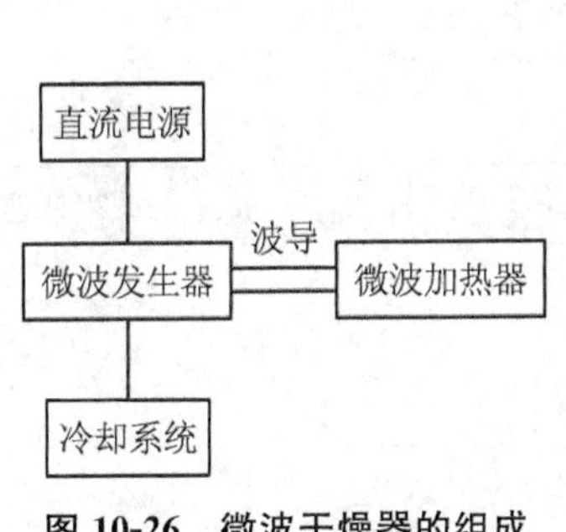

图 10-26 微波干燥器的组成

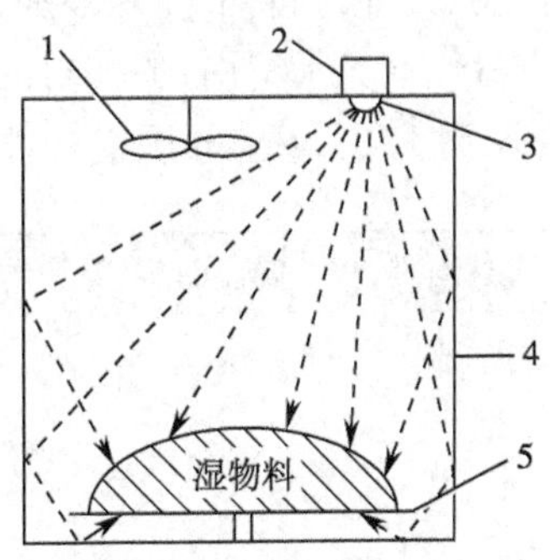

图 10-27 微波炉的工作原理

1-搅拌器；2-磁控管；3-反射板；4-腔体；5-塑料盘

微波干燥器是一种介电加热干燥器，水分汽化所需的热能并不依靠物料本身的热传导，而是依靠微波深入到物料内部，并在物料内部转化为热能，因此微波干燥的速度很快。微波加热是一种内部加热方式，且含水量较多的部位，吸收能量也较多，即具有自动平衡性能，从而可避免常规干燥过程中的表面硬化和内外干燥不均匀现象。微波干燥的热效率较高，并可避免操作环境的高温，劳动条件较好。缺点是设备投资大，能耗高，若安全防护措施欠妥，泄漏的微波会对人体造成伤害。

二、干燥器的选型

干燥器的种类很多，特点各异，实际生产中应根据被干燥物料的性质、干燥要求和生产能力等具体情况，选择适宜的干燥器。

在制药化工生产中，许多产品要求无菌、避免高温分解及污染，故制药化工生产中所用的干燥器常以不锈钢材料制造，以确保产品的质量。

对于特定的干燥任务，常可初选出几种适用的干燥器，此时应通过经济衡算来确定选型。通常，由于干燥过程的操作费用往往较高，因此即使设备的投资费用在某种程度上高一些，也宁可选择操作费用较低的设备。

就操作方式而言，间歇操作的干燥器适用于小批量、多品种、干燥条件变化大、干燥时间长的物料干燥，而连续操作的干燥器可缩短干燥时间，提高产品质量，适于品种单一、大批量的物料干燥。就待干燥物料而言，对于热敏性、易氧化及低含水量要求的物料，宜选用真空干燥器；对于生物制品等冻结物料，宜选用冷冻干燥器；对于液状或悬浮液状物料，宜选用喷雾干燥器；对于形状有要求的物料，宜选用厢式、隧道式或微波干燥器；对于糊状物料，宜选用厢式干燥器、气流干燥器和沸腾床干燥器；对于颗粒状或块状物料，宜选用气流干燥器、沸腾床干燥器等。

习 题

1. 已知某常压湿空气，温度为30℃、湿度为0.024kg/kg$_{干}$，试计算其相对湿度、露点、绝热饱和温度和焓。(89%，27.5℃，28.35℃，91.4kJ/kg$_{干}$)

2. 今将温度为120℃，湿度为0.10kg/kg$_{干}$的常压空气分别恒压冷却至：(1) 100℃；(2) 40℃；(3) 20℃。试判断上述各冷却过程中是否有水滴析出，若有，请给出每千克干空气可析出的水分量。(无水析出；0.0511kg/kg$_{干}$；0.0853kg/kg$_{干}$)

3. 对于总压为101.3kPa的湿空气，试利用I_H-H图填写下表。

干球温度，℃	湿球温度，℃	露点温度，℃	湿度，kg$_{水}$/kg$_{干}$	相对湿度，%	焓，kJ/kg$_{干}$	水气分压，kPa
80	40					
80		40				
60				40		
60			0.018			
			0.024		120	
50						4.0

4. 已知常压下25℃时氧化锌的干燥平衡关系，当$\varphi=100\%$时，$X^*=0.02$kg$_{水}$/kg$_{绝}$；当$\varphi=40\%$时，$X^*=0.007$kg$_{水}$/kg$_{绝}$。设氧化锌物料的含水量为0.35kg$_{水}$/kg$_{绝}$，若与温度为25℃、相对湿度为40%的恒定空气长时间充分接触，试问该物料的平衡含水量、结合水分量及非结合水分量分别为多少？(0.007kg$_{水}$/kg$_{绝}$，0.02kg$_{水}$/kg$_{绝}$，0.15kg$_{水}$/kg$_{绝}$)

5. 在压力为101.3kPa的气流干燥器(可视为理想干燥器)中干燥某药物颗粒。已知空气的初始温度为20℃，湿度为0.008kg$_{水}$/kg$_{干}$，经预热器后温度为120℃，干燥器出口的空气温度为40℃，若忽略湿物料水分带入的焓及热损失，试计算干燥系统的热效率。(78%)

6. 常压下以温度为20℃、相对湿度为60%的新鲜空气为介质，干燥某种湿物料。空气在预热器中被加热至90℃后送入干燥器，离开干燥器时的温度为45℃，湿度为0.022kg$_{水}$/kg$_{干}$。每小时有1100kg温度为20℃、湿基含水量为3%的湿物料送入干燥器，物料离开干燥器时温度升至60℃，湿基含水量降至0.2%。湿物料的平均比热为3.28kJ/(kg$_{干}$·℃)，已知风机装在预热器的新鲜空气入口处，预热器的热损失可以忽略，干燥器的热损失速率为1.2kW，试计算：(1) 水分蒸发量；(2) 新鲜空气消耗量；(3) 风机的风量；(4) 预热器消耗的热量；(5) 干燥系统的热效率。(30.86kg/h；2571.6kg$_{干}$/h；2165m^3/h；51.44kW；41.5%)

7. 某连续干燥器每小时处理湿物料1000kg，经干燥的物料含水量由10%降至2%(均为湿基)。干燥介质为热空气，初始湿度为0.008kg$_{水}$/kg$_{干}$，离开干燥器时的湿度为0.05kg$_{水}$/kg$_{干}$。假设干燥过程中无物料损失。试计算：(1) 水分汽化量；(2) 干空气消耗

量;(3) 干燥产品量。(81.6kg/h;1943$kg_{干}$/h;918.4kg/h)

8. 某原料药厂将气流干燥器用于晶体物料的干燥。已知干燥器的年生产能力为2×10^6kg晶体产品(每年按300工作日、每日三班连续生产计),晶体物料的定压比热为1.25kJ/(kg·℃),在干燥器内温度由15℃升至45℃、湿基含水量由20%降至2%。干燥用空气的温度为15℃,相对湿度为70%,经预热器升温至90℃后进入干燥器,干燥器内无补充加热。若废气离开干燥器的温度为65℃,且不计预热器及干燥器中的热损失,试计算:(1) 水分汽化量;(2) 干空气用量;(3) 预热器中绝压为196.1kPa时的加热蒸气用量。(278kg/h;5290$kg_{干}$/h;194kg/h)

9. 某药厂对一湿物料进行恒定干燥操作实验,测得数据如下:临界含水量0.2$kg_{水}$/$kg_{绝}$、平衡含水量0.05$kg_{水}$/$kg_{绝}$、干燥比表面积0.25m^2/$kg_{绝}$;实验中的降速段干燥速率曲线为斜线,其斜率为10$kg_{绝}$/(m^2·h)。若将该物料的含水量从25%干燥至6%(均为湿基),每次装、卸料时间为1h,试计算每批物料的干燥周期。(2.31h)

10. 恒定干燥条件下对某物料进行干燥,已知降速阶段的干燥速率曲线可近似按直线处理。物料的初始含水量为0.33$kg_{水}$/$kg_{绝}$,干燥后物料的含水量为0.09$kg_{水}$/$kg_{绝}$,干燥时间为7h;平衡含水量为0.05$kg_{水}$/$kg_{绝}$,临界含水量为0.10$kg_{水}$/$kg_{绝}$。求同样工况下,将该物料由X_1=0.37$kg_{水}$/$kg_{绝}$ 干燥至X_2=0.07$kg_{水}$/$kg_{绝}$ 所需的时间。(10h)

思考题

1. 指出下列基本概念间的相互联系或区别:①绝对湿度与相对湿度;②露点温度与沸点温度;③干球温度与湿球温度;④绝热饱和温度与湿球温度。

2. 在I_H-H图上,分析湿空气的t、t_d及t_w(或t_{as})之间的大小顺序,并指出在何种条件下,三者数值相等?

3. 当湿空气的总压变化时,湿空气I_H-H图上的各种曲线将分别如何变化?若保持t、H不变而将总压提高,这对干燥操作是否有利,为什么?

4. 何谓平衡水分?简述影响平衡水分的主要因素及其对干燥生产的指导意义。

5. 如何区分结合水分与非结合水分?说明理由。

6. 当水分蒸发量及空气的出口湿度一定时,试问应按夏季还是冬季的大气条件来选择干燥系统的风机?

7. 简述提高干燥效率的主要途径。

8. 分析影响恒速干燥速率的主要因素,以及提高相应干燥速率的方法。

9. 分析影响降速干燥速率的主要因素,以及提高相应干燥速率的方法。

10. 简述干燥器选型的主要依据。

(周丽莉)

主要参考文献

1. 王志祥．制药化工原理．北京:化学工业出版社,2005
2. 王志祥．制药工程原理与设备．第 2 版．北京:人民卫生出版社,2011
3. 姚玉英．化工原理．修订版上、下册．天津:天津科学技术出版社,2005
4. 陈敏恒,潘鹤林,齐鸣斋．化工原理．上海:华东理工大学出版社,2008
5. 王志魁．化工原理．第 4 版．北京:化学工业出版社,2010
6. 谭天恩,窦梅,周明华,等．化工原理．第 3 版．北京:化学工业出版社,2010
7. 管国锋,赵汝溥．化工原理．第 3 版．北京:化学工业出版社,2008
8. 王志祥．制药工程学．第 2 版．北京:化学工业出版社,2008
9. 张振坤,王锡玉．化工基础．第 3 版．北京:化学工业出版社,2008
10. 何潮洪,冯宵．化工原理．北京:科学出版社,2007
11. 刘落宪．中药制药工程原理与设备．第 2 版．北京:中国中医药出版社,2007
12. 袁惠新．分离工程．北京:中国石化出版社,2002

附　录

附录 1　单位换算因数

单位名称及符号	换算系数	单位名称及符号	换算系数
1. 长度		毫米汞柱 mmHg	133.322Pa
英寸　in	2.54×10^{-2}m	毫米水柱 mmH_2O	9.80665Pa
英尺　ft(=12in)	0.3048m	托　Torr	133.322Pa
英里　mile	1.609344km	6. 表面张力	
埃　Å	10^{-10}m	达因每厘米 dyn/cm	10^{-3}N/m
码　yd(=3ft)	0.9144m	7. 动力黏度(通称黏度)	
2. 体积		泊　P 或 g/(cm·s)	10^{-1}Pa·s
英加仑 UK gal	4.54609dm^3	厘泊　cP	10^{-3}Pa·s
美加仑 US gal	3.78541dm^3	8. 运动黏度	
3. 质量		斯托克斯 St(=1cm^2/s)	$10^{-4}m^2/s$
磅 lb	0.45359237kg	厘斯　cSt	
短吨(=2000lb)	907.185kg	9. 功、能、热	$10^{-6}m^2/s$
长吨(=2240lb)	1016.05kg	尔格　erg(=1dyn·cm)	10^{-7}J
4. 力		千克力米 kgf·m	9.80665J
达因　dyn(g·cm/s^2)	10^{-5}N	国际蒸汽表卡 cal	4.1868J
千克力 kgf	9.80665N	英热单位 Btu	1.05506kJ
磅力　lbf	4.44822N	10. 功率	
5. 压力(压强)		尔格每秒 erg/s	10^{-7}W
巴　bar(10^6dyn/cm^2)	10^5Pa	千克力米每秒 kgf·m/s	9.80665W
千克力每平方厘米 kgf/cm^2	98 066.5Pa	英马力 hp	745.7W
(又称工程大气压 at)		千卡每小时 kcal/h	1.163W
磅力每平方英寸 lbf/in^2(psi)	6.89476kPa	米制马力(=75kgf·m/s)	735.499W
标准大气压 atm	101.325kPa	11. 温度	
(760mmHg)		华氏度℉	$\frac{5}{9}(t_F-32)$℃

附录 2　饱和水的物理性质

温度 t,℃	饱和蒸气压 $p\times10^{-5}$,Pa	密度 ρ,kg/m³	焓 I,kJ/kg	比热 $C_p\times10^{-3}$, J/(kg·K)	导热系数 $\lambda\times10^2$, W/(m·K)	黏度 $\mu\times10^6$, Pa·s	体积膨胀系数 $\beta\times10^4$,1/K	表面张力 $\sigma\times10^4$, N/m	普兰特准数 Pr
0	0.00611	999.9	0	4.212	55.1	1788	−0.81	756.4	13.67
10	0.01227	999.7	42.04	4.191	57.4	1306	+0.87	741.6	9.52
20	0.02338	998.2	83.91	4.183	59.9	1004	2.09	726.9	7.02
30	0.04241	995.7	125.7	4.174	61.8	801.5	3.05	712.2	5.42
40	0.07375	992.2	167.5	4.174	63.5	653.3	3.86	696.5	4.31
50	0.12335	988.1	209.3	4.174	64.8	549.4	4.57	676.9	3.54
60	0.19920	983.1	251.1	4.179	65.9	469.9	5.22	662.2	2.99
70	0.3116	977.8	293.0	4.187	66.8	406.1	5.83	643.5	2.55
80	0.4736	971.8	355.0	4.195	67.4	355.1	6.40	625.9	2.21
90	0.7011	965.3	377.0	4.208	68.0	314.9	6.96	607.2	1.95
100	1.013	958.4	419.1	4.220	68.3	282.5	7.50	588.6	1.75
110	1.43	951.0	461.4	4.233	68.5	259.0	8.04	569.0	1.60
120	1.98	943.1	503.7	4.250	68.6	237.4	8.58	548.4	1.47
130	2.70	934.8	546.4	4.266	68.6	217.8	9.12	528.8	1.36
140	3.61	926.1	589.1	4.287	68.5	201.1	9.68	507.2	1.26
150	4.76	917.0	632.2	4.313	68.4	186.4	10.26	486.6	1.17
160	6.18	907.0	675.4	4.346	68.3	173.6	10.87	466.0	1.10
170	7.92	897.3	719.3	4.380	67.9	162.8	11.52	443.4	1.05
180	10.03	886.9	763.3	4.417	67.4	153.0	12.21	422.8	1.00
190	12.55	876.0	807.8	4.459	67.0	144.2	12.96	400.2	0.96
200	15.55	863.0	852.8	4.505	66.3	136.4	13.77	376.7	0.93
210	19.08	852.3	897.7	4.555	65.5	130.5	14.67	354.1	0.91
220	23.20	840.3	943.7	4.614	64.5	124.6	15.67	331.6	0.89
230	27.98	827.3	990.2	4.681	63.7	119.7	16.80	310.0	0.88
240	33.48	813.6	1037.5	4.756	62.8	114.8	18.08	285.5	0.87
250	39.78	799.0	1085.7	4.844	61.8	109.9	19.55	261.9	0.86
260	46.94	784.0	1135.7	4.949	60.5	105.9	21.27	237.4	0.87
270	55.05	767.9	1185.7	5.070	59.0	102.0	23.31	214.8	0.88
280	64.19	750.7	1236.8	5.230	57.4	98.1	25.79	191.3	0.90
290	74.45	732.3	1290.0	5.485	55.8	94.2	28.84	168.7	0.93
300	85.92	712.5	1344.9	5.736	54.0	91.2	32.73	144.2	0.97
310	98.70	691.1	1402.2	6.071	52.3	88.3	37.85	120.7	1.03
320	112.90	667.1	1462.1	6.574	50.6	85.3	44.91	98.10	1.11
330	128.65	640.2	1526.2	7.244	48.4	81.4	55.31	76.71	1.22
340	146.08	610.1	1594.8	8.165	45.7	77.5	72.10	56.70	1.39
350	165.37	574.4	1671.4	9.504	43.0	72.6	103.7	38.16	1.60
360	186.74	528.0	1761.5	13.984	39.5	66.7	182.9	20.21	2.35
370	210.53	450.5	1892.5	40.321	33.7	56.9	676.7	4.709	6.79

注：β值选自 Grigull U, Straub J, Schiebener P. Steam Tables in SI Units. 2nd ed. Berlin: Springer-Verlag, 1984.

附录 3　部分有机液体的相对密度共线图

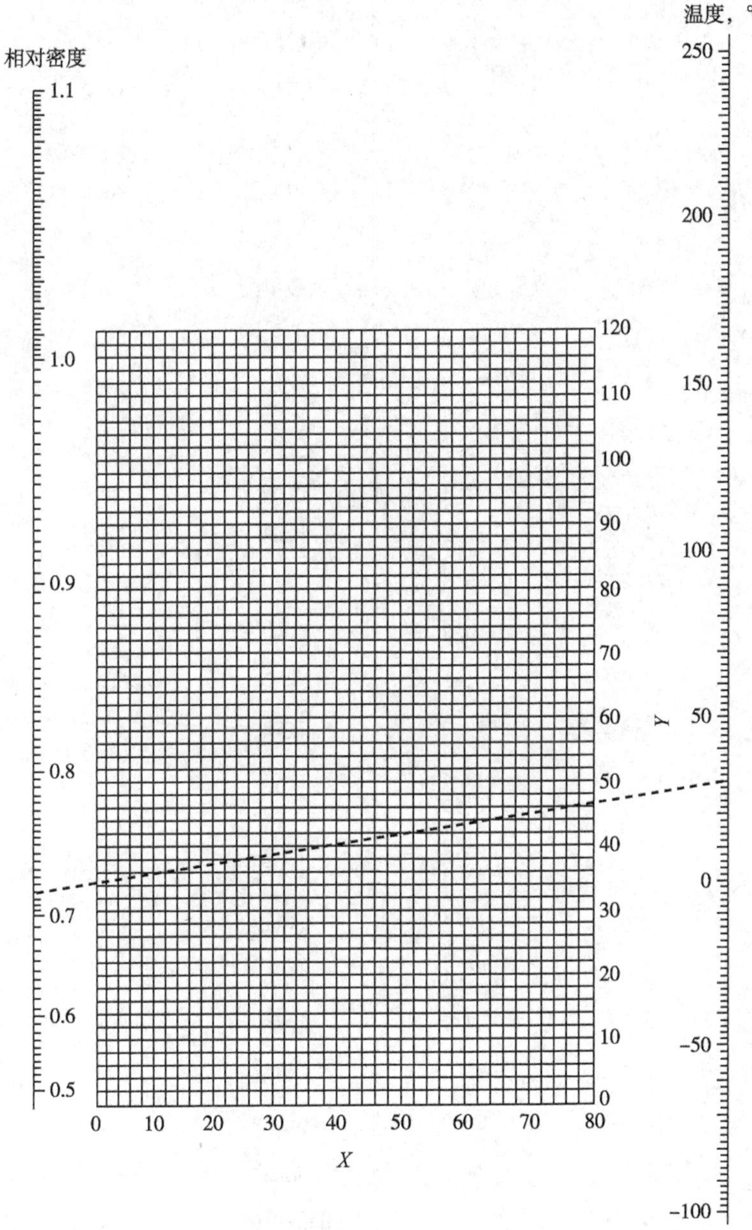

用法举例：求乙丙醚在 30℃时的相对密度。首先由表中查得乙丙醚的坐标 $X=20.0$，$Y=37.0$。然后根据 X 和 Y 的值在共线图上标出相应的点，将该点与图中右方温度标尺上 30℃的点连成一条直线，将该直线延长与左方相对密度标尺相交，由交点读出 30℃乙丙醚的相对密度为 0.718。

有机液体相对密度共线图的坐标值

有机液体	*X*	*Y*	有机液体	*X*	*Y*
乙炔	20.8	10.1	甲酸乙酯	37.6	68.4
乙烷	10.3	4.4	甲酸丙酯	33.8	66.7
乙烯	17.0	3.5	丙烷	14.2	12.2
乙醇	24.2	48.6	丙酮	26.1	47.8
乙醚	22.6	35.8	丙醇	23.8	50.8
乙丙醚	20.0	37.0	丙酸	35.0	83.5
乙硫醇	32.0	55.5	丙酸甲酯	36.5	68.3
乙硫醚	25.7	55.3	丙酸乙酯	32.1	63.9
二乙胺	17.8	33.5	戊烷	12.6	22.6
二硫化碳	18.6	45.4	异戊烷	13.5	22.5
异丁烷	13.7	16.5	辛烷	12.7	32.5
丁酸	31.3	78.7	庚烷	12.6	29.8
丁酸甲酯	31.5	65.5	苯	32.7	63.0
异丁酸	31.5	75.9	苯酚	35.7	103.8
丁酸(异)甲酯	33.0	64.1	苯胺	33.5	92.5
十一烷	14.4	39.2	氟苯	41.9	86.7
十二烷	14.3	41.4	癸烷	16.0	38.2
十三烷	15.3	42.4	氨	22.4	24.6
十四烷	15.8	43.3	氯乙烷	42.7	62.4
三乙胺	17.9	37.0	氯甲烷	52.3	62.9
三氢化磷	28.0	22.1	氯苯	41.7	105.0
已烷	13.5	27.0	氰丙烷	20.1	44.6
壬烷	16.2	36.5	氰甲烷	21.8	44.9
六氢吡啶	27.5	60.0	环已烷	19.6	44.0
甲乙醚	25.0	34.4	醋酸	40.6	93.5
甲醇	25.8	49.1	醋酸甲酯	40.1	70.3
甲硫醇	37.3	59.6	醋酸乙酯	35.0	65.0
甲硫醚	31.9	57.4	醋酸丙酯	33.0	65.5
甲醚	27.2	30.1	甲苯	27.0	61.0
甲酸甲酯	46.4	74.6	异戊醇	20.5	52.0

附录 4　部分液体的物理性质

名称	分子式	密度 ρ，kg/m^3（20℃）	沸点 T_b，℃（101.3kPa）	汽化潜热 r，kJ/kg（101.3kPa）	比热 C_p，kJ/(kg·℃)（20℃）	黏度 $\mu\times10^{-3}$，Pa·s（20℃）	导热系数 λ，W/(m·℃)（20℃）	体积膨胀系数 $\beta\times10^4$，1/℃（20℃）	表面张力 $\sigma\times10^3$，N/m（20℃）
水	H_2O	998	100	2258	4.183	1.005	0.599	1.82	72.8
氯化钠盐水（25%）	—	1186（25℃）	107	—	3.39	2.3	0.57（30℃）	（4.4）	
氯化钙盐水（25%）	—	1228	107	—	2.89	2.5	0.57	（3.4）	
二硫化碳	CS_2	1262	46.3	352	1.005	0.38	0.16	12.1	32
戊烷	C_5H_{12}	626	36.07	357.4	2.24（15.6℃）	0.229	0.113	15.9	16.2
己烷	C_6H_{14}	659	68.74	335.1	2.31（15.6℃）	0.313	0.119		18.2
庚烷	C_7H_{16}	684	98.43	316.5	2.21（15.6℃）	0.411	0.123		20.1
辛烷	C_8H_{18}	703	125.67	306.4	2.19（15.6℃）	0.540	0.131		21.8
三氯甲烷	$CHCl_3$	1489	61.2	253.7	0.992	0.58	0.138（30℃）	12.6	28.5（10℃）
四氯化碳	CCl_4	1594	76.8	195	0.850	1.0	0.12		26.8
二氯乙烷-1,2	$C_2H_4Cl_2$	1253	83.6	324	1.260	0.83	0.14（50℃）		30.8
苯	C_6H_6	879	80.10	393.9	1.704	0.737	0.148	12.4	28.6
甲苯	C_7H_8	867	110.63	363	1.70	0.675	0.138	10.9	27.9
邻二甲苯	C_8H_{10}	880	144.42	347	1.74	0.811	0.142		30.2
间二甲苯	C_8H_{10}	864	139.10	343	1.70	0.611	0.167	0.1	29.0
对二甲苯	C_8H_{10}	861	138.35	340	1.704	0.643	0.129		28.0
硝基苯	$C_6H_5NO_2$	1203	210.9	396	1.47	2.1	0.15		41
苯胺	$C_6H_5NH_2$	1022	184.4	448	2.07	4.3	0.17	8.5	42.9

续表

名称	分子式	密度 ρ, kg/m³ (20℃)	沸点 T_b,℃ (101.3kPa)	汽化潜热 r,kJ/kg (101.3kPa)	比热 C_p, kJ/(kg·℃) (20℃)	黏度 $\mu\times10^{-3}$,Pa·s (20℃)	导热系数 λ, W/(m·℃) (20℃)	体积膨胀系数 $\beta\times10^4$, 1/℃ (20℃)	表面张力 $\sigma\times10^3$,N/m (20℃)
甲醇	CH_3OH	791	64.7	1101	2.48	0.6	0.212	12.2	22.6
乙醇	C_2H_5OH	789	78.3	846	2.39	1.15	0.172	11.6	22.8
乙二醇	$C_2H_4(OH)_2$	1113	197.6	780	2.35	23			47.7
甘油	$C_3H_5(OH)_3$	1261	290(分解)	—		1499	0.59	5.3	63
乙醚	$(C_2H_5)_2O$	714	34.6	360	2.34	0.24	0.140	16.3	18
乙醛	CH_3CHO	783(18℃)	20.2	574	1.9	1.3(18℃)			21.2
糠醛	$C_5H_4O_2$	1168	161.7	452	1.6	1.15(50℃)			43.5
丙酮	CH_3COCH_3	792	56.2	523	2.35	0.32	0.17		23.7
甲酸	$HCOOH$	1220	100.7	494	2.17	1.9	0.26		27.8
醋酸	CH_3COOH	1049	118.1	406	1.99	1.3	0.17	10.7	23.9
醋酸乙酯	$CH_3COOC_2H_5$	901	77.1	368	1.92	0.48	0.14(10℃)		

附录5　饱和水蒸气表(按温度排列)

温度,℃	绝对压力,kPa	蒸汽密度,kg/m³	焓,kJ/kg		汽化潜热,kJ/kg
			液体	蒸汽	
0	0.6082	0.00484	0	2491	2491
5	0.8730	0.00680	20.9	2500.8	2480
10	1.226	0.00940	41.9	2510.4	2469
15	1.707	0.01283	62.8	2520.5	2458
20	2.335	0.01719	83.7	2530.1	2446
25	3.168	0.02304	104.7	2539.7	2435
30	4.247	0.03036	125.6	2549.3	2424
35	5.621	0.03960	146.5	2559.0	2412
40	7.377	0.05114	167.5	2568.6	2401
45	9.584	0.06543	188.4	2577.8	2389
50	12.34	0.0830	209.3	2587.4	2378
55	15.74	0.1043	230.3	2596.7	2366
60	19.92	0.1301	251.2	2606.3	2355
65	25.01	0.1611	272.1	2615.5	2343
70	31.16	0.1979	293.1	2624.3	2331
75	38.55	0.2416	314.0	2633.5	2320
80	47.38	0.2929	334.9	2642.3	2307
85	57.88	0.3531	355.9	2651.1	2295
90	70.14	0.4229	376.8	2659.9	2283
95	84.56	0.5039	397.8	2668.7	2271
100	101.33	0.5970	418.7	2677.0	2258
105	120.85	0.7036	440.0	2685.0	2245
110	143.31	0.8254	461.0	2693.4	2232
115	169.11	0.9635	482.3	2701.3	2219
120	198.64	1.1199	503.7	2708.9	2205
125	232.19	1.296	525.0	2716.4	2191
130	270.25	1.494	546.4	2723.9	2178
135	313.11	1.715	567.7	2731.0	2163
140	361.47	1.962	589.1	2737.7	2149
145	415.72	2.238	610.9	2744.4	2134
150	476.24	2.543	632.2	2750.7	2119
160	618.28	3.252	675.8	2762.9	2087
170	792.59	4.113	719.3	2773.3	2054
180	1003.5	5.145	763.3	2782.5	2019
190	1255.6	6.378	807.6	2790.1	1982

续表

温度,℃	绝对压力,kPa	蒸汽密度,kg/m³	焓,kJ/kg		汽化潜热,kJ/kg
			液体	蒸汽	
200	1554.8	7.840	852.0	2795.5	1944
210	1917.7	9.567	897.2	2799.3	1902
220	2320.9	11.60	942.4	2801.0	1859
230	2798.6	13.98	988.5	2800.1	1812
240	3347.9	16.76	1034.6	2796.8	1762
250	3977.7	20.01	1081.4	2790.1	1709
260	4693.8	23.82	1128.8	2780.9	1652
270	5504.0	28.27	1176.9	2768.3	1591
280	6417.2	33.47	1225.5	2752.0	1526
290	7443.3	39.60	1274.5	2732.3	1457
300	8592.9	46.93	1325.5	2708.0	1382

附录 6 饱和水蒸气表(按压力排列)

绝对压力,kPa	温度,℃	蒸汽密度,kg/m³	焓,kJ/kg		汽化潜热,kJ/kg
			液体	蒸汽	
1.0	6.3	0.00773	26.5	2503.1	2477
1.5	12.5	0.01133	52.3	2515.3	2463
2.0	17.0	0.01486	71.2	2524.2	2453
2.5	20.9	0.01836	87.5	2531.8	2444
3.0	23.5	0.02179	98.4	2536.8	2438
3.5	26.1	0.02523	109.3	2541.8	2433
4.0	28.7	0.02867	120.2	2546.8	2427
4.5	30.8	0.03205	129.0	2550.9	2422
5.0	32.4	0.03537	135.7	2554.0	2418
6.0	35.6	0.04200	149.1	2560.1	2411
7.0	38.8	0.04864	162.4	2566.3	2404
8.0	41.3	0.05514	172.7	2571.0	2398
9.0	43.3	0.06156	181.2	2574.8	2394
10.0	45.3	0.06798	189.6	2578.5	2389
15.0	53.5	0.09956	224.0	2594.0	2370
20.0	60.1	0.1307	251.5	2606.4	2355
30.0	66.5	0.1909	288.8	2622.4	2334
40.0	75.0	0.2498	315.9	2634.1	2312
50.0	81.2	0.3080	339.8	2644.3	2304
60.0	85.6	0.3651	358.2	2652.1	2394

续表

绝对压力,kPa	温度,℃	蒸汽密度,kg/m³	焓,kJ/kg		汽化潜热,kJ/kg
			液体	蒸汽	
70.0	89.9	0.4223	376.6	2659.8	2283
80.0	93.2	0.4781	390.1	2665.3	2275
90.0	96.4	0.5338	403.5	2670.8	2267
100.0	99.6	0.5896	416.9	2676.3	2259
120.0	104.5	0.6987	437.5	2684.3	2247
140.0	109.2	0.8076	457.7	2692.1	2234
160.0	113.0	0.8298	473.9	2698.1	2224
180.0	116.6	1.021	489.3	2703.7	2214
200.0	120.2	1.127	493.7	2709.2	2205
250.0	127.2	1.390	534.4	2719.7	2185
300.0	133.3	1.650	560.4	2728.5	2168
350.0	138.8	1.907	583.8	2736.1	2152
400.0	143.4	2.162	603.6	2742.1	2138
450.0	147.7	2.415	622.4	2747.8	2125
500.0	151.7	2.667	639.6	2752.8	2113
600.0	158.7	3.169	676.2	2761.4	2091
700.0	164.7	3.666	696.3	2767.8	2072
800.0	170.4	4.161	721.0	2773.7	2053
900.0	175.1	4.652	741.8	2778.1	2036
1.0×10^3	179.9	5.143	762.7	2782.5	2020
1.1×10^3	180.2	5.633	780.3	2785.5	2005
1.2×10^3	187.8	6.124	797.9	2788.5	1991
1.3×10^3	191.5	6.614	814.2	2790.9	1977
1.4×10^3	194.8	7.103	829.1	2792.4	1964
1.5×10^3	198.2	7.594	843.9	2794.5	1951
1.6×10^3	201.3	8.081	857.8	2796.0	1938
1.7×10^3	204.1	8.567	870.6	2797.1	1926
1.8×10^3	206.9	9.053	883.4	2798.1	1915
1.9×10^3	209.8	9.539	896.2	2799.2	1903
2.0×10^3	212.2	10.03	907.3	2799.7	1892
3.0×10^3	233.7	15.01	1005.4	2798.9	1794
4.0×10^3	250.3	20.10	1082.9	2789.8	1707
5.0×10^3	263.8	25.37	1146.9	2776.2	1629
6.0×10^3	275.4	30.85	1203.2	2759.5	1556
7.0×10^3	285.7	36.57	1253.2	2740.8	1488
8.0×10^3	294.8	42.58	1299.2	2720.5	1404
9.0×10^3	303.2	48.89	1343.5	2699.1	1357

附录 7　干空气的热物理性质(1.013×10^5Pa)

温度 t,℃	密度 ρ,kg/m^3	比热 C_p, kJ/(kg·℃)	导热系数 $\lambda\times10^2$,W/(m·℃)	黏度 $\mu\times10^6$,Pa·s	运动黏度 $\mu\times10^6$,m^2/s	普兰特数 Pr
−50	1.584	1.013	2.04	14.6	9.23	0.728
−40	1.515	1.013	2.12	15.2	10.04	0.728
−30	1.453	1.013	2.20	15.7	10.80	0.723
−20	1.395	1.009	2.28	16.2	11.61	0.716
−10	1.342	1.009	2.36	16.7	12.43	0.712
0	1.293	1.005	2.44	17.2	13.28	0.707
10	1.247	1.005	2.51	17.6	14.16	0.705
20	1.205	1.005	2.59	18.1	15.06	0.703
30	1.165	1.005	2.67	18.6	16.00	0.701
40	1.128	1.005	2.76	19.1	16.96	0.699
50	1.093	1.005	2.83	19.6	17.95	0.698
60	1.060	1.005	2.90	20.1	18.97	0.696
70	1.029	1.009	2.96	20.6	20.02	0.694
80	1.000	1.009	3.05	21.1	21.09	0.692
90	0.972	1.009	3.13	21.5	22.10	0.690
100	0.946	1.009	3.21	21.9	23.13	0.688
120	0.898	1.009	3.34	22.8	25.45	0.686
140	0.854	1.013	3.49	23.7	27.80	0.684
160	0.815	1.017	3.64	24.5	30.09	0.682
180	0.779	1.022	3.78	25.3	32.49	0.681
200	0.746	1.026	3.93	26.0	34.85	0.680
250	0.674	1.038	4.27	27.4	40.61	0.677
300	0.615	1.047	4.60	29.7	48.33	0.674
350	0.566	1.059	4.91	31.4	55.46	0.676
400	0.524	1.068	5.21	33.0	63.09	0.678
500	0.456	1.093	5.74	36.2	79.38	0.687
600	0.404	1.114	6.22	39.1	96.89	0.699
700	0.362	1.135	6.71	41.8	115.4	0.706
800	0.329	1.156	7.18	44.3	134.8	0.713
900	0.301	1.172	7.63	46.7	155.1	0.717
1000	0.277	1.185	8.07	49.0	177.1	0.719
1100	0.257	1.197	8.50	51.2	199.3	0.722
1200	0.239	1.210	9.15	53.5	233.7	0.724

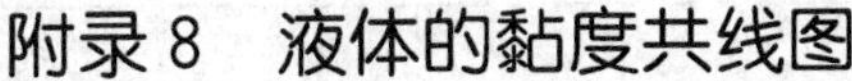

温度

°C　°F

黏度×10³，Pa·s

Y

X

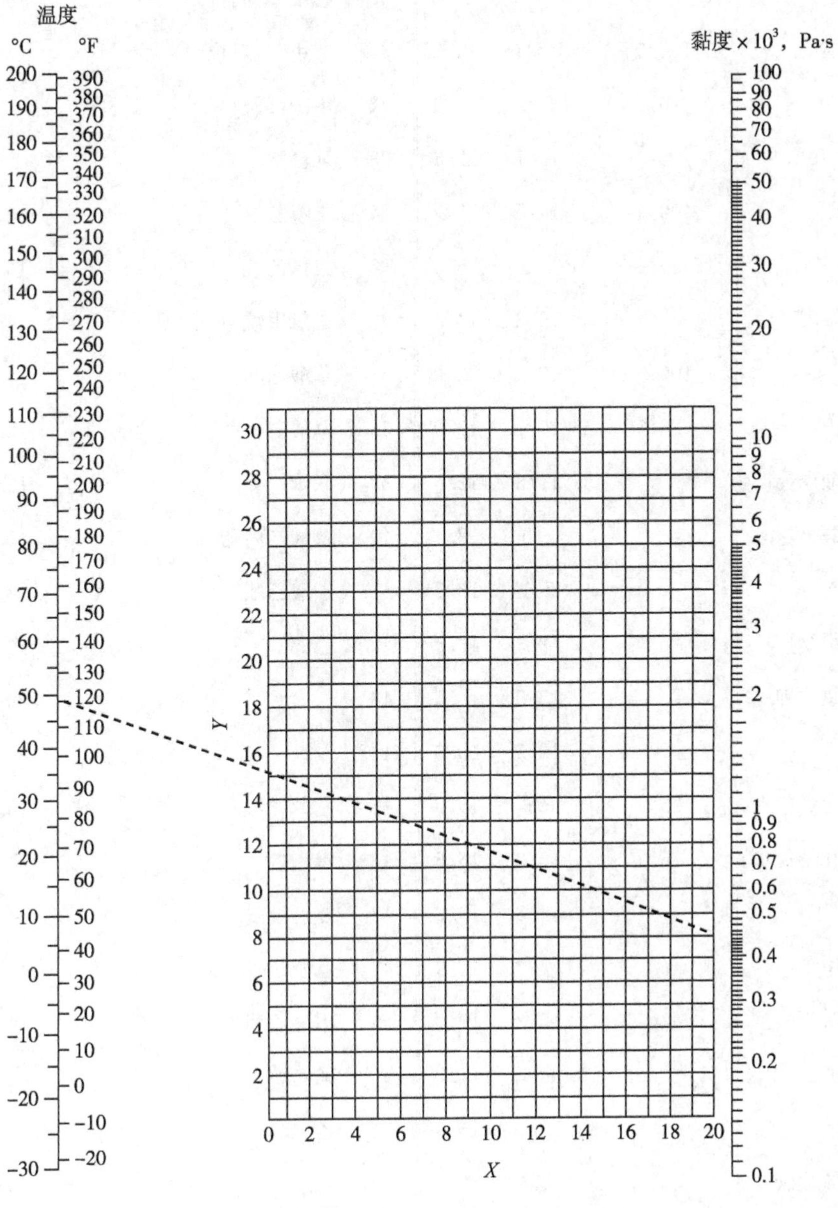

用法举例：求苯在50℃时的黏度。首先由表中查得苯的序号为15，其坐标 $X=12.5$，$Y=10.9$。然后根据 X 和 Y 的值在共线图上标出相应的点，再将该点与图中左边温度标尺上温度为50℃的点连成一条直线，将该直线延长与右边的黏度标尺相交，由交点读出苯在50℃时的黏度为 0.44×10^{-3} Pa·s。

液体黏度共线图的坐标值

序号	液体		X	Y	序号	液体		X	Y
1	乙醛		15.2	14.8	30	氯甲苯(间位)		13.3	12.5
2	醋酸	100%	12.1	14.2	31	氯甲苯(对位)		13.3	12.5
3		70%	9.5	17.0	32	甲酚(间位)		2.5	20.8
4	醋酸酐		12.7	12.8	33	环已醇		2.9	24.3
5	丙酮	100%	14.5	7.2	34	二溴乙烷		12.7	15.8
6		35%	7.9	15.0	35	二氯乙烷		13.2	12.2
7	丙烯醇		10.2	14.3	36	二氯甲烷		14.6	8.9
8	氨	100%	12.6	2.0	37	草酸乙酯		11.0	16.4
9		26%	10.1	13.9	38	草酸二甲酯		12.3	15.8
10	醋酸戊酯		11.8	12.5	39	联苯		12.0	18.3
11	戊醇		7.5	18.4	40	草酸二丙酯		10.3	17.7
12	苯胺		8.1	18.7	41	乙酸乙酯		13.7	9.1
13	苯甲醚		12.3	13.5	42	乙醇	100%	10.5	13.8
14	三氯化砷		13.9	14.5	43		95%	9.8	14.3
15	苯		12.5	10.9	44		40%	6.5	16.6
16	氯化钙盐水	25%	6.6	15.9	45	乙苯		13.2	11.5
17	氯化钠盐水	25%	10.2	16.6	46	溴乙烷		14.5	8.1
18	溴		14.2	13.2	47	氯乙烷		14.8	6.0
19	溴甲苯		20	15.9	48	乙醚		14.5	5.3
20	丁酸丁酯		12.3	11.0	49	甲酸乙酯		14.2	8.4
21	丁醇		8.6	17.2	50	碘乙烷		14.7	10.3
22	丁酸		12.1	15.3	51	乙二醇		6.0	23.6
23	二氧化碳		11.6	0.3	52	甲酸		10.7	15.8
24	二硫化碳		16.1	7.5	53	氟里昂-11(CCl_3F)		14.4	9.0
25	四氯化碳		12.7	13.1	54	氟里昂-12(CCl_2F_2)		16.8	5.6
26	氯苯		12.3	12.4	55	氟里昂-21($CHCl_2F$)		15.7	7.5
27	三氯甲烷		14.4	10.2	56	氟里昂-22($CHClF_2$)		17.2	4.7
28	氯磺酸		11.2	18.1	57	氟里昂-113(CCl_2F-$CClF_2$)		12.5	11.4
29	氯甲苯(邻位)		13.0	13.3	58	甘油	100%	2.0	30.0

续表

序号	液体		X	Y	序号	液体		X	Y
59	甘油	50%	6.9	19.6	84	酚		6.9	20.8
60	庚烷		14.1	8.4	85	三溴化磷		13.8	16.7
61	己烷		14.7	7.0	86	三氯化磷		16.2	10.9
62	盐酸	31.5%	13.0	16.6	87	丙酸		12.8	13.8
63	异丁醇		7.1	18.0	88	丙醇		9.1	16.5
64	异丁醇		12.2	14.4	89	溴丙烷		14.5	9.6
65	异丙醇		8.2	16.0	90	氯丙烷		14.4	7.5
66	煤油		10.2	16.9	91	碘丙烷		14.1	11.6
67	粗亚麻仁油		7.5	27.2	92	钠		16.4	13.9
68	水银		18.4	16.4	93	氢氧化钠	50%	3.2	25.8
69	甲醇	100%	12.4	10.5	94	四氯化锡		13.5	12.8
70		90%	12.3	11.8	95	二氧化硫		15.2	7.1
71		40%	7.8	15.5	96	硫酸	110%	7.2	27.4
72	乙酸甲酯		14.2	8.2	97		98%	7.0	24.8
73	氯甲烷		15.0	3.8	98		60%	10.2	21.3
74	丁酮		13.9	8.6	99	二氯二氧化硫		15.2	12.4
75	萘		7.9	18.1	100	四氯乙烷		11.9	15.7
76	硝酸	95%	12.8	13.8	101	四氯乙烯		14.2	12.7
77		60%	10.8	17.0	102	四氯化钛		14.4	12.3
78	硝基苯		10.6	16.2	103	甲苯		13.7	10.4
79	硝基甲苯		11.0	17.0	104	三氯乙烯		14.8	10.5
80	辛烷		13.7	10.0	105	松节油		11.5	14.9
81	辛醇		6.6	21.1	106	醋酸乙烯		14.0	8.8
82	五氯乙烷		10.9	17.3	107	水		10.2	13.0
83	戊烷		14.9	5.2					

附录9 气体的黏度共线图(101.3kPa)

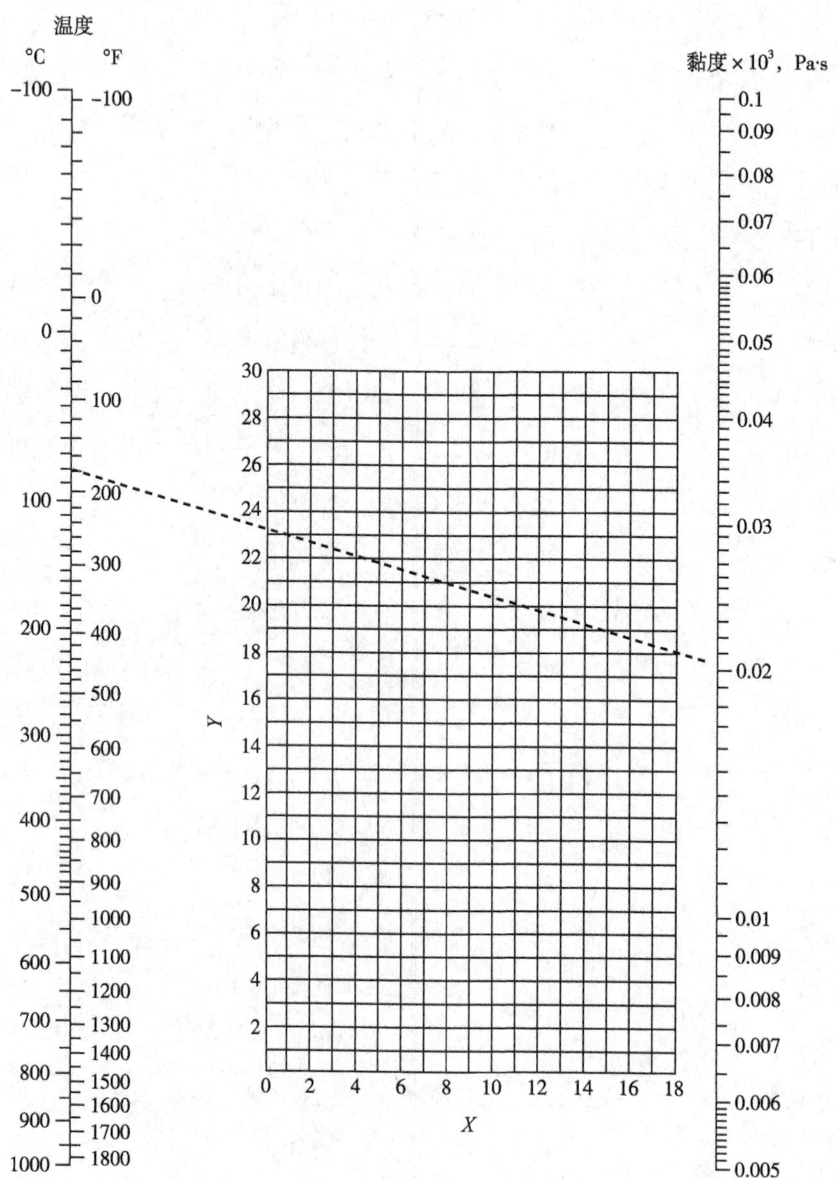

用法举例:求空气在 80℃时的黏度。首先由表中查得空气的序号为 4,其坐标 $X=11.0$,$Y=20.0$。然后根据 X 和 Y 的值在共线图上标出相应的点,将该点与图中左方温度标尺上 80℃的点连成一条直线,将该直线延长与右方黏度标尺相交,由交点读出 80℃空气的黏度为 0.022×10^{-3} Pa·s。

气体黏度共线图的坐标值

序号	气体	X	Y	序号	气体	X	Y
1	醋酸	7.7	14.3	29	氟里昂-113(CCl_2F-$CClF_2$)	11.3	14.0
2	丙酮	8.9	13.0	30	氦	10.9	20.5
3	乙炔	9.8	14.9	31	己烷	8.6	11.8
4	空气	11.0	20.0	32	氢	11.2	12.4
5	氨	8.4	16.0	33	$3H_2+1N_2$	11.2	17.2
6	氩	10.5	22.4	34	溴化氢	8.8	20.9
7	苯	8.5	13.2	35	氯化氢	8.8	18.7
8	溴	8.9	19.2	36	氰化氢	9.8	14.9
9	丁烯(butene)	9.2	13.7	37	碘化氢	9.0	21.3
10	丁烯(butylene)	8.9	13.0	38	硫化氢	8.6	18.0
11	二氧化碳	9.5	18.7	39	碘	9.0	18.4
12	二硫化碳	8.0	16.0	40	水银	5.3	22.9
13	一氧化碳	11.0	20.0	41	甲烷	9.9	15.5
14	氯	9.0	18.4	42	甲醇	8.5	15.6
15	三氯甲烷	8.9	15.7	43	一氧化氮	10.9	20.5
16	氰	9.2	15.2	44	氮	10.6	20.0
17	环己烷	9.2	12.0	45	五硝酰氯	8.0	17.6
18	乙烷	9.1	14.5	46	一氧化二氮	8.8	19.0
19	乙酸乙酯	8.5	13.2	47	氧	11.0	21.3
20	乙醇	9.2	14.2	48	戊烷	7.0	12.8
21	氯乙烷	8.5	15.6	49	丙烷	9.7	12.9
22	乙醚	8.9	13.0	50	丙醇	8.4	13.4
23	乙烯	9.5	15.1	51	丙烯	9.0	13.8
24	氟	7.3	23.8	52	二氧化硫	9.6	17.0
25	氟里昂-11(CCl_3F)	10.6	15.1	53	甲苯	8.6	12.4
26	氟里昂-12(CCl_2F_2)	11.1	16.0	54	2,3,3-三甲(基)丁烷	9.5	10.5
27	氟里昂-21($CHCl_2F$)	10.8	15.3	55	水	8.0	16.0
28	氟里昂-22($CHClF_2$)	10.1	17.0	56	氙	9.3	23.0

附录 10　固体材料的导热系数

1. 常用金属材料的导热系数,W/(m·℃)

温度,℃	0	100	200	300	400
铝	228	228	228	228	228
铜	384	379	372	367	363
铁	73.3	67.5	61.6	54.7	48.9
铅	35.1	33.4	31.4	29.8	—
镍	93.0	82.6	73.3	63.97	59.3
银	414	409	373	362	359
碳钢	52.3	48.9	44.2	41.9	34.9
不锈钢	16.3	17.5	17.5	18.5	—

2. 常用非金属材料的导热系数，W/(m·℃)

名称	温度，℃	导热系数	名称	温度，℃	导热系数
石棉绳	—	0.10～0.21	云母	50	0.430
石棉板	30	0.10～0.14	泥土	20	0.698～0.930
软木	30	0.0430	冰	0	2.33
玻璃棉	—	0.0349～0.0698	膨胀珍珠岩散料	25	0.021～0.062
保温灰	—	0.0698	软橡胶	—	0.129～0.159
锯屑	20	0.0465～0.0582	硬橡胶	0	0.150
棉花	100	0.0698	聚四氟乙烯	—	0.242
厚纸	20	0.14～0.349	泡沫塑料	—	0.0465
玻璃	30	1.09	泡沫玻璃	−15	0.00489
	−20	0.76		−80	0.00349
搪瓷	—	0.87～1.16	木材(横向)	—	0.14～0.175
木材(纵向)	—	0.384	酚醛加玻璃纤维	—	0.259
耐火砖	230	0.872	酚醛加石棉纤维	—	0.294
	1200	1.64	聚碳酸酯	—	0.191
混凝土	—	1.28	聚苯乙烯泡沫	25	0.0419
绒毛毡	—	0.0465		−150	0.00174
85%氧化镁粉	0～100	0.0698	聚乙烯	—	0.329
聚氯乙烯	—	0.116～0.174	石墨	—	139

附录 11　液体的导热系数

液体		温度 t，℃	导热系数 λ，W/(m·℃)	液体		温度 t，℃	导热系数 λ，W/(m·℃)
醋酸	100%	20	0.171	乙苯		30	0.149
	50%	20	0.35			60	0.142
丙酮		30	0.177	乙醚		30	0.138
		75	0.164			75	0.135
丙烯醇		25～30	0.180	汽油		30	0.135
氨		25～30	0.50	三元醇	100%	20	0.284
氨水溶液		20	0.45		80%	20	0.327
		60	0.50		60%	20	0.381
正戊醇		30	0.163		40%	20	0.448
		100	0.154		20%	20	0.481
异戊醇		30	0.152		100%	100	0.284
		75	0.151	正庚烷		30	0.140
苯胺		0～20	0.173			60	0.137
苯		30	0.159	正己烷		30	0.138

续表

液体		温度 t,℃	导热系数 λ, W/(m·℃)	液体		温度 t,℃	导热系数 λ, W/(m·℃)
苯		60	0.151	正己烷		60	0.135
正丁醇		30	0.168	正庚醇		30	0.163
		75	0.164			75	0.157
异丁醇		10	0.157	正己醇		30	0.164
氯化钙盐水	30%	30	0.55			75	0.156
	15%	30	0.59	煤油		20	0.149
二硫化碳		30	0.161			75	0.140
		75	0.152	盐酸	12.5%	32	0.52
四氯化碳		0	0.185		25%	32	0.48
		68	0.163		38%	32	0.44
氯苯		10	0.144	水银		28	0.36
三氯甲烷		30	0.138	甲醇	100%	20	0.215
乙酸乙酯		20	0.175		80%	20	0.267
乙醇	100%	20	0.182		60%	20	0.329
	80%	20	0.237		40%	20	0.405
	60%	20	0.305		20%	20	0.492
	40%	20	0.388		100%	50	0.197
	20%	20	0.486	氯甲烷		−15	0.192
	100%	50	0.151			30	0.154
硝基苯		30	0.164	正丙醇		30	0.171
		100	0.152			75	0.164
硝基甲苯		30	0.216	异丙醇		30	0.157
		60	0.208			60	0.155
正辛烷		60	0.14	氯化钠盐水	25%	30	0.57
		0	0.138～0.156		12.5%	30	0.59
石油		20	0.180	硫酸	90%	30	0.36
蓖麻油		0	0.173		60%	30	0.43
		20	0.168		30%	30	0.52
橄榄油		100	0.164	二氧化硫		15	0.22
正戊烷		30	0.135			30	0.192
		75	0.128	甲苯		30	0.149
氯化钾	15%	32	0.58			75	0.145
	30%	32	0.56	松节油		15	0.128
氢氧化钾	21%	32	0.58	二甲苯	邻位	20	0.155
	42%	32	0.55		对位	20	0.155
硫酸钾	10%	32	0.60				

附录 12　气体的导热系数共线图（101.3kPa）

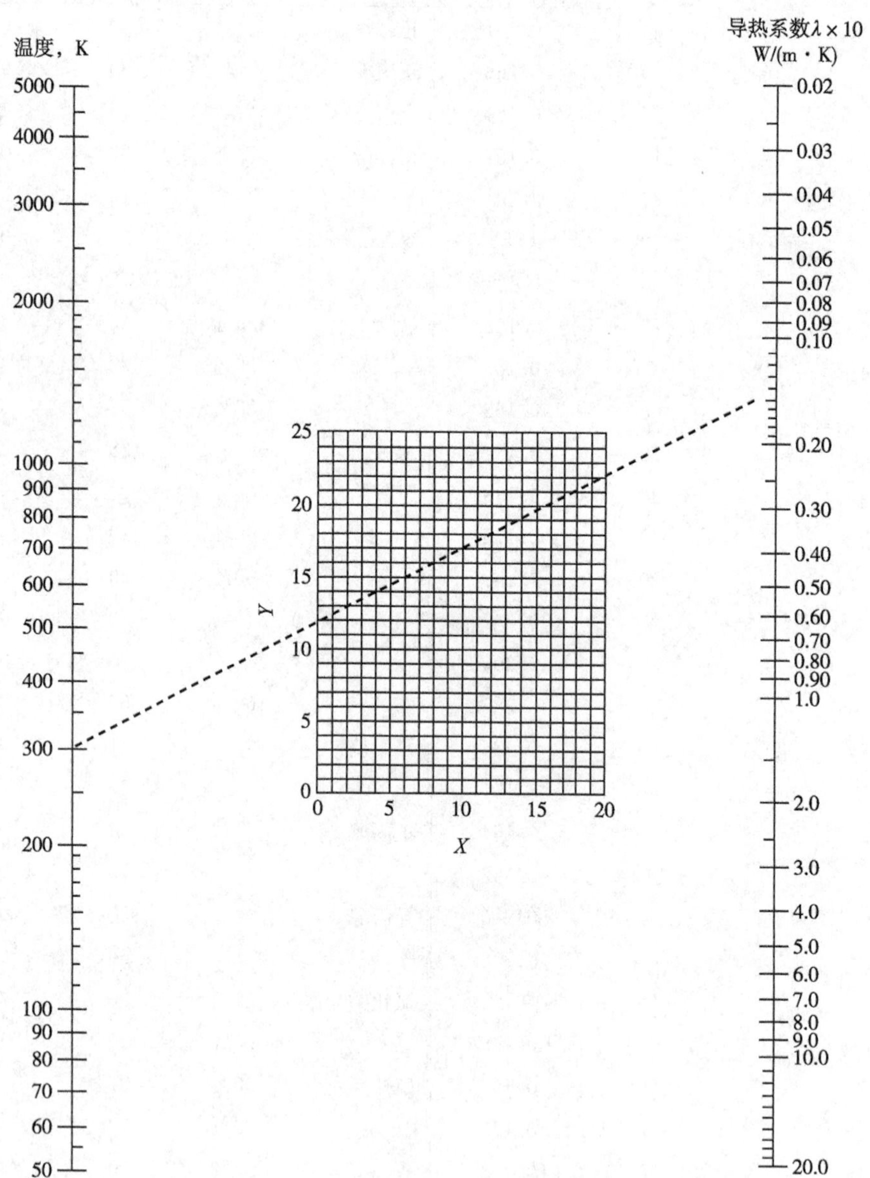

用法举例：求乙醇在 300K 时的导热系数。首先由表中查得乙醇的坐标 $X=2.0$，$Y=13.0$。然后根据 X 和 Y 的值在共线图上标出相应的点，将该点与图中左方温度标尺上 300K 的点连成一条直线，将该直线延长与右方导热系数标尺相交，由交点读出 300K 乙醇的导热系数为 0.014W/(m·K)。

气体导热系数共线图的坐标值

气体或蒸汽	温度范围,K	X	Y	气体或蒸汽	温度范围,K	X	Y
乙炔	200～600	7.5	13.5	氟利昂-113 ($CCl_2F \cdot CClF_2$)	250～400	4.7	17.0
空气	50～250	12.4	13.9	氦	50～500	17.0	2.5
空气	250～1000	14.7	15.0	氦	500～5000	15.0	3.0
空气	1000～1500	17.1	14.5	正庚烷	250～600	4.0	14.8
氨	200～900	8.5	12.6	正庚烷	600～1000	6.9	14.9
氩	50～250	12.5	16.5	正己烷	250～1000	3.7	14.0
氩	250～5000	15.4	18.1	氢	50～250	13.2	1.2
苯	250～600	2.8	14.2	氢	250～1000	15.7	1.3
三氟化硼	250～400	12.4	16.4	氢	1000～2000	13.7	2.7
溴	250～350	10.1	23.6	氯化氢	200～700	12.2	18.5
正丁烷	250～500	5.6	14.1	氪	100～700	13.7	21.8
异丁烷	250～500	5.7	14.0	甲烷	100～300	11.2	11.7
二氧化碳	200～700	8.7	15.5	甲烷	300～1000	8.5	11.0
二氧化碳	700～1200	13.3	15.4	甲醇	300～500	5.0	14.3
一氧化碳	80～300	12.3	14.2	氯甲烷	250～700	4.7	15.7
一氧化碳	300～1200	15.2	15.2	氖	50～250	15.2	10.2
四氯化碳	250～500	9.4	21.0	氖	250～5000	17.2	11.0
氯	200～700	10.8	20.1	氧化氮	100～1000	13.2	14.8
氘	50～100	12.7	17.3	氮	50～250	12.5	14.0
丙酮	250～500	3.7	14.8	氮	250～500	15.8	15.3
乙烷	200～1000	5.4	12.6	氮	1500～3000	12.5	16.5
乙醇	250～350	2.0	13.0	一氧化二氮	200～500	8.4	15.0
乙醇	350～500	7.7	15.2	一氧化二氮	500～1000	11.5	15.5
乙醚	250～500	5.3	14.1	氧	50～300	12.2	13.8
乙烯	200～450	3.9	12.3	氧	300～1500	14.5	14.8
氟	80～600	12.3	13.8	戊烷	250～500	5.0	14.1
氩	600～800	18.7	13.8	丙烷	200～300	2.7	12.0
氟利昂-11(CCl_3F)	250～500	7.5	19.0	丙烷	300～500	6.3	13.7
氟利昂-12($CClF_2$)	250～500	6.8	17.5	二氧化硫	250～900	9.2	18.5
氟利昂-13($CClF_3$)	250～500	7.5	16.5	甲苯	250～600	6.4	14.8
氟利昂-21($CHCl_2F$)	250～450	6.2	17.5	氟利昂-22($CHClF_2$)	250～500	6.5	18.6

附录 13 液体的比热共线图

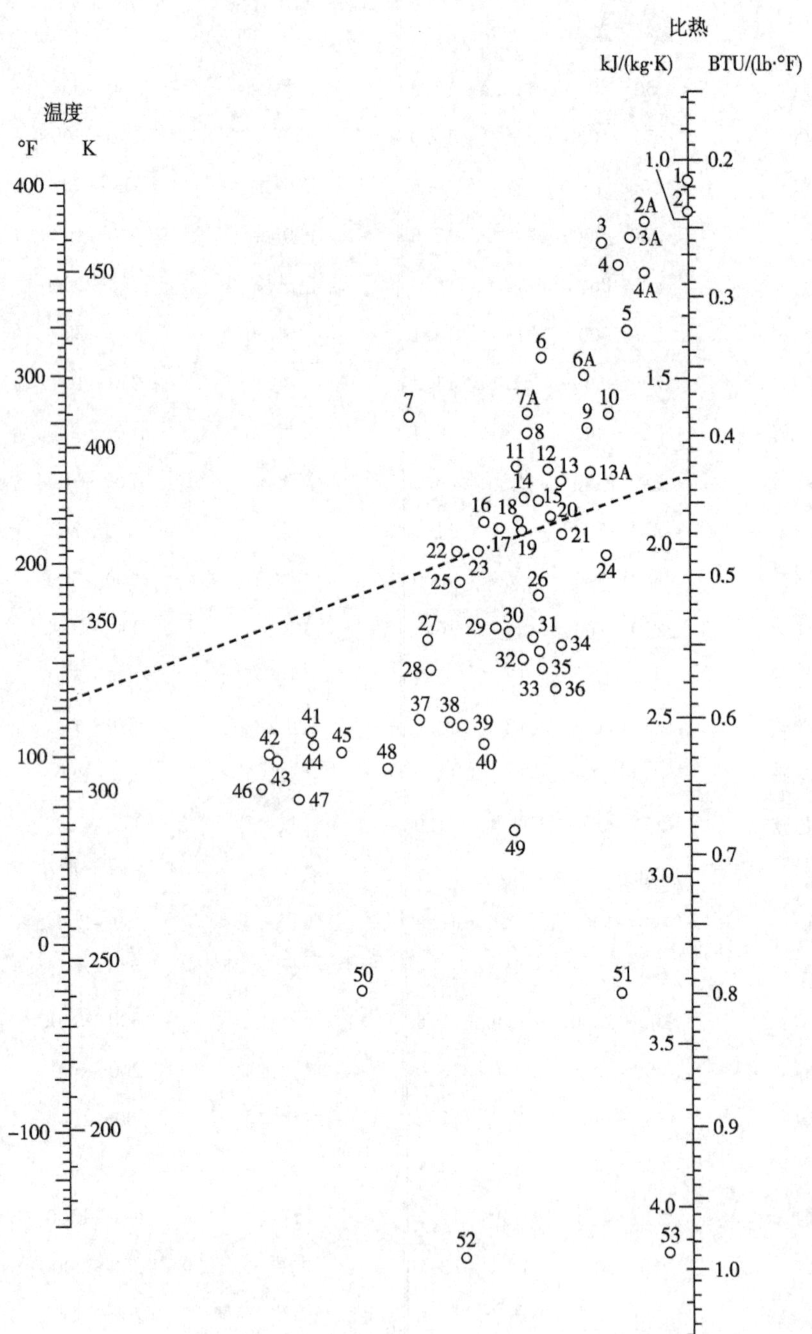

用法举例:求苯在50℃时的比热。首先由表中查得苯的编号为23,在图中找到此点,将该点与图中左方温度标尺上50℃即323K的点连成一条直线,将该直线延长与右方比热标尺相交,由交点读出50℃苯的比热为1.79kJ/(kg·K)。

液体比热共线图中的编号

编号	液体	温度范围,℃	编号	液体	温度范围,℃
29	醋酸 100%	0～80	7	碘乙烷	0～100
32	丙酮	20～50	39	乙二醇	−40～200
52	氨	−70～50	2A	氟里昂-11(CCl_3F)	−20～70
37	戊醇	−50～25	6	氟里昂-12(CCl_2F_2)	−40～15
26	乙酸戊酯	0～100	4A	氟里昂-21($CHCl_2F$)	−20～70
30	苯胺	0～130	7A	氟里昂-22($CHClF_2$)	−20～60
23	苯	10～80	3A	氟里昂-113(CCl_2F-$CClF_2$)	−20～70
27	苯甲醇	−20～30	38	三元醇	−40～20
10	卡基氧	−30～30	28	庚烷	0～60
49	$CaCl_2$ 盐水 25%	−40～20	35	己烷	−80～20
51	NaCl 盐水 25%	−40～20	48	盐酸 30%	20～100
44	丁醇	0～100	41	异戊醇	10～100
2	二硫化碳	−100～25	43	异丁醇	0～100
3	四氯化碳	10～60	47	异丙醇	−20～50
8	氯苯	0～100	31	异丙醚	−80～20
4	三氯甲烷	0～50	40	甲醇	−40～20
21	癸烷	−80～25	13A	氯甲烷	−80～20
6A	二氯乙烷	−30～60	14	萘	90～200
5	二氯甲烷	−40～50	12	硝基苯	0～100
15	联苯	80～120	34	壬烷	−50～125
22	二苯甲烷	80～120	33	辛烷	−50～25
16	二苯醚	0～200	3	过氯乙烯	−30～140
16	道舍姆 A(DowthermA)	0～200	45	丙醇	−20～100
24	乙酸乙酯	−50～25	20	吡啶	−51～25
42	乙醇100%	30～80	9	硫酸 98%	10～45
46	95%	20～80	11	二氧化硫	−20～100
50	50%	20～80	23	甲苯	0～60
25	乙苯	0～100	53	水	−10～200
1	溴乙烷	5～25	19	二甲苯(邻位)	0～100
13	氯乙烷	−80～40	18	二甲苯(间位)	0～100
36	乙醚	−100～25	17	二甲苯(对位)	0～100

附录 14 气体的比热共线图(101.3kPa)

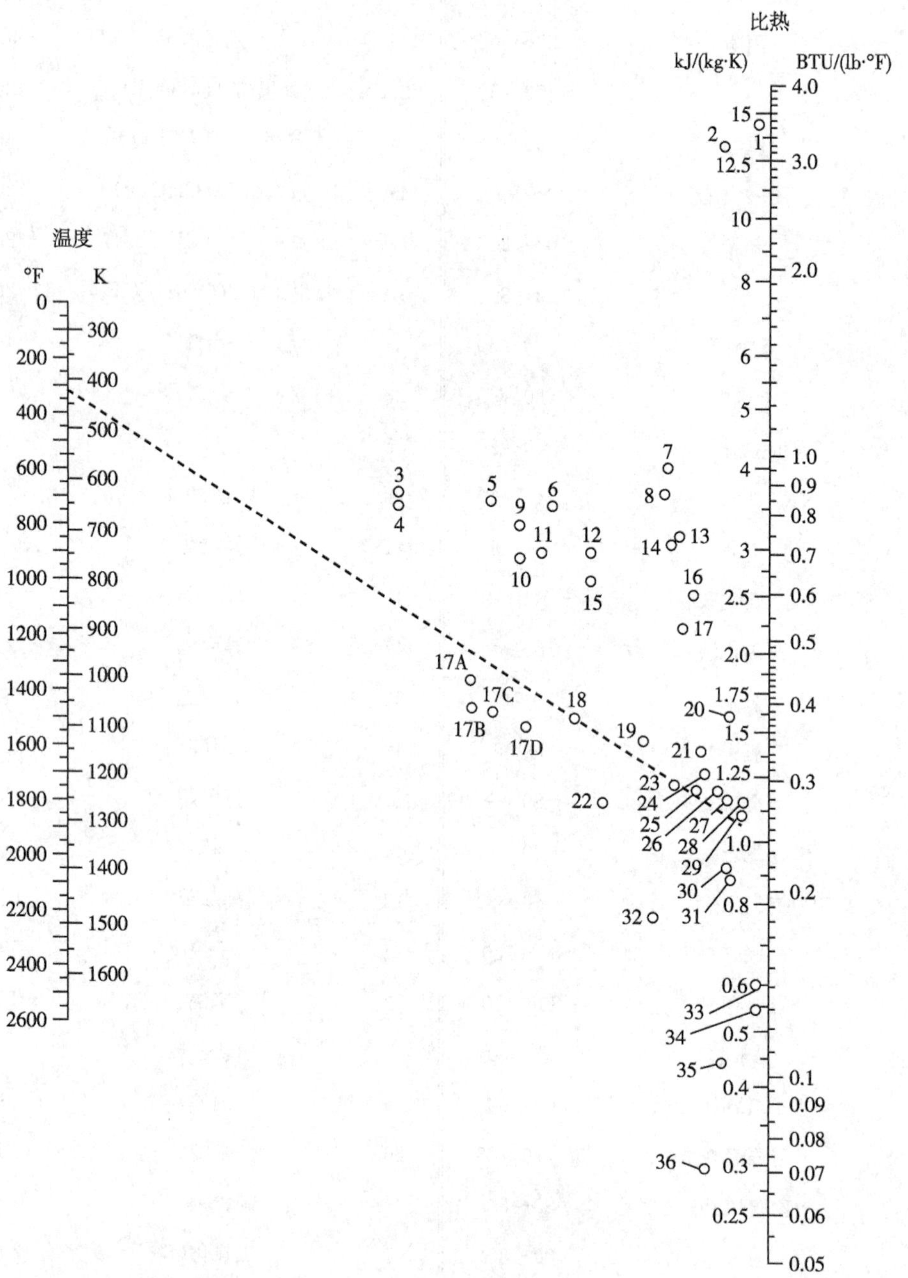

用法举例:求二氧化碳在150℃时的比热。当二氧化碳的温度为150℃即423K时,由表中查得其编号为18,在图中找到此点,将该点与图中左方温度标尺上423K的点连成一条直线,将该直线延长与右方比热标尺相交,由交点读出150℃二氧化碳的比热为1.0kJ/(kg·K)。

气体比热共线图中的编号

编号	气体	温度范围,K	编号	气体	温度范围,K
10	乙炔	273～473	1	氢	273～873
15	乙炔	473～673	2	氢	873～1673
16	乙炔	673～1673	35	溴化氢	273～1673
27	空气	273～1673	30	氯化氢	273～1673
12	氨	273～873	20	氟化氢	273～1673
14	氨	873～1673	36	碘化氢	273～1673
18	二氧化碳	273～673	19	硫化氢	273～973
24	二氧化碳	673～1673	21	硫化氢	973～1673
26	一氧化碳	273～1673	5	甲烷	273～573
32	氯	273～473	6	甲烷	573～973
34	氯	473～1673	7	甲烷	973～1673
3	乙烷	273～473	25	一氧化氮	273～973
9	乙烷	473～873	28	一氧化氮	973～1673
8	乙烷	873～1673	26	氮	273～1673
4	乙烯	273～473	23	氧	273～773
11	乙烯	473～873	29	氧	773～1673
13	乙烯	873～1673	33	硫	573～1673
17B	氟里昂-11(CCl_3F)	273～423	22	二氧化硫	273～673
17C	氟里昂-21($CHCl_2F$)	273～423	31	二氧化硫	673～1673
17A	氟里昂-22($CHClF_2$)	278～423	17	水	273～1673
17D	氟里昂-113(CCl_2F-$CClF_2$)	273～423			

附录 15 液体的汽化潜热(蒸发潜热)共线图

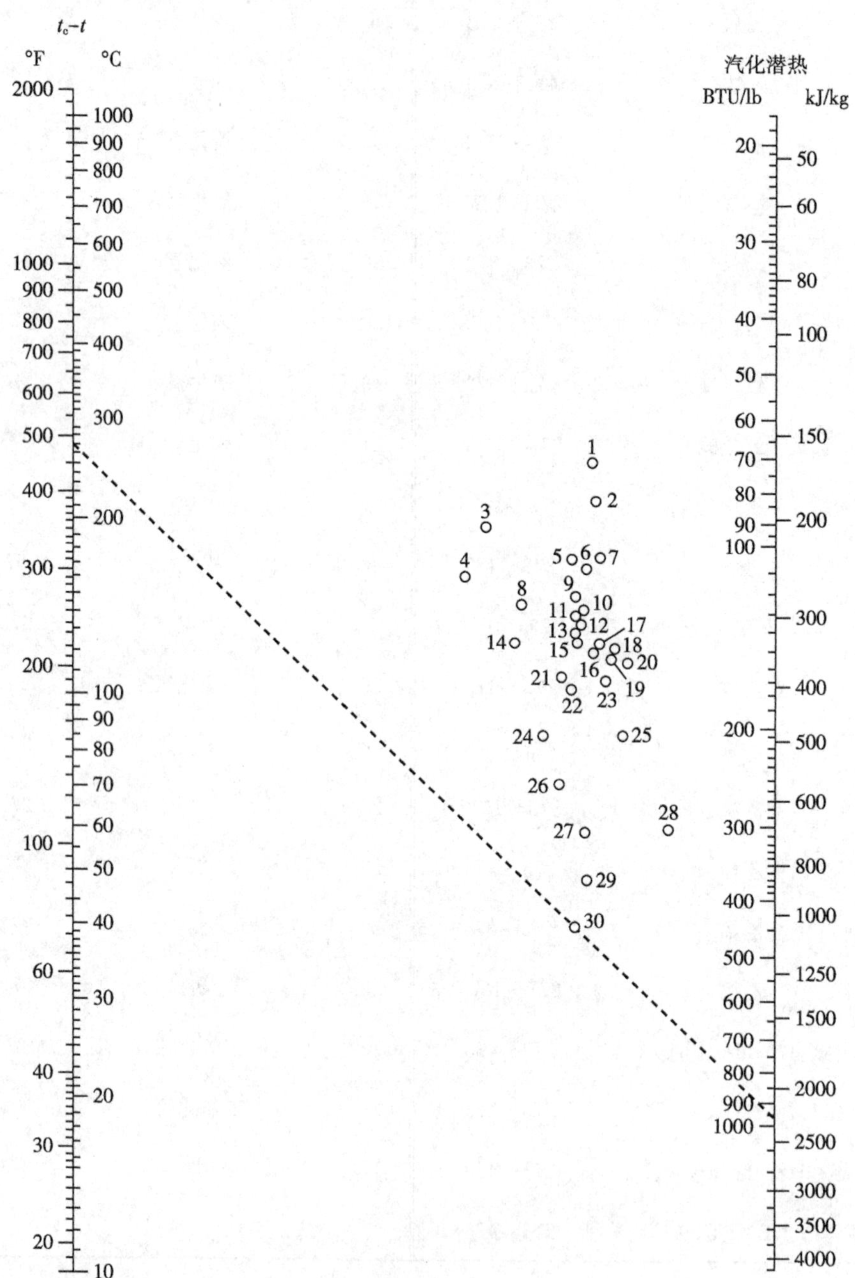

用法举例:求水在 t=100℃时的汽化潜热。首先由表中查得水的编号为 30,其临界温度 t_c=374℃,故得 t_c-t=374−100=274℃,在共线图左侧的 t_c-t 标尺上定出 274℃的点,与图中编号为 30 的圆圈中心点连成一条直线,将该直线延长与右侧的汽化热标尺相交,交点的读数为 2260kJ/kg,该数值即为水在 100℃时的汽化潜热。

液体汽化潜热共线图中的编号

编号	液体	t_c,℃	(t_c-t),℃	编号	液体	t_c,℃	(t_c-t),℃
30	水	374	100～500	7	三氯甲烷	263	140～270
29	氨	133	50～200	2	四氯甲烷	283	30～250
19	一氧化氮	36	25～150	17	氯乙烷	187	100～250
21	二氧化碳	31	10～100	13	苯	289	10～400
4	二氧化碳	273	140～275	3	联苯	527	175～400
14	二氧化硫	157	90～160	27	甲醇	240	40～250
25	乙烷	32	25～150	26	乙醇	243	20～140
23	丙烷	96	40～200	24	丙醇	264	20～200
16	丁烷	153	90～200	13	乙醚	194	10～400
15	异丁烷	134	80～200	22	丙酮	235	120～210
12	戊烷	197	20～200	18	醋酸	321	100～225
11	己烷	235	50～225	2	氟里昂-11	198	70～225
10	庚烷	267	20～300	2	氟里昂-12	111	40～200
9	辛烷	296	30～300	5	氟里昂-21	178	70～250
20	一氯甲烷	143	70～250	6	氟里昂-22	96	50～170
8	二氯甲烷	216	150～250	1	氟里昂-113	214	90～250

附录16　管子规格

1. 低压液体输送用焊接钢管规格(摘自 YB234—63)

公称直径		外径,mm	壁厚/mm		公称直径		外径,mm	壁厚,mm	
mm	in		普通管	加厚管	mm	in		普通管	加厚管
6	1/8	10.0	2.00	2.50	40	$1^1/_2$	48.0	3.50	4.25
8	1/4	13.5	2.25	2.75	50	2	60.0	3.50	4.50
10	3/8	17.0	2.25	2.75	70	$2^1/_2$	75.5	3.75	4.50
15	1/2	21.25	2.75	3.25	80	3	88.5	4.00	4.75
20	3/4	26.75	2.75	3.50	100	4	114.0	4.00	5.00
25	1	33.5	3.25	4.00	125	5	140.0	4.50	5.50
32	$1^1/_4$	42.25	3.25	4.00	150	6	165.0	4.50	5.50

注:1. 本标准适用于输送水、压缩空气、煤气、冷凝水和采暖系统等压力较低的液体。
2. 焊接钢管可分为镀锌钢管和不镀锌钢管两种,后者又称为黑管。
3. 管端无螺纹的黑管长度为 4～12m,管端有螺纹的黑管或镀锌管的长度为 4～9m。
4. 普通钢管的水压试验压力为 $20kgf/cm^2$,加厚管的水压试验压力为 $30kgf/cm^2$。
5. 钢管的常用材质为 A3。

2. 普通无缝钢管

(1) 热轧无缝钢管(摘自 YB231—64)

外径,mm	壁厚,mm		外径,mm	壁厚,mm		外径,mm	壁厚,mm	
	从	到		从	到		从	到
32	2.5	8	102	3.5	28	219	6.0	50
38	2.5	8	108	4.0	28	245	(6.5)	50
45	2.5	10	114	4.0	28	273	(6.5)	50
57	3.0	(13)	121	4.0	30	299	(7.5)	75
60	3.0	14	127	4.0	32	325	8.0	75
63.5	3.0	14	133	4.0	32	377	9.0	75
68	3.0	16	140	4.5	36	426	9.0	75
70	3.0	16	152	4.5	36	480	9.0	75
73	3.0	(19)	159	4.5	36	530	9.0	75
76	3.0	(19)	168	5.0	(45)	560	9.0	75
83	3.5	(24)	180	5.0	(45)	600	9.0	75
89	3.5	(24)	194	5.0	(45)	630	9.0	75
95	3.5	(24)	203	6.0	50			

注:1. 壁厚有 2.5、2.8、3、3.5、4、4.5、5、5.5、6、(6.5)、7、(7.5)、8、(8.5)、9、(9.5)、10、11、12、(13)、14、(15)、16、(17)、18、(19)、20、22、(24)、25、(26)、28、30、32、(34)、(35)、36、(38)、40、(42)、(45)、(48)、50、56、60、63、(65)、70、75mm。

2. 括号内尺寸不推荐使用。

3. 钢管长度为 4~12.5m。

(2) 冷轧(冷拔)无缝钢管(摘自 YB231—64)

外径,mm	壁厚,mm		外径,mm	壁厚,mm		外径,mm	壁厚,mm	
	从	到		从	到		从	到
6	0.25	1.6	38	0.40	9.0	95	1.4	12
8	0.25	2.5	44.5	1.0	9.0	100	1.4	12
10	0.25	3.5	50	1.0	12	110	1.4	12
16	0.25	5.0	56	1.0	12	120	(1.5)	12
20	0.25	6.0	63	1.0	12	130	3.0	12
25	0.40	7.0	70	1.0	12	140	3.0	12
28	0.40	7.0	75	1.0	12	150	3.0	12
32	0.40	8.0	85	1.4	12			

注:1. 壁厚有 0.25、0.30、0.4、0.5、0.6、0.8、1.0、1.2、1.4、(1.5)、1.6、1.8、2.0、2.2、2.5、2.8、3.0、3.2、3.5、4.0、4.5、5.0、5.5、6.0、6.5、7.0、7.5、8.0、8.5、9.0、9.5、10、12、(13)、14mm。

2. 括号内尺寸不推荐使用。

3. 钢管长度:壁厚≤1mm,长度为 1.5~7m;壁厚>1mm,长度为 1.5~9m。

(3) 热交换器用普通无缝钢管(摘自 YB231—70)

外径,mm	壁厚,mm	备注
19	2	1. 括号内尺寸不推荐使用。 2. 管长有 1000、1500、2000、2500、3000、4000 及 6000mm。
25	2	
	2.5	
38	2.5	
57	2.5	
	3.5	
(51)	3.5	

3. 承插式铸铁管(摘自 YB428—64)

公称直径,mm	内径,mm	壁厚,mm	有效长度,mm	备注
75	75	9	3000	
100	100	9	3000	
125	125	9	4000	
150	151	9	4000	
200	201.2	9.4	4000	
250	252	9.8	4000	
300	302.4	10.2	4000	
(350)	352.8	10.6	4000	不推荐使用
400	403.6	11	4000	
450	453.8	11.5	4000	
500	504	12	4000	
600	604.8	13	4000	
(700)	705.4	13.8	4000	不推荐使用
800	806.4	14.8	4000	
(900)	908	15.5	4000	不推荐使用

附录 17 常用流速范围

介质名称	条件	流速,m/s	介质名称	条件	流速,m/s
过热蒸汽	$D_g<100$	20～40	食盐水	含固体	2～4.5
	$100\leqslant D_g\leqslant 200$	30～50		无固体	1.5
	$D_g>200$	40～60	水及黏度相似的液体	$p=0.10\sim0.29$MPa(表)	0.5～2.0
饱和蒸汽	$D_g<100$	15～30		$p\leqslant0.98$MPa(表)	0.5～3.0
	$100\leqslant D_g\leqslant 200$	25～35		$p\leqslant7.84$MPa(表)	2.0～3.0
	$D_g>200$	30～40		$p=19.6\sim29.4$MPa(表)	2.0～3.5

续表

介质名称		条件	流速,m/s
蒸汽	低压	$p<0.98$MPa	15~20
	中压	$0.98\leqslant p\leqslant 3.92$MPa	20~40
	高压	$3.92\leqslant p\leqslant 11.76$MPa	40~60
一般气体		常压	10~20
高压乏气			80~100
氢气			≤8.0
氮气		$p=4.9\sim9.8$MPa	2~5
氧气		$p=0\sim0.05$MPa(表)	5~10
		$p=0.05\sim0.59$MPa(表)	7~8
		$p=0.59\sim0.98$MPa(表)	4~6
		$p=0.98\sim1.96$MPa(表)	4~5
		$p=1.96\sim2.94$MPa(表)	3~4
压缩空气		$p=0.10\sim0.20$MPa(表)	10~15
压缩气体		$p<0.1$MPa(表)	5~10
		$p=0.10\sim0.20$MPa(表)	8~12
		$p=0.20\sim0.59$MPa(表)	10~20
		$p=0.59\sim0.98$MPa(表)	10~15
		$p=0.98\sim1.96$MPa(表)	8~10
		$p=1.96\sim2.94$MPa(表)	3~6
		$p=2.94\sim24.5$MPa(表)	0.5~3.0
设备排气			20~25
煤气			8~10
半水煤气		$p=0.10\sim0.15$MPa	10~15
烟道气		烟道内	3.0~6.0
		管道内	3.0~4.0
工业烟囱		自然通风	2.0~8.0
车间通风换气		主管	4.5~15
		支管	2.0~8.0
硫酸		质量浓度88%~100%	1.2
液碱		质量浓度0~30%	2
		30%~50%	1.5
		50%~63%	1.2
乙醚、苯		易燃易爆安全允许值	<1.0
甲醇、乙醇、汽油		易燃易爆安全允许值	<2

介质名称	条件		流速,m/s
锅炉给水	$p\geqslant0.784$MPa(表)		>3.0
自来水	主管 $p=0.29$MPa(表)		1.5~3.5
	支管 $p=0.29$MPa(表)		1.0~1.5
蒸汽冷凝水	自流		0.5~1.5
冷凝水			0.2~0.5
过热水			2.0
热网循环水			0.5~1.0
热网冷却水			0.5~1.0
压力回水			0.5~2.0
无压回水			0.5~1.2
油及黏度较大的液体			0.5~2.0
液体($\mu=50$mPa·s)	$D_g\leqslant25$		0.5~0.9
	$25\leqslant D_g\leqslant50$		0.7~1.0
	$50\leqslant D_g\leqslant100$		1.0~1.6
液体($\mu=100$mPa·s)	$D_g\leqslant25$		0.3~0.6
	$25\leqslant D_g\leqslant50$		0.5~0.7
	$50\leqslant D_g\leqslant100$		0.7~1.0
液体($\mu=1000$mPa·s)	$D_g\leqslant25$		0.1~0.2
	$25\leqslant D_g\leqslant50$		0.16~0.25
	$25\leqslant D_g\leqslant50$		0.16~0.25
	$50\leqslant D_g\leqslant100$		0.25~0.35
	$100\leqslant D_g\leqslant200$		0.35~0.55
离心泵(水及黏度相似的液体)	吸入管		1.0~2.0
	排出管		1.5~3.0
往复泵(水及黏度相似的液体)	吸入管		0.5~1.5
	排出管		1.0~2.0
往复式真空泵	吸入管		13~16
	排出管	$p<0.98$MPa	8~10
		$p=0.98\sim9.8$MPa	10~20
空气压缩机	吸入管		<10~15
	排出管		15~20
旋风分离器	吸入管		15~25
	排出管		4.0~15
通风机、鼓风机	吸入管		10~15
	排出管		15~20

附录 18 IS 型单级单吸离心泵规格（摘录）

泵型号	流量，m³/h	扬程，m	转速，r/min	汽蚀余量，m	泵效率，%	功率，kW	
						轴功率	配带功率
IS50-32-125	7.5	22	2900		47	0.96	2.2
	12.5	20	2900	2.0	60	1.13	2.2
	15	18.5	2900		60	1.26	2.2
	3.75		1450				0.55
	6.3	5	1450	2.0	54	0.16	0.55
	7.5		1450				0.55
IS50-32-160	7.5	34.3	2900		44	1.59	3
	12.5	32	2900	2.0	54	2.02	3
	15	29.6	2900		56	2.16	3
	3.75		1450				0.55
	6.3	8	1450	2.0	48	0.28	0.55
	7.5		1450				0.55
IS50-32-200	7.5	525	2900	2.0	38	2.82	5.5
	12.5	50	2900	2.0	48	3.54	5.5
	15	48	2900	2.5	51	3.84	5.5
	3.75	13.1	1450	2.0	33	0.41	0.75
	6.3	12.5	1450	2.0	42	0.51	0.75
	7.5	12	1450	2.5	44	0.56	0.75
IS50-32-250	7.5	82	2900	2.0	28.5	5.67	11
	12.5	80	2900	2.0	38	7.16	11
	15	78.5	2900	2.5	41	7.83	11
	3.75	20.5	1450	2.0	23	0.91	15
	6.3	20	1450	2.0	32	1.07	15
	7.5	19.5	1450	2.5	35	1.14	15
IS65-50-125	15	21.8	2900		58	1.54	3
	25	20	2900	2.0	69	1.97	3
	30	18.5	2900		68	2.22	3
	7.5		1450				0.55
	12.5	5	1450	2.0	64	0.27	0.55
	15		1450				0.55

续表

泵型号	流量,m³/h	扬程,m	转速,r/min	汽蚀余量,m	泵效率,%	功率,kW	
						轴功率	配带功率
IS65-50-160	15	35	2900	2.0	54	2.65	5.5
	25	32	2900	2.0	65	3.35	5.5
	30	30	2900	2.5	66	3.71	5.5
	7.5	8.8	1450	2.0	50	0.36	0.75
	12.5	8.0	1450	2.0	60	0.45	0.75
	15	7.2	1450	2.5	60	0.49	0.75
IS65-40-200	15	63	2900	2.0	40	4.42	7.5
	25	50	2900	2.0	60	5.67	7.5
	30	47	2900	2.5	61	6.29	7.5
	7.5	13.2	1450	2.0	43	0.63	1.1
	12.5	12.5	1450	2.0	66	0.77	1.1
	15	11.8	1450	2.5	57	0.85	1.1
IS65-40-250	15		2900				15
	25	80	2900	2.0	63	10.3	15
	30		2900				15
IS65-40-315	15	127	2900	2.5	28	18.5	30
	25	125	2900	2.5	40	21.3	30
	30	123	2900	3.0	44	22.8	30
IS80-65-125	30	22.5	2900	3.0	64	2.87	5.5
	50	20	2900	3.0	75	3.63	5.5
	60	18	2900	3.5	74	3.93	5.5
	15	5.6	1450	2.5	55	0.42	0.75
	25	5	1450	2.5	71	0.48	0.75
	30	4.5	1450	3.0	72	0.51	0.75
IS80-65-160	30	36	2900	2.5	61	4.82	7.5
	50	32	2900	2.5	73	5.97	7.5
	60	29	2900	3.0	72	6.59	7.5
	15	9	1450	2.5	66	0.67	1.5
	25	8	1450	2.5	69	0.75	1.5
	30	7.2	1450	3.0	68	0.86	1.5

续表

泵型号	流量,m³/h	扬程,m	转速,r/min	汽蚀余量,m	泵效率,%	功率,kW	
						轴功率	配带功率
IS80-50-200	30	53	2900	2.5	55	7.87	15
	50	50	2900	2.5	69	9.87	15
	60	47	2900	3.0	71	10.8	15
	15	13.2	1450	2.5	51	1.06	2.2
	25	12.5	1450	2.5	65	1.31	2.2
	30	11.8	1450	3.0	67	1.44	2.2
IS80-50-160	30	84	2900	2.5	52	13.2	22
	50	80	2900	2.5	63	17.3	
	60	75	2900	3.0	64	19.2	
IS50-50-250	30	84	2900	2.5	52	13.2	22
	50	80	2900	2.5	63	17.3	22
	60	75	2900	3.0	64	19.2	22
IS80-50-315	30	128	2900	2.5	41	25.5	37
	50	125	2900	2.5	54	31.5	37
	60	123	2900	3.0	57	35.3	37
IS100-80-125	60	24	2900	4.0	67	5.86	11
	100	20	2900	4.5	78	7.00	11
	120	16.5	2900	5.0	74	7.28	11

附录 19　错流和折流时的对数平均温度差校正系数

1. 折流时的对数平均温度差校正系数

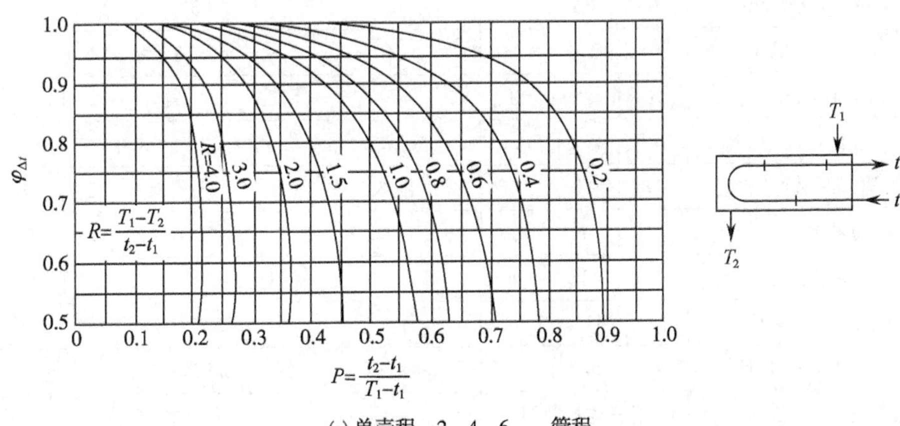

(a) 单壳程，2、4、6……管程

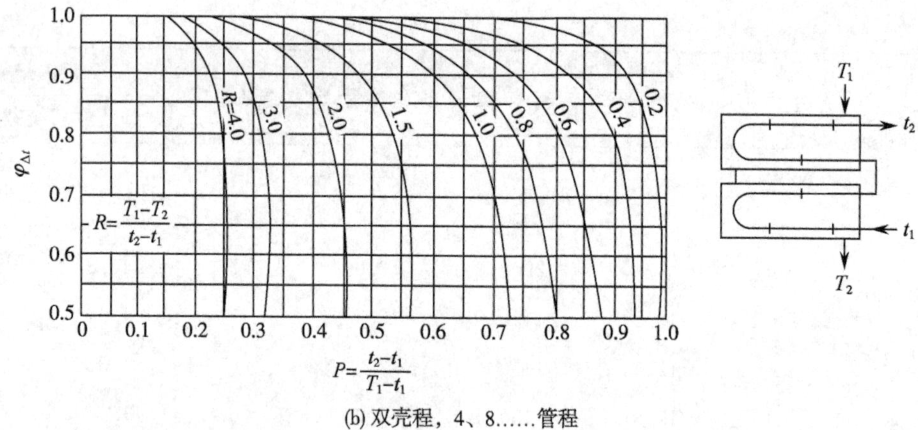

(b) 双壳程，4、8……管程

2. 错流时的对数平均温度差校正系数

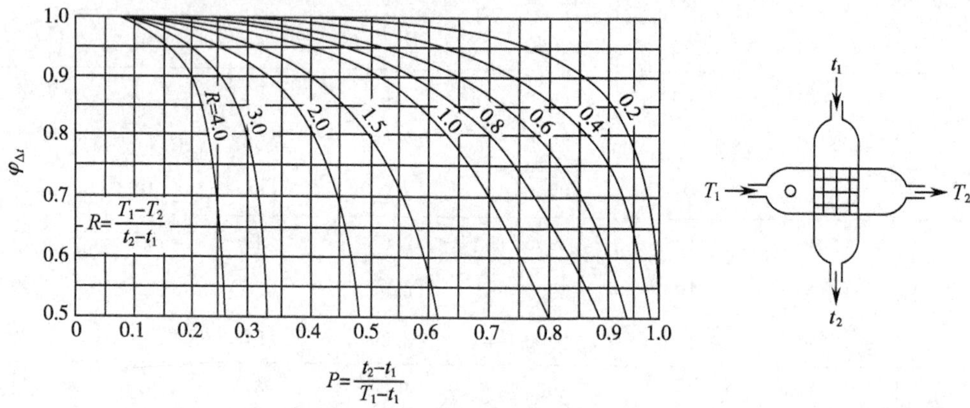

附录 20 换热器系列标准

管板式热交换器系列标准

(1) 固定管板式(代号 G)

公称直径/mm		159			273							
公称压强,	kgf/cm^2	25			25							
	kPa	2.45×10^3			2.45×10^3							
公称面积, m^2		1	2	3	4		5		8		18	14
管长, m		1.5	2.0	3.0	1.5		2.0		3.0		6.0	
管子总数		13	13	13	38	32	38	32	38	32	38	32
管程数		1	1	1	1	2	1	2	1	2	1	2
壳程数		1	1	1	1		1		1		1	
管子尺寸, mm	碳钢	$\phi25\times2.5$			$\phi25\times2.5$							
	不锈钢	$\phi25\times2$			$\phi25\times2$							
管子排列方法		正三角行排列			正三角行排列							

续表

公称直径,mm		400								500					
公称压强,	kgf/cm^2	10,16,25								10,16,25					
	kPa	0.981×10^3,1.57×10^3,2.45×10^3								0.981×10^3,1.57×10^3,2.45×10^3					
公称面积,m^2		10	12	15	16	24	26	48	52	35	40	40	70	80	80
管长,m		1.5		2.0		3.0		6.0		3.0			6.0		
管子总数		102	113	102	113	102	113	102	113	152	172	177	152	172	177
管程数		2	1	2	1	2	1	2	1	4	2	1	4	2	1
壳程数		1		1		1		1		1			1		
管子尺寸,mm	碳钢	$\phi25\times2.5$								$\phi25\times2.5$					
	不锈钢	$\phi25\times2$								$\phi25\times2$					
管子排列方法		正三角行排列								正三角行排列					

公称直径,mm		600				800							
公称压强,	kgf/cm^2	6,16,25				6,10,16,25							
	kPa	0.588×10^3,1.57×10^3,2.45×10^3				0.588×10^3,0.981×10^3,1.57×10^3,2.45×10^3							
公称面积,m^2		55	60	120	125	100		110		200	210	220	230
管长,m		3.0		6.0		3.0				6.0			
管子总数		258	269	258	269	444	456	488	501	444	456	488	501
管程数		2	1	2	1	4		2	1	4		2	1
壳程数		1		1		1				1			
管子尺寸,mm	碳钢	$\phi25\times2.5$				$\phi25\times2.5$							
	不锈钢	$\phi25\times2$				$\phi25\times2$							
管子排列方法		正三角行排列											

注:以 kPa 表示的公称压强是以原系列标准中的 kgf/cm^2 换算而来。

(2) 浮头式(代号 F)

①F_A 系列

公称直径,mm		325	400	500	600	700	800
公称压强,	kgf/cm^2	40	40	16,25,40	16,25,40	16,25,40	25
	kPa	3.92×10^3	3.92×10^3	1.57×10^3 2.45×10^3 3.92×10^3	1.57×10^3 2.45×10^3 3.92×10^3	1.57×10^3 2.45×10^3 3.92×10^3	2.45×10^3
公称面积,m^2		10	25	80	130	185	245
管长,m		3	3	6	6	6	6
管子尺寸,mm		$\phi19\times2$	$\phi19\times2$	$\phi19\times2$	$\phi19\times2$	$\phi19\times2$	$\phi19\times2$
管子总数		76	138	228(224)	372(368)	528(528)	700(696)
管程数		2	2	2(4)	2(4)	2(4)	2(4)
管子排列方法		正三角行排列,管子中心距为 25mm					

注:1. 括号内的数据为四管程的数据。

2. 以 kPa 表示的公称压强是以原系列标准中的 kgf/cm^2 换算而来。

②F_B 系列

公称直径,mm		325	400	500	600	700	800
公称压强,	kgf/cm²	40	40	16,25,40	16,25,40	16,25,40	10,16,25
	kPa	3.92×10³	3.92×10³	1.57×10³ 2.45×10³ 3.92×10³	1.57×10³ 2.45×10³ 3.92×10³	1.57×10³ 2.45×10³ 3.92×10³	0.981×10³ 1.57×10³ 2.45×10³
公称面积,m²		10	15	65	95	135	180
管长,m		3	3	6	6	6	6
管子尺寸,mm		ϕ25×2.5	ϕ25×2.5	ϕ25×2.5	ϕ25×2.5	ϕ25×2.5	ϕ25×2.5
管子总数		36	72	124(120)	208(192)	292(292)	388(384)
管程数		2	2	2(4)	2(4)	2(4)	2(4)
管子排列方法		正三角行排列,管子中心距为 25mm					

公称直径,mm		900	1100
公称压强,	kgf/cm²	10,16,25	10,16
	kPa	0.981×10³,1.57×10³,2.45×10³	0.981×10³,1.57×10³
公称面积/m²		225	365
管长/m		6	6
管子尺寸/mm		ϕ25×2.5	ϕ25×2.5
管子总数		512	(748)
管程数		2	4
管子排列方法		正方行斜转 45°排列,管子中心距为 32mm	

注:1. 括号内的数据为四管程的数据。

2. 以 kPa 表示的公称压强是以原系列标准中的 kgf/cm² 换算而来。

附录 21 壁面污垢热阻

1. 冷却水　　　单位:m²/(℃·W)

加热液体温度,℃	115 以下		115~205	
水的温度,℃	25 以上		25 以下	
水的速度,m/s	1 以下	1 以上	1 以下	1 以上
海水	0.8598×10⁻⁴	0.8598×10⁻⁴	1.7197×10⁻⁴	1.7197×10⁻⁴
自来水、井水、湖水、软化锅炉水	1.7197×10⁻⁴	1.7197×10⁻⁴	3.4394×10⁻⁴	3.4394×10⁻⁴
蒸馏水	0.8598×10⁻⁴	0.8598×10⁻⁴	0.8598×10⁻⁴	0.8598×10⁻⁴
硬水	5.1590×10⁻⁴	5.1590×10⁻⁴	8.598×10⁻⁴	8.598×10⁻⁴
河水	5.1590×10⁻⁴	3.4394×10⁻⁴	6.8788×10⁻⁴	5.1590×10⁻⁴

2. 工业用气体

单位:$m^2/(℃\cdot W)$

气体名称	热阻
有机化合物	0.8598×10^{-4}
水蒸气	0.8598×10^{-4}
空气	3.4394×10^{-4}
溶剂蒸气	1.7197×10^{-4}
天然气	1.7197×10^{-4}
焦炉气	1.7197×10^{-4}

3. 工业用液体

单位:$m^2/(℃\cdot W)$

液体名称	热阻
有机化合物	1.7197×10^{-4}
盐水	1.7197×10^{-4}
熔盐	0.8598×10^{-4}
植物油	5.1590×10^{-4}

4. 石油分馏物

单位:$m^2/(℃\cdot W)$

馏出物名称	热阻
原油	3.4394×10^{-4}～12.098×10^{-4}
汽油	1.7197×10^{-4}
石脑油	1.7197×10^{-4}
煤油	1.7197×10^{-4}
柴油	3.4394×10^{-4}～5.1590×10^{-4}
重油	8.698×10^{-4}
沥青油	17.197×10^{-4}

（王志祥　戴　琳　武法文）